M. Pfeiffer, A. Bethe, H. Janßen, D. Fanslau-Görlitz, G. Kaellander

Gebäude-Energieberatung

de-FACHWISSEN

Die Fachbuchreihe
für Elektro- und Gebäudetechniker
in Handwerk und Industrie

M. Pfeiffer, A. Bethe, H. Janßen,
D. Fanslau-Görlitz, G. Kaellander

Gebäude-Energieberatung

Grundlagen – Systeme – Anwendung

Hüthig · München/Heidelberg

Produktbezeichnungen sowie Firmennamen und Firmenlogos werden in diesem Buch ohne Gewährleistung der freien Verwendbarkeit benutzt.
Von den im Buch zitierten Vorschriften, Richtlinien und Gesetzen haben stets nur die jeweils letzten oder die zum Zeitpunkt der Errichtung gültigen Ausgaben verbindliche Gültigkeit.

Autoren und Verlag haben alle Texte und Abbildungen mit großer Sorgfalt erarbeitet bzw. überprüft. Dennoch können Fehler nicht ausgeschlossen werden. Deshalb übernehmen weder Autor noch Verlag irgendwelche Garantien für die in diesem Buch gegebenen Informationen. In keinem Fall haften Autoren oder Verlag für irgendwelche direkten oder indirekten Schäden, die aus der Anwendung dieser Informationen folgen.

Maßgebend für das Anwenden der Normen sind deren Fassungen mit den neuesten Ausgabedaten, die bei der VDE-Verlag GmbH, Bismarckstraße 33, 10625 Berlin und der Beuth Verlag GmbH, Burggrafenstraße 6, 10787 Berlin erhältlich sind.

Bibliografische Information der Deutschen Bibliothek
Die Deutsche Bibliothek verzeichnet diese Publikation in der Deutschen Nationalbibliografie; detaillierte bibliografische Daten sind im Internet über https://portal.dnb.de/ abrufbar.

Möchten Sie Ihre Meinung zu diesem Buch abgeben?
Dann schicken Sie eine E-Mail an das Lektorat
im Hüthig Verlag:
buchservice@huethig.de
Autoren und Verlag freuen sich über Ihre Rückmeldung.

ISBN 978-3-8101-0433-5

Printed in Germany
Titelbild, Layout, Satz: schwesinger, galeo:design
Titelfotos: Vordergrund: © shutterstock_519476797, Olivier Le Moal
Hintergrund: © shutterstock_543798988, Ivan Smuk
Druck: Westermann Druck Zwickau GmbH

Vorwort

Seit der letzten Ausgabe des Buchs „Gebäude-Energieberatung“ von *Peter Kadel* (†) sind einige Änderungen der allgemein anerkannten Regeln der Technik, Gesetze und Verordnungen in Kraft getreten. Auch der Stand der Technik und Wissenschaft zu Niedrigstenergiegebäuden ist weit vorangeschritten und macht dieses nun vorliegende Buch so aktuell.

In diesem neuen Fachbuch konzentrieren sich die Autoren neben der Gebäude-Energieeffizienz auf die Gebäude-Energieplanung, die Gebäude-Energieberatung sowie auf das Gebäude-Energiemanagement vor dem Hintergrund des aktuell europäisch geforderten Niedrigstenergiegebäudes.

Wir danken den bewährten und neu hinzugekommenen Lesern und wünschen uns konstruktive Kritik, damit die Anwendbarkeit des Buches weiter gesteigert werden kann.

Dieses völlig überarbeitete Fachbuch soll weiterhin ein Werk sein, das angehende Gebäude-Energieplaner, -berater und -manager strukturiert in die verschiedenen Leistungsbereiche einführt und als Nachschlagewerk und Arbeitsbuch dient.

Auch allen anderen interessierten Lesern wünschen wir viel Erfolg und Freude beim Studium der Gebäude-Energieberatung.

Achim Bethe, Dirk Fanslau-Görlitz,
Holger Janßen, Gerd Kaellander
und Martin Pfeiffer

Einleitung

Auf die Energieeffizienz unserer Gebäude können wir angesichts des Klimawandels nicht mehr verzichten. Die drei Leistungen Gebäude-Energieberatung, -planung und -management begegnen also den drängenden Herausforderungen unserer Zeit, indem sie Anforderungen an die Gebäude-Energieeffizienz aufgreifen und zu rationeller Energieerzeugung, -umwandlung, -speicherung und -nutzung beitragen.

Für die deutsche Öffentlichkeit sind diese drei Leistungen aber immer noch diffuse Begriffe. Hier tut Aufklärung not. Außerdem sind Experten gesucht, die sich auf die Besonderheiten der Energieeffizienz von Bestands- und Neubau-Gebäuden konzentrieren und erfolgreich ganzheitlich planen, beraten sowie managen können.

Eine verlässliche Gebäude-Energieberatung ist der Schlüssel zur erfolgreichen energetischen Modernisierung im Bestand und zum Bau von Niedrigstenergiegebäuden. Sie steht am Beginn einer dauerhaften Energieverbrauchssenkung und eines rationellen Umgangs mit Energie.

Im Kapitel 1 dieses Buches werden nachhaltige Gebäude, ausgewählte Gesetze, Richtlinien und Normen vorgestellt und die Bedeutung des Gebäudelebenszyklus wird erläutert.

Kapitel 2 thematisiert die Energieeffizienz von Gebäuden und erläutert die Begriffe Wärmeleitung, konvektive Wärmeübertragung und Wärmedurchgang. Beispielaufgaben veranschaulichen das Thema.

Anforderungen an die Gebäude-Energieplanung folgen in Kapitel 3. Dazu gehören Gebäudetechnik, deren Automation sowie das Qualitätsmanagement von Gebäuden.

Die Gebäude-Energieberatung wird in Kapitel 4 behandelt. Dabei geht es vor allem um die Richtlinie VDI 3922.

Kapitel 5 widmet sich dem Energiemanagement im Ganzen. Grundlagen, Begriffe und Ziele, insbesondere der DIN EN ISO 50001, werden erläutert.

Prof. Dr.-Ing. Martin Pfeiffer

Inhaltsverzeichnis

1 Nachhaltigkeit als Ziel der Gebäude-Energieberatung

1.1 Nachhaltige Gebäude

Prof. Dr.-Ing. Martin Pfeiffer

In diesem Abschnitt werden ausgewählte Aspekte der Nachhaltigkeit zu Niedrigstenergiegebäuden in Deutschland dargestellt.

Im Zusammenhang mit der Energieeffizienz von Gebäuden sind unter anderem folgende Programme, Leitlinien, Gesetze, Richtlinien und Normen von Bedeutung:

- Integriertes Energie- und Klimaprogramm,
- Leitlinien der Deutsche Gesellschaft für Nachhaltiges Bauen,
- Gebäudeenergiegesetz (GEG),
- VDI 4602 und VDI 3922,
- DIN EN 16247, DIN EN ISO 50001 und DIN 32736.

Die aktuelle Herausforderung für die deutsche Gesellschaft liegt im selbst formulierten und von der Politik verfolgten „Leitbild der Nachhaltigkeit“: Neue Gebäude sind zukünftig nachhaltiger zu planen, zu bauen, zu modernisieren und zu managen. Darüber hinaus kann auch ein Rückbau mit Kreislaufverwertung nachhaltigere Gebäude ermöglichen.Das Ziel sind Niedrigstenergiegebäude (**Bild 1.1**) im Neubau und Bestand – und dies in einer ganzheitlichen, nachhaltigen Art und Weise.

Quelle: Bethe

Bild 1.1 Nachhaltiges Gebäude in Hannover mit DGNB-Zertifikat

Nachhaltige Niedrigstenergiegebäude sind für ihre Bauherren, Eigentümer, Nutzer und das Umfeld produktiv, wirtschaftlich effizient, langfristig werterhaltend, umweltverträglich, ressourcenschonend, flexibel, variabel, behaglich, sicher sowie gesund. Sie fügen sich zudem optimal in ihr soziokulturelles Umfeld ein. Damit schöpfen sie über ihre gesamte Lebensdauer Werte für Bauherren, Eigentümer, Nutzer und Umfeld.

Nachhaltige Niedrigstenergiegebäude überzeugen in vielerlei Hinsicht:

- ökonomisch durch ein wirtschaftlich optimales Kosten-Nutzen-Verhältnis bei niedrigen Gebäudelebenszykluskosten, wie Verwaltungs-, Betriebs- und Instandhaltungs- bzw. -setzungskosten,
- ökologisch durch Energieeffizienz, Ressourceneinsparung und Klimaschonung sowie
- soziologisch durch Nutzungsgerechtigkeit bei Behaglichkeit, Gesundheit und Wohlbefinden.

Alle Beteiligten an der Planung, am Bau, Betrieb und Rückbau von Gebäuden müssen eine übergeordnete Perspektive einnehmen. Ein Blick auf den Lebenszyklus von Gebäuden (**Bild 1.2**) zählt ebenso zu den Notwendigkeiten wie der vernetzt-iterative Austausch von Informationen zwischen den Akteuren.

Der langfristige Nutzen von Niedrigstenergigebäuden ist für alle Beteiligten von großer Bedeutung. Es ist abzusehen, dass sich die wirtschaftlichen Rahmenbedingungen im Baugewerbe weiter stark wandeln werden, insbesondere in Bezug auf den Ressourcen- und Energieverbrauch, aber auch die Umweltverträglichkeit, beispielsweise bei Abfallaufkommen und Emissio-

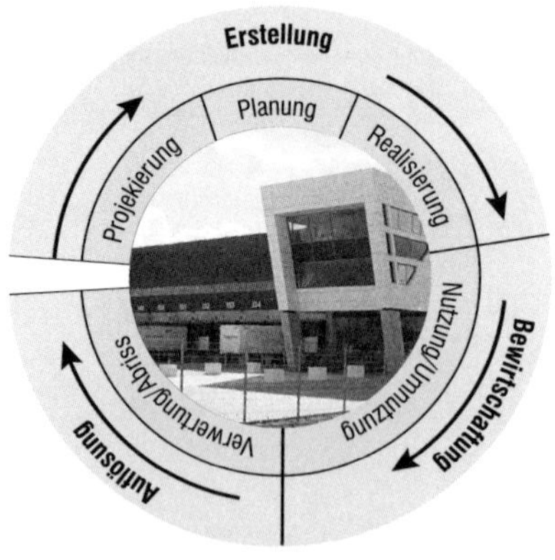

Bild 1.2 Lebenszyklus nachhaltiger Niedrigstenergiegebäude

nen. Angesichts von Klimaschutzzielen und Ressourcenverknappung werden die Vorgaben in Deutschland, Europa und weltweit deutlich strenger werden.

In Deutschland ist neben „Leed-Zertifizierungen“ und neuen (allgemein) anerkannten Regeln der Technik usw. insbesondere mit dem „Gütesiegel Nachhaltiges Bauen“ der DGNB auch ein freiwilliges System zur Zertifizierung und Bewertung der Nachhaltigkeit eines Niedrigstenergiegebäudes möglich.

Die Enquete-Kommission „Schutz des Menschen und der Umwelt – Ziele und Rahmenbedingungen einer nachhaltig zukunftsverträglichen Entwicklung“ des Deutschen Bundestages hat für Deutschland das Leitbild einer nachhaltig zukunftsverträglichen Entwicklung herausgearbeitet (**Bild 1.3**). Basierend auf diesen Zielen wurde das Handlungsprinzip zum „Leitbild Nachhaltigkeit“ formuliert, bei dem durch eine nachhaltige Entwicklung die Bedürfnisse der jetzigen Generation erfüllt werden sollen, ohne dabei die Möglichkeit späterer Generationen einzuschränken, ihre Bedürfnisse ebenfalls befriedigen zu können.

Aus diesem Handlungsprinzip ergeben sich vielfältige Anforderungen an Gebäude, die in drei Hauptkategorien gegliedert sind:

- ökonomische Dimension,
- ökologische Dimension,
- soziokulturelle Dimension.

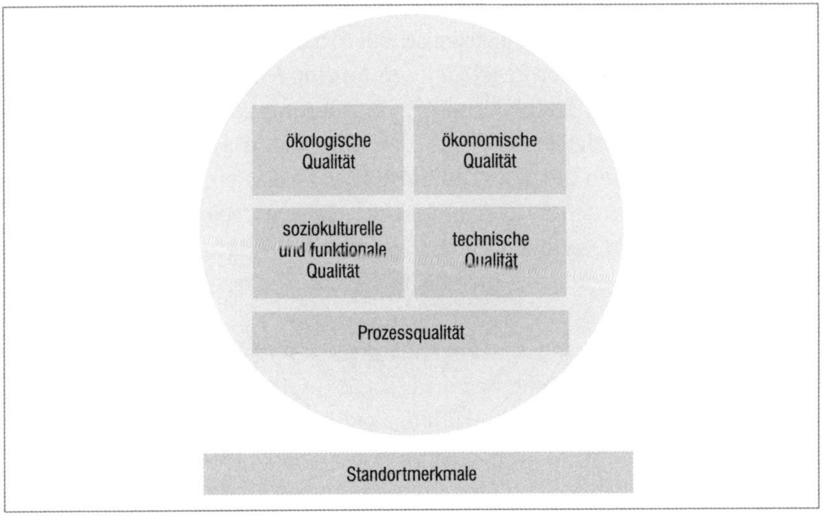

Quelle: Bethe

Bild 1.3 Nachhaltigkeitskriterien zu Niedrigstenergiegebäuden

Für Niedrigstenergiegebäude lassen sich aus diesen Dimensionen verschiedene Schutzziele ableiten. Dabei wird die Optimierung sämtlicher Faktoren über den gesamten Lebenszyklus eines Gebäudes, also von Rohstoffgewinnung, Planung, Errichtung und Betrieb bis zum Rückbau, angestrebt. Die im Folgenden genannten Anforderungen gelten heutzutage idealerweise für alle Gebäude, aber für nachhaltige Niedrigstenergiegebäude gelten sie in besonderem Maße.

1.1.1 Ökonomische Dimension

Gebäude verursachen Investitions-, Anschaffungs- bzw. Errichtungskosten. Darüber hinaus entstehen aber auch Baufolgekosten, die auch als Lebenszyklus- oder Nutzungskosten bezeichnet werden. Diese Kosten fallen über die gesamte Nutzungs- bzw. Lebensdauer eines Gebäudes an.

Wie Beispiele zeigen, können die Baufolgekosten die Errichtungskosten um ein Mehrfaches überschreiten. Durch eine umfangreiche Lebenszyklus- und Nutzungskostenanalyse lassen sich zum Teil erhebliche Einspar- und Optimierungspotenziale identifizieren.

1.1.2 Ökologische Dimension

Im Baugewerbe bedeutet Umweltverträglichkeit vor allem Ressourcenschonung: Baumaterialien und Bauprodukte werden optimiert eingesetzt und die Medienverbräuche (z. B. Heizen, Kühlen, Strom, Wasser und Abwasser) reduziert. Damit ist in der Regel gleichzeitig eine Minimierung der Umweltbelastungen (z. B. von Treibhausgasen, Versäuerungspotenzial) verbunden.

Da auch bei Niedrigstenergiegebäuden (**Bild 1.4**) das Errichten, Modernisieren, Betreiben und der Rückbau die Umwelt belasten, stellt sich die Frage, wie Gebäudevarianten in ökologischer Hinsicht objektiv bewertet und nachhaltig optimiert werden können. Hierzu sind Indikatoren für Niedrigstenergiegebäude festzulegen, die die unterschiedlichen Umweltauswirkungen beschreiben.

Aktuell gelten insbesondere folgende quanti- und qualifizierfizierbare Indikatoren für die ökologische Bewertung von Gebäuden:

- Flächeninanspruchnahme im Hinblick auf Ressourceneinsparung,
- Primärenergieaufwand im Hinblick auf Energieeinsparung,
- Treibhauspotenzial im Hinblick auf die Erderwärmung,
- Ozonzerstörungspotenzial im Hinblick auf das Ozonloch,

- Versäuerungspotenzial im Hinblick auf sauren Regen,
- Überdüngungspotenzial im Hinblick auf die Gewässer- und Grundwasserqualität,
- Ozonbildungspotenzial im Hinblick auf Sommersmog.

Quelle: Bethe

Bild 1.4 Gewerbegebäude als Niedrigstenergiegebäude

1.1.3 Soziokulturelle Dimension

Nachhaltige Niedrigstenergiegebäude sollten auch soziokulturelle Anforderungen erfüllen. Neben der Bedarfs- und Nutzungsgerechtigkeit geht es dabei auch um Kultur, Ästhetik und Gestaltung, den Sicherheits-, Gesundheits- und Arbeitsschutz (**Bild 1.5**) sowie um Komfort und Behaglichkeit für die Nutzer.

Innerhalb der sozialen und kulturellen Dimension der Nachhaltigkeit gelten für Niedrigstenergiegebäude Schutzziele vor allem in folgenden Bereichen:

Bedarfs- und Nutzungsgerechtigkeit

Soziokulturelle Anforderungen lassen sich hier beispielsweise nachhaltig erfüllen durch

- eine Optimierung der Bedarfsplanung,
- die Berücksichtigung von Nutzungsgerechtigkeit bei Grundlagenermittlung, Gebäudeentwurf, Bauprodukten, Bau- und Anlagentechnik, Ausschreibungen und Bauleitungen sowie

- Betreuung, Prüfungen und Dokumentationen zur Bedarfs- und Nutzungsgerechtigkeit.

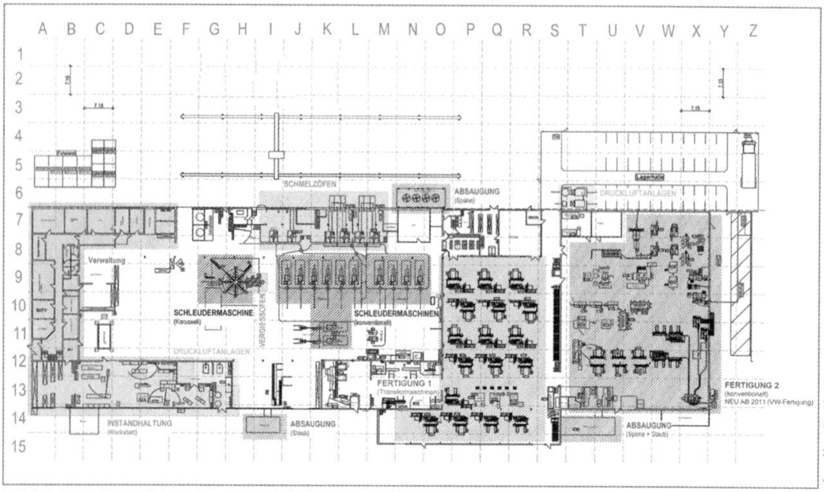

Quelle: Bethe

Bild 1.5 Grundriss eines produktionsgerechten Gewerbegebäudes

Niedrigstenergiegebäude sind flexibel und variabel, wenn sie sich über ihre gesamte Lebensdauer leicht an sich ändernde Rahmenbedingungen der Gebäudenutzung anpassen können. Nutzerzufriedenheit und gesellschaftliche Akzeptanz wirken im Sinne der Nachhaltigkeit und führen zu einer nachhaltigen Wertschätzung und Wertbeständigkeit.

Kultur, Ästhetik und Gestaltung

Die (Bau-)Kultur, Identität, Akzeptanz, Ästhetik sowie die architektonischen, städtebaulichen und landschaftsplanerischen Qualitäten von Gebäuden sind zwar schwer quantifizierbar, aber sie lassen sich zumindest beschreiben. Ihre soziokulturellen Auswirkungen können zum Teil abgeschätzt werden.

Sicherheits-, Gesundheits-, Arbeitsschutz

Sicherheit und Barrierefreiheit haben beispielsweise direkten Einfluss auf die optimale Nutzbarkeit von Gebäuden. Beide erhöhen für Nutzer die Sicherheit und Behaglichkeit und reduzieren die Gesundheitsgefährdung, zum Beispiel hinsichtlich der Sturzgefahr. Gefährdungen der Gesundheit durch Problemstoffe, durch Einwirkungen aus der Umwelt oder aus dem Gebäude (Lärm, Schadstoffe, unzureichende Belichtung, Beleuchtung usw.)

müssen zuverlässig ausgeschlossen werden (**Bild 1.6**). Durch eine gezielte Baustoffauswahl (z. B. emissionsarmer Bauprodukte) lassen sich mögliche gesundheitliche Beeinträchtigungen der Nutzer reduzieren. Anforderungen zur Sicherung der Gesundheit und des Arbeitsschutzes werden beispielsweise in Arbeitsstättenrichtlinien, aber auch z. B. im Anhang des Leitfadens „Nachhaltiges Bauen – Hinweise für Baumaßnahmen im Gebäudebestand" des Bundesministeriums für Digitales und Verkehr dargestellt. Ansonsten sind Anforderungen an die Gesundheitsverträglichkeit von Bauprodukten über das Bauproduktengesetz in die Bauordnungen der Länder aufgenommen worden.

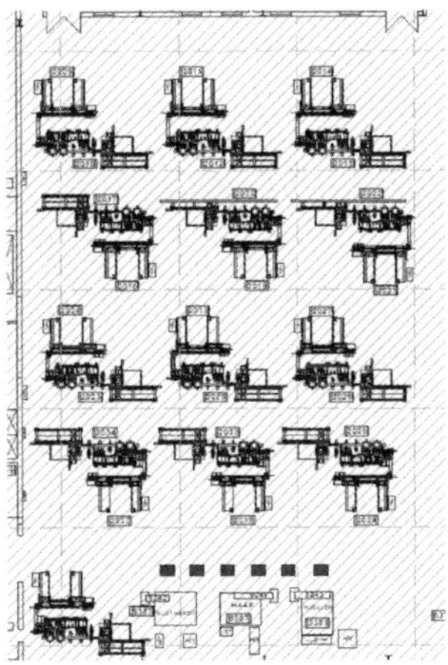

Quelle: Bethe

Bild 1.6 Arbeitsplatz in einem Gewerbegebäude

Nutzung, Komfort und Behaglichkeit

Jedes Niedrigstenergiegebäude muss optimal auf die Nutzung über den ganzen Gebäudelebenszyklus ausgerichtet sein. Das bedeutet auch, für die unterschiedlichen Nutzer ganzheitliche Komfortlösungen anzubieten.

Die Behaglichkeit eines Gebäudes erstreckt sich auf folgende Parameter:

- Thermik (Raumtemperatur, Raumluftfeuchte usw.),
- Hygiene (Raumluftqualität, Luftbewegung usw.),
- Akustik (Bauakustik, Lärm usw.),
- Optik (Beleuchtung und Belichtung),
- Olfaktorik (Gerüche, Emissionen usw.) ,
- Haptik (Fühlen, Tasten, Oberflächen usw.),
- Körper und Psyche (Raumempfindungen, körperliche Belastungen usw.).

Winterlicher wie sommerlicher Wärme- und Feuchteschutz tragen also ebenso zur Behaglichkeit bei wie beispielsweise der Schall- und Brandschutz.

1.1.4 Deutsches Gütesiegel Nachhaltiges Bauen

Mit dem Deutschen Gütesiegel Nachhaltiges Bauen wurde vom Bundesministerium für Verkehr, Bau und Stadtentwicklung (BMVBS) und der Deutschen Gesellschaft für Nachhaltiges Bauen e.V. (DGNB) ein Bewertungssystem auch für nachhaltige Niedrigstenergiegebäude entwickelt. Die Bemühungen der Bundesregierung waren darauf gerichtet, mit dem Siegel ein umfassendes, wissenschaftlich fundiertes und planungsbasiertes Bewertungssystem für nachhaltige Gebäude zu schaffen.

Das Gütesiegel sollte herausragende Planungsleistungen im Bereich des nachhaltigen Bauens würdigen und für alle Marktteilnehmer (Bauherren, Planer, Nutzer, Investoren usw.) sichtbar machen. Es basiert auf einer umfassenden Betrachtung des gesamten Lebenszyklus von Gebäuden und auf einem einheitlichen, objektiv nachvollziehbaren Bewertungssystem.

Zertifizierungsmethode und -regeln des Gütesiegels

Ökonomische, ökologische, soziokulturelle, technische und prozesshafte Qualitäten haben als Querschnittsqualitäten Einfluss auf die Nachhaltigkeit eines Gebäudes. Diese fünf Teilaspekte wurden für das Gütesiegel deshalb als Hauptkriterien jeweils getrennt bewertet und die Bewertungen mit festgelegter Gewichtung zu einer Gesamtnote verrechnet. Dies bot die Möglichkeit, herausragende Qualitäten in ein oder mehreren Teilbereichen gesondert darzustellen. Auch die Standortqualität wirkte als Hauptkriterium, wurde aber getrennt von den Objektqualitäten bewertet und ausgewiesen, da sie durch Planung nur sehr eingeschränkt beeinflussbar ist.

Die unterschiedlichen Qualitäten wurden anhand von quantifizierbaren Kriterien und Indikatoren gemessen, die in „Steckbriefen" (**Tabelle 1.1**) genau definiert wurden. Eine Gewichtung der Kriterien innerhalb der übergeordneten Qualitätsziele erfolgte nach ihrer Relevanz für die Schutzziele mit Hilfe eines Bedeutungsfaktors.

Der Bedeutungsfaktor und die anzuwendenden Kriterien wurden von einer übergeordneten Stelle – in Zusammenarbeit mit dem Bundesministerium für Verkehr, Bau und Stadtentwicklung, der Deutschen Gesellschaft für Nachhaltiges Bauen und dem Runden Tisch Nachhaltiges Bauen unter

Nr.	Kriterium
1	Treibhauspotential (GWP)
2	Ozonschichtabbaupotential (DDP)
3	Ozonbildungspotential (POCP)
4	Versauerungspotential (AP)
5	Überdüngungspotential (EP)
6	Risiken für die lokale Umwelt
8	sonstige Wirkungen auf die lokale Umwelt
9	Nachhaltige Materialgewinnung/Holz
10	Primärenergiebedarf nicht erneuerbar (PEne)
11	Primärenergiebedarf erneuerbar (Pr)
14	Trinkwasserbedarf und Abwasseraufkommen
15	Flächeninanspruchnahme
16	gebäudebezogene Kosten im Lebenszyklus
17	Drittverwendungsfähigkeit
18	thermischer Komfort im Winter
19	thermischer Komfort im Sommer
20	Innenraumluftqualität
21	akustische Komfort
22	visueller Komfort
23	Einflussnahme des Nutzers
24	gebäudebezogene Außenraumqualität
25	Sicherheit und Störfallrisiken
26	Barrierefreiheit
27	Flächeneffizienz
28	Umnutzungsfähigkeit
29	öffentliche Zugänglichkeit
30	Fahrradkomfort
31	Planungswettbewerb
32	Kunst am Bau
33	Brandschutz
34	Schallschutz
35	Wärme- und Tauwasserschutz
40	Reinigung und Instandhaltung
42	Rückbaubarkeit, Recylingfreundlichkeit
43	Qualität der Projektvorbereitung
44	integrale Planung
45	Nachweis der Optimierung und Komplexität der Herangehensweise in der Planung
46	Sicherung der Nachhaltigkeitsaspekte in Ausschreibung und Vergabe
47	Schaffung von Voraussetzungen für eine optimale Nutzung und Bewirtschaftung
48	Baustelle, Bauprozess
49	Qualität der ausführenden Firmen, Präqualifikation
50	Qualitätssicherung der Bauausführung
51	geordnete Inbetriebnahme

Quelle: Bethe

Tabelle 1.1 Steckbriefe mit Kriterien zur Zertifizierung für nachhaltige Gebäude

Beteiligung von weiteren Fachleuten – festgelegt. Durch diese Stellschrauben wurde das System offen und flexibel gestaltet.

Das Deutsche Gütesiegel Nachhaltiges Bauen bewertete auch technische Innovationen bei Neubauten und Modernisierungen. Im Rahmen von Gebäude-Energieberatung und -management war das Gütesiegel in Deutschland ein anerkannter Beleg für Nachhaltigkeit.

Nach Ende der ersten Pilotphase des Deutschen Gütesiegels Nachhaltiges Bauen entwickelten sich aus diesem das DGNB-Zertifizierungssystem sowie das Bewertungssystem Nachhaltiges Bauen für Bundesgebäude (BNB). Aus letzterem wurde 2015 das Ökobilanzierungswerkzeug für Gebäude (eLCA), das sich aktuell in der Betaphase befindet.

1.2 Der Lebenszyklus eines Gebäudes

Prof. Dr.-Ing. Martin Pfeiffer

In diesem Abschnitt werden Gebäude-Lebenszyklusaspekte zu Niedrigstenergiegebäuden in Deutschland ausgewählt dargestellt. Dies sind insbesondere Gebäude-Lebenszyklusphasen, Nutzungsdauern, Lebenszykluskosten und Instandhatung.

Gebäude werden über lange Zeiträume genutzt. Daher kann erst die Betrachtung über den gesamten Lebenszyklus Aufschluss über die Nachhaltigkeit eines Gebäudes geben. Im Niedrigstenergiebereich werden als Lebenszyklus für Nichtwohngebäude 50 Jahre und für Wohngebäude 80 Jahre angesetzt.

Der Lebenszyklus teilt sich in Phasen ein (**Bild 1.7**). All diese Phasen müssen bei Niedrigstenergiegebäuden in Bezug auf die unterschiedlichen Aspekte der Nachhaltigkeit analysiert und in ihrem Zusammenwirken optimiert werden. Ganzheitliches Ziel ist es, eine hohe Gebäudequalität mit möglichst geringen Umweltbeeinträchtigungen sowie Kosten bei hoher Nutzungsgerechtigkeit zu erreichen – und zwar eben über den gesamten Lebenszyklus.

Bild 1.8 zeigt die Kostenverläufe über die Lebenszyklusphasen von Niedrigstenergiegebäuden beispielhaft auf.

Die drei Dimensionen der Nachhaltigkeit Ökonomie, Ökologie und Soziologie und die daraus abgeleiteten Schutzziele lassen sich also stets nur über die (möglichst) langen Lebenszykluszeiträume von Niedrigstenergiegebäuden beurteilen.

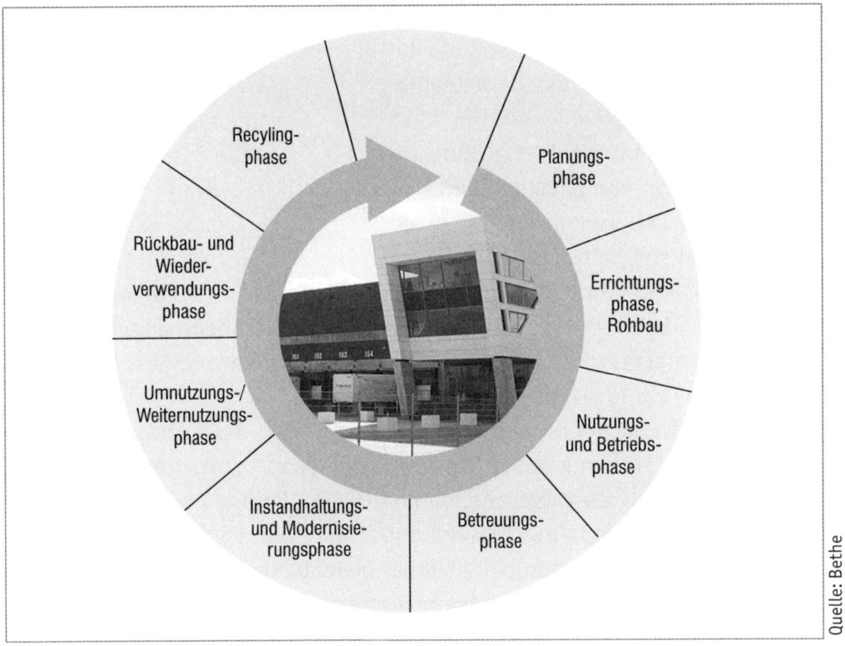

Bild 1.7 Lebenszyklusphasen von Niedrigstenergiegebäuden

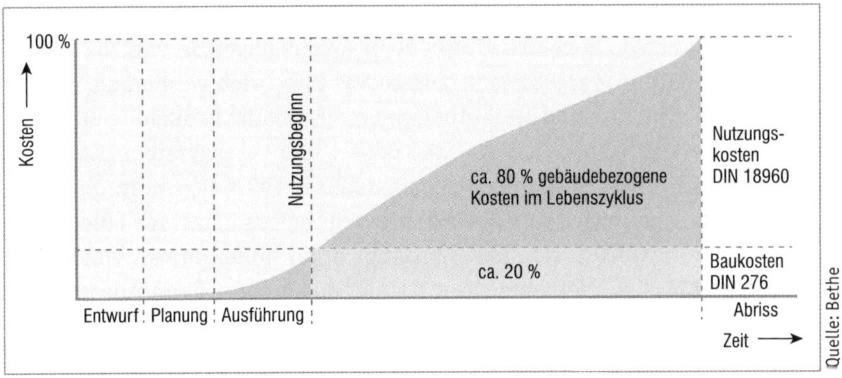

Bild 1.8 Gebäude-Lebenszyklusphasen und Kostenverläufe

Auf Ebene der Baustoffe bzw. Bauprodukte gliedert sich die Lebenszyklusbetrachtung von Niedrigstenergiegebäuden in folgende Einzelphasen:

- Rohstoffgewinnung,
- Produktherstellung,
- Planung,

- Errichtung,
- Nutzung,
- Instandhaltung,
- Modernisierung,
- Rückbau und Kreislaufverwertung.

Die Lebensdauer von Baustoffen und -produkten lässt sich unterteilen in:

- technische Lebensdauer und
- wirtschaftliche Lebensdauer.

Die technische Lebensdauer beschreibt den Zeitraum bis zu dem Zeitpunkt, an dem ein Bauprodukt oder Baustoff seine vorgesehene Funktion nicht mehr erfüllen kann, eine Bestandserhaltung nicht mehr möglich ist und, soweit sinnvoll, ein Ersatz geschaffen werden muss.

Die wirtschaftliche Lebensdauer beschreibt den Zeitraum, in dem die wirtschaftliche Nutzung eines Baustoffs oder Bauprodukts ohne oder auch mit Instandhaltung im vorgesehenen finanziellen Rahmen möglich ist.

Die Nutzungsdauer von Bauteilen und -elementen wird hier bestimmt als der Zeitraum der geplanten Nutzung bei gleichbleibenden Ansprüchen und Wirtschaftlichkeit. Instandhaltungen, Instandsetzungen, Pflege, Wartungen, Inspektionen und Verbesserungen, die auch veränderten Ansprüchen gerecht werden, können die Nutzungsdauer von Niedrigstenergiegebäuden entsprechend verlängern.

Die Lebensdauer eines Niedrigstenergie-Wohngebäudes wird in der Regel mit 80 Jahren veranschlagt. Diese Annahme resultiert aus der wirtschaftlichen Nutzung und ist Grundlage von Wirtschaftlichkeits- und Finanzierungsüberlegungen. Zudem ist damit der Abschreibungszeitraum umrissen. Mit einer Referenzzeit von 80 Jahren wird allgemein der Tatsache Rechnung getragen, dass die Wohngewohnheiten heute schnelleren Änderungen unterworfen sind. Das bestätigt unter anderem die Wertermittlungsrichtlinie der Verkehrs- bzw. Marktwerte von Grundstücken des Bundesministeriums des Inneren und für Heimat mit der Angabe der wirtschaftlichen Gesamtnutzungsdauer bei ordnungsgemäßer Instandhaltung.

Quantitative und qualitative Einflüsse auf die Lebensdauer der Bauteile von Niedrigstenergiegebäuden haben insbesondere:

- Bedarfe (unterschiedlich),
- Planung,
- Material,
- Ausführung,
- Beanspruchung und Nutzung,

- Umwelteinflüsse,
- Wartung und Pflege,
- Schutz der Bauteile,
- Werterhaltung und Wertschöpfung.

Die Einschätzung der Lebens- bzw. Nutzungsdauern von Niedrigstenergiegebäuden, ihrer Baustoffe, -teile und -elemente ist bei der Bewertung der Nachhaltigkeit also von besonderer Bedeutung.

Bild 1.9 zeigt beispielhaft Nutzungsdauern über die Lebenszyklusphasen von Niedrigstenergiegebäuden auf.

Über die Lebenszyklusphasen von Niedrigstenergiegebäuden entstehen Lebenszykluskosten, sogenannte „Life Cycle Costs“ (LCC). Diese Lebenszykluskosten sind die ganzen im Zeitablauf entstehenden Kosten. Sie werden oft fälschlich mit den Nutzungskosten gleichgesetzt, da die bis zum Nutzungsbeginn entstehenden Investitionskosten den Baunebenkosten und damit der Gesamtheit der Baukosten zugerechnet werden. Hinzu kommen aber auch Rückbaukosten in der Nutzungszeit sowie Abrisskosten, die den Lebenszyklus beenden.

Wichtig für Niedrigstenergiegebäude ist der Zusammenhang der Qualitätsentscheidungen in der Projektentwicklung und Planung mit den später entstehenden Nutzungskosten. Je besser z. B. der Wärmeschutz ist, desto geringer sind die Heizkosten. Harmonische Lebensdauern der Baustoffe vereinfachen die Instandhaltung bzw. vermindern die Zerstörung von Bauteilschichten, die noch keiner Instandhaltung bedürfen. Es geht primär darum, das vorhandene Investitionsvolumen so einzusetzen, dass die Baunutzungskosten minimiert werden. Insoweit ist es wichtig, die optimale „Gesamtwirtschaftlichkeit“ in der Werterhaltung und Wertschöpfung von Niederigstenergiegebäuden zu erreichen.

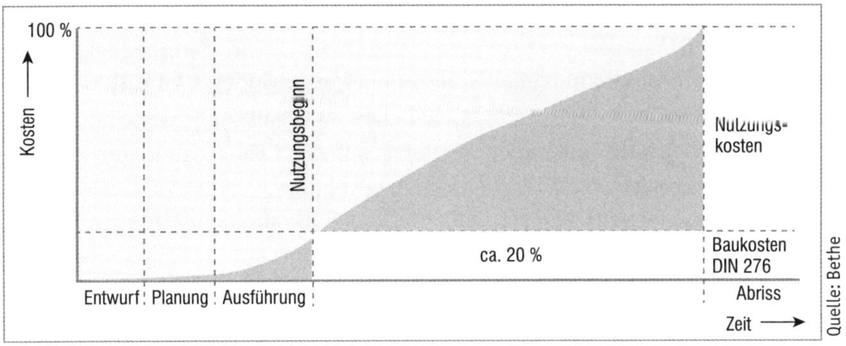

Bild 1.9 Nutzungsdauer von Gebäuden

Lebeszykluskosten von Niederigstenergiegebäuden sind:

Investitionskosten (Planung- und Errichtung)

- Grundstück,
- Planung,
- Gebäude,
- Bauüberwachung,
- Dokumentation,
- Makler,
- Notar,
- Versicherungen während der Bauzeit usw.

Nutzungskosten (Bewirtschaftung)

- Fremdkapital,
- Verwaltung,
- Betrieb,
- Instandsetzung usw.

Abriss- und Rückbaukosten (Entsorgung)

- Abbruch,
- Abtransport,
- Wiederverwendung bzw. -verwertung,
- Deponierung usw.

Instandhaltung von Niedrigstenergiegebäuden

Instandhaltungen sind vorbeugende Maßnahmen zur Erhaltung eines dem Soll-Zustand entsprechenden Ist-Zustandes. Dazu gehören Wartung und Pflege, die im Rahmen regelmäßiger Inspektionen durchgeführt werden können, sowie Verbesserungen. Nach dieser Definition gehören Instandsetzungen nicht dazu – sie stellen einen bestimmungsgemäßen Zustand wieder her, der bereits nicht mehr gegeben war, sind also keine vorbeugenden Maßnahmen.

Ziele der Instandhaltung bei Niedrigstenergiegebäuden sind insbesondere:

- den Nutzen der Niedrigstenergiegebäude zu erhalten,
- die Nutzungszeit zu verlängern,
- die Nutzer zufriedenzustellen,
- für nötige Investitionen die Bereitstellung von Finanzmitteln vorzubereiten sowie
- Wirtschaftlichkeit sicherzustellen.

Das bedeutet in jedem Fall, den Ausfall der Bauteile nicht abzuwarten, sondern rechtzeitig Maßnahmen zur Erhaltung einzuleiten. Bei regelmäßigen

Inspektionen werden das Maß der Abnutzung bzw. vorhandene Schäden erkennbar, so dass zuverlässig geplant werden kann.

Notwendig sind längerfristige Instandhaltungspläne, die sich an der Lebenserwartung der Bauteile orientieren. Erfahrungen in der Nutzungszeit werden jedoch Anpassungen notwendig machen. Die Instandhaltungsplanung sollte deshalb flexibel gehandhabt werden.

Da bei Niedrigstenergiegebäuden grundsätzlich hohe Qualitäten Verwendung finden, verursacht auch die Instandhaltung hohe Kosten. Allerdings wird die Häufigkeit der Instandhaltung verringert, so dass sich die Kosten unter Umständen kompensieren.

Der Grundsatz der Harmonisierung der Baustoffe nach Qualität und Lebensdauer sollte aber trotzdem nicht vergessen werden. Jedes Bauteil weist eine spezifische Dauerhaftigkeit auf.

Die Gebäudeentwertung weist anfangs einen steilen, später einen flacheren Abfall gegenüber dem Neuwert auf.

Um den Wert eines Gebäudes auf dem Restwert des Rohbaus zu halten, sind laufend nach den spezifischen Erneuerungszyklen Instandhaltungsarbeiten notwendig. Soweit möglich, sollten die Baustoffe so beschaffen sein, dass die Grenzen der Lebenserwartungen mehrfach zusammenfallen. Das reduziert die Zahl einzelner Instandhaltungsmaßnahmen.

Die Lebensdauer eines Baustoffs oder eines Bauteils ist keine exakte Größe, sie hängt insbesondere ab von:

- Planung,
- Material,
- Komplexität,
- Verarbeitung,
- Umwelt,
- Nutzung,
- Schadensanfälligkeit,
- Abnutzungsvorrat,
- Instandhaltungen.

Auch bei sonst gleichen Bedingungen können Pflege und Wartung gerade bei Niedrigstenergiegebäuden viel bewirken. Während Pflege z.B. Behandlung, Säuberung, Wiederauffrischung und Oberflächenschutz betrifft, ist Wartung z.B. eine Durchsicht der Technik einer Anlage, die Pflege beinhaltet. Beide sind nur sinnvoll durchzuführen, wenn der Zustand der Bauteile und Anlagen regelmäßig geprüft wird. Sobald Abnutzungen oder Schäden erkennbar werden, entsteht Handlungsbedarf. Die Inspektionen können sich nach den Instandsetzungsintervallen der einzelnen Bauteile richten, sollten aber regelmäßig als größere Durchsicht durchgeführt werden. Kürzere Intervalle gelten zum Beispiel für die Dachrinnenreinigung. Solche Inspektionen können durch Wartungsverträge geregelt werden.

2 Grundlagen der Wärmeübertragung

Prof. Dr.-Ing. Holger Janßen

Dieses Kapitel thematisiert Wärmeübertragung als grundlegendes Phänomen der Energieeffizienz von Gebäuden. Dazu werden die Begriffe „Wärmeleitung", „konvektive Wärmeübertragung" und „Wärmedurchgang" erläutert. Beispielaufgaben geben abschließend anwendungsbezogene Hinweise.

In **Bild 2.1** sind die Mechanismen des Wärmetransportes von einem wärmeren strömenden Fluid 1 auf ein kälteres strömendes Fluid 2 dargestellt. Unter „Fluid" versteht man dabei ein Gas (z. B. Luft) oder eine Flüssigkeit (z. B. Wasser). Beide Fluide sind durch eine Wand getrennt. Diese Wand kann beim Wärmeverlust eines Gebäudes eine Mauer sein oder auch ein Rohr, durch das beispielsweise Heizungswasser strömt. Die Wand ist in Bild 2.1 nur schematisch und im Ausschnitt dargestellt.

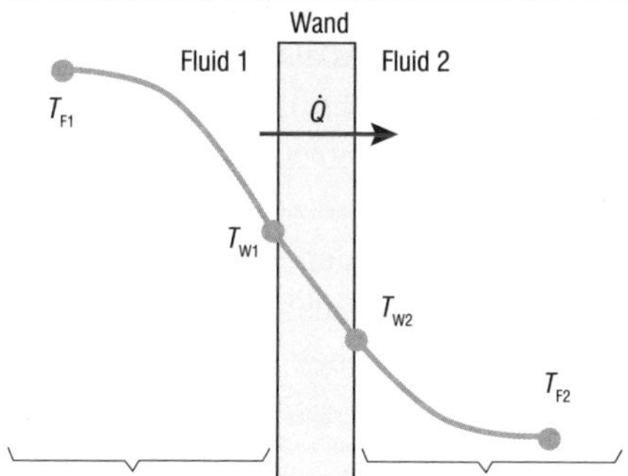

Wärmeübergang (Konvektion)

$$\dot{Q} = \frac{|\Delta T|}{R_{\alpha 1}} = \alpha_1 \cdot A \cdot (T_{F1} - T_{W1})$$

$$R_{\alpha_1} = \frac{1}{\alpha_1 \cdot A}$$

Wärmeübergang (Konvektion)

$$\dot{Q} = \frac{|\Delta T|}{R_{\alpha 2}} = \alpha_2 \cdot A \cdot (T_{W1} - T_{F2})$$

$$R_{\alpha_2} = \frac{1}{\alpha_2 \cdot A}$$

Wärmeleitung

$$\dot{Q} = \frac{|\Delta T|}{R_\lambda} = \frac{\lambda \cdot A}{\delta} \cdot (T_{W1} - T_{W2})$$

$$R_\lambda = \frac{\delta}{\lambda \cdot A}$$

Wärmedurchgang

$$\dot{Q} = \frac{|\Delta T|}{R_k} = k \cdot A \cdot (T_{F1} - T_{F2})$$

$$R_k = \frac{1}{k \cdot A}$$

Bild 2.1 Mechanismen des Wärmetransportes (Formelzeichen s. folg. Seite)

$\dot{Q}$ Wärmestrom [W]

T_F Fluidtemperatur [K]

T_W Wandtemperatur [K]

α Wärmeübergangskoeffizient $[\frac{W}{m^2 \cdot K}]$

R_α Wärmeübergangswiderstand $[\frac{K}{W}]$

λ Wärmeleitfähigkeit $[\frac{W}{m \cdot K}]$

δ Wanddicke [m]

R_λ Wärmeleitwiderstand $[\frac{K}{W}]$

k Wärmedurchgangskoeffizient $[\frac{W}{m^2 \cdot K}]$

R_k Wärmedurchgangswiderstand $[\frac{K}{W}]$

Im Folgenden geht es nur um den stationären Wärmetransport. Der Begriff „stationär" oder „stationärer Betriebszustand" bezeichnet dabei Vorgänge, bei denen die Zustandsgrößen Druck p und Temperatur T zeitlich konstant bleiben. Örtlich hingegen gibt es Unterschiede. Mathematisch gesprochen geht es also nur um Prozesse, bei denen die Transienten null sind. Gradienten sind hingegen notwendig vorhanden.

Voraussetzung für den Wärmetransport ist das Vorhandensein einer Temperaturdifferenz: $\Delta T > 0$, also eben eines Temperaturgradienten. Der dabei fließende Wärmestrom $\dot{Q}$ wird immer positiv gezählt, die Temperaturdifferenz ist entsprechend zu wählen.

Die verschiedenen Transportmechanismen sind:

1. **Wärmeleitung**
   Der Wärmetransport ist stoffgebunden und erfolgt auf atomarer bzw. molekularer Ebene durch Stoßweiterleitung (Impulstransport).
2. **Wärmeübergang**
   Andere Bezeichnungen für „Wärmeübergang" sind „Konvektion" oder „konvektiver Wärmeübergang".
   Der Wärmeübergang ist stoffgebunden und erfolgt durch (sichtbare) Strömungsvorgänge. Man unterscheidet „freie Konvektion" und „erzwungene Konvektion".
   a) freie Konvektion
      Die Strömung entsteht von allein aufgrund der Temperaturdifferenz zwischen Wand und Fluid.

b) erzwungene Konvektion
   Die Strömung wird (von uns) mittels einer Pumpe oder eines Gebläses erzeugt oder entsteht durch Wind.
3. **Temperaturstrahlung** (Wärmestrahlung)
   Der Energietransport ist *nicht* stoffgebunden und erfolgt durch elektromagnetische Wellen, die ein Körper oder ein Stoff aufgrund seiner Temperatur emittiert. Temperaturstrahlung abgeben können Gase, Flüssigkeiten und Festkörper mit $T > 0\,\mathrm{K}$.
   Die Temperaturstrahlung wird in diesem Kapitel nicht behandelt.

2.1 Wärmeleitung

In **Bild 2.2** sieht man exemplarisch den Wärmetransport infolge Wärmeleitung durch eine senkrechte, ebene, einschichtige Wand. Es ergibt sich ein linearer Temperaturverlauf.

Für den Wärmeleitwiderstand R_λ einer einschichtigen Wand gilt:

$$R_\lambda = \frac{\delta}{\lambda \cdot A} \tag{2.1}$$

Der Wärmestrom $\dot{Q}$ ergibt sich nach:

$$\dot{Q} = \frac{|\Delta T|}{R_\lambda} = \frac{|T_1 - T_2|}{\delta} \cdot \lambda \cdot A \tag{2.2}$$

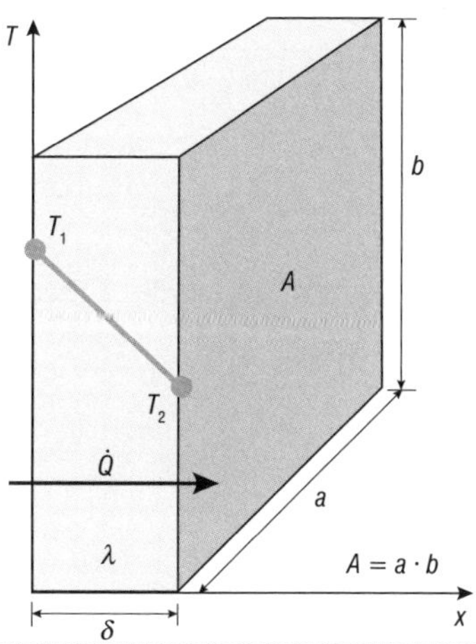

T_1 Temperatur Innenwand [K]
T_2 Temperatur Außenwand [K]
δ Wanddicke [m]
a Wandbreite [m]
b Wandhöhe [m]
A Wandfläche [m^2]
$\dot{Q}$ Wärmestrom [W]
R_λ Wärmeleitwiderstand $[\frac{K}{W}]$
λ Wärmeleitfähigkeit $[\frac{W}{m \cdot K}]$

Bild 2.2 Wärmeleitung in einer einschichtigen Wand

Die Wärmeleitfähigkeit ist ein temperatur- und druckabhängiger Stoffwert, der tabelliert ist. Dazu später mehr.

Für die Temperatur in der Wand an einer beliebigen Stelle x folgt nach Gleichung 2.2:

1. Weg $\dot{Q} = \frac{T_1 - T(x)}{R_\lambda(x)} \Rightarrow T(x) = T_1 - \dot{Q} \cdot R_\lambda(x) = T_1 - \dot{Q} \cdot \frac{x}{\lambda \cdot A}$

oder

2. Weg $\dot{Q} = \frac{T(x) - T_2}{R_\lambda(x)} \Rightarrow T(x) = T_2 + \dot{Q} \cdot R_\lambda(x) = T_2 + \dot{Q} \cdot \frac{\delta - x}{\lambda \cdot A}$

Die in **Bild 2.3** dargestellte mehrschichtige Wand ist als eine Reihenschaltung aus mehreren einschichtigen Wänden zu betrachten. Deshalb gelten die gleichen Grundvoraussetzungen!

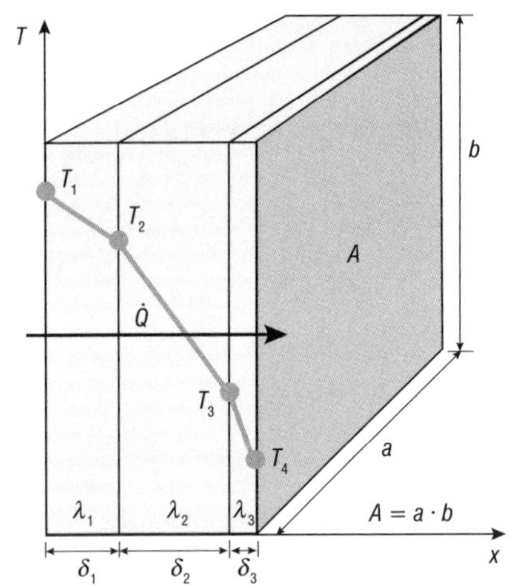

T_1 Temperatur Innenwand [K]
T_4 Temperatur Außenwand [K]
δ Wanddicke [m]
a Wandbreite [m]
b Wandhöhe [m]
A Wandfläche [m²]
$\dot{Q}$ Wärmestrom [W]
λ Wärmeleitfähigkeit $[\frac{W}{m \cdot K}]$

Bild 2.3 Wärmeleitung in einer mehrschichtigen Wand

Der gesamte Wärmeleitwiderstand R_λ wird aus der Summe der Einzelwiderstände berechnet:

$$R_\lambda = R_{\lambda\,\mathrm{ges}} = \sum_{i=1}^{n} R_{\lambda\,i} = \sum_{i=1}^{n} \frac{\delta_i}{\lambda_i \cdot A} \tag{2.3}$$

n Anzahl der Schichten
λ Wärmeleitfähigkeit $[\frac{W}{m \cdot K}]$
R_λ Wärmeleitwiderstand $[\frac{K}{W}]$

Der Wärmestrom ergibt sich nach:

$$\dot{Q} = \frac{|\Delta T|}{R_{\lambda \text{ges}}} = \frac{|T_1 - T_4|}{R_{\lambda \text{ges}}} = \frac{|T_1 - T_2|}{R_{\lambda 1}} = \frac{|T_2 - T_3|}{R_{\lambda 2}} = \frac{|T_3 - T_4|}{R_{\lambda 3}}$$

Berechnung der Zwischentemperaturen

Berechnung von T_2:

1. Weg: $\dot{Q} = \dfrac{T_1 - T_2}{R_{\lambda 1}} \quad \Rightarrow \quad T_2 = T_1 - \dot{Q} \cdot R_{\lambda 1}$

2. Weg: $\dot{Q} = \dfrac{T_2 - T_4}{R_{\lambda 2} - R_{\lambda 3}} \quad \Rightarrow \quad T_2 = T_4 + \dot{Q} \cdot (R_{\lambda 2} + R_{\lambda 3})$

Berechnung von T_3:

1. Weg: $\dot{Q} = \dfrac{T_3 - T_4}{R_{\lambda 3}} \quad \Rightarrow \quad T_3 = T_4 + \dot{Q} \cdot R_{\lambda 3}$

2. Weg: $\dot{Q} = \dfrac{T_1 - T_3}{R_{\lambda 1} - R_{\lambda 2}} \quad \Rightarrow \quad T_3 = T_1 - \dot{Q} \cdot (R_{\lambda 1} + R_{\lambda 2})$

Bei „Parallelschaltung“ gilt

$$\frac{1}{R_{\lambda \text{ges}}} = \sum_{i=1}^{n} \frac{1}{R_{\lambda i}} \qquad (2.4)$$

Praktisches Beispiel: Gebäudewand mit Fenster

In der Beispielrechnung wird die in **Bild 2.4** angedeutete Wand als einschichtig betrachtet!

Gegeben:

Ziegelmauer:

$\lambda_1 = 0{,}45 \dfrac{\text{W}}{\text{m} \cdot \text{K}}$

$\delta_i = 120\,\text{mm}$

$A_1 = 17\,\text{m}^2$

Fensterglas:

$\lambda_2 = 0{,}87 \dfrac{\text{W}}{\text{m} \cdot \text{K}}$

$\delta_2 = 5\,\text{mm}$

$A_2 = 1\,\text{m}^2$

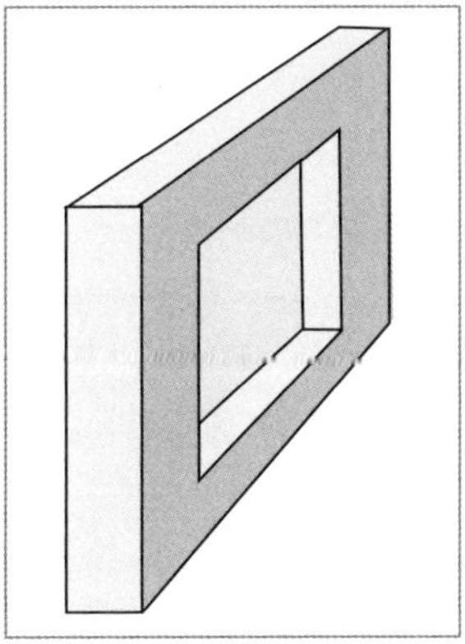

Bild 2.4 Prinzipbild einer mehrschichtigen ebenen Wand mit Fenster

Berechnung der einzelnen Wärmeleitwiderstände:

$$R_{\lambda 1} = \frac{\delta_1}{\lambda_1 \cdot A_1} = \frac{0{,}12\,\text{m}}{0{,}45\,\frac{\text{W}}{\text{m} \cdot \text{K}} \cdot 17\,\text{m}^2} = 0{,}016\,\frac{\text{K}}{\text{W}}$$

Wandfläche: $A_1 = 17\,\text{m}^2$

$$R_{\lambda 2} = \frac{\delta_2}{\lambda_2 \cdot A_2} = \frac{0{,}005\,\text{m}}{0{,}87\,\frac{\text{W}}{\text{m} \cdot \text{K}} \cdot 1\,\text{m}^2} = 0{,}006\,\frac{\text{K}}{\text{W}}$$

Fensterfläche: $A_2 = 1\,\text{m}^2$

In diesem Beispiel handelt es sich um eine „Parallelschaltung" verschiedener „Wände". Es gilt:

$$\frac{1}{R_{\lambda\text{ges}}} = \frac{1}{R_{\lambda 1}} + \frac{1}{R_{\lambda 2}} = \frac{1}{0{,}016\,\frac{\text{K}}{\text{W}}} + \frac{1}{0{,}006\,\frac{\text{K}}{\text{W}}} = 229{,}2\,\frac{\text{K}}{\text{W}}$$

$$\Rightarrow R_{\lambda\text{ges}} = 4{,}364 \cdot 10^{-3}\,\frac{\text{K}}{\text{W}}$$

In **Bild 2.5** ist die Wärmeleitung durch eine Zylinderwand dargestellt.

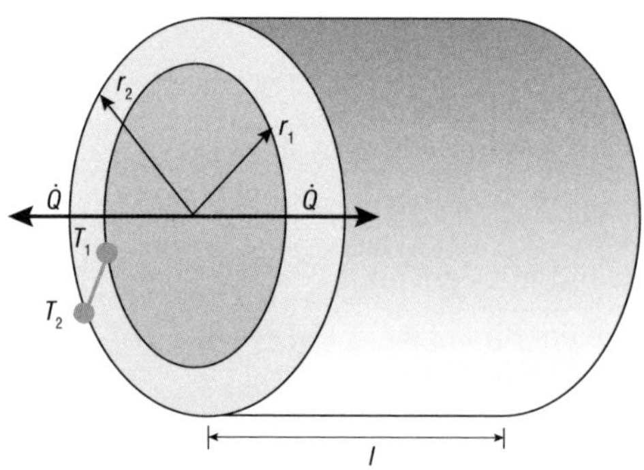

- T_1 Temperatur Innenwand [K]
- T_4 Temperatur Außenwand [K]
- r_1 Radius zur Innenwand [m]
- r_2 Radius zur Außenwand [m]
- l Rohrlänge [m]
- $\dot{Q}$ Wärmestrom (konstant) [W]

Bild 2.5 Wärmeleitung in einer einschichtigen Zylinderwand

Für den Wärmeleitwiderstand R_λ einer einschichtigen Zylinderwand gilt:

$$R_\lambda = \frac{\ln \frac{r_2}{r_1}}{2 \cdot \pi \cdot \lambda \cdot l} \tag{2.5}$$

λ Wärmeleitfähigkeit $[\frac{\text{W}}{\text{m} \cdot \text{K}}]$

Der Wärmestrom $\dot{Q}$ ergibt sich nach:

$$\dot{Q} = \frac{|\Delta T|}{R_\lambda} = \frac{|T_1 - T_2|}{R_\lambda}$$

R_λ Wärmeleitwiderstand $[\frac{K}{W}]$

Die Wärmestromdichte $\dot{q}$ wird nach außen hin kleiner, da A mit r steigt:

$$\dot{q} = \frac{\dot{Q}}{A} \tag{2.6}$$

A Wandfläche des Rohres [m^2]

Daraus resultiert für die Temperatur in der Rohrwand (in Abhängigkeit vom Radius):

$$T(r) = T_1 - \frac{\dot{Q}}{2 \cdot \pi \cdot \lambda \cdot l} \cdot \ln\frac{r_2}{r_1} \quad \text{mit } r_1 \le r \le r_2$$

Innerhalb einer Rohrwand ergibt sich ein logarithmischer Temperaturverlauf!

In **Bild 2.6** ist die Wärmeleitung durch eine Hohlkugelwand dargestellt.

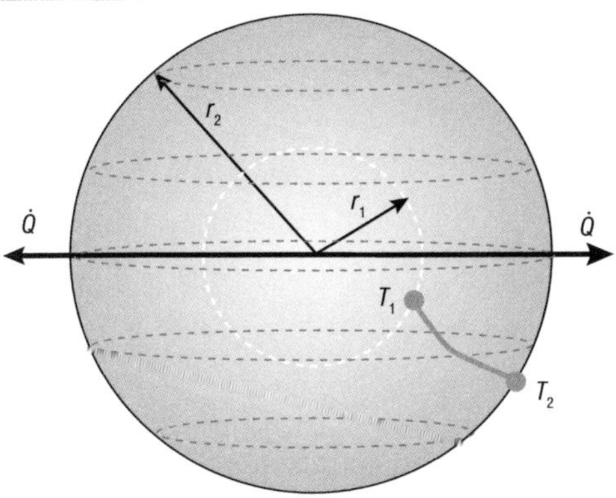

T_1 Temperatur Innenwand [K]
T_2 Temperatur Außenwand [K]
r_1 Radius zur Innenwand [m]
r_2 Radius zur Außenwand [m]
$\dot{Q}$ Wärmestrom (konstant) [W]

Bild 2.6 Wärmeleitung in einer Hohlkugel

Für den Wärmeleitwiderstand R_λ einer Hohlkugel gilt:

$$R_\lambda = \frac{\frac{1}{r_1} - \frac{1}{r_2}}{4 \cdot \pi \cdot \lambda} \tag{2.7}$$

Der Wärmestrom $\dot{Q}$ ergibt sich nach:

$$\dot{Q} = \frac{|\Delta T|}{R_\lambda} = \frac{|T_1 - T_2|}{R_\lambda}$$

R_λ Wärmeleitwiderstand $[\frac{K}{W}]$

Die Wärmestromdichte $\dot{q}$ wird nach außen hin kleiner, da A mit r steigt:

$$\dot{q} = \frac{\dot{Q}}{A}$$

A Wandfläche der Kugel [m^2]

Daraus resultiert für die Temperatur in der Rohrwand (in Abhängigkeit vom Radius):

$$T(r) = T_1 - \frac{\dot{Q}}{4 \cdot \pi \cdot \lambda} \cdot \left(\frac{1}{r_1} - \frac{1}{r_2}\right) \quad \text{mit } r_1 \le r \le r_2 \tag{2.8}$$

λ Wärmeleitfähigkeit $[\frac{W}{m \cdot K}]$

> Innerhalb einer Hohlkugel ergibt sich ein hyperbolischer Temperaturverlauf!

Zusammenfassung zur Wärmeleitung

1. Wärmestrom $\dot{Q}$ durch Leitung

$$\dot{Q} = \frac{|\Delta T|}{R_\lambda} = \frac{|T_1 - T_2|}{R_\lambda}$$

2. Wärmestromdichte $\dot{q}$

$$\dot{q} = \frac{\dot{Q}}{A}$$

3. Wärmeleitwiderstand R_λ je nach Geometrie einsetzen:
   - einschichtige (und mehrschichtige) ebene Wand

$$R_{\lambda,i} = \frac{\delta_i}{\lambda_i \cdot A}$$

   - zylindrische Wand

$$R_\lambda = \frac{\ln \frac{r_2}{r_1}}{2 \cdot \pi \cdot \lambda \cdot l}$$

- Hohlkugel

$$R_\lambda = \frac{\frac{1}{r_1} - \frac{1}{r_2}}{4 \cdot \pi \cdot \lambda}$$

- Reihenschaltung mehrerer Schichten (n)

$$R_\lambda = R_{\lambda\,\text{ges}} = \sum_{i=1}^{n} R_{\lambda\,i}$$

- Parallelschaltung mehrerer Schichten (n)

$$\frac{1}{R_{\lambda\text{ges}}} = \sum_{i=1}^{n} \frac{1}{R_{\lambda i}}$$

4. Temperaturverläufe in **Bild 2.7**

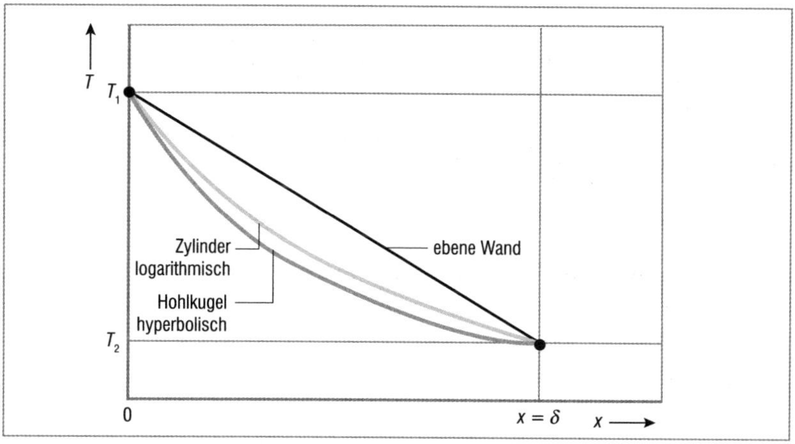

Bild 2.7 Prinzipielle Temperaturverläufe bei unterschiedlichen Wandarten

5. Berechnung von „Zwischentemperaturen“
   - dreischichtige Wand:

$$\dot{Q} = \frac{|T_1 - T_2|}{R_{\lambda 1}} \qquad T_2 = T_1 - \dot{Q} \cdot R_{\lambda 1}$$

$$\dot{Q} = \frac{T_1 - T_3}{R_{\lambda 1} + R_{\lambda 2}} \qquad T_3 = T_4 + \dot{Q} \cdot R_{\lambda 3}$$

   - Zylinderwand:

$$(r_i \le r \le r_a) \qquad T(r) = T_i - \frac{\dot{Q}}{2 \cdot \pi \cdot \lambda \cdot l} \cdot \ln \frac{r_a}{r_i}$$

- Hohlkugelwand:

$$(r_i \leq r \leq r_a) \qquad T(r) = T_i - \frac{\dot{Q}}{4 \cdot \pi \cdot \lambda} \cdot \left(\frac{1}{r_i} - \frac{1}{r_a} \right)$$

6. Wärmeleitfähigkeiten (Anhaltswerte)

reine Metalle: $\lambda \approx 300 \frac{\mathrm{W}}{\mathrm{m} \cdot \mathrm{K}}$

Stähle: $\lambda \approx 30 \frac{\mathrm{W}}{\mathrm{m} \cdot \mathrm{K}}$

keramische Werkstoffe: $\lambda \approx 3 \frac{\mathrm{W}}{\mathrm{m} \cdot \mathrm{K}}$

organische Flüssigkeiten: $\lambda \approx 0{,}3 \frac{\mathrm{W}}{\mathrm{m} \cdot \mathrm{K}}$

Gase und Dämmstoffe: $\lambda \approx 0{,}03 \frac{\mathrm{W}}{\mathrm{m} \cdot \mathrm{K}}$

Weitere Wärmeleitfähigkeiten findet man in Verein Deutscher Ingenieure: VDI-Wärmeatlas. Berlin: Springer 2019.

2.2 Konvektive Wärmeübertragung

Unter dem Begriff „konvektive Wärmeübertragung" versteht man den Wärmetransport zwischen einem strömenden Fluid und einer festen Wand, wie er schematisch in **Bild 2.8** dargestellt ist.

Andere Bezeichnungen hierfür sind:

- Konvektion,
- Wärmeübergang.

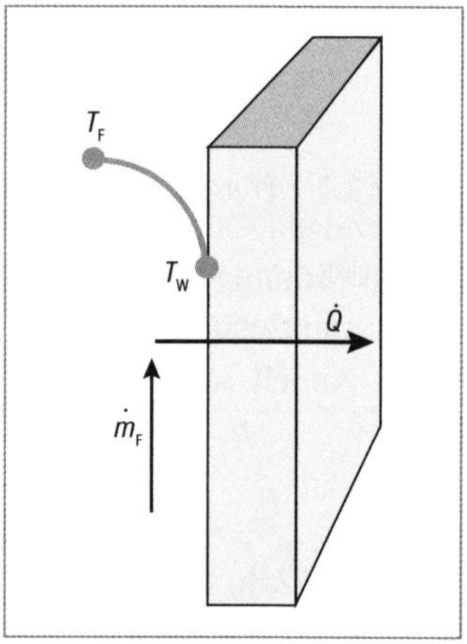

Bild 2.8 Prinzip des Wärmeübergangs

2.2.1 Der Wärmeübergang bei einphasiger Strömung

Für den Wärmestrom $\dot{Q}$ bei Konvektion wird der folgende empirische Berechnungsansatz gewählt:

$$\dot{Q} = \frac{|T_F - T_W|}{R_\alpha} = \alpha \cdot A \cdot |T_F - T_W| \tag{2.9}$$

mit

$$R_\alpha = \frac{1}{\alpha \cdot A} \tag{2.10}$$

R_α Wärmeübergangswiderstand $[\frac{K}{W}]$

α Wärmeübergangskoeffizient $[\frac{W}{m^2 \cdot K}]$

A Wandfläche $[m^2]$

T_F Fluidtemperatur [K]

T_W Fluidtemperatur an der Wand [K]

$\dot{m}_F$ Massenstron des Fluids $[\frac{kg}{s}]$

Die Berechnung von R_α bzw. von α erfolgt über die sogenannte „Nußelt-Zahl" (*Nu*):

$$Nu = \frac{\alpha \cdot l}{\lambda} \quad \Longleftrightarrow \quad \alpha = Nu \cdot \frac{l}{\lambda} \tag{2.11}$$

Die Nußelt-Zahl *Nu* geht zurück auf *Wilhelm Nußelt* (1882–1957). Sie ist eine abhängige Größe und wird je nach Konvektionsart (frei oder erzwungen) unterschiedlich berechnet.

Die Bestimmung der Nußelt-Zahl erfolgt durch die Gleichungen in **Tabelle 2.1** bzw. **2.2** (siehe Kapitelende). Zur Auswahl der für den Einzelfall richtigen Gleichung sind die im Anhang der Gleichungen beschriebenen Kriterien *genau* zu prüfen! Weitere Nußelt-Gleichungen findet man in Verein Deutscher Ingenieure: VDI-Wärmeatlas. Berlin 2019.

Die Nußelt-Zahl kann sich aus den folgenden unabhängigen Kennzahlen ergeben:

- Reynolds-Zahl *Re* [nach *Osborne Reynolds* (1842–1912)]
- Prandtl-Zahl *Pr* [nach *Ludwig Prandtl* (1875–1953)]
- Grashof-Zahl *Gr* [nach *Franz Grashof*, Begründer des VDI (1826–1893)]
- Rayleigh-Zahl *Ra* [nach *Lord Rayleigh*, bürgerlich *John William Strutt* (1842–1919)]

Reynolds-Zahl *Re*

$$Re = \frac{w \cdot l}{\upsilon} \tag{2.12}$$

w mittlere Strömungsgeschwindigkeit $[\frac{m}{s}]$

υ kinematische Viskosität $[\frac{m^2}{s}]$

l charakteristische Länge [m]

Prandtl-Zahl *Pr*

$$Pr = \frac{\upsilon}{a} = \frac{\upsilon \cdot \varrho \cdot c_p}{\lambda} \tag{2.13}$$

υ kinematische Viskosität $[\frac{m^2}{s}]$

a Temperaturleitfähigkeit $[\frac{m^2}{s}]$

ϱ spezifische Dichte $[\frac{kg}{m^3}]$

c_p spezifische isobare Wärmekapazität $[\frac{kJ}{kg \cdot K}]$

λ Wärmeleitfähigkeit des Fluids $[\frac{W}{m \cdot K}]$

Grashof-Zahl *Gr*

$$Gr = \frac{g \cdot \gamma \cdot \Delta T \cdot l^3}{\upsilon^2} \tag{2.14}$$

g Erdbeschleunigung $[\frac{m}{s^2}]$

γ Ausdehnungskoeffizient $[\frac{1}{K}]$

ΔT Temperaturdifferenz $|T_F - T_W|$ [K]

l charakteristische Länge [m]

υ kinematische Viskosität $[\frac{m^2}{s}]$

Die Grashof-Zahl *Gr* zeigt an, ob eine Strömung laminar oder turbulent ist. Die Rayleigh-Zahl kann in Abhängigkeit der Grashof-Zahl bestimmt werden.

Rayleigh-Zahl *Ra*

$$Ra = \frac{g \cdot \gamma \cdot \Delta T \cdot l^3}{\nu \cdot a} = Gr \cdot Pr \tag{2.15}$$

g Erdbeschleunigung $[\frac{m}{s^2}]$

γ Ausdehnungskoeffizient $[\frac{1}{K}]$

ΔT Temperaturdifferenz $|T_F - T_W|$ [K]

l charakteristische Länge [m]

υ kinematische Viskosität $[\frac{m^2}{s}]$

a Temperaturleitfähigkeit $[\frac{m^2}{s}]$

Die Größe l ist die charakteristische Länge, eine für die Geometrie der Wand maßgebende Größe.

Bei der Konvektion kann man die Anströmung und die Durchströmung unterscheiden. In **Bild 2.9** sind die Verhältnisse bei der Anströmung einer Wand dargestellt. Bei einer Anströmung ist die charakteristische Länge gleich der Länge der angeströmten Wand in Strömungsrichtung.

In Bild **2.10** sind die Verhältnisse bei einer Durchströmung durch einen Kanal dargestellt.

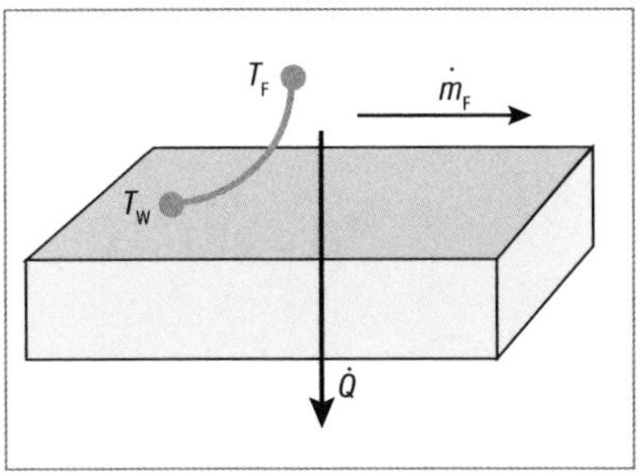

Bild 2.9 Wärmeübergang bei der Anströmung

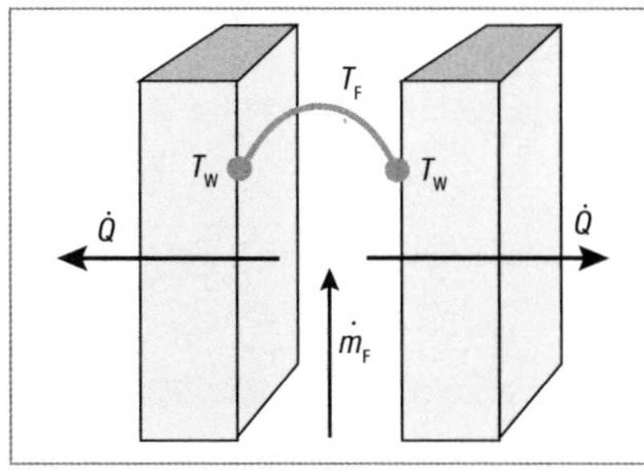

Bild 2.10 Wärmeübergang bei der Durchströmung

Bei einer Durchströmung ist l gleich dem hydraulischen Durchmesser d_h, mit

$$d_h = \frac{4 \cdot A_Q}{U} \tag{2.16}$$

A_Q Querschnittsfläche des Strömungskanals [m^2]

U vom Fluid benetzter Umfang des Strömungskanals [m]

> Im Zweifelsfall sollte man in der entsprechenden Tabelle zur Nußelt-Zahl-Berechnung nachschlagen, da dort Informationen zur Bestimmung von l gegeben sind!

Weitere benötigte Größen sind:

Temperaturleitfähigkeit *a*

$$a = \frac{\lambda}{\varrho \cdot c_p} \tag{2.17}$$

a Temperaturleitfähigkeit [$\frac{m^2}{s}$]

λ Wärmeleitfähigkeit des Fluids [$\frac{W}{m \cdot K}$]

ϱ spezifische Dichte [$\frac{kg}{m^3}$]

c_p spezifische isobare Wärmeleitfähigkeit [$\frac{kJ}{kg \cdot K}$]

Ausdehnungskoeffizient γ

$$\gamma = \frac{1}{T_F} \tag{2.18}$$

γ Ausdehnungskoeffizient [$\frac{1}{K}$]

T_F Fluidtemperatur [K]

2.3 Wärmedurchgang

In **Bild 2.11** ist das Prinzip des Wärmedurchgangs noch einmal dargestellt.

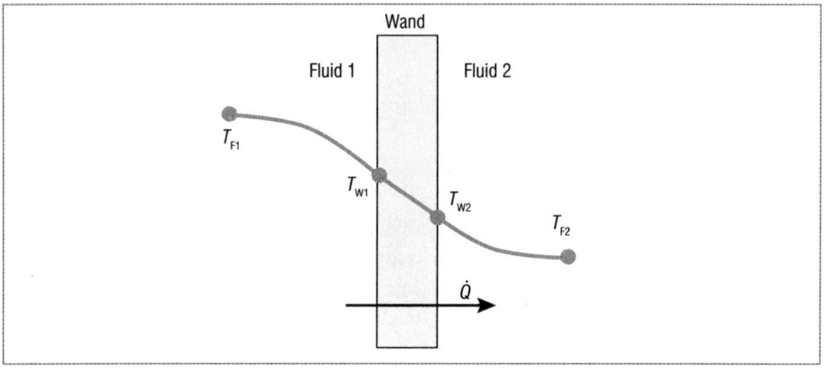

Bild 2.11 Wärmedurchgang

Der Wärmestrom lässt sich auf verschiedene Weise berechnen:

$$\dot{Q} = \frac{T_{F1} - T_{W1}}{R_{\alpha 1}} = \alpha_1 \cdot A_1 \cdot (T_{F1} - T_{W1}) \tag{2.19}$$

$$\dot{Q} = \frac{T_{W1} - T_{W2}}{R_\lambda} \tag{2.20}$$

$$\dot{Q} = \frac{T_{W2} - T_{F2}}{R_{\alpha 2}} = \alpha_1 \cdot A_1 \cdot (T_{W2} - T_{F2}) \tag{2.21}$$

Da man in der Praxis häufig nur die Fluidtemperaturen kennt, berechnet man den Wärmestrom aus dem Gesamtwiderstand:

$$\dot{Q} = \frac{T_{F1} - T_{F2}}{R_{\alpha 1} + R_\lambda + R_{\alpha 2}} = \frac{T_{F1} - T_{F2}}{R_k}$$

$$\text{mit } R_k = \frac{1}{k \cdot A} = \frac{1}{\alpha_1 \cdot A_1} + R_\lambda + \frac{1}{\alpha_2 \cdot A_2} \tag{2.22}$$

α Wärmeübergangskoeffizient $[\frac{W}{m^2 \cdot K}]$
A Wandfläche $[m^2]$
T Temperatur [K]
λ Wärmeleitfähigkeit $[\frac{W}{m \cdot K}]$
δ Wanddicke [m]
k Wärmedurchgangskoeffizient $[\frac{W}{m^2 \cdot K}]$
R_k Wärmedurchgangswiderstand $[\frac{K}{W}]$
R_α Wärmeübergangswiderstand $[\frac{K}{W}]$

R_k ist hierbei der Gesamtwiderstand, der auch Wärmedurchgangswiderstand genannt wird.

Der Wärmeleitwiderstand der Wand R_λ wird dabei nach Abschnitt 2.1 berechnet.

Zur Vergrößerung des Wärmestroms sind Maßnahmen auf der Seite mit kleinerem α durchzuführen, dazu gehören:
– Oberfläche vergrößern (Rippenrohr),
– bei freier Konvektion Rayleigh-Zahl erhöhen,
– bei erzwungener Konvektion Reynolds-Zahl erhöhen.

2.4 Beispielaufgaben

Beispiel 1: Wärmeübergang bei einphasiger Rohrströmung

Der Wärmestrom für eine einphasige Rohrströmung (erzwungene Konvektion, einschichtiges Rohr) ist zu ermitteln. Dazu sind folgende Werte bekannt:

Gegeben: $t_{Umg} = 20\,°C$ $t_{Luft} = 80\,°C$ $\dot{m}_{Luft} = 2{,}5\,\frac{kg}{s}$
$d_a = 510\,mm$ $d_i = 500\,mm$ $p_i = 1\,bar$
Rohrwand: $\delta = 5\,mm$ $\lambda_{St} = 58\,\frac{W}{m \cdot K}$

Gesucht: $\dot{Q}$

Lösung: Der Ansatz kann wie folgt gewählt werden:

$$\dot{Q} = k \cdot A \cdot (T_{F1} - T_{F2}) = k \cdot A \cdot (t_{Luft} - t_{Umg})$$

wobei gilt ($k \Rightarrow$ Wärmedurchgangskoeffizient)

$$\frac{1}{k \cdot A} = \frac{1}{\alpha_i \cdot A_i} + R_\lambda + \frac{1}{\alpha_a \cdot A_a}$$

Zur Berechnung des *inneren* Wärmeübergangskoeffizienten als Ansatz:

$$a_i = \frac{Nu \cdot \lambda}{l}$$

Es ergibt sich das Problem der Bestimmung der Nußelt-Zahl.

Grundüberlegungen: erzwungene Konvektion
Geometrie: Rohr, durchströmt
Strömung laminar oder turbulent?
⇒ Berechnung der Reynolds-Zahl erforderlich!

$$Re = \frac{w \cdot l}{v}$$

Bestimmung der mittleren Strömungsgeschwindigkeit w aus Kontinuitätsgleichung:

$$\dot{m}_{Luft} = \varrho_{Luft} \cdot w \cdot A$$

$$w = \frac{\dot{m}_{Luft}}{\varrho_{Luft} \cdot A}$$

Bestimmung der Querschnittsfläche der Strömung:

$$A = \frac{\pi \cdot d_i^2}{4} = \frac{\pi \cdot (0{,}5\ \mathrm{m})^2}{4} = 0{,}196\,\mathrm{m}^2$$

Die Dichte der Luft kann nun für die Innentemperatur von 80 °C auf zwei Wegen bestimmt werden:

1. Weg (Literaturwert): $\varrho_{Luft}(80\,°\mathrm{C}) = 0{,}9859\ \frac{\mathrm{kg}}{\mathrm{m}^3}$
2. Weg (ideales Gas): $p_i \cdot V = m \cdot R_i \cdot T$

$$\varrho = \frac{1}{v} = \frac{m}{V} = \frac{p_i}{R_i \cdot T} = \frac{10^5\,\frac{\mathrm{J}}{\mathrm{m}^3}}{0{,}287\,\frac{\mathrm{kJ}}{\mathrm{kg}\cdot\mathrm{K}} \cdot 353\,\mathrm{K}} = 0{,}987\ \frac{\mathrm{kg}}{\mathrm{m}^3}$$

$$w_{Luft} = \frac{\dot{m}_{Luft}}{\varrho_{Luft} \cdot A} = \frac{2{,}5\,\frac{\mathrm{kg}}{\mathrm{s}}}{0{,}9859\,\frac{\mathrm{kg}}{\mathrm{m}^3} \cdot 0{,}196\,\mathrm{m}^2} = 12{,}9\ \frac{\mathrm{m}}{\mathrm{s}}$$

Die kinematische Viskosität kann als Literaturwert nachgeschlagen werden:

$$\upsilon_{Luft}\,(80\,°\mathrm{C}) = 213{,}5 \cdot 10^{-7}\,\frac{\mathrm{m}^2}{\mathrm{s}}$$

Die charakteristische Länge ist in diesem Fall gleich dem Rohrinnendurchmesser.

$$l = d_h = \frac{4 \cdot A}{U} = d_i = 0{,}5\,\mathrm{m}$$

$$Re = \frac{w \cdot l}{\nu} = \frac{12{,}9\,\frac{\text{m}}{\text{s}} \cdot 0{,}5\,\text{m}}{213{,}5 \cdot 10^{-7}\,\frac{\text{m}^2}{\text{s}}} = 3{,}02 \cdot 10^5 \Rightarrow \text{turbulente Strömung}$$

Nach Prüfung der Voraussetzungen kann zur Berechnung der Nußelt-Zahl die Gleichung 8.19 aus **Tabelle 2.1** (siehe Kapitelende) verwendet werden:

$$Nu_{\text{m}} = 0{,}0214 \cdot (Re^{0{,}8} - 100) \cdot Pr^{0{,}4} \cdot \left[1 + \left(\frac{d}{h}\right)^{2/3}\right] \cdot K$$

Die Prandtl-Zahl kann der Literatur entnommen werden:

$$Pr_{\text{Luft}}(80\,°\text{C}) = 0{,}7083$$

Die Formel für K findet sich ebenfalls in Tabelle 2.1:

$$K = \left(\frac{T_{\text{F}}}{T_{\text{W}}}\right)^n \quad \text{mit } n = 0 \text{ (Kühlen des Gases)} \Rightarrow K = 1$$

$$d = d_{\text{i}} = 0{,}5\,\text{m}$$

$$Nu = 0{,}0214 \cdot [(3{,}02 \cdot 10^5)^{0{,}8} - 100] \cdot 0{,}7^{0{,}4} \cdot \left[1 + \left(\frac{0{,}5\,\text{m}}{20\,\text{m}}\right)^{2/3}\right] \cdot 1 = 485{,}5$$

Bestimmung des inneren Wärmeübergangskoeffizienten:

$$a_{\text{i}} = \frac{Nu \cdot \lambda}{l} = \frac{485{,}5 \cdot 30{,}01 \cdot 10^{-3}\,\frac{\text{W}}{\text{m} \cdot \text{K}}}{0{,}5\,\text{m}} = 29{,}14\,\frac{\text{W}}{\text{m}^2 \cdot \text{K}}$$

Es gilt nun, den *äußeren* Wärmeübergangskoeffizienten zu bestimmen.

Grundüberlegungen: freie Konvektion
horizontaler Zylinder

⇒ Gleichung 8.26a aus **Tabelle 2.2** (siehe Kapitelende) zur Berechnung der Nußelt-Zahl:

$$Nu = \left[0{,}752 + 0{,}387 \cdot (Ra \cdot f_3)^{1/6}\right]^2$$

$$f_3 = \frac{1}{\left[1 + \left(\frac{0{,}559}{Pr}\right)^{9/16}\right]^{16/9}}$$

Die Prandtl-Zahl ist hier eine Schätzung, weil die Zwischentemperatur nicht vorliegt. Dazu muss eine Näherung für die Wandtemperatur gebildet werden!

$$t = \frac{t_{\text{F}} + t_{\text{W}}}{2}$$

$$t_{\text{F}} = 20\,°\text{C} = t_{\text{Umg}}$$

$$t_{\text{W}} = ? = \frac{t_{\text{L}} + t_{\text{Umg}}}{2} = 50\,°\text{C (geschätzt, tatsächlich höher)}$$

$$t = \frac{t_{\text{F}} + t_{\text{W}}}{2} = \frac{20\,°\text{C} + 50\,°\text{C}}{2} = 35\,°\text{C}$$

Nun kann die Prandtl-Zahl in Näherung der Literatur entnommen werden.

$$Pr(35\,°C) = \frac{Pr(30\,°C) + Pr(40\,°C)}{2} = 0{,}7128$$

$$f_3 = \frac{1}{\left[1 + \left(\frac{0{,}559}{0{,}7128}\right)^{9/16}\right]^{16/9}} = 0{,}3175$$

$$Ra = \frac{\gamma \cdot g \cdot \Delta T \cdot l^3}{\nu \cdot a}$$

Der Ausdehnungskoeffizient ist reziprok zur *absoluten* Temperatur:

$$\gamma = \frac{1}{T_F} = \frac{1}{293\,K} = 3{,}41 \cdot 10^{-3} \frac{1}{K}$$

$$\Delta T = T_W - T_F$$

Achtung: nach Gleichung 8.26a ist die charakteristische Länge wie folgt: $l = \pi \cdot r_a = \pi \cdot 0{,}255\,m = 0{,}8\,m$

Für kinematische Viskosität und Temperaturleitfähigkeit liefert die Literatur:

$$\upsilon_{Luft}(35\,°C) = 167{,}8 \cdot 10^{-7} \frac{m^2}{s}$$

$$a_{Luft}(35\,°C) = 235{,}4 \cdot 10^{-7} \frac{m^2}{s}$$

$$Ra = \frac{\gamma \cdot g \cdot \Delta T \cdot l^3}{\nu \cdot a} = \frac{3{,}41 \cdot 10^{-3} \frac{1}{K} \cdot 9{,}81 \frac{m}{s^2} \cdot 30\,K \cdot (0{,}8\,m)^3}{167{,}8 \cdot 10^{-7} \frac{m^2}{s} \cdot 235{,}4 \cdot 10^{-7} \frac{m^2}{s}} = 13 \cdot 10^8$$

$$Nu = \left[0{,}752 + 0{,}387 \cdot (13 \cdot 10^8 \cdot 0{,}3175)^{1/6}\right]^2 = 128$$

Bestimmung des äußeren Wärmeübergangskoeffizienten:

$$\alpha_a = \frac{Nu \cdot \lambda}{l} = \frac{128 \cdot 26{,}8 \cdot 10^{-3} \frac{W}{m \cdot K}}{0{,}8\,m} = 4{,}29 \frac{W}{m \cdot K}$$

Die Wärmeleitfähigkeit ergibt sich für die einschichtige Zylinderwand nach:

$$R_\lambda = \frac{\ln \frac{d_a}{d_i}}{2 \cdot \pi \cdot \lambda \cdot l} = \frac{\ln \frac{510\,mm}{500\,mm}}{2 \cdot \pi \cdot 58 \frac{W}{m \cdot K} \cdot 20\,m} = 2{,}7 \cdot 10^{-6} \frac{K}{W}$$

Für die innere und äußere Oberfläche ergibt sich:

$$A_\mathrm{i} = \pi \cdot d_\mathrm{i} \cdot l = \pi \cdot 0{,}5\,\mathrm{m} \cdot 20\,\mathrm{m} = 31{,}4\,\mathrm{m}^2$$

$$A_\mathrm{a} = \pi \cdot d_\mathrm{a} \cdot l = \pi \cdot 0{,}51\,\mathrm{m} \cdot 20\,\mathrm{m} = 32{,}04\,\mathrm{m}^2$$

Nun kann der Wert für Wärmedurchgangskoeffizient mal Fläche ermittelt werden:

$$\frac{1}{k \cdot A} = \frac{1}{\alpha_\mathrm{i} \cdot A_\mathrm{i}} + R_\lambda + \frac{1}{\alpha_\mathrm{a} \cdot A_\mathrm{a}}$$

$$\frac{1}{k \cdot A} = \frac{1}{29{,}15\,\frac{\mathrm{W}}{\mathrm{m}^2 \cdot \mathrm{K}} \cdot 31{,}4\,\mathrm{m}^2} + 2{,}7 \cdot 10^{-6}\,\frac{\mathrm{K}}{\mathrm{W}} + \frac{1}{4{,}29\,\frac{\mathrm{W}}{\mathrm{m}^2 \cdot \mathrm{K}} \cdot 32{,}04\,\mathrm{m}^2} = 8{,}3796 \cdot 10^{-3}\,\frac{\mathrm{K}}{\mathrm{W}}$$

$$k \cdot A = 119{,}34\,\frac{\mathrm{K}}{\mathrm{W}}$$

Der Wärmestrom beträgt:

$$\dot{Q} = k \cdot A \cdot (t_\mathrm{Luft} - t_\mathrm{Umg}) = 119{,}34\,\frac{\mathrm{W}}{\mathrm{K}} \cdot (80\,°\mathrm{C} - 20\,°\mathrm{C}) = 7.160\,\mathrm{W}$$

Ergänzung zum Beispiel:

$$\dot{Q} = k \cdot A \cdot (t_\mathrm{Luft} - t_\mathrm{Umg})$$

$$\frac{1}{k \cdot A} = \frac{1}{\alpha_\mathrm{i} \cdot A_\mathrm{i}} + R_\lambda + \frac{1}{\alpha_\mathrm{a} \cdot A_\mathrm{a}}$$

Für die ebene Wand gilt:

$A_\mathrm{i} = A_\mathrm{a} = A \quad \Rightarrow k$ lässt sich direkt bestimmen!

k bezogen auf A_i: $k \cdot A = 119{,}34\,\frac{\mathrm{W}}{\mathrm{K}}$

$$k = \frac{119{,}34\,\frac{\mathrm{W}}{\mathrm{K}}}{A} = \frac{119{,}34\,\frac{\mathrm{W}}{\mathrm{K}}}{31{,}42\,\mathrm{m}^2} = 3{,}79\,\frac{\mathrm{W}}{\mathrm{m}^2 \cdot \mathrm{K}}$$

$$\alpha_\mathrm{i} = 29{,}14\,\frac{\mathrm{W}}{\mathrm{m}^2 \cdot \mathrm{K}}$$

$$\alpha_\mathrm{a} = 4{,}29\,\frac{\mathrm{W}}{\mathrm{m}^2 \cdot \mathrm{K}}$$

Wie weiter oben bereits erwähnt, ist k immer kleiner als der kleinste Wärmeübergangskoeffizient α_x. Deshalb sollten Maßnahmen zur Erhöhung von k immer auf der Seite mit dem kleinsten Wärmeübergangskoeffizienten durchgeführt werden!

Beispiele:

$$\frac{1}{k} = \frac{1}{29{,}14} + \frac{1}{5} \quad \Rightarrow k = 4{,}27$$

$$\frac{1}{k} = \frac{1}{29{,}14} + \frac{1}{10} \quad \Rightarrow k = 7{,}46$$

$$\frac{1}{k} = \frac{1}{300} + \frac{1}{4{,}29} \quad \Rightarrow k = 4{,}23$$

Beispiel 2: Wärmeschutzverglasung

Die Gartenfront eines Bungalows ist mit einer Dreifach-Wärmeschutzverglasung ausgestattet. Höhe der Scheiben 2,5 m, Länge der (nebeneinander angeordneten) Scheiben insgesamt 12 m.

a) Entlang der Scheiben bläst der Wind mit der Geschwindigkeit $w = 10{,}2$ m/s (Windstärke 6). Wie groß ist der Wärmeübergangskoeffizient Außenluft/Scheibe?

$t_{\text{außen}} = -1\,°\text{C}$

$\lambda_{\text{Luft, außen}} = 0{,}025\ \text{W/K} \cdot \text{m}$

$\nu_{\text{Luft, außen}} = 1{,}34 \cdot 10^{-5}\ \text{m}^2/\text{s}$

$Pr_{\text{Luft, außen}} = 0{,}7$

b) Wie groß ist der Wärmeübergangskoeffizient Wohnraumluft/Scheibe?

$t_{\text{innen}} = 21\,°\text{C}$

$\lambda_{\text{Luft, innen}} = 0{,}026\ \text{W/K} \cdot \text{m}$

$\nu_{\text{Luft, innen}} = 1{,}51 \cdot 10^{-5}\ \text{m}^2/\text{s}$

$Pr_{\text{Luft, innen}} = 0{,}7$

Charakteristische Länge ist die Höhe der Fenster. Schätzwert für die Oberflächentemperatur der dem Wohnraum zugewandten Glasscheibe $t_{\text{Gl.}} = 14{,}1\,°\text{C}$.

c) Jede der Dreifach-Wärmeschutzverglasungen in **Bild 2.12** besteht aus drei einzelnen Scheiben (Dicke jeweils 4 mm), die im Abstand von jeweils s = 12 mm angeordnet sind. Zwischen den Scheiben befindet eine Krypton-Füllung.

Wie groß ist der Wärmedurchgangskoeffizient Wohnraumluft/Scheibe/Außenluft?

$\lambda_{\text{Glas}} = 0{,}8\ \text{W/K} \cdot \text{m}$

$\lambda_{\text{Krypton}} = 0{,}00949\ \text{W/K} \cdot \text{m}$

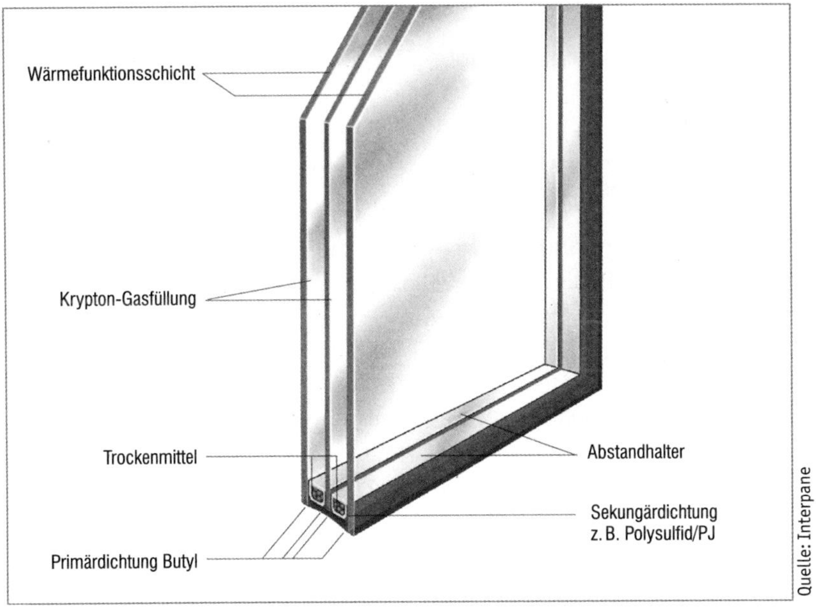

Bild 2.12 Dreifach-Wärmeschutzverglasung „Superwarmglas iplus 3C E"

d) Welcher Wärmestrom fließt durch die Fensterfront?

Wie groß ist die Temperatur an der dem Wohnraum zugewandten Fensteroberfläche (Kontrolle für den unter b) benutzten Schätzwert)?

Lösung:

Der Ansatz kann wie folgt gewählt werden:

$$\alpha = \frac{Nu \cdot \lambda}{l}$$

Die Nußelt-Zahl muss berechnet werden.

zu a)

Grundüberlegungen: erzwungene Konvektion
Geometrie: Platte, längs angeströmt
Strömung laminar oder turbulent?
⇒ Berechnung der Reynolds-Zahl erforderlich!

$$Re = \frac{w \cdot l}{\nu}$$

Strömungsgeschwindigkeit: $w_{\text{Luft}} = 10{,}2\,\frac{\text{m}}{\text{s}}$

Die kinematische Viskosität ist gegeben: $\upsilon_{\text{Luft, außen}}(-1\,°\text{C}) = 1{,}34 \cdot 10^{-5}\,\frac{\text{m}^2}{\text{s}}$

Die charakteristische Länge ist in diesem Fall die Höhe der Fester:
$l = h = 2{,}5\,\text{m}$

$$Re = \frac{w \cdot l}{\nu} = \frac{10{,}2\,\frac{\text{m}}{\text{s}} \cdot 2{,}5\,\text{m}}{1{,}34 \cdot 10^{-5}\,\frac{\text{m}^2}{\text{s}}} = 1{,}9 \cdot 10^6 \Rightarrow \text{turbulente Strömung!}$$

Nach Prüfung der Voraussetzungen kann zur Berechnung der Nußelt-Zahl die Gleichung 8.22 aus Tabelle 2.1 verwendet werden:

$$Nu_{\text{m}} = \frac{0{,}037 \cdot Re^{0{,}8} \cdot Pr}{1 + 2{,}443 \cdot Re^{-0{,}1} \cdot (Pr^{2/3} - 1)} \cdot K$$

Die Gleichung für K findet sich ebenfalls in Tabelle 2.1:

$$K = \left(\frac{T_{\text{i}}}{T_{\text{w}}}\right)^n \quad \text{mit } n = 0{,}12 \quad \Rightarrow K \approx 1$$

$$Nu = \frac{0{,}037 \cdot (1{,}9 \cdot 10^6)^{0{,}8} \cdot 0{,}7}{1 + 2{,}443 \cdot (1{,}9 \cdot 10^6)^{-0{,}1} \cdot (0{,}7^{2/3} - 1)} \cdot 1 = 3.109{,}6$$

Bestimmung des äußeren Wärmeübergangskoeffizienten:

$$\alpha_{\text{a}} = \frac{Nu \cdot \lambda}{l} = \frac{3.109{,}6 \cdot 0{,}025\,\frac{\text{W}}{\text{m} \cdot \text{K}}}{2{,}5\,\text{m}} = 31{,}1\,\frac{\text{W}}{\text{m}^2 \cdot \text{K}}$$

zu b)

Es gilt nun, den inneren Wärmeübergangskoeffizienten zu bestimmen.

Grundüberlegungen: freie Konvektion
Geometrie: Platte, längs angeströmt

⇒ Gleichung 8.24a aus Tabelle 2.2 zur Berechnung der Nußelt-Zahl

$$Nu = \left[0{,}825 + 0{,}387 \cdot (Ra \cdot f_1)^{1/6}\right]^2$$

$$\text{mit } f_1 = \frac{1}{\left[1 + \left(\dfrac{0{,}492}{Pr}\right)^{9/16}\right]^{16/9}}$$

$$\text{und } Ra = \frac{g \cdot \gamma \cdot \Delta T \cdot l^3}{\nu \cdot \mathrm{a}}$$

Der Ausdehnungskoeffizient ist reziprok zur *absoluten* Temperatur:

$$\gamma = \frac{1}{T_\mathrm{F}} = \frac{1}{293{,}15\,\mathrm{K}} = 3{,}41 \cdot 10^{-3}\,\frac{1}{\mathrm{K}}$$

Außerdem gilt: $\Delta T = T_\mathrm{W} - T_\mathrm{F}$

Die Wandtemperatur ist gegeben: $T_\mathrm{W} = 14{,}1\,°\mathrm{C}$

$$\Delta T = 21\,°\mathrm{C} - 14{,}1\,°\mathrm{C} = 6{,}9\,\mathrm{K}$$

Die Temperaturleitfähigkeit beträgt:

$$a_\mathrm{Luft}\,(21\,°\mathrm{C}) = 215{,}6 \cdot 10^{-7}\,\frac{\mathrm{m}^2}{\mathrm{s}}$$

Daraus folgt:

$$Ra = \frac{\gamma \cdot g \cdot \Delta T \cdot l^3}{\nu \cdot \mathrm{a}} = \frac{3{,}41 \cdot 10^{-3}\,\frac{1}{\mathrm{K}} \cdot 9{,}81\,\frac{\mathrm{m}}{\mathrm{s}^2} \cdot 6{,}9\,\mathrm{K} \cdot (2{,}5\,\mathrm{m})^3}{1{,}51 \cdot 10^{-5}\,\frac{\mathrm{m}^2}{\mathrm{s}} \cdot 215{,}6 \cdot 10^{-7}\,\frac{\mathrm{m}^2}{\mathrm{s}}} = 1{,}1 \cdot 10^{10}$$

$$f_1 = \frac{1}{\left[1 + \left(\dfrac{0{,}492}{0{,}7}\right)^{9/16}\right]^{16/9}} = 0{,}334$$

$$Nu = \left[0{,}825 + 0{,}387 \cdot (1{,}1 \cdot 10^{10} \cdot 0{,}344)^{1/6}\right]^2 = 256{,}87$$

Bestimmung des inneren Wärmeübergangskoeffizienten:

$$\alpha_\mathrm{i} = \frac{Nu \cdot \lambda}{l} = \frac{256{,}87 \cdot 26 \cdot 10^{-3}\,\frac{\mathrm{W}}{\mathrm{m} \cdot \mathrm{K}}}{2{,}8\,\mathrm{m}} = 2{,}67\,\frac{\mathrm{W}}{\mathrm{m} \cdot \mathrm{K}}$$

zu c)

Zunächst kann der Wert für Wärmedurchgangskoeffizient mal Fläche ermittelt werden:

$$\frac{1}{k \cdot A} = R_{\alpha a} + R_{\lambda} + R_{\alpha i} = \frac{1}{\alpha_i \cdot A_i} + R_{\lambda} + \frac{1}{\alpha_a \cdot A_a}$$

$$\text{mit } A_a = A_i = 2{,}5\,\text{m} \cdot 12\,\text{m} = 30\,\text{m}^2$$

$$\text{und } R_{\lambda} = \frac{\delta}{\lambda \cdot A} = 3 \cdot \frac{0{,}004\,\text{m}}{0{,}8\,\frac{\text{W}}{\text{m} \cdot \text{K}} \cdot 30\,\text{m}^2} + 2 \cdot \frac{0{,}012\,\text{m}}{0{,}00949\,\frac{\text{W}}{\text{m} \cdot \text{K}} \cdot 30\,\text{m}^2}$$

$$= 0{,}0848\,\frac{\text{K}}{\text{W}}$$

Daraus folgt:

$$\frac{1}{k \cdot A} = \frac{1}{2{,}67\,\frac{\text{W}}{\text{m} \cdot \text{K}} \cdot 30\,\text{m}^2} + 0{,}0848\,\frac{\text{K}}{\text{W}} + \frac{1}{31{,}1\,\frac{\text{W}}{\text{m} \cdot \text{K}} \cdot 30\,\text{m}^2}$$

$$= 0{,}0984$$

$$k \cdot A = 10{,}17\,\frac{\text{W}}{\text{K}}$$

$$k = \frac{10{,}17\,\frac{\text{W}}{\text{K}}}{30\,\text{m}^2} = 0{,}339\,\frac{\text{W}}{\text{m}^2 \cdot \text{K}}$$

zu d)

Gesucht ist der Wärmestrom $\dot{Q}$:

$$\dot{Q} = k \cdot A \cdot (t_{\text{innen}} - t_{\text{außen}}) = 0{,}339\,\frac{\text{W}}{\text{m}^2 \cdot \text{K}} \cdot 30\,\text{m}^2 \cdot [21\,°\text{C} - (-1\,°\text{C})]$$

$$= 223{,}74\,\text{W}$$

Modell	Gl Nr.	Gleichung	angegeben von	Geltungsbereich	Bezugsgrößen
1. Erzwungene Strömung Rohr innen	8.18	$Nu_m = \sqrt[3]{49{,}371 + \left(1{,}615 \sqrt[3]{Re\,Pr\,\frac{d}{h}} - 0{,}7\right)^3}\; K$	Gnielinski	**laminar;** $Re = \frac{w\,d}{\nu} < 2\,300$ $Re\,Pr\,\frac{d}{h} = 0\ldots\infty$ $K = \left(\frac{Pr_f}{Pr_w}\right)^{0,11}$ bei Flüssigkeiten $K \approx 1$ bei Gasen und Dämpfen nur für *kreisförmige* Rohre	Stoffwerte bei $t_f = \frac{t_1 + t_2}{2}$ mit t_1 = Eintrittstemperatur des Fluids t_2 = Austrittstemperatur des Fluids h = Rohrlänge d = Rohrinnendurchmesser (charakteristische Länge) Pr_f = Pr-Zahl der Flüssigkeit bei t_f Pr_w = Pr-Zahl der Flüssigkeit bei t_w
	8.19	$Nu_m = 0{,}0214\,(Re^{0,8} - 100)\,Pr^{0,4}\left[1 + \left(\frac{d}{h}\right)^{2/3}\right] K$	Hausen und Gnielinski	**Übergangs- und Turbulenzgebiet;** $Re = \frac{w\,d}{\nu} = 2\,300\ldots10^6$; $Pr = 0{,}5\ldots1{,}5$ $K = \left(\frac{Pr_f}{Pr_w}\right)^{0,11}$ bei Flüssigkeiten $K = \left(\frac{T_f}{T_w}\right)^{n}$ bei Gasen und Dämpfen	wie Gl 8.18 d = Rohrinnendurchmesser oder $d_h = \frac{4\,A}{U}$ T_f = mittl. Kelvin-Temperatur des Gases T_w = mittl. Kelvin-Temperatur der Wand n | Vorgang | T_f/T_w: 0 | Kühlen des Gases | > 1 0,45 | Erwärmen von Luft | 0,5 … 1 0,12 | Erwärmen von CO_2 | 0,5 … 1 −0,18 | Erwärmen von Wasserdampf (21 … 100) bar | 0,67 … 1
	8.20	$Nu_m = 0{,}012\,(Re^{0,87} - 280)\,Pr^{0,4}\left[1 + \left(\frac{d}{h}\right)^{2/3}\right] K$		**Übergangs- und Turbulenzgebiet** $Pr = 1{,}5\ldots500$ sonst wie Gl 8.19	
Platte längs oder Zylinder quer angeströmt	8.21	$Nu_m = 0{,}664\,\sqrt{Re}\,\sqrt[3]{Pr}\,K$	Pohlhausen und Krouzhiline	**laminar;** $Re = \frac{w\,l}{\nu}$ Platte: $Re < 10^5$; $Pr = 0{,}6\ldots2\,000$ Zylinder: $Re < 10$; $Pr = 0{,}6\ldots1\,000$ $K = \left(\frac{Pr_f}{Pr_w}\right)^{0,25}$ bei Flüssigkeiten $K = \left(\frac{T_f}{T_w}\right)^{0,12}$ bei Gasen und Dämpfen	Stoffwerte bei $t_f = \frac{t_1 + t_2}{2}$ t_1 = Fluidtemperatur vor Zuströmung t_2 = Fluidtemperatur nach Abströmung w = Anströmgeschwindigkeit l = Länge der Platte $l = \pi r$ = Überströmlänge beim Zylinder (charakteristische Länge)
	8.22	$Nu_m = \frac{0{,}037\,Re^{0,8}\,Pr}{1 + 2{,}443\,Re^{-0,1}\,(Pr^{2/3} - 1)}\,K$	Petukhov und Popov, Krischer und Kast	**turbulent;** $Re = \frac{w\,l}{\nu}$ K wie Gl 8.21 Platte: $Re = 5\cdot10^5\ldots10^7$; $Pr = 0{,}6\ldots2\,000$ Zylinder: $Re = 10\ldots10^7$; $Pr = 0{,}6\ldots1\,000$	
Rohrbündelwärmeübertrager mit Umlenkblechen quer angeströmt	8.23	$Nu_m = C\,Re^{0,6}\,Pr^{0,33}\left(\frac{\eta_f}{\eta_w}\right)^{0,14}$	Donohue	$Re = \frac{w\,d}{\nu} = 4\ldots50\,000$ $Pr = 0{,}5\ldots500$ $C = 0{,}22$ bei ungebohrtem Mantelrohr $C = 0{,}25$ bei gebohrtem Mantelrohr Für Überschlagsrechnungen Genauere Gleichungen berücksichtigen die Rohranordnung, die Leckströmung an den Umlenkblechen und die Bypass-Strömung zwischen Rohren und Mantel; z. B. [10]	Stoffwerte bei $t_f = \frac{t_1 + t_2}{2}$ $w = \sqrt{w_q\,w_l}$ w_q = Geschwindigkeit quer zu den Rohren im engsten Querschnitt w_l = Geschwindigkeit in Längsrichtung an der Umlenkung η_f = Viskosität des Fluids bei t_f η_w = Viskosität des Fluids bei t_w d = Rohrdurchmesser, außen (charakteristische Länge)

Tabelle 2.1 Erzwungene Strömung (Quelle: *Cerbe, G.; Wilhelms, G.:* Technische Thermodynamik. München 2021.)

Modell	Gl Nr.	Gleichung	angegeben von	Geltungsbereich	Bezugsgrößen
2. Freie Strömung Senkrechte Wand und Kugel	**8.24a**	$Nu_m = [0{,}825 + 0{,}387\,(Ra\,f_1)^{1/6}]^2$ mit $f_1 = \dfrac{1}{\left[1 + \left(\dfrac{0{,}492}{Pr}\right)^{9/16}\right]^{16/9}}$	Churchill und Chu	**laminar und turbulent;** Senkrechte Wand: $Ra = 0{,}1 \ldots 10^{12}$ Kugel: $Ra = 10^3 \ldots 10^{12}$; $Nu > 2$ $Pr = 0{,}001 \ldots \infty$	Stoffwerte bei $t = \dfrac{t_f + t_w}{2}$ γ bei t_f $\left(\text{ideales Gas: } \gamma = \dfrac{1}{T_f}\right)$ $l = h$ = Wandhöhe $l = d$ = Durchmesser, bei Kugeln (charakteristische Länge)
Senkrechter Zylinder	**8.24b**	$Nu_{Zylm} = Nu_m + 0{,}435\,\dfrac{h}{d}$	Fujii und Uehara		Nu_m für senkrechte Wand nach Gl 8.24a $l = h$ = Zylinderhöhe d = Zylinderdurchmesser sonst wie Gl 8.24a
Horizontale ebene Wand Wärmeabgabe auf der Oberseite	**8.25a**	$Nu_m = 0{,}766\,(Ra\,f_2)^{1/5}$ mit $f_2 = \dfrac{1}{\left[1 + \left(\dfrac{0{,}322}{Pr}\right)^{11/20}\right]^{20/11}}$	Churchill	**laminar;** $Ra\,f_2 < 7 \cdot 10^4$ $Pr = 0 \ldots \infty$ Heizfläche als Teil einer unendlich ausgedehnten Ebene	$l = \dfrac{a\,b}{2\,(a+b)}$ bei Rechteckflächen (a, b = Seitenlängen) $l = \dfrac{d}{4}$ bei Kreisscheiben (charakteristische Länge) sonst wie Gl 8.24a
	8.25b	$Nu_m = 0{,}15\,(Ra\,f_2)^{1/3}$ mit f_2 wie bei Gl 8.25a		**turbulent;** $Ra\,f_2 \geq 7 \cdot 10^4$ $Pr = 0 \ldots \infty$ sonst wie Gl 8.25a	
Horizontale ebene Wand Wärmeabgabe auf der Unterseite	**8.25c**	$Nu_m = 0{,}6\,(Ra\,f_1)^{1/5}$ mit f_1 wie bei Gl 8.24a	Churchill	**laminar;** $Ra\,f_1 = 10^3 \ldots 10^{10}$ $Pr = 0{,}001 \ldots \infty$ sonst wie Gl 8.25a	wie Gl 8.25a
Horizontaler Zylinder	**8.26a**	$Nu_m = [0{,}752 + 0{,}387\,(Ra\,f_3)^{1/6}]^2$ mit $f_3 = \dfrac{1}{\left[1 + \left(\dfrac{0{,}559}{Pr}\right)^{9/16}\right]^{16/9}}$	Churchill und Chu, Korr. nach Martin	**laminar und turbulent;** $Ra = 0 \ldots \infty$ $Pr = 0 \ldots \infty$	$l = \pi r$ = Überströmlänge (charakteristische Länge) sonst wie Gl 8.24a
Kugel	**8.26b**	$Nu_m = 0{,}56\left[\dfrac{Pr\,Ra}{0{,}846 + Pr}\right]^{1/4} + 2$	Raithby und Hollands	**laminar und turbulent;** $Ra = 0 \ldots \infty$; $Pr = 0 \ldots \infty$	$l = d$ = Kugeldurchmesser (charakteristische Länge) sonst wie Gl 8.24a
Geneigte Wand	**8.27a**	Nu_m wie bei senkrechter Wand, jedoch mit $Ra_\varphi = Ra \cos\varphi$	Vliet, Fujii und Imura	**laminar;** für $\varphi < 60°$ zur Senkrechten Übergang laminar-turbulent bei der *kritischen Ra-Zahl* Ra_c (Werte s. bei Gl 8.27b)	l = Wandlänge in Neigungsrichtung (charakteristische Länge)
	8.27b	$Nu_\varphi = 0{,}56\,(Ra_c \cos\varphi)^{1/4} + 0{,}13\,(Ra^{1/3} - Ra_c^{1/3})$ Gl 8.27b beruht auf Messungen für Wasser		**turbulent;** φ: 0°, 15°, 30°, 45°, 60°	sonst wie Gl 8.24a

Tabelle 2.2 Freie Strömung (Quelle: *Cerbe, G.; Wilhelms, G.:* Technische Thermodynamik. München 2021.)

3 Gebäude-Energieplanung

In diesem Kapitel wird Gebäude-Energieplanung mit Fokus auf Niedrigstenergiegebäude in Deutschland dargestellt.

3.1 Niedrigstenergiegebäude nach GEG

Prof. Dr.-Ing. Martin Pfeiffer

Die Verbesserung der Energieeffizienz von Gebäuden ist ein wichtiger Baustein der Energiewende und für den Klimaschutz in Deutschland. Das Energieeinsparrecht leistet somit einen wichtigen Beitrag zum Erreichen der energie- und klimabezogenen Ziele. Dazu gehört auch, dass sich dadurch der Anteil erneuerbarer Energien am Endenergieverbrauch für Wärme und Kälte erhöht. Niedrigstenergiegebäude können die Anforderungen an zeitgemäße Energieeffizienz sehr gut erfüllen und bilden den Maßstab für eine zeitgemäße Gebäude-Energieberatung.

Artikel 9 der Richtlinie 2010/31/EU des Europäischen Parlaments und des Rates vom 19. Mai 2010 über die Gesamtenergieeffizienz von Gebäuden (ABl. L 153 vom 18.6.2010, S. 13, ABl. L 155 vom 22.6.2010, S. 61 – EU-Gebäuderichtlinie) verpflichtet die Mitgliedstaaten, sicherzustellen, dass seit 2021 alle neuen Gebäude als Niedrigstenergiegebäude ausgeführt werden. Für Nichtwohngebäude der öffentlichen Hand gilt diese Pflicht schon seit 2019.

Mit dem im November 2020 in Kraft getretenen „Gesetz zur Einsparung von Energie und zur Nutzung erneuerbarer Energien zur Wärme- und Kälteerzeugung in Gebäuden“, kurz Gebäudeenergiegesetz – GEG, wurde das Energieeinsparrecht entbürokratisiert und vereinfacht. Es führte das Energieeinsparungsgesetz (EnEG), die Energieeinsparverordnung (EnEV) und das Erneuerbare-Energien-Wärmegesetz (EEWärmeG) in einem einzigen Gesetz zusammen.

Mit dem Gebäudeenergiegesetz werden außerdem die europäischen Vorgaben zur Gesamtenergieeffizienz von Gebäuden (**Bild 3.1**) umgesetzt; die Regelung des Niedrigstenergiegebäudes wird in das vereinheitlichte Energieeinsparrecht integriert. Die energetischen Anforderungen für den Neubau und den Gebäudebestand gelten fort. Für die Errichtung neuer Niedrigstenergiegebäude gilt künftig ein einheitliches Anforderungssystem, das Energieeffizienz und erneuerbare Energien integriert.

Quelle: Bethe

Bild 3.1 Niedrigstenergiegebäude nach GEG

Die ordnungsrechtlichen Vorgaben folgen dem Ansatz, den Primärenergiebedarf von Gebäuden gering zu halten, dazu den Energiebedarf eines Niedrigstenergiegebäudes von vornherein durch energiebewusste Bautechnik sowie Anlagentechnik zu begrenzen und den verbleibenden Energiebedarf zunehmend durch erneuerbare Energien zu decken.

Durch hochwertigen baulichen Wärmeschutz sowie Wind- und Luftdichtheit soll bei Niedrigstenergiegebäuden sichergestellt werden, dass auch erneuerbare Energien so effizient wie möglich genutzt werden.

Die mit dem Gebäudeenergiegesetz unverändert fortgeführten energetischen Anforderungen an neue Gebäude erfüllen die Kriterien der EU-Gebäuderichtlinie für das Niedrigstenergiegebäude. Die Integration von Energieeffizienz und erneuerbaren Energien in ein einheitliches Anforderungssystem deckt sich mit dem Ansatz der EU-Gebäuderichtlinie.

Unter Beachtung des Grundsatzes der Wirtschaftlichkeit soll das Gesetz im Interesse des Klimaschutzes, der Schonung fossiler Ressourcen und der Minderung der Abhängigkeit von Energieimporten dazu beitragen, die energie- und klimapolitischen Ziele der Bundesregierung sowie eine weitere Erhöhung des Anteils erneuerbarer Energien am Endenergieverbrauch für Wärme und Kälte bei Niedrigstenergiegebäuden zu erreichen und eine nachhaltige Entwicklung der Energieversorgung zu ermöglichen.

3.1.1 Allgemeines zum Niedrigstenergiegebäude nach GEG

Das GEG ist anzuwenden auf

- Niedrigstenergiegebäude, soweit sie nach ihrer Zweckbestimmung unter Einsatz von Energie beheizt oder gekühlt werden, und
- deren Anlagen und Einrichtungen der Heizungs-, Kühl-, Raumluft- und Beleuchtungstechnik sowie der Warmwasserversorgung.

Der Energieeinsatz für Produktionsprozesse in Niedrigstenergiegebäuden ist nicht Gegenstand dieses Gesetzes.

Mit Ausnahme der §§ 74 bis 78 gilt das GEG nicht für:

1. Betriebsgebäude, die überwiegend zur Aufzucht oder zur Haltung von Tieren genutzt werden,
2. Betriebsgebäude, soweit sie nach ihrem Verwendungszweck großflächig und langanhaltend offengehalten werden müssen,
3. unterirdische Bauten,
4. Unterglasanlagen und Kulturräume für Aufzucht, Vermehrung und Verkauf von Pflanzen,
5. Traglufthallen und Zelte (**Bild 3.2**),
6. Gebäude, die dazu bestimmt sind, wiederholt aufgestellt und zerlegt zu werden, und für provisorische Gebäude mit einer geplanten Nutzungsdauer von bis zu zwei Jahren,
7. Gebäude, die dem Gottesdienst oder anderen religiösen Zwecken gewidmet sind,

Quelle: Bethe

Bild 3.2 Auf Zelte ist das GEG nicht anzuwenden

8. Wohngebäude, die
   a) für eine Nutzungsdauer von weniger als vier Monaten jährlich bestimmt sind oder
   b) für eine begrenzte jährliche Nutzungsdauer bestimmt sind und deren zu erwartender Energieverbrauch für die begrenzte jährliche Nutzungsdauer weniger als 25% des zu erwartenden Energieverbrauchs bei ganzjähriger Nutzung beträgt.
9. sonstige handwerkliche, landwirtschaftliche, gewerbliche, industrielle oder für öffentliche Zwecke genutzte Betriebsgebäude, die nach ihrer Zweckbestimmung:
   a) auf eine Raum-Solltemperatur von weniger als 12 Grad Celsius beheizt werden oder
   b) jährlich weniger als zusammenhängend vier Monate beheizt sowie jährlich weniger als zusammenhängend zwei Monate gekühlt werden.

Auf Bestandteile von Anlagen der Heizungs-, Kühl- und Raumlufttechnik sowie der Warmwasserversorgung, die sich nicht im räumlichen Zusammenhang mit Gebäuden nach Absatz 1 Satz 1 Nummer 1 dieses § 2 des GEG befinden, ist dieses Gesetz nicht anzuwenden.

Grundsatz der Wirtschaftlichkeit zum Niedrigstenergiegebäude nach § 5 GEG

Die Anforderungen und Pflichten, die in diesem Gesetz oder in den auf Grund dieses Gesetzes erlassenen Rechtsverordnungen aufgestellt werden, müssen nach dem Stand der Technik erfüllbar sowie für Gebäude gleicher Art und Nutzung und für Anlagen oder Einrichtungen wirtschaftlich vertretbar sein. Anforderungen und Pflichten gelten als wirtschaftlich vertretbar, wenn generell die erforderlichen Aufwendungen innerhalb der üblichen Nutzungsdauer durch die eintretenden Einsparungen erwirtschaftet werden können. Bei bestehenden Gebäuden, Anlagen und Einrichtungen sind die noch zu erwartenden Nutzungsdauern zu berücksichtigen.

Verordnungsermächtigung zur Verteilung der Betriebskosten und zu Abrechnungs- und Verbrauchsinformationen nach § 6 GEG

(1) Die Bundesregierung wird ermächtigt, durch Rechtsverordnung mit Zustimmung des Bundesrates vorzuschreiben, dass:
   1. der Energieverbrauch der Benutzer von heizungs-, kühl- oder raumlufttechnischen oder der Versorgung mit Warmwasser dienenden gemeinschaftlichen Anlagen oder Einrichtungen erfasst wird,

2. die Betriebskosten dieser Anlagen oder Einrichtungen so auf die Benutzer zu verteilen sind, dass dem Energieverbrauch der Benutzer Rechnung getragen wird,
3. die Benutzer in regelmäßigen, im Einzelnen zu bestimmenden Abständen auf klare und verständliche Weise Informationen erhalten über Daten, die für die Einschätzung, den Vergleich und die Steuerung des Energieverbrauchs und der Betriebskosten von heizungs-, kühl- oder raumlufttechnischen oder der Versorgung mit Warmwasser dienenden gemeinschaftlichen Anlagen oder Einrichtungen relevant sind, und über Stellen, bei denen weitergehende Informationen und Dienstleistungen zum Thema Energieeffizienz verfügbar sind,
4. die zum Zwecke der Datenverarbeitung eingesetzte Technik einem Stand der Technik entsprechen muss, der Datenschutz, Datensicherheit und Interoperabilität gewährleistet, und
5. bei einem Wechsel des Abrechnungsdienstleisters oder einer Übernahme der Abrechnung durch den Gebäudeeigentümer die für die Abrechnung notwendigen Daten dem neuen Abrechnungsdienstleister oder dem Gebäudeeigentümer zugänglich gemacht werden müssen.

(2) In der Rechtsverordnung nach Absatz 1 dieses § 6 des GEG können die Erfassung und Kostenverteilung abweichend von Vereinbarungen der Benutzer und von Vorschriften des Wohnungseigentumsgesetzes geregelt werden; es kann näher bestimmt werden, wie diese Regelungen sich auf die Rechtsverhältnisse zwischen den Beteiligten auswirken.

(3) In der Rechtsverordnung nach Absatz 1 dieses § 6 des GEG ist vorzusehen, dass auf Antrag des Verpflichteten von den Anforderungen befreit werden kann, soweit diese im Einzelfall wegen besonderer Umstände durch einen unangemessenen Aufwand oder in sonstiger Weise zu einer unbilligen Härte führen.

(4) In der Rechtsverordnung nach Absatz 1 dieses § 6 des GEG sind die erforderlichen technischen und organisatorischen Maßnahmen nach den Artikeln 24, 25 und 32 der Verordnung (EU) 2016/679 des Europäischen Parlaments und des Rates vom 27. April 2016 zum Schutz natürlicher Personen bei der Verarbeitung personenbezogener Daten, zum freien Datenverkehr und zur Aufhebung der Richtlinie 95/46/EG (Datenschutz-Grundverordnung) (ABl. L 119 vom 4.5.2016, S. 1; L 314 vom 22.11.2016, S. 72; L 127 vom 23.5.2018, S. 2) in der jeweils geltenden Fassung zur Sicherstellung von Datenschutz und Datensicherheit

bei der Verarbeitung der für die in Absatz 1 Nummer 1 bis 4 des GEG genannten Zwecke erforderlichen personenbezogenen Daten festzulegen.

(5) Die Rechtsverordnung nach Absatz 1 dieses § 6 GEG hat vorzusehen, dass der Stand der Technik nach Absatz 1 Nummer 4 dieses Paragrafen des GEG jeweils in Technischen Richtlinien und Schutzprofilen des Bundesamts für Sicherheit in der Informationstechnik festgelegt wird.

Regeln der Technik zum Niedrigstenergiegebäude nach § 7 GEG

(1) Das Bundesministerium für Wirtschaft und Energie kann gemeinsam mit dem Bundesministerium des Innern, für Bau und Heimat durch Bekanntmachung im Bundesanzeiger auf Veröffentlichungen sachverständiger Stellen über anerkannte Regeln der Technik hinweisen, soweit in diesem Gesetz auf solche Regeln Bezug genommen wird.

(2) Zu den anerkannten Regeln der Technik gehören auch Normen, technische Vorschriften oder sonstige Bestimmungen anderer Mitgliedstaaten der Europäischen Union und anderer Vertragsstaaten des Abkommens über den Europäischen Wirtschaftsraum sowie der Republik Türkei, wenn ihre Einhaltung das geforderte Schutzniveau in Bezug auf Energieeinsparung und Wärmeschutz dauerhaft gewährleistet.

(3) Wenn eine Bewertung von Baustoffen, Bauteilen und Anlagen im Hinblick auf die Anforderungen dieses Gesetzes auf Grund anerkannter Regeln der Technik nicht möglich ist, weil solche Regeln nicht vorliegen oder wesentlich von ihnen abgewichen wird, sind der nach Landesrecht zuständigen Behörde die erforderlichen Nachweise für eine anderweitige Bewertung vorzulegen. Satz 1 dieses § 7 des GEG ist nicht anzuwenden auf Baustoffe, Bauteile und Anlagen:

1. wenn für sie die Bewertung auch im Hinblick auf die Anforderungen zur Energieeinsparung im Sinne dieses Gesetzes durch die Verordnung (EU) Nr. 305/2011 des Europäischen Parlaments und des Rates vom 9. März 2011 zur Festlegung harmonisierter Bedingungen für die Vermarktung von Bauprodukten und zur Aufhebung der Richtlinie 89/106/EWG des Rates (ABl. L 88 vom 4.4.2011, S. 5, L 103 vom 12.4.2013, S. 10, L 92 vom 8.4.2015, S.118), die zuletzt durch die Delegierte Verordnung (EU) Nr. 574/2014 (ABl. L 159 vom 28.5.2014, S. 41) geändert worden ist, oder durch nationale Rechtsvorschriften zur Umsetzung oder Durchführung von Rechtsvorschriften der Europäischen Union gewährleistet wird, erforderliche CE-

Kennzeichnungen angebracht wurden und nach den genannten Vorschriften zulässige Klassen und Leistungsstufen nach Maßgabe landesrechtlicher Vorschriften eingehalten werden, oder

2. bei denen nach bauordnungsrechtlichen Vorschriften über die Verwendung von Bauprodukten auch die Einhaltung dieses Gesetzes sichergestellt wird.

(4) Verweisen die nach dem GEG anzuwendenden datierten technischen Regeln auf undatierte technische Regeln, sind diese in der Fassung anzuwenden, die dem Stand zum Zeitpunkt der Herausgabe der datierten technischen Regel entspricht.

Verantwortliche zum Niedrigstenergiegebäude nach § 8 GEG

(1) Für die Einhaltung der Vorschriften des GEG ist der Bauherr oder Eigentümer verantwortlich, soweit in diesem Gesetz nicht ausdrücklich ein anderer Verantwortlicher bezeichnet ist.

(2) Für die Einhaltung der Vorschriften des GEG sind im Rahmen ihres jeweiligen Wirkungskreises auch die Personen verantwortlich, die im Auftrag des Eigentümers oder der Bauherren bei der Errichtung oder Änderung von Gebäuden oder der Anlagentechnik in Niedrigstenergiegebäuden tätig werden.

Überprüfung der Anforderungen an zu errichtende und bestehende Gebäude nach § 9 GEG

Das Bundesministerium für Wirtschaft und Energie und das Bundesministerium des Innern, für Bau und Heimat werden die Anforderungen an zu errichtende Niedrigstenergiegebäude nach GEG nach Teil 2 und die Anforderungen an bestehende Gebäude nach Teil 3 Abschnitt 1 nach Maßgabe von § 5 des GEG und unter Wahrung des Grundsatzes der Technologieoffenheit im Jahr 2023 überprüfen und nach Maßgabe der Ergebnisse der Überprüfung innerhalb von sechs Monaten nach Abschluss der Überprüfung einen Gesetzgebungsvorschlag für eine Weiterentwicklung der Anforderungen an zu errichtende und bestehende Niedrigstenergiegebäude vorlegen.

Die Bezahlbarkeit des Bauens und Wohnens bei Niedrigstenergiegebäuden ist ein zu beachtender, wesentlicher Eckpunkt (Beispiel siehe **Bild 3.3**).

Bild 3.3 Kostengünstiges Niedrigstenergie-Wohngebäude

3.1.2 Anforderungen an zu errichtende Niedrigstenergiegebäude nach GEG

Grundsatz zum Niedrigstenergiegebäude nach § 10 GEG

(1) Wer ein Gebäude errichtet, hat dieses als Niedrigstenergiegebäude nach Maßgabe von Absatz 2 des § 10 des GEG zu errichten.

(2) Das Niedrigstenergiegebäude ist so zu errichten, dass:

1. der Gesamtenergiebedarf für Heizung, Warmwasserbereitung, Lüftung und Kühlung, bei Nichtwohngebäuden auch für eingebaute Beleuchtung, den jeweiligen Höchstwert nicht überschreitet, der sich nach § 15 oder § 18 des GEG ergibt,
2. Energieverluste beim Heizen und Kühlen durch baulichen Wärmeschutz nach Maßgabe von § 16 oder § 19 nach GEG vermieden werden und
3. der Wärme- und Kälteenergiebedarf zumindest anteilig durch die Nutzung erneuerbarer Energien nach Maßgabe der §§ 34 bis 45 des GEG gedeckt wird.

(3) Die Anforderungen an die Errichtung von einem Niedrigstenergiegebäude nach diesem Gesetz finden keine Anwendung, soweit ihre Erfüllung anderen öffentlich-rechtlichen Vorschriften zur Standsicherheit, zum Brandschutz, zum Schallschutz, zum Arbeitsschutz oder zum Schutz der Gesundheit entgegensteht.

(4) Bei einem zu errichtenden Niedrigstenergie-Nichtwohngebäude ist die Anforderung nach Absatz 2 Nummer 3 des § 10 des GEG nicht für Gebäudezonen mit mehr als 4 Metern Raumhöhe anzuwenden, die durch dezentrale Gebläse oder Strahlungsheizungen beheizt werden.

(5) Die Anforderung nach Absatz 2 Nummer 3 des § 10 des GEG ist nicht auf ein Gebäude, das der Landesverteidigung dient, anzuwenden, soweit ihre Erfüllung der Art und dem Hauptzweck der Landesverteidigung entgegensteht.

Mindestwärmeschutz zum Niedrigstenergiegebäude nach § 11 GEG

(1) Bei einem zu errichtenden Niedrigstenergiegebäude sind Bauteile, die gegen die Außenluft, das Erdreich oder gegen Gebäudeteile mit wesentlich niedrigeren Innentemperaturen abgrenzen, so auszuführen, dass die Anforderungen des Mindestwärmeschutzes nach DIN 4108-2:2013-02 erfüllt werden.

(2) Ist bei einem zu errichtenden Niedrigstenergiegebäude bei aneinandergereihter Bebauung (**Bild 3.4**) die Nachbarbebauung nicht gesichert, müssen die Gebäudetrennwände den Anforderungen an den Mindestwärmeschutz nach Absatz 1 des § 11 des GEG genügen.

Quelle: Bethe

Bild 3.4 Aneinandergereihte Niedrigstenergiegebäude

Wärmebrücken zum Niedrigstenergiegebäde nach § 12 GEG

Ein Niedrigstenergiegebäude ist so zu errichten, dass der Einfluss konstruktiver Wärmebrücken (**Bild 3.5**) auf den Jahresheizwärmebedarf nach den anerkannten Regeln der Technik und nach den im jeweiligen Einzelfall wirtschaftlich vertretbaren Maßnahmen so gering wie möglich gehalten wird.

3.1.3 Dichtheit zum Niedrigstenergiegebäude nach § 13 GEG

Ein Niedrigstenergiegebäude ist so zu errichten, dass die wärmeübertragende Umfassungsfläche einschließlich der Fugen dauerhaft luftundurchlässig nach den anerkannten Regeln der Technik abgedichtet ist (**Bild 3.6**). Öffentlich-rechtliche Vorschriften über den zum Zweck der Gesundheit und Beheizung erforderlichen Mindestluftwechsel bleiben unberührt.

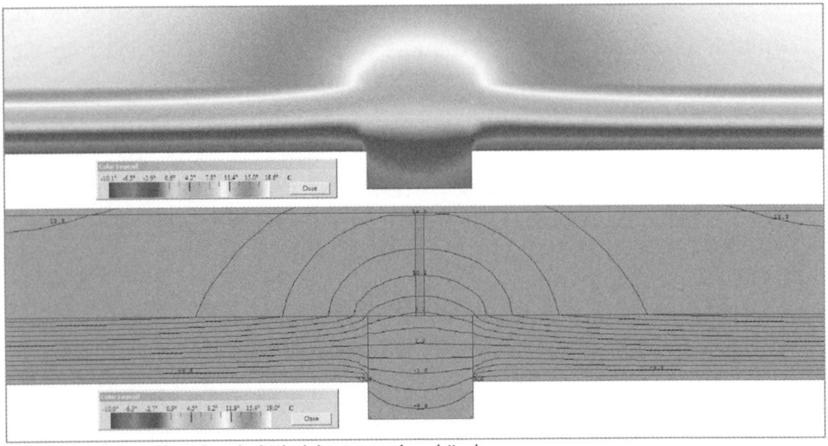

Bild 3.5 Wärmebrücken bei Niedrigstenergiegebäuden

Bild 3.6 Blower-Door-Test zur Überprüfung der Wind- und Luftdichtheit bei einem Niedrigstenergiegebäude

Sommerlicher Wärmeschutz zum Niedrigstenergiegebäude nach § 14 GEG

(1) Ein Niedrigstenergiegebäude ist so zu errichten, dass der Sonneneintrag durch einen ausreichenden baulichen sommerlichen Wärmeschutz nach den anerkannten Regeln der Technik begrenzt wird. Bei der Ermittlung eines ausreichenden sommerlichen Wärmeschutzes nach den Absätzen 2 und 3 des § 14 des GEG bleiben die öffentlich-rechtlichen Vorschriften über die erforderliche Tageslichtversorgung unberührt.

(2) Ein ausreichender sommerlicher Wärmeschutz nach Absatz 1 liegt vor, wenn die Anforderungen nach DIN 4108-2:2013-02 Abschnitt 8 eingehalten werden und die rechnerisch ermittelten Werte des Sonnenenergieeintrags über transparente Bauteile in Gebäude die in DIN 4108-2:

2013-02 Abschnitt 8.3.3 festgelegten Anforderungswerte nicht überschreiten.

Der Sonneneintragskennwert des zu errichtenden Niedrigstenergiegebäudes ist nach dem in DIN 4108-2:2013-02 Abschnitt 8.3.2 genannten Verfahren zu bestimmen.

(3) Ein ausreichender sommerlicher Wärmeschutz nach Absatz 1 liegt auch vor, wenn mit einem Berechnungsverfahren nach DIN 4108-2:2013-02 Abschnitt 8.4 (Simulationsrechnung) gezeigt werden kann, dass unter den dort genannten Randbedingungen die für den Standort des Niedrigstenergiegebäudes in DIN 4108-2:2013-02 Abschnitt 8.4 Tabelle 9 angegebenen Übertemperatur-Gradstunden nicht überschritten werden.

(4) Wird bei Niedrigstenergiegebäuden mit Anlagen zur Kühlung die Berechnung nach Absatz 3 durchgeführt, sind bauliche Maßnahmen zum sommerlichen Wärmeschutz gemäß DIN 4108-2:2013-02 Abschnitt 4.3 insoweit vorzusehen, wie sich die Investitionen für diese baulichen Maßnahmen innerhalb deren üblicher Nutzungsdauer durch die Einsparung von Energie zur Kühlung unter Zugrundelegung der im Niedrigstenergiegebäude installierten Anlagen zur Kühlung erwirtschaften lassen.

Auf Berechnungen nach den Absätzen 2 bis 4 des § 14 des GEG kann unter den Voraussetzungen des Abschnitts 8.2.2 der DIN 4108-2:2013-02 verzichtet werden.

3.1.4 Jahres-Primärenergiebedarf und baulicher Wärmeschutz bei zu errichtenden Niedrigstenergiegebäuden als Wohngebäude nach GEG

Gesamtenergiebedarf von zu errichtenden Niedrigstenergie-Wohngebäuden nach § 15 GEG

Ein zu errichtendes Niedrigstenergie-Wohngebäude ist so zu errichten, dass der Jahres-Primärenergiebedarf für Heizung, Warmwasserbereitung, Lüftung und Kühlung das 0,75-fache des auf die Gebäudenutzfläche bezogenen Wertes des Jahres-Primärenergiebedarfs eines Referenzgebäudes, das die gleiche Geometrie, Gebäudenutzfläche und Ausrichtung wie das zu errichtende Niedrigstenergiegebäude aufweist und der technischen Referenzausführung der Anlage 1 des GEG entspricht, nicht überschreitet.

Der Höchstwert des Jahres-Primärenergiebedarfs eines zu errichtenden Niedrigstenergie-Wohngebäudes nach Absatz 1 des GEG ist nach Maßgabe des § 20, der §§ 22 bis 24, des § 25 Absatz 1 bis 3 und 10, der §§ 26 bis 29, des § 31 und des § 33 vom GEG zu berechnen.

Baulicher Wärmeschutz von zu errichtenden Niedrigsteenergie-Wohngebäuden nach § 16 GEG

Ein zu errichtendes Niedrigstenergie-Wohngebäude ist so zu errichten, dass der Höchstwert des spezifischen, auf die wärmeübertragende Umfassungsfläche bezogenen Transmissionswärmeverlusts das 1,0-fache des entsprechenden Wertes des jeweiligen Referenzgebäudes nach § 15 Absatz 1 des GEG nicht überschreitet.

Aneinandergereihte Bebauung von zu errichtenden Niedrigstenergie-Wohngebäuden nach § 17 GEG

Werden aneinandergereihte Niedrigstenergie-Wohngebäude (**Bild 3.7**) gleichzeitig errichtet, dürfen sie hinsichtlich der Anforderungen der §§ 12, 14, 15 und 16 des GEG wie ein Niedrigstenergiegebäude behandelt werden.

Die Vorschriften des Teiles 5 vom GEG bleiben unberührt.

Bild 3.7 Aneinandergereihte Niedrigstenergiegebäude

3.1.5 Jahres-Primärenergiebedarf und baulicher Wärmeschutz bei zu errichtenden Niedrigstenergiegebäuden als Nichtwohngebäude nach GEG

Gesamtenergiebedarf von zu errichtenden Niedrigstenergie-Nichtwohngebäuden nach § 18 GEG

(1) Ein zu errichtendes Niedrigstenergie-Nichtwohngebäude ist so zu errichten, dass der Jahres-Primärenergiebedarf für Heizung, Warmwasserbereitung, Lüftung, Kühlung und eingebaute Beleuchtung das 0,75-fache des auf die Nettogrundfläche bezogenen Wertes des Jahres-Primärenergiebedarfs eines Referenzgebäudes, das die gleiche Geometrie, Nettogrundfläche, Ausrichtung und Nutzung, einschließlich der Anordnung der Nutzungseinheiten, wie das zu errichtende Niedrigstenergiegebäude aufweist und der technischen Referenzausführung der Anlage 2 des GEG entspricht, nicht überschreitet.

Die technische Referenzausführung in der Anlage 2 Nummer 1.13 bis 9 des GEG ist nur insoweit zu berücksichtigen, wie eines der dort genannten Systeme in dem zu errichtenden Niedrigstenergiegebäude ausgeführt wird.

(2) Der Höchstwert des Jahres-Primärenergiebedarfs nach Absatz 1 eines zu errichtenden Niedrigstenergie-Nichtwohngebäudes ist nach Maßgabe der §§21 bis 24, des §25 Absatz 1, 2 und 4 bis 8, der §§26 und 27, des §30 und der §§32 und 33 vom GEG zu berechnen.

(3) Wird ein zu errichtendes Niedrigstenergie-Nichtwohngebäude für die Berechnung des Jahres-Primärenergiebedarfs nach unterschiedlichen Nutzungen unterteilt und kommt für die unterschiedlichen Nutzungen jeweils das Berechnungsverfahren nach §21 Absatz 1 und 2 mit deren jeweiligen Randbedingungen zur Anwendung, muss die Unterteilung hinsichtlich der Nutzung sowie der verwendeten Berechnungsverfahren und Randbedingungen beim Referenzgebäude mit der des zu errichtenden Niedrigstenergiegebäudes übereinstimmen.
Bei der Unterteilung hinsichtlich der anlagentechnischen Ausstattung und der Tageslichtversorgung sind Unterschiede zulässig, die durch die technische Ausführung des zu errichtenden Niedrigstenergiegebäudes bedingt sind.

Baulicher Wärmeschutz von zu errichtenden Niedrigstenergie-Nichtwohngebäuden nach § 19 GEG

Ein zu errichtendes Niedrigstenergie-Nichtwohngebäude ist so zu errichten, dass die Höchstwerte der mittleren Wärmedurchgangskoeffizienten der wärmeübertragenden Umfassungsfläche der Anlage 3 des GEG nicht überschritten werden (**Bild 3.8**).

Quelle: Bethe

Bild 3.8 Baulicher Wärmeschutz bei einem Niedrigstenergie-Nichtwohngebäude

3.1.6 Berechnungsgrundlagen und Verfahren zu Niedrigstenergie-Wohngebäuden nach GEG

Berechnung des Jahres-Primärenergiebedarfs eines Niedrigstenergie-Wohngebäudes nach § 20 GEG

(1) Für das zu errichtende Niedrigstenergie-Wohngebäude und das Referenzgebäude ist der Jahres-Primärenergiebedarf nach DIN V 18599: 2018-09 zu ermitteln.

(2) Bis zum 31. Dezember 2023 kann für das zu errichtende Niedrigstenergie-Wohngebäude und das Referenzgebäude der Jahres-Primärenergiebedarf auch nach DIN V 4108-6:2003-06, geändert durch DIN V 4108-6 Berichtigung 1: 2004-3, in Verbindung mit DIN V 4701-10:2003-08 ermittelt werden, wenn das Niedrigstenergiegebäude nicht gekühlt wird.
Der in diesem Rechengang zu bestimmende Jahres-Heizwärmebedarf ist nach dem Monatsbilanzverfahren nach DIN V 4108-6:2003-06, geändert durch DIN V 4108-6 Berichtigung 1: 2004-3, mit den dort in Anhang D.3 genannten Randbedingungen zu ermitteln.
Als Referenzklima ist abweichend von DIN V 4108-6:2003-06, geändert durch DIN V 4108-6 Berichtigung 1: 2004-3, das Klima nach DIN V 18599-10:2018-09 Anhang E zu verwenden.
Der Nutzwärmebedarf für die Warmwasserbereitung nach DIN V 4701-10:2003-08 ist mit 12,5 Kilowattstunden je Quadratmeter Gebäudenutzfläche und Jahr anzusetzen.
Zur Berücksichtigung von Lüftungsanlagen mit Wärmerückgewinnung sind die methodischen Hinweise in DIN V 4701-10:2003-08 Abschnitt 4.1 zu beachten.

(3) Die Berechnungen sind für das zu errichtende Niedrigstenergiegebäude und das Referenzgebäude mit demselben Verfahren durchzuführen.

(4) Abweichend von DIN V 18599-1:2018-09 sind bei der Berechnung des Endenergiebedarfs diejenigen Anteile nicht zu berücksichtigen, die durch in unmittelbarem räumlichen Zusammenhang zum Niedrigstenergiegebäude gewonnene solare Strahlungsenergie sowie Umweltwärme gedeckt werden.

(5) Abweichend von DIN V 18599-1:2018-09 ist bei der Berechnung des Primärenergiebedarfs der Endenergiebedarf für elektrische Nutzeranwendungen in der Bilanzierung nicht zu berücksichtigen.

(6) Werden in den Berechnungen nach den Absätzen 1 und 2 Wärmedurchgangskoeffizienten berechnet, sind folgende Berechnungsverfahren anzuwenden:

1. DIN V 18599-2:2018-09 Abschnitt 6.1.4.3 für die Berechnung der an Erdreich grenzenden Bauteile,
2. DIN 4108-4:2017-03 in Verbindung mit DIN EN ISO 6946:2008-04 für die Berechnung opaker Bauteile und
3. DIN 4108-4:2017-03 für die Berechnung transparenter Bauteile sowie von Vorhangfassaden.

Berechnung des Jahres-Primärenergiebedarfs eines Niedrigstenergie-Nichtwohngebäudes nach § 21 GEG

(1) Für das zu errichtende Niedrigstenergie-Nichtwohngebäude und das Referenzgebäude ist der Jahres-Primärenergiebedarf nach DIN V 18599:2018-09 zu ermitteln.

(2) Soweit sich bei einem Niedrigstenergie-Nichtwohngebäude Flächen hinsichtlich ihrer Nutzung, ihrer technischen Ausstattung, ihrer inneren Lasten oder ihrer Versorgung mit Tageslicht wesentlich unterscheiden, ist das Niedrigstenergiegebäude nach Maßgabe der DIN V 18599:2018-09 in Verbindung mit § 18 Absatz 3 des GEG für die Berechnung nach Absatz 1 in Zonen zu unterteilen.
Die Vereinfachungen zur Zonierung, zur pauschalierten Zuweisung der Eigenschaften der Hüllfläche und zur Ermittlung von tageslichtversorgten Bereichen gemäß DIN V 18599-1:2018-09 Anhang D (**Bild 3.9**) dürfen nach Maßgabe der dort angegebenen Bedingungen auch für zu errichtende Niedrigstenergie-Nichtwohngebäude verwendet werden.

Quelle: Bethe

Bild 3.9 Tageslichtversorgung eines Niedrigstenergie-Nichtwohngebäudes

(3) Für Nutzungen, die nicht in DIN V 18599-10:2018-09 aufgeführt sind, kann:
1. die Nutzung 17 der Tabelle 5 in DIN V 18599-10:2018-09 verwendet werden oder
2. eine Nutzung auf der Grundlage der DIN V 18599-10:2018-09 unter Anwendung gesicherten allgemeinen Wissensstandes individuell bestimmt und verwendet werden.

Steht bei der Errichtung eines Niedrigstenergie-Nichtwohngebäudes die Nutzung einer Zone noch nicht fest, ist nach Satz 1 Nummer 1 des § 21 des GEG zu verfahren.
In den Fällen des Satzes 1 Nummer 2 des § 21 des GEG ist die individuell bestimmte Nutzung zu begründen und den Berechnungen beizufügen.
Wird bei der Errichtung eines Niedrigstenergie-Nichtwohngebäudes in einer Zone keine Beleuchtungsanlage eingebaut, ist eine direkt-indirekte Beleuchtung mit stabförmigen Leuchtstofflampen mit einem Durchmesser von 16 Millimetern und mit einem elektronischen Vorschaltgerät anzunehmen.

(4) § 20 Absatz 3 bis 6 des GEG ist entsprechend anzuwenden.

Primärenergiefaktoren eines Niedrigstenergiegebäudes nach § 22 GEG

(1) Zur Ermittlung des Jahres-Primärenergiebedarfs nach § 20 Absatz 1 oder Absatz 2 und nach § 21 Absatz 1 und 2 sind als Primärenergiefaktoren die Werte für den nicht erneuerbaren Anteil der Anlage 4 des GEG mit folgenden Maßgaben zu verwenden:
1. für flüssige oder gasförmige Biomasse kann abweichend von Anlage 4 Nummer 6 und 7 des GEG für den nicht erneuerbaren Anteil der Wert 0,5 verwendet werden,
   a) wenn die flüssige oder gasförmige Biomasse im unmittelbaren räumlichen Zusammenhang mit dem Niedrigstenergiegebäude oder mit mehreren Gebäuden, die im räumlichen Zusammenhang stehen, erzeugt wird und
   b) diese Gebäude unmittelbar mit der flüssigen oder gasförmigen Biomasse versorgt werden; mehrere Gebäude müssen gemeinsam versorgt werden,
2. für gasförmige Biomasse, die aufbereitet und in das Erdgasnetz eingespeist worden ist (Biomethan) und in zu errichtenden Niedrigstenergiegebäuden eingesetzt wird, kann abweichend von Anlage 4 Nummer 6 des GEG für den nicht erneuerbaren Anteil der Wert 0,6 verwendet werden, wenn

a) die Nutzung des Biomethans in einer hocheffizienten KWK-Anlage (**Bild 3.10**) im Sinne des § 2 Nummer 8a des Kraft-Wärme-Kopplungsgesetzes erfolgt,
b) bei der Aufbereitung und Einspeisung des Biomethans die Voraussetzungen nach Anlage 1 Nummer 1 Buchstabe a bis c des Erneuerbare-Energien-Gesetzes vom 25. Oktober 2008 (BGBl. I S. 2074) in der am 31. Juli 2014 geltenden Fassung erfüllt worden sind und
c) die Menge des entnommenen Biomethans im Wärmeäquivalent am Ende eines Kalenderjahres der Menge von Gas aus Biomasse entspricht, das an anderer Stelle in das Gasnetz eingespeist worden ist, und Massenbilanzsysteme für den gesamten Transport und Vertrieb des Biomethans von seiner Herstellung über seine Einspeisung in das Erdgasnetz und seinen Transport im Erdgasnetz bis zu seiner Entnahme aus dem Erdgasnetz verwendet worden sind,

3. für gasförmige Biomasse, die unter Druck verflüssigt worden ist (biogenes Flüssiggas) und in zu errichtenden Niedrigstenergiegebäuden eingesetzt wird, kann abweichend von Anlage 4 Nummer 6 für den nicht erneuerbaren Anteil der Wert 0,6 verwendet werden, wenn
   a) die Nutzung des biogenen Flüssiggases in einer hocheffizienten KWK-Anlage im Sinne des § 2 Nummer 8a des Kraft-Wärme-Kopplungsgesetzes vom 21. Dezember 2015 (BGBl. I S. 2498), das zuletzt durch Artikel 6 des Gesetzes vom 13. Mai 2019 (BGBl. I S. 706) geändert worden ist, erfolgt und
   b) die Menge des entnommenen Gases am Ende eines Kalenderjahres der Menge von Gas aus Biomasse entspricht, das an anderer Stelle hergestellt worden ist, und Massebilanzsysteme für den gesamten Transport und Vertrieb des biogenen Flüssiggases von seiner Herstellung über seine Zwischenlagerung und seinen Transport bis zu seiner Einlagerung in den Verbrauchstank verwendet worden sind.

Quelle: Bethe

Bild 3.10 KWK-Anlage

4. für die Versorgung eines neu zu errichtenden Niedrigstenergiegebäudes mit aus Erdgas oder Flüssiggas erzeugter Wärme darf abweichend von Anlage 4 Nummer 15 für die in einer hocheffizienten KWK-Anlage im Sinne des § 2 Nummer 8a des Kraft-Wärme-Kopplungsgesetzes erzeugte Wärme für den nicht erneuerbaren Anteil der Wert 0,6 verwendet werden, wenn
   a) die Wärmerzeugungsanlage das zu errichtende Niedrigstenergiegebäude und ein oder mehrere bestehende Gebäude, die mit dem zu errichtenden Niedrigstenergiegebäude in einem räumlichen Zusammenhang stehen, dauerhaft mit Wärme versorgt und
   b) vorhandene mit fossilen Brennstoffen beschickte Heizkessel des oder der mitversorgten bestehenden Gebäude außer Betrieb genommen werden.

Durch eine Maßnahme nach Satz 1 Nummer 4 darf die Wärmeversorgung des oder der mitversorgten bestehenden Gebäude nicht in der Weise verändert werden, dass die energetische Qualität dieses oder dieser Gebäude verschlechtert wird.

(1) Wird ein zu errichtendes Niedrigstenergiegebäude mit Fernwärme versorgt (**Bild 3.11**), kann zur Ermittlung des Jahres-Primärenergiebedarfs nach § 20 Absatz 1 oder Absatz 2 des GEG und nach § 21 Absatz 1 und

Quelle: Bethe

Bild 3.11 Fernwärmeanschluss für ein Niedrigstenergiegebäude

2 des GEG als Primärenergiefaktor der Wert für den nicht erneuerbaren Anteil nach Maßgabe der Sätze 2 und 3 sowie von Absatz 3 verwendet werden, den das Fernwärmeversorgungsunternehmen für den Wärmeträger in dem Wärmenetz, an das das Gebäude angeschlossen wird, ermittelt und veröffentlicht hat.

Der ermittelte und veröffentliche Wert nach Satz 1 kann verwendet werden, wenn das Fernwärmeversorgungsunternehmen zur Ermittlung des Primärenergiefaktors die zur Erzeugung und Verteilung der Wärme in einem Wärmenetz eingesetzten Brennstoffe und Strom, einschließlich Hilfsenergien, ermittelt, mit den Primärenergiefaktoren der Anlage 4 des GEG gewichtet und auf die abgegebene Wärmemenge bezogen sowie die Anwendung dieses Berechnungsverfahrens in der Veröffentlichung angegeben hat.

Wird in einem Wärmenetz Wärme genutzt, die in einer KWK-Anlage erzeugt wird, kann der ermittelte und veröffentliche Wert nach Satz 1 verwendet werden, wenn das Fernwärmeversorgungsunternehmen zur Ermittlung des Primärenergiefaktors der Wärme aus der KWK-Anlage das Berechnungsverfahren nach DIN V 18599-1:2018-09 Anhang A Abschnitt A.4 mit den Primärenergiefaktoren der Anlage 4 des GEG angewendet und die Anwendung dieser Methode in der Veröffentlichung angegeben hat.

(2) Liegt der ermittelte und veröffentlichte Wert des Primärenergiefaktors eines Wärmenetzes unter einem Wert von 0,3, ist als Primärenergiefaktor der Wert von 0,3 zu verwenden.
Abweichend von Satz 1 darf ein ermittelter und veröffentlichter Wert, der unter 0,3 liegt, verwendet werden, wenn der Wert von 0,3 um den Wert von 0,001 für jeden Prozentpunkt des aus erneuerbaren Energien oder aus Abwärme erzeugten Anteils der in einem Wärmenetz genutzten Wärme verringert wird und das Fernwärmeversorgungsunternehmen dies in der Veröffentlichung angegeben hat.

(3) Hat das Fernwärmeversorgungsunternehmen den Primärenergiefaktor für den Wärmeträger in dem Wärmenetz, an das das zu errichtende Niedrigstenergiegebäude angeschlossen wird, nicht ermittelt und veröffentlicht, kann als Primärenergiefaktor der Wert für den nicht erneuerbaren Anteil verwendet werden, der in den nach § 20 Absatz 1 oder Absatz 2 und nach § 21 Absatz 1 und 2 des GEG zur Ermittlung des Jahres-Primärenergiebedarfs zu verwendenden Berechnungsverfahren für die genutzte Fernwärme aufgeführt ist.

(4) Das Bundesministerium für Wirtschaft und Energie wird gemeinsam mit dem Bundesministerium des Innern, für Bau und Heimat das Berechnungsverfahren zur Ermittlung der Primärenergiefaktoren von Wärmenetzen, in denen Wärme genutzt wird, die in KWK-Anlagen erzeugt wird, überprüfen.

Dabei wird unter Beachtung des Grundsatzes der Wirtschaftlichkeit die Umstellung des Berechnungsverfahrens auf ein Verfahren zur Ermittlung des Brennstoffanteils für die Wärmeerzeugung untersucht, dass der in DIN EN 15316-4-5:2017-09 Abschnitt 6.2.2.1.6.3 beschriebenen Methode entspricht. In die Untersuchung wird die Ermittlung eines Faktors einbezogen, mit dem der Anteil bestehender Gebäude an den an ein Fernwärmenetz angeschlossenen Gebäude berücksichtigt wird.

Das Bundesministerium für Wirtschaft und Energie hat gemeinsam mit dem Bundesministerium des Innern, für Bau und Heimat dem Deutschen Bundestag bis zum 31. Dezember 2025 einen Bericht über das Ergebnis der Überprüfung vorzulegen.

Der Bericht enthält einen Vorschlag für eine gesetzliche Regelung zur Umstellung des Berechnungsverfahrens ab dem Jahr 2030.

Anrechnung von Strom aus erneuerbaren Energien eines Niedrigstenergiegebäudes nach § 23 GEG

(1) Strom aus erneuerbaren Energien, der in einem zu errichtenden Niedrigstenenergiegebäude eingesetzt wird, darf bei der Ermittlung des Jahres-Primärenergiebedarfs des zu errichtenden Niedrigstenergiegebäudes nach § 20 Absatz 1 oder Absatz 2 und nach § 21 Absatz 1 und 2 nach Maßgabe der Absätze 2 bis 4 des GEG in Abzug gebracht werden, soweit er:

1. im unmittelbaren räumlichen Zusammenhang zu dem Niedrigstenergiegebäude erzeugt wird und
2. vorrangig in dem Niedrigstenergiegebäude unmittelbar nach Erzeugung oder nach vorübergehender Speicherung selbst genutzt und nur die überschüssige Strommenge in das öffentliche Netz eingespeist wird.

(2) Bei der Ermittlung des Jahres-Primärenergiebedarfs des zu errichtenden Niedrigsteenergie-Wohngebäudes dürfen vom Ausgangswert in Abzug gebracht werden

1. für eine Anlage zur Erzeugung von Strom aus erneuerbaren Energien ohne Nutzung eines elektrochemischen Speichers 150 Kilowattstun-

den je Kilowatt installierter Nennleistung und ab einer Anlagengröße von 0,02 Kilowatt Nennleistung je Quadratmeter Gebäudenutzfläche zuzüglich das 0,7-fache des jährlichen absoluten elektrischen Endenergiebedarfs der Anlagentechnik, jedoch insgesamt höchstens 20 Prozent des Jahres-Primärenergiebedarfs des Referenzgebäudes nach § 15 Absatz 1 des GEG, und

2. für eine Anlage zur Erzeugung von Strom aus erneuerbaren Energien mit Nutzung eines elektrochemischen Speichers von mindestens 1 Kilowattstunde Nennkapazität je Kilowatt installierter Nennleistung der Erzeugungsanlage 200 Kilowattstunden je Kilowatt installierter Nennleistung und ab einer Anlagengröße von 0,02 Kilowatt Nennleistung je Quadratmeter Gebäudenutzfläche zuzüglich das 1,0-fache des jährlichen absoluten elektrischen Endenergiebedarfs der Anlagentechnik, jedoch insgesamt höchstens 25 Prozent des Jahres-Primärenergiebedarfs des Referenzgebäudes nach § 15 Absatz 1 des GEG.

Als Ausgangswert ist der Jahres-Primärenergiebedarf nach § 20 Absatz 1 oder Absatz 2 des GEG zu verwenden, der sich ohne Anrechnung des Stroms aus erneuerbaren Energien nach Absatz 1 ergibt.

(3) Bei der Ermittlung des Jahres-Primärenergiebedarfs des zu errichtenden Niedrigstenergie-Nichtwohngebäudes dürfen vom Ausgangswert in Abzug gebracht werden:

1. für eine Anlage zur Erzeugung von Strom aus erneuerbaren Energien ohne Nutzung eines elektrochemischen Speichers 150 Kilowattstunden je Kilowatt installierter Nennleistung und ab einer Anlagengröße von 0,01 Kilowatt Nennleistung je Quadratmeter Nettogrundfläche zuzüglich das 0,7-fache des jährlichen absoluten elektrischen Endenergiebedarfs der Anlagentechnik, jedoch insgesamt höchstens 20 Prozent des Jahres-Primärenergiebedarfs des Referenzgebäudes nach § 18 Absatz 1 des GEG und gleichzeitig insgesamt höchstens das 1,8-fache des bilanzierten endenergetischen Jahresertrags der Anlage, und
2. für eine Anlage zur Erzeugung von Strom aus erneuerbaren Energien mit Nutzung eines elektrochemischen Speichers von mindestens 1 Kilowattstunde Nennkapazität je Kilowatt installierter Nennleistung der Erzeugungsanlage 200 Kilowattstunden je Kilowatt installierter Nennleistung und ab einer Anlagengröße von 0,01 Kilowatt Nennleistung je Quadratmeter Nettogrundfläche zuzüglich das 1,0-fache des jährlichen absoluten elektrischen Endenergiebedarfs der Anlagentechnik, jedoch insgesamt höchstens 25 Prozent des Jahres-Primärenergie-

bedarfs des Referenzgebäudes nach §18 Absatz 1 des GEG und gleichzeitig insgesamt höchstens das 1,8-fache des bilanzierten endenergetischen Jahresertrags der Anlage.

Als Ausgangswert ist der Jahres-Primärenergiebedarf nach § 21 Absatz 1 und 2 des GEG zu verwenden, der sich ohne Anrechnung des Stroms aus erneuerbaren Energien nach Absatz 1 ergibt.

(4) Wenn in einem zu errichtenden Niedrigstenergieebäude Strom aus erneuerbaren Energien (**Bild 3.12**) für Stromdirektheizungen genutzt wird oder in einem zu errichtenden Nichtwohngebäude die Nutzung von Strom für Lüftung, Kühlung, Beleuchtung und Warmwasserversorgung die Energienutzung für die Beheizung überwiegt, ist abweichend von Absatz 2 und 3 der monatliche Ertrag der Anlage zur Erzeugung von Strom aus erneuerbaren Energien dem tatsächlichen Strombedarf gegenüberzustellen. Für die Berechnung ist der monatliche Ertrag nach DIN V 18599-9:2018-09 zu bestimmen. Bei Anlagen zur Erzeugung von Strom aus solarer Strahlungsenergie sind die monatlichen Stromerträge unter Verwendung der mittleren monatlichen Strahlungsintensitäten der Referenzklimazone Potsdam nach DIN V 18599-10:2018-09 Anhang E sowie der Standardwerte zur Ermittlung der Nennleistung des Photovoltaikmoduls nach DIN V 18599-9:2018-09 Anhang B zu ermitteln.

Quelle: Bethe

Bild 3.12 PV-Anlage auf einem Niedrigstenergiegebäude

Einfluss von Wärmebrücken eines Niedrigstenergiegebäudes nach § 24 GEG

Unbeschadet der Regelung in § 12 ist der verbleibende Einfluss von Wärmebrücken bei der Ermittlung des Jahres-Primärenergiebedarfs nach § 20 Absatz 1 oder Absatz 2 und nach § 21 Absatz 1 und 2 des GEG nach einer der in DIN V 18599-2:2018-09 oder bis zum 31.Dezember 2023 auch in DIN V 4108-6:2003-06, geändert durch DIN V 4108-6 Berichtigung 1: 2004-3 genannten Vorgehensweisen zu berücksichtigen.

Soweit dabei Gleichwertigkeitsnachweise zu führen sind, ist dies für solche Wärmebrücken nicht erforderlich, bei denen die angrenzenden Bauteile kleinere Wärmedurchgangskoeffizienten aufweisen als in den Musterlösungen der DIN 4108 Beiblatt 2:2019-06 zugrunde gelegt sind.

Wärmebrückenzuschläge mit Überprüfung und Einhaltung der Gleichwertigkeit nach DIN V 18599-2:2018-09 oder DIN V 4108-6:2003-06, geändert durch DIN V 4108-6 Berichtigung 1: 2004-3 sind nach DIN 4108 Beiblatt 2:2019-06 zu ermitteln.

Abweichend von DIN V 4108-6:2003-06, geändert durch DIN V 4108-6 Berichtigung 1: 2004-3 kann bei Nachweis der Gleichwertigkeit nach DIN 4108 Beiblatt 2:2019-06 der pauschale Wärmebrückenzuschlag nach Kategorie A oder Kategorie B verwendet werden.

Berechnungsrandbedingungen zu Niedrigstenergiegebäuden nach § 25 GEG

(1) Bei den Berechnungen für die Ermittlung des Jahres-Primärenergiebedarfs nach § 20 Absatz 1 oder Absatz 2 und nach § 21 Absatz 1 und 2 des GEG ist für das zu errichtende Niedrigstenergiegebäude eine Ausstattung mit einem System für die Gebäudeautomation der Klasse C nach DIN V 18599-11:2018-09 zugrunde zu legen. Eine Gebäudeautomation der Klassen A oder B nach DIN V 18599-11:2018-09 kann zugrunde gelegt werden, wenn das zu errichtende Niedrigstenergiegebäude mit einem System einer dieser Klassen ausgestattet ist.

(2) Bei den Berechnungen für die Ermittlung des Jahres-Primärenergiebedarfs nach § 20 Absatz 1 oder Absatz 2 und nach § 21 Absatz 1 und 2 des GEG ist für das zu errichtende Niedrigstenergiegebäude und das Referenzgebäude ein Verschattungsfaktor von 0,9 zugrunde zu legen, soweit die baulichen Bedingungen nicht detailliert berücksichtigt werden.

(3) Bei den Berechnungen für die Ermittlung des Jahres-Primärenergiebedarfs nach § 20 Absatz 1 sind für den Anteil mitbeheizter Flächen für

das zu errichtende Niedrigstenergie-Wohngebäude und das Referenzgebäude die Standardwerte nach DIN V 18599:2018-09 Tabelle 4 zu verwenden.

(4) Bei den Berechnungen für die Ermittlung des Jahres-Primärenergiebedarfs nach § 21 Absatz 1 und 2 des GEG sind für das zu errichtende Niedrigstenergie-Nichtwohngebäude die in DIN V 18599-10:2018-09 Tabelle 5 bis 9 aufgeführten Nutzungsrandbedingungen und Klimadaten zu verwenden; bei der Berechnung des Referenzgebäudes müssen die in DIN V 18599-10:2018-09 Tabelle 5 enthaltenen Werte angesetzt werden.

(5) Bei den Berechnungen für die Ermittlung des Jahres-Primärenergiebedarfs nach § 21 Absatz 1 und 2 des GEG sind für das zu errichtende Niedrigstenergie-Nichtwohngebäude und das Referenzgebäude bei Heizsystemen in Raumhöhen von 4 Metern oder weniger ein Absenkbetrieb gemäß DIN V 18599-2:2018-09 Gleichung 29 und bei Heizsystemen in Raumhöhen von mehr als 4 Metern ein Abschaltbetrieb gemäß DIN V 18599-2:2018-09 Gleichung 30 zugrunde zu legen, jeweils mit einer Dauer gemäß den Nutzungsrandbedingungen in DIN V 18599-10:2018-09 Tabelle 5.

(6) Bei den Berechnungen für die Ermittlung des Jahres-Primärenergiebedarfs nach § 21 Absatz 1 und 2 des GEG ist für das zu errichtende Niedrigstenergie-Nichtwohngebäude und das Referenzgebäude ein Verbauungsindex von 0,9 zugrunde zu legen, soweit die Verbauung nicht genau nach DIN V 18599-4:2018-09 Abschnitt 5.5.2 ermittelt wird.

(7) Bei den Berechnungen für die Ermittlung des Jahres-Primärenergiebedarfs nach § 21 Absatz 1 und 2 des GEG ist für das zu errichtende Niedrigstenergie-Nichtwohngebäude und das Referenzgebäude der Wartungsfaktor in den Zonen der Nutzungen 14, 15 und 22 nach DIN V 18599-10:2018-09 Tabelle 5 mit 0,6 und im Übrigen mit 0,8 anzusetzen.

(8) Bei den Berechnungen für die Ermittlung des Jahres-Primärenergiebedarfs nach §21 Absatz 1 und 2 des GEG darf abweichend von DIN V 18599-10:2018-09 für das zu errichtende Niedrigstenergie-Nichtwohngebäude und das Referenzgebäude bei Zonen der DIN V 18599-10:2018-09 Tabelle 5 Nutzung 6 und 7 die tatsächliche Beleuchtungsstärke angesetzt werden, jedoch bei Zonen der Nutzung 6 nicht mehr als 1.500 Lux und bei Zonen der Nutzung 7 nicht mehr als 1.000 Lux. Beim Referenzgebäude ist der Primärenergiebedarf für die Beleuchtung

mit dem Tabellenverfahren nach DIN V 18599-4:2018-09 zu berechnen.

(9) Für die Ermittlung des Höchstwerts des Transmissionswärmeverlusts nach § 16 des GEG ist die wärmeübertragende Umfassungsfläche eines Niedrigstenergie-Wohngebäudes in Quadratmetern nach den in DIN V 18599-1:2018-09 Abschnitt 8 angegebenen Bemaßungsregeln so festzulegen, dass sie mindestens alle beheizten und gekühlten Räume einschließt. Für alle umschlossenen Räume sind dabei die gleichen Bedingungen anzunehmen, die bei der Berechnung nach § 20 Absatz 1 oder Absatz 2 in Verbindung mit § 20 Absatz 3 und 4, § 22 und den Absätzen 1 bis 3 des GEG zugrunde zu legen sind.

(10) Das beheizte Gebäudevolumen eines Niedrigstenergie-Wohngebäudes in Kubikmetern ist das Volumen, das von der nach Absatz 9 ermittelten wärmeübertragenden Umfassungsfläche umschlossen wird. Die Gebäudenutzfläche eines Niedrigstenergie-Wohngebäudes ist nach DIN V 18599-1:2018-09 Gleichung 30 zu ermitteln. Abweichend von Satz 1 ist die Gebäudenutzfläche nach DIN V 18599-1:2018-09 Gleichung 31 zu ermitteln, wenn die durchschnittliche Geschosshöhe eines Niedrigstenrgie-Wohngebäudes, gemessen von der Oberfläche des Fußbodens zur Oberfläche des Fußbodens des darüber liegenden Geschosses, mehr als 3 Meter oder weniger als 2,5 Meter beträgt.

Prüfung der Wind- und Luftdichtheit eines Niedrigstenergiegebäudes nach § 26 GEG

(1) Wird die Luftdichtheit eines zu errichtenden Niedrigstenergiegebäudes vor seiner Fertigstellung nach DIN EN ISO 9972:2018-12 Anhang NA überprüft (**Bild 3.13**), darf die gemessene Brutto-Luftwechselrate bei der Ermittlung des Jahres-Primärenergiebedarfs nach § 20 Absatz 1 oder Absatz 2 und nach § 21 Absatz 1 und 2 nach Maßgabe der Absätze 2 bis 5 des GEG als Luftwechselrate in Ansatz gebracht werden. Bei der Überprüfung der Luftdichtheit eines Niedrigstenergiegebäudes sind die

Quelle: Bethe

Bild 3.13 Blower-Door-Test bei einem Niedrigstenergiegebäude

Messungen nach den Absätzen 2 bis 5 sowohl mit Über- als auch mit Unterdruck durchzuführen. Die genannten Höchstwerte sind für beide Fälle einzuhalten.

(2) Der bei einer Bezugsdruckdifferenz von 50 Pascal gemessene Volumenstrom in Kubikmeter pro Stunde darf:
   1. ohne raumlufttechnische Anlagen höchstens das 3-fache des beheizten oder gekühlten Luftvolumens des Niedrigstenergiegebäudes in Kubikmetern betragen und
   2. mit raumlufttechnischen Anlagen höchstens das 1,5-fache des beheizten oder gekühlten Luftvolumens des Niedrigstenergiegebäudes in Kubikmetern betragen.

(3) Abweichend von Absatz 2 darf bei Niedrigstenergiegebäuden mit einem beheizten oder gekühlten Luftvolumen von über 1.500 Kubikmetern der bei einer Bezugsdruckdifferenz von 50 Pascal gemessene Volumenstrom in Kubikmeter pro Stunde.
   1. ohne raumlufttechnische Anlagen höchstens das 4,5-fache der Hüllfläche des Niedrigstenergiegebäudes in Quadratmetern betragen und
   2. mit raumlufttechnischen Anlagen höchstens das 2,5-fache der Hüllfläche des Niedrigstenergiegebäudes in Quadratmetern betragen.

(4) Wird bei Niedrigstenergie-Nichtwohngebäuden die Dichtheit lediglich für bestimmte Zonen berücksichtigt oder ergeben sich für einzelne Zonen aus den Absätzen 2 und 3 unterschiedliche Anforderungen, so kann der Nachweis der Dichtheit für diese Zonen getrennt durchgeführt werden.

(5) Besteht ein Niedrigstenergiegebäude aus gleichartigen, nur von außen erschlossenen Nutzeinheiten, so darf die Messung nach Absatz 1 nach Maßgabe von DIN EN ISO 9972:2018-12 Anhang NB auf eine Stichprobe dieser Nutzeinheiten begrenzt werden.

3.1.7 Gemeinsame Heizungsanlage für mehrere Gebäude nach § 27 GEG

Wird ein zu errichtendes Niedrigstenergiegebäude mit Wärme aus einer Heizungsanlage versorgt, aus der auch andere Gebäude oder Teile davon Wärme beziehen, ist es abweichend von DIN V 18599:2018-09 und bis zum 31. Dezember 2023 auch von DIN V 4701-10:2003-08 zulässig, bei der Ermittlung des Jahres-Primärenergiebedarfs des zu errichtenden Niedrigstenergiegebäudes eigene zentrale Einrichtungen der Wärmeerzeugung,

Wärmespeicherung oder Warmwasserbereitung anzunehmen, die hinsichtlich ihrer Bauart, ihres Baualters und ihrer Betriebsweise den gemeinsam genutzten Einrichtungen entsprechen, hinsichtlich ihrer Größe und Leistung jedoch nur auf das zu berechnende Niedrigstenergiegebäude ausgelegt sind. Soweit dabei zusätzliche Wärmeverteil- und Warmwasserleitungen zur Verbindung der versorgten Gebäude verlegt werden, sind deren Wärmeverluste anteilig zu berücksichtigen.

Anrechnung mechanisch betriebener Lüftungsanlagen nach § 28 GEG

(1) Im Rahmen der Berechnung nach § 20 Absatz 1 oder Absatz 2 des GEG ist bei mechanischen Lüftungsanlagen die Anrechnung der Wärmerückgewinnung oder einer regelungstechnisch verminderten Luftwechselrate nur zulässig, wenn:
1. die Dichtheit des Niedrigstenergiegebäudes nach § 13 in Verbindung mit § 26 des GEG nachgewiesen wird,
2. die Lüftungsanlage (**Bild 3.14**) mit Einrichtungen ausgestattet ist, die eine Beeinflussung der Luftvolumenströme jeder Nutzeinheit durch den Nutzer erlauben und
3. sichergestellt ist, dass die aus der Abluft gewonnene Wärme vorrangig vor der vom Heizsystem bereitgestellten Wärme genutzt wird.

(2) Die bei der Anrechnung der Wärmerückgewinnung anzusetzenden Kennwerte der Lüftungsanlage sind nach den anerkannten Regeln der Technik zu bestimmen oder den allgemeinen bauaufsichtlichen Zulassungen verwendeter Produkte zu entnehmen.

Quelle: Bethe

Bild 3.14 Lüftungsanlage in einem Niedrigstenergiegebäude

Berechnung des Jahres-Primärenergiebedarfs und des Transmissionswärmeverlustes bei aneinandergereihter Bebauung von Wohngebäuden nach § 29 GEG

(1) Bei der Berechnung des Jahres-Primärenergiebedarfs nach §20 des GEG und des Transmissionswärmeverlustes von aneinandergereihten Niedrigstenergie-Wohngebäuden (**Bild 3.15**) werden Gebäudetrennwände zwischen:

1. Gebäuden, die nach ihrem Verwendungszweck auf Innentemperaturen von mindestens 19 Grad Celsius beheizt werden, als nicht wärmedurchlässig angenommen und bei der Ermittlung der wärmeübertragenden Umfassungsfläche nicht berücksichtigt,
2. Wohngebäuden und Gebäuden, die nach ihrem Verwendungszweck auf Innentemperaturen von mindestens 12 Grad Celsius und weniger als 19 Grad Celsius beheizt werden, bei der Berechnung des Wärmedurchgangskoeffizienten mit einem Temperatur-Korrekturfaktor nach DIN V 18599-2:2018-09 oder bis zum 31. Dezember 2023 auch nach DIN V 4108-6:2003-06, geändert durch DIN V 4108-6 Berichtigung 1: 2004-3, gewichtet und
3. Wohngebäuden und Gebäuden oder Gebäudeteilen, in denen keine beheizten Räume im Sinne des § 3 Absatz 1 Nummer 3 des GEG vorhanden sind, bei der Berechnung des Wärmedurchgangskoeffizienten mit einem Temperaturfaktor in Höhe 0,5 gewichtet.

(2) Werden beheizte Teile eines Gebäudes getrennt berechnet, ist Absatz 1 Nummer 1 sinngemäß für die Trennflächen zwischen den Gebäudeteilen anzuwenden.

Quelle: Bethe

Bild 3.15 Aneinandergereihte Niedrigstenergiegebäude

Zonenweise Berücksichtigung von Energiebedarfsanteilen bei einem zu errichtenden Niedrigstenergie-Nichtwohngebäude nach § 30 GEG

(1) Ist ein zu errichtendes Niedrigstenergie-Nichtwohngebäude nach §21 Absatz 2 des GEG für die Berechnung des Jahres-Primärenergiebedarfs nach § 21 Absatz 1 des GEG in Zonen zu unterteilen, sind Energiebedarfsanteile nach Maßgabe der Absätze 2 bis 7 in die Ermittlung des Jahres-Primärenergiebedarfs einer Zone einzubeziehen.

(2) Der Primärenergiebedarf für das Heizungssystem und die Heizfunktion der raumlufttechnischen Anlage ist zu bilanzieren, wenn die Raum-Solltemperatur des Niedrigstenergiegebäudes oder einer Gebäudezone für den Heizfall mindestens 12 Grad Celsius beträgt und eine durchschnittliche Nutzungsdauer für die Gebäudebeheizung auf Raum-Solltemperatur von mindestens vier Monaten pro Jahr vorgesehen ist.

(3) Der Primärenergiebedarf für das Kühlsystem und die Kühlfunktion der raumlufttechnischen Anlage ist zu bilanzieren, wenn für das Niedrigstenergiegebäude oder eine Gebäudezone für den Kühlfall der Einsatz von Kühltechnik und eine durchschnittliche Nutzungsdauer für Gebäudekühlung auf Raum-Solltemperatur von mehr als zwei Monaten pro Jahr und mehr als zwei Stunden pro Tag vorgesehen sind.

(4) Der Primärenergiebedarf für die Dampfversorgung ist zu bilanzieren, wenn für das Niedrigstenergiegebäude oder eine Gebäudezone eine solche Versorgung wegen des Einsatzes einer raumlufttechnischen Anlage nach Absatz 3 für durchschnittlich mehr als zwei Monate pro Jahr und mehr als zwei Stunden pro Tag vorgesehen ist.

(5) Der Primärenergiebedarf für Warmwasser ist zu bilanzieren, wenn ein Nutzenergiebedarf für Warmwasser in Ansatz zu bringen ist und der durchschnittliche tägliche Nutzenergiebedarf für Warmwasser wenigstens 0,2 Kilowattstunden pro Person und Tag oder 0,2 Kilowattstunden pro Beschäftigtem und Tag beträgt.

(6) Der Primärenergiebedarf für Beleuchtung ist zu bilanzieren, wenn in einem Niedrigstenergiegebäude oder einer Gebäudezone eine Beleuchtungsstärke von mindestens 75 Lux erforderlich ist und eine durchschnittliche Nutzungsdauer von mehr als zwei Monaten pro Jahr und mehr als zwei Stunden pro Tag vorgesehen ist.

(7) Der Primärenergiebedarf für Hilfsenergien ist zu bilanzieren, wenn er beim Heizungssystem und der Heizfunktion der raumlufttechnischen Anlage, beim Kühlsystem und der Kühlfunktion der raumlufttechnischen Anlage, bei der Dampfversorgung, bei der Warmwasseranlage und

der Beleuchtung auftritt. Der Anteil des Primärenergiebedarfs für Hilfsenergien für Lüftung ist zu bilanzieren, wenn eine durchschnittliche Nutzungsdauer der Lüftungsanlage von mehr als zwei Monaten pro Jahr und mehr als zwei Stunden pro Tag vorgesehen ist.

Vereinfachtes Nachweisverfahren für ein zu errichtendes Niedrigstenergie-Wohngebäude nach § 31 GEG

(1) Ein zu errichtendes Niedrigstenergie-Wohngebäude erfüllt die Anforderungen nach § 10 Absatz 2 in Verbindung mit den §§ 15 bis 17 und den §§ 34 bis 45 des GEG, wenn:
   1. es die Voraussetzungen nach Anlage 5 Nummer 1 des GEG erfüllt und
   2. seine Ausführung einer der in Anlage 5 Nummer 2 des GEG beschriebenen Ausführungsvarianten unter Berücksichtigung der Beschreibung der Wärmeschutz- und Anlagenvarianten nach Anlage 5 Nummer 3 des GEG entspricht.

(2) Das Bundesministerium für Wirtschaft und Energie macht gemeinsam mit dem Bundesministerium des Innern, für Bau und Heimat im Bundesanzeiger bekannt, welche Angaben für die auf Grundlage von Absatz 1 zu errichtenden Niedrigsteenergie-Wohngebäude ohne besondere Berechnungen in Energiebedarfsausweisen zu verwenden sind.

Vereinfachtes Berechnungsverfahren für ein zu errichtendes Niedrigstenergie-Nichtwohngebäude nach § 32 GEG

(1) Abweichend von §21 Absatz 1 und 2 des GEG darf der Jahres-Primärenergiebedarf des zu errichtenden Niedrigstenergie-Nichtwohngebäudes und des Referenzgebäudes unter Verwendung eines Ein-Zonen-Modells ermittelt werden, wenn:
   1. die Summe der Nettogrundflächen aus der typischen Hauptnutzung und den Verkehrsflächen des Niedrigstenergiegebäudes mehr als zwei Drittel der gesamten Nettogrundfläche des Niedrigstenergiegebäudes beträgt,
   2. in dem Niedrigstenergiegebäude die Beheizung und die Warmwasserbereitung für alle Räume auf dieselbe Art erfolgen,
   3. das Niedrigstenergiegebäude nicht gekühlt wird,
   4. höchstens 10 Prozent der Nettogrundfläche des Niedrigstenergiegebäudes durch Glühlampen, Halogenlampen oder durch die Beleuchtungsart „indirekt" nach DIN V 18599:2018-09 beleuchtet werden und

5. außerhalb der Hauptnutzung keine raumlufttechnische Anlage eingesetzt wird, deren Werte für die spezifische Leistungsaufnahme der Ventilatoren die entsprechenden Werte der Anlage 2 Nummer 6.1 und 6.2 des GEG überschreiten.

(2) Das vereinfachte Berechnungsverfahren kann angewandt werden für:
1. ein Bürogebäude, auch mit Verkaufseinrichtung, Gewerbebetrieb oder Gaststätte,
2. ein Gebäude des Groß- und Einzelhandels mit höchstens 1.000 Quadratmetern Nettogrundfläche, wenn neben der Hauptnutzung nur Büro-, Lager-, Sanitär- oder Verkehrsflächen vorhanden sind,
3. einen Gewerbebetrieb mit höchstens 1.000 Quadratmetern Nettogrundfläche, wenn neben der Hauptnutzung nur Büro-, Lager-, Sanitär- oder Verkehrsflächen vorhanden sind,
4. eine Schule, eine Turnhalle, einen Kindergarten und eine Kindertagesstätte oder eine ähnliche Einrichtung (**Bild 3.16**),
5. eine Beherbergungsstätte ohne Schwimmhalle, Sauna oder Wellnessbereich oder
6. eine Bibliothek.

(3) Bei Anwendung des vereinfachten Verfahrens sind abweichend von den Maßgaben des § 21 Absatz 2 des GEG bei der Berechnung des Jahres-Primärenergiebedarfs die Bestimmungen für die Nutzung und die Werte für den Nutzenergiebedarf für Warmwasser der Anlage 6 des GEG zu verwenden. § 30 Absatz 5 des GEG ist entsprechend anzuwenden.

Quelle: Bethe

Bild 3.16 Hochschule als Vorbild für Niedrigstenergiegebäude

(4) Abweichend von Absatz 1 Nummer 3 kann das vereinfachte Verfahren auch angewendet werden, wenn in einem Bürogebäude eine Verkaufseinrichtung, ein Gewerbebetrieb oder eine Gaststätte gekühlt wird und die Nettogrundfläche der gekühlten Räume jeweils 450 Quadratmeter nicht übersteigt. Der Energiebedarf für die Kühlung von Anlagen der Datenverarbeitung bleibt als Energieeinsatz für Produktionsprozesse im Sinne von § 2 Absatz 1 Satz 2 des GEG außer Betracht.

(5) Bei Anwendung des vereinfachten Verfahrens sind in den Fällen des Absatzes 4 Satz 1 der Höchstwert und der Referenzwert des Jahres-Primärenergiebedarfs pauschal um 50 Kilowattstunden pro Quadratmeter und Jahr je Quadratmeter gekühlte Nettogrundfläche der Verkaufseinrichtung, des Gewerbebetriebes oder der Gaststätte zu erhöhen. Dieser Betrag ist im Energiebedarfsausweis als elektrische Energie für Kühlung auszuweisen.

(6) Der Jahres-Primärenergiebedarf für Beleuchtung darf vereinfacht für den Bereich der Hauptnutzung berechnet werden, der die geringste Tageslichtversorgung aufweist.

(7) Der im vereinfachten Verfahren ermittelte Jahres-Primärenergiebedarf des Referenzgebäudes nach § 18 Absatz 1 des GEG in Verbindung mit der Anlage 2 des GEG ist um 10 Prozent zu reduzieren. Der reduzierte Wert ist der Höchstwert des Jahres-Primärenergiebedarfs des zu errichtenden Niedrigstenergiegebäudes.

(8) § 20 Absatz 3 des GEG ist entsprechend anzuwenden.

Andere Berechnungsverfahren nach § 33 GEG

Werden in einem Niedrigstenergiegebäude bauliche oder anlagentechnische Komponenten eingesetzt, für deren energetische Bewertung weder anerkannte Regeln der Technik noch nach § 50 Absatz 4 Satz 2 des GEG bekannt gemachte gesicherte Erfahrungswerte vorliegen, so dürfen die energetischen Eigenschaften dieser Komponenten unter Verwendung derselben Randbedingungen wie in den Berechnungsverfahren und Maßgaben nach den §§ 20 bis 30 des GEG durch dynamisch-thermische Simulationsrechnungen ermittelt werden, oder es sind hierfür andere Komponenten anzusetzen, die ähnliche energetische Eigenschaften besitzen und für deren energetische Bewertung anerkannte Regeln der Technik oder bekannt gemachte gesicherte Erfahrungswerte vorliegen.

3.1.8 Nutzung von erneuerbaren Energien zur Wärme- und Kälteerzeugung bei einem zu errichtenden Niedrigstenergiegebäude nach GEG

Nutzung erneuerbarer Energien zur Deckung des Wärme- und Kälteenergiebedarfs bei einem zu errichtenden Niedrigstenergiegebäude nach § 34GEG

(1) Der Wärme- und Kälteenergiebedarf im Sinne des § 10 Absatz 2 Nummer 3 des GEG ist nach den Vorschriften des § 20, des § 21 und der §§ 24 bis 29 des GEG zu ermitteln.

(2) Die Maßnahmen nach den §§ 35 bis 45 des GEG können miteinander kombiniert werden. Die prozentualen Anteile der tatsächlichen Nutzung der einzelnen Maßnahmen im Verhältnis der jeweils nach den §§ 35 bis 45 des GEG vorgesehenen Nutzung müssen in der Summe 100 Prozent Erfüllungsgrad ergeben.

(3) Wenn mehrere zu errichtende Niedrigstenergie-Nichtwohngebäude, die sich im Eigentum der öffentlichen Hand befinden und von mindestens einer Behörde genutzt werden, in einer Liegenschaft stehen, kann die Anforderung nach § 10 Absatz 2 Nummer 3 des GEG auch dadurch erfüllt werden, dass der Wärme- und Kältebedarf dieser Gebäude insgesamt in einem Umfang gedeckt wird, der der Summe der einzelnen Maßgaben der §§ 35 bis 45 des GEG entspricht.

Nutzung solarthermischer Anlagen nach § 35 GEG

(1) Die Anforderung nach § 10 Absatz 2 Nummer 3 des GEG ist erfüllt, wenn durch die Nutzung von solarer Strahlungsenergie mittels solarthermischer Anlagen (**Bild 3.17**) der Wärme- und Kälteenergiebedarf zu mindestens 15 Prozent gedeckt wird.

(2) Die Anforderung bezüglich des Mindestanteils nach Absatz 1 gilt als erfüllt, wenn:

1. bei Niedrigstenergie-Wohngebäuden mit höchstens zwei Wohnungen solarthermische Anlagen mit einer Fläche von mindestens 0,04 Quadratmetern Aperturfläche je Quadratmeter Nutzfläche installiert und betrieben werden und
2. bei Niedrigstenergie-Wohngebäuden mit mehr als zwei Wohnungen solarthermische Anlagen mit einer Fläche von mindestens 0,03 Quadratmetern Aperturfläche je Quadratmeter Nutzfläche installiert und betrieben werden.

Bild 3.17 Solarkollektoranlage auf einem Niedrigstenergiegebäude

(3) Wird eine solarthermische Anlage mit Flüssigkeiten als Wärmeträger genutzt, müssen die darin enthaltenen Kollektoren oder das System mit dem europäischen Prüfzeichen „Solar Keymark" zertifiziert sein, solange und soweit die Verwendung einer CE-Kennzeichnung nach Maßgabe eines Durchführungsrechtsaktes auf der Grundlage der Richtlinie 2009/125/EG des Europäischen Parlaments und des Rates vom 21. Oktober 2009 zur Schaffung eines Rahmens für die Festlegung von Anforderungen an die umweltgerechte Gestaltung energieverbrauchsrelevanter Produkte (ABl. L 285 vom 31.10.2009, S. 10), die zuletzt durch die Richtlinie 2012/27/EU (ABl. L 315 vom 14.11.2012, S. 1) geändert worden ist, nicht zwingend vorgeschrieben ist. Die Zertifizierung muss nach den anerkannten Regeln der Technik erfolgen.

Nutzung von Strom aus erneuerbaren Energien nach § 36 GEG

Die Anforderung nach § 10 Absatz 2 Nummer 3 des GEG ist erfüllt, wenn durch die Nutzung von Strom aus erneuerbaren Energien nach Maßgabe des § 23 Absatz 1 des GEG der Wärme- und Kälteenergiebedarf zu mindestens 15 Prozent gedeckt wird.

Bild 3.18 Photovoltaikanlage auf einem Niedrigstenergiegebäude

Wird bei Niedrigstenergie-Wohngebäuden Strom aus solarer Strahlungsenergie genutzt (**Bild 3.18**), gilt die

Anforderung bezüglich des Mindestanteils nach Satz 1 als erfüllt, wenn Anlagen zur Erzeugung von Strom aus solarer Strahlungsenergie mit einer Nennleistung von mindestens 0,02 Kilowatt je Quadratmeter Gebäudenutzfläche installiert und betrieben werden.

Nutzung von Geothermie oder Umweltwärme nach § 37 GEG

Die Anforderung nach § 10 Absatz 2 Nummer 3 des GEG ist erfüllt, wenn durch die Nutzung von Geothermie, Umweltwärme oder Abwärme aus Abwasser, die mittels elektrisch oder mit fossilen Brennstoffen angetriebener Wärmepumpen (**Bild 3.19**) technisch nutzbar gemacht wird, der Wärme- und Kälteenergiebedarf zu mindestens 50 Prozent aus den Anlagen zur Nutzung dieser Energien gedeckt wird.

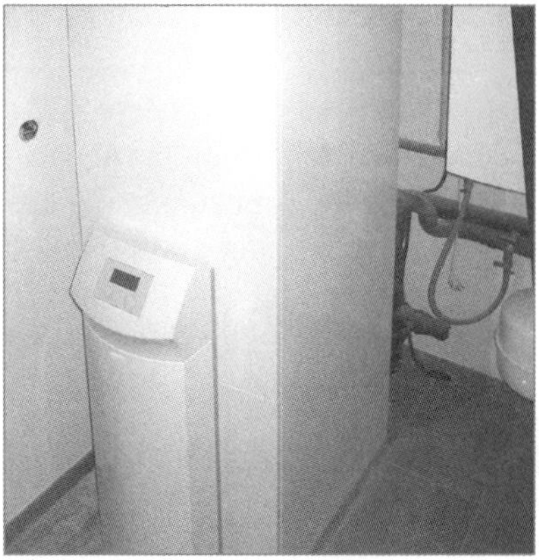
Quelle: Bethe

Bild 3.19 Wärmepumpe in einem Niedrigstenergiegebäude

Nutzung von fester Biomasse nach § 38 GEG

(1) Die Anforderung nach § 10 Absatz 2 Nummer 3 des GEG ist erfüllt, wenn durch die Nutzung von fester Biomasse nach Maßgabe des Absatzes 2 der Wärme- und Kälteenergiebedarf zu mindestens 50 Prozent gedeckt wird.

(2) Wenn eine Feuerungsanlage im Sinne der Verordnung über kleine und mittlere Feuerungsanlagen vom 26. Januar 2010 (BGBl. I S. 38), die zuletzt durch Artikel 2 der Verordnung vom 13. Juni 2019 (BGBl. I S. 804) geändert worden ist, in der jeweils geltenden Fassung betrieben wird, müssen folgende Voraussetzungen erfüllt sein:

1. die Biomasse muss genutzt werden in einem:
   a) Biomassekessel oder
   b) automatisch beschickten Biomasseofen mit Wasser als Wärmeträger,
2. es darf ausschließlich Biomasse nach § 3 Absatz 1 Nummer 4, 5, 5a, 8 oder Nummer 13 der Verordnung über kleine und mittlere Feuerungsanlagen eingesetzt werden.

Nutzung von flüssiger Biomasse nach § 39 GEG

(1) Die Anforderung nach § 10 Absatz 2 Nummer 3 des GEG ist erfüllt, wenn durch die Nutzung von flüssiger Biomasse nach Maßgabe der Absätze 2 und 3 der Wärme- und Kälteenergiebedarf zu mindestens 50 Prozent gedeckt wird.

(2) Die Nutzung muss in einer KWK-Anlage oder in einem Brennwertkessel erfolgen.

(3) Unbeschadet des Absatzes 2 muss die zur Wärmeerzeugung eingesetzte Biomasse den Anforderungen an einen nachhaltigen Anbau und eine nachhaltige Herstellung, die die Biomassestrom-Nachhaltigkeitsverordnung vom 23. Juli 2009 (BGBl. I S. 2174), die zuletzt durch Artikel 1 der Verordnung vom 26. Juni 2018 (BGBl. I S. 872) geändert worden ist, in der jeweils geltenden Fassung stellt, genügen. § 10 der Biomassestrom-Nachhaltigkeitsverordnung ist nicht anzuwenden.

Nutzung von gasförmiger Biomasse nach § 40 GEG

(1) Die Anforderung nach § 10 Absatz 2 Nummer 3 des GEG ist erfüllt, wenn durch die Nutzung von gasförmiger Biomasse nach Maßgabe der Absätze 2 und 3 der Wärme- und Kälteenergiebedarf zu mindestens 30 Prozent gedeckt wird.

(2) Die Nutzung muss in einer hocheffizienten KWK-Anlage im Sinne des § 2 Nummer 8a des Kraft-Wärme-Kopplungsgesetzes erfolgen.

(3) Wenn Biomethan genutzt wird, müssen unbeschadet des Absatzes 2 folgende Voraussetzungen erfüllt sein:
   1. bei der Aufbereitung und Einspeisung des Biomethans müssen die Voraussetzungen nach Anlage 1 Nummer 1 Buchstabe a bis c des Erneuerbare-Energien-Gesetzes vom 25. Oktober 2008 (BGBl. I S. 2074) in der am 31. Juli 2014 geltenden Fassung erfüllt worden sein und
   2. die Menge des entnommenen Biomethans im Wärmeäquivalent am Ende eines Kalenderjahres muss der Menge von Gas aus Biomasse (**Bild 3.20**) entsprechen, das an anderer Stelle in das Gasnetz eingespeist worden ist, und es müssen Massenbilanzsysteme für den gesamten Transport und Vertrieb des Biomethans von seiner Herstellung über seine Einspeisung in das Erdgasnetz und seinen Transport im Erdgasnetz bis zu seiner Entnahme aus dem Erdgasnetz verwendet worden sein.

(4) Wenn biogenes Flüssiggas genutzt wird, muss die Menge des entnommenen Gases am Ende eines Kalenderjahres der Menge von Gas aus

Bild 3.20 Biomassekessel in einem Niedrigstenergiegebäude

Biomasse entsprechen, das an anderer Stelle hergestellt worden ist, und müssen Massebilanzsysteme für den gesamten Transport und Vertrieb des biogenen Flüssiggases von seiner Herstellung über seine Zwischenlagerung und seinen Transport bis zu seiner Einlagerung in den Verbrauchstank verwendet worden sein.

Nutzung von Kälte aus erneuerbaren Energien nach § 41 GEG

(1) Die Anforderung nach § 10 Absatz 2 Nummer 3 des GEG ist erfüllt, wenn durch die Nutzung von Kälte aus erneuerbaren Energien nach Maßgabe der Absätze 2 bis 4 der Wärme- und Kälteenergiebedarf mindestens in Höhe des Anteils nach Satz 2 gedeckt wird. Maßgeblicher Anteil ist der Anteil, der nach den §§ 35 bis 40 des GEG für diejenige erneuerbare Energie gilt, aus der die Kälte erzeugt wird. Wird die Kälte mittels einer thermischen Kälteerzeugungsanlage durch die direkte Zufuhr von Wärme erzeugt, ist der Anteil maßgebend, der auch im Fall einer reinen Wärmeerzeugung aus dem gleichen Energieträger gilt. Wird die Kälte unmittelbar durch Nutzung von Geothermie oder Umweltwärme bereitgestellt, so ist der auch bei Wärmeerzeugung aus diesem Energieträger geltende Anteil von 50 Prozent am Wärme- und Kälteenergiebedarf maßgebend.

(2) Die Kälte muss technisch nutzbar gemacht werden:
1. durch unmittelbare Kälteentnahme aus dem Erdboden oder aus Grund- oder Oberflächenwasser oder
2. durch thermische Kälteerzeugung mit Wärme aus erneuerbaren Energien im Sinne des § 3 Absatz 2 Nummer 1 bis 5 des GEG.

(3) Die Kälte muss zur Deckung des Kältebedarfs für Raumkühlung nach § 3 Absatz 1 Nummer 26 Buchstabe b des GEG genutzt werden. Der Endenergieverbrauch für die Erzeugung der Kälte, für die Rückkühlung und für die Verteilung der Kälte muss nach der jeweils besten verfügbaren Technik gesenkt worden sein.

(4) Die für die Erfüllung der Anforderung nach Absatz 1 anrechenbare Kältemenge umfasst die für die Zwecke nach Absatz 3 Satz 1 nutzbar gemachte Kälte, nicht jedoch die zum Antrieb thermischer Kälteerzeugungsanlagen genutzte Wärme.

(5) Die technischen Anforderungen nach den §§ 35 bis 40 des GEG sind entsprechend anzuwenden, solange und soweit die Verwendung einer CE-Kennzeichnung nach Maßgabe eines Durchführungsrechtsaktes auf der Grundlage der Richtlinie 2009/125/EG nicht zwingend vorgeschrieben ist.

Nutzung von Abwärme nach § 42 GEG

(1) Anstelle der anteiligen Deckung des Wärme- und Kälteenergiebedarfs durch die Nutzung erneuerbarer Energien kann die Anforderung nach § 10 Absatz 2 Nummer 3 des GEG auch dadurch erfüllt werden, dass durch die Nutzung von Abwärme nach Maßgabe der Absätze 2 und 3 der Wärme- und Kälteenergiebedarf direkt oder mittels Wärmepumpen zu mindestens 50 Prozent gedeckt wird.

(2) Sofern Kälte genutzt wird, die durch eine Anlage technisch nutzbar gemacht wird, der Abwärme unmittelbar zugeführt wird, ist § 41 Absatz 3 und 4 des GEG entsprechend anzuwenden.

(3) Sofern Abwärme durch eine andere Anlage genutzt wird, muss die Nutzung nach dem Stand der Technik erfolgen.

Nutzung von Kraft-Wärme-Kopplung nach § 43 GEG

(1) Anstelle der anteiligen Deckung des Wärme- und Kälteenergiebedarfs durch die Nutzung erneuerbarer Energien kann die Anforderung nach § 10 Absatz 2 Nummer 3 des GEG auch dadurch erfüllt werden, dass:
1. durch die Nutzung von Wärme aus einer hocheffizienten KWK-Anlage im Sinne des § 2 Nummer 8a des Kraft-Wärme-Kopplungsgesetzes der

Wärme- und Kälteenergiebedarf zu mindestens 50 Prozent gedeckt wird oder
2. durch die Nutzung von Wärme aus einer Brennstoffzellenheizung der Wärme- und Kälteenergiebedarf zu mindestens 40 Prozent gedeckt wird.

(2) Sofern Kälte genutzt wird, die durch eine Anlage technisch nutzbar gemacht wird, der unmittelbar Wärme aus einer KWK-Anlage zugeführt wird, muss die KWK-Anlage den Anforderungen des Absatzes 1 Satz 1 Nummer 1 genügen. § 41 Absatz 3 und 4 des GEG ist entsprechend anzuwenden.

Fernwärme oder Fernkälte nach § 44 GEG

(1) Anstelle der anteiligen Deckung des Wärme- und Kälteenergiebedarfs durch die Nutzung erneuerbarer Energien kann die Anforderung nach § 10 Absatz 2 Nummer 3 des GEG auch dadurch erfüllt werden, dass durch den Bezug von Fernwärme oder Fernkälte nach Maßgabe von Absatz 2 der Wärme- und Kälteenergiebedarf mindestens in Höhe des Anteils nach den Sätzen 2 und 3 gedeckt wird. Maßgeblicher Anteil ist der Anteil, der nach den §§ 35 bis 40 oder nach den §§ 42 und 43 des GEG für diejenige Energie anzuwenden ist, aus der die Fernwärme oder Fernkälte ganz oder teilweise stammt. Bei der Berechnung nach Satz 1 wird nur die bezogene Menge der Fernwärme oder Fernkälte angerechnet, die rechnerisch aus erneuerbaren Energien, aus Anlagen zur Nutzung von Abwärme oder aus KWK-Anlagen stammt.

(2) Die in dem Wärme- oder Kältenetz insgesamt verteilte Wärme oder Kälte muss stammen zu:
1. einem wesentlichen Anteil aus erneuerbaren Energien,
2. mindestens 50 Prozent aus Anlagen zur Nutzung von Abwärme,
3. mindestens 50 Prozent aus KWK-Anlagen oder
4. mindestens 50 Prozent durch eine Kombination der in den Nummern 1 bis 3 genannten Maßnahmen.

§ 35 und die §§ 37 bis 43 des GEG sind entsprechend anzuwenden.

Maßnahmen zur Einsparung von Energie nach § 45 GEG

Anstelle der anteiligen Deckung des Wärme- und Kälteenergiebedarfs durch die Nutzung erneuerbarer Energien kann die Anforderung nach § 10 Absatz 2 Nummer 3 des GEG auch dadurch erfüllt werden, dass bei einem Niedrigstenergie-Wohngebäude die Anforderungen nach § 16 des GEG sowie bei einem Niedrigstenergie-Nichtwohngebäude die Anforderungen nach § 19 des GEG um mindestens 15 Prozent unterschritten werden.

3.1.9 Anforderungen an bestehende Gebäude nach GEG

Aufrechterhaltung der energetischen Qualität; Entgegenstehende Rechtsvorschriften nach § 46 GEG

(1) Außenbauteile eines bestehenden Gebäudes dürfen nicht in einer Weise verändert werden, dass die energetische Qualität des Gebäudes verschlechtert wird. Satz 1 ist nicht anzuwenden auf Änderungen von Außenbauteilen, wenn die Fläche der geänderten Bauteile nicht mehr als 10 Prozent der gesamten Fläche der jeweiligen Bauteilgruppe nach Anlage 7 des GEG betrifft.

(2) Die Anforderungen an ein bestehendes Gebäude nach diesem Teil sind nicht anzuwenden, soweit ihre Erfüllung anderen öffentlich-rechtlichen Vorschriften zur Standsicherheit, zum Brandschutz, zum Schallschutz, zum Arbeitsschutz oder zum Schutz der Gesundheit entgegensteht.

Nachrüstung eines bestehenden Gebäudes nach § 47 GEG

(1) Eigentümer eines Wohngebäudes sowie Eigentümer eines Nichtwohngebäudes, die nach ihrer Zweckbestimmung jährlich mindestens vier Monate auf Innentemperaturen von mindestens 19 Grad Celsius beheizt werden, müssen dafür sorgen, dass oberste Geschossdecken, die nicht den Anforderungen an den Mindestwärmeschutz nach DIN 4108-2: 2013-02 genügen, so gedämmt sind, dass der Wärmedurchgangskoeffizient der obersten Geschossdecke 0,24 Watt pro Quadratmeter und Kelvin nicht überschreitet. Die Pflicht nach Satz 1 gilt als erfüllt, wenn anstelle der obersten Geschossdecke das darüber liegende Dach entsprechend gedämmt ist oder den Anforderungen an den Mindestwärmeschutz nach DIN 4108-2:2013-02 genügt.

(2) Wird der Wärmeschutz nach Absatz 1 Satz 1 durch Dämmung in Deckenzwischenräumen ausgeführt und ist die Dämmschichtdicke im Rahmen dieser Maßnahmen aus technischen Gründen begrenzt, so gelten die Anforderungen als erfüllt, wenn die nach anerkannten Regeln der Technik höchstmögliche Dämmschichtdicke eingebaut wird, wobei ein Bemessungswert der Wärmeleitfähigkeit von 0,035 Watt pro Meter und Kelvin einzuhalten ist. Abweichend von Satz 1 ist ein Bemessungswert der Wärmeleitfähigkeit von 0,045 Watt pro Meter und Kelvin einzuhal-

ten, soweit Dämmmaterialien in Hohlräume eingeblasen oder Dämmmaterialien aus nachwachsenden Rohstoffen verwendet werden. Wird der Wärmeschutz nach Absatz 1 Satz 2 als Zwischensparrendämmung (**Bild 3.21**) ausgeführt und ist die Dämmschichtdicke wegen einer innenseitigen Bekleidung oder der Sparrenhöhe begrenzt, sind die Sätze 1 und 2 entsprechend anzuwenden.

Quelle: Bethe

Bild 3.21 Zwischensparrendämmung bei einem Niedrigstenergiegebäude

(3) Bei einem Wohngebäude mit nicht mehr als zwei Wohnungen, von denen der Eigentümer eine Wohnung am 1. Februar 2002 selbst bewohnt hat, ist die Pflicht nach Absatz 1 erst im Fall eines Eigentümerwechsels nach dem 1. Februar 2002 von dem neuen Eigentümer zu erfüllen. Die Frist zur Pflichterfüllung beträgt zwei Jahre ab dem ersten Eigentumsübergang nach dem 1. Februar 2002.

(4) Die Absätze 1 bis 3 sind nicht anzuwenden, soweit die für eine Nachrüstung erforderlichen Aufwendungen durch die eintretenden Einsparungen nicht innerhalb angemessener Frist erwirtschaftet werden können.

Anforderungen an ein bestehendes Gebäude bei Änderung nach § 48 GEG

Soweit bei beheizten oder gekühlten Räumen eines Gebäudes Außenbauteile im Sinne der Anlage 7 des GEG erneuert, ersetzt oder erstmalig eingebaut werden (**Bild 3.22**), sind diese Maßnahmen so auszuführen, dass die betroffenen Flächen des Außenbauteils die Wärmedurchgangskoeffizienten der Anlage 7 des GEG nicht überschreiten. Ausgenommen sind Änderungen von Außenbauteilen, die nicht mehr als 10 Prozent der gesamten Fläche der jeweiligen Bauteilgruppe des Gebäudes betreffen.

Bild 3.22 Außenbauteildämmung bei einem Niedrigstenergiegebäude

Nimmt der Eigentümer eines Wohngebäudes mit nicht mehr als zwei Wohnungen Änderungen im Sinne von Satz 1 und 2 an dem Gebäude vor und werden unter Anwendung des § 50 Absatz 1 und 2 des GEG für das gesamte Gebäude Berechnungen nach § 50 Absatz 3 des GEG durchgeführt, hat der Eigentümer vor Beauftragung der Planungsleistungen ein informatorisches Beratungsgespräch mit einem Energieberater der Verbraucherzentrale Bundesverband durchzuführen.

Berechnung des Wärmedurchgangskoeffizienten nach § 49 GEG

(1) Der Wärmedurchgangskoeffizient eines Bauteils nach § 48 des GEG wird unter Berücksichtigung der neuen und der vorhandenen Bauteilschichten berechnet. Für die Berechnung sind folgende Verfahren nach GEG anzuwenden:
  1. DIN V 18599-2:2018-09 Abschnitt 6.1.4.3 für die Berechnung der an Erdreich grenzenden Bauteile,
  2. DIN 4108-4:2017-03 in Verbindung mit DIN EN ISO 6946:2008-04 für die Berechnung opaker Bauteile und
  3. DIN 4108-4:2017-03 für die Berechnung transparenter Bauteile sowie von Vorhangfassaden.

(2) Werden bei Maßnahmen nach § 48 des GEG Gefälledächer durch die keilförmige Anordnung einer Dämmschicht aufgebaut, so ist der Wärmedurchgangskoeffizient nach Anhang C der DIN EN ISO 6946:2008-04 in Verbindung mit DIN 4108-4:2017-03 zu ermitteln. Dabei muss der Bemessungswert des Wärmedurchgangswiderstandes am tiefsten Punkt der neuen Dämmschicht den Mindestwärmeschutz nach § 12 des GEG erfüllen.

Energetische Bewertung eines bestehenden Gebäudes nach § 50 GEG

(1) Die Anforderungen des § 48 des GEG gelten als erfüllt, wenn:

1. das geänderte Niedrigstenergie-Wohngebäude insgesamt:
   a) den Jahres-Primärenergiebedarf für Heizung, Warmwasserbereitung, Lüftung und Kühlung den auf die Gebäudenutzfläche bezogenen Wert des Jahres-Primärenergiebedarfs eines Referenzgebäudes, das die gleiche Geometrie, Gebäudenutzfläche und Ausrichtung wie das geänderte Niedrigstenergiegebäude aufweist und der technischen Referenzausführung der Anlage 1 des GEG entspricht, um nicht mehr als 40 Prozent überschreitet und
   b) den Höchstwert des spezifischen, auf die wärmeübertragende Umfassungsfläche bezogenen Transmissionswärmeverlusts nach Absatz 2 um nicht mehr als 40 Prozent überschreitet,
2. das geänderte Niedrigstenergie-Nichtwohngebäude insgesamt:
   a) den Jahres-Primärenergiebedarf für Heizung, Warmwasserbereitung, Lüftung, Kühlung und eingebaute Beleuchtung den auf die Nettogrundfläche bezogenen Wert des Jahres-Primärenergiebedarfs eines Referenzgebäudes, das die gleiche Geometrie, Nettogrundfläche, Ausrichtung und Nutzung, einschließlich der Anordnung der Nutzungseinheiten, wie das geänderte Niedrigstenergiegebäude aufweist und der technischen Referenzausführung der Anlage 2 des GEG entspricht, um nicht mehr als 40 Prozent überschreitet und
   b) das auf eine Nachkommastelle gerundete 1,25-fache der Höchstwerte der mittleren Wärmedurchgangskoeffizienten der wärmeübertragenden Umfassungsfläche gemäß der Anlage 3 des GEG um nicht mehr als 40 Prozent überschreitet.

§ 18 Absatz 1 Satz 2 des GEG ist entsprechend anzuwenden.

(2) Der Höchstwert nach Absatz 1 Satz 1 Nummer 1 Buchstabe b beträgt:

1. bei einem freistehenden Niedrigstenergie-Wohngebäude mit einer Gebäudenutzfläche von bis zu 350 Quadratmetern 0,40 Watt pro Quadratmeter und Kelvin,
2. bei einem freistehenden Niedrigstenergie-Wohngebäude mit einer Gebäudenutzfläche von mehr als 350 Quadratmetern 0,50 Watt pro Quadratmeter und Kelvin,
3. bei einem einseitig angebauten Niedrigstenergie-Wohngebäude 0,45 Watt pro Quadratmeter und Kelvin oder
4. bei allen anderen Niedrigstenergie-Wohngebäuden 0,65 Watt pro Quadratmeter und Kelvin.

(3) In den Fällen des Absatzes 1 sind die Berechnungsverfahren nach § 20 Absatz 1 oder Absatz 2 oder nach § 21 Absatz 1 und 2 des GEG unter Beachtung der Maßgaben nach § 20 Absatz 3 bis 6, der §§ 22 bis 30 und der §§ 32 und 33 des GEG sowie nach Maßgabe von Absatz 4 entsprechend anzuwenden.

(4) Fehlen Angaben zu geometrischen Abmessungen eines Gebäudes, können diese durch vereinfachtes Aufmaß ermittelt werden. Liegen energetische Kennwerte für bestehende Bauteile und Anlagenkomponenten nicht vor, können gesicherte Erfahrungswerte für Bauteile und Anlagenkomponenten vergleichbarer Altersklassen verwendet werden. In den Fällen der Sätze 1 und 2 können anerkannte Regeln der Technik verwendet werden. Die Einhaltung solcher Regeln wird vermutet, soweit Vereinfachungen für die Datenaufnahme und die Ermittlung der energetischen Eigenschaften sowie gesicherte Erfahrungswerte verwendet werden, die vom Bundesministerium für Wirtschaft und Energie- und vom Bundesministerium des Innern, für Bau und Heimat gemeinsam im Bundesanzeiger bekannt gemacht worden sind.

(5) Absatz 4 kann auch in den Fällen des § 48 sowie des § 51 vom GEG angewendet werden.

Anforderungen an ein bestehendes Gebäude bei Erweiterung und Ausbau nach § 51 GEG

(1) Bei der Erweiterung und dem Ausbau eines Gebäudes um beheizte oder gekühlte Räume darf:
   1. bei Wohngebäuden der spezifische, auf die wärmeübertragende Umfassungsfläche bezogene Transmissionswärmeverlust der Außenbauteile der neu hinzukommenden beheizten oder gekühlten Räume das 1,2-fache des entsprechenden Wertes des Referenzgebäudes gemäß der Anlage 1 des GEG nicht überschreiten oder
   2. bei Nichtwohngebäuden die mittleren Wärmedurchgangskoeffizienten der wärmeübertragenden Umfassungsfläche der Außenbauteile der neu hinzukommenden beheizten oder gekühlten Räume das auf eine Nachkommastelle gerundete 1,25-fache der Höchstwerte gemäß der Anlage 3 des GEG nicht überschreiten.

(2) Ist die hinzukommende zusammenhängende Nutzfläche größer als 50 Quadratmeter, sind außerdem die Anforderungen an den sommerlichen Wärmeschutz nach § 14 des GEG einzuhalten.

3.1.10 Nutzung erneuerbarer Energien zur Wärmeerzeugung bei bestehenden öffentlichen Gebäuden nach GEG

Plicht zur Nutzung von erneuerbaren Energien bei einem bestehenden öffentlichen Gebäude nach § 52 GEG

(1) Wenn die öffentliche Hand ein bestehendes Nichtwohngebäude, das sich in ihrem Eigentum befindet und von mindestens einer Behörde genutzt wird, gemäß Absatz 2 grundlegend renoviert, muss sie den Wärme- und Kälteenergiebedarf dieses Gebäudes durch die anteilige Nutzung von erneuerbaren Energien nach Maßgabe der Absätze 3 und 4 decken. Auf die Berechnung des Wärme- und Kälteenergiebedarfs ist § 34 Absatz 1 des GEG entsprechend anzuwenden.

(2) Eine grundlegende Renovierung ist jede Maßnahme, durch die an einem Gebäude in einem zeitlichen Zusammenhang von nicht mehr als zwei Jahren:
1. ein Heizkessel ausgetauscht oder die Heizungsanlage auf einen fossilen Energieträger oder auf einen anderen fossilen Energieträger als den bisher eingesetzten umgestellt wird und
2. mehr als 20 Prozent der Oberfläche der Gebäudehülle renoviert werden.

(3) Bei der Nutzung von gasförmiger Biomasse wird die Pflicht nach Absatz 1 dadurch erfüllt, dass der Wärme- und Kälteenergiebedarf zu mindestens 25 Prozent durchgasförmige Biomasse gedeckt wird. Die Nutzung von gasförmiger Biomasse muss in einem Heizkessel, der der besten verfügbaren Technik entspricht, oder in einer KWK-Anlage erfolgen. Im Übrigen ist § 40 Absatz 2 und 3 des GEG entsprechend anzuwenden.

(4) Bei Nutzung sonstiger erneuerbarer Energien wird die Pflicht nach Absatz 1 dadurch erfüllt, dass der Wärme- und Kälteenergiebedarf zu mindestens 15 Prozent durcherneuerbare Energien nach folgenden Maßgaben gedeckt wird:
1. bei der Nutzung von solarer Strahlungsenergie durch solarthermische Anlagen ist § 35 Absatz 2 des GEG entsprechend anzuwenden,
2. bei der Nutzung von fester Biomasse ist § 38 Absatz 2 des GEG entsprechend anzuwenden,
3. bei der Nutzung von flüssiger Biomasse ist § 39 Absatz 2 und 3 des GEG entsprechend anzuwenden,
4. bei der Nutzung von Kälte aus erneuerbaren Energien ist § 41 Absatz 2 bis 5 des GEG entsprechend anzuwenden.

(5) Wenn mehrere bestehende Nichtwohngebäude, die sich im Eigentum der öffentlichen Hand befinden und von mindestens einer Behörde genutzt werden, in einer Liegenschaft stehen, kann die Pflicht nach Absatz 1 auch dadurch erfüllt werden, dass der Wärme- und Kälteenergiebedarf dieser Gebäude insgesamt in einem Umfang gedeckt wird, der der Summe der einzelnen Maßgaben der Absätze 3 und 4 entspricht.

Ersatzmaßnahmen nach § 53 GEG

(1) Die Pflicht nach § 52 Absatz 1 kann auch dadurch erfüllt werden, dass
 1. der Wärme- und Kältebedarf des renovierten Niedrigstenergiegebäudes zu mindestens 50 Prozent gedeckt wird aus:
  a) einer Anlage zur Nutzung von Abwärme nach Maßgabe von § 42 Absatz 2 und 3 des GEG oder
  b) einer KWK-Anlage nach Maßgabe von § 43 des GEG,
 2. Maßnahmen zur Einsparung von Energie nach Maßgabe von Absatz 2 getroffen werden oder
 3. Fernwärme oder Fernkälte nach Maßgabe von § 44 des GEG bezogen wird.

 § 41 Absatz 1 Satz 3 und § 52 Absatz 5 des GEG ist entsprechend anzuwenden.

(2) Bei Maßnahmen zur Einsparung von Energie muss das auf eine Nachkommastelle gerundete 1,25-fache der Höchstwerte der mittleren Wärmedurchgangskoeffizienten der wärmeübertragenden Umfassungsfläche nach Anlage 3 des GEG mindestens 10 Prozent unterschritten werden. Satz 1 gilt auch dann als erfüllt, wenn das Niedrigstenergiegebäude nach der grundlegenden Renovierung insgesamt den Jahres-Primärenergiebedarf des Referenzgebäudes nach Anlage 2 des GEG und das auf eine Nachkommastelle gerundete 1,25-fache der Höchstwerte der mittleren Wärmedurchgangskoeffizienten der wärmeübertragenden Umfassungsfläche nach Anlage 3 des GEG einhält.

(3) Die Pflicht nach § 52 Absatz 1 kann auch dadurch erfüllt werden, dass auf dem Dach des öffentlichen Niedrigstenergiegebäudes solarthermische Anlagen mit einer Fläche von mindestens 0,06 Quadratmetern Brutto-Kollektorfläche je Quadratmeter Nettogrundfläche von dem Eigentümer oder einem Dritten installiert und betrieben werden, wenn die mit diesen Anlagen erzeugte Wärme oder Kälte Dritten zur Deckung des Wärme- und Kältebedarfs von Gebäuden zur Verfügung gestellt wird und von diesen Dritten nicht zur Erfüllung der Anforderung nach § 10

Absatz 2 Nummer 3 des GEG genutzt wird. § 35 Absatz 3 des GEG ist entsprechend anzuwenden.

Kombination nach § 54 GEG

Zur Erfüllung der Pflicht nach § 52 Absatz 1 des GEG können die Maßnahmen nach § 52 Absatz 3 und 4 des GEG und die Ersatzmaßnahmen nach § 53 des GEG untereinander und miteinander kombiniert werden. Die prozentualen Anteile der einzelnen Maßnahmen an der nach § 52 Absatz 3 und 4 des GEG sowie nach § 53 des GEG vorgesehenen Nutzung müssen in der Summe mindestens 100 ergeben.

Ausnahmen nach § 55 GEG

(1) Die Pflicht nach § 52 Absatz 1 des GEG besteht nicht, soweit ihre Erfüllung im Einzelfall wegen besonderer Umstände durch einen unangemessenen Aufwand oder in sonstiger Weise zu einer unbilligen Härte führt. Dies ist insbesondere der Fall, wenn jede Maßnahme, mit der die Pflicht nach § 52 Absatz 1 des GEG erfüllt werden kann, mit Mehrkosten verbunden ist und diese Mehrkosten auch unter Berücksichtigung der Vorbildfunktion nicht unerheblich sind. Bei der Berechnung sind alle Kosten und Einsparungen zu berücksichtigen, auch solche, die innerhalb der noch zu erwartenden Nutzungsdauer der Anlagen oder Gebäudeteile zu erwarten sind.

(2) Die Pflicht nach § 52 Absatz 1 des GEG besteht ferner nicht bei einem Gebäude im Eigentum einer Gemeinde oder eines Gemeindeverbandes, wenn:
   1. die Gemeinde oder der Gemeindeverband zum Zeitpunkt des Beginns der grundlegenden Renovierung überschuldet ist oder durch die Erfüllung der Pflicht nach § 52 Absatz 1 des GEG und die Durchführung von Ersatzmaßnahmen nach § 53 des GEG überschuldet würde,
   2. jede Maßnahme, mit der die Pflicht nach § 52 Absatz 1 des GEG erfüllt werden kann, mit Mehrkosten verbunden ist, die auch unter Berücksichtigung der Vorbildfunktion nicht unerheblich sind; im Übrigen ist Absatz 1 Satz 2 und 3 entsprechend anzuwenden, und
   3. die Gemeinde oder der Gemeindeverband durch Beschluss das Vorliegen der Voraussetzungen nach Nummer 2 feststellt; die jeweiligen Regelungen zur Beschlussfassung bleiben unberührt.

(3) Die Pflicht nach § 52 Absatz 1 des GEG besteht nicht für ein Gebäude, das der Landesverteidigung dient, soweit ihre Erfüllung der Art und dem Hauptzweck der Landesverteidigung entgegensteht.

Abweichungsbefugnis nach § 56 GEG

Die Länder können:

1. für bestehende öffentliche Gebäude (**Bild 3.23**), mit Ausnahme der öffentlichen Gebäude des Bundes, eigene Regelungen zur Erfüllung der Vorbildfunktion nach § 4 des GEG treffen und zu diesem Zweck von den Vorschriften dieses Abschnitts abweichen und
2. für bestehende Gebäude, die keine öffentlichen Gebäude sind, eine Pflicht zur Nutzung von erneuerbaren Energien festlegen.

Quelle: Bethe

Bild 3.23 Bestehendes öffentliches Gebäude der Hochschule Hannover

3.1.11 Anlagen der Heizungs-, Kühl- und Raumlufttechnik sowie der Warmwasserversorgung nach GEG

Aufrechterhaltung der energetischen Qualität bestehender Anlagen nach GEG – Verbot von Veränderungen; entgegenstehende Rechtsvorschriften nach § 57 GEG

(1) Eine Anlage und Einrichtung der Heizungs-, Kühl- oder Raumlufttechnik oder der Warmwasserversorgung darf, soweit sie zum Nachweis der Anforderungen energieeinsparrechtlicher Vorschriften des Bundes zu berücksichtigen war, nicht in einer Weise verändert werden, dass die energetische Qualität des Gebäudes verschlechtert wird.

(2) Die Anforderungen an Anlagen und Einrichtungen nach diesem Teil sind nicht anzuwenden, soweit ihre Erfüllung anderen öffentlich-rechtlichen Vorschriften zur Standsicherheit, zum Brandschutz, zum Schallschutz, zum Arbeitsschutz oder zum Schutz der Gesundheit entgegensteht.

Betreiberpflichten nach GEG

Betriebsbereitschaft nach § 58 GEG

(1) Energiebedarfssenkende Einrichtungen in Anlagen und Einrichtungen der Heizungs-, Kühl- und Raumlufttechnik sowie der Warmwasserversorgung sind vom Betreiberbetriebsbereit zu erhalten und bestimmungsgemäß zu nutzen.

(2) Der Betreiber kann seine Pflicht nach Absatz 1 auch dadurch erfüllen, dass er andere anlagentechnische oder bauliche Maßnahmen trifft, die den Einfluss einer energiebedarfssenkenden Einrichtung auf den Jahres-Primärenergiebedarf ausgleicht.

Sachgerechte Bedienung nach § 59 GEG

Eine Anlage und Einrichtung der Heizungs-, Kühl- oder Raumlufttechnik oder der Warmwasserversorgung ist vom Betreiber sachgerecht zu bedienen.

Wartung und Instandhaltung nach § 60 GEG

(1) Komponenten, die einen wesentlichen Einfluss auf den Wirkungsgrad von Anlagen und Einrichtungen der Heizungs-, Kühl- und Raumlufttechnik sowie der Warmwasserversorgung haben, sind vom Betreiber regelmäßig zu warten und instand zu halten.

(2) Für die Wartung und Instandhaltung ist Fachkunde erforderlich. Fachkundig ist, wer die zur Wartung und Instandhaltung notwendigen Fachkenntnisse und Fertigkeiten besitzt. Die Handwerksordnung bleibt unberührt.

Einbau und Ersatz nach GEG: Verteilungseinrichtungen und Warmwasseranlagen nach GEG

Verringerung und Abschaltung der Wärmezufuhr sowie Ein- und Ausschaltung elektrischer Antriebe nach § 61 GEG

(1) Wird eine Zentralheizung in einem Gebäude eingebaut, haben der Bauherr oder der Eigentümer dafür Sorge zu tragen, dass die Zentralheizung mit zentralen selbsttätig wirkenden Einrichtungen zur Verringerung und Abschaltung der Wärmezufuhr sowie zur Ein- und Ausschaltung elektrischer Antriebe ausgestattet ist. Die Regelung der Wärmezufuhr sowie der elektrischen Antriebe im Sinne von Satz 1 erfolgt in Abhängigkeit von

1. der Außentemperatur oder einer anderen geeigneten Führungsgröße und
2. der Zeit.

(2) Soweit die in Absatz 1 Satz 1 geforderte Ausstattung bei einer Zentralheizung in einem bestehenden Gebäude nicht vorhanden ist, muss der Eigentümer sie bis zum 30. September 2021 nachrüsten.

(3) Wird in einem Wohngebäude, das mehr als fünf Wohnungen hat, eine Zentralheizung eingebaut, die jede einzelne Wohnung mittels Wärmeübertrager im Durchlaufprinzip mit Wärme für die Beheizung und die Warmwasserbereitung aus dem zentralen System versorgt, kann jede einzelne Wohnung mit den Einrichtungen nach Absatz 1 ausgestattet werden.

Wasserheizung, die ohne Wärmeüberträger an eine Nah- oder Fernwärmeversorgung angeschlossen ist, nach § 62 GEG

Bei einer Wasserheizung, die ohne Wärmeübertrager an eine Nah- oder Fernwärmeversorgung angeschlossen ist, kann die Pflicht nach § 61 des GEG hinsichtlich der Verringerung und Abschaltung der Wärmezufuhr auch ohne entsprechende Einrichtung in der Haus- und Kundenanlage dadurch erfüllt werden, dass die Vorlauftemperatur des Nah- oder Fernwärmenetzes in Abhängigkeit von der Außentemperatur und der Zeit durch eine entsprechende Einrichtung in der zentralen Erzeugungsanlage geregelt wird.

Raumweise Regelung der Raumtemperatur nach § 63 GEG

(1) Wird eine heizungstechnische Anlage mit Wasser als Wärmeträger in einem Gebäude eingebaut, haben der Bauherr oder der Eigentümer dafür Sorge zu tragen, dass die heizungstechnische Anlage mit einer selbsttätig wirkenden Einrichtung zur raumweisen Regelung der Raumtemperatur ausgestattet ist. Satz 1 ist nicht anzuwenden auf:
   1. eine Fußbodenheizung in Räumen mit weniger als sechs Quadratmetern Nutzfläche oder
   2. ein Einzelheizgerät, das zum Betrieb mit festen oder flüssigen Brennstoffen eingerichtet ist.

(2) Mit Ausnahme von Wohngebäuden ist für Gruppen von Räumen gleicher Art und Nutzung eine Gruppenregelung zulässig.

(3) Soweit die in Absatz 1 Satz 1 geforderte Ausstattung bei einem bestehenden Gebäude nicht vorhanden ist, muss der Eigentümer sie nachrüsten. Absatz 1 Satz 2 und Absatz 2 sind entsprechend anzuwenden.

(4) Eine Fußbodenheizung, die vor dem 1. Februar 2002 eingebaut worden ist, darf abweichend von Absatz 1 Satz 1 mit einer Einrichtung zur raumweisen Anpassung der Wärmeleistung an die Heizlast ausgestattet werden.

Umwälzpumpe, Zirkulationspumpe nach § 64 GEG

(1) Eine Umwälzpumpe, die im Heizkreis einer Zentralheizung mit mehr als 25 Kilowatt Nennleistung eingebaut wird, ist so auszustatten, dass die elektrische Leistungsaufnahme dem betriebsbedingten Förderbedarf selbsttätig in mindestens drei Stufen angepasst wird, soweit die Betriebssicherheit des Heizkessels dem nicht entgegensteht.

(2) Eine Zirkulationspumpe (**Bild 3.24**) muss beim Einbau in eine Warmwasseranlage mit einer selbsttätig wirkenden Einrichtung zur Ein- und Ausschaltung ausgestattet werden. Die Trinkwasserverordnung bleibt unberührt.

Quelle: Bethe

Bild 3.24 Warmwasseranlage mit Zirkulationspumpe

Klimaanlagen und sonstige Anlagen der Raumlufttechnik nach GEG

Begrenzung der elektrischen Leistung nach § 65 GEG

Beim Einbau einer Klimaanlage (**Bild 3.25**), die eine Nennleistung für den Kältebedarf von mehr als 12 Kilowatt hat, und einer raumlufttechnischen

Quelle: Bethe

Bild 3.25 Klimaanlage

Anlage mit Zu- und Abluftfunktion, die für einen Volumenstrom der Zuluft von wenigstens 4.000 Kubikmeter je Stunde ausgelegt ist, in einem Gebäude sowie bei der Erneuerung von einem Zentralgerät oder Luftkanalsystem einer solchen Anlage muss diese Anlage so ausgeführt werden, dass bei Auslegungsvolumenstrom der Grenzwert für die spezifische Ventilatorleistung nach DIN EN 16798-3:2017-11 Kategorie 4 nicht überschritten wird von:

1. der auf das Fördervolumen bezogenen elektrische Leistung der Einzelventilatoren oder
2. dem gewichteten Mittelwert der auf das jeweilige Fördervolumen bezogenen elektrischen Leistung aller Zu- und Abluftventilatoren.

Der Grenzwert für die spezifische Ventilatorleistung der Kategorie 4 kann um Zuschläge nach DIN EN 16798:2017-11 Abschnitt 9.5.2.2 für Gas- und Schwebstofffilter- sowie Wärmerückführungsbauteile der Klassen H2 oder H1 nach DIN EN 13053:2007-11 erweitert werden.

Regelung der Be- und Entfeuchtung nach § 66 GEG

(1) Soweit eine Anlage nach § 65 Satz 1 des GEG dazu bestimmt ist, die Feuchte der Raumluft unmittelbar zu verändern, muss diese Anlage beim Einbau in ein Gebäude und bei Erneuerung des Zentralgerätes einer solcher Anlage mit einer selbsttätig wirkenden Regelungseinrichtung ausgestattet werden, bei der getrennte Sollwerte für die Be- und die Entfeuchtung eingestellt werden können und als Führungsgröße mindestens die direkt gemessene Zu- oder Abluftfeuchte dient.

(2) Sind solche Einrichtungen in einer bestehenden Anlage nach § 65 Satz 1 des GEG nicht vorhanden, muss der Betreiber sie innerhalb von sechs Monaten nach Ablauf der Frist des § 76 Absatz 1 Satz 2 des GEG nachrüsten. Für sonstige raumlufttechnische Anlagen ist Satz 1 entsprechend anzuwenden.

Regelung der Volumenströme nach § 67 GEG

(1) Beim Einbau einer Anlage nach § 65 Satz 1 des GEG in Gebäuden und bei der Erneuerung eines Zentralgerätes oder eines Luftkanalsystems einer solcher Anlage muss diese Anlage mit einer Einrichtung zur selbsttätigen Regelung der Volumenströme in Abhängigkeit von den thermischen und stofflichen Lasten oder zur Einstellung der Volumenströme in Abhängigkeit von der Zeit ausgestattet werden, wenn der Zuluftvolumenstrom dieser Anlage höher ist als:

1. neun Kubikmeter pro Stunde je Quadratmeter versorgter Nettogrundfläche des Nichtwohngebäudes oder
2. neun Kubikmeter pro Stunde je Quadratmeter versorgter Gebäudenutzfläche des Wohngebäudes.

(2) Absatz 1 ist nicht anzuwenden, soweit in den versorgten Räumen aufgrund des Arbeits- und Gesundheitsschutzes erhöhte Zuluftvolumenströme erforderlich oder Laständerungen weder messtechnisch noch hinsichtlich des zeitlichen Verlaufs erfassbar sind.

Wärmerückgewinnung nach § 68 GEG

Wird eine Anlage nach § 65 Satz 1 des GEG in Gebäude eingebaut oder ein Zentralgerät einer solchen Anlage erneuert, muss diese mit einer Einrichtung zur Wärmerückgewinnung ausgestattet sein, es sei denn, die rückgewonnene Wärme kann nicht genutzt werden oder das Zu- und das Abluftsystem sind räumlich vollständig getrennt. Die Einrichtung zur Wärmerückgewinnung muss mindestens der DIN EN 13053:2007-11 Klassifizierung H3 entsprechen. Für die Betriebsstundenzahl sind die Nutzungsrandbedingungen nach DIN V 18599-10:2018-09 und für den Luftvolumenstrom der Außenluftvolumenstrom maßgebend.

Wärmedämmung von Rohrleitungen und Armaturen nach GEG (Bild 3.26)

Quelle: Bethe

Bild 3.26 Rohrleitungsdämmung

Wärmeverteilungs- und Warmwasserleitungen sowie Armaturen nach § 69 GEG

Werden Wärmeverteilungs- und Warmwasserleitungen sowie Armaturen erstmalig in einem Gebäude eingebaut oder werden sie ersetzt, haben der Bauherr oder der Eigentümer dafür Sorge zu tragen, dass die Wärmeabgabe der Rohrleitungen und Armaturen nach Anlage 8 des GEG begrenzt wird.

Kälteverteilungs- und Kaltwasserleitungen sowie Armaturen nach § 70 GEG

Werden Kälteverteilungs- und Kaltwasserleitungen sowie Armaturen, die zu Klimaanlagen oder sonstigen Anlagen der Raumlufttechnik im Sinne des § 65 Satz 1 des GEG gehören, erstmalig in ein Gebäude eingebaut oder werden sie ersetzt, haben der Bauherr oder der Eigentümer dafür Sorge zu tragen, dass die Wärmeaufnahme der eingebauten oder ersetzten Kälteverteilungs- und Kaltwasserleitungen sowie Armaturen nach Anlage 8 des GEG begrenzt wird.

Nachrüstung bei heizungstechnischen Anlagen; Betriebsverbot für Heizkessel nach GEG (Bild 3.27)

Dämmung von Wärmeverteilungs- und Warmwasserleitungen nach § 71 GEG

(1) Der Eigentümer eines Gebäudes hat dafür Sorge zu tragen, dass bei heizungstechnischen Anlagen bisher ungedämmte, zugängliche Wärmeverteilungs- und Warmwasserleitungen, die sich nicht in beheizten Räumen befinden, die Wärmeabgabe der Rohrleitungen nach Anlage 8 des GEG begrenzt wird.

(2) Absatz 1 ist nicht anzuwenden, soweit die für eine Nachrüstung erforderlichen Aufwendungen durch die eintretenden Einsparungen nicht innerhalb angemessener Frist erwirtschaftet werden können.

Quelle: Bethe

Bild 3.27 Heizkessel

Betriebsverbot für Heizkessel, Ölheizungen nach § 72 GEG

(1) Eigentümer von Gebäuden dürfen ihre Heizkessel, die mit einem flüssigen oder gasförmigen Brennstoff beschickt werden und vor dem 1. Januar 1991 eingebaut oder aufgestellt worden sind, nicht mehr betreiben.

(2) Eigentümer von Gebäuden dürfen ihre Heizkessel, die mit einem flüssigen oder gasförmigen Brennstoff beschickt werden und ab dem 1. Januar 1991 eingebaut oder aufgestellt worden sind, nach Ablauf von 30 Jahren nach Einbau oder Aufstellung nicht mehr betreiben.

(3) Die Absätze 1 und 2 sind nicht anzuwenden auf:

1. Niedertemperatur-Heizkessel und Brennwertkessel sowie heizungstechnische Anlagen, deren Nennleistung weniger als 4 Kilowatt oder mehr als 400 Kilowatt beträgt.

(4) Ab dem 1. Januar 2026 dürfen Heizkessel, die mit Heizöl beschickt werden, zum Zwecke der Inbetriebnahme in einem Gebäude nur eingebaut oder aufgestellt werden, wenn:

1. ein Gebäude so errichtet worden ist oder errichtet wird, dass der Wärme- und Kältebedarf nach § 10 Absatz 2 Nummer 3 des GEG anteilig durch erneuerbare Energien nach Maßgabe der §§ 34 bis 41 des GEG und nicht durch Maßnahmen nach den §§ 42 bis 45 des GEG gedeckt wird,
2. ein bestehendes öffentliches Gebäude nach § 52 Absatz 1 des GEG so geändert worden ist oder geändert wird, dass der Wärme- und Kältebedarf anteilig durch erneuerbare Energien nach Maßgabe von § 52 Absatz 3 und 4 des GEG gedeckt wird, und die Pflicht nach § 52 Absatz 1 des GEG nicht durch eine Ersatzmaßnahme nach § 53 des GEG erfüllt worden ist oder erfüllt wird,
3. ein bestehendes Gebäude so errichtet oder geändert worden ist oder geändert wird, dass der Wärme- und Kältebedarf anteilig durch erneuerbare Energien gedeckt wird, oder
4. bei einem bestehenden Gebäude kein Anschluss an ein Gasversorgungsnetz oder an ein Fernwärmeverteilungsnetz hergestellt werden kann, weil kein Gasversorgungsnetz der allgemeinen Versorgung oder kein Verteilungsnetz eines Fernwärmeversorgungsunternehmens am Grundstück anliegt und eine anteilige Deckung des Wärme- und Kältebedarfs durch erneuerbare Energien technisch nicht möglich ist oder zu einer unbilligen Härte führt.

Die Pflichten nach § 10 Absatz 2 Nummer 3 und nach § 52 Absatz 1 des GEG bleiben unberührt.

(5) Absatz 4 Satz 1 ist nicht anzuwenden, wenn die Außerbetriebnahme einer mit Heizöl betriebenen Heizung und der Einbau einer neuen nicht mit Heizöl betriebenen Heizung im Einzelfall wegen besonderer Umstände durch einen unangemessenen Aufwand oder in sonstiger Weise zu einer unbilligen Härte führen.

Betriebsverbot, Ausnahme nach § 73 GEG

(1) Bei einem Wohngebäude mit nicht mehr als zwei Wohnungen, von denen der Eigentümer eine Wohnung am 1. Februar 2002 selbst bewohnt hat, sind die Pflichten nach § 71 und § 72 Absatz 1 und 2 des GEG erst im Falle eines Eigentümerwechsels nach dem 1. Februar 2002 von dem neuen Eigentümer zu erfüllen.

(2) Die Frist zur Pflichterfüllung beträgt zwei Jahre ab dem ersten Eigentumsübergang nach dem 1. Februar 2002.

Energetische Inspektion von Klimaanlagen nach GEG (Bild 3.28)

Betreiberpflicht nach § 74 GEG

(1) Der Betreiber von einer in einem Gebäude eingebauten Klimaanlage mit einer Nennleistung für den Kältebedarf von mehr als 12 Kilowatt oder einer kombinierten Klima- und Lüftungsanlage mit einer Nennleistung für den Kältebedarf von mehr als 12 Kilowatt hat innerhalb der in § 76 genannten Zeiträume energetische Inspektionen dieser Anlage durch eine berechtigte Person im Sinne des § 77 Absatz 1 des GEG durchführen zu lassen.

Quelle: Bethe

Bild 3.28 Klimaanlage

(2) Der Betreiber kann die Pflicht nach Absatz 1 Satz 1 durch eine stichprobenweise Inspektion nach Maßgabe von § 75 Absatz 4 des GEG erfüllen, wenn er mehr als 10 Klimaanlagen mit einer Nennleistung für den Kältebedarf von mehr als 12 Kilowatt und bis zu 70 Kilowatt oder mehr als 10 kombinierte Klima- und Lüftungsanlagen mit einer Nennleistung für den Kältebedarf von mehr als 12 Kilowatt und bis zu 70 Kilowatt betreibt, die in vergleichbaren Nichtwohngebäuden eingebaut und nach Anlagentyp und Leistung gleichartig sind. Ein Nichtwohngebäude ist vergleichbar, wenn es nach demselben Plan errichtet wird, der für mehrere Nichtwohngebäude an verschiedenen Standorten erstellt wurde. Nach Anlagentyp und Leistung gleichartige Klimaanlagen oder kombinierte Klima- und Lüftungsanlagen sind Anlagen gleicher Bauart, gleicher Funktion und gleicher Kühlleistung je Quadratmeter Nettogrundfläche.

(3) Die Pflicht nach Absatz 1 besteht nicht, wenn eine Klimaanlage oder eine kombinierte Klima- und Lüftungsanlage in einem Nichtwohngebäude eingebaut ist, das mit einem System für die Gebäudeautomation und Gebäuderegelung nach Maßgabe von Satz 2 ausgestattet ist. Das System muss in der Lage sein:

1. den Energieverbrauch des Gebäudes kontinuierlich zu überwachen, zu protokollieren, zu analysieren und dessen Anpassung zu ermöglichen,
2. einen Vergleichsmaßstab in Bezug auf die Energieeffizienz des Gebäudes aufzustellen, Effizienzverluste der vorhandenen gebäudetechnischen Systeme zu erkennen und die für die gebäudetechnischen Einrichtungen oder die gebäudetechnische Verwaltung zuständige Person zu informieren, und
3. die Kommunikation zwischen den vorhandenen, miteinander verbundenen gebäudetechnischen Systemen und anderen gebäudetechnischen Anwendungen innerhalb des Gebäudes zu ermöglichen und gemeinsam mit verschiedenen Typen gebäudetechnischer Systeme betrieben zu werden.

(4) Die Pflicht nach Absatz 1 besteht nicht, wenn eine Klimaanlage oder eine kombinierte Klima- und Lüftungsanlage in einem Wohngebäude eingebaut ist, das ausgestattet ist mit:

1. einer kontinuierlichen elektronischen Überwachungsfunktion, die die Effizienz der vorhandenen gebäudetechnischen Systeme misst und den Eigentümer oder Verwalter des Gebäudes darüber infor-

miert, wenn sich die Effizienz erheblich verschlechtert hat und eine Wartung der vorhandenen gebäudetechnischen Systeme erforderlich ist, und

2. einer wirksamen Regelungsfunktion zur Gewährleistung einer optimalen Erzeugung, Verteilung, Speicherung oder Nutzung von Energie.

Durchführung und Umfang der Inspektion nach § 75 GEG

(1) Die Inspektion einer Klimaanlage oder einer kombinierten Klima- und Lüftungsanlage umfasst Maßnahmen zur Prüfung der Komponenten, die den Wirkungsgrad der Anlage beeinflussen, und der Anlagendimensionierung im Verhältnis zum Kühlbedarf des Gebäudes.

(2) Die Inspektion bezieht sich insbesondere auf:

1. die Überprüfung und Bewertung der Einflüsse, die für die Auslegung der Anlage verantwortlich sind, insbesondere Veränderungen der Raumnutzung und -belegung, der Nutzungszeiten, der inneren Wärmequellen sowie der relevanten bauphysikalischen Eigenschaften des Gebäudes und der vom Betreiber geforderten Sollwerte hinsichtlich Luftmengen, Temperatur, Feuchte, Betriebszeit sowie Toleranzen, und
2. die Feststellung der Effizienz der wesentlichen Komponenten.

(3) Die Inspektion einer Klimaanlage mit einer Nennleistung für den Kältebedarf von mehr als 70 Kilowatt oder einer kombinierten Klima- und Lüftungsanlage mit einer Nennleistung für den Kältebedarf von mehr als 70 Kilowatt ist nach DIN SPEC 15240:2019-03 durchzuführen.

(4) In den Fällen des § 74 Absatz 2 des GEG ist bei einem Betrieb von bis zu 200 Klimaanlagen jede zehnte Anlage und bei einem Betrieb von mehr als 200 Klimaanlagen jede zwanzigste Anlage einer Inspektion nach Maßgabe der Absätze 1 bis 3 zu unterziehen.

Zeitpunkt der Inspektion nach § 76 GEG

(1) Die Inspektion ist erstmals im zehnten Jahr nach der Inbetriebnahme oder der Erneuerung wesentlicher Bauteile wie Wärmeübertrager, Ventilator oder Kältemaschine durchzuführen. Abweichend von Satz 1 ist eine Klimaanlage oder eine kombinierte Klima- und Lüftungsanlage, die am 1. Oktober 2018 mehr als zehn Jahre alt war und noch keiner Inspektion unterzogen wurde, spätestens bis zum 31. Dezember 2022 erstmals einer Inspektion zu unterziehen.

(2) Nach der erstmaligen Inspektion ist die Anlage wiederkehrend spätestens alle zehn Jahre einer Inspektion zu unterziehen. Wenn an der Klimaanlage oder der kombinierten Klima- und Lüftungsanlage nach der erstmaligen Inspektion oder nach einer wiederkehrenden Inspektion keine Änderungen vorgenommen wurden oder in Bezug auf den Kühlbedarf des Gebäudes keine Änderungen eingetreten sind, muss die Prüfung der Anlagendimensionierung nicht wiederholt werden.

Fachkunde des Inspektionspersonals nach § 77 GEG

(1) Eine Inspektion darf nur von einer fachkundigen Person durchgeführt werden.

(2) Fachkundig ist insbesondere:

1. eine Person mit einem berufsqualifizierenden Hochschulabschluss in einer der Fachrichtungen Versorgungstechnik oder Technische Gebäudeausrüstung mit mindestens einem Jahr Berufserfahrung in Planung, Bau, Betrieb oder Prüfung raumlufttechnischer Anlagen,
2. eine Person mit einem berufsqualifizierenden Hochschulabschluss in einer der Fachrichtungen Maschinenbau, Elektrotechnik, Verfahrenstechnik oder Bauingenieurwesen oder einer anderen technischen Fachrichtung mit einem Ausbildungsschwerpunkt bei der Versorgungstechnik oder der Technischen Gebäudeausrüstung mit mindestens drei Jahren Berufserfahrung in Planung, Bau, Betrieb oder Prüfung raumlufttechnischer Anlagen,
3. eine Person, die für ein zulassungspflichtiges anlagentechnisches Gewerbe die Voraussetzungen zur Eintragung in die Handwerksrolle erfüllt,
4. eine Person, die für ein zulassungsfreies Handwerk in einem der Bereiche nachNummer 3 einen Meistertitel erworben hat,
5. eine Person, die auf Grund ihrer Ausbildung berechtigt ist, ein zulassungspflichtiges Handwerk in einem der Bereiche nach Nummer 3 ohne Meistertitel selbständig auszuüben,
6. eine Person, die staatlich anerkannter oder geprüfter Techniker ist, dessen Ausbildungsschwerpunkt auch Beurteilung von Lüftungs- und Klimaanlagen umfasst.

(3) Eine gleichwertige Aus- oder Fortbildung, die in einem anderen Mitgliedstaat der Europäischen Union, einem anderen Vertragsstaat des Abkommens über den Europäischen Wirtschaftsraum oder der Schweiz erworben worden ist und durch einen entsprechenden Nachweis belegt

werden kann, ist den in Absatz 2 genannten Aus- und Fortbildungen gleichgestellt.

Inspektionsbericht, Registriernummern nach § 78 GEG

(1) Die inspizierende Person hat einen Inspektionsbericht mit den Ergebnissen der Inspektion und Ratschlägen in Form von kurz gefassten fachlichen Hinweisen für Maßnahmen zur kosteneffizienten Verbesserung der energetischen Eigenschaften der Anlage, für deren Austausch oder für Alternativlösungen zu erstellen.

(2) Die inspizierende Person hat den Inspektionsbericht unter Angabe ihres Namens, ihrer Anschrift und Berufsbezeichnung sowie des Datums der Inspektion und des Ausstellungsdatums eigenhändig zu unterschreiben oder mit einem Faksimile der Unterschrift zu versehen. Der Inspektionsbericht ist dem Betreiber zu übergeben.

(3) Vor Übergabe des Inspektionsberichts an den Betreiber hat die inspizierende Person die nach § 98 Absatz 2 des GEG zugeteilte Registriernummer einzutragen.

(4) Zur Sicherstellung des Vollzugs der Inspektionspflicht nach § 74 Absatz 1 des GEG hat der Betreiber den Inspektionsbericht der nach Landesrecht zuständigen Behörde auf Verlangen vorzulegen.

3.1.12 Energieausweise nach GEG (Bild 3.29)

Grundsätze des Energieausweises nach § 79 GEG

(1) Energieausweise dienen ausschließlich der Information über die energetischen Eigenschaften eines Niedrigstenergiegebäudes und sollen einen überschlägigen Vergleich von Gebäuden ermöglichen. Ein Energieausweis ist als Energiebedarfsausweis oder als Energieverbrauchsausweis nach Maßgabe der §§ 80 bis 86 des GEG auszustellen. Es ist zulässig, sowohl den Energiebedarf als auch den Energieverbrauch anzugeben.

(2) Ein Energieausweis wird für ein Gebäude ausgestellt. Er ist für Teile von einem Gebäude auszustellen, wenn die Gebäudeteile nach § 106 des GEG getrennt zu behandeln sind.

(3) Ein Energieausweis ist für eine Gültigkeitsdauer von zehn Jahren auszustellen. Unabhängig davon verliert er seine Gültigkeit, wenn nach § 80 Absatz 2 des GEG ein neuer Energieausweis erforderlich wird.

(4) Auf ein kleines Gebäude sind die Vorschriften dieses Abschnitts nicht anzuwenden. Auf ein Baudenkmal ist § 80 Absatz 3 bis 7 des GEG nicht anzuwenden.

	Primärenergiebedarf in kWh												
	Gesamt	**Jan**	**Feb**	**Mrz**	**Apr**	**Mai**	**Jun**	**Jul**	**Aug**	**Sep**	**Okt**	**Nov**	**Dez**
Heizung	595.103	112.780	90.218	76.895	36.824	20.892	9.855	4.643	4.484	16.696	48.786	74.392	98.639
Kühlung	0	0	0	0	0	0	0	0	0	0	0	0	0
Lüftung	3.117	265	239	265	256	265	256	265	265	256	265	256	265
Beleuchtung	107.230	9.956	8.392	8.793	8.188	8.239	7.920	8.294	8.516	8.616	9.458	9.858	11.009
Warmwasser	0	0	0	0	0	0	0	0	0	0	0	0	0
Gesamt	**705.450**	**123.001**	**98.952**	**85.267**	**45.267**	**29.396**	**18.031**	**13.202**	**13.265**	**25-569**	**58.508**	**84.497**	**109.912**

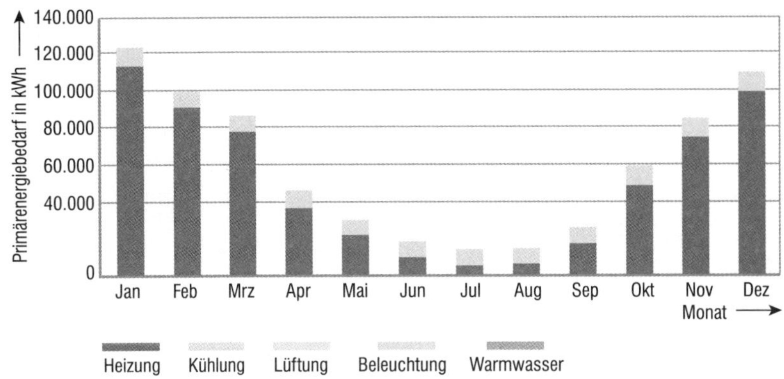

Quelle: Bethe

Bild 3.29 Auszug Energieausweis

Ausstellung und Verwendung von Energieausweisen nach § 80 GEG

(1) Wird ein Niedrigstenergiegebäude errichtet, ist ein Energiebedarfsausweis unter Zugrundelegung der energetischen Eigenschaften des fertiggestellten Niedrigstenergiegebäudes auszustellen. Der Eigentümer hat sicherzustellen, dass der Energieausweis unverzüglich nach Fertigstellung des Niedrigstenergiegebäudes ausgestellt und ihm der Energieausweis oder eine Kopie hiervon übergeben wird. Die Sätze 1 und 2 sind für den Bauherren entsprechend anzuwenden, wenn der Eigentümer nicht zugleich Bauherr des Niedrigstenergiegebäudes ist. Der Eigentümer hat den Energieausweis der nach Landesrecht zuständigen Behörde auf Verlangen vorzulegen.

(2) Werden bei einem bestehenden Gebäude Änderungen im Sinne des § 48 des GEG ausgeführt, ist ein Energiebedarfsausweis unter Zugrundelegung der energetischen Eigenschaften des geänderten Gebäudes auszustellen, wenn unter Anwendung des § 50 Absatz 1 und 2 des GEG für das gesamte Gebäude Berechnungen nach § 50 Absatz 3 des GEG durchgeführt werden. Absatz 1 Satz 2 bis 4 ist entsprechend anzuwenden.

(3) Soll ein mit einem Gebäude bebautes Grundstück oder Wohnungs- oder Teileigentum verkauft, ein Erbbaurecht an einem bebauten Grundstück begründet oder übertragen oder ein Gebäude, eine Wohnung oder eine sonstige selbständige Nutzungseinheit vermietet, verpachtet oder verleast werden, ist ein Energieausweis auszustellen, wenn nicht bereits ein gültiger Energieausweis für das Gebäude vorliegt. In den Fällen des Satzes 1 ist für Wohngebäude, die weniger als fünf Wohnungen haben und für die der Bauantrag vor dem 1. November 1977 gestellt worden ist, ein Energiebedarfsausweis auszustellen. Satz 2 ist nicht anzuwenden, wenn das Wohngebäude:
1. schon bei der Baufertigstellung das Anforderungsniveau der Wärmeschutzverordnung vom 11. August 1977 (BGBl. I S. 1554) erfüllt hat oder
2. durch spätere Änderungen mindestens auf das in Nummer 1 bezeichnete Anforderungsniveau gebracht worden ist.

Bei der Ermittlung der energetischen Eigenschaften des Wohngebäudes nach Satz 3 können die Bestimmungen über die vereinfachte Datenerhebung nach § 50 Absatz 4 des GEG angewendet werden.

(4) Im Falle eines Verkaufs oder der Bestellung eines Rechts im Sinne des Absatzes 3 Satz 1 haben der Verkäufer oder der Immobilienmakler dem potenziellen Käufer spätestens bei der Besichtigung einen Energieausweis oder eine Kopie hiervon vorzulegen.
Die Vorlagepflicht wird auch durch einen deutlich sichtbaren Aushang oder ein deutlich sichtbares Auslegen während der Besichtigung erfüllt. Findet keine Besichtigung statt, haben der Verkäufer oder der Immobilienmakler den Energieausweis oder eine Kopie hiervon dem potenziellen Käufer unverzüglich vorzulegen. Der Energieausweis oder eine Kopie hiervon ist spätestens dann unverzüglich vorzulegen, wenn der potenzielle Käufer zur Vorlage auffordert. Unverzüglich nach Abschluss des Kaufvertrages hat der Verkäufer oder der Immobilienmakler dem Käufer den Energieausweis oder eine Kopie hiervon zu übergeben. Beim Abschluss eines Kaufvertrages über ein Wohngebäude mit nicht mehr als zwei Wohnungen hat der Verkäufer oder der Immobilienmakler dem Käufer ein informatorisches Beratungsgespräch zum Energieausweis durch einen Energieberater der Verbraucherzentrale Bundesverband anzubieten.

(5) Im Falle einer Vermietung, Verpachtung oder eines Leasings im Sinne des Absatzes 3 Satz 1 ist für den Vermieter, den Verpächter, den Lea-

singgeber oder den Immobilienmakler Absatz 4 Satz 1 bis 5 entsprechend anzuwenden.

(6) Der Eigentümer eines Gebäudes, in dem sich mehr als 250 Quadratmeter Nutzfläche mit starkem Publikumsverkehr befinden, der auf behördlicher Nutzung beruht, hat sicherzustellen, dass für das Gebäude ein Energieausweis ausgestellt wird. Der Eigentümer hat den nach Satz 1 ausgestellten Energieausweis an einer für die Öffentlichkeit gut sichtbaren Stelle auszuhängen. Wird die in Satz 1 genannte Nutzfläche nicht oder nicht überwiegend vom Eigentümer selbst genutzt, so trifft die Pflicht zum Aushang des Energieausweises den Nutzer. Der Eigentümer hat ihm zu diesem Zweck den Energieausweis oder eine Kopie hiervon zu übergeben. Zur Erfüllung der Pflicht nach Satz 2 ist es ausreichend, von einem Energieausweis nur einen Auszug nach dem Muster gemäß § 85 Absatz 8 des GEG auszuhängen.

(7) Der Eigentümer eines Gebäudes, in dem sich mehr als 500 Quadratmeter Nutzfläche mit starkem Publikumsverkehr befinden, der nicht auf behördlicher Nutzung beruht, hat einen Energieausweis an einer für die Öffentlichkeit gut sichtbaren Stelle auszuhängen, sobald für das Gebäude ein Energieausweis vorliegt. Absatz 6 Satz 3 bis 5 ist entsprechend anzuwenden.

Energiebedarfsausweis nach § 81 GEG

(1) Wird ein Energieausweis für ein zu errichtendes Niedrigstenergiegebäude auf der Grundlage des berechneten Energiebedarfs ausgestellt, sind die Ergebnisse der nach den §§ 15 und 16 oder nach den §§ 18 und 19 des GEG erforderlichen Berechnungen zugrunde zu legen. In den Fällen des § 31 Absatz 1 des GEG sind die Kennwerte zu verwenden, die in den Bekanntmachungen nach § 31 Absatz 2 des GEG der jeweils zutreffenden Ausstattungsvariante zugewiesen sind.

(2) Wird ein Energieausweis für ein bestehendes Gebäude auf der Grundlage des berechneten Energiebedarfs ausgestellt, ist auf die erforderlichen Berechnungen § 50 Absatz 3 und 4 des GEG entsprechend anzuwenden.

Energieverbrauchsausweis nach § 82 GEG

(1) Wird ein Energieausweis auf der Grundlage des erfassten Endenergieverbrauchs ausgestellt, sind der witterungsbereinigte Endenergie- und Primärenergieverbrauch nach Maßgabe der Absätze 2 bis 5 zu berech-

nen. Die Bestimmungen des § 50 Absatz 4 über die vereinfachte Datenerhebung sind entsprechend anzuwenden.

(2) Bei einem Wohngebäude ist der Endenergieverbrauch für Heizung und Warmwasserbereitung zu ermitteln und in Kilowattstunden pro Jahr und Quadratmeter Gebäudenutzfläche anzugeben (**Bild 3.30**). Ist im Fall dezentraler Warmwasserbereitung in einem Wohngebäude der hierauf entfallende Verbrauch nicht bekannt, ist der Endenergieverbrauch um eine Pauschale von 20 Kilowattstunden pro Jahr und Quadratmeter Gebäudenutzfläche zu erhöhen. Im Fall der Kühlung von Raumluft in einem Wohngebäude ist der für Heizung und Warmwasser ermittelte Endenergieverbrauch um eine Pauschale von 6 Kilowattstunden pro Jahr und Quadratmeter gekühlte Gebäudenutzfläche zu erhöhen. Ist die Gebäudenutzfläche nicht bekannt, kann sie bei Wohngebäuden mit bis zu zwei Wohneinheiten mit beheiztem Keller pauschal mit dem 1,35-fachen Wert der Wohnfläche, bei sonstigen Wohngebäuden mit dem 1,2-fachen Wert der Wohnfläche angesetzt werden. Bei Nichtwohngebäuden ist der Endenergieverbrauch für Heizung, Warmwasserbereitung, Kühlung, Lüftung und eingebaute Beleuchtung zu ermitteln und in Kilowattstunden pro Jahr und Quadratmeter Nettogrundfläche anzugeben.

(3) Der Endenergieverbrauch für die Heizung ist einer Witterungsbereinigung zu unterziehen. Der Primärenergieverbrauch wird auf der Grundlage des Endenergieverbrauchs und der Primärenergiefaktoren nach § 22 des GEG errechnet.

Quelle: Bethe

Bild 3.30 Heizungsverteilung

(4) Zur Ermittlung des Energieverbrauchs sind die folgenden Verbrauchsdaten zu verwenden:
1. Verbrauchsdaten aus Abrechnungen von Heizkosten nach der Verordnung über Heizkostenabrechnung in der Fassung der Bekanntmachung vom 5. Oktober 2009 (BGBl. I S. 3250) für das gesamte Gebäude,
2. andere geeignete Verbrauchsdaten, insbesondere Abrechnungen von Energielieferanten oder sachgerecht durchgeführte Verbrauchsmessungen, oder
3. eine Kombination von Verbrauchsdaten nach den Nummern 1 und 2.

Den zu verwendenden Verbrauchsdaten sind mindestens die Abrechnungen aus einem zusammenhängenden Zeitraum von 36 Monaten zugrunde zu legen, der die jüngste Abrechnungsperiode einschließt, deren Ende nicht mehr als 18 Monate zurückliegen darf. Bei der Ermittlung nach Satz 2 sind längere Leerstände rechnerisch angemessen zu berücksichtigen. Der maßgebliche Energieverbrauch ist der durchschnittliche Verbrauch in dem zugrunde gelegten Zeitraum.

(5) Für die Witterungsbereinigung des Endenergieverbrauchs und die angemessene rechnerische Berücksichtigung längerer Leerstände sowie die Berechnung des Primärenergieverbrauchs auf der Grundlage des ermittelten Endenergieverbrauchs ist ein den anerkannten Regeln der Technik entsprechendes Verfahren anzuwenden. Die Einhaltung der anerkannten Regeln der Technik wird vermutet, soweit bei der Ermittlung des Energieverbrauchs Vereinfachungen verwendet werden, die vom Bundesministerium für Wirtschaft und Energie und dem Bundesministerium des Innern, für Bau und Heimat im Bundesanzeiger gemeinsam bekannt gemacht worden sind.

Ermittlung und Bereitstellung von Daten nach § 83 GEG

(1) Der Aussteller ermittelt die Daten, die in den Fällen des § 80 Absatz 3 Satz 3 des GEG benötigt werden, sowie die Daten, die nach § 81 Absatz 1 und 2 des GEG in Verbindung mit den §§ 20 bis 33 und § 50 oder nach § 82 Absatz 1, 2 Satz 1 oder Satz 5und Absatz 4 Satz 1 des GEG Grundlage für die Ausstellung des Energieausweises sind, selbst oder verwendet die entsprechenden vom Eigentümer des Gebäudes bereitgestellten Daten. Der Aussteller hat dafür Sorge zu tragen, dass die von ihm ermittelten Daten richtig sind.

(2) Wird ein Energiebedarfsausweis ausgestellt und stellt der Aussteller keine eigenen Berechnungen, die nach den §§ 15 und 16, nach den §§ 18

und 19 oder nach § 50 Absatz 3 des GEG erforderlich sind, an, hat er die Berechnungen einzusehen oder sich vom Eigentümer zur Verfügung stellen zu lassen. Wird ein Energieverbrauchsausweis ausgestellt und stellt der Aussteller keine eigenen Berechnungen nach § 82 Absatz 1 des GEG an, hat er die Berechnungen einzusehen oder sich vom Eigentümer zur Verfügung stellen zu lassen.

(3) Stellt der Eigentümer des Gebäudes die Daten bereit, hat er dafür Sorge zu tragen, dass die Daten richtig sind. Der Aussteller muss die vom Eigentümer bereitgestellten Daten sorgfältig prüfen und darf die Daten seinen Berechnungen nicht zugrunde legen, wenn Zweifel an deren Richtigkeit bestehen.

Empfehlungen für die Verbesserung der Energieeffizienz nach § 84 GEG

(1) Der Aussteller hat ein bestehendes Gebäude, für das er einen Energieausweis erstellt, vor Ort zu begehen oder sich für eine Beurteilung der energetischen Eigenschaften geeignete Bildaufnahmen des Gebäudes zur Verfügung stellen zu lassen und im Energieausweis Empfehlungen für Maßnahmen zur kosteneffizienten Verbesserung der energetischen Eigenschaften des Gebäudes (Energieeffizienz) in Form von kurz gefassten fachlichen Hinweisen zu geben (Modernisierungsempfehlungen), es sei denn, die fachliche Beurteilung hat ergeben, dass solche Maßnahmen nicht möglich sind. Die Modernisierungsempfehlungen beziehen sich auf Maßnahmen am gesamten Gebäude, an einzelnen Außenbauteilen sowie an Anlagen und Einrichtungen im Sinne dieses Gesetzes.

(2) Die Bestimmungen des § 50 Absatz 4 des GEG über die vereinfachte Datenerhebung sind entsprechend anzuwenden. Sind Modernisierungsempfehlungen nicht möglich, hat der Aussteller dies im Energieausweis zu vermerken.

Angaben im Energieausweis nach § 85 GEG

(1) Ein Energieausweis muss mindestens folgende Angaben zur Ausweisart und zum Niedrigstenergiegebäude enthalten:

1. Fassung dieses Gesetzes, auf deren Grundlage der Energieausweis erstellt wird,
2. Energiebedarfsausweis im Sinne des § 81 vom GEG oder Energieverbrauchsausweis im Sinne des § 82 vom GEG mit Hinweisen zu den Aussagen der jeweiligen Ausweisart über die energetische Qualität des Gebäudes,

3. Ablaufdatum des Energieausweises,
4. Registriernummer,
5. Anschrift des Gebäudes,
6. Art des Gebäudes: Wohngebäude oder Nichtwohngebäude,
7. bei einem Wohngebäude: Gebäudetyp,
8. bei einem Nichtwohngebäude: Hauptnutzung oder Gebäudekategorie,
9. im Falle des § 79 Absatz 2 Satz 2 des GEG: Gebäudeteil,
10. Baujahr des Gebäudes,
11. Baujahr des Wärmeerzeugers; bei einer Fern- oder Nahwärmeversorgung Baujahr der Übergabestation,
12. bei einem Wohngebäude: Anzahl der Wohnungen und Gebäudenutzfläche; bei Ermittlung der Gebäudenutzfläche aus der Wohnfläche gemäß § 82 Absatz 2 Satz 4 des GEG ist darauf hinzuweisen,
13. bei einem Nichtwohngebäude: Nettogrundfläche,
14. wesentliche Energieträger für Heizung und Warmwasser,
15. bei Neubauten: Art der genutzten erneuerbaren Energie, deren Anteil an der Deckung des Wärme- und Kälteenergiebedarfs sowie der Anteil zur Pflichterfüllung; alternativ: Maßnahmen nach den §§ 42, 43, 44 oder 45 des GEG,
16. Art der Lüftung und, falls vorhanden, Art der Kühlung,
17. inspektionspflichtige Klimaanlagen oder kombinierte Lüftungs- und Klimaanlage im Sinne des § 74 des GEG und Fälligkeitsdatum der nächsten Inspektion,
18. der Anlass der Ausstellung des Energieausweises,
19. Durchführung der Datenerhebung: Durch Eigentümer oder Aussteller,
20. Name, Anschrift und Berufsbezeichnung des Ausstellers, Ausstellungsdatum und Unterschrift des Ausstellers.

(2) Ein Energiebedarfsausweis im Sinne des § 81 des GEG muss zusätzlich zu den Angaben nach Absatz 1 mindestens folgende Angaben enthalten:
1. bei Neubau eines Wohn- oder Nichtwohngebäudes: Ergebnisse der nach § 81 Absatz 1 Satz 1 des GEG erforderlichen Berechnungen, einschließlich der Anforderungswerte, oder im Fall des § 81 Absatz 1 Satz 2 des GEG die in der Bekanntmachung nach § 31 Absatz 2 des GEG genannten Kennwerte und nach Maßgabe von Absatz 6 die sich aus dem Jahres-Primärenergiebedarf ergebenden Treibhausgasemissionen, ausgewiesen als äquivalente Kohlendioxidemissionen, in Kilogramm pro Jahr und Quadratmeter der Gebäudenutzfläche bei Wohngebäuden oder der Nettogrundfläche bei Nichtwohngebäuden,

2. in den Fällen des § 80 Absatz 2 des GEG bei bestehenden Wohn- oder Nichtwohngebäuden: Ergebnisse der nach § 81 Absatz 2 des GEG erforderlichen Berechnungen, einschließlich der Anforderungswerte, und nach Maßgabe von Absatz 6 die sich aus dem Jahres-Primärenergiebedarf ergebenden Treibhausgasemissionen, ausgewiesen als äquivalente Kohlendioxidemissionen, in Kilogramm pro Jahr und Quadratmeter der Gebäudenutzfläche bei Wohngebäuden oder der Nettogrundfläche bei Nichtwohngebäuden,
3. bei Neubau eines Wohn- oder Nichtwohngebäudes: Einhaltung des sommerlichen Wärmeschutzes (**Bild 3.31**),
4. das für die Energiebedarfsrechnung verwendete Verfahren:
   a) Verfahren nach den §§ 20, 21 des GEG,
   b) Modellgebäudeverfahren nach § 31 des GEG,
   c) Verfahren nach § 32 des GEG oder
   d) Vereinfachungen nach § 50 Absatz 4 des GEG,
5. bei einem Wohngebäude: der Endenergiebedarf für Wärme,
6. bei einem Wohngebäude: Vergleichswerte Endenergie,
7. bei einem Nichtwohngebäude: der Endenergiebedarf für Wärme und der Endenergiebedarf für Strom,
8. bei einem Nichtwohngebäude: Gebäudezonen mit jeweiliger Nettogrundfläche und deren Anteil an der gesamten Nettogrundfläche,
9. bei einem Nichtwohngebäude: Aufteilung des jährlichen Endenergiebedarfs auf Heizung, Warmwasser, eingebaute Beleuchtung, Lüftung, Kühlung einschließlich Befeuchtung.

Quelle: Bethe

Bild 3.31 Wärmedämmung für ein Niedrigstenergiegebäude

(3) Ein Energieverbrauchsausweis im Sinne des § 82 des GEG muss zusätzlich zu den Angaben nach Absatz 1 mindestens folgende Angaben enthalten:

1. bei einem Wohngebäude: Endenergie- und Primärenergieverbrauch des Gebäudes für Heizung und Warmwasser entsprechend den Berechnungen nach § 82 Absatz 1, 2 Satz 1 und Absatz 3 des GEG in Kilowattstunden pro Jahr und Quadratmeter Gebäudenutzfläche und nach Maßgabe von Absatz 6 die sich aus dem Primärenergieverbrauch ergebenden Treibhausgasemissionen, ausgewiesen als äquivalente Kohlendioxidemissionen, in Kilogramm pro Jahr und Quadratmeter Gebäudenutzfläche,
2. bei einem Nichtwohngebäude: Endenergieverbrauch des Gebäudes für Wärme und Endenergieverbrauch für den zur Heizung, Warmwasserbereitung, Kühlung und zur Lüftung und für die eingebaute Beleuchtung eingesetzten Strom sowie Primärenergieverbrauch entsprechend den Berechnungen nach § 82 Absatz 1, 2 Satz 5 und Absatz 3 des GEG in Kilowattstunden pro Jahr und Quadratmeter Nettogrundfläche und nach Maßgabe von Absatz 6 die sich aus dem Primärenergieverbrauch ergebenden Treibhausgasemissionen, ausgewiesen als äquivalente Kohlendioxidemissionen, in Kilogramm pro Jahr und Quadratmeter Nettogrundfläche des Gebäudes,
3. Daten zur Verbrauchserfassung, einschließlich Angaben zu Leerständen,
4. bei einem Nichtwohngebäude: Gebäudenutzung,
5. bei einem Wohngebäude: Vergleichswerte Endenergie,
6. bei einem Nichtwohngebäude: Vergleichswerte für den Energieverbrauch, die jeweils vom Bundesministerium für Wirtschaft und Energie gemeinsam mit dem Bundesministerium des Innern, für Bau und Heimat im Bundesanzeiger bekannt gemacht worden sind.

(4) Modernisierungsempfehlungen nach § 84 des GEG sind Bestandteil der Energieausweise.

(5) Ein Energieausweis ist vom Aussteller unter Angabe seines Namens, seiner Anschrift und Berufsbezeichnung sowie des Ausstellungsdatums eigenhändig oder durch Nachbildung der Unterschrift zu unterschreiben.

(6) Zur Ermittlung der Treibhausgasemissionen für die nach Absatz 2 Nummer 1 und 2 sowie nach Absatz 3 Nummer 1 und 2 zu machenden Angaben sind die Berechnungsregelungen und Emissionsfaktoren der Anlage 9 anzuwenden.

(7) Vor Übergabe des neu ausgestellten Energieausweises an den Eigentümer hat der Aussteller die nach § 98 Absatz 2 des GEG zugeteilte Registriernummer einzutragen.

(8) Das Bundesministerium für Wirtschaft und Energie erstellt gemeinsam mit dem Bundesministerium des Innern, für Bau und Heimat Muster zu den Energiebedarfs- und den Energieverbrauchsausweisen, nach denen Energieausweise auszustellen sind, sowie Muster für den Aushang von Energieausweisen nach § 80 Absatz 6 und 7 des GEG und macht diese im Bundesanzeiger bekannt.

Energieeffizienzklasse eines Wohngebäudes nach § 86 GEG

(1) Im Energieausweis ist die Energieeffizienzklasse des Wohngebäudes entsprechend der Einteilung nach Absatz 2 in Verbindung mit Anlage 10 des GEG anzugeben.

(2) Die Energieeffizienzklassen gemäß Anlage 10 des GEG ergeben sich unmittelbar aus dem Endenergieverbrauch oder Endenergiebedarf.

Pflichtangaben in einer Immobilienanzeige nach § 87 GEG

(1) Wird vor dem Verkauf, der Vermietung, der Verpachtung oder dem Leasing eines Gebäudes, einer Wohnung oder einer sonstigen selbständigen Nutzungseinheit eine Immobilienanzeige in kommerziellen Medien aufgegeben und liegt zu diesem Zeitpunkt ein Energieausweis vor, so hat der Verkäufer, der Vermieter, der Verpächter, der Leasinggeber oder der Immobilienmakler sicherzustellen, dass die Immobilienanzeige folgende Pflichtangaben enthält:
   1. die Art des Energieausweises: Energiebedarfsausweis im Sinne von § 81 des GEG oder Energieverbrauchsausweis im Sinne von § 82 des GEG,
   2. den im Energieausweis genannten Wert des Endenergiebedarfs oder des Endenergieverbrauchs für das Gebäude,
   3. die im Energieausweis genannten wesentlichen Energieträger für die Heizung des Gebäudes,
   4. bei einem Wohngebäude das im Energieausweis genannte Baujahr und
   5. bei einem Wohngebäude die im Energieausweis genannte Energieeffizienzklasse.

(2) Bei einem Nichtwohngebäude ist bei einem Energiebedarfsausweis und bei einem Energieverbrauchsausweis als Pflichtangabe nach Absatz 1 Nummer 2 der Endenergiebedarf oder Endenergieverbrauch sowohl für Wärme als auch für Strom jeweils getrennt aufzuführen.

(3) Bei Energieausweisen, die nach dem 30. September 2007 und vor dem 1. Mai 2014 ausgestellt worden sind, und bei Energieausweisen nach § 112 Absatz 2 des GEG sind die Pflichten der Absätze 1 und 2 nach Maßgabe des § 112 Absatz 3 und 4 des GEG zu erfüllen.

Ausstellungsberechtigung für Energieausweise nach § 88 GEG

(1) Zur Ausstellung eines Energieausweises ist nur eine Person berechtigt:

1. die nach bauordnungsrechtlichen Vorschriften der Länder zur Unterzeichnung von bautechnischen Nachweisen des Wärmeschutzes oder der Energieeinsparung bei der Errichtung von Gebäuden berechtigt ist, im Rahmen der jeweiligen Nachweisberechtigung,
2. die eine der in Absatz 2 genannten Voraussetzungen erfüllt und einen berufsqualifizierenden Hochschulabschluss erworben hat
   a) in einer der Fachrichtungen Architektur, Innenarchitektur, Hochbau, Bauingenieurwesen, Technische Gebäudeausrüstung, Physik, Bauphysik, Maschinenbau oder Elektrotechnik oder
   b) einer anderen technischen oder naturwissenschaftlichen Fachrichtung mit einem Ausbildungsschwerpunkt auf einem unter Buchstabe a genannten Gebiet,
3. die eine der in Absatz 2 genannten Voraussetzungen erfüllt und:
   a) für ein zulassungspflichtiges Bau-, Ausbau- oder anlagentechnisches Gewerbe oder für das Schornsteinfegerhandwerk die Voraussetzungen zur Eintragung in die Handwerksrolle erfüllt,
   b) für ein zulassungsfreies Handwerk in einem der Bereiche nach Buchstabe a einen Meistertitel erworben hat oder
   c) auf Grund ihrer Ausbildung berechtigt ist, ein zulassungspflichtiges Handwerk in einem der Bereiche nach Buchstabe a ohne Meistertitel selbständig auszuüben, oder
4. die eine der in Absatz 2 genannten Voraussetzungen erfüllt und staatlich anerkannter oder geprüfter Techniker ist, dessen Ausbildungsschwerpunkt auch die Beurteilung der Gebäudehülle, die Beurteilung von Heizungs- und Warmwasserbereitungsanlagen oder die Beurteilung von Lüftungs- und Klimaanlagen umfasst.

(2) Voraussetzung für die Ausstellungsberechtigung nach Absatz 1 Nummer 2 bis 4 ist:

1. während des Studiums ein Ausbildungsschwerpunkt im Bereich des energiesparenden Bauens oder nach einem Studium ohne einen solchen Schwerpunkt eine mindestens zweijährige Berufserfahrung in

wesentlichen bau- oder anlagentechnischen Tätigkeitsbereichen des Hochbaus,
2. eine erfolgreiche Schulung im Bereich des energiesparenden Bauens, die den wesentlichen Inhalten der Anlage 11 entspricht, oder
3. eine öffentliche Bestellung als vereidigter Sachverständiger für ein Sachgebiet im Bereich des energiesparenden Bauens oder in wesentlichen bau- oder anlagentechnischen Tätigkeitsbereichen des Hochbaus.

(3) Wurde der Inhalt der Schulung nach Absatz 2 Nummer 2 auf Wohngebäude beschränkt, so ist der erfolgreiche Teilnehmer der Schulung nur berechtigt, Energieausweise für Wohngebäude auszustellen.

(4) § 77 Absatz 3 des GEG ist auf Aus- oder Fortbildungen im Sinne des Absatzes 1 Nummer 2 bis 4 entsprechend anzuwenden.

3.1.13 Finanzielle Förderung der Nutzung erneuerbarer Energien für die Erzeugung von Wärme und Kälte und von Energieeffizienzmaßnahmen nach GEG

Fördermittel nach § 89 GEG

Die Nutzung erneuerbarer Energien für die Erzeugung von Wärme oder Kälte, die Errichtung besonders energieeffizienter und die Verbesserung der Energieeffizienz bestehender Gebäude können durch den Bund nach Maßgabe des Bundeshaushaltes gefördert werden. Gefördert werden können:

1. Maßnahmen zur Nutzung erneuerbarer Energien für die Erzeugung von Wärme oder Kälte in bereits bestehenden Gebäuden nach Maßgabe des § 90 vom GEG,
2. Maßnahmen zur Nutzung erneuerbarer Energien für die Erzeugung von Wärme oder Kälte in neu zu errichtenden Gebäuden nach Maßgabe des § 90 vom GEG, wenn die Vorgaben des § 91 vom GEG eingehalten werden,
3. Maßnahmen zur Errichtung besonders energieeffizienter Gebäude, wenn mit der geförderten Maßnahme die Anforderungen nach den §§ 15 und 16 sowie nach den §§ 18 und 19 des GEG übererfüllt werden, und
4. Maßnahmen zur Verbesserung der Energieeffizienz bei der Modernisierung bestehender Gebäude, wenn mit der geförderten Maßnahme die Anforderungen nach den §§ 47 und 48 sowie § 50 und nach den §§ 61 bis 73 des GEG übererfüllt werden.

Einzelheiten werden insbesondere durch Verwaltungsvorschriften des Bundesministeriums für Wirtschaft und Energie im Einvernehmen mit dem Bundesministerium der Finanzen geregelt.

Geförderte Maßnahmen zur Nutzung erneuerbarer Energien § 90 GEG

(1) Gefördert werden können Maßnahmen im Zusammenhang mit der Nutzung erneuerbarer Energien zur Bereitstellung von Wärme oder Kälte, insbesondere die Errichtung oder Erweiterung von:
   1. solarthermischen Anlagen,
   2. Anlagen zur Nutzung von Biomasse (**Bild 3.32**),
   3. Anlagen zur Nutzung von Geothermie und Umweltwärme sowie
   4. Wärmenetzen, Speichern und Übergabestationen für Wärmenutzer, wenn sie auch aus Anlagen nach den Nummern 1 bis 3 gespeist werden.

(2) Vorbehaltlich weitergehender Anforderungen an die Förderung in den Regelungen nach § 89 Satz 3 des GEG ist:
   1. eine solarthermische Anlage mit Flüssigkeiten als Wärmeträger nur förderfähig, wenn die darin enthaltenen Kollektoren oder das System mit dem europäischen Prüfzeichen „Solar Keymark" zertifiziert ist,
   2. eine Anlage zur Nutzung von fester Biomasse nur förderfähig, wenn der Umwandlungswirkungsgrad mindestens folgende Werte erreicht:
      a) 89 Prozent bei einer Anlage zur Heizung oder Warmwasserbereitung, die der Erfüllung der Anforderung nach § 10 Absatz 2 Nummer 3 oder der Pflicht nach § 52 Absatz 1 des GEG dient,
      b) 70 Prozent bei einer Anlage, die nicht der Heizung oder Warmwasserbereitung dient,

Quelle: Bethe

Bild 3.32 Biomassekessel

3. eine Wärmepumpe zur Nutzung von Geothermie, Umweltwärme oder Abwärme nur förderfähig, wenn sie die Anforderungen der Richtlinie 2009/28/EG erfüllt.

Die Zertifizierung von einer solarthermischen Anlage mit dem europäischen Prüfzeichen „Solar Keymark“ muss nach den anerkannten Regeln der Technik erfolgen. Der Umwandlungswirkungsgrad eines Biomassekessels ist der nach DIN EN 303-5:2012-10 ermittelte Kesselwirkungsgrad, der Umwandlungswirkungsgrad eines Biomasseofens der nach DIN EN 14785:2006-09 ermittelte feuerungstechnische Wirkungsgrad und in den übrigen Fällen des Satzes 1 Nummer 2 der nach den anerkannten Regeln der Technik berechnete Wirkungsgrad.

Verhältnis zu den Anforderungen an ein Gebäude § 91 GEG

(1) Maßnahmen können nicht gefördert werden, soweit sie der Erfüllung der Anforderungen nach § 10 Absatz 2, der Pflicht nach § 52 Absatz 1 oder einer landesrechtlichen Pflicht nach § 56 des GEG dienen.

(2) Absatz 1 ist nicht bei den folgenden Maßnahmen anzuwenden:
1. die Errichtung eines Niedrigstenergie-Wohngebäudes, bei dem:
   a) der Jahresprimärenergiebedarf für Heizung, Warmwasserbereitung, Lüftung und Kühlung das 0,55-fache des auf die Gebäudenutzfläche bezogenen Wertes des Jahresprimärenergiebedarfs eines Referenzgebäudes, das die gleiche Geometrie, Gebäudenutzfläche und Ausrichtung wie das zu errichtende Niedrigstenergiegebäude aufweist und der technischen Referenzausführung der Anlage 1 des GEG entspricht, nicht überschreitet und
   b) der Höchstwert des spezifischen, auf die wärmeübertragende Umfassungsfläche bezogenen Transmissionswärmeverlust das 0,7-fache des entsprechenden Wertes des jeweiligen Referenzgebäudes nach § 15 Absatz 1 des GEG nicht überschreitet,
2. die Errichtung eines Niedrigstenergie-Nichtwohngebäudes, bei dem:
   a) der Jahresprimärenergiebedarf für Heizung, Warmwasserbereitung, Lüftung, Kühlung und eingebaute Beleuchtung das 0,7-fache des auf die Nettogrundfläche bezogenen Wertes des Jahresprimärenergiebedarfs eines Referenzgebäudes, das die gleiche Geometrie, Nettogrundfläche, Ausrichtung und Nutzung, einschließlich der Anordnung der Nutzungseinheiten, wie das zu errichtende Niedrigstenergiegebäude aufweist und der technischen Referenzausführung der Anlage 2 des GEG entspricht, nicht überschreitet und

b) die Höchstwerte der mittleren Wärmedurchgangskoeffizienten der wärmeübertragenden Umfassungsfläche der Anlage 3 des GEG unterschritten werden,

3. Maßnahmen, die technische oder sonstige Anforderungen erfüllen, die:

a) im Falle des § 10 Absatz 2 Nummer 3 vom GEG anspruchsvoller als die Anforderungen nach den §§ 35 bis 41 des GEG oder

b) im Falle des § 56 vom GEG anspruchsvoller als die Anforderungen nach der landesrechtlichen Pflicht sind,

4. Maßnahmen, die den Wärme- und Kälteenergiebedarf zu einem Anteil decken, der

   a) im Falle des § 10 Absatz 2 Nummer 3 oder des § 52 Absatz 1 vom GEG um 50 Prozent höher als der Mindestanteil nach den §§ 35 bis 41 oder des § 52 Absatz 3 und 4 vom GEG oder

   b) im Falle des § 56 des GEG höher als der landesrechtlich vorgeschriebene Mindestanteil ist,

5. Maßnahmen, die mit weiteren Maßnahmen zur Steigerung der Energieeffizienz verbunden werden,

6. Maßnahmen zur Nutzung solarthermischer Anlage auch für die Heizung eines Gebäudes und

7. Maßnahmen zur Nutzung von Tiefengeothermie (**Bild 3.33**).

(3) Die Förderung kann in den Fällen des Absatzes 2 auf die Gesamtmaßnahme bezogen werden.

(4) Einzelheiten werden in den Regelungen nach § 89 Satz 3 des GEG geregelt.

(5) Fördermaßnahmen durch das Land oder durch ein Kreditinstitut, an dem der Bund oder das Land beteiligt sind, bleiben unberührt.

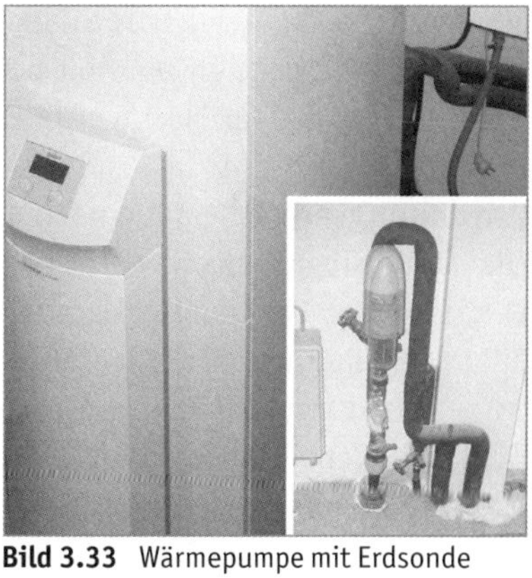

Bild 3.33 Wärmepumpe mit Erdsonde

3.1.14 Vollzug nach GEG

Erfüllungserklärung nach § 92 GEG

(1) Für ein zu errichtendes Niedrigstenergiegebäude hat der Bauherr oder Eigentümer der nach Landesrecht zuständigen Behörde durch eine Er-

füllungserklärung nachzuweisen oder zu bescheinigen, dass die Anforderungen dieses Gesetzes eingehalten werden. Die Erfüllungserklärung ist nach Fertigstellung des Niedrigstenergiegebäudes vorzulegen, soweit das Landesrecht nicht einen anderen Zeitpunkt der Vorlage bestimmt. Das Landesrecht bestimmt, wer zur Ausstellung der Erfüllungserklärung berechtigt ist.

(2) Werden bei einem bestehenden Gebäude Änderungen im Sinne des § 48 Satz 1 des GEG ausgeführt, hat der Eigentümer der nach Landesrecht zuständigen Behörde eine Erfüllungserklärung unter Zugrundelegung der energetischen Eigenschaften des geänderten Gebäudes abzugeben, wenn unter Anwendung des § 50 Absatz 1 und 2 vom GEG für das gesamte Gebäude Berechnungen nach § 50 Absatz 3 des GEG durchgeführt werden. Die Pflicht nach Satz 1 besteht auch in den Fällen des § 51. Absatz 1 Satz 2 und 3 vom GEG ist entsprechend anzuwenden.

Pflichtangaben in der Erfüllungserklärung nach § 93 GEG

In der Erfüllungserklärung sind für das gesamte Niedrigstenergiegebäude oder, soweit die Berechnungen für unterschiedliche Zonen zu erfolgen haben, stattdessen für jede Zone, unter Beachtung der sich aus diesem Gesetz ergebenden Berechnungsvorgaben, technischen Anforderungen und Randbedingungen die zur Überprüfung erforderlichen Angaben zu machen. Erforderliche Berechnungen sind beizufügen. Das Landesrecht bestimmt den näheren Umfang der Nachweispflicht.

Verordnungsermächtigung nach § 94 GEG

Die Landesregierungen werden ermächtigt, durch Rechtsverordnung das Verfahren zur Erfüllungserklärung, die Berechtigung zur Ausstellung der Erfüllungserklärung, die Pflichtangaben in der Erfüllungserklärung und die vorzulegenden Nachweise zu regeln, einen von § 92 Absatz 1 Satz 2 des GEG abweichenden Zeitpunkt für die Vorlage der Erfüllungserklärung zu bestimmen und weitere Bestimmungen zum Vollzug der Anforderungen und Pflichten dieses Gesetzes zu treffen. Die Landesregierungen werden ferner ermächtigt, durch Rechtsverordnung zu bestimmen, dass Aufgaben des Vollzugs dieses Gesetzes abweichend von § 92 Absatz 1 Satz 1 des GEG und Absatz 2 Satz 1 einer geeigneten Stelle, einer Fachvereinigung oder einem Sachverständigen übertragen werden. Die Landesregierungen können die Ermächtigungen nach den Sätzen 1 und 2 durch Rechtsverordnung auf andere Behörden übertragen.

Behördliche Befugnisse nach § 95 GEG

Die zuständige Behörde kann im Einzelfall die zur Erfüllung der Verpflichtungen aus diesem Gesetz erforderlichen Anordnungen treffen. Dritte, die für den Bauherrn oder Eigentümer an der Planung, Errichtung oder Änderung von Niedrigstenergiegebäuden oder technischen Anlagen eines Niedrigstenergiegebäudes beteiligt sind, haben Anordnungen der Behörde, die sich auch an sie richten, unmittelbar zu befolgen.

Private Nachweise nach § 96 GEG

(1) Wer geschäftsmäßig an oder in einem bestehenden Gebäude Arbeiten durchführt, hat dem Eigentümer unverzüglich nach Abschluss der Arbeiten in folgenden Fällen schriftlich zu bestätigen, dass die von ihm geänderten oder eingebauten Bau- oder Anlagenteile den Anforderungen der in den Nummern 1 bis 8 genannten Vorschriften entsprechen (Unternehmererklärung):
1. Änderung von Außenbauteilen im Sinne von § 48 des GEG,
2. Dämmung oberster Geschossdecken im Sinne von § 47 Absatz 1 des GEG, auch in Verbindung mit Absatz 3,
3. Einbau von Zentralheizungen nach den §§ 61 bis 63 des GEG,
4. Ausstattung von Zentralheizungen mit Regelungseinrichtungen nach den §§ 61 bis 63 des GEG,
5. Einbau von Umwälzpumpen in Zentralheizungen und Zirkulationspumpen in Warmwasseranlagen nach § 64 des GEG,
6. erstmaliger Einbau, Ersatz oder Wärmedämmung von Wärmeverteilungs- und Warmwasserleitungen nach den §§ 69 und 71 des GEG oder von Kälteverteilungs- und Kaltwasserleitungen in Klimaanlagen oder sonstigen Anlagen der Raumlufttechnik nach §70 des GEG,
7. Einbau von Klima- und raumlufttechnischen Anlagen oder Zentralgeräten und Luftkanalsystemen solcher Anlagen nach den §§ 65 bis 68 des GEG oder
8. Ausrüstung von Anlagen nach Nummer 7 mit Einrichtung zur Feuchteregelung nach §66 des GEG.

(2) Zum Zwecke des Nachweises der Erfüllung der Pflichten aus den in Absatz 1 genannten Vorschriften ist die Unternehmererklärung von dem Eigentümer mindestens zehn Jahre aufzubewahren. Der Eigentümer hat die Unternehmererklärung der nach Landesrecht zuständigen Behörde auf Verlangen vorzulegen.

(3) In einer Unternehmererklärung nach Absatz 1 ist zusätzlich anzugeben:
1. im Falle von Arbeiten nach Absatz 1 Nummer 3 die Aufwandszahl der Zentralheizung für die Bereitstellung von Raumwärme und, soweit die Zentralheizung mit einer zentralen Warmwasserbereitung verbunden ist, auch die Aufwandszahl für die Warmwasserbereitung,
2. im Falle von Arbeiten nach Absatz 1 Nummer 7 der gewichtete Mittelwert der auf das jeweilige Fördervolumen bezogenen elektrischen Leistung aller Zu- und Abluftventilatoren sowie der Wärmerückgewinnungsgrad, soweit Anforderungen nach § 68 des GEG einzuhalten sind.

Die nach Satz 1 anzugebenden Eigenschaften können nach anerkannten technischen Regeln berechnet werden oder aus Herstellerangaben auf der Grundlage solcher Regeln bestimmt werden; alternativ dürfen Angaben aus Bekanntmachungen nach § 50 Absatz 4 des GEG verwendet werden. Die jeweilige Grundlage nach Satz 2 ist ebenfalls in der Unternehmererklärung anzugeben.

(4) Wer Gebäude geschäftsmäßig mit fester, gasförmiger oder flüssiger Biomasse zum Zweck der Erfüllung von Anforderungen nach diesem Gesetz beliefert, muss dem Eigentümer des Gebäudes mit der Abrechnung bestätigen, dass:
1. im Falle der Nutzung von Biomethan die Anforderungen nach § 40 Absatz 3 erfüllt sind,
2. im Falle der Nutzung von biogenem Flüssiggas die Anforderungen nach § 40 Absatz 4 des GEG erfüllt sind,
3. im Falle der Nutzung von flüssiger Biomasse nach § 39 des GEG die Brennstoffe die Anforderungen an einen nachhaltigen Anbau und eine nachhaltige Herstellung nach der Biomassestrom-Nachhaltigkeitsverordnung in der jeweils geltenden Fassung erfüllen oder
4. es sich im Falle der Nutzung von fester Biomasse nach § 38 des GEG um Brennstoffe nach § 3 Absatz 1 Nummer 4, 5, 5a oder 8 der Verordnung über kleine und mittlere Feuerungsanlagen handelt.

(5) Mit den Bestätigungen nach Absatz 4 wird die Erfüllung der Pflichten aus den Vorschriften nach den §§ 38 bis 40 des GEG nachgewiesen. In den Fällen des Absatzes 4 Nummer 1 bis 3 sind die Abrechnungen und Bestätigungen in den ersten 15 Jahren nach Inbetriebnahme der Heizungsanlage von dem Eigentümer jeweils mindestens für fünf Jahre nach Lieferung aufzubewahren. Der Eigentümer hat die Abrechnungen und Bestätigungen der nach Landesrecht zuständigen Behörde auf Verlangen vorzulegen.

(6) Kommt bei der Ermittlung des Jahres-Primärenergiebedarfs eines zu errichtenden Niedrigstenergiegebäudes § 22 Absatz 1 Satz 1 Nummer 2 oder Nummer 3 des GEG zur Anwendung, muss sich der Eigentümer vom Lieferanten bei Vertragsabschluss bescheinigen lassen, dass:
1. die vereinbarte Biomethanlieferung die Anforderungen nach § 22 Absatz 1 Satz 1 Nummer 2 Buchstabe b und c des GEG oder
2. die vereinbarte Lieferung von biogenem Flüssiggas die Anforderungen nach § 22 Absatz 1 Satz 1 Nummer 3 Buchstabe b des GEG in der gesamten Laufzeit des Liefervertrags erfüllt.

Die Bescheinigung ist der zuständigen Behörde innerhalb von einem Monat nach Fertigstellung des Gebäudes vorzulegen. Die Pflicht nach Satz 2 besteht auch, wenn der Eigentümer den Lieferanten wechselt. Die Abrechnungen der Lieferung von Biomethan oder von biogenem Flüssiggas müssen die Bestätigung des Lieferanten enthalten, dass im Fall der Lieferung von Biomethan die Anforderungen nach § 22 Absatz 1 Satz 1 Nummer 2 Buchstabe b und c des GEG oder im Fall der Lieferung von biogenem Flüssiggas die Anforderungen nach § 22 Absatz 1 Satz 1 Nummer 3 Buchstabe b des GEG im Abrechnungszeitraum erfüllt worden sind. Die Abrechnungen sind vom Eigentümer mindestens fünf Jahre ab dem Zeitpunkt der Lieferung aufzubewahren.

Aufgaben des bevollmächtigten Bezirksschornsteinfegers nach § 97 GEG

(1) Bei einer heizungstechnischen Anlage prüft der bevollmächtigte Bezirksschornsteinfeger als Beliehener im Rahmen der Feuerstättenschau nach § 14 des Schornsteinfeger-Handwerksgesetzes vom 26. November 2008 (BGBl. I S. 2242), das zuletzt durch Artikel 1 des Gesetzes vom 17. Juli 2017 (BGBl. I .S. 2495) geändert worden ist, ob:
1. ein Heizkessel, der nach § 72 Absatz 1 bis 3, auch in Verbindung mit § 73 des GEG, außer Betrieb genommen werden musste, weiterhin betrieben wird,
2. Wärmeverteilungs- und Warmwasserleitungen, die nach § 71, auch in Verbindung mit § 73 des GEG, gedämmt werden mussten, weiterhin ungedämmt sind und
3. ein mit Heizöl beschickter Heizkessel entgegen § 72 Absatz 4 und 5 des GEG eingebaut ist.

(2) Bei einer heizungstechnischen Anlage, die in ein bestehendes Gebäude eingebaut wird, prüft der bevollmächtigte Bezirksschornsteinfeger im Rahmen der bauordnungsrechtlichen Abnahme der Anlage oder, wenn

eine solche Abnahme nicht vorgesehen ist, als Beliehener im Rahmen der ersten Feuerstättenschau nach dem Einbau außerdem, ob:

1. die Anforderungen nach § 56 Absatz 1 des GEG erfüllt sind,
2. eine Zentralheizung mit einer zentralen selbsttätig wirkenden Einrichtung zur Verringerung und Abschaltung der Wärmezufuhr sowie zur Ein- und Ausschaltung elektrischer Antriebe nach § 61 Absatz 1 des GEG ausgestattet ist,
3. eine Umwälzpumpe in einer Zentralheizung mit einer Vorrichtung zur selbsttätigen Anpassung der elektrischen Leistungsaufnahme nach § 66 Absatz 1 des GEG ausgestattet ist, und
4. bei Wärmeverteilungs- und Warmwasserleitungen sowie Armaturen die Wärmeabgabe nach § 69 Absatz 1 des GEG begrenzt ist.

(3) Der bevollmächtigte Bezirksschornsteinfeger weist den Eigentümer bei Nichterfüllung der Pflichten oder bei Nichtbeachtung eines Verbots aus den in den Absätzen 1 und 2 genannten Vorschriften schriftlich auf diese Pflichten oder Verbote hin und setzt eine angemessene Frist zu deren Nacherfüllung oder zur Beseitigung eines verbotswidrigen Zustands. Werden die Pflichten nicht innerhalb der festgesetzten Frist erfüllt oder ein verbotswidriger Zustand nicht beseitigt, unterrichtet der bevollmächtigte Bezirksschornsteinfeger unverzüglich die nach Landesrecht zuständige Behörde.

(4) Bei einer Zentralheizung, die in einem bestehenden Gebäude vorhanden ist, prüft der bevollmächtigte Bezirksschornsteinfeger als Beliehener im Rahmen der Feuerstättenschau, ob der Eigentümer zur Nachrüstung nach § 61 Absatz 2 des GEG verpflichtet ist und diese Pflicht erfüllt wurde. Bei Nichterfüllung der Pflicht unterrichtet der bevollmächtigte Bezirksschornsteinfeger unverzüglich die nach Landesrecht zuständige Behörde.

(5) Die Erfüllung der Pflichten aus den in den Absätzen 1, 2 und 4 genannten Vorschriften kann durch Vorlage der Unternehmererklärungen gegenüber dem bevollmächtigten Bezirksschornsteinfeger nachgewiesen werden. Es bedarf dann keiner weiteren Prüfung durch den bevollmächtigten Bezirksschornsteinfeger.

Registriernummer nach § 98 GEG

(1) Wer einen Inspektionsbericht nach § 78 des GEG oder einen Energieausweis nach § 79 des GEG ausstellt, hat für diesen Bericht oder für diesen Energieausweis bei der Registrierstelle eine Registriernummer zu

beantragen. Der Antrag ist grundsätzlich elektronisch zu stellen. Eine Antragstellung in Papierform ist zulässig, soweit die elektronische Antragstellung für den Antragsteller eine unbillige Härte bedeuten würde. Bei der Antragstellung sind Name und Anschrift der nach Satz 1 antragstellenden Person, das Land und die Postleitzahl der Belegenheit des Gebäudes, das Ausstellungsdatum des Inspektionsberichts oder des Energieausweises anzugeben sowie:

1. in den Fällen des § 78 des GEG die Nennleistung der inspizierten Klimaanlage oder der kombinierten Klima- und Lüftungsanlage,
2. in den Fällen des § 79 des GEG:
   a) die Art des Energieausweises: Energiebedarfs- oder Energieverbrauchsausweis und
   b) die Art des Gebäudes: Wohn- oder Nichtwohngebäude, Neubau oder bestehendes Gebäude.

(2) Die Registrierstelle teilt dem Antragsteller für jeden neu ausgestellten Inspektionsbericht oder Energieausweis eine Registriernummer zu. Die Registriernummer ist unverzüglich nach Antragstellung zu erteilen.

Stichprobenkontrollen von Energieausweisen und Inspektionsberichten über Klimaanlagen nach § 99 GEG

(1)Die zuständige Behörde (Kontrollstelle) unterzieht Inspektionsberichte über Klimaanlagen oder über kombinierte Klima- und Lüftungsanlagen nach § 78 des GEG und Energieausweise nach § 79 des GEG nach Maßgabe der folgenden Absätze einer Stichprobenkontrolle.

(2) Die Stichproben müssen jeweils einen statistisch signifikanten Prozentanteil aller in einem Kalenderjahr neu ausgestellten Energieausweise und neu ausgestellten Inspektionsberichte über Klimaanlagen erfassen. Die Stichprobenkontrolle von Energieausweisen, die nach dem Inkrafttreten des Gesetzes bis zum 31. Juli 2021 ausgestellt werden und auf die die Vorschriften dieses Gesetzes anzuwenden sind, kann nach dem 31. Juli 2021 durchgeführt werden.

(3) Die Kontrollstelle kann bei der Registrierstelle Registriernummern und dort vorliegende Angaben nach § 98 Absatz 1 des GEG zu neu ausgestellten Energieausweisen und Inspektionsberichten über im jeweiligen Land belegene Niedrigstenergiegebäude und Klimaanlagen verarbeiten, soweit dies für die Vorbereitung der Durchführung der Stichprobenkontrollen erforderlich ist. Nach dem Abschluss der Stichprobenkontrolle hat die Kontrollstelle die Daten nach Satz 1 jedenfalls im Einzelfall un-

verzüglich zu löschen. Kommt es auf Grund der Stichprobenkontrolle zur Einleitung eines Bußgeldverfahrens gegen den Ausweisaussteller nach § 108 Absatz 1 Nummer 15, 17 oder 21 des GEG oder gegen die inspizierende Person nach § 108 Absatz 1 Nummer 11 oder 21 des GEG, so sind abweichend von Satz 2 die Daten nach Satz 1, soweit diese im Rahmen des Bußgeldverfahrens erforderlich sind, erst nach dessen rechtskräftigem Abschluss unverzüglich zu löschen.

(4) Die gezogene Stichprobe von Energieausweisen wird von der Kontrollstelle auf der Grundlage der nachstehenden Optionen oder gleichwertiger Maßnahmen überprüft:
1. Validitätsprüfung der Eingabe-Gebäudedaten, die zur Ausstellung des Energieausweises verwendet wurden, und der im Energieausweis angegebenen Ergebnisse,
2. Prüfung der Eingabe-Gebäudedaten und Überprüfung der im Energieausweis angegebenen Ergebnisse einschließlich der abgegebenen Modernisierungsempfehlungen,
3. vollständige Prüfung der Eingabe-Gebäudedaten, die zur Ausstellung des Energieausweises verwendet wurden, vollständige Überprüfung der im Energieausweis angegebenen Ergebnisse einschließlich der abgegebenen Modernisierungsempfehlungen und, falls dies insbesondere auf Grund des Einverständnisses des Eigentümers des Gebäudes möglich ist, Inaugenscheinnahme des Gebäudes zur Prüfung der Übereinstimmung zwischen den im Energieausweis angegebenen Spezifikationen mit dem Gebäude, für das der Energieausweis erstellt wurde.

Wird im Rahmen der Stichprobe ein Energieausweis gezogen, der bereits auf der Grundlage von Landesrecht einer zumindest gleichwertigen Überprüfung unterzogen wurde, und ist die Überprüfung einer der Optionen nach Satz 1 gleichwertig, findet insofern keine erneute Überprüfung statt.

(5) Aussteller von Energieausweisen sind verpflichtet, Kopien der von ihnen ausgestellten Energieausweise und der zu deren Ausstellung verwendeten Daten und Unterlagen zwei Jahre ab dem Ausstellungsdatum des jeweiligen Energieausweises aufzubewahren, um die Durchführung von Stichprobenkontrollen und Bußgeldverfahren zu ermöglichen.

(6) Die Kontrollstelle kann zur Durchführung der Überprüfung nach Absatz 4 Satz 1 in Verbindung mit Absatz 1 vom jeweiligen Aussteller die Übermittlung einer Kopie des Energieausweises und die zu dessen Ausstel-

lung verwendeten Daten und Unterlagen verlangen. Der Aussteller ist verpflichtet, dem Verlangen der Kontrollbehörde zu entsprechen. Der Energieausweis sowie die Daten und Unterlagen sind der Kontrollstelle grundsätzlich in elektronischer Form zu übermitteln. Die Kontrollstelle darf hierfür ein Datenformat vorgeben. Eine Übermittlung in Papierform ist zulässig, soweit die elektronische Übermittlung für den Antragsteller eine unbillige Härte bedeuten würde. Angaben zum Eigentümer und zur Adresse des Niedrigstenergiegebäudes darf die Kontrollstelle nur verlangen, soweit dies zur Durchführung der Überprüfung im Einzelfall erforderlich ist. Werden die in Satz 6 genannten Angaben von der Kontrollstelle nicht verlangt, hat der Aussteller Angaben zum Eigentümer und zur Adresse des Gebäudes in der Kopie des Energieausweises sowie in den zu dessen Ausstellung verwendeten Daten und Unterlagen vor der Übermittlung unkenntlich zu machen. Im Fall der Übermittlung von Angaben nach Satz 6 in Verbindung mit Satz 2 hat der Aussteller des Energieausweises den Eigentümer des Gebäudes hierüber unverzüglich zu informieren.

(7) Die vom Aussteller nach Absatz 6 übermittelten Kopien von Energieausweisen, Daten und Unterlagen dürfen, soweit sie personenbezogene Daten enthalten, von der Kontrollstelle nur für die Durchführung der Stichprobenkontrollen und hieraus resultierender Bußgeldverfahren gegen den Ausweisaussteller nach § 108 Absatz 1 Nummer 15, 17 oder 21 des GEG verarbeitet werden, soweit dies im Einzelfall jeweils erforderlich ist. Die in Satz 1 genannten Kopien, Daten und Unterlagen dürfen nur so lange gespeichert oder aufbewahrt werden, wie dies zur Durchführung der Stichprobenkontrollen und der Bußgeldverfahren im Einzelfall erforderlich ist. Sie sind nach Durchführung der Stichprobenkontrollen und bei Einleitung von Bußgeldverfahren nach deren rechtskräftigem Abschluss jeweils im Einzelfall unverzüglich zu löschen oder zu vernichten. Im Übrigen bleiben die Verordnung (EU) 2016/679, das Bundesdatenschutzgesetz und die Datenschutzgesetze der Länder in der jeweils geltenden Fassung unberührt.

(8) Die Absätze 5 bis 7 sind auf die Durchführung der Stichprobenkontrolle von Inspektionsberichten über Klimaanlagen entsprechend anzuwenden.

Nicht personenbezogene Auswertung von Daten nach § 100 GEG

(1) Die Kontrollstelle kann den nicht personenbezogenen Anteil der Daten, die sie im Rahmen des § 99 Absatz 3 Satz 1, Absatz 4, 6 Satz 1 bis 5 und

Absatz 8 des GEG verarbeitet hat, unbefristet zur Verbesserung der Erfüllung von Aufgaben der Energieeinsparung auswerten.

(2) Die Auswertung kann sich bei Energieausweisen insbesondere auf folgende Merkmale beziehen:
1. Art des Energieausweises: Energiebedarfs- oder Energieverbrauchsausweis,
2. Anlass der Ausstellung des Energieausweises nach § 80 Absatz 1 bis 6 des GEG,
3. Art des Gebäudes: Wohn- oder Nichtwohngebäude, Neubau oder bestehendes Gebäude,
4. Gebäudeeigenschaften, wie die Eigenschaften der wärmeübertragendenden Umfassungsfläche und die Art der heizungs-, kühl- und raumlufttechnischen Anlagentechnik sowie der Warmwasserversorgung, bei Nichtwohngebäuden auch die Art der Nutzung und die Zonierung,
5. Werte des Endenergiebedarfs oder -verbrauchs sowie des Primärenergiebedarfs oder -verbrauchs für das Gebäude,
6. wesentliche Energieträger für Heizung und Warmwasser,
7. Einsatz erneuerbarer Energien und
8. Land und Landkreis der Belegenheit des Gebäudes ohne Angabe des Ortes, der Straße und der Hausnummer.

(3) Die Auswertung kann sich bei Inspektionsberichten über Klimaanlagen insbesondere auf folgende Merkmale beziehen:
1. Nennleistung der inspizierten Klimaanlage,
2. Art des Gebäudes: Wohn- oder Nichtwohngebäude, und
3. Land und Landkreis der Belegenheit des Gebäudes, ohne Angabe des Ortes, der Straße und der Hausnummer.

Verordnungsermächtigung, Erfahrungsberichte der Länder nach § 101 GEG

(1) Die Landesregierungen werden ermächtigt, zu den in § 78 und in den §§ 98 bis 100 des GEG getroffenen Regelungen zur Erfassung und Kontrolle von Inspektionsberichten und Energieausweisen sowie zur nicht personenbezogenen Auswertung der hierbei erhobenen und gespeicherten Daten durch Rechtsverordnung Regelungen zu erlassen:
1. zur Art der Durchführung der Erfassung und Kontrolle von Inspektionsberichten und Energieausweisen sowie zur nicht personenbezogenen Auswertung der hierbei erhobenen und gespeicherten Daten,

die über die Vorgaben der in § 78 und in den §§ 98 bis 100 des GEG getroffenen Regelungen hinausgehen, sowie
2. zum Verfahren, die auch von den in § 78 und in den §§ 98 bis 100 des GEG getroffenen Regelungen abweichen können.

(2) Die Landesregierungen werden ermächtigt, durch Rechtsverordnung die Übertragung von Aufgaben zur Erfassung und Kontrolle von Inspektionsberichten und Energieausweisen sowie zur nicht personenbezogenen Auswertung der hierbei erhobenen und gespeicherten Daten, die in § 78 und in den §§ 98 bis 100 des GEG und in einer Rechtsverordnung nach Absatz 1 geregelt sind, auf folgende Stellen zu regeln:
1. auf bestehende Behörden in den Ländern, auch auf bestehende Körperschaften oder Anstalten des öffentlichen Rechts, die der Aufsicht des jeweiligen Landes unterstehen, oder
2. auf Fachvereinigungen oder Sachverständige (Beleihung).

Bei der Übertragung im Wege der Beleihung können die Landesregierungen in der Rechtsverordnung nach Satz 1 Nummer 2 auch die Voraussetzungen und das Verfahren der Beleihung regeln; dabei muss sichergestellt werden, dass die Aufgaben von der beliehenen Stelle entsprechend den in § 78 und in den §§ 98 bis 101 des GEG getroffenen Regelungen und der Rechtsverordnung nach Absatz 1 wahrgenommen werden. Beliehene unterstehen der Aufsicht der jeweils zuständigen Behörde.

(3) Die Landesregierungen können die Ermächtigungen nach Absatz 1 und Absatz 2 Satz 1 und 2 durch Rechtsverordnung auf andere Behörden übertragen.

(4) Die Länder berichten der Bundesregierung erstmals zum 1. März 2024, danach alle drei Jahre, über die wesentlichen Erfahrungen mit den Stichprobenkontrollen nach § 99 des GEG. Die Berichte dürfen keine personenbezogenen Daten enthalten.

Befreiungen nach § 102 GEG

(1) Die nach Landesrecht zuständigen Behörden haben auf Antrag des Eigentümers oder Bauherrn von den Anforderungen dieses Gesetzes zu befreien, soweit:
1. die Ziele dieses Gesetzes durch andere als in diesem Gesetz vorgesehene Maßnahmen im gleichen Umfang erreicht werden oder
2. die Anforderungen im Einzelfall wegen besonderer Umstände durch einen unangemessenen Aufwand oder in sonstiger Weise zu einer unbilligen Härte führen.

Eine unbillige Härte liegt insbesondere vor, wenn die erforderlichen Aufwendungen innerhalb der üblichen Nutzungsdauer, bei Anforderungen an bestehende Gebäude innerhalb angemessener Frist durch die eintretenden Einsparungen nicht erwirtschaftet werden können.

(2) Absatz 1 ist auf die Vorschriften von Teil 5 nicht anzuwenden.

Innovationsklausel nach § 103 GEG

(1) Bis zum 31. Dezember 2023 können die nach Landesrecht zuständigen Behörden auf Antrag nach § 102 Absatz 1 Satz 1 Nummer 1 des GEG:

1. von den Anforderungen des § 10 Absatz 2 des GEG befreien, wenn:
   a) ein Niedrigstenergie-Wohngebäude so errichtet wird, dass die Treibhausgasemissionen des Niedrigstenergiegebäudes gleichwertig begrenzt werden und der Höchstwert des Jahres-Endenergiebedarfs für Heizung, Warmwasserbereitung, Lüftung und Kühlung das 0,75-fache des auf die Gebäudenutzfläche bezogenen Wertes des Jahres-Endenergiebedarfs eines Referenzgebäudes, das die gleiche Geometrie, Gebäudenutzfläche und Ausrichtung wie das zu errichtende Niedrigstenenergiegebäude aufweist und der technischen Referenzausführung der Anlage 1 des GEG entspricht, nicht überschreitet oder
   b) ein Niedrigstenergie-Nichtwohngebäude so errichtet wird, dass die Treibhausgasemissionen des Niedrigstenergiegebäudes gleichwertig begrenzt werden und der Höchstwert des Jahres-Endenergiebedarfs für Heizung, Warmwasserbereitung, Lüftung, Kühlung und eingebaute Beleuchtung das 0,75-fache des auf die Nettogrundfläche bezogenen Wertes des Jahres-Endenergiebedarfs eines Referenzgebäudes, das die gleiche Geometrie, Nettogrundfläche, Ausrichtung und Nutzung, einschließlich der Anordnung der Nutzungseinheiten, wie das zu errichtende Niedrigstenergiegebäude aufweist und der technischen Referenzausführung der Anlage 2 des GEG entspricht, nicht überschreitet, oder:
2. von den Anforderungen des § 50 Absatz 1 in Verbindung mit § 48 des GEG befreien, wenn:
   a) ein Niedrigstenergie-Wohngebäude so geändert wird, dass die Treibhausgasemissionen des Niedrigstenergiegebäudes gleichwertig begrenzt werden und der Jahres-Endenergiebedarf für Heizung, Warmwasserbereitung, Lüftung und Kühlung das 1,4-fache des auf die Gebäudenutzfläche bezogenen Wertes des Jahres-Endenergie-

bedarfs eines Referenzgebäudes, das die gleiche Geometrie, Gebäudenutzfläche und Ausrichtung wie das geänderte Niedrigstenergiegebäude aufweist und der technischen Referenzausführung der Anlage 1 des GEG entspricht, nicht überschreitet oder

b) ein Niedrigstenergie-Nichtwohngebäude so geändert wird, dass die Treibhausgasemissionen des Niedrigstenergiegebäudes gleichwertig begrenzt werden und der Jahres-Endenergiebedarf für Heizung, Warmwasserbereitung, Lüftung, Kühlung und eingebaute Beleuchtung das 1,4-fache des auf die Nettogrundfläche bezogenen Wertes des Jahres-Endenergiebedarfs eines Referenzgebäudes, das die gleiche Geometrie, Nettogrundfläche, Ausrichtung und Nutzung, einschließlich der Anordnung der Nutzungseinheiten, wie das geänderte Niedrigstenergiegebäude aufweist und der technischen Referenzausführung der Anlage 2 des GEG entspricht, nicht überschreitet.

Die technische Referenzausführung in den Nummern 1.13 bis 9 der Anlage 2 des GEG ist nur insoweit zu berücksichtigen, wie eines der dort genannten Systeme in dem zu errichtenden Niedrigstenergiegebäude ausgeführt wird oder in dem geänderten Gebäude ausgeführt ist.
In den Fällen des Satzes 1 Nummer 1 darf der spezifische, auf die wärmeübertragende Umfassungsfläche bezogene Transmissionswärmeverlust eines zu errichtenden Niedrigstenergie-Wohngebäudes das 1,0-fache des entsprechenden Wertes eines Referenzgebäudes nach der Anlage 1 des GEG und ein zu errichtendes Niedrigstenergie-Nichtwohngebäude die Höchstwerte der mittleren Wärmedurchgangskoeffizienten der wärmeübertragenden Umfassungsfläche nach der Anlage 3 des GEG nicht überschreiten.

(2) Der Antragsteller hat der nach Landesrecht zuständigen Behörde spätestens ein Jahr nach Abschluss der Maßnahme nach Absatz 1 einen Bericht mit den wesentlichen Erfahrungen bei der Anwendung der Regelung, insbesondere über Investitionskosten und Energieverbräuche vorzulegen.

(3) Bis zum 31. Dezember 2025 können Bauherren oder Eigentümer bei Änderung ihrer Gebäude, die in räumlichem Zusammenhang stehen, eine Vereinbarung über die gemeinsame Erfüllung der Anforderungen nach § 50 Absatz 1 in Verbindung mit § 48 des GEG treffen, wenn sichergestellt ist, dass die von der Vereinbarung erfassten geänderten Gebäude in ihrer Gesamtheit die Anforderungen nach § 50 Absatz 1 des

GEG erfüllen. Jedes geänderte Gebäude, das von der Vereinbarung erfasst wird, muss eine Mindestqualität der Anforderungen an die wärmeübertragende Umfassungsfläche einhalten. Die Mindestqualität nach Satz 2 gilt als erfüllt, wenn die Wärmedurchgangskoeffizienten der geänderten Außenbauteile jedes einzelnen Gebäudes die Höchstwerte der Wärmedurchgangskoeffizienten nach § 48 in Verbindung mit Anlage 7 des GEG um nicht mehr als 40 Prozent überschreiten.

(4) Einer Vereinbarung nach Absatz 3 muss eine einheitliche Planung zugrunde liegen, die eine Realisierung der Maßnahmen an allen von der Vereinbarung erfassten Gebäuden in einem zeitlichen Zusammenhang von nicht mehr als drei Jahren vorsieht. Der zuständigen Behörde ist die Vereinbarung anzuzeigen. § 107 Absatz 5 bis 7 des GEG ist entsprechend anzuwenden.

3.1.15 Besondere Gebäude, Bußgeldvorschriften, Anschluss- und Benutzungszwang nach GEG

Kleine Gebäude und Gebäude aus Raumzellen nach § 104 GEG

Werden bei einem zu errichtenden kleinen Gebäude die für den Fall des erstmaligen Einbaus anzuwendenden Höchstwerte der Wärmedurchgangskoeffizienten der Außenbauteile nach § 48 des GEG eingehalten, gelten die Anforderungen des § 10 Absatz 2 des GEG als erfüllt. Satz 1 ist auf ein Gebäude entsprechend anzuwenden, das für eine Nutzungsdauer von höchstens fünf Jahren bestimmt und aus Raumzellen von jeweils bis zu 50 Quadratmetern Nutzfläche zusammengesetzt ist.

Baudenkmäler und sonstige besonders erhaltenswerte Bausubstanz nach § 105 GEG

Soweit bei einem Baudenkmal, bei aufgrund von Vorschriften des Bundes- oder Landesrechts besonders geschützter Bausubstanz oder bei sonstiger besonders erhaltenswerter Bausubstanz die Erfüllung der Anforderungen des GEG die Substanz oder das Erscheinungsbild beeinträchtigt oder andere Maßnahmen zu einem unverhältnismäßig hohen Aufwand führen, kann von den Anforderungen des GEG abgewichen werden.

Gemischt genutzte Gebäude nach § 106 GEG

(1) Teile eines Wohngebäudes, die sich hinsichtlich der Art ihrer Nutzung und der gebäudetechnischen Ausstattung wesentlich von der Wohnnutzung unterscheiden und die einen nicht unerheblichen Teil der Gebäudenutzfläche umfassen, sind getrennt als Nichtwohngebäude zu behandeln.

(2) Teile eines Nichtwohngebäudes, die dem Wohnen dienen und einen nicht unerheblichen Teil der Nettogrundfläche umfassen, sind getrennt als Wohngebäude zu behandeln.
(3) Die Berechnung von Trennwänden und Trenndecken zwischen Gebäudeteilen richtet sich in den Fällen der Absätze 1 und 2 nach § 29 Absatz 1 des GEG.

Wärmeversorgung im Quartier nach § 107 GEG

(1) In den Fällen des § 10 Absatz 2 oder des § 50 Absatz 1 in Verbindung mit § 48 des GEG können Bauherren oder Eigentümer, deren Gebäude in räumlichem Zusammenhang stehen, Vereinbarungen über eine gemeinsame Versorgung ihrer Gebäude mit Wärme oder Kälte treffen, um die jeweiligen Anforderungen nach § 10 Absatz 2 oder nach § 50 Absatz 1 in Verbindung mit § 48 des GEG zu erfüllen. Gegenstand von Vereinbarungen nach Satz 1 können insbesondere sein:
   1. die Errichtung und der Betrieb gemeinsamer Anlagen zur zentralen oder dezentralen Erzeugung, Verteilung, Nutzung oder Speicherung von Wärme und Kälte aus erneuerbaren Energien oder Kraft-Wärme-Kopplung,
   2. die gemeinsame Erfüllung der Anforderung nach § 10 Absatz 2 Nummer 3 des GEG,
   3. die Benutzung von Grundstücken, deren Betreten und die Führung von Leitungen über Grundstücke.
(2) Treffen Bauherren oder Eigentümer eine Vereinbarung nach Absatz 1, sind die Anforderungen nach § 10 Absatz 2 Nummern 1 und 2 und nach § 50 Absatz 1 in Verbindung mit § 48 des GEG für jedes Gebäude, das von der Vereinbarung erfasst wird, einzuhalten. § 103 Absatz 3 bleibt unberührt.
(3) Treffen Bauherren oder Eigentümer eine Vereinbarung zur gemeinsamen Erfüllung der Anforderung nach § 10 Absatz 2 Nummer 3 des GEG, muss der Wärme- und Kältebedarf ihrer Gebäude insgesamt in einem Umfang durch Maßnahmen nach den §§ 35 bis 45 des GEG gedeckt werden, der mindestens der Summe entspricht, die sich aus den einzelnen Deckungsanteilen nach den §§ 35 bis 45 des GEG ergibt.
(4) Dritte, insbesondere Energieversorgungsunternehmen, können an Vereinbarungen im Sinne des Absatzes 1 beteiligt werden. § 22 des GEG bleibt unberührt.

(5) Die zuständige Behörde soll die an Vereinbarungen im Sinne des Absatzes 1 Beteiligten im Rahmen des Möglichen beraten. Die Vereinbarung ist der zuständigen Behörde auf Verlangen vorzulegen.
(6) Eine Vereinbarung im Sinne des Absatzes 1 bedarf der Schriftform, soweit nicht durch Rechtsvorschriften eine andere Form vorgeschrieben ist.
(7) Die Regelungen der Absätze 1 bis 5 sind entsprechend anwendbar, wenn die Gebäude, die im räumlichen Zusammenhang stehen und nach den Absätzen 1 bis 4 gemeinsam Anforderungen dieses Gesetzes erfüllen, einem Eigentümer gehören. An die Stelle der Vereinbarung nach Absatz 1 tritt eine schriftliche Dokumentation des Eigentümers, die der zuständigen Behörde auf Verlangen vorzulegen ist.

Bußgeldvorschriften nach § 108 GEG

(1) Ordnungswidrig handelt, wer vorsätzlich oder leichtfertig,
1. entgegen § 15 Absatz 1, § 16, § 18 Absatz 1 Satz 1 oder § 19 des GEG ein dort genanntes Gebäude nicht richtig errichtet,
2. entgegen § 47 Absatz 1 Satz 1 des GEG nicht dafür sorgt, dass eine dort genannte Geschossdecke gedämmt ist,
3. entgegen § 48 Satz 1 des GEG eine dort genannte Maßnahme nicht richtig ausführt,
4. entgegen § 61 Absatz 1 Satz 1 des GEG nicht dafür Sorge trägt, dass eine Zentralheizung mit einer dort genannten Einrichtung ausgestattet ist,
5. entgegen § 61 Absatz 2 des GEG eine dort genannte Ausstattung nicht, nicht richtig oder nicht rechtzeitig nachrüstet,
6. entgegen § 63 Absatz 1 Satz 1 des GEG nicht dafür Sorge trägt, dass eine heizungstechnische Anlage mit Wasser als Wärmeträger mit einer dort genannten Einrichtung ausgestattet ist,
7. entgegen § 69, § 70 oder § 71 Absatz 1 des GEG nicht dafür Sorge trägt, dass die Wärmeabgabe oder Wärmeaufnahme dort genannter Leitungen oder Armaturen begrenzt wird,
8. entgegen § 72 Absatz 1 oder 2 des GEG einen Heizkessel betreibt,
9. entgegen § 72 Absatz 4 Satz 1 des GEG einen Heizkessel einbaut oder aufstellt.
10. entgegen § 74 Absatz 1 des GEG eine Inspektion nicht, nicht richtig oder nicht rechtzeitig durchführen lässt,
11. entgegen § 77 Absatz 1 des GEG eine Inspektion durchführt,

12. entgegen § 80 Absatz 1 Satz 2, auch in Verbindung mit Satz 3 des GEG, nicht sicherstellt, dass ein Energieausweis oder eine Kopie übergeben wird,
13. entgegen § 80 Absatz 4 Satz 1 oder 4, jeweils auch in Verbindung mit Absatz 5 des GEG, einen Energieausweis oder eine Kopie nicht, nicht richtig, nicht vollständig oder nicht rechtzeitig vorlegt,
14. entgegen § 80 Absatz 4 Satz 5, auch in Verbindung mit Absatz 5 des GEG, einen Energieausweis oder eine Kopie nicht, nicht richtig, nicht vollständig oder nicht rechtzeitig übergibt,
15. entgegen § 83 Absatz 1 Satz 2 oder Absatz 3 Satz 1 des GEG nicht dafür Sorge trägt, dass dort genannte Daten richtig sind,
16. entgegen § 87 Absatz 1, auch in Verbindung mit Absatz 2 des GEG, nicht sicherstellt, dass die Immobilienanzeige die dort genannten Pflichtangaben enthält,
17. entgegen § 88 Absatz 1 des GEG einen Energieausweis ausstellt,
18. entgegen § 96 Absatz 1 des GEG eine Bestätigung nicht, nicht richtig, nicht vollständig, nicht in der vorgeschriebenen Weise oder nicht rechtzeitig vornimmt,
19. entgegen § 96 Absatz 5 Satz 2 des GEG eine Abrechnung nicht oder nicht mindestens fünf Jahre aufbewahrt,
20. entgegen § 96 Absatz 6 Satz 1, auch in Verbindung mit Satz 2 des GEG, eine Bescheinigung nicht, nicht richtig, nicht vollständig oder nicht rechtzeitig ausstellen lässt oder nicht, nicht richtig, nicht vollständig oder nicht rechtzeitig vorlegt, oder
21. einer vollziehbaren Anordnung nach § 99 Absatz 6 Satz 1, auch in Verbindung mit Absatz 8 des GEG, zuwiderhandelt.

(2) Die Ordnungswidrigkeit kann in den Fällen des Absatzes 1 Nummer 1 bis 9 mit einer Geldbuße bis zu fünfzigtausend Euro, in den Fällen des Absatzes 1 Nummer 10 bis 17 mit einer Geldbuße bis zu zehntausend Euro und in den übrigen Fällen mit einer Geldbuße bis zu fünftausend Euro geahndet werden.

Anschluss- und Benutzungszwang nach § 109 GEG

Die Gemeinden und Gemeindeverbände können von einer Bestimmung nach Landesrecht, die sie zur Begründung eines Anschluss- und Benutzungszwangs an ein Netz der öffentlichen Fernwärme- oder Fernkälteversorgung ermächtigt, auch zum Zwecke des Klima- und Ressourcenschutzes Gebrauch machen.

3.1.16 Übergangsvorschriften nach GEG

Anforderungen an Anlagen der Heizungs-, Kühl- und Raumlufttechnik sowie der Warmwasserversorgung und an Anlagen zur Nutzung erneuerbarer Energien nach § 110 GEG

Die technischen Anforderungen des GEG an Anlagen der Heizungs-, Kühl- und Raumlufttechnik sowie der Warmwasserversorgung und an Anlagen zur Nutzung erneuerbarer Energien gelten, solange und soweit ein Durchführungsrechtsakt auf der Grundlage der Richtlinie 2009/125/EG nicht etwas anderes vorschreibt.

Allgemeine Übergangsvorschriften nach § 111 GEG

(1) Die Vorschriften des GEG sind nicht anzuwenden auf Vorhaben, welche die Errichtung, die Änderung, die grundlegende Renovierung, die Erweiterung oder den Ausbau von Gebäuden zum Gegenstand haben, falls die Bauantragstellung oder der Antrag auf Zustimmung oder die Bauanzeige vor dem Inkrafttreten dieses Gesetzes erfolgte. Für diese Vorhaben sind die Bestimmungen der mit dem Inkrafttreten des GEG zugleich abgelösten oder geänderten Rechtsvorschriften in den zum Zeitpunkt der Bauantragstellung oder des Antrags auf Zustimmung oder der Bauanzeige jeweils geltenden Fassungen weiter anzuwenden. Die Sätze 1 und 2 sind entsprechend anzuwenden auf alle Fälle nicht genehmigungsbedürftiger Vorhaben; für Vorhaben, die nach Maßgabe des Bauordnungsrechts der zuständigen Behörde zur Kenntnis zu geben sind, ist dabei auf den Zeitpunkt des Eingangs der Kenntnisgabe bei der zuständigen Behörde und für sonstige nicht genehmigungsbedürftige, insbesondere genehmigungs-, anzeige- und verfahrensfreie Vorhaben auf den Zeitpunkt des Beginns der Bauausführung abzustellen.

(2) Auf Vorhaben, welche die Errichtung, die Änderung, die grundlegende Renovierung, die Erweiterung oder den Ausbau von Gebäuden zum Gegenstand haben, ist dieses Gesetz in der zum Zeitpunkt der Bauantragstellung, des Antrags auf Zustimmung oder der Bauanzeige geltenden Fassung anzuwenden. Satz 1 ist entsprechend anzuwenden auf alle Fälle nicht genehmigungsbedürftiger Vorhaben; für Vorhaben, die nach Maßgabe des Bauordnungsrechts der zuständigen Behörde zur Kenntnis zu geben sind, ist dabei auf den Zeitpunkt des Eingangs der Kenntnisgabe bei der zuständigen Behörde und für sonstige nicht genehmigungsbedürftige, insbesondere genehmigungs-, anzeige- und verfahrensfreie Vorhaben auf den Zeitpunkt des Beginns der Bauausführung abzustellen.

(3) Auf Verlangen des Bauherrn ist abweichend von den Absätzen 1 und 2 das jeweils neue Recht anzuwenden, wenn über den Bauantrag oder über den Antrag auf Zustimmung oder nach einer Bauanzeige noch nicht bestandskräftig entschieden worden ist.

Übergangsvorschriften für Energieausweise nach § 112 GEG

(1) Wird nach dem 1. November 2020 ein Energieausweis gemäß § 80 Absatz 1, 2 oder Absatz 3 für ein Gebäude ausgestellt, auf das vor dem Inkrafttreten dieses Gesetzes geltende Rechtsvorschriften anzuwenden sind, ist in der Kopfzeile zumindest der ersten Seite des Energieausweises in geeigneter Form die angewandte Fassung der für den Energieausweis maßgeblichen Rechtsvorschrift anzugeben.

(2) Wird nach dem 1. November 2020 ein Energieausweis gemäß § 80 Absatz 3 Satz 1 oder Absatz 6 Satz 1 für ein Gebäude ausgestellt, sind die Vorschriften der Energieeinsparverordnung bis zum 1. Mai 2021 weiter anzuwenden.

(3) § 87 ist auf Energieausweise, die nach dem 30. September 2007 und vor dem 1. Mai 2014 ausgestellt worden sind, mit den folgenden Maßgaben anzuwenden. Als Pflichtangabe nach § 87 Absatz 1 Satz 1 Nummer 2 des GEG ist in Immobilienanzeigen anzugeben:

1. bei Energiebedarfsausweisen für Wohngebäude der Wert des Endenergiebedarfs, der auf Seite 2 des Energieausweises gemäß dem bei Ausstellung maßgeblichen Muster angegeben ist,
2. bei Energieverbrauchsausweisen für Wohngebäude der Energieverbrauchskennwert, der auf Seite 3 des Energieausweises gemäß dem bei Ausstellung maßgeblichen Muster angegeben ist; ist im Energieverbrauchskennwert der Energieverbrauch für Warmwasser nicht enthalten, so ist der Energieverbrauchskennwert um eine Pauschale von 20 Kilowattstunden pro Jahr und Quadratmeter Gebäudenutzfläche zu erhöhen,
3. bei Energiebedarfsausweisen für Nichtwohngebäude der Gesamtwert des Endenergiebedarfs, der Seite 2 des Energieausweises gemäß dem bei Ausstellung maßgeblichen Muster zu entnehmen ist,
4. bei Energieverbrauchsausweisen für Nichtwohngebäude sowohl der Heizenergieverbrauchs- als auch der Stromverbrauchskennwert, die Seite 3 des Energieausweises gemäß dem bei Ausstellung maßgeblichen Muster zu entnehmen sind.

Bei Energieausweisen für Wohngebäude nach Satz 1, bei denen noch keine Energieeffizienzklasse angegeben ist, darf diese freiwillig angegeben werden, wobei sich die Klasseneinteilung gemäß § 86 des GEG aus dem Primärenergieverbrauch oder dem Primärenergiebedarf des Gebäudes ergibt.

(4) In den Fällen des § 80 Absatz 4 und 5 des GEG sind begleitende Modernisierungsempfehlungen zu noch geltenden Energieausweisen, die nach Maßgabe der am 1. Oktober 2007 oder am 1. Oktober 2009 in Kraft getretenen Fassung der Energieeinsparverordnung ausgestellt worden sind, dem potenziellen Käufer oder Mieter zusammen mit dem Energieausweis vorzulegen und dem Käufer oder neuen Mieter mit dem Energieausweis zu übergeben; für die Vorlage und die Übergabe sind im Übrigen die Vorgaben des § 80 Absatz 4 und 5 des GEG entsprechend anzuwenden.

Übergangsvorschriften für Aussteller von Energieausweisen nach § 113 GEG

(1) Zur Ausstellung von Energieausweisen für bestehende Wohngebäude nach § 80 Absatz 3 des GEG sind ergänzend zu § 88 des GEG auch Personen berechtigt, die vor dem 25. April 2007 nach Maßgabe der Richtlinie des Bundesministeriums für Wirtschaft und Technologie über die Förderung der Beratung zur sparsamen und rationellen Energieverwendung in Wohngebäuden vor Ort vom 7. September 2006 (BAnz S. 6379) als Antragsberechtigte beim Bundesamt für Wirtschaft und Ausfuhrkontrolle registriert worden sind.

(2) Zur Ausstellung von Energieausweisen für bestehende Wohngebäude nach § 80 Absatz 3 des GEG sind ergänzend zu § 88 des GEG auch Personen berechtigt, die am 25. April 2007 über eine abgeschlossene Berufsausbildung im Baustoff-Fachhandel oder in der Baustoffindustrie und eine erfolgreich abgeschlossene Weiterbildung zum Energiefachberater im Baustoff-Fachhandel oder in der Baustoffindustrie verfügt haben. Satz 1 ist entsprechend auf Personen anzuwenden, die eine solche Weiterbildung vor dem 25. April 2007 begonnen haben, nach erfolgreichem Abschluss der Weiterbildung.

(3) Zur Ausstellung von Energieausweisen für bestehende Wohngebäude nach § 80 Absatz 3 des GEG sind ergänzend zu § 88 des GEG auch Personen berechtigt, die am 25. April 2007 über eine abgeschlossene Fortbildung auf der Grundlage des § 42a der Handwerksordnung für Energieberatung im Handwerk verfügt haben. Satz 1 ist entsprechend auf Personen anzuwenden, die eine solche Fortbildung vor dem 25. April 2007 begonnen haben, nach erfolgreichem Abschluss der Fortbildung.

Übergangsvorschrift über die vorläufige Wahrnehmung von Vollzugsaufgaben der Länder durch das Deutsche Institut für Bautechnik nach § 114 GEG

Bis zum Inkrafttreten der erforderlichen jeweiligen landesrechtlichen Regelungen zur Aufgabenübertragung nimmt das Deutsche Institut für Bautechnik vorläufig die Aufgaben des Landesvollzugs als Registrierstelle nach § 98 des GEG und als Kontrollstelle nach § 99 des GEG wahr. Die vorläufige Aufgabenwahrnehmung als Kontrollstelle nach Satz 1 bezieht sich nur auf die Überprüfung von Stichproben auf der Grundlage der in § 99 Absatz 4 Satz 1 Nummer 1 und 2 des GEG geregelten Optionen oder gleichwertiger Maßnahmen, soweit diese Aufgaben elektronisch durchgeführt werden können. Die Sätze 1 und 2 sind längstens drei Jahre nach Inkrafttreten dieser Regelung anzuwenden.

3.2 Gebäudetechnik

Prof. Dipl.-Ing. Gerd Kaellander

Dieser Abschnitt thematisiert die Gebäudetechnik von Niedrigstenergiegebäuden in Bestand und Neubau. Dazu werden insbesondere die aktuellen Anforderungen aus dem Gebäudeenergiegesetz (GEG) dargestellt.

3.2.1 Grundsätze der Gebäudetechnik

In diesem Abschnitt werden nur wichtige, für die Gebäudetechnik relevante Begriffe in Verbindung mit Elektrotechnik erläutert.

Gebäudetechnik

Der Begriff „Gebäudetechnik“ beinhaltet alle im Gebäude erforderlichen technischen Anlagen, die notwendig sind, um das Gebäude bewohnbar zu machen. Als Alternativen tauchen weitere Begriffe auf, die jedoch alle das Gleiche bezeichnen:

- Technische Ausrüstung (laut HOAI),
- Haustechnik,
- Technische Gebäudeausrüstung (TGA) und
- Versorgungstechnik.

Mit Gebäudetechnik werden also alle Installationen, Geräte, Apparaturen, Röhren und Leitungen zusammengefasst, die dafür sorgen, dass ein Gebäude funktioniert und behaglich, hygienisch und energieeffizient genutzt werden kann.

Niedrigstenergiehaus

Das Niedrigstenergiehaus ist der Neubaustandard für Gebäude, der seit 2021 in der EU verpflichtend vorgegeben ist. Das bedeutet, dass seit 2021 in der EU Neubauten den Standard „Niedrigstenergiegebäude“ erfüllen müssen. Die Definition ist in der EU-Gebäuderichtlinie EPBD 2010/31/EU des Europäischen Parlaments und des Rates vom 19. Mai 2010 enthalten. Hier heißt es unter Artikel 2 der Begriffsbestimmungen:

„‚Niedrigstenergiegebäude‘ ist ein Gebäude, das eine sehr hohe, nach Anhang I bestimmte Gesamtenergieeffizienz aufweist. Der fast bei Null liegende oder sehr geringe Energiebedarf sollte zu einem ganz wesentlichen Teil durch Energie aus erneuerbaren Quellen, einschließlich Energie aus erneuerbaren Quellen, die am Standort oder in der Nähe erzeugt wird, gedeckt werden.“

Die Berechnungsgrundlagen werden in §20 bis §33 GEG beschrieben (**Bild 3.34**).

Für das Nichtwohngebäude sind die Grundlagen für den Gesamtenergiebedarf im GEG unter § 18 detailliert beschrieben. Für das Nichtwohngebäude ist *„der Jahres-Primärenergiebedarf für Heizung, Warmwasserbereitung, Lüftung, Kühlung und eingebaute Beleuchtung das 0,75-fache des auf die*

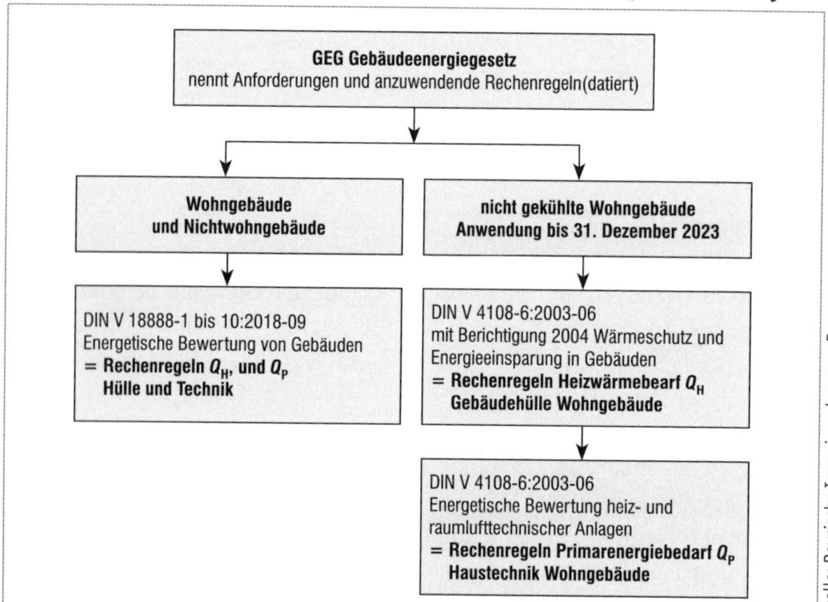

Quelle: Bayrische Ingenieurekammer-Bau

Bild 3.34 Berechnungsgrundlagen (§ 20 bis § 33 GEG)

Nettogrundfläche bezogenen Wertes des Jahres-Primärenergiebedarfs eines Referenzgebäudes, das die gleiche Geometrie, Nettogrundfläche, Ausrichtung und Nutzung, einschließlich der Anordnung der Nutzungseinheiten, wie das zu errichtende Gebäude aufweist und der technischen Referenzausführung der Anlage 2 entspricht, nicht überschreitet. Die technische Referenzausführung in der Anlage 2 Nummer 1.13 bis 9 ist nur insoweit zu berücksichtigen, wie eines der dort genannten Systeme in dem zu errichtenden Gebäude ausgeführt wird.“

Der Primärenergiebedarf „*von Nichtwohngebäuden wird nach DIN V 18599:2018-09 berechnet* (**Tabelle 3.1**). *Mit dem GEG dürfen – bei gesicherter Datenlage – auch individuelle Nutzungsprofile oder für Gebäude, in denen die Nutzung einer Zone noch nicht feststeht, die Zone 17, Tabelle 5 nach DIN V 18599 verwendet werden.“*

In § 23 des GEG wird auch die Anrechnung von Strom aus Erneuerbaren Energien erläutert:

	ENEV	GEG
Wohngebäude § 20	DIN 4108-6 mit DIN 4701-10 oder DIN 18599 Modellgebäudeverfahren	DIN 4100-6 mit DIN 4701-10 weiterhin anwendbar bis 31.12.2023 für nichtgekühlte Wohngebäude; sonst DINV 18599:2018-09 Modellgebäudeverfahren (erweitert um mehrere Varianten)
Nichtwohngebäude § 21	DIN 18599-1:2011-12	DIN V 18599:2018-09
Einfluss von Wärmebrücken §§ 12 und 24	Zuschlag 0,05 W/m²K bei Gleichwertigkeitsnachweis nach Beiblatt 2 zu DIN 4108:20003 oder Zuschlag 0,1 W/m²K ohne Nachweis oder detaillierte Berechnung der Wärmebrücken nach DIN EN ISO 10211-2:2018-03	keine Änderung, lediglich Ergänzung: Zuschlag 0,05W/m²K Kategorie A oder 0,03 W/m²K Kategorie B, bei Gleichwertigkeitsnachweis nach Beiblatt 2 zu DIN 4108:2019-06 bzw. DIN V 18599-2:2018-09 oder Zuschlag 0,1W/m²K ohne Nachweis oder detaillierte Berechnung der Warmebrücken nach DIN EN ISO 10211-2:2018-03
Prüfung der Dichtigkeit eines Gebäudes § 26	§ 6. Anlage 4 Verfahren nach DIN EN 13829:2001-02 Verfahren B, bei 50 Pa Uber- oder Unterdruck. Anforderungen bei Dichtheitsprüfung max. Volumenstrom pro m³ Gebäudeluftvolumen: für Gebäude ohne RLT-Anlagen: 3,0 1/h für Gebäude mit RLT-Anlagen: 1,5 1/h oder bei großen Gebäuden (> 1.500 m³) max. Volumenstrom pro Gebäudehüllfläche: für Gebäude ohne RLT-Anlage: 4,5 1/h für Gebäude mit RLT-Anlage: 2,5 1/h	keine Änderungen. lediglich Anpassung DIN: Verfahren nach DIN EN ISO 9972:2018-12, mit Unter- und Überdruck bei 50 Pa

Quelle: Bayrische Ingenieurekammer-Bau

Tabelle 3.1 Berechnungsgrundlagen und -verfahren, GEG §§12, 20 bis 26

„Strom aus erneuerbaren Energien, der in einem zu errichtenden Gebäude eingesetzt wird, darf bei der Ermittlung des Jahres-Primärenergiebedarfs des zu errichtenden Gebäudes nach § 20 Absatz 1 oder Absatz 2 und nach § 21 Absatz 1 und 2 nach Maßgabe der Absätze 2 bis 4 in Abzug gebracht werden, soweit er

1. in unmittelbaren räumlichen Zusammenhang zu dem Gebäude erzeugt wird und
2. vorrangig in dem Gebäude unmittelbar nach Erzeugung oder nach vorübergehender Speicherung selbst genutzt und nur die überschüssige Strommenge in das öffentliche Netz eingespeist wird." (vgl. Tabelle 3.1).

Die Anrechnung von Strom aus erneuerbaren Energien ist der Tabelle 3 aus dem GEG zu entnehmen (**Tabelle 3.2**).

Nichtwohngebäude	Wohngebäude
ohne Speicher 150 kWh je kWp und ab 0,01 kWp/ m² (Nettogrundfläche) + 0,7 x Endenergiebedarf TGA **Begrenzung** max. 30 % von $Q'_{P,Ref.}$ und max. 1,8 x bilanzierter endenergetischer Jahresertrag der Anlage	**ohne Speicher** ab Nennleistung in kWp von: 0,03 x A_N/n (n = Geschosszahl): + 0,7 x Endenergiebedarf TGA **Begrenzung** max. 30 % von $Q'_{P,Ref.}$
mit Speicher > 1 kWh/kWp 200 kWh je kWp und ab 0,01 kWp/m² (Nettogrundfläche) + 1,0 Endenergiebedarf TGA **Begrenzung** max. 45 % von $Q'_{P,Ref.}$ und max. 1,8 x bilanzierter endenergetischer Jahresertrag der Anlage	**mit Speicher > 1 kWh/kWp** ab Nennleistung in kW_p von: 0,03 x A_N/n (n = Geschosszahl): + 1,0 x Endenergiebedarf TGA **Begrenzung** max. 45 % von $Q'_{P,Ref.}$

Quelle: Bayrische Ingenieurekammer-Bau

Tabelle 3.2 Strom aus erneuerbaren Energien

3.2.2 Begriffe

Es folgen hier einige kurze Erläuterungen zu Begriffen in der Gebäudetechnik. Die Reihenfolge ist rein alphabetisch und enthält keine Wertung.

Abwärmeanlage

Bei diesen Anlagen wird die Wärme aus der Raumabluft-, Abluft- und den Abwasserströmen von technischen Anlagen oder Prozessen in Industrieanlagen entnommen und verarbeitet.

Bioanlage

Bei diesen Anlagen wird Biomasse, bestehend aus Pflanzen und Pflanzenbestandteilen und den daraus erzeugten Folgeprodukten wie Altholz, Klärgas usw. (siehe Biogasverordnung), verarbeitet. Biogas ist ein Gasgemisch, das in „Fermentern“ unter Luftabschluss bei natürlicher Zersetzung von organischen Materialien wie Gülle, Bioabfällen o. ä. entsteht. Eine große Zahl von Mikroorganismen, die organische Stoffe zersetzen, bildet Biogas.

Biogas enthält ca. 50 % bis 65 % Methan, das zur Erzeugung von Strom, Wärme, Gas oder Kraftstoff verwendet werden kann.

Neben Methan enthält Biogas aber auch Stickstoff, Wasser, CO_2, Sauerstoff und Schwefelwasserstoff. Das nach dem Gärprozess übrig gebliebene Substrat wird als Dünger verwendet. Es enthält Phosphor sowie Kalium oder Stickstoff.

Biomethan

Methan wird auch als „Biomethan“ bezeichnet. Es wird aus biogenen Stoffen hergestellt und ist Bestandteil von Biogas. Zur Erzeugung kommen sowohl natürliche als auch technische Verfahren infrage. Biomethan kann für die Produktion von Elektrizität und Wärme in Blockheizkraftwerken (BHKW), Gaswärmepumpen, Brennstoffzellen und als Treibstoff für Fahrzeuge verwendet werden. Vor Anwendung und Verteilung muss produziertes Biogas zu Biomethan aufbereitet und von anderen Gasbestandteilen separiert werden.

Biomethan hat nach Aufbereitung die gleichen verbrennungstechnischen Eigenschaften wie Erdgas. Biomethan ist ein weitgehend neutraler CO_2-Energieträger.

Brennstoffzelle

Die Brennstoffzelle ist eine zukunftsweisende Technologie. Wesentlicher Grundstoff zum Betrieb einer Brennstoffzelle ist Wasserstoff. In der Brennstoffzelle wird im Brennstoff gebundene chemische Energie ohne Verbrennung in elektrische und thermische Energie umgewandelt.

Kraft-Wärme-Kopplung

Mit dieser Anlage wird gleichzeitig elektrische und thermische Energie erzeugt. Entscheidend bei diesen Anlagen ist, dass beide Energien abgenommen oder gespeichert werden müssen. Je nach Gebäudeart wird empfohlen, das BHKW mit ca. 30 % des Gesamtbedarfs auszulegen. Eine Auslegung auf

100 % wird bei kontinuierlicher Betriebsweise durchgeführt und wenn die entsprechende Abnahme gesichert ist.

Wärmepumpe

Mit einer Wärmepumpe ist es möglich, die Umweltenergie zur Temperierung eines Gebäudes oder von Gebäudeblöcken zu verwenden. Im Wesentlichen wird die Energie aus

- Luft,
- Erdreich,
- Grundwasser und
- Abwasser

entnommen. In dem in **Bild 3.35** dargestellten Anlagenschema ist die Funktionsweise der Wärmepumpe erklärt.

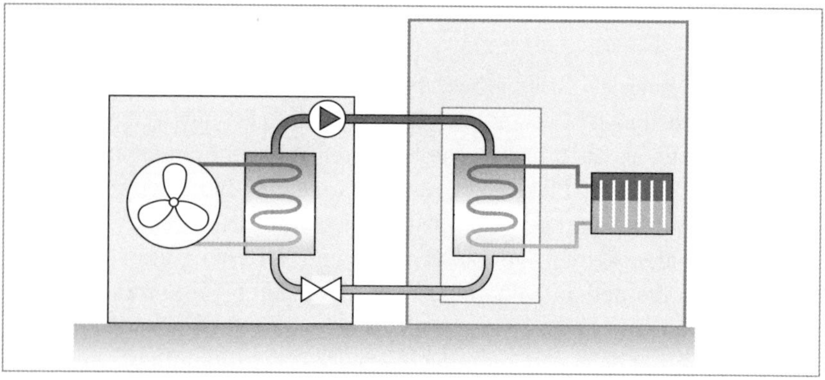

Bild 3.35 Anlagenschema Wärmepumpenbetrieb

Klimaanlage und andere raumlufttechnische Anlagen

Der hier entscheidende Oberbegriff ist „Lufttechnik“. Er unterteilt sich in „Prozesslufttechnik“ und „Raumlufttechnik“.

Die Prozesslufttechnik behandelt industrielle Lüftungsprozesse. Als Teil der lufttechnischen Maßnahmen umfasst sie gemäß Richtlinie VDI 3802-2

- die Erfassungstechnik,
- den Transport der erfassten Emissionen durch Rohrleitungen (Abführung),
- die Abscheidung der Gefahrstoffe und
- die Abführung der Luft nach dem Abscheider entweder als Fortluft ins Freie oder als Luftrückführung in den Arbeitsraum.

Die Raumlufttechnik teilt sich wie in **Bild 3.36** zusammengestellt auf.

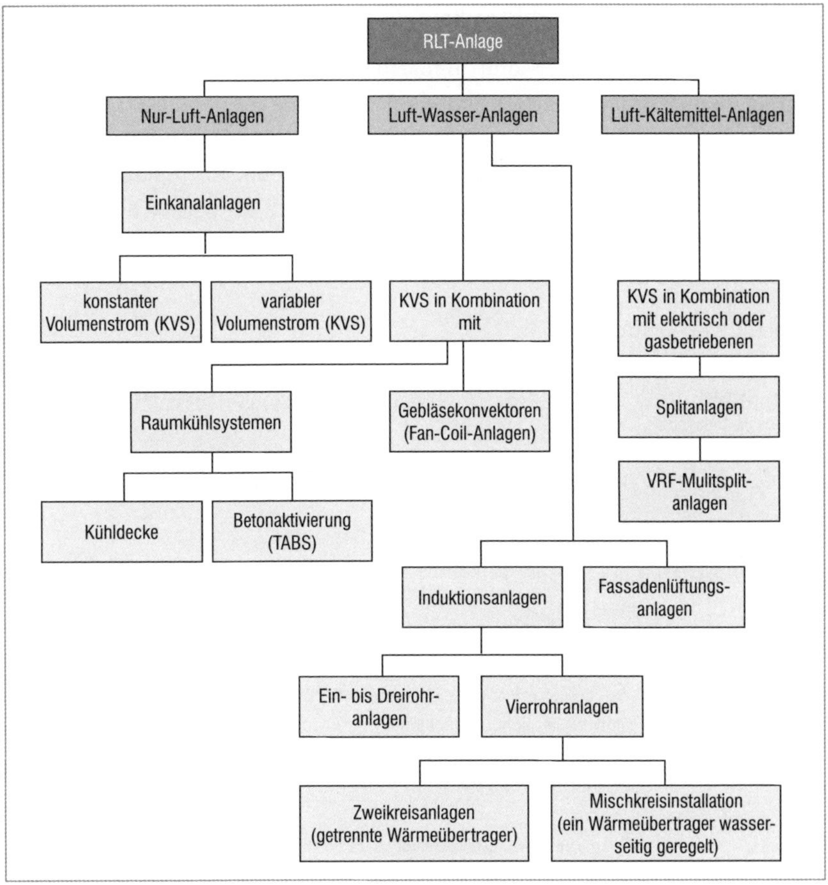

Bild 3.36 Anlagenübersicht

Unter den allgemeinen Begriff „Raumlufftechnische Anlage" werden folgende Anlagenarten gefasst:

- Lüftungsanlagen (mit einer thermodynamischen Funktion),
- Teilklimaanlagen (mit zwei/drei thermodynamischen Funktionen) und
- Klimaanlagen (mit vier thermodynamischen Funktionen).

Die verschiedenen Anlagen unterscheiden sich durch den Einsatz thermodynamischer Funktionen, wie

- Heizen,
- Kühlen,
- Befeuchten und
- Entfeuchten.

3.2.3 Primärenergiefaktoren

Für die zu errichtenden Wohn- und Nichtwohngebäude und das entsprechende Referenzgebäude ist der Jahres-Primärenergiebedarf nach DIN 18599 (2018-09) zu ermitteln. Damit ist die Basis der Grundüberlegung zur Erstellung der gebäude-technischen Anlagen gegeben. Entscheidende Frage hierbei ist, welche Energien zur Verfügung stehen und/oder herangeführt werden müssen (**Tabelle 3.3**).

Zusätzliche Primärenergiefaktoren werden in § 22 GEG geregelt (**Tabelle 3.4**).

Nr.	Kategorie	Energieträger	Primärenergiefaktoren nicht erneuerbarer Anteil
1	fossile Brennstoffe	Heizöl	1,1
2		Erdgas	1,1
3		Flüssiggas	1,1
4		Steinkohle	1,1
5		Braunkohle	1,2
6	biogene Brennstoffe	Biogas	1,1
7		Bioöl	1,1
8		Holz	0,2
9	Strom	netzbezogen	1,8
10		gebäudenah erzeugt (aus Photovoltaik oder Windkraft)	0,0
11		Verdrängungsstrommix für KWK	2,8
12	Wärme, Kälte	Erdwärme, Geothermie, Solarthermie, Umgebungswärme	0,0
13		Erdkälte, Umgebungskälte	0,0
14		Abwärme	0,0
15		Wärme aus KWK, gebäudeintegriert oder gebäudenah	nach Verfahren B gemäß DIN V 18599-9: 2018-09 Abschnitt 5.2.5 oder DIN V 18599-9: 2018-09 Abschnitt 5.3.5.1
16	Siedlungsabfälle		0,0

Tabelle 3.3 Anlage 4 zu § 22 Absatz 1 GEG

Kategorie	Energieträger	Primärenergiefaktor
fossile Brennstoffe	Erdgas in KWK-Anlage	0,6
biogene Brennstoffe	Biogas im räumlichen Zusammenhang	0,3
	Biomethan in KWK	0,5
	Biomethan in BWK	0,7
Wärme, Kälte	Pauschalfaktor	0,7
	Untergrenze pauschal	0,3
	Untergrenze zu 100 % erneuerbare Energien	0,2

Tabelle 3.4 Primärenergiefaktoren nach GEG § 22

3.2.4 Ausgewählte technische Normen und Richtlinien

Das GEG bildet den Rahmen für die Energieeffizienz von Gebäuden und die Nutzung erneuerbarer Energien. Die Regelungen, die im EnEG, EnEV und EEWärmeG aufgeführt waren, wurden im GEG zusammengeführt und damit zurückgezogen und abgelöst.

Weitere Richtwerte für energieeffiziente Planung sind dem Leitfaden für nachhaltiges Bauen, Details dem Pflichtenheft B7 zu entnehmen.

Vor 2021 lag der vorgeschriebene Primärenergiebedarf für Neubauten bei 40 kWh bis 75 kWh pro Quadratmeter. Für Behördengebäude der EU-Mitgliedsstaaten wurde der Standard „Niedrigstenergiehaus" allerdings bereits ab dem 31.12.2018 vorgeschrieben. Die folgenden Energiekennzahlen sind laut *bhkw-infozentrum.de* durch ein Niedrigstenergiehaus zu erfüllen:

„In Deutschland wird voraussichtlich der Standard KfW-Effizienzhaus 55 als künftiges Niedrigstenergiehaus (bezugnehmend auf die EnEV 2009) definiert. Demnach dürfte ein Niedrigstenergiehaus einen maximalen Jahresprimärenergiebedarf von maximal 40 kWh je Quadratmeter pro Jahr aufweisen. Es existieren darüber hinaus Forderungen für den Standard „Niedrigstenergiehaus" einen maximalen Primärenergiebedarf von ca. 30 kWh/m²a festzulegen. [...] Des Weiteren müssen bei Bauteilen niedrige U-Werte erfüllt werden, um eine hohe Dämmung zu erreichen."

Dies ist beispielsweise möglich durch gedämmte Decken, entsprechend geeignete Bodenplatten oder mehrfach verglaste Fenster. Auch die Gebäudeausrichtung und eine möglichst kompakte Bauweise spielen beim Niedrigstenergiehaus eine entscheidende Rolle.

„Der bisher vorgeschriebene Primärenergiebedarf für Neubauten lag bei 40 kWh bis 75 kWh pro Quadratmeter (Stand 2018). Für Behördengebäude in Mitgliedsstaaten der EU wird der Standard „Niedrigstenergiehaus" bereits seit dem 31. 12. 2018 vorgeschrieben."

Förderungen für ein Niedrigstenergiehaus können bei der Kreditanstalt für Wiederaufbau (KfW) beantragt werden.

3.2.5 Ausgewählte Normen und Richtlinien

Allgemeines

Für die Umsetzung des GEG für die Gebäudetechnik spielen die Randbedingungen eine wesentliche Rolle. Die Gebäudetechnik baut auf den Grundlagen der Gebäudeplanung (thermische Hülle, Nutzerverhalten, Produktauswahl usw.) auf.

DIN EN 15232

Wird für die Gebäude zur Energieeinsparung Gebäudeautomation eingesetzt, so wird die DIN EN 15232 „Energieeffizienz von Gebäuden – Teil 1: Einfluss von Gebäudeautomation und Gebäudemanagement" angewendet. Durch die Bestimmung von Effizienzfaktoren sowie Funktionalität der Gebäudeautomation erfolgt der entsprechende Nachweis. Mithilfe von Checklisten wird das Gebäude in Energieeffizienzklassen unterteilt und ein Energieeffizienzfaktor berechnet. Durch den Vergleich von Ist- und Zielausstattung lässt sich auf Basis dieser Norm abschätzen, wie groß die mögliche Reduktion des Energiebedarfs durch die (weitere) Einführung von Gebäudeautomation ist.

DIN EN 16798

Bei dieser Norm geht es um die energetische Bewertung von Gebäuden. Hier sind unterschiedliche Normen (z.B. DIN EN 13778, 15251 usw.) in einer Normreihe zusammengefasst (vgl. **Tabelle 3.5**).

Standard/TR	alte Nummer	Inhalt
EN 16798-1 TR 16798-2	EN 15251	Innenraumklimabedingungen und Nutzungsprofile
EN 16798-3 TR 16798-4	EN 13779	Anforderungen an die Leistung von Lüftungs- und Klimaanlagen und Raumkühlsystemen
EN 16798-5 TR 16798-6	EN 15241	Energieberechnungen für Lüftungssysteme
EN 16798-7 TR 16798-8	EN 15242	Leitlinien für die Inspektion von Lüftungsanlagen
EN 16798-9 TR 16798-10	EN 15243 (Teile)	Berechnungsmethoden zur Bestimmung der Luftvolumenströme in Gebäuden inklusive Infiltration
EN 16798-11 TR 16798-12	EN 15243 (Teile)	Berechnungsmethoden für energetische Anforderungen von Kühlsystemen
EN 16798-13 TR 16798-14	EN 15243 (Teile)	Berechnungsmethoden für Kälteanlagen
EN 16798-15 TR 16798-16	EN 15243 (Teile)	Berechnungsmethoden für den Energiebedarf von Kälteanlagen – Speicherung
EN 16798-17 TR 16798-18	EN 15239 EN 15240	Leitlinien für die Inspektion von Lüftungsanlagen

Tabelle 3.5 Normreihe DIN EN 16798

Als Beispiel werden in Teil 1 die Eingangsparameter für das Innenraumklima zur Auslegung und Bewertung der Energieeffizienz von Gebäuden bezüglich Raumluftqualität, Temperatur, Licht und Akustik betrachtet.

In Teil 3 dieser DIN-Norm wird u. a. ein Hinweis auf die Anforderungen an die Ventilatorleistung beschrieben. Demnach ist die Ventilatorleistung abhängig

- vom Druckabfall der Anlage,
- vom Wirkungsgrad des Ventilators sowie
- von der Auslegung des Motors und des Antriebssystems.

In der Norm werden die spezifischen Motorleistungen für Ventilatoren der Lüftungsanlagen in Kategorien von 0 bis 7 eingeteilt und begrenzt (**Tabelle 3.6**). Je kleiner die spezifische Ventilatorleistung (SFP-Wert), desto weniger elektrische Energie wird für die Förderung eines Kubikmeters Luft benötigt.

Kategorie	PSFP in W/m³/s
SFP 0	< 300
SFP 1	≤ 500
SFP 2	≤750
SFP 3	≤ 1.250
SFP 4	≤ 2.000
SFP 5	≤ 3.000
SFP 6	≤ 4.000
SFP 7	> 4.500

Tabelle 3.6 Einteilung der SFP-Kategorien nach DIN EN 16798

EU-Norm (EPBD 2018)

Die europäische Richtlinie EPBD 2018 (EPBD = Energy Performance of Buildings Directive) befasst sich mit der Gesamtenergieeffizienz von Gebäuden.

Bei der gewählten Methode zur Berechnung der Gesamtenergieeffizienz von Gebäuden sollten die europäischen Normen berücksichtigt werden; die Methode sollte mit den einschlägigen Vorschriften des Unionsrechts einschließlich der Richtlinie 2009/28/EG im Einklang stehen.

1. Bei der Festlegung der Berechnungsmethode sind mindestens folgende Aspekte zu berücksichtigen:
   a) die nachstehenden tatsächlichen thermischen Eigenschaften des Gebäudes, einschließlich der Innenbauteile:
      - Wärmekapazität,
      - Wärmedämmung,
      - passive Heizung,

  - Kühlelemente und
  - Wärmebrücken,
- b) Heizungsanlage und Warmwasserversorgung, einschließlich ihrer Dämmcharakteristik,
- c) Klimaanlagen,
- d) natürliche oder mechanische Belüftung, die auch die Luftdichtheit umfassen kann,
- e) eingebaute Beleuchtung (hauptsächlich bei Nichtwohngebäuden),
- f) Gestaltung, Lage und Ausrichtung des Gebäudes, einschließlich des Außenklimas,
- g) passive Solarsysteme und Sonnenschutz,
- h) Innenraumklimabedingungen, einschließlich des Innenraum-Sollklimas sowie
- i) interne Lasten.

2. Bei der Berechnung wird, soweit relevant, der positive Einfluss folgender Aspekte berücksichtigt:
   - a) lokale Sonnenexposition, aktive Solarsysteme und andere Systeme zur Erzeugung von Wärme und Elektrizität auf der Grundlage von Energie aus erneuerbaren Quellen,
   - b) Elektrizitätsgewinnung durch Kraft-Wärme-Kopplung,
   - c) Fern-/Blockheizung und Fern-/Blockkühlung,
   - d) natürliche Beleuchtung.
3. Für die Berechnung sollten die Gebäude angemessen in folgende Kategorien unterteilt werden:
   - a) Einfamilienhäuser verschiedener Bauarten,
   - b) Mehrfamilienhäuser,
   - c) Bürogebäude,
   - d) Unterrichtsgebäude,
   - e) Krankenhäuser,
   - f) Hotels und Gaststätten, Sportanlagen,
   - g) Gebäude des Groß- und Einzelhandels sowie
   - h) sonstige Arten energieverbrauchender Gebäude.

3.2.6 Heizungstechnik

Allgemeine Grundsätze zur Heizungstechnik

Grundsätzlich ist festzuhalten, dass mit dem GEG gegenüber der Energieeinsparverordnung (EnEV) keine wesentlichen Veränderungen vorgenommen wurden. Es ist allerdings geplant, 2023 größere Änderungen vorzunehmen. In den **Tabellen 3.7** und **3.8** wird der Vergleich zwischen EnEV und GEG für den Bereich der Gebäudetechnik vorgestellt. In den weiteren Texten werden Vorschläge vorgetragen, den Energiegedanken in Bezug auf das Niedrigstenergiehaus oder klimaneutrales Bauen umzusetzen.

	EnEV	**GEG**
	Ausnahmen für Gebäude zur Unterbringung von Asylsuchenden und Flüchtlngen	keine Ausnahmen für Gebäude zur Unterbringung von Asylsuchenden und Flüchtlngen
Nachrüstung eines bestehenden Gebäudes § 47	§ 10 Dämmung der obersten Geschossdecken, die nicht die Anforderungen an den Mindestwärmeschutz erfüllen ($< R \leq 1{,}2$ m²K/W) U-Wert von max. 0,24 W/ m² Ausnahme: bei EFH/ZWFH-Wohngebäuden: Maßnahme spätestens nach Eigentumsübergang nach zwei Jahren	keine Änderung
Verteilungseinrichtungen und Warmwasseranlagen §§ 61 bis 64	§ 14 Regelung Zentralheizungen (Wärmezufuhr und Pumpen) nach Zeit und Außentemperatur, bei Nah- oder Fernwärme durch Regelung der Vorlauftemperatur über Zeit und Außentemperatur möglich. Raumweise Regelung der Raumtemperatur. Umwälzpumpen in Zentralheizungen mit Nennwärmeleistungen > 25 kW mit selbsttätiger Anpassung der Leistungsaufnahme in min. drei Stufen.	keine Änderungen inhaltlich: Nachrüstung bis spätestens zum 30.09.2021
Klimaanlagen und sonstige Anlagen der Raumlufttechnik §§ 65 bis 68	§ 15 Begrenzung der elektrischen Leistung bei Klimaanlagen: SFP-Werte nach DIN EN 13779:2007-09 Anforderungen an die Feuchteregelung, an die Regelung Volumenströme, an die Wärmerückgewinnung	keine Änderungen, lediglich Anpassung DIN: Begrenzung der elektrischen Leistung bei Klimaanlagen: SFP-Werte nach DIN EN 16798-3:2017-11

Tabelle 3.7 Nachrüstpflichten bei Gebäuden und technischen Anlagen für Wohn- und Nichtwohngebäude nach §§ 47, 61 bis 71 GEG (Teil 1/2)

	EnEV	GEG
	Ausnahmen für Gebäude zur Unterbringung von Asylsuchenden und Flüchtlingen	keine Ausnahmen für Gebäude zur Unterbringung von Asylsuchenden und Flüchtlingen
Wärmedämmung von Rohrleitungen und Armaturen §§ 69 bis 71	Dämmung von ungedämmten, zugänglichen Wärmeverteilungs- und Warmwasserleitungen sowie von Kälte- und Kaltwasserleitungen (bei Klimaanlagen) und Armaturen in Abhängigkeit von Innendurchmesser, 20 mm bis 100 mm, bezogen auf eine Wärmeleitfähigkeit von 0,035 W/mK	Anlage 8 keine Änderungen

Tabelle 3.7 Nachrüstpflichten bei Gebäuden und technischen Anlagen für Wohn- und Nichtwohngebäude nach §§ 47, 61 bis 71 GEG (Teil 2/2)

	EnEV/EEWärmeG	GEG
Betriebsverbot für Heizkessel, Ölheizungen § 72	§ 10 Heizkessel,die mit flüssigem oder gasförmigen Brennstoff beschickt werden: Älter als 01.10.1978: Außerbetriebnahme Jünger als 01.01.1985: nach 30 Jahren Außerbetriebnahme, ausgenommen: Niedertemperatur-Heizkessel oder Brennwertkessel oder < 4 kW oder > 400 kW Leistung	Änderung lediglich bei Auslösetatbestand: Älter als 01.01.1991: Außerbetriebnahme Jünger als 01.01.1991: nach 30 Jahren Außerbetriebnahme, ausgenommen: Niedertemperatur-Heizkessel oder Brennwertkessel oder < 4 kW oder > 400 kW Leistung
Heizkessel mit Öl § 72		Ab dem 01.01.2026 nur einbauen, wenn Warmebedarf anteilig durch erneuerbare Energien gedeckt wird (wie Neubau §§ 34 bis 41). Bei öffentlichem Gebäude mit Änderung: anteilige Deckung des Wärmebedarfs durch erneuerbare Energien
Ausnahme § 73	§ 10 Nachrüstung Für die Dämmung von obersten Geschossdecken und ungedämmten, zugänglichen Wärmeverteilungs- und Warmwasserleitungen sowie Betriebsverbot für Heizkessel beiEFH/ZWFH-Wohngebäuden: Maßnahme spätestens zwei Jahre nach Eigentumsübergang.	keine Änderung Bei Wohngebäuden mit nicht mehr als zwei Wohnungen, von denen der Eigentümer eine Wohnung selbst bewohnt hat, sind Pflichten nach § 71 und § 72 (1) und (2) („Betriebsverbot") vom neuen Eigentümer mit Frist von zwei Jahren zu erfüllen.

Tabelle 3.8 Nachrüstpflichten bei Gebäuden und technischen Anlagen für Wohn- und Nichtwohngebäude nch §§ 72 bis 73 GEG

Beim Thema „Regenerative Energien" sind im Wesentlichen die Regelungen aus dem Erneuerbare-Energien-Wärmegesetz (EEWärmeG) übernommen worden (**Tabelle 3.9**). Die Nutzung von regenerativ gewonnenem Strom und Biogas kann in den Energiebilanzen angerechnet werden.

	EnEV/EEWärmeG	GEG
Maßnahmen	Bei Neubauten ab 50 m^2 Grundfläche, die beheizt und/oder gekühlt werden, sind verbindliche Mindestanteile erneuerbarer Energien an Wärme- und Kälteenergiebedarf einzusetzen.	
solare Strahlungsenergie § 35	mind. 15 % bzw. bei EFH/ZFH 0,04 m^2 Aperturfläche/m^2 Wohnhausnutzfläche, MFH ab drei Wohneinheiten 0,03 m^2 Aperturfläche/m^2 Wohnhausnutzfläche	keine Änderung
Strom aus erneuerbaren Energien § 36		mind. 15 % Für Wohngebäude erfüllt,wenn Nenneistung in kW > 0,03 x Gebäudenutzfläche/Anzahl der beheizten oder gekühlten Geschosse.
Geothermie oder Umweltwärme § 37	mind. 50 %	keine Änderung
feste oder flüssige Biomasse § 38, § 39	mind. 50 %	keine Änderung
gasförmige Biomasse § 40	mind. 30 % (nur KWK-Herstellung)	keine Änderung
Ersatzmaßnahmen	Als Ersatzmaßnahmen sind zulässig:	
Abwärmenutzung § 42	mind. 50 % (z. B. Wärmerückgewinnung bei Lüftungsanlagen)	keine Änderung
Kraft-Wärme-Kopplungsanlagen § 43 Brennstoffzelle	mind. 50 %	keine Änderung mind. 40 %
Fernwärme § 44	(ggf. auch Fernkälte) mit wesentlichen Anteilen erneuerbarer Energien oder mind. 50 % KWK oder mind. 50 % Abwärme oder mind. 50 % aus der Kombination dieser drei Maßnahmen	keine Änderung
Maßnahme zur Einsparung von Energie § 45	für öffentliche Gebäude: Unterschreitung der gültigen EnEV-Anforderungen an den Jahres-Primärenergiebedarf um mind. 15 % und des Transmissionswärmetransferkoeffizienten um mind. 30 %	keine besondere Regelung für öffentliche Gebäude, s. u.
	für alle anderen Gebäude: Unterschreitung der EnEV-Anforderungen an den Jahres-Primärenergiebedarf und der Anforderungen an die Wärmedämmung der Gebäudehülle um jeweils mind. 15 %	für Wohngebäude: Unterschreitung des Transmissionswärmeverlustes um mind. 15% für Nichtwohngebäude: Höchstwerte an mittlere U-Werte nach Anlage 3 (opak, transparent) abzüglich 15%, demnach opak: 0,24 W/m^2K transparent: 1,28 W/m^2K Vorhangfassaden: 1,28 W/m^2K Glasdächer: 2,13 W/m^2K

Tabelle 3.9 Erneuerbare Energien im Neubau nach §§ 35 bis 45, GEG

Unter § 52 wird im GEG die Pflicht zur Nutzung erneuerbarer Energien bei einem bestehenden öffentlichen Gebäude beschrieben: Für öffentlich genutzte Gebäude (alle Nichtwohngebäude), die sich im Eigentum der öffentlichen Hand befinden und mindestens von einer Behörde genutzt werden, gelten die in **Tabelle 3.10** dargestellten Anforderungen bei grundlegenden Renovierungsarbeiten. Unter „Renovierung" (auch Anbauten, Aufstockungen) wird verstanden:

- mehr als 20 % der gesamten Gebäudehülle wird bearbeitet,
- Austausch des Heizkessels oder
- Umstellung der Heizungsanlage auf einen fossilen Energieträger.

Die Durchführung dieser Maßnahmen soll im zeitlichen Zusammenhang von zwei Jahren erfolgen.

Mögliche Ersatzmaßnahmen bei der Renovierung öffentlicher Gebäude sind in **Tabelle 3.11** aufgeführt.

Der Leitfaden „GEG 2020 – Gebäudeenergiegesetz – Leitfaden für Bauherren und Anwender" fasst die Ausnahmen dieser Regelung für öffentliche Gebäude kompakt zusammen:

„Die Pflicht zum Einsatz erneuerbarer Energien oder Ersatzmaßnahmen entfällt, wenn:

- *die Gemeinde oder der Gemeindeverband zum Zeitpunkt des Beginns der grundlegenden Renovierung überschuldet ist oder durch die Erfüllung der Einsatzpflicht überschuldet würde;*
- *die Maßnahmen wegen besonderer Umstände durch einen unangemessenen Aufwand oder in sonstiger Weise zu einer unbilligen Härte oder zu nicht unerheblichen Mehrkosten führen;*
- *bei Gebäuden, die der Landesverteidigung dienen, die Erfüllung der Anforderungen der Art und dem Hauptzweck der Landesverteidigung entgegenstehen.*

Einsatz	Bedarfsdeckung	Erläuterungen
gasförmige Biomasse	mit mind. 25 %	– erzeugt mit Heizkessel mit bester verfügbarerTechnik oder – erzeugt in einer hocheffzienten KWK-Anlage (mit Nacllweis der Massebilanz)
sonstige erneuerbare Energien	mit mind. 15%	– bei Solarthermie: mind. 0,03 m^2 Apenurtläche je m^2 Nutzfläche – bei fester Biomasse: zwingend mit automatisch beschicktem Biomasseofen mit Wasser als Wärmeträger – bei flüssiger Biomasse: mit Brennwertkessel oder in KWK-Anlage und Einhaltung der Anforderungen an eine nachhaltige Herstellung gemäß Biomassestrom-Nachhaltigkeitsverordnung – für Kälte möglich aus: Geothermie, Umwelt, Biomasse, Strom aus erneuerbaren Quellen – bei mehreren Gebäuden in einer Liegenschaft ist Summenbetrachtung möglich

Tabelle 3.10 Mindestanteile erneuerbare Energien bei Renovierung öffentlicher Gebäude

Einsatz	Bedarfsdeckung	
Abwärmenutzung	mit mind. 50 %	nach Stand der Technik
KWK-Anlagen	mit mind. 50 % mit mind. 40 %	hocheffiziente KWK-Anlage gemäß KWK-Gesetz mit Brennstoffzellenheizung
Einsparung von Energie	Höchstwerte an mittlere U-Werte $\bar{U}_{Bauteil} \leq (1{,}25 \cdot \max. \bar{U})_{gerundet} / 1{,}1$ demnach opak: 0,36 W/m²K transparent: 1,72 W/m²K Vorhangfassaden: 1,72 W/m²K Glasdächer: 2,82 W/m²K oder Erfüllung der GEG-Anforderungen an einen Neubau bei Q_p (Referenzgebäude) und an Höchstwerte mittlere U-Werte (Anlage 3 GEG: opak. transparent) x 1,25 $\bar{U}_{Bauteil} \leq 1{,}25 \cdot \max. \bar{U}$ demnach opak: 0,4 W/m²K transparent: 1,9 W/m²K Vorhangfassaden: 1,9 W/m²K Glasdächer: 3,1 W/m²K	
Solarthermieanlage auf dem Dach des öffentlichen Gebäudes	mind. 0,06 m² Bruttokollektorfläche je Nettogrundfläche vom Eigentümer oder einem Dritten installiert und betrieben und die damit erzeugte Energie einem Dritten zur Verfügung gestellt wird, jedoch von diesem nicht zur Erfüllung der Anforderungen an den Einsatz erneuerbarer Energien genutzt wird	nach europäischem Prüfzeichen „Solar Keymark" zertifiziert

Tabelle 3.11 Ersatzmaßnahmen bei Renovierung öffentlicher Gebäude

In Baden-Württemberg gilt das Erneuerbare-Wärme-Gesetz (EWärmeG) seit dem 1. Januar 2010, novelliert zum 1. Juli 2015. Wird bei Bestandsgebäuden der Heizkessel/die Heizzentrale erneuert, sind mindestens 15 % des Wärmeenergiebedarfs durch erneuerbare Energien zu decken:

- *solare Strahlungsenergie – 0,07 m² Aperturfläche/m² Wohnfläche bei einem EFH*
- *Wärmepumpe zur Deckung des Gesamtheizenergiebedarfs mit Jahresarbeitszahl > 3,5 feste Biomasse (Pellets oder Scheitholz, Holzofen nur, wenn mind. ein Viertel der Wohnfläche überwiegend damit beheizt wird oder eine Wassertasche vorhanden ist)*
- *Holzzentralheizung."*

Der Begriff „Aperturfläche" stammt aus dem Umfeld der Solarkollektoren. Er bezeichnet jene Fläche, über die Sonnenlicht in das Innere des Solarkollektors gelangt, also dessen glasbesetzten Außenbereich.

Verringerung und Abschaltung der Wärmezufuhr sowie Ein- und Ausschaltung elektrischer Antriebe nach § 61 GEG

Bei einer Zentralheizung eines Gebäudes hat der Bauherr/Eigentümer dafür Sorge zu tragen, dass diese Anlage die Wärmezufuhr zur Energieeinsparung über die Ein- und Ausschaltung der elektrischen Antriebe (Pumpen) abschalten bzw. die Anlage gleitend betrieben werden kann.

Die Regelung der Wärmezufuhr sowie der elektrischen Antriebe erfolgt in Abhängigkeit von

- der Außentemperatur,
- der Raumtemperatur oder
- der Zeit.

Soweit die geforderte Ausstattung bei einer Zentralheizung in einem bestehenden Gebäude nicht vorhanden ist, muss der Eigentümer sie bis zum 30. September 2021 nachrüsten.

Nutzungsbereiche

In Nichtwohngebäuden werden Heizkreise nach Nutzungseinheiten aufgebaut. So ist z. B. zwischen

- Bürozonen,
- Küchen,
- Restaurant usw.

zu unterscheiden. Entsprechend den Anforderungen sind die einzelnen Zonen mit Regeleinrichtungen, Stellantrieben usw. auszurüsten (**Bild 3.37**).

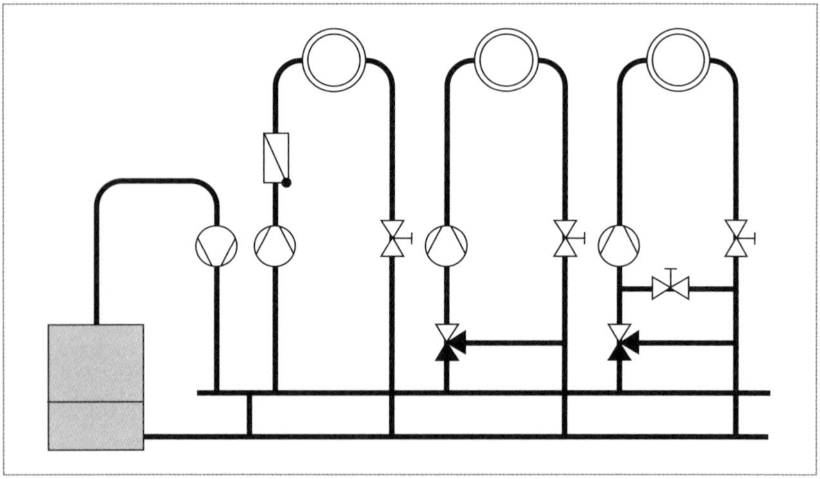

Bild 3.37 Systemskizze Zonenbildung

Im Wohnungsbau erfolgt die Wärmeverteilung bei einer Wärmeversorgung über Heizkörper in der Regel über einen Heizkreis. Bei Fußbodenheizung, Wandheizung oder Deckenheizung werden einzelne Zonen gebildet. Die Rohrleitungslängen sind begrenzt und verfügen über reduzierte elektrische Pumpenleistungen.

Hydraulischer Abgleich in Heizungsanlagen

Der hydraulische Abgleich ist eine geringinvestive Maßnahme, durch die die Heizkosten gesenkt werden können. **Bild 3.38** und **Tabelle 3.12** erläutern den hydraulischen Abgleich und geben eine überschlägige Kostenübersicht.

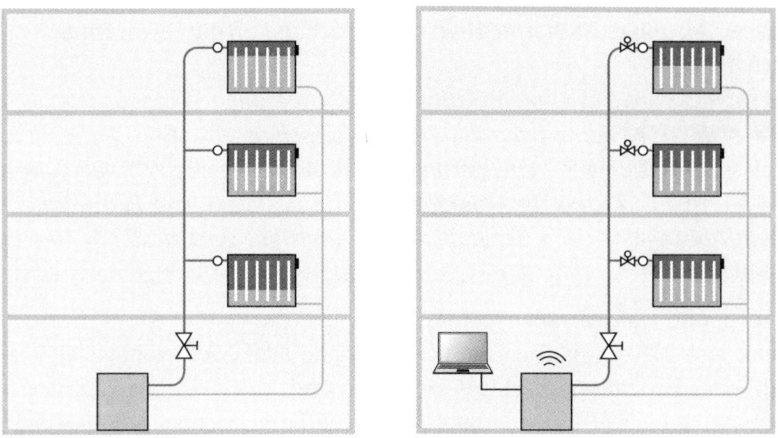

Ohne hydraulischen Abgleich
- schlechter Brennwertnutzen
- hohe Energiekosten
- überhitzte oder unterkühlte Räume
- Fließgeräusche an Ventilen

Mit hydraulischen Abgleich
- Heizkosten spren
- Stomkosten senken
- optimaler Wärmekomfort
- Fließgeräusche vermeiden

Bild 3.38 Anlagenübersicht hydraulischer Abgleich

Beispiel:
Einfamilienhaus, 110 m² Wohnfläche, Baujahr 1983, Heizenergieverbrauch vor Abgleich: 17.000 KWh/Jahr

Maßnahme	Kosten in EUR*	jährliche Ersparnis in EUR	Amortisationszeit in Jahren
Austausch der Heizungspumpe	300	105	3
hydraulischer Abgleich	690	75	9
hydraulischer Abgleich und Austausch der Heizungspumpe	990	180	5

* BAFA-Förderung für Heizungsoptimierung berücksichtigt 30 % der Nettokosten.

Tabelle 3.12 Kostenvergleich

Quelle: Viessmann Climate Solutions SE

Bei einem unregulierten Heizsystem erlebt man oft den Fall, dass die zur Heizungspumpe nächstgelegenen Heizkörper überversorgt sind und heiß werden. Für die weiter entfernten Heizkörpern reicht dagegen der Druck nicht mehr, um die nötige Warmwassermenge zirkulieren zu lassen. Nach Berechnung der Heizleistung und Ermittlung der Wassermengen werden über den hydraulischen Abgleich durch Ventile bzw. Drosseleinrichtungen die notwendigen Einstellungen vorgenommen, damit alle Heizkörper gleichmäßig beaufschlagt werden. Dabei wird meist auch die Vorlauftemperatur des Heizsystems angepasst.

Durch diese Einstellungen kann die Pumpenleistung reduziert werden und eine gleichmäßige Raumtemperaturregelung erfolgen.

Wasserheizung ohne Wärmeübertrageranschluss an die Fernwärme nach § 62 GEG

Nach GEG wird bei einer Heizungsanlage, *„die ohne Wärmeübertrager an eine Nah- oder Fernwärmeversorgung angeschlossen ist, [...] die Pflicht nach § 61 hinsichtlich Verringerung und Abschaltung der Wärmezufuhr dadurch erfüllt [...], dass die Vorlauftemperatur des Nah- oder Fernwärmenetzes in Abhängigkeit von der Außentemperatur und der Zeit durch eine entsprechende Einrichtung in der zentralen Erzeugungsanlage geregelt wird.“*

Fern- und Nahwärmeanschluss

Wenn eine Heizungsanlage für Wohngebäude oder Nichtwohngebäude mit Nah- oder Fernwärmeanschluss versehen wird, so ist der Anlagedruck der Fernwärme oder Nahwärme im Gebäude zu berücksichtigen. Entsprechende Herstellkosten trägt der Bauherr. Betriebskosten werden durch die Fernwärme eingetrieben.

Grundsätzlich ist zu empfehlen, eine Übergabestation vorzusehen. Das Thema der außentemperaturabhängigen Regelung bleibt davon unberücksichtigt.

Raumweise Regelung der Raumtemperatur nach § 63 GEG

Mit Wasser betriebene heizungstechnische Anlagen sind raumweise mit selbsttätig wirkenden Regelungen auszustatten und bei Bestandsgebäuden nachzurüsten.

Abschalteinrichtung

Zur weiteren Optimierung der Raumtemperaturheizung kann neben dem mechanischen Raumtemperaturfühler die Smarthome-Technologie eingesetzt werden.

Hier wird ein elektronischer Temperaturfühler an den Heizkörper angeschlossen und in Verbindung mit einem Fensterkontakt geschaltet. Wenn der Heizthermostat bei geschlossenem Fenster auf 20 °C eingestellt wird, so erfolgt bei Fensteröffnung die Reduzierung der Raumtemperatur auf automatisch 12 °C. Damit wird ein unkontrolliertes Aufheizen der einströmenden Luft in den Raum auf 20 °C verhindert.

Umwälzpumpe, Zirkulationspumpe nach § 64 GEG

Zentralheizungen mit mehr als 25 kW Heizleistung sind nach GEG mit Umwälzpumpen auszustatten, deren elektrische Leistungsaufnahme in mindestens drei Stufen dem betriebsbedingten Förderbedarf angepasst wird. Zirkulationspumpen müssen selbstständig ein- und ausschaltbar sein. Zur Reduzierung des Stromverbrauchs einer Pumpe und der Reduzierung der Wärmeenergie wird die Pumpe einstufig ein- oder ausgeschaltet. Das ist jedoch nicht mehr zeitgemäß. Heute werden Hocheffizienzpumpen eingesetzt.

Die Antriebsleistung und die Drehzahl werden anhand der Pumpenkennlinie, des Volumenstroms und dem von der Pumpe aufgebauten Druck ermittelt. Kommt es zu einer unerwünschten Druckerhöhung, ergibt sich ein zusätzlicher Energieverbrauch und somit ein zusätzlicher Energieverlust. In diesem Fall versucht die Pumpe, mehr Flüssigkeit durch den Heizkreislauf zu drücken als nötig. Dadurch entstehen zusätzliche Strömungsgeräusche.

Die Lösung ist die Differenzdruckregelung, bei der die Drehzahl und die Leistung automatisch dem Bedarf an die umgewälzte Wassermenge angepasst wird. Dazu wird die Druckdifferenz zwischen Saug- und Druckseite ermittelt; die Motordrehzahl und damit die Leistung wird so gesteuert, dass der Differenzdruck weitestgehend konstant bleibt. Der Differenzdruck ist anlagenspezifisch und entsteht durch Reibung des Rohrleitungsnetzes, der Rohrleitungsstrecke und der Einbauteile.

Eine hocheffiziente Umwälzpumpe kostet derzeit mit Einbau, je nach Leistung, beispielhaft ca. 400 EUR bis 500 EUR. Bei einer Einsparung von 100 EUR Energiekosten pro Jahr amortisiert sich eine neue Pumpe daher nach vier bis fünf Jahren. Das BAFA fördert die Heizungsoptimierung mit Zuschüssen. Der Ersatz von Heizungspumpen und Warmwasser-Zirkulationspumpen durch hocheffiziente Pumpen wird entsprechend gefördert.

> Für die Warmwasserbereitung kommen in Einfamilienhäusern sowie in Mehrfamilienhäusern oder z. B. Arztpraxen elektronisch geregelte Durchlauferhitzer zum Einsatz.

Wärmeverteilungs- und Warmwasserleitungen sowie Armaturen nach § 69 GEG

Bei Neubau oder Ersatz von Leitungen und Armaturen für Wärme und Warmwasser (§ 69) sowie für Kälte, die zu Klimaanlagen oder Raumluftanlagen gehören, sind diese Leitungen und Armaturen nach Anlage 8 zu dämmen.

Dämmung von Wärmeverteilungs- und Warmwasserleitungen nach § 71 GEG

„(1) Der Eigentümer eines Gebäudes hat dafür Sorge zu tragen, dass bei heizungstechnischen Anlagen bisher ungedämmte, zugängliche Wärmeverteilungs- und Warmwasserleitungen, die sich nicht in beheizten Räumen befinden, die Wärmeabgabe der Rohrleitungen nach Anlage 8 begrenzt wird.

(2) Absatz 1 ist nicht anzuwenden, soweit die für eine Nachrüstung erforderlichen Aufwendungen durch die eintretenden Einsparungen nicht innerhalb angemessener Frist erwirtschaftet werden können."

Die **Tabellen 3.13** bis **3.15** zeigen Anwendungstabellen zur Dämmung nach GEG (www.fsk-vsv.de).

Heizung	Mehrfamilienhaus/Nichtwohngebäude, mehrere Nutzer	Einfamilienhaus/Nichtwohngebäude, ein Nutzer
Leitungen in unbeheizten Räumen und Kellerräumen	100 %	100 %
Leitungen in Außenwänden, in Außenbauteilen, zwischen einem unbeheizten und beheizten Raum, in Schächten und Kanälen	100 %	100 %
Verteilleitungen zur Versorgung mehrerer, unterschiedlicher Nutzer	100 %	keine Anforderung
Im Fußboden verlegte Leitungen auch HK- Anschlussleitungen gegen Erdreich/unbeheizte Räume	100 %	100 %
Leitungen und Armaturen in Wand- und Deckendurchbrüchen, im Kreuzungsbereich von Leitungen, an Leitungsverbindungsstellen, an zentralen Leitungsverteilern	50 %	50 %
Leitungen in Bauteilen, zwischen beheizten Räumen verschiedener Nutzer	50 %	keine Anforderung
Im Fußbodenaufbau verlegte Leitungen, zwischen beheizten Räumen verschiedener Nutzer	siehe GEG Anlage 8.1.a.gg	keine Anforderung
Heizungsleitungen in beheizten Räumen oder in Bauteilen zwischen beheizten Räumen eines Nutzers und absperrbar		keine Anforderung
Wärmeverteilleitungen, die direkt an Außenluft angrenzend verlegt sind	200 %	200 %

Tabelle 3.13 Dämmung von Heizungsrohren, § 69 und § 71 Abs. 1 GEG

Trinkwasser warm (TWW)	Mehrfamilienhaus	Einfamilienhaus	Nichtwohngebäude mehrere Nutzer
Warmwasserleitungen	100 %	100 %	100 %
Warmwasserstichleitungen	100 %	100 %	100 %
Mit einem Inhalt von bis zu drei Litern, die weder in den Zirkulationskreislauf einbezogen noch mit elektrischer Begleitheizung ausgestattet sind (Stichleitungen) und sich in beheizten Räumen befinden.	keine Anforderung*	keine Anforderung*	100 %
Leitungen und Armaturen in Wand- und Deckendurchbrüchen, im Kreuzungsbereich von Leitungen, an Leitungsverbindungsstellen, an Leitungsverteilern	50 %	50 %	50 %
Warmwasserleitungen, die direkt an Außenluft angrenzend verlegt sind.**	200 %	200 %	200 %

* Obwohl hier keine Anforderungen vom Gesetzgeber gestellt sind, muss aus folgenden Gründen gedämmt werden: Korrosionsschutz, Vermeidung von Knack- und Fließgeräuschen, Körperschalldämmung, Verringerung der Wärmebelastung. Zur Erhaltung des Nutzungskomforts sollten diese Warmwasserleitungen auch gedämmt werden, damit keine unnötige Abkühlung durch Bauteile usw. entsteht.

** Liegen Rohrleitungen in frostgefährdeten Bereichen, so kann bei längeren Stillstandzeiten auch eine Dämmung keinen dauerhaften Schutz vor Einfrieren bieten. Sie müssen entleert oder anderweitig (z. B. durch Begleitheizung) geschützt werden. Einzelheiten regeln die VDI-Richtlinien VDI 2055 bzw. VDI 2069.

Tabelle 3.14 Anwendungstabellen zur Dämmung nach GEG

Für Kälteverteilungs- und Kaltwasserleitungen von Raumlufttechnik- und Kälteklimasystem* sämtlicher Dimensionen gelten die folgenden Dämmdicken.

Wärmeleitfähigkeit in W/mK	Mindestdicke in mm
0,030	≥ 4
0,035	≥ 6
0,040	≥ 9

* In Abhängigkeit aller Einflussgrößen (Feuchtigkeit und Temperatur der Umgebung, Medium-Temperatur etc.) muss grundsätzlich geprüft werden, ob die Mindestdämmdicke ausreicht, um Tauwasser zu verhindern. Aus Gründen der Energieeffizienz liegt eine optimale Dämmdicke der Kühlwasser- und Kältemittelleitungen bei ≥ 20 mm.

Tabelle 3.15 Anwendungstabellen zur Dämmung nach GEG

Grundlage für die Berechnung optimaler Dämmdicken ist die VDI-Richtlinie 2055, Blatt 1 „Wärme- und Kälteschutz von betriebstechnischen Anlagen in der Industrie und in der Technischen Gebäudeausrüstung". Dabei sollte beachtet werden, dass es sich bei den in der EnEV vorgeschriebenen Dämmdicken um öffentlich-rechtliche Mindestanforderungen handelt, die eingehalten werden müssen.

Anlagentechnik für Niedrigstenergiehäuser

Grundsätzlich geht es um das Ziel, so wenig Energie wie möglich zu verbrauchen. Hier kommen die Begriffe „Niedrigstenergiegebäude" oder „klimaneutrales Gebäude" zum Einsatz.

Zur Temperierung der Gebäude folgen hier einige Bespiele auf Basis der elektrischen Möglichkeiten:

- Wärmepumpe,
- Infrarotheizung,
- elektrische Fußbodenheizung.

Wärmepumpe

Im allgemeinen Teil wurde die Wärmepumpe bereits beschrieben. Nach GEG soll die Jahresarbeitszahl (JAZ) mindestens 3,5 betragen. Das bedeutet, dass bei einem Aufwand von 1 kW elektrischer Leistung eine Wärmemenge von 3,5 kW in den Nutzungseinheiten angewendet wird (**Bild 3.39**).

Dieser Wert kann je nach den zu verwendeten Warmwassertemperaturen bis auf 5,5 angehoben werden. Der Vorteil dieser Anlagentechnik liegt in der Tatsache, dass Erdwärme (immer verfügbar) und Luft zur Wärmeerzeugung verwendet werden können. Die elektrische Energie kann über PV-Anlagen zur Verfügung gestellt werden.

Tabelle 3.16 zeigt verschiedene Wärmepumpen im Vergleich.

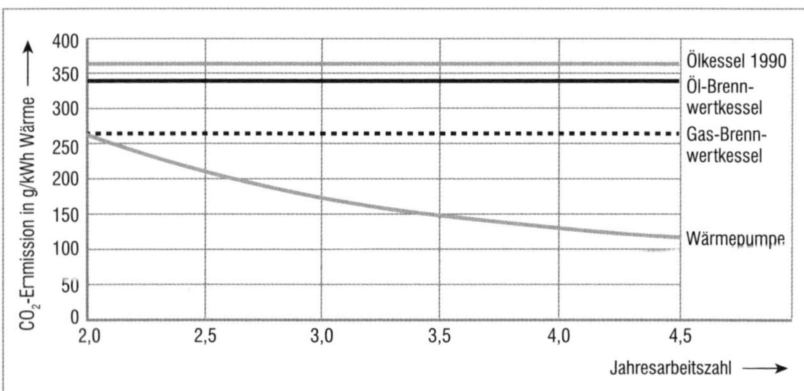

Bild 3.39 Angabe zu Jahresarbeitszahlen

Wärmepumpe/Wärmequelle	Preis mit Einbau in EUR (ohne Förderung)	Vorteile	Nachteile
Luft/Wasser-Wärmepumpe Außenluft oder Abluft innen	ca. 15.000	unkompliziert zu installieren, praktisch überall einsetzbar, einfach nachzurüsten, relativ günstig in der Anschaffung	höhere laufende Kosten als andere Wärmepumpen durch geringere Effizienz, je nach Aufstellort Platzverlust und Entwicklung von Geräuschen entweder im Innenraum oder im Garten

Tabelle 3.16 Vergleich verschiedener Wärmepumpenarten (Teil 1/2)

Wärmepumpe/Wärmequelle	Preis mit Einbau in EUR (ohne Förderung)	Vorteile	Nachteile
Sole-Wasser-Wärmepumpe/ Erdwärmepumpe Geothermie (Gewinnung über Sonden, oberflächennahe Kollektoren, Erdwärmekörbe oder Ringgrabenkollektor)	mit Kollektoren: ca. 17.000 mit Erdsonde: ca. 20.000	effizienter als Luft-Wärmepumpen (geringere laufende Kosten), Anschaffungskosten nur unbedeutend höher, dank flexiblen Optionen zur Wärmegewinnung auf vielen Grundstücken einsetzbar	planungsintensiv, Erdsonde muss genehmigt werden
Wasser-Wasser-Wärmepumpe: Grundwasser wird aus einem Brunnen an die Oberfläche gepumpt	Neubau: ca. 23.000 Altbau: ca. 30.000	höchste Effizienz aller herkömmlichen Wärmepumpen (niedrigste laufende Kosten), besonders für höheren Wärmebedarf geeignet	höchste Anschaffungskosten, planungsintensiv, muss genehmigt werden, nicht überall einsetzbar
Brauchwasser-Wärmepumpe: Außenluft oder Abluft innen; häufig Abwärme von Verbrennungsheizung oder anderen Haushaltsgeräten	ca. 2.600 bis 4.300	kostengünstige und umweltfreundliche Bereitung von Warmwasser, unkompliziert zu installieren, gute Alternative zu elektrischem Durchlauferhitzer	nur in Ergänzung zu einer Verbrennungsheizung wirklich sinnvoll, hohe Aufheizdauer, keine Förderung

Quelle: Nibe Wärmepumpen

Tabelle 3.16 Vergleich verschiedener Wärmepumpenarten (Teil 2/2)

Allgemeine Hinweise

In der heutigen Zeit versucht man, mit der Wärmepumpe das Haus zu temperieren und zeitgleich Warmwasser zu erzeugen. Das heutige Smarthome-System macht das möglich.

Es werden die folgenden Techniken elektronisch verbunden:

- Wärmepumpe (Luft, Wasser, Erdreich),
- Heizstab,
- PV-Anlage (ggf. Hybrid-Anlage),
- Warmwasserspeicher,
- Batteriespeicher,
- elektronischer Durchlauferhitzer.

Möglichkeiten der Modernisierung einer Heizungsanlage

1. **Heizkörper weiterverwenden**
   - Häufig ausreichend dimensionierte Heizkörper, insbesondere in neueren Gebäuden oder nach Sanierung.
   - Systemtemperatur über 60 °C → Hochtemperaturwämepumpe.
2. **Heizkörper tauschen**
   - Dimensionierung im Verhältnis zur Heizlast der einzelnen Räume oft nicht einheitlich.

- Heizkörper mit geringster Dimensionierung limitierend.
- Für relevante Reduktion der Systemtemperatur reicht meist der Ersatz einzelner Heizkörper.

3. Dämmung der Gebäudehülle

- Reduziert Wärmebedarf, Heizlast und Systemtemperatur.
- Sinnvolle Ergänzung, aber keine technische Voraussetzung für den Einsatz von Wärmepumpen.

Bild 3.40 stellt die Jahresarbeitszahlen von Wärmepumpen dar. **Bild 3.41** zeigt eine Prognose, wie sich der Einsatz von Wärmepumpen und Fernwärme im Vergleich zu Öl- und Gasheizungen entwickelt, und **Bild 3.42**, wie sich der Stromverbrauch in Gebäuden entwickelt.

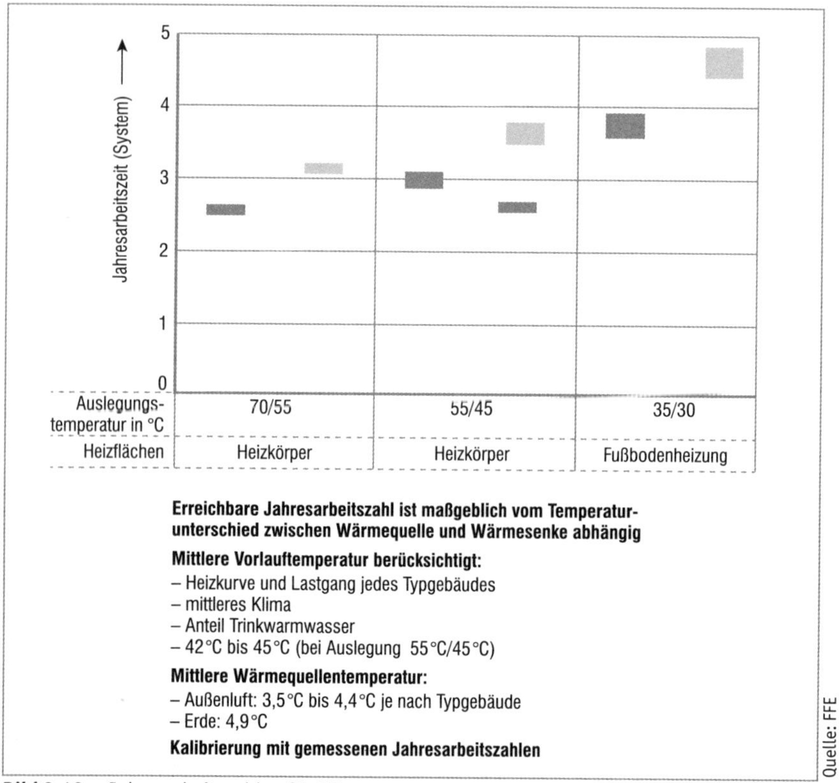

Bild 3.40 Jahresarbeitszahlen für Wärmepumpen

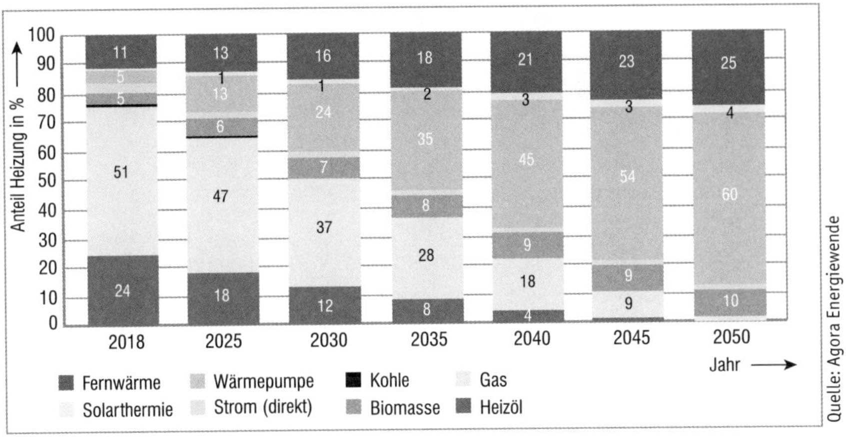

Bild 3.41 Wärmepumpen – Prognose

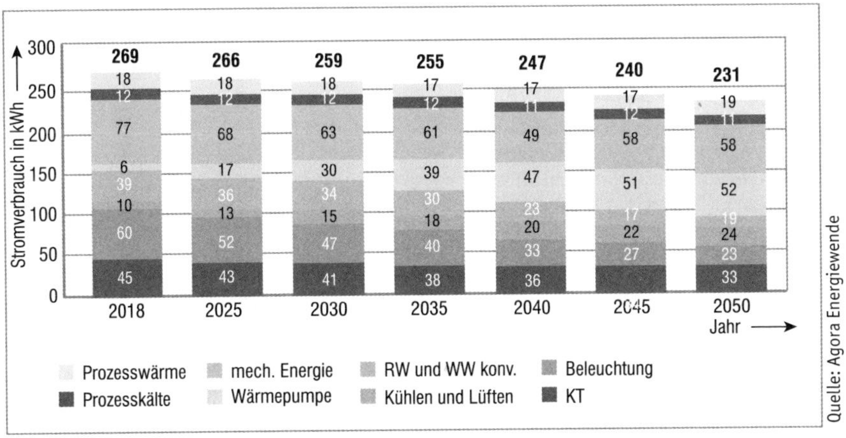

Bild 3.42 Stromverbrauch – Prognose

Infrarotheizung

Bei einer Infrarotheizung handelt es sich um eine Strahlungsheizung, deren Wirkung vergleichbar mit der Sonne ist. Hier werden Personen, Wände oder Einrichtungsgegenstände direkt erwärmt. Umgebungsflächen wie Wände oder Boden geben die Wärme an den Raum ab. Personen, die sich im Wirkungsgrad von drei Metern zur Heizplatte befinden, spüren die Wärme unmittelbar. Es entsteht ein wohltuendes Gefühl, vergleichbar mit einem Kamin. Da die sogenannte Infrarot-C-Strahlung die Haut nicht nur oberflächlich erwärmt, kann die Temperatur zwei bis drei Grad niedriger eingestellt werden (**Bild 3.43**).

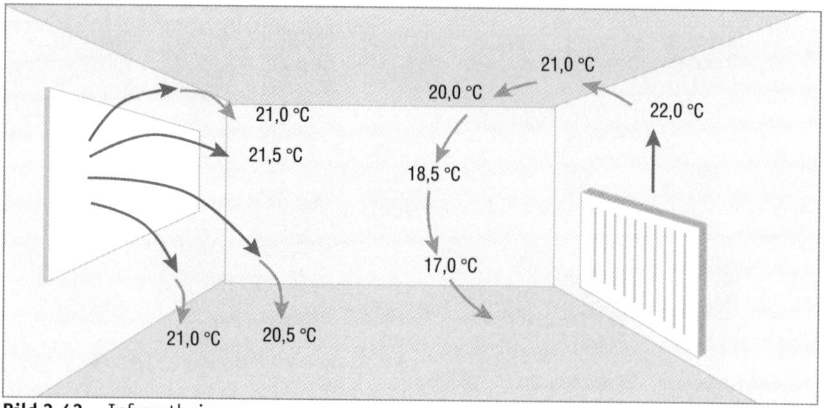

Bild 3.43 Infrarotheizung

Ein Beispiel: Wenn wir an einem kühlen Tag in der Sonne stehen, wird uns warm. Sobald wir jedoch in den Schatten gehen, wird uns kalt, obwohl die Lufttemperatur in der Sonne und im Schatten gleich ist. Der Grund ist die sogenannte Infrarotstrahlung.

> Für Allergiker und Asthmatiker bietet die Infrarotheizung zudem weitere Vorteile: Ohne die durch eine herkömmliche Heizung erzeugte Luftzirkulation entfällt auch das Aufwirbeln von Staubteilchen im betreffenden Raum.

Das Infrarotpaneel wird an Wand oder Decke angebracht und kann direkt mit dem Leitungsnetz (Hausstrom) verbunden werden. Wenn der Raumthermostat 19 °C anzeigt und man sich im Wirkungsbereich der Infrarotheizung befindet, wird man eine gefühlte Wärme von 21 °C bis 22 °C empfinden.

Zur Wirksamkeit der Infrarotheizungen wird eine Vorlaufzeit von bis zu 15 min benötigt. Wie lange diese Anlaufzeit genau dauert, hängt von der Art der Infrarotheizung ab. Hierbei wird unterschieden zwischen Natursteinheizungen, Glasheizungen, Keramikheizungen, Infrarot-Spiegelheizungen und Infrarotheizungen mit Oberflächen aus Metall.

Inwieweit z. B. eine Infrarotheizung im Vergleich zu einer Wärmepumpenanlage sinnvoll ist, ist zu überprüfen und zu berechnen (**Bild 3.44**). Im Vergleich werden für die Wärmepumpenanlage wesentlich mehr Komponenten als für die Infrarotheizung benötigt.

In Pilotprojekt K76 der HTWG Konstanz, einem Mehrfamilienhaus, wurden die beiden Anlagen miteinander verglichen. Selbstverständlich sind die

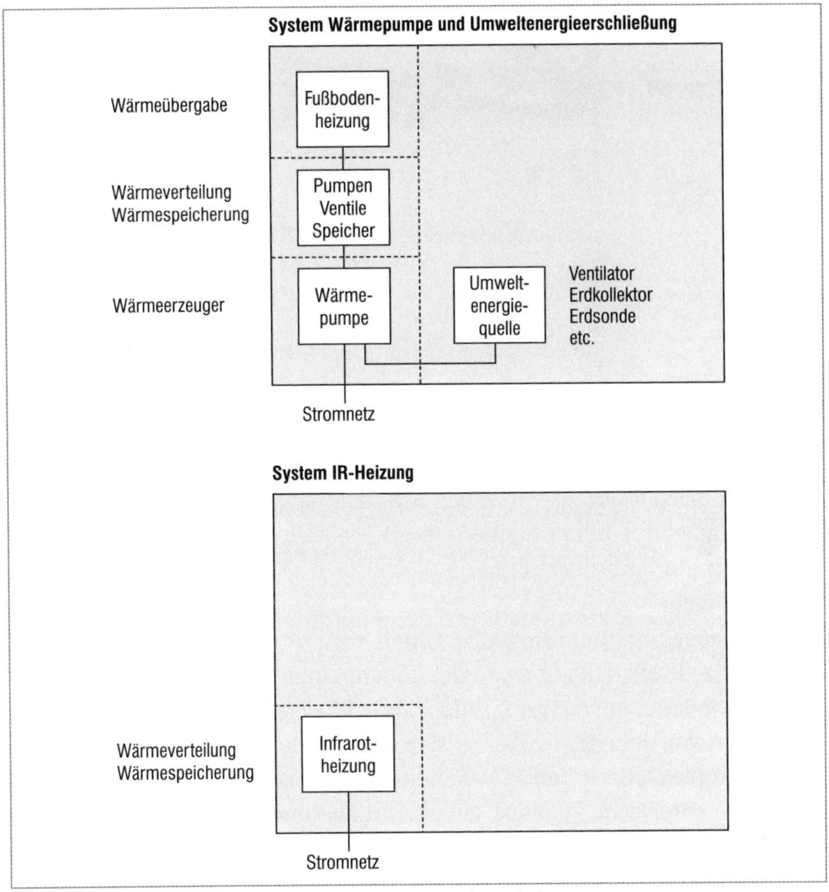

Bild 3.44 Vergleich zwischen Wärmepumpen und Infrarotheizung

Anlagenkosten für die Infrarotanlage im Vergleich extrem günstig. Das ändert sich bei den Betriebskosten. Unter Berücksichtigung der PV-Anlage sind die Ergebnisse interessant (**Tabelle 3.17** und **Bild 3.45**).

	Jahresverbrauch in kWh/m²a		
	EnEV-Berechnung	**HP 2017/2018**	**HP 2018/2019**
Lüftung	2,6	1,9	1,8
Warmwasser	14,0	6,9	5,6
Heizung	20,3	23,4	17,2
IR-Heizung witterungsbereinigt (IWU)	20,3	25,7	21,2
Summe	**36,9**	**34,7**	**28,6**

Quelle: HTWG Konstanz

Tabelle 3.17 Vergleich der berechneten Endenergieverbräuche im Pilotprojekt K76

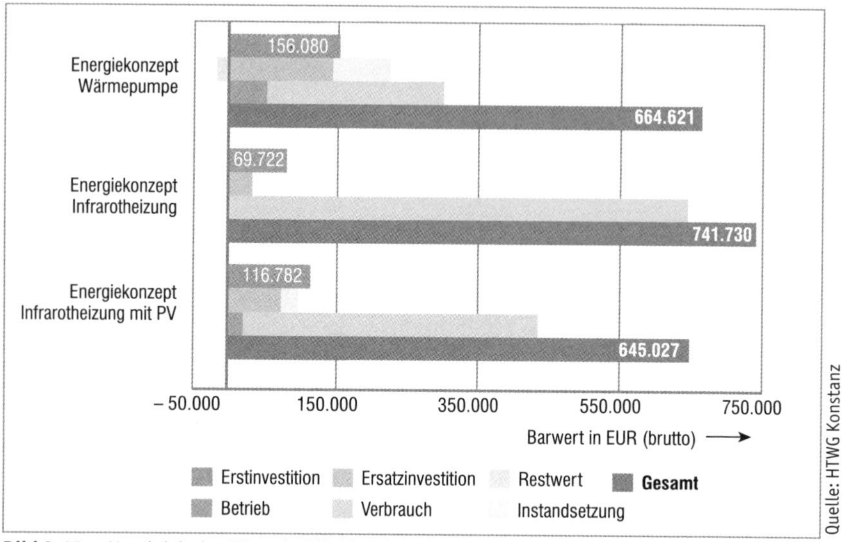

Bild 3.45 Vergleich der Wirtschaftlichkeit im Pilotprojekt K76

Brennstoffzelle

Der Aufbau einer Brennstoffzelle ähnelt dem Aufbau einer Batterie. Die Brennstoffzelle besteht aus zwei Elektroden, einer Anode, dem Pluspol, und einer Kathode, dem Minuspol (**Bild 3.46**). Ein Elektrolyt trennt die beiden Elektroden voneinander, wobei es sich hier um feste, flüssige oder gelartig chemische Substanzen handelt. Sie leiten Strom und sind für Ionen durchlässig.Eine chemische Reaktion zwischen Plus- und Minuspol erzeugt Energie.

Die Reaktionspartner sind Wasserstoff und Sauerstoff. Die Wasserstoffmoleküle werden am Pluspol in positive Wasserstoffionen und Elektronen ge-

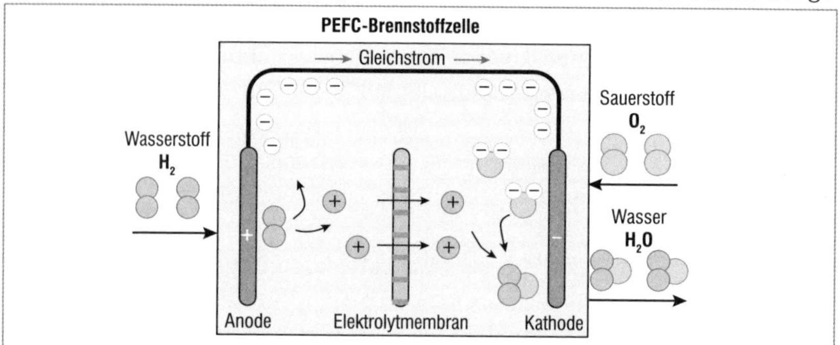

Bild 3.46 Funktionsprinzip einer Brennstoffzelle

teilt. Das Elektron fließt zum Minuspol und erzeugt dabei Strom. Das Wasserstoffion vereint sich am Minuspol mit dem Sauerstoff. Dabei entstehen Wasser und Wärme.

Auf dem Land kann der Strom sicherlich über Windkraftwerke erzeugt werden. In Zeiten, wo Strom benötigt wird, wird dieser über Batteriespeicher abgesichert.

Brennstoffzellen sind für Wohnraumheizungen einsetzbar. Überschlägig sind 40 % Stromkostenersparnis und 50 % CO_2-Einsparung zu nennen. Die Daten sind selbstverständlich von der Anlagengröße abhängig. Beispielhaft – abhänggig von der Größe einer Brennstoffzellenheizung – ist mit den in **Tabelle 3.18** darg,estellten Kosten zu rechnen.

Bestandteile	Kostenspanne in EUR
Brennstoffzellenheizung	ca. 8.000 bis 20.000
Spitzenlastkessel (falls nicht in Brennstoffzellenheizung integriert)	ca. 3.000 bis 5.000
Warmwasserbereitung/Pufferspeicher (falls nicht in Brennstoffzellenheizung integriert)	ca. 2.000 bis 5.000
Peripheriegeräte, wie Ausdehnungsgefäße, ggf. Stromspeicher/Wechselrichter usw.	ca. 3.500 bis 5.000
Abgassystem (Schornstein, falls erforderlich)	ca. 1.500
Gasanschluss (falls nicht vorhanden)	ca. 1.500 bis 2.000
hydraulischer Abgleich	ca. 500 bis 1.500
Kosten für Montage und Material	individuell
Gesamtkosten im Durchschnitt (ohne Sonderbestandteile)	30.000 bis 50.000

Quelle: ≠EON

Tabelle 3.18 Kostenbeispiel einer Brennstoffzellenheizung

Smarthome-Möglichkeiten

Bei den zuvor genannten Themen ging es um das Zusammenwirken von Energieverbrauch und Optimierung sowie um das Zusammenwirken von Wärmepumpe, PV-Anlagen, Energiespeichern und elektrischen Warmwasserspeichern.

Ein Werkzeug zur Optimierung des Zusammenwirkens der Systeme ist die DIN 15232 „Energieeffizienz von Gebäuden – Teil 1: Einfluss von Gebäudeautomation und Gebäudemanagement".

Die Norm bietet

- eine strukturierte Liste von Funktionen der Gebäudeautomation und des technischen Gebäudemanagements, die zur Energieeffizienz von Gebäuden beitragen,
- ein Verfahren zur Definition der Mindestanforderungen hinsichtlich der Funktionen der Gebäudeautomation und des technischen Gebäudemanagements, die in Gebäuden unterschiedlicher Komplexität umzusetzen sind,

- ein faktorbasiertes Verfahren zur ersten Abschätzung des Einflusses dieser Funktionen auf typische Gebäudetypen und Nutzungsprofile,
- ausführliche Verfahren zur Bewertung des Einflusses dieser Funktionen auf ein bestimmtes Gebäude. Diese Verfahren erlauben es, den Beitrag dieser Funktionen in die Berechnungen der Kennzahlen und Leistungsindikatoren der Energieeffizienz nach den relevanten Normen aufzu-nehmen,
- mit der Gebäudeautomation verbundene Bezeichner für gebäudetechnische Anlagen.

> Das Institut für Gebäudetechnologie (IGT) in Ottobrunn bei München hat sich mit der Norm intensiv beschäftigt und daraus das Tool „Gebäudeinspektor" erarbeitet. Hier werden die genannten Punkte bearbeitet, bewertet und zu einem Arbeitspapier entwickelt.

3.2.7 Klimatechnik und sonstige Anlagen der Raumlufttechnik

Anrechnung mechanisch betriebener Lüftungsanlagen nach § 28 GEG

Für die Anrechnung der Wärmerückgewinnung werden im GEG klare Vorgaben gemacht:

„(1) Im Rahmen der Berechnung nach § 20 Absatz 1 oder Absatz 2 ist bei mechanischen Lüftungsanlagen die Anrechnung der Wärmerückgewinnung oder einer regelungstechnisch verminderten Luftwechselrate nur zulässig, wenn die Dichtheit des Gebäudes nach § 13 in Verbindung mit § 26 nachgewiesen wird, die Lüftungsanlage mit Einrichtungen ausgestattet ist, die eine Beeinflussung der Luftvolumenströme jeder Nutzeinheit durch den Nutzer erlauben und sichergestellt ist, dass die aus der Abluft gewonnene Wärme vorrangig vor der vom Heizsystem bereitgestellten Wärme genutzt wird.

(2) Die bei der Anrechnung der Wärmerückgewinnung anzusetzenden Kennwerte der Lüftungsanlage sind nach den anerkannten Regeln der Technik zu bestimmen oder den allgemeinen bauaufsichtlichen Zulassungen der verwendeten Produkte zu entnehmen.

(3) Auf ein Wohngebäude mit nicht mehr als zwei Wohnungen, von denen eine nicht mehr als 50 Quadratmeter Gebäudenutzfläche hat, ist Absatz 1 Nummer 2 nicht anzuwenden."

Begrenzung der elektrischen Antriebsleistung nach § 65 GEG

Bei den folgenden Bedingungen dürfen die Grenzwerte für die spezifischen Ventilatorleistungen nach DIN EN 16798-3:2017-11 Kategorie 4 nicht überschritten werden:

- Einbau einer Klimaanlage mit einer Kälteleistung von mehr als 12 kW,
- Zu- und Abluftanlage von mehr als 4.000 m3/h Zuluftvolumenstrom,
- Erneuerung von Zentralgeräten oder
- Erneuerung von Kanalsystemen.

Grundsätzlich stellt sich die Frage, ob diese Regelung nur für Klimaanlagen oder für sämtliche raumlufttechnische Anlagen gilt. In den allgemeinen Hinweisen wurde der Begriff der Klimaanlage erläutert.

In dieser DIN heißt es unter Punkt 9.5.2.1:

- Klassifizierung der spezifischen Ventilatorleistung je Ventilatoreinheit
- Kategorie 4 = SFP4 ≤ 2.000 $W/(m^3/s)$ = 0,57 $W/(m^3/h)$

Nach der Norm hängt dieser Wert vom Anlagendruckverlust, dem Ventilatorwirkungsgrad und der Auslegung des Motors ab. Die Kennzahlen für zusätzliche Filterstufen und Wärmerückgewinnung sind zu den Werten in den entsprechenden Kategorien zu addieren. Da grundsätzlich an Klimaneutralität und Energiesparmaßnahmen gedacht wird, sollten diese Werte für alle raumlufttechnischen Anlagen gelten.

> Die Antriebsleistung zu reduzieren, ist ein wesentlicher Faktor der Energieeinsparung und damit ein Wegweiser in Richtung Niedrigstenergiehaus.

Ein weiteres Kriterium ist die Reduzierung der Luftmengen oder der Druckverluste. Die Kennlinie ändert sich mit der Lüfterdrehzahl nach den folgenden drei Gesetzen (unter der Voraussetzung, dass alle anderen Parameter unverändert bleiben). Diese werden auch „Proportionalitätsgesetze“ genannt.

1. Der Volumenstrom ändert sich proportional der Drehzahl.

$$\frac{\dot{V}_1}{\dot{V}_2} = \frac{n_1}{n_2}$$

2. Die Druckerhöhung ändert sich proportional dem Quadrat der Drehzahl.

$$\frac{p_1}{p_2} = \left(\frac{n_1}{n_2}\right)^2$$

3. Der Leistungsbedarf des Lüfters und die ins geförderte Medium eingebrachte Strömungsleistung ändern sich proportional der dritten Potenz der Drehzahl:

$$\frac{P_1}{P_2} = \left(\frac{n_1}{n_2}\right)^3$$

$\dot{V}_1$, $\dot{V}_2$ Volumenstrom bei der Drehzahl n_1, n_2
p_1, p_2 Druckerhöhung bei der Drehzahl n_1, n_2
P_1, P_2 Leistungsbedarf bei der Drehzahl n_1, n_2

Regelung der Be- und Entfeuchtung nach § 66 GEG

Wenn eine raumlufttechnische Anlage mit einer Be- und Entfeuchtung geplant wird oder die Zentralanlage (Zentralgerät) ausgetauscht wird, ist diese mit selbsttätig wirkenden Regelungseinrichtungen zur Regelung der Be- und Entfeuchtung auszustatten. Die Nachrüstpflichten für Anlagen nach § 65 richten sich nach § 76. Diese Anlagen sind mit einer Frist von sechs Monaten nachzurüsten, sofern sie nach dem 1. Oktober 2018 mehr als zehn Jahre alt sind.

Vorab ist immer abzuklären, ob eine Befeuchtung erforderlich ist. Es gelten u. a. die folgenden Anforderungen und Hinweise:

- Arbeitsstättenrichtlinien,
- Anforderungskataloge (z. B. Museen),
- medizinische Gründe.

Regelung der Volumenströme nach § 67 GEG

Bei Neubauten bzw. Erneuerung der Zentralgeräte und des Kanalsystems sind ggf. Volumenstromregler zur selbsttätigen Regelung der Luftvolumenströme in Luftkanalnetze einzubauen. Dies gilt, wenn der Zuluftvolumenstrom dieser Anlagen wie folgt übersteigt:

- Nichtwohngebäude: > 9 $m^3/h/m^2$ Nettogrundfläche und bei
- Wohngebäude: > 9 $m^3/h/m^2$ Nettonutzfläche.

In DIN EN 16798 werden Vorgaben gemacht, wie die Luftmengenberechnungen durchgeführt werden. Die Berechnungen erfolgen

- mit Erfahrungswerten,
- mit Luftwechselzahlen,
- mit Wärmelasten,
- mit Kühllasten sowie
- personenbezogen.

Die entsprechenden Flächenangaben pro Person sind z. B. den Technischen Regeln für Arbeitsstätten (ASR) zu entnehmen.

Außerdem ist festzustellen, in welchem Zustand sich das zu planende Gebäude befindet (z. B. schadstoffarm), **Tabelle 3.19**.

Kategorie	Luftvolumen je unangepasste Person in l/s	Luftvolumen in l/sm²		
		Gebäudeart		
		sehr schadstoffarm	schadstoffarm	nicht schadstoffarm
I	10,0	0,54	1,0	2,0
II	7,0	0,50	0,7	1,4
II	4,0	0,20	0,4	0,8
IV	2,5	0,15	0,3	0,6

Tabelle 3.19 Luftvolumenstrom nach Gebäudeart und Person

Wärmerückgewinnung nach § 68 GEG

Bei Anlagen nach § 65 oder bei Erneuerung eines Zentralgerätes sind Wärmerückgewinnungsanlagen einzubauen, die mindestens der Klassifizierung H3 nach DIN EN 13053:2007-11 entsprechen.

„Wird eine Anlage nach § 65 Satz 1 in ein Gebäude eingebaut oder ein Zentralgerät einer solchen Anlage erneuert, muss diese mit einer Einrichtung zur Wärmerückgewinnung ausgestattet sein, es sei denn, die rückgewonnene Wärme kann nicht genutzt werden oder das Zu- und das Abluftsystem sind räumlich vollständig getrennt.

Die Einrichtung zur Wärmerückgewinnung muss mindestens der DIN EN 13053:2007-11 Klassifizierung H3 entsprechen. Für die Betriebsstundenzahl sind die Nutzungsrandbedingungen nach DIN V 18599-10:2018-09 und für den Luftvolumenstrom der Außenluftvolumenstrom maßgebend."

Die Wirkungsgrade der Wärmerückgewinnungsanlagen werden in der ErP-Richtlinie – EU-Verordnung 1253/2014/EG für Zentralgeräte – wie folgt festgeschrieben:

- trockene Rückwärmezahl – Kreislaufverbundsystem = 68 %,
- trockene Rückwärmezahl – andere WRG-Systeme = 73 %.

In der DIN EN 13053 werden die in **Tabelle 3.20** dargestellten Angaben gemacht. Die dort genannten Werte gelten für ausgeglichene Massenströme (1:1). Die Klassen definieren die Qualität des Wärmerückgewinnungssystems und haben einen starken Einfluss auf den thermischen Energieverbrauch. In nordischen Ländern sind höhere, in südlichen Ländern geringere Klassen gebräuchlich.

Klasse	$\eta_{e\,1:1}$ min in %
H1	≥ 74
H2	≥ 70
H3	≥ 65
H4	≥ 60
H5	≥ 60

Tabelle 3.20 Wärmerückgewinnungsklassen aus der DIN EN 16798, Teil 3

Grundsätzlich ist zu klären, welche Art der Wärmerückgewinnung einzusetzen ist. Es wird unterschieden in

- KVS-Systeme,
- Kreuzstrom-Wärmetauscher und
- rotierende Wärmetauscher.

Der Unterschied der Systeme ist im Allgemeinen Teil erläutert. Abweichend vom GEG ist zu empfehlen, überall die Wärmerückgewinnung zu prüfen. Dabei ist selbstverständlich auch der wirtschaftliche Faktor immer mit zu berücksichtigen. Selbst im Wohnungsbau wird bei Luftmengen unter 1.000 m³ eine Wärmerückgewinnung als Kreuzstrom-Wärmetauscher eingesetzt.

Nutzung von Abwärme nach § 42 GEG

„(1) Anstelle der anteiligen Deckung des Wärme- und Kälteenergiebedarfs durch die Nutzung erneuerbarer Energien kann die Anforderung nach § 10 Absatz 2, Nr. 3 auch dadurch erfüllt werden, dass durch die Nutzung von Abwärme nach Maßgabe der Absätze 2 und 3 der Wärme- und Kälteenergiebedarf direkt oder mittels Wärmepumpen zu mindestens 50 Prozent gedeckt wird.

(2) Sofern Kälte genutzt wird, die durch eine Anlage technisch nutzbar gemacht wird, der Abwärme unmittelbar zugeführt wird, ist § 41 Absatz 3 und 4 entsprechend anzuwenden.

(3) Sofern Abwärme durch eine andere Anlage genutzt wird, muss die Nutzung nach dem Stand der Technik erfolgen."

Industrie

Die Abwärme aus Industrieanlagen, wie Gießerei, Stahlproduktion usw., kann über Wärmetauscher zurückgewonnen werden und an die Außenluft übergeben werden.

Anlagentechnik für Niedrigstenergiegebäude

Der Unterschied zwischen einer dezentralen und zentralen Wohnraumlüftung ist folgender: Während die dezentrale Lüftung in jedem Raum individuell installiert wird und raumweise sowie raumübergreifend funktioniert, wird die zentrale Lüftung über ein Zentralgerät mit entsprechendem Kanal- bzw. Rohrsystem in Decke oder Fußboden verlegt. An einem zentralen Ort sitzt das zentrale Lüftungsgerät mit eingebautem

Die dezentrale Wohnraumlüftung ist hingegen wesentlich kleiner und wird über eine Öffnung in die Außenwand gesetzt. Die Anbringungsmöglichkeiten sind relativ flexibel. Die Systeme kommunizieren untereinander und unterstützen sich gegenseitig. Dadurch wird eine bedarfsgerechte Lüftung nicht nur für das ganze Haus, sondern auch je Raum möglich. **Tabelle 3.21** zeigt zur Übersicht einige Vergleichswerte.

Für die in **Tabelle 3.22** dargestellten Möglichkeiten von Lüftungssystemen wurde die zentrale Lüftung gewählt. Dadurch wurden die zusätzlichen Öffnungen in der Fassade, die für jeden Raum erforderlich wären, vermieden.

Wert	dezentrale Wohnraumlüftung	zentrale Wohnraumlüftung
Anschaffungskosten	mittlere Anschaffungskosten	hohe Anschaffungskosten
Folgekosten	geringe Betriebskosten	hohe Betriebskosten
Einbau und Montage	– Einbauort ist flexibel – Lüftungssystem nach Wunsch anpassungsfähig	– Einbauort ist fest – komplexe Rohrsysteme durch das ganze Haus
Förderfähigkeit	Ja (KfW)	Ja (KfW)
Energieeffizienz	geringe Betriebskosten, gute Wärmerückgewinnung	hohe Betriebskosten, gute Wärmerückgewinnung
Eignung für Neubau und Sanierung	für Neubau und Sanierung	eher nur bei Neubau
Wartung und Reinigung	– Wartung und Reinigung selbstständig durch Bewohner möglich – schnelle Reinigung	– nur vom Fachmann durchzuführen – erzeugt Zusatzkosten (ca. alle 2 Jahre)
Geräusche und Schall	direkter Schalldurchgang, was aber durch Schallschutzzubehör minimiert werden kann	kein direkter Schalldurchgang
Steuerung	– individuell möglich – einzelne Raumbelüftung möglich	– individuell möglich – Raumbelüftung fest bestimmt

Tabelle 3.21 Vergleich zwischen dezentraler und zentraler Lüftung

gebäudezentral	wohnungszentral	raumzentral
– Gerät auf dem Dachboden – Gerät im Keller – Gerät auf dem Dach – Gerät im Technikraum	– Gerät im Bad – Gerät in der Küche – Gerät im Flur – Gerät im Abstellraum	Gerät in jedem Raum (ggf. Luftverbund eines Zu- und Abluftraumes)

Tabelle 3.22 Möglichkeiten verschiedener Lüftungseinheiten

Die Bilder 3.4 bis 3.7 zeigen ein Beispiel für ein Mehrfamilienhaus, bei dem die Varianten miteinander verglichen wurden.

Beispiel Mehrfamilienhaus

Bild 3.47 zeigt einen Vergleich verschiedener Ausstattungsvarianten eines Muster-Mehrfamilienhauses im Vergleich.

Das Ergebnis der Berechnungen zeigt den Stand der heutigen anzuwendenden Technik. Bei diesem Bauvorhaben wurde die PV-Anlage eingesetzt. Das Thema PV-Anlage ist nicht zu vernachlässigen. Die Energie der Sonne ist zum Heizen und zur Stromversorgung zu verwenden. Hier gehören u. a. Bauteile wie Wärmepumpe, Photovoltaik (PV) oder Photovoltaik-Thermie (PVT), Wärmespeicher und die Batteriezelle dazu. Im Sommer kann die Sonnenenergie zum Kühlen oder für die Speicherung verwendet werden. All das funktioniert nur mit einer ausgereiften Gebäudeleittechnik, mit einem Gebäudemanagementsystem.

Neben der PV-Anlage und den thermischen Solaranlagen gibt es die Hybridkollektoren, genannt PVT-Kollektoren (Hybrid PV-Thermal). Diese erzeugen gleichzeitig Strom und Wärme. Diese Kollektoren wandeln das Sonnenlicht effektiver als ein Photovoltaikmodul oder ein Solarthermiekollektor um. Je nach Bauart ist PV oder die thermische Anforderung für die Konstruktion maßgebend. In unserem Beispiel liefert das Modul in Kombination mit dem Wärmepumpenbetrieb in erster Linie Strom. Der Wirkungsgrad ist effektiv, da die Hybride durch die Kühlwirkung mehr Stromertrag liefert.

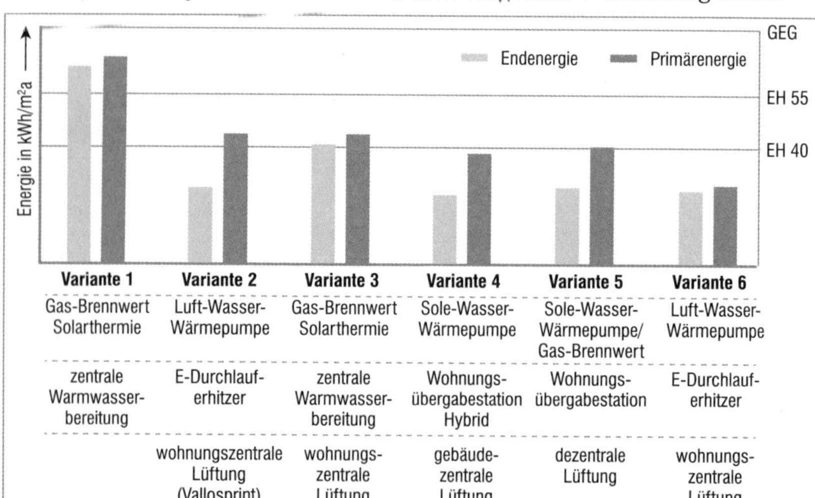

Quellen: August Brötje GmbH, Clage GmbH; Vallox GmbH

Bild 3.47 Variantenvergleich für ein Mehrfamilienhaus

Dies sei an dem Beispiel PVT Solar Hybridmodul Silverstar SL 270 erläutert (**Tabelle 3.33**):

- Gesamt-Wirkungsgrad von über 76 % resp. 1.000 W Gesamtleistung
- 50 Hochleistungs-Solarzellen mit 22.5 % Zellwirkungsgrad
- Modulwirkungsgrad PV 18.24 % bei 270 W Gesamtleistung

Die 50 Hochleistungs-PERC-Solarzellen mit einem Zellwirkungsgrad von 22,5 % werden effizient durch den direkt darunterliegenden Absorber gekühlt und haben im Hochsommer einen bis zu 20 % höheren Ertrag als ein ungekühltes PV-Modul gleicher Leistung.

Der Absorber aus Chromstahlblech wird durch die patentierte Strömungsführung vollflächig und gleichmäßig durchströmt.

- Abmessungen: 1.650 mm x 900 mm
- Dicke 10 mm/45 mm mit Anschlussrohr
- Gewicht 36 kg

Leistungsdaten PV		**Leistungsdaten Thermie**	
Peak-Power elektrisch	270 W (+ 5, –0)	Peak-Power thermisch $T_{0, u0}$ G'' = 890 W/m²	733 W (955 W ohne Strombezug)
Zellen	50 Mono-PERC-Zellen 5 Busbar Wirkungsgrad 22,5 %		
Junction Box	3 Bypass-Dioden IP 67	Fluidinhalt	2,8 l
Anschluss	MC 4 Interface/original	Anschluss	2 x 16 mm Glattrohr mir Rille
Druckbelastung	5.400 Pa (13.000 Pa) HW 4	Druckbelastung	max. 2 bar
U_{mp}	28,25 V	Nennvolumenstrom	50 l/h
I_{mp}	9,6 A	Druckverlust, 50 l/h pro Kollektor, –5 °	1.050 Pa
V_{oc}	33,58 V	Eta 0, hem/mpp	0,73/0,56
I_{sc}	10,61 A	b1	15,1 W/m²K
Temperaturkoeffizient	–0,37 %/°C	b2	1,5 W/m³K
R_{shunt}	210 Ω	bu	0,075 s/m
R_{serie}	0,33 Ω	a1	19,6 W/m²K

Quelle: PVT Solar

Tabelle 3.17 Datenzusammenstellung einer PVT-Zelle

3.2.8 Kältetechnik

Nutzung von erneuerbaren Energien zur Wärme- und Kälteerzeugung bei einem zu errichtenden Gebäude nach §§ 34 bis 45 GEG

„Die Verpflichtungen zur Nutzung erneuerbarer Energien wurden aus dem Erneuerbare-Energien-Wärmegesetz (EEWärmeG) übernommen, d. h. das Anforderungsniveau für Neubauten und Sanierung wurde nicht weiter ver-

schärft. Allerdings schafft das GEG neue Flexibilisierungsoptionen bei der Erfüllung der energetischen Neubaustandards.

[...]

Bei Neubauten ab 50 m² Grundfläche, die beheizt und/oder gekühlt werden, sind verbindliche Mindestanteile erneuerbarer Energien an Wärme- und Kälteenergiebedarf einzusetzen.

[...]

Die Maßnahmen können miteinander kombiniert werden. Die tatsächliche Nutzung der einzelnen Maßnahmen wird jeweils prozentual ins Verhältnis zu der vorgeschriebenen Nutzung gesetzt. In Summe müssen sie 100 % Erfüllungsgrad ergeben" (vgl. **Tabelle 3.34**).

Art der erneuerbaren Energie	**Bedarfsdeckung**	
Bei Neubauten ab 50 m² Grundfläche, die beheizt und/oder gekühlt werden, sind verbindliche Mindestanteile erneuerbarer Energien an Wärme- und Kälteenergiebedarf einzusetzen.		
Solarthermische Anlagen § 35	mind. 15 %	bzw. bei EFH/ZFH 0,04 m² Aperturfläche/m² Wohnhausnutzfläche bzw. MFH ab drei Wohneinheiten 0,03 m² Aperturfläche/m² Wohnhausnutzfläche
Strom aus erneuerbaren Energien § 36	mind. 15 %	Anforderung gilt bei Wohngebäuden als erfüllt, wenn: Nennleistung PV-Anlage in kW mind. 0,03-fache der Gebäudenutzfläche, geteilt durch Anzahl der beheizten oder gekühlten Geschosse
Geothermie oder Umweltwärme § 37	mind. 50 %	Nutzung von Geothermie, Umweltwärme oder Abwärme aus Abwasser, die mittels elektrisch oder mit fossilen Brennstoffen angetriebenen Wärmepumpen technisch nutzbar gemacht wird (Wärme- oder Kälteenergie)
Biomasse, fest § 38	mind. 50 %	bei kleinen und mittleren Feuerungsanlagen Nutzung der Biomasse in einem a) Biomassekessel oder b) automatisch beschickten Biomasseofen mit Wasser als Wärmeträger
Biomasse,flüssig § 39	mind. 50 %	Nutzung in KWK-Anlage oder Brennwertkessel Biomasse aus nachhaltigem Anbau
Biomasse, gasförmig § 40	mind. 30 % mind. 50 %	Nutzung in einer hocheffizienten KWK-Anlage Nutzung in einem Brennwertkessel § 40 (3) Biomethannutzung im Erdgasnetz mit Nachweis der Massebilanz
Anstelle der vorgenannten Maßnahmen sind folgende Ersatzmaßnahmen zulässig:		
Abwärmenutzung § 42	mind. 50 %	z. B. Wärmerückgewinnung bei Lüftungsanlagen, direkt oder mittels Wärmepumpen
Kraft-Wärme-Kopplungsanlage § 43	mind. 50 % mind. 40 %	Nutzung in einer hocheffizienten KWK-Anlage Nutzung von Wärme aus einer Brennstoffzellenheizung
Fernwärme (ggf. auch Fernkälte) § 44	 mind. 50 % mind. 50 % mind. 50 %	mit wesentlichenAnteilen erneuerbarer Energien oder KWK oder Abwärme oder aus der Kombination dieser drei Maßnahmen
Ersatzmaßnahmen § 45		für Wohngebäude: Unterschreitung des maximal zulässigen Transmissionswärmeverlustes H_T um mind. 15 %
		für Nichtwohngebäude: Höchstwerte an mittlere U-Werte nach Anlage 3 (opak, transparent) abzüglich 15 %, demnach opak: 0,24 W/m²K transparent: 1,28 W/m²K Vorhangfassaden: 1,28 W/m²K Glasdächer: 2,13 W/m²K

Tabelle 3.34 Art der erneuerbaren Energie im Neubau

Ökodesign-Richtlinie (EU) 2015/1095 + (EU) 2016/2281

Ziel der Ökodesign-Richtlinie ist, die Umweltauswirkungen von energieverbrauchsrelevanten Produkten unter Berücksichtigung des gesamten Lebensweges zu mindern. Dazu legt sie Anforderungen an das Produktdesign fest.

Beispielsweise müssen alle Geräte von KKT-Chillers, die mit einem CE-Zeichen gekennzeichnet sind, die in den oben genannten Richtlinien vorgeschriebene Jahresarbeitszahl JAZ/SEPR (**S**easonal **E**nergy **P**erformance **R**atio) erreichen.

Wärmedämmung von Rohrleitungen und Armaturen nach den §§ 69 und 70 GEG

Bei Neubau oder Ersatz von Leitungen und Armaturen für Wärme und Warmwasser (§ 69) sowie für Kälte, die zu Klimaanlagen oder Raumluftanlagen gehören, sind diese Leitungen und Armaturen gemäß Anlage 8 GEG zu dämmen (**Tabelle 3.35**).

Wärmeleitfähigkeit der Dämmung in W/mK	Mindestdicke der Dämmschicht in mm
0,030	≥ 4
0,035	≥ 6
0,040	≥ 9

Tabelle 3.35 Kälteverteilungs- und Kaltwasserleitungen in der Raumlufttechnik nach § 70 GEG

Ausgewählte Anlagentechnik für Niedrigstenergiehäuser

In der Kältetechnik kann zur Temperierung der Räume u. a. eine sogenannte „VRF-Anlage" eingesetzt werden (**Bild 3.48**). VRF steht für „variabler Kältemittelstrom". (engl. **V**ariable **R**efrigerant **F**low). Ein VRF-System kann gleichzeitig heizen und kühlen. Weil die Wärme nur zwischen Kältemittel und Luft übertragen wird, fallen die Energieverluste bei VRF-Anlagen geringer aus.

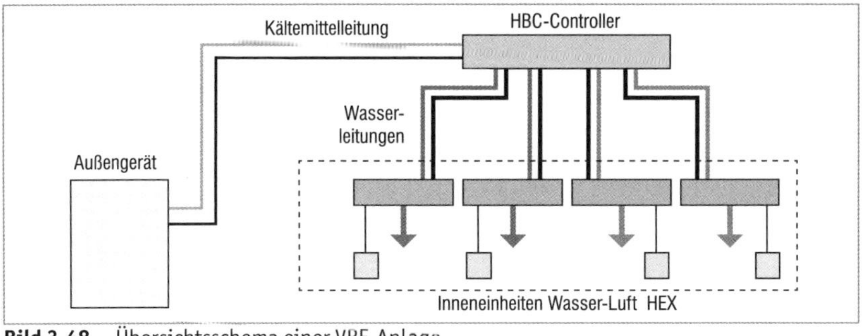

Bild 3.48 Übersichtsschema einer VRF-Anlage

Moderne VRF-Systeme sind in Gebäuden vorteilhaft, wenn einerseits Wärmelasten abzuführen sind und zugleich (oder mit dem Wechsel der Jahreszeiten) die Raumbeheizung damit realisiert werden soll. Die Energie der Außenluft kann unabhängig entnommen werden und der Strom über eine PV-Anlage geliefert werden. Überstromerzeugung wird in Speichern gepuffert.

Zudem gibt es die sogenannten „VRV-Anlagen". Hier handelt es sich um einen Markennamen der Firma Daikin. VRV steht dabei für „**V**ariable **R**efrigerant **V**olume".

Die **Bilder 3.49** und **3.50** zeigen, dass die Anforderungen an das EEWärmeG mit der VRF-Technik mehr als dreifach erfüllt werden. Abhängig von der Größe der Anlage verändern sich die Zahlen (**Tabelle 3.36**).

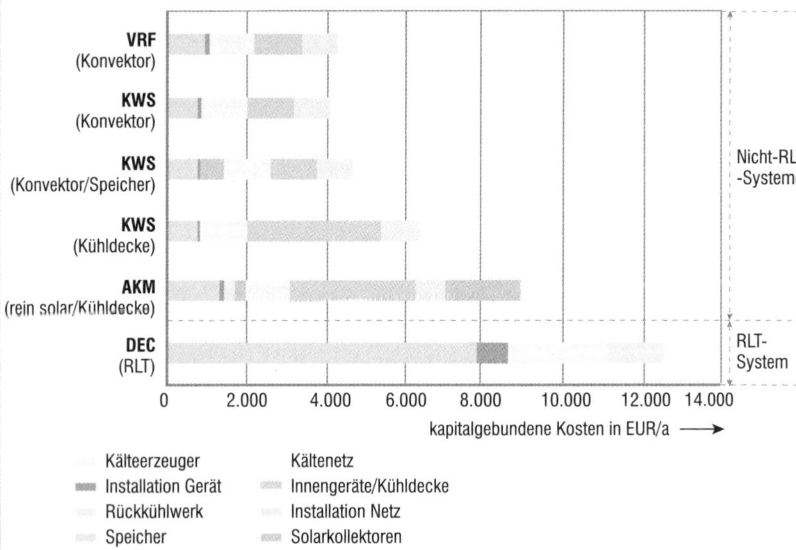

VPS grundlegende Technologie
VRW-System (variable prefigetant flow)
KWS Kaltwassersatz
AKM Absorpionsmaschine
DEC Trocknungs- und Verdunkelungskühlung (destinative eviprotive cooling)
RLT raumtechnische Anlage

Quelle: MS Klimaanlagen GmbH

Bild 3.49 Jahresgesamtkosten einer Büroklimatisierung

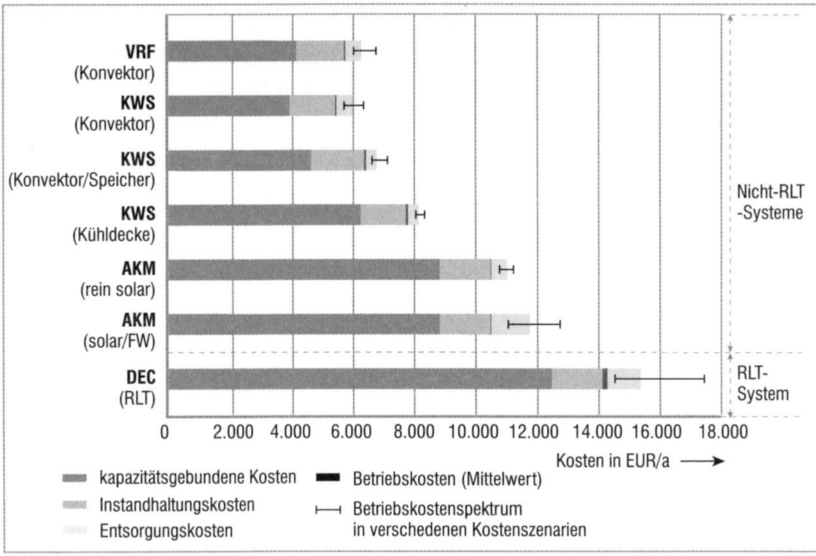

Quelle: MS Klimaanlagen GmbH

Bild 3.50 Jahresgesamtkosten einer Büroklimatisierung

Maßnahmen	Erzeuger	Abschnitt EEWärmeG	Anforderung gem. EEWärmeG in %	realer Anteil der Maßnahmen in %	Anteil EEWärmeG in %
Abwärme (Wärmepumpe)	Wärmepumpe (VRV-System	§ 7 Abs. 1 Nr. 1a	50	71,2	142,3
Abwärme (Wärmerückgewinnung)	RLT-Einheit	§ 7 Abs. 1 Nr. 1a	50	35,2	70,4
Einsperung von Energie		§ 7 Abs. 1 Nr. 2	15	13,2	88,0
Gesamt		**§ 3 Abs. 1 Nr.**		**300,7 %**	

Quelle: MS Klimaanlagen GmbH

Tabelle 3.36 Projektbeispiel mit VRF-Technik

3.3 Gebäude-Energieautomation

Prof. Dr.-Ing. Martin Pfeiffer

Nachhaltig geplante Niedrigstenergiegebäude prägen schon heute unsere Stadtbilder. Eine zunehmend virtuelle Arbeitswelt erzeugt zusätzlich neue funktionale, formale, konstruktive und herstellungstechnische Anforderungen an Niedrigstenergiegebäude. Planende werden sich künftig noch intensiver mit der Gebäude-Energieautomation bei Niedrigstenergiegebäuden auseinandersetzen müssen. Denn digitale Regelungs- und Steuerungsoptionen beeinflussen zunehmend auch die Nachhaltigkeit von Niedrigstenergiegebäuden.

Bild 3.51 zeigt ausgewählte Einsatzmöglichkeiten der Gebäudeautomation in Niedrigstenergiegebäuden. Gebäude-Energieautomation sollte neben der Nachhaltigkeit auch aus mehreren Gründen in Deutschland für Niedrigstenergiegebäude zum Standard werden.

Denn ganz generell liegt noch großes Potenzial im digitalen Gebäude-Energiemanagement von Niedrigstenergiegebäuden, z. B. hinsichtlich der sogenannten „Predictive Maintenance", dem effizienten Betrieb oder der optimalen $C0_2$-Steuerung. Digitale, optimierte Heizungssteuerungen, automatische und regelmäßige hydraulische Abgleiche sowie digitale Nutzerunterstützungen, -führungen und -sicherungen sollten zum Standard gehören. Automatisierte Niedrigstenergiegebäude mit Erkennungssystemen und biometrischen Funktionen, eine regelmäßige automatisierte Überprüfung der Trinkwasserqualität sowie weitere smarte Komponenten sind nicht mehr nur Visionen, sondern werden bereits in der Praxis getestet. Denken Sie beispielsweise an Rauchwarnmelder, die gleichzeitig Bewegungsprofile

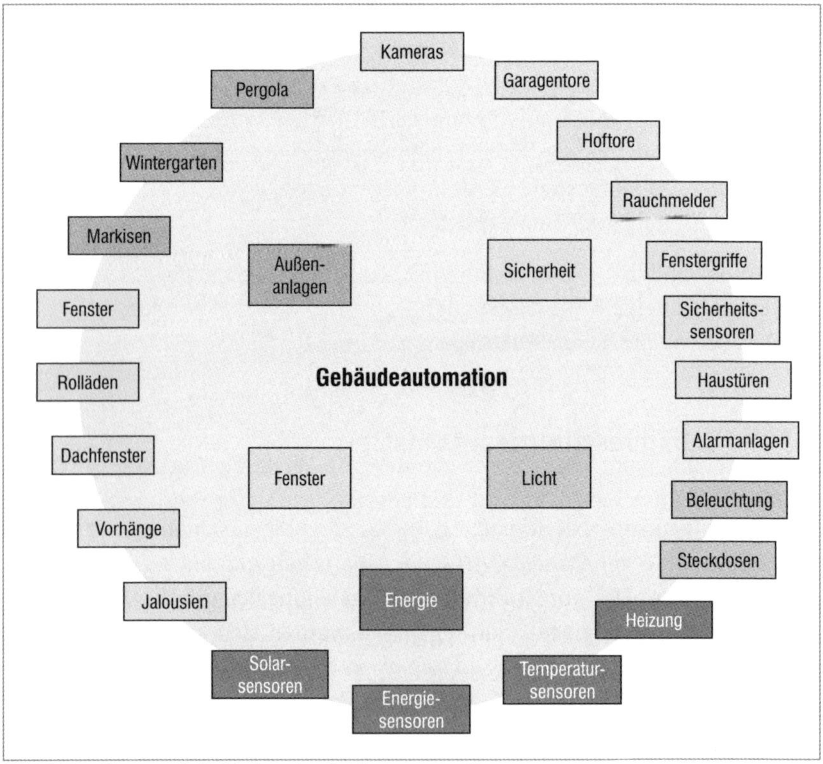

Bild 3.51 Einsatzmöglichkeiten der Gebäudeautomation

erkennen und im Zusammenspiel mit anderen smarten Geräten unter Nutzung künstlicher Intelligenz Nutzerprofile erlernen, oder das AAL, das sogenannte „**A**mbient **A**ssisted **L**iving".

Auch sogenannte „Smart Windows" sind aus dem Alltag schon lange nicht mehr wegzudenken. Diese intelligenten Fenster der neuen Generation sind eine Automation, die den Benutzern in vielerlei Hinsicht auch Möglichkeiten für Niedrigstenergiegebäude bieten und das bei einfacher Bedienbarkeit. Zum Beispiel kann das Öffnen von Fenstern in Niedrigstenergiegebäuden per Hand entfallen, da sie sich über wandintegrierte Schalter, Fernbedienungen, Touchscreens mit Zeitschaltung oder per Smartphone-App steuern lassen. Darüber hinaus gibt es Systeme für Niedrigstenergiegebäude, bei denen Sensoren erkennen, wann ein Fenster (beispielsweise aus Witterungsgründen) über Aktoren geschlossen werden sollte. Oder wann es an der Zeit ist, dieses zu öffnen, um den Raum entsprechend zu belüften. Smarte Fenster bieten zudem Potenzial bei der Energieeinsparung, wenn z. B. das System an die Heizungsanlage und Verschattungssysteme angeschlossen ist. So wird beim Lüften wenig Energie verschwendet, weil die Heizung herunterfährt oder sich Fenster und Sonnenschutz im Sommer bei starker Sonneneinstrahlung automatisch schließen. Auch die Überwachung und Alarmmeldung auf ein Smartphone im Falle eines gewaltsamen Öffnens der Fenster kann eingestellt werden. Vorgenanntes erhöht die Sicherheit eines Niedrigstenergiegebäudes erheblich.

> Entscheidend ist, dass Nutzer von Niedrigstenergiegebäuden mit ihren Bedürfnissen im Mittelpunkt stehen, wie z. B. im Falle offener Fenster oder Türen, die beim Verlassen des Gebäudes automatisch geschlossen werden.

Irgendwann werden Niedrigstenergiegebäude, was das Gebäude-Energiemanagement anbelangt, autonomer werden. So ist ein ganzheitlicher, wirtschaftlicher, umweltverträglicher und nutzungsgerechter Betrieb möglich.

Im Zusammenhang mit dieser Autonomie ist Datensicherheit ist für die Nutzerakzeptanz der Smart Devices allerdings besonders wichtig. Dies gilt insbesondere dort, wo solche Komponenten von Gebäudeeigentümern eingebaut werden und Nutzer der Niedrigstenergiegebäude nicht mehr die Möglichkeit haben, die „intelligenten" Technologien komplett selbstbestimmt zu nutzen. Deshalb sind für Niedrigstenergiegebäude Datenschutz und Datensicherheit so wichtig – niemand darf aus intimen, schützenswerten Nutzerdaten Geschäftsmodelle entwickeln.

3.3.1 Aufrüstung bestehende TGA-Anlagen

Viele TGA-Anlagen (TGA = Technische Gebäudeausrüstung) in bestehenden Gebäuden funktionieren aufgrund mangelhafter Gebäudeautomationssysteme nicht richtig, sind ineffizient und verursachen unnötig hohe Betriebskosten. Oft sind Gebäudenutzer auch mit der Funktionalität und dem gebotenen Komfort der GA-Systeme (GA = Gebäudeautomation) nicht zufrieden.

Aufgrund europäischer Vorgaben wächst der Druck, TGA-Anlagen optimal in GA-Systeme zu integrieren und ihre Energieeffizienz zu überwachen. Optimale GA-Systeme tragen zum langfristigen Werterhalt von Niedrigstenergiegebäuden bei.

Um Niedrigstenergiegebäude zukunftsfähig energieeffizienter zu managen, müssen die Systeme der Gebäudeautomation immer „intelligenter", vernetzter und flexibler werden. Damit steigt auch die Komplexität bei der Planung, Integration und Überwachung der TGA. Die damit einhergehenden Herausforderungen für die Beteiligten bei Niedrigstenergiegebäuden zur Gebäude-Energieautomation lassen sich effektiv bewältigen.

Steigende Digitalisierungsgrade der Niedrigstenergiegebäude-Infrastrukturen haben dabei erhebliche Auswirkungen auf ihre TGA. Sie müssen immer mehr und komplexere Aufgaben erfüllen. Als Folge davon kann die Fehlerhäufigkeit der Systeme der Gebäudeautomation wachsen. Das zeigt sich in der Praxis von bestehenden Gebäuden, in denen die Anlagentechnik nicht richtig funktioniert, ineffizient ist und damit unnötig hohe Betriebskosten verursacht.

Hinzu kommt, dass Nutzer von bestehenden Gebäuden oftmals mit Funktionalitäten und dem gebotenen Komfort der GA-Systeme nicht zufrieden sind. Auch werden mangels geeigneter Instrumente zu Analyse und Überprüfung der GA-Systeme Fehler oft erst im laufenden Gebäudebetrieb festgestellt. Das kann sich unwirtschaftlich entwickeln, denn zu kostenintensiven Auswirkungen einer nicht optimalen Anlagen-Performance über z. T. längere Zeiträume können zusätzlich Kosten für Verbesserungen hinzukommen.

Sogar vermeintlich einfache GA-Komponenten der Gebäude-Energieautomation bedürfen gründlicher Planung, fach- und sachgerechter Integration, eines lebenszykluslangen Managements mit Überwachung und schließlich wirksamer Verbesserungen. Das gilt insbesondere, wenn verschiedene smarte Systeme kombiniert werden und interagieren sollen.

Wenn dazu systematisch Schritt für Schritt vorgegangen wird, kann eine stabile Gebäude-Energieautomation entstehen, die einen zuverlässigen und effizienten Betrieb sicherstellen kann.

3.3.2 Steigerung der Gebäude-Energieeffizienz

Wie schon erwähnt, ist Energieeffizienz ein großes Thema für die Gebäude-Energieautomation. Für deren Förderung werden immer neue Regulierungen verbindlich eingeführt. Jüngstes Beispiel ist die EU-Gebäuderichtlinie EPBD (Energy Performance of Buildings Directive), die 2018 novelliert wurde, allerdings mit dem Inkrafttreten des Gebäudeenergiegesetztes am 1. November 2020 noch nicht vollständig in deutsches Recht umgesetzt ist.

Die vorgenannte EU-Gebäuderichtlinie fordert die europaweite Verwirklichung einheitlicher Standards zur Energieeffizienz von Gebäuden allerdings bis zum Jahr 2030. Im Kontext der Gebäudeautomation sind bestimmte Ziele sogar schon bis 2025 umzusetzen. Dazu zählt beispielsweise, dass GA-Systeme den Energieverbrauch kontinuierlich überwachen, protokollieren, analysieren und dessen Anpassung ermöglichen müssen. Aber auch, dass Anlagen ab einer bestimmten Leistung in der Lage sind, Effizienzverluste zu erkennen und das Gebäude-Energiemanagement über mögliche Optimierungen zu informieren.

Solche Entwicklungen machen nachhaltige Planung, Integration, Betrieb, Überwachung und Verbesserung der TGA von Niedrigstenergiegebäuden wichtig (**Bild 3.52**). Optimal funktionierende sowie umweltverträglich,

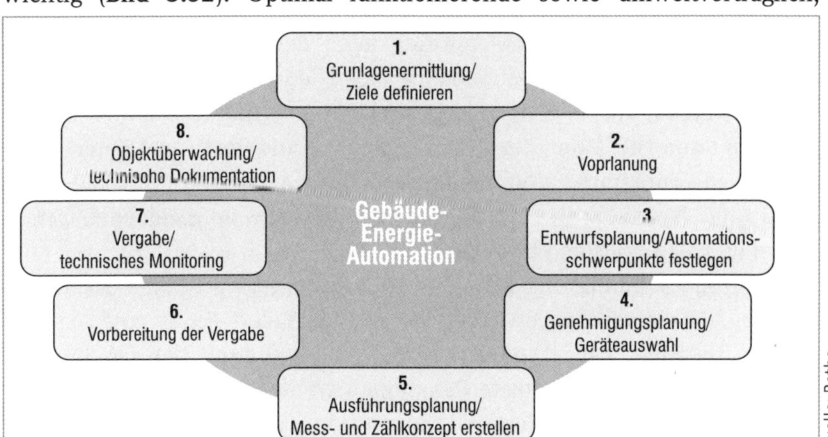

Bild 3.52 Schritte zur Sicherstellung qualitätsvoller Gebäude-Energieautomation bei Niedrigstenergiegebäuden

wirtschaftlich und nutzungsgerecht arbeitende GA-Systeme werden zum Faktor für den langfristigen Werterhalt von Niedrigstenenergiegebäuden und wichtigen Kriterium bei Vermietung oder Verkauf.

Von Beginn an sollte daher angemessen in nachhaltig geplante Gebäude-Energieautomation investiert werden. Bauherren können sich mit diesem Vorgehen gegen Qualitätsrisiken absichern und ziehen Nutzen daraus, weil auch Kosten im Gebäudebetrieb reduziert werden können. Qualitätsgesicherte Planungen beginnen insbesondere mit der richtigen Bedarfsermittlung und Beauftragung der nachhaltigen Leistungen.

> Integrationsplanungen zu Gebäude-Energieautomation von Niedrigstenergiegebäuden sind Leistungen, die in der Honorarordnung für Architekten und Ingenieure (HOAI) nicht enthalten sind. Sie sollten allerdings vom Bauherrn als Fachplanungen beauftragt werden, weil diese besonderen Leistungen sich lohnen, um die nachhaltige Integration von GA-Anlagen sicherzustellen.

3.3.3 Technisches Monitoring und digitale Prüfkonzepte der Gebäude-Energieautomation

Besonders zu Anfang der Nutzungszeit arbeiten viele GA-Systeme von Niedrigstenergiegebäuden nicht optimal. Hier muss das Gebäude-Energiemanagement regelmäßig eingreifen und ist oft mit Noteinsätzen befasst. Der Regelbetrieb kann dabei schnell zum „Handbetrieb" werden, was alle Beteiligten natürlich vermeiden wollen.

Mit einem technischen Monitoring kann der gewünschte Optimalzustand der Gebäude-Energieautomation bei Niedrigstenergiegebäuden hergestellt werden. Als Überwachungstool kann technisches Monitoring Soll-Werte mit den Ist-Werten der TGA vergleichen und überwacht damit systematisch alle Funktionen und die Effizienz der GA-Systeme. Die Daten werden im GA-Netzwerk des Niedrigstenergiegebäudes aufgezeichnet und in einem digitalen Prüfstand bewertet.

Technisches Monitoring kann bei Niedrigstenergiegebäuden auch über längere Zeitintervalle angewendet werden. Es liefert damit eine aussagekräftige Datenbasis für Detailanalysen zum Ist-Zustand der GA-Systeme. Schwachstellen und fehlerhafte Funktionen werden angezeigt, die Leistungen der GA-Systeme optimiert und nutzerorientiert angepasst.

Der Einsatz von digitalen Prüfkonzepten zu Niedrigstenergiegebäuden kann effiziente Anlagenbetriebe ab Inbetriebnahme der GA-Systeme sicherstellen. Gewünschte Funktionen und Anwendungen einzelner Anlagen oder Anlagensysteme sind bei der Planung und Errichtung in einer prüfbaren Art und Weise festzulegen. Die aktualisierte VDI-Richtlinie 3814 ist hier mit einer geeigneten Methode zur Spezifikation von Anlagenfunktionen auf Basis von Zustandsgraphen hilfreich. Digitale Funktionsbeschreibungen können den zunächst reinen Spezifikationsansatz zu einem digitalen Spezifikations- und Prüfkonzept erweitern.

Der Grad der Übereinstimmung zwischen Planung und Betrieb wird mit der dafür eingesetzten Kenngröße „Betriebsgüte" messbar. Das ermöglicht Bewertungen und Vergleiche der unterschiedlichen Anlagenqualitäten. Vorgenanntes Verfahren ist sowohl auf Regelgrößen, Schaltbefehle und sonstige funktionale Vorgaben als auch auf verschiedene Key-Performance-Indikatoren (KPI) des spezifizierten Systems bei Niedrigstenergiegebäuden anwendbar.

Die Spezifikationen und Prüfergebnisse stehen digital zur Verfügung und werden ab Inbetriebnahme online und dauerhaft mit KPIs (und bei Bedarf auch mit detaillierten Analysen) aktiv überwacht. Sie können beispielsweise Auftraggebern bei Neubauten von Niedrigstenergiegebäuden als verpflichtendes Abnahmekriterium dienen und erleichtern Überwachungen und Optimierungen der GA-Funktionen im laufenden Betrieb.

3.3.4 Gebäude-Energieautomation in der erneuerten EU-Gebäuderichtlinie

Eine der für die Gebäude-Energieautomation von Niedrigstenergiegebäuden wichtigsten Neuerungen in der Richtlinie 2018/844/EU vom 30. Mai 2018 zur Änderung der EU-Gebäuderichtlinie findet sich in den Neufassungen der Artikel 14 „Inspektion von Heizungsanlagen" und 15 „Inspektion von Klimaanlagen" jeweils in den Absätzen 4 und 5:

„(4) *Die Mitgliedstaaten legen Anforderungen fest, um sicherzustellen, dass Nichtwohngebäude mit einer Nennleistung für eine Heizungsanlage oder eine kombinierte Raumheizungs- und Lüftungsanlage [Artikel 15: Klimaanlage oder eine kombinierte Klima- und Lüftungsanlage] von mehr als 290 kW, sofern technisch und wirtschaftlich realisierbar, bis zum Jahr 2025 mit Systemen für die Gebäudeautomatisierung und -steuerung ausgerüstet werden.*

Die Systeme für die Gebäudeautomatisierung und -steuerung müssen in der Lage sein,

a) den Energieverbrauch kontinuierlich zu überwachen, zu protokollieren, zu analysieren und dessen Anpassung zu ermöglichen;

b) Benchmarks in Bezug auf die Energieeffizienz des Gebäudes aufzustellen, Effizienzverluste von gebäudetechnischen Systemen zu erkennen und die für die Einrichtungen oder das gebäudetechnische Management zuständige Person über mögliche Verbesserungen der Energieeffizienz zu informieren; und

c) die Kommunikation zwischen miteinander verbundenen gebäudetechnischen Systemen und anderen Anwendungen innerhalb des Gebäudes zu ermöglichen und gemeinsam mit anderen Typen gebäudetechnischer Systeme betrieben zu werden, auch bei unterschiedlichen herstellereigenen Technologien, Geräten und Herstellern.

(5) Die Mitgliedstaaten können Anforderungen festlegen, um sicherzustellen, dass Wohngebäude ausgerüstet sind mit:

a) einer kontinuierlichen elektronischen Überwachungsfunktion, welche die Effizienz des Systems misst und den Eigentümer oder Verwalter des Gebäudes darüber informiert, wenn die Effizienz erheblich nachgelassen hat und eine Wartung des Systems erforderlich ist (**Bild 3.53**)*, und*

b) wirksamen Steuerungsfunktionen zur Gewährleistung der optimalen Erzeugung, Verteilung, Speicherung und Nutzung der Energie."

Zur Umsetzung heißt es in der Änderungsrichtlinie:

„Die Mitgliedstaaten setzen die Rechts- und Verwaltungsvorschriften in Kraft, die erforderlich sind, um dieser Richtlinie bis zum 10. März 2020 nachzukommen. Sie teilen der (EU-)Kommission unverzüglich den Wortlaut dieser Vorschriften mit".

Deutschland hat diese Vorgaben im am 13. August 2020 verkündeten Gebäudeenergiegesetz aufgegriffen, aber nicht analog umgesetzt. Im Abschnitt 3 „Energetische Inspektion von Klimaanlagen", §74 „Be-

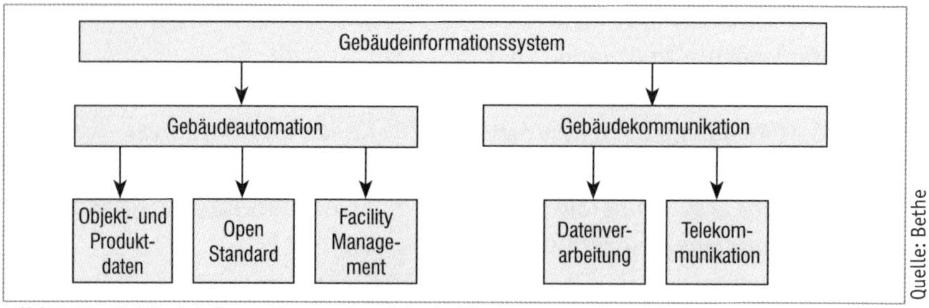

Bild 3.53 Gebäudeinformationssystem für ein Niedrigstenergiegebäude

treiberpflicht", gibt es bisher nur die Möglichkeit zur Befreiung von Inspektionspflichten, wenn die inspektionspflichtige Anlage mit einem EPBD-konformen GA-System ausgestattet ist, was in der EU-Gebäuderichtlinie in den Artikeln 14 und 15, jeweils Absatz 6, eingeräumt wird.

Offen ist zudem noch die Einführung eines Intelligenzfähigkeitsindikators als sogenannte „Smart Readiness Indicators“ (SRI) zur Bewertung der technologischen Fähigkeit eines Wohngebäudes, mit Nutzer und Netz zu interagieren sowie den Betrieb energieeffizient zu regeln.

3.4 Gebäude-Energiequalitätsmanagement

Prof. Dr.-Ing. Martin Pfeiffer

In diesem Abschnitt wird Gebäude-Energiequalitätsmanagement für Niedrigstenergiegebäude in Deutschland im Bereich Gebäude-Energieberatung und Gebäude-Energiemanagement mit Fokus auf einige zentrale Themen dargestellt. Die hierbei betrachteten Aspekte des Gebäude-Energiequalitätsmanagement sind insbesondere

- Gebäude-Energieausweise,
- Gebäude-Thermographien und
- Gebäude-Wind- und Luftdichtheitstests.

3.4.1 Gebäude-Energieausweise

Ein Gebäude-Energieausweis (**Bild 3.54**) illustriert im Rahmen eines Gebäude-Energiequalitätsmanagements wichtige Daten zu Niedrigstenergiegebäuden.

Wer ein (auch: Niedrigstenergie-)Gebäude in Deutschland verkaufen oder vermieten möchte, muss einen Energieausweis bzw. eine Kopie desselben vorlegen. Seit 1. Mai 2021 gelten dafür verschärfte Regelungen auf Grundlage des im November 2020 in Kraft getretenen Gebäudeenergiegesetzes 2020 (GEG).

Quelle: Bethe

Bild 3.54 Muster eines Gebäude-Energieausweises

So ein Energieausweis ist eine Art „Steckbrief“ und weist Daten zur Energieeffizienz mit Empfehlungen aus. Energieausweise enthalten im Idealfall nach Gebäudeenergiegesetz neben allgemeinen Angaben zum Gebäude Hinweise auf Einsparpotenziale sowie konkrete Vorschläge für Verbesserungsmaßnahmen.

Bei Wohngebäuden werden im Gebäude-Energieausweis neun Effizienzklassen von A bis H unterschieden. Klasse „A+" kennzeichnet dabei energetisch besonders gute Wohngebäude, während die unterste Klasse „H" dem Wohngebäude einen schlechteren energetischen Zustand bescheinigt.

Auch nach Einführung des GEG gilt für alle Energieausweise nach wie vor, dass sie nach Ausstellung zehn Jahre lang gültig sind, eine Verlängerung ist nicht möglich. Relevant sind die Neuerungen aus dem GEG also für Gebäude-Energieausweise, die zehn Jahre oder älter sind und jetzt erneuert werden.

> Nicht jeder Gebäudebesitzer ist automatisch verpflichtet, sich einen Gebäude-Energieausweis ausstellen zu lassen. Längst fertiggestellte Gebäude brauchen ihn nicht. Erforderlich ist er jedoch beispielsweise für diejenigen, die ein Niedrigstenergiegebäude neu vermieten, verpachten oder verkaufen möchten. Werden entsprechenden Interessenten keine Gebäude-Energieausweise (ggf. als Kopie) vorlegt, werden Ordnungswidrigkeiten begangen, für die Bußgeld verhängt werden kann.

Neu für Gebäude-Energieausweise nach dem GEG sind seit 1. Mai 2021 insbesondere folgende Regelungen:

- $C0_2$-Emissionen müssen in Ausweisen angegeben werden. Berechnet werden die Emissionen aus dem Primärenergiebedarf oder -verbrauch des Gebäudes.
- Die Pflicht, bei Vermietung, Verpachtung oder Verkauf einen Energieausweis vorzulegen, gilt jetzt auch für Immobilienmakler.
- Wer Energieausweise ausstellt, muss bestehende Gebäude vor Ort oder anhand von aussagekräftigen Bildern bewerten, um passende Maßnahmen zur Modernisierung empfehlen zu können. Stellen Eigentümer Daten für den Energieausweis bereit, sind sie für die Richtigkeit der Angaben verantwortlich. Der Aussteller muss die Daten jedoch auf Plausibilität prüfen.
- In Energieausweisen muss die energetische Qualität des Gebäudes detailliert angegeben werden.

Unterschieden wird durch das GEG zudem zwischen Bedarfs- und Verbrauchsausweisen.

Verbrauchsausweis

Für einen Verbrauchsausweis wird der tatsächliche Verbrauch der Bewohner auf Grundlage von Daten der letzten drei Jahre ermittelt, er ist entsprechend verbrauchsabhängig. Ein Verbrauchsausweis bewertet also die Nutzerverbrauchssituation und nicht das Gebäude. So entsteht allerdings keine praktikabel vergleichbare Bewertung, was wiederum den Bedarfsausweis für Niedrigstenergiegebäude im Gebäude-Energiequalitätsmanagement fordert. In der Regel ist ein Verbrauchsausweis jedoch die günstigere Variante, da er schneller und mit weniger Aufwand erstellt wird. Verbrauchsausweise sind auch nicht immer möglich bzw. oft nachteilig, denn sie basieren auf den Verbrauchsdaten der vergangenen drei Abrechnungsperioden. Wenn sich in diesen drei Jahren Änderungen am Niedrigstenergiegebäude ergeben haben, beispielsweise eine neue Heizung eingebaut oder der Energieträger gewechselt wurde, bewertet ein Verbrauchsausweis das Gebäude nicht korrekt.

Bedarfsausweis

Im Gegensatz dazu bewertet der Bedarfsausweis den theoretischen Verbrauch auf Basis technischer Gebäudedaten und gibt eine nutzerunabhängige Bewertung. Hierdurch wird der energetische Zustand des Gebäudes transparent gemacht. Eigentümer können damit bei Verkauf gegebenenfalls objektiver für ihr effizientes Niedrigstenergiegebäude informieren.

> Die Deutsche Energie-Agentur (dena) pflegt eine bundesweite Ausstellerdatenbank, in der Energieausweis-Interessierte qualifizierte Energieexperten in ihrer Region finden.

3.4.2 Gebäude-Thermographie

Bild 3.55 zeigt eine Thermographieaufnahme zum Gebäude-Energiequalitätsmanagement auch von Niedrigstenergiegebäuden, insbesondere um Wärmebrücken berührungslos gemessen zu erkennen.

Gebäude-Thermographie ist ein bildgebendes Verfahren zur Anzeige von Oberflächentemperaturen. Dabei wird die Intensität der Infrarotstrahlung, die von einem Punkt ausgeht, als Maß für dessen Temperatur gedeutet. Flächen erhöhter Temperatur (beispielsweise auf einer ungedämmten Gebäudehülle) werden durch die sogenannte „Falschfarbe Rot“ gekennzeichnet. Eine Wärmebildkamera wandelt hier für menschliche Augen unsichtbare In-

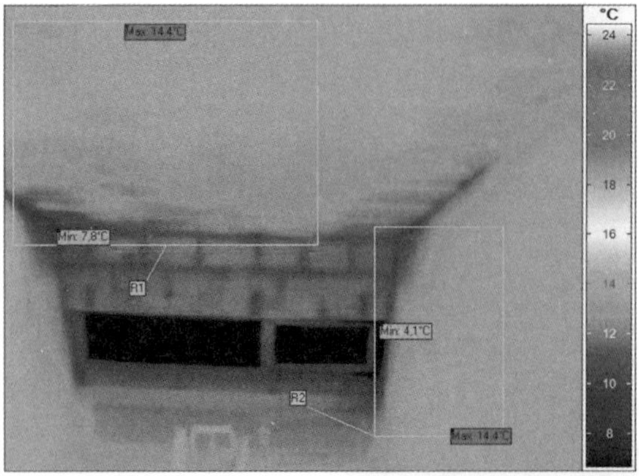

ID	Mittelwert (°C)	Minimum (°C)	Maximum (°C)	Bereich (K)	Emission
R1	13,2	7,8	14,4	6,5	1,0
R2	12,8	4,1	14,4	10,3	1,0

Quelle: Bethe

Bild 3.55 Thermographieaufnahme im Gebäude-Energiequalitätsmanagement von einem Niedrigstenergiegebäude

frarotstrahlungen in elektrische Signale um. Eine Auswerteelektronik erzeugt dann daraus ein Bild in Falschfarben, seltener ein Graustufenbild.

Die Thermographie wird bevorzugt im infraroten Bereich eingesetzt, also bei Objekttemperaturen um 300 K, die im Bereich der gewöhnlichen Umgebungstemperaturen um 20 °C liegen.

Damit Messungen z. B. an weiter entfernt liegenden Niedrigstenergiegebäuden nur wenig durch die zwischen Objekt und Kamera liegenden Atmosphäre verfälscht werden, arbeiten die Kameras in der Regel in eingeschränkten Wellenlängenbereichen, in denen die Atmosphäre kaum Eigenstrahlung emittiert und absorbiert.

$$P_{\text{Gesamt}} = \varepsilon\tau\, P_{\text{Objekt}} + (1 - \varepsilon)\, \tau\, P_{\text{Umgebung}} + (1 - \tau)\, P_{\text{Luft}}$$

Streustrahlung von Sonnenlicht und heißen seitlichen Strahlern sind bei sorgfältigen Messungen am besten zu vermeiden. Strahlungsleistungen der Luftmassen zwischen Niedrigstenergiegebäuden und Sensoren sind problematisch, wenn der Abstand zunimmt.

Bei der passiven Thermografie wird die durch die Umgebung oder den Prozess bedingte Temperaturverteilung der Oberfläche erfasst. Dies wird bei Niedrigstenergiegebäuden zum Auffinden von Wärmebrücken genutzt, um Verlustwärmequellen und Schäden zu erkennen. Aktive Thermografie dient dazu, verborgene Strukturen bzw. Strukturfehler zu entdecken, die sich durch einen lokal veränderten Wärmefluss aufgrund abweichender Wärmeleitfähigkeit zeigen. Hierzu muss das zu prüfende Bauteil thermisch angeregt werden, um einen Wärmefluss im Objekt zu erzeugen, s.a. DIN 54190-1. Es wird zwischen periodischer Anregung, z.B. bei der Lock-in-Thermografie, und einmaliger Anregung, angewendet bei der Impuls-Thermografie, unterschieden.

> Inhomogenitäten beeinflussen den Wärmeabfluss in das Bauteilinnere oder durch das Bauteil hindurch und führen dadurch zu lokalen Temperaturunterschieden an der Oberfläche.

3.4.3 Gebäude-Wind- und Luftdichtheitstest

Im Gebäudenergiegesetz (GEG) sind die aktuellen Anforderungen an die Wind- und Luftdichtheit für das Gebäude-Energiequalitätsmanagement auch zu Niedrigstenergiegebäuden geregelt. Ein Gebäude ist demnach so zu errichten, dass die wärmeübertragende Umfassungsfläche einschließlich der Fugen dauerhaft luftundurchlässig nach den anerkannten Regeln der Technik abgedichtet ist. Öffentlich-rechtliche Vorschriften über den zum Zweck der Gesundheit und Beheizung erforderlichen Mindestluftwechsel bleiben unberührt.

§ 26 des GEG regelt gesetzlich zur Prüfung der Wind- und Luftdichtheit auch eines Niedrigstenergiegebäudes:

„*(1) Wird die Luftdichtheit eines zu errichtenden Gebäudes vor seiner Fertigstellung nach DIN EN ISO 9972:2018-12 Anhang NA überprüft, darf die gemessene Brutto-Luftwechselrate bei der Ermittlung des Jahres-Primärenergiebedarfs nach § 20 Absatz 1 oder Absatz 2 und nach § 21 Absatz 1 und 2 nach Maßgabe der Absätze 2 bis 5 als Luftwechselrate in Ansatz gebracht werden. Bei der Überprüfung der Luftdichtheit sind die Messungen nach den Absätzen 2 bis 5 sowohl mit Über- als auch mit Unterdruck durchzuführen. Die genannten Höchstwerte sind für beide Fälle einzuhalten.*

(2) Der bei einer Bezugsdruckdifferenz von 50 Pascal gemessene Volumenstrom in Kubikmeter pro Stunde darf:

1. *ohne raumlufttechnische Anlagen höchstens das 3-fache des beheizten oder gekühlten Luftvolumens des Gebäudes in Kubikmetern betragen und*
2. *mit raumlufttechnischen Anlagen höchstens das 1,5-fache des beheizten oder gekühlten Luftvolumens des Gebäudes in Kubikmetern betragen.*

(3) Abweichend von Absatz 2 darf bei Gebäuden mit einem beheizten oder gekühlten Luftvolumen von über 1.500 Kubikmetern der bei einer Bezugsdruckdifferenz von 50 Pascal gemessene Volumenstrom in Kubikmeter pro Stunde

1. *ohne raumlufttechnische Anlagen höchstens das 4,5-fache der Hüllfläche des Gebäudes in Quadratmetern betragen und*
2. *mit raumlufttechnischen Anlagen höchstens das 2,5-fache der Hüllfläche des Gebäudes in Quadratmetern betragen.*

(4) Wird bei Nichtwohngebäuden die Dichtheit lediglich für bestimmte Zonen berücksichtigt oder ergeben sich für einzelne Zonen aus den Absätzen 2 und 3 unterschiedliche Anforderungen, so kann der Nachweis der Dichtheit für diese Zonen getrennt durchgeführt werden.

(5) Besteht ein Gebäude aus gleichartigen, nur von außen erschlossenen Nutzeinheiten, so darf die Messung nach Absatz 1 nach Maßgabe von DIN EN ISO 9972:2018-12 Anhang NB auf eine Stichprobe dieser Nutzeinheiten begrenzt werden.“

Mit dem Differenzdruck-Messverfahren, in der Praxis auch „Blower-Door-Test“ genannt (**Bild 3.56**), kann die Wind- und Luftdichtheit von Gebäuden gemessen werden. Das Verfahren dient dazu, Leckagen in Gebäudehüllen aufzuspüren und tatsächliche Luftwechselraten zu bestimmen.

Das Ziel eines jeden Niedrigstenergiegebäudes sollte es auch sein, eine optimale Behaglichkeit zu erreichen und die dafür eingesetzte Energie zu minimieren. Dazu ist es auch notwendig, eine möglichst wind- und luftdichte Gebäudehülle an jedem Niedrigstenergiegebäude zu erreichen.

Quelle: Bethe

Bild 3.56 Blower-Door-Test

DIN 4108 Teil 7 wird der „Einbau einer luftundurchlässigen Schicht über die gesamte Fläche“ gefordert. Diese Norm setzt verbindliche Grenzwerte für die Luftwechselrate fest; somit hat ein Niedrigstenergiegebäude den Anspruch einer optimierten Wind- und Luftdichtheit, welche durch die Differenzdruckmessung nachgewiesen werden kann.

Jedes Niedrigstenergiegebäude muss nach heutigem Standard eine geplante, lückenlos wind- und luftdichtend ausgeführte Ebene zwischen Innen- und Außenbereich aufweisen. Dies wird insbesondere mit zunehmenden Dämmstoffstärken immer wichtiger, da die Wärmedurchgänge über Transmissionen durch gut gedämmte Bauteile bei Niedrigstenergiegebäuden zwar sehr gering sind, aber ihre Effizienz verlieren, wenn ein erheblicher Teil der zugeführten Energie durch Konvektion über Leckagen aus der Gebäudehülle verlorengeht.

Eine Leckageortung mit Hilfe eines im Rohbauzustand erzeugten Unterdruckes macht problematische Stellen sichtbar. Zu diesem Zeitpunkt können sie noch ohne großen Aufwand behoben werden. Es lässt sich somit nachhaltig Energie einsparen und die Gefahr von Bauschäden und Herabsetzungen der Dämmwirkungen durch insbesondere Kondensationen in den Dämmstoffen während der Winterperioden reduzieren.

Die Durchführung von Blower-Door-Messungen ist somit grundsätzlich optional. Lediglich zwei einschränkende Vorgaben sorgen dafür, dass eine Messung zur Pflicht wird:

- Gebäude-Energieberater haben einige Stellschrauben im Rahmen der Erstellung von Wärmeschutznachweisen. Eine dieser Schrauben ist die Vorgabe zur Durchführung eines Blower-Door-Tests. Hiermit wird festgeschrieben, dass der Nachweis erst Gültigkeit erlangt, sobald eine Blower-Door-Messung mit positivem Ergebnis durchgeführt wurde. Ein entsprechendes Zertifikat zur Dokumentation des Ergebnisses ist den Wärmeschutznachweisen hinzuzufügen.
- Die Kreditanstalt für Wiederaufbau (KfW) beispielsweise setzt auch externe Faktoren zur Sicherstellung von Niedrigstenergiegebäude-Bewertungen voraus. Einer dieser Faktoren ist der Blower-Door-Test. Eine wind- und luftdichte Bauweise ist ein wichtigstes Kriterium im Rahmen der Gebäude-Energieffizienz und steht neben energetischen Verlusten durch Transmission über Bauteile der Niedrigstenergiegebäude. Aus diesem Grund hat sich die KfW dazu entschlossen, alle Bauprojekte mit einer Pflicht zur Durchführung eines Luftdichtheitstests zu belegen. Dies umfasst nicht nur den Gebäude-Neubau, sondern reicht auch in die Gebäudemodernisierung.

Genormt ist das Differenzdruckverfahren in der DIN EN ISO 9972:2018-12 Wärmetechnisches Verhalten von Gebäuden – Bestimmung der Luftdurchlässigkeit von Gebäuden – Differenzdruckverfahren.

Im Rahmen des Tests wird durch einen Ventilator Luft in ein zu untersuchendes Gebäude gedrückt oder herausgesogen. Zur Anpassung des geförderten Luftstroms an die Gebäudedichtheit dienen verschieden große Messblenden für den geförderten Volumenstrom. Durch Kalibrierung kann die Größe des Volumenstroms angezeigt werden. Ein drehzahlgeregelter Ventilator wird so eingestellt, dass zum Umgebungsdruck eine Druckdifferenz von 50 Pa entsteht (**Bild 3.57**). Entstehende Druckdifferenzen bei Windlast hängen von Flächen und Windgeschwindigkeiten ab. Welcher Windstärke die aufgebaute Druckdifferenz von 50 Pa entspricht, hängt also von der Größe der jeweiligen Messobjekte ab.

Der Ventilator wird mittels eines verstellbaren Metallrahmens, der von einer luftundurchlässigen Plane umgeben ist, in eine Tür- oder Fensteröffnung eingesetzt. Dabei drückt sich der Rahmen über Gummidichtungen im Tür- oder Fensterrahmen fest. Die Tür oder das Fenster, in der die Messeinrichtung eingesetzt wird, kann dann natürlich nicht mit gemessen werden. Da es oft sehr wichtig ist, große Eingangstüren mit zu messen, kann für den

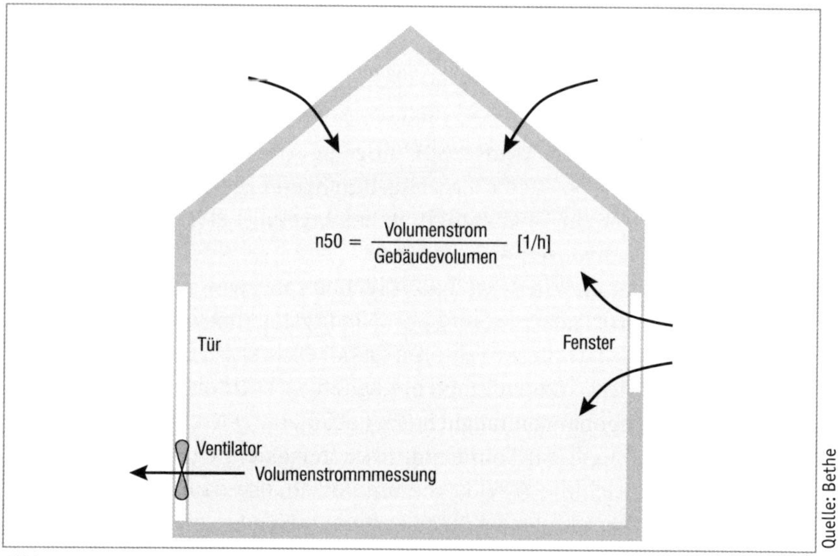

Bild 3.57 Thermographieaufnahme im Gebäude-Energiequalitätsmanagement von einem Niedrigstenergiegebäude

Einbau eines Blower-Door-Gerätes auch z. B. eine Balkontür verwendet werden.

Durch die Messblenden erzeugt das Gebläse im Ventilator selbst einen Überdruck. Die Messinstrumente bestimmen die zwei Druckdifferenzen:

- Druckdifferenz zwischen Außen- und Innenraum sowie
- Druck im Ventilator – und damit die Größe des Luftstroms, die der Ventilator transportiert.

Die Drehzahl des Ventilators wird so geregelt, dass sich ein bestimmter Druck zwischen Außen- und Innenraum aufbaut. Dabei muss der Ventilator bei der Unterdruckmessung so viel Luft nach außen befördern, wie durch die vorhandenen Leckstellen in das Gebäude eindringt. Der gemessene Luftstrom wird durch das Volumen des Gebäudes geteilt. Dieser Wert, die Luftwechselrate n50, kann nun mit den Anforderungen verglichen werden.

Ein Blower-Door-Test bietet im Gebäude-Energiequalitätsmanagement insbesondere folgende Möglichkeiten:

- Lage und Stärke von Wind- und Luftundichtheiten zu bestimmen,
- den Luftstrom (V50 in m3/h) durch die Summe aller Leckagen bei einem Prüfdruck von 50 Pa zu ermitteln sowie
- daraus mit dem Raumvolumen die stündliche Luftwechselrate ($V50/V_{Raum}$ = n50) bei 50 Pa zu berechnen.

Ein Blower-Door-Test zu Niedrigstenergiegebäuden gliedert sich grob in drei Phasen:

- In der ersten Phase wird ein konstanter Unterdruck von 50 Pa oder etwas höher erzeugt und aufrechterhalten. Während dieser Phase wird die Hülle von Niedrigstenergiegebäuden nach Leckagen abgesucht, an denen Luft unerwünscht hineinströmt. Größere Fehlstellen lassen sich bereits mit der Hand erfühlen, für Kleinere werden Rauchspender oder Luftgeschwindigkeitsmesser benutzt. Die genauesten Messungen der
- Luftleckagen sind mittels einer Infrarotkamera möglich. Auch die Nachweisführung hinsichtlich der undichten Bereiche wird durch Infrarotbilder exakt und anschaulich wiedergegeben. Somit sind gezielte Nachbesserungen der Wind- und Luftundichtigkeiten an Dichtebenen von Niedrigstenergiegebäuden möglich (Bild 3.58).
- In der zweiten Phase wird ein Unterdruck aufgebaut, wobei mit geringen Druckhöhen (10 Pa bis 30 Pa) begonnen und schrittweise, z. B. in fünf bis zehn Pa-Schritten, bis auf den Enddruck von 60 Pa bis 100 Pa erhöht wird. Bei jedem Schritt wird der jeweilige Luftvolumenstrom in Abhängigkeit vom Gebäudedruck gemessen und protokolliert.

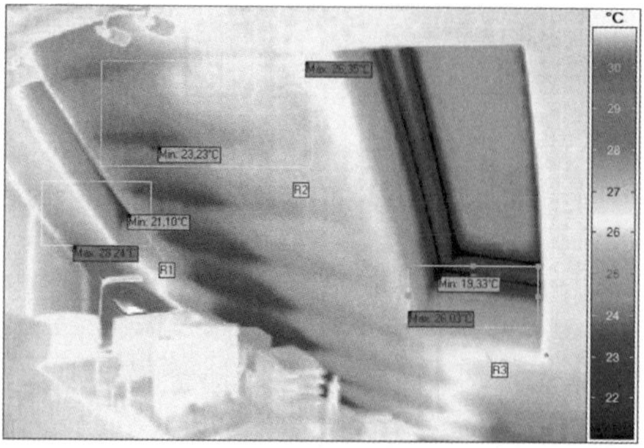

ID	Mittelwert (°C)	Minimum (°C)	Maximum (°C)	Bereich (K)	Emission
R1	25,80	21,10	28,24	7,14	1,00
R2	25,27	23,23	26,35	3,12	1,00
R3	23,95	19,33	26,03	6,70	1,00

Bild 3.58 Infrarotbild großer Luftleckagen eines Gebäudes

Quelle: Bethe

- In der dritten Phase wird ein Überdruck im Niedrigstenergiegebäude erzeugt und die Messungen werden analog zu Unterdruckmessungen wiederholt.

Aus den gesamten Ergebnissen des Über- und Unterdruckes des Niedrigstenergiegebäudes wird die mittlere Luftwechselrate, der sogenannte „n50-Wert“, errechnet. Dieser gibt an, wie oft die Luft in dem gemessenen Niedrigstenergiegebäude durch Leckagen bei einem Referenzdruck von 50 Pa in einer Stunde ausgetauscht wird.

Der genaue Ablauf der Messungen ist in der DIN EN ISO 9972:2018-12 geregelt.

Für einen Blower-Door-Test beispielsweise an einem Einfamilienhaus vor Ort muss eine Zeit von etwa drei Stunden veranschlagt werden. Voraussetzung ist, dass das Volumen und die Grundflächen des Gebäudes innerhalb der wind- und luftdichtenden Ebene ermittelt wird.

Nach Abschluss der Messungen bekommt der Eigentümer ein Zertifikat über die Qualität der gemessenen Gebäudehüllen, sofern Grenzwerte nicht überschritten wurden.

Das Differenzdruck-Messverfahren sollte an jedem Niedrigstenergie-Neubau und -Umbau durchgeführt werden, um evtl. vorhandene Fehlstellen der Gebäudehülle frühzeitig zu lokalisieren.

Ein Niedrigstenergiegebäude muss gelüftet werden, insbesondere zur Feuchteabfuhr, aber nur über die vorgesehenen Lüftungsmöglichkeiten. Strömt als Ursache beispielsweise Raumluft durch Mängel in der Gebäudehülle nach Außen, treten oft Bauschäden wie z. B. Schimmelpilzschäden auf (**Bild 3.59**).

Achtung! Wind- und Luftdichtheit darf nicht mit Dampfdiffusionsdichtheit verwechselt werden. Bei der Herstellung einer luftdichten Ebene von Niedrigstenergiegebäuden geht es nicht um absolute Dichtheit, sondern um die Vermeidung von Konvektion, welche durch das rasche Entweichen von größeren Luftmengen durch Leckagen entsteht.

Durch Wind- und Luftdichtigkeit wird zudem oft auch der Schallschutz verbessert; auch Geruchsbelästigungen können durch sie reduziert werden.

Quelle: Bethe

Bild 3.59 Schimmelpilze in einem Gebäude verursacht durch Luftundichtheit

4 Gebäude-Energieberatung

In diesem Kapitel wird Gebäude-Energieberatung zum Niedrigstenergiegebäude in Deutschland dargestellt.

4.1 Gebäude-Energieberatung nach VDI 3922

Prof. Dr.-Ing. Martin Pfeiffer

In diesem Abschnitt werden ausgewählte Aspekte der Gebäude-Energieberatung insbesondere nach VDI 3922 in Deutschland dargestellt.

4.1.1 Voraussetzungen für Gebäude-Energieberatungen

Millionen Gebäude in Deutschland haben einen enormen Bedarf an Gebäude-Energieberatung. Der Schutz der Menschen und der Umwelt vor dem Verbrauch fossiler Energieträger und schädlichen Umwelteinwirkungen erfordert einen rationellen und effizienten Energieeinsatz sowie höchstmögliche Umweltverträglichkeit bei optimaler Nutzungsgerechtigkeit.

In Gebäuden bestehen noch erhebliche Potenziale und Möglichkeiten, Energie rationeller, wirtschaftlicher, umweltverträglicher und nutzungsgerechter einzusetzen. Hierzu müssen insbesondere Methoden zur rationellen Energieerzeugung, -umwandlung, -verteilung, -speicherung und -nutzung, zu Emissionsverhalten, Wertschöpfung, Komfort und Behaglichkeit optimal eingesetzt werden.

Erfolgreiche Gebäude-Energieberatungen sollten durch besonders qualifizierte Fachleute durchgeführt werden, die allgemein als Gebäude-Energieberater bezeichnet werden.

In diesem Abschnitt wird insbesondere Gebäude-Energieberatern ein praxisgerechter Orientierungsrahmen für Ablauf und Inhalt solcher Gebäude-Energieberatungen gegeben. Besondere Berücksichtigung findet dabei die VDI 3922 aus dem Jahre 1998.

4.1.2 Qualifikationen zu Gebäude-Energieberatungen

Als qualifizierte Gebäude-Energieberater sind Fachleute anzusehen, die nach Anforderungen des GEG insbesondere über fundierte theoretische und praktische Kenntnisse sowie Erfahrungen in Bau-, Anlagen- und Energietechnik sowie Energiewirtschaft verfügen. Sie sollen sich durch gute allgemeine und spezielle technische und wirtschaftliche Kenntnisse auszeichnen.

Optimale Beratungen bei komplexen Prozessen erfordern nachhaltige Kenntnisse zu den Prozessen: Die Qualifikation der Berater sollte durch Angabe entsprechender Referenzen und Praxiserfahrung nachgewiesen werden.

4.1.3 Vorgehensweise von Gebäude-Energieberatungen

Die einzelnen Punkte im prinzipiellen Ablauf einer Energieberatung sind zusammenfassend nach VDI 3922 in **Bild 4.1** dargestellt. Die Beschreibung erfolgt in den nächsten Abschnitten des Kapitels.

Zu Beginn der Beratungstätigkeiten zwischen Gebäude-Energieberatern und Vertretern der zu beratenden Gebäude geben die Berater eine kurze Darstellung ihrer Energieberatungsunternehmen, Schwerpunkte der Tätigkeiten und Qualifikationen.

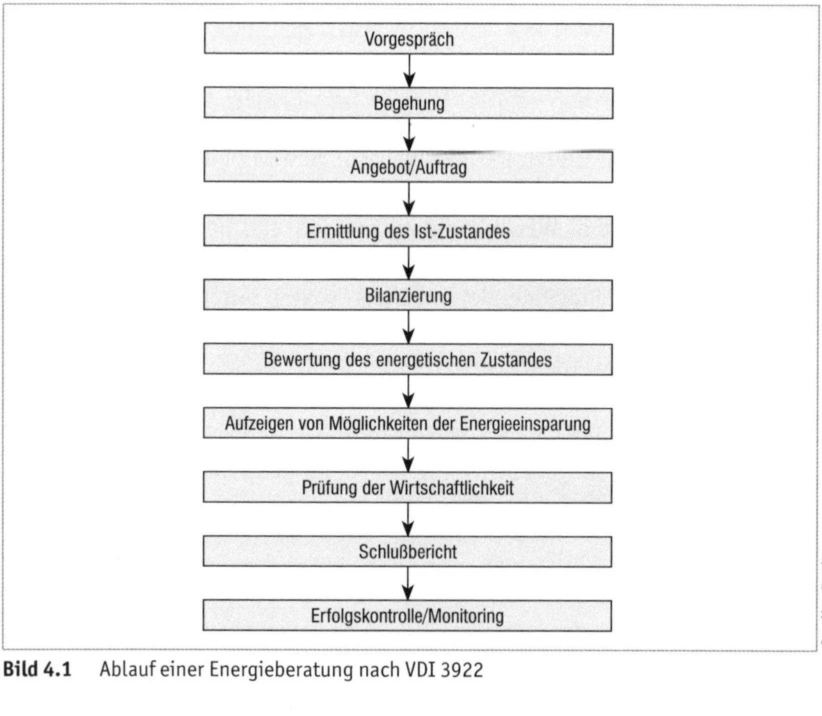

Bild 4.1 Ablauf einer Energieberatung nach VDI 3922

Die Vertreter der zu beratenden Gebäude sollten ihrerseits möglichst die für einen ersten Überblick im Rahmen der Gebäude-Energieberatungen notwendigen Energie-, Planungs-, Bau-, Anlagen- und Managementdaten zur Verfügung stellen.

Hierzu gehören insbesondere Informationen und Daten über:

- Bautechnik, Produkte und Produktions- sowie Herstellungsverfahren,
- nutzungstechnische Anlagen,
- ver- und entsorgungstechnische Anlagen,
- Plan- und Berechnungsunterlagen sowie Größen der Gebäude,
- Nutzungsgerechtigkeit wie Nutzungszeiten und -arten der Gebäude,
- Umweltverträglichkeit der Gebäude wie Energiebezüge, -erzeugungen, -umwandlungen, -verteilungen, -speicherungen, -nutzungen, -ineffizienzen und -verbräuche,
- Wirtschaftlichkeit der Gebäude wie energiebezogene Kosten,
- installierte Mess- und Steuerungstechnologien,
- Abgase und energetisch verwertbare Abfallstoffe,
- Emissionssituationen,
- absehbare gebäudespezifische Entwicklungen und Investitionen,
- behördliche Auflagen und Genehmigungen,
- wasserwirtschaftliche Belange usw.

Ferner umreißen die Gebäude-Gesprächspartner der Energieberater kurz ihre organisatorische Verantwortung, ihre spezifischen Aufgabenbereiche und verweisen auf weitere Ansprechpartner.

Den Vorstellungen der jeweiligen zu beratenden Wohn- und Nichtwohngebäuden sollten sich ausführliche Vor-Ort-Begehungen anschließen, die Gebäude-Energieberatern zusätzliche Eindrücke, insbesondere von den wirtschaftlichen, energietechnischen, umweltverträglichen und nutzungsbezogenen Gegebenheiten, vermitteln.

Abschließend werden die geplante Vorgehensweise zur Gebäude-Energieberatung im Idealfall zum Niedrigstenergiegebäude (**Bild 4.2**), die vorgesehenen Leistungsumfänge und nachhaltigen Erfolgsaussichten erörtert.

Die Möglichkeiten von Fördermitteln zur Gebäude-Energieberatung werden von den Energieberatern aufgezeigt.

4.1.4 Angebote und Aufträge zu Gebäude-Energieberatungen

In der Praxis geben Gebäude-Energieberater schriftliche Angebote für Gebäude-Energieberatungen z.B. nach VDI 3922 „Energieberatung – Energie-

Bild 4.2 Niedrigstenergiegebäude nach GEG

beratungsprozess und -methoden“ ab, die die eigenen Leistungsumfänge beschreiben und die von den zu beratenden Gebäudevertretern zu erbringenden Leistungen spezifizieren und beschreiben. Die Umfänge der Gebäude-Energieberatungen können sich auf die gesamten Wohn- bzw. Nichtwohngebäude oder auch auf deren Teilbereiche erstrecken.

Gebäude-Energieberatungen können in Stufen mit zunehmenden inhaltlichen Detaillierungen erfolgen. Festpreisangebote sollten für Gebäude-Energieberatungen bevorzugt werden.

Auf Abrechnungen nach Aufwand mit Zeiteinschätzungen und/oder limitierter Anzahl der Tagewerke ist in den Fällen zu verzichten, in denen eine genaue Zeitabschätzung nicht möglich oder nicht gerechtfertigt ist.

Den Angeboten sollten Kurzberichte zu den Kontaktgesprächen anliegen.

Gebäude-Energieberater sind verpflichtet, sämtliche erhaltenen und erarbeiteten Unterlagen und Informationen zu den Gebäuden vertraulich zu behandeln. Bindungen der Gebäude-Energieberater, beispielsweise an Hersteller, Vertriebsfirmen, Verbände, Versorgungsunternehmen oder andere Institutionen, sind vor Beginn der Energieberatungen offenzulegen.

Auf Grundlage der angenommenen Angebote werden die Aufträge erteilt.

Vor Beginn der Beratungstätigkeiten benennen die zu beratenden Gebäudevertreter (Auftraggeber) den Gebäude-Energieberatern (Auftragnehmer) kompetente interne oder externe Ansprechpartner.

4.1.5 Erfassung der Ist-Zustände bei Gebäude-Energieberatungen

Die Erfassung der Ist-Zustände (**Bild 4.3**) im Rahmen von Gebäude-Energieberatungen zu Wohn- und Nichtwohngebäuden setzt insbesondere folgende Informationen, Daten und Unterlagen voraus:

- alle für die Energieberatungen relevanten Energielieferverträge, Rechnungen über Ein- bzw. Verkäufe von Energien, möglichst aus mehreren Abrechnungsperioden,
- technische Daten der Energieinfrastrukturen,
- Baupläne, Installations- und Leitungspläne,
- Stoff- und Energieflussschemata,
- vorhandene Messdatenerfassungen und -auswertungen,

Unternehmen	Betriebsart	Bearbeiter	Datum

Firma	
Straße/Hausnummer	
PLZ/Ort	
Nutzung	
Betriebszeit	

Mitarbeiter	
Baujahr des Objekts	
Ansprechpartner	

Bruttogrundfläche BGF in m²	
beheiztes Volumen in m³	

Firmendatenerfassung	
Anzahl Mitarbeiter	
Betriebszeit in h/a	
Betriebskosten in EUR/a	
Betriebsfläche in m²	
Umsatz in EUR/a	
Energiekosten in EUR/a	
Energieverbrauch 1 in kWh/a	
Energieverbrauch 2 in kWh/a	
Energieverbrauch 3 in kWh/a	
Energieverbrauch 4 in kWh/a	
Jahresarbeitstage in d/a	

Foto/Lageplan des Objekts

Quelle: Bethe

Bild 4.3 Ist-Zustand-Erfassungsmatrix bei Gebäude-Energieberatungen

- Angaben zur Entsorgung, z. B. angefallene bzw. abgegebene Auflagen zu einzelnen Anlagen oder Anlagenteilen,
- Arten und Mengen der Emissionen,
- Messprotokolle und Emissionsberichte,
- spezielle Erhebungen und/oder Messungen nach Angaben der Gebäude-Energieberater.

Um Energieberatungen zu erleichtern und zu beschleunigen, sollten die zu beratenden Gebäudeverantwortlichen vorhandene Unterlagen vor Beginn der Gebäude-Energieberatungen zusammenstellen. Die Energieberater stellen die einzelnen Daten zusammen und ergänzen sie unter Umständen durch eigene Erhebungen.

Energiebezüge in Wohn- und Nichtwohngebäuden

Alle für Gebäude-Energieberatungen relevanten Energieträger und energetisch nutzbaren Energiepotenziale sind nach Art, Menge und zeitlichem Verlauf des Verbrauchs, Auftretens und Preises zu erfassen.

Arten: Strom, Fernwärme, Wasser, Gase, Heizöl, Kohle, Dampf, Druckluft, Produktionsrückstände usw.

Mengen: Massen-, Volumen-, Energieströme usw.

Zeiten: Stunden-, Tages-, Wochen- oder Jahresverläufe der Verbräuche sowie des Auftretens über repräsentative Perioden usw.

Preise: EUR/Bezugseinheiten usw.

Besondere Beachtung bei Gebäude-Energieberatungen ist in diesem Zusammenhang den Vertragsbedingungen in Energielieferverträgen der Energieversorgungsunternehmen für leitungsgebundene Energieträger, wie z. B. Vereinbarungen über Leistungs- und Arbeitspreise, Abnahmemengen, Abschaltklauseln, Anpassungsklauseln zu schenken.

4.1.6 Energieinfrastrukturen in Wohn- und Nichtwohngebäuden

Die Energieinfrastrukturen der jeweiligen Wohn- und Nichtwohngebäude bzw. Mischnutzungen sind im Rahmen der Gebäude-Energieberatungen zu beschreiben und mit allen relevanten technischen Daten zu erfassen (**Bild 4.4**).

Dazu gehören Angaben über Hersteller, Baujahre und technische Zustände der Anlagen, überwiegende Betriebsweisen, Steuerungs- und Regelungsmöglichkeiten, Betriebszeiten, Leistungs- und Verbrauchsdaten, Wirkungsgrade, Zustandsgrößen der Wärmeträger usw.

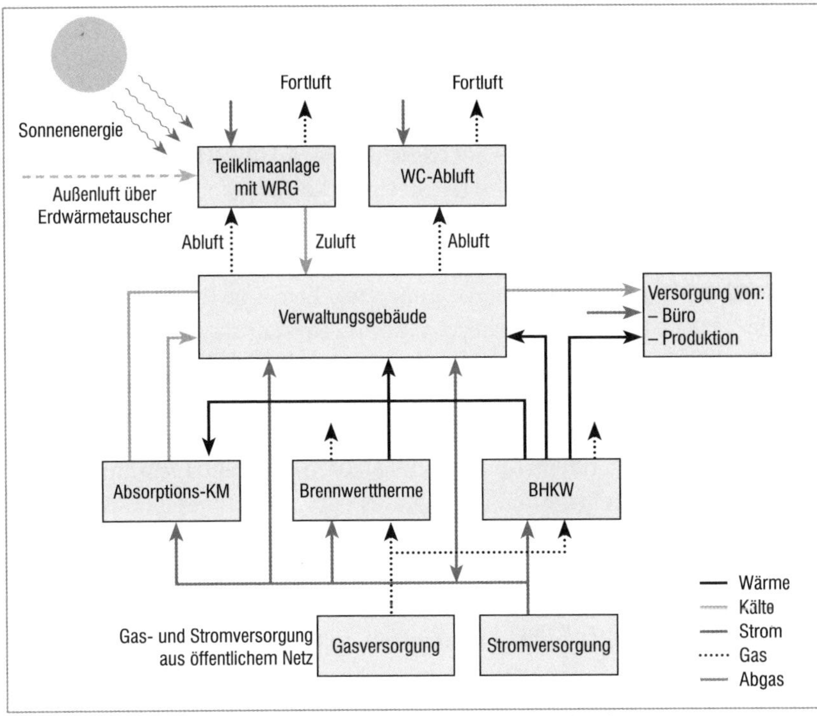

Quelle: Betha

Bild 4.4 Schema zur Energieinfrastruktur eines Verwaltungsgebäudes

Erzeugung von Energie

Kesselanlagen (Dampf, Heißwasser), Abgasanlagen, Kältemaschinen, Kühltürme, Wärmepumpen, Druckluftaggregate, KWK-Anlagen, Solaranlagen, Windkraftanlagen usw.

Umwandlung von Energie

Wärme- und Kälteaustauscher, Transformatoren, Gleichrichter, Frequenzumformer usw.

Verteilung von Energie

Wärme- und Kältenetze (Dampf, Heißwasser, Kühlwasser usw.), Licht- und Kraftstromnetze, Druckluftnetze, Gasnetze, Brauch- und Abwassernetze, Fördereinrichtungen für die Verteilung usw.

Speicherung von Energie

Tankanlagen, Druckspeicher, Wärme- und Kältespeicher, Akkumulatoren usw.

4.1.7 Energieverbraucher in Wohn- und Nichtwohngebäuden

Die wichtigsten Anlagen und Einrichtungen von Wohn- und Nichtwohngebäuden sind im Rahmen der Gebäude-Energieberatung zu erfassen.

Hierzu empfehlen sich bei Energieberatungen Unterteilungen in gebäude-, wohn-, produktions- und betriebstechnische Anlagen.

Zu erfassen sind in diesem Zusammenhang insbesondere:

- maximale Leistungsbedarfe,
- Energieverbräuche,
- min./max. Grenzwerte,
- Wohn-, Nutzungs- und Betriebsweisen und -zeiten, Lastgänge sowie Auslastungen,
- Produktionsmengen,
- vorhandene Mess-, Steuerungs-, Regelungs- und Optimierungseinrichtungen.

Typische Schwerpunkte können in diesem Zusammenhang insbesondere sein:

- Gebäude: Nutzungsarten, bauliche Zustände, energie- und raumlufttechnische Anlagen, Klima- und Kälteanlagen, Beleuchtungsanlagen, Aufzüge usw.
- Produktion: Antriebe, Industrieöfen (**Bild 4.5**), thermische Verfahren, Kühleinrichtungen, Produktionslufttechnische Anlagen, Verdichter, Galvanikeinrichtungen usw.

Quelle: Bethe

Bild 4.5 Industrieofen in einem Nichtwohngebäude

4.1.8 Energierückgewinnung in Wohn- und Nichtwohngebäuden

Die Abwärmeströme sowie die Sekundärbrennstoffe der Wohn- und Nichtwohngebäude sind nach Art, Mengen, Temperatur- und Druckniveaus, Verunreinigungen und zeitlichen Verläufen ihrer Prozesskopplungen in Verbindung mit den Umweltbelastungen und Entsorgungen zu erfassen. Soweit es sich bei den Sekundärbrennstoffen um Produktionsrückstände handelt, ist die Aufnahme bereits erfolgt.

Schwerpunkte der Energierückgewinnung in Gebäuden, insbesondere in Industrie- und Gewerbeunternehmen, können sein:

- Abwärme aus Abluft, Abgasen, Abwasser, Kühlmedien, Brüden, Kondensaten, Produkten usw.,
- energetisch nutzbare Abfälle: Papier, Pappe, Holz, Altöl usw.,
- Druckenergie aus Erdgasentspannung usw.

4.1.9 Emissionen von Wohn- und Nichtwohngebäuden

Alle für die Umwelt und für die geltenden gesetzlichen Vorschriften relevanten Emissionen/Immissionen (**Bild 4.6**) für die typischen derzeitigen Nutzungszustände der Wohn- und Nichtwohngebäude sind im Rahmen von Gebäude-Energieberatungen darzustellen. Diese Darstellungen können sich auch auf diejenigen Emissionen beschränken, die sich durch die vorgeschlagenen Maßnahmen ändern werden.

Folgende Emissionen sollen insbesondere berücksichtigt werden:

- Stoffemissionen in Luft, Wasser und Böden (Schadstoffe, Klimagase, geruchsbelästigende Stoffe, Abfälle, Abwasser usw.) und
- Geräuschemissionen (Maschinenlärm, Verkehrslärm usw.).

Es sollten absolute und spezifische Werte sowie zeitliche Verläufe der Emissionen erfasst werden. Die lokalen als auch die globalen Aspekte sind in diesem Zusammenhang zu berücksichtigen.

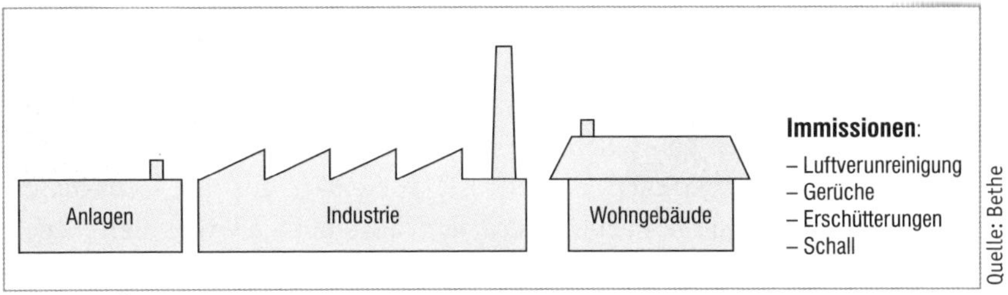

Bild 4.6 Übersicht zu Immissionen

4.1.10 Darstellungen und Bewertungen der Ist-Zustände im Rahmen von Gebäude-Energieberatungen

Nach der Erfassung und Auswertung aller energietechnisch relevanten Daten ist der Ist-Zustand vom Wohn- oder Nichtwohngebäude darzustellen. Zur besseren Übersicht sollten möglichst graphische Darstellungen verwendet werden. Dabei sind alle Angaben auf Plausibilität zu überprüfen. Schwachstellen und Mängel sind besonders zu beschreiben und zu dokumentieren, Ansatzpunkte für Verbesserungen sind aufzuzeigen.

Die Aufstellung von Energiebilanzen zu den untersuchten Bereichen ist zu empfehlen. Die Bewertung der Ist-Zustände umfasst auch eine Bewertung der Kosten. Nützlich sind in der Praxis auch Ermittlung und Analyse energiespezifischer Kenngrößen (**Bild 4.7**).

Bezugsgröße	Energie	Einheit
Fläche	Heizenergieverbrauch	kWh/m^2
Fläche und Jahr	Heizenergieverbrauch	kWh/m^2a
Raumvolumen	Heizenergieverbrauch	kWh/m^3
Raumvolumen und Jahr	Heizenergieverbrauch	kWh/m^3a
Mitarbeiter	Stomverbrauch	kWh/Mitarbeiter
Produktionsstunden	Energieverbrauch	kWh/h
Produktionsstückzahl	Energieverbrauch	kWh/Stück
Produktionsstückzahl	Stomverbrauch	kWh/Stück
Produktionsmeter	Energieverbrauch	kWh/m
Produktionsvolumen	Energieverbrauch	kWh/m^3
Produktionsgewicht	Energieverbrauch	kWh/kg

Quelle: Bethe

Bild 4.7 Darstellung energiespezifischer Kenngrößen

4.1.11 Vorschläge zur rationellen Energienutzung in Wohn- und Nichtwohngebäuden

Von Gebäude-Energieberatern sind Vorschläge zur organisatorischen und technischen Optimierung der Energienutzung für Wohn- und Nichtwohngebäude zu entwickeln und so weit zu untersuchen, dass die Auftraggeber deren Auswirkungen beurteilen und ausreichend abgesicherte Entscheidungen zu Umsetzungen treffen können. Die Vorschläge aus den Gebäude-Energieberatungen sollten insbesondere den allgemein anerkannten Regeln der Technik und gesetzlichen Bestimmungen entsprechen. Aber auch die Wünsche der Auftraggeber sind zu berücksichtigen.

Für die untersuchten Vorschläge sind Aussagen über die zu erwartenden fixen und variablen Kosten einerseits und die zu erwartenden Energie- und Kosteneinsparungen andererseits zu treffen.

Die Entscheidungsfindung kann durch Prioritätenlisten zu den untersuchten Vorschlägen unterstützt werden.

Die Maßnahmen können wie folgt eingeteilt werden. (Der Aufwand zur Umsetzung steigt in der Regel insbesondere in der folgenden angegebenen Reihenfolge.)

1. **Vermeiden unnötiger Energieverbräuche durch:**
   - Vermeiden unnötiger Anschaltzeiten und Stand-by-Verluste,
   - Verminderung unnötigen Leerlaufs von Maschinen und Anlagen,
   - Vermeidung unnötiger Aufheiz- und Abkühlvorgänge,
   - Überprüfung der Prozessparameter und Sicherheitsreserven,
   - Einbeziehung des Personals.
2. **Senken der spezifischen Energieverbräuche durch:**
   - energieeffizientes Nutzerverhalten,
   - Wahl energetisch günstiger Techniken.

   Beispiele:

   Energieeffiziente Nutzung der Anlagentechnik, mechanische statt thermische Trocknung, Wärmedämmung (**Bild 4.8**), elektronische statt konventioneller verlustarmer Vorschaltgeräte für Leuchtstoffröhren.
3. **Verbessern der Wirkungs- und Nutzungsgrade**
   - optimierte und damit möglichst hohe Auslastung der Nutzungs- und Produktionsanlagen,
   - gute Regeleinrichtungen,
   - Reduktion der Verteilungsverluste,
   - sorgfältige Instandhaltung,
   - Prüfung möglicher Kopplungen von Kraft- und Wärmeproduktionen,
   - Einsatz optimal geeigneter Energieträger.

   Beispiele:

   Optimal betriebene und bewirtschaftete Anlagentechnik mit hohen Wirkungs- und Nutzungsgraden, Substitution von Brennstoffen, lastabhängige Drehzahlregelungen, Brennwertnutzung (**Bild 4.9**).
4. **Energierückgewinnung**

   Wärmerückgewinnung, insbesondere mit folgender Priorität:
   - Nutzung im selben Prozess,
   - betriebsinterne Nutzungen,
   - Abwärmeauskopplungen und -lieferungen an Dritte, unter Nutzung

der Wärmeübertragungen oder mittels Aufwertung oder Abwärmen durch zusätzlich eingesetzte Energien,

- energetische Nutzung von Reststoffen,
- Energierückgewinnungen bei Entspannungen usw.

Beispiele:
Wärmerückgewinnungsanlagen, Wärmetauscher, Luftvorwärmungen, Wärmepumpen, Brüdenverdichtungen, Erdgasentspannungen.

5. **Nutzung regenerativer Energiequellen**
Beispiele:
Photovoltaikanlagen, solare Brauchwassererwärmung (**Bild 4.10**), Windenergie, Umweltenergien.

Gebäudeteil	**Einheit**	**1 Halle A**	**2 Halle B**
Baujahr		1980–1990	1998
Nutzfläche	m^2	6.325	24.234
Beschreibungen der Bauteile			
Fenster			
Art		Isolierfenster	Isolierfenster
Anzahl	Stück	ca. 178	ca. 188
Außentore und -türen			
Art		Feuerschutz	Feuerschutz
Anzahl	Stück	5	17
Metall	Ja = X	X	X
mit Verglasung	Ja = X		
automatisch	Ja = X	z. T.	z. T.
Außenwand			
Art		Mauer- und Fußbodenerkleidung	Kassettenwand
Stärke	cm	ca. 12	11,5 (mit Wärmedämmung)
Dach			
Art		Spann- und Bimsbeton	
Stärke	cm	ca. 12	12
mit Dämmung	Ja = X	X	X
Bodenplatte			
Art		Beton und Estrich	Beton und Estrich
Stärke	cm	25...35	25...35
Keller	Ja = X		

Quelle: Bethe

Bild 4.8 Beispiel für zu geringe Wärmedämmungen von Hallen

	Einheit	Versorgungsart		
		zentral	zentral	zentral
Wärmeerzeugeranlage				
Art		Brennwertkessel	kleine Wärmepumpe	große Wärmepumpe
Anzahl	Stück	2	1	1
Nennleistung	kW		7	26
thermische Leistung	kW	39,3	24,9	119,0
Betriebszeit	h/a	1.530	2.755	1.188
Abgasverluste	%	– 3		
Wärmeerzeugertemperatur	°C			
Vorlauftemperatur	°C			
Rücklauftemperatur	°C			
ständiger Nennbetrieb	Ja = X			
ständige Anlagenbereitschaft	Ja = X			
Bereitschaftszeit	h/a			
Wärmerückgewinnung	Ja = X			
Energieverbrauch	kWh/a	111.630	16.785	29.333
Wärmepumpen Gesamtenergieverbrauch elektrisch	kWh	**49.333**		
Brennwertkessel Gesamtenergieverbrauch thermisch	kWh	**130.233**		

Quelle: Bethe

Bild 4.9 Beispiel zu Wärmeerzeugungsanlagen

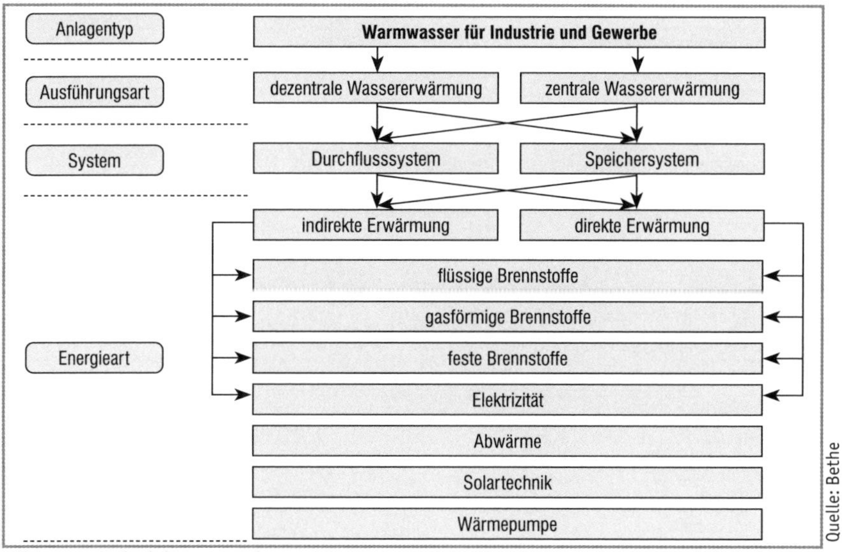

Bild 4.10 Beispiel zur Brauchwassererwärmung

4.1.12 Entwicklung von Gesamtkonzepten im Rahmen von Gebäude-Energieberatungen für Wohn- und Nichtwohngebäude

Aus den entwickelten, technisch möglichen und wirtschaftlich vernünftigen Einzelvorschlägen zur rationellen Energienutzung und zur Minderung der Umweltbelastungen, die sich gegenseitig ausschließen können, sind Gesamtkonzepte oder mehrere alternative Konzepte von den Gebäude-Energieberatern mit den Vertretern der Wohn- und Nichtwohngebäude zu entwickeln, die miteinander verglichen werden können (**Bild 4.11**).Die Darstellungen müssen für Entscheidungen der Auftraggeber über durchzuführende Konzepte insbesondere folgende wesentliche Gesichtspunkte enthalten:

- die erzielbaren nutzungsgerechten, umweltverträglichen und betriebswirtschaftlichen Effekte,
- die erforderlichen Investitionen,

Grunddaten PV-Anlage		
Anlagentyp	Dachanlage	
Anlagengröße	705,80 kWp	
Baukosten der Anlage	1.700 EUR/kWp	1.199.860 EUR
öffentliche Zuschüsse	0,0	
Stromertrag p. a.	800,00 EUR	
Inbetriebnahme/Netzinstallation		
jährlicher Rückgang Stromertrag	0,09 %	
freie Eingabe der Einspeisevergütung nach EEG auf 20 Jahre 0,13 EUR/kWh		
Anteil der nach EEG zu vergütenden Strommenge		
Selbstvermarktung bzw. Marktintegration der Restmenge	50 %	
Preis für den selbst verbrauchten „Nicht-EEG-Strom“	0,21 EUR/kWh	
Finanzierung		
Eigenkapital	100,00 %	1.199.860 EUR
weitere Zinsannahmen Verzinsung der lfd. Zuflüsse/ Einlagen Verzinsung des Kapitalkontos		
Guthabenzinsen lfd. Überschüsse bei Wiederanlage	1,0 %	
Sollzinsen (für evtl. lfd. Zuzahlungen)	5,0 %	
für Vergleichsrechnung: Verzinsung einer alternativen Geldanlage	3,0 %	
laufende Kosten		
Versicherungen	6,00 EUR/kWp	4.235 EUR
Rückstellungen, Reparaturen usw.	12,00 EUR/kWp	8.470 EUR
Zählermiete	40,00 EUR/Zähler	40,00 EUR/a
Verwaltungskosten	100,00 EUR	100,00 EUR/a

Quelle: Bethe

Bild 4.11 Beispiel einer PV-Anlage (Teil 1/2)

Wirtschaftlichkeitskalkulation Photovoltaik

Dachanlage	705,8 kWp	
Ø Einspeisevergütung pro kWh	0,1300 ı/kWh	
Inbetriebnahme		
Ø Stromertrag p.a.	800 kWh/kWp	
Rentabilität im Vergleich zu Alternativanlagen		
Bei Investition in die kalkulierte Photovoltaikanlage		
hat man bei einer Investition von	1.199.860 ı	Eigenkapital
nach der Laufzeit von 20,83 Jahren	2.281.373 ı	übrig (vor Steuer).
=> Erträge durch die Investition	**1.081.513 ı**	
(Annahme: Wiederanlage der Erträge mit	1,0%	Verzinsung)
Bei einer alternativen Anlage mit	3,0%	Verzinsung
hat man bei einer Kapitalanlage von	1.199.860 ı	Eigenkapital
nach der Laufzeit von 20,83 Jahren	2.221.124 ı	übrig (vor Steuer).
=> Zinserträge von	**1.021.264 ı**	
Mehrwert durch Investition	**60.249 ı**	vor Steuern

Finanzierung		
Eigenkapital	100,0%	1.199.860 ı
Fremdfinanzierung		- ı
gesamt	100,0%	1.199.860 ı
Finanzwirtschaftliche Kennzahlen		
Eigenkapitalrendite (vor Steuern) (interne-Zinsfuß-Methode)		5,6 % p.a.
Gesamtkapitalrendite (vor Verzinsung und Steuern)		5,6 % p.a.
Kapitalüberschuss		
Einlage zu Beginn	100,0%	1.199.860 ı
Rückfluss vor Steuern	190,1%	2.281.373 ı
Überschuss vor Steuern	**90,1%**	**1.081.513 ı**

Quelle: Bethe

Bild 4.11 Beispiel einer PV-Anlage (Teil 2/2)

- die Minderungen der Energieverbräuche,
- die energiebedingten Umweltbelastungen,
- die Auswirkungen auf die Technologien und die Nutzungsqualitäten.

4.1.13 Bewertungen und Maßnahmenauswahl im Rahmen von Gebäude-Energieberatungen

Prüfung der Wirtschaftlichkeit

Vorschläge zur Energieeinsparung bei Wohn- und Nichtwohngebäuden sind in der Regel mit Investitionen verbunden und sollten durch Wirtschaftlichkeitsrechnungen und -prüfungen abgesichert werden (**Bild 4.12**). Diese sind eine wesentliche Grundlage für Investitionsentscheidungen. Mit ihrer Hilfe werden quantitative, an Liquiditäts- oder Erfolgskriterien orientierte Maßstäbe für die wirtschaftliche Vorteilhaftigkeit alternativer Investitionsvorhaben im Rahmen der Gebäude-Energieberatungen ermittelt.

> Genaue Wirtschaftlichkeitsrechnungen können nur in Zusammenarbeit mit den Vertretern der Wohn- und Nichtwohngebäude durchgeführt werden, wobei betriebliche sowie steuerliche Gesichtspunkte, Zuschüsse usw. zu berücksichtigen sind.

Grundsätzlich wird in Gebäude-Energieberatungen für Wohn- und Nichtwohngebäude zwischen statischen und dynamischen Verfahren unterschieden.

Statische Verfahren sind in der Praxis weitverbreitet, da der Rechenaufwand im Rahmen von Gebäude-Energieberatungen für Wohn- und Nichtwohngebäude gering, die Vorgehensweisen transparent und die Ergebnisse leicht nachvollziehbar sind. Sie eignen sich vor allem für Überschlagsrechnungen.

Statische Verfahren

statische Amortisationsrechnung
Quotient aus Investition [EUR] und jährlicher Kostenersparnis [EUR/a], womit der Zeitraum ermittelt wird, innerhalb dessen das eingesetzte Kapital wieder zurückgeflossen ist.

Kostenvergleichsrechnung
Bestimmung der Gesamtjahreskosten einer Investitionsvariante, bestehend aus kapital-, betriebs-, und verbrauchsgebundenen Kosten und Vergleich mit den Gesamtjahreskosten der Altanlage (Ist-Zustand)

Rentabilitätsrechnung
Die durch eine Variante erzielten Einsparungen der laufenden Kosten werden ins Verhältnis zur Investition gesetzt. Der Wert ist ein Maß für die Rentabilität der Investition.

Dynamische Verfahren

dynamische Amortisationsrechnung
Sie ermittelt den Zeitraum, in dem das eingesetzte Kapital wiedergewonnen wird und eine Verzinsung nach dem kalkulatorischen Zinssatz erfolgt.

Barwertmethode
Sie ermittelt die während der Nutzungsdauer einer Investition auftretenden Ausgaben, abgezinst auf einen Bezugszeitpunkt.

Kapitalwertmethode
Sie ermittelt die Differenz der Summe aller abgezinsten jährlichen Einnahmen und Ausgaben und der Investition.

Annuitätenmethode
Sie ermittelt den jährlich gleichbleibenden Kapital- bzw. Barwert. Dies geschieht durch Multiplikation des Kapital- bzw. Barwertes mit dem aus Nutzungsdauer und kalkulatorischem Zins zu bestimmenden Annuitätenfaktor.

Quelle: Bethe

Bild 4.12 Übersicht zu Wirtschaftlichkeitsberechnungsverfahren

Die wichtigsten statischen Verfahren sind:

- statische Amortisationsrechnung,
- Kostenvergleichsrechnung und
- Rentabilitätsrechnung.

Je länger die Betrachtungszeiträume von Wirtschaftlichkeitsrechnungen sind, desto stärker wirken sich die zeitlichen Unterschiede von Ein- und Auszahlungen aus.

Dynamische Verfahren sind für genaue Wirtschaftlichkeitsrechnungen, insbesondere bei langen Betrachtungszeiträumen, vorteilhafter als statische Verfahren.

Dynamische Verfahren zur Wirtschaftlichkeitsberechnung sind:
- dynamische Amortisationsrechnung,
- Barwertmethode,
- Kapitalwertmethode und
- Annuitätenmethode.

Unabhängig davon, welche Verfahren im Rahmen von Gebäude-Energieberatungen für Wohn- und Nichtwohngebäude gewählt werden, müssen die Wirtschaftlichkeitsrechnungen nachvollziehbar sein und insbesondere die beiden folgenden Aspekte beinhalten:

1. Angabe wichtiger Rahmendaten und ihrer zugrunde gelegten zeitlichen Entwicklung
   - Energiepreise,
   - Personalkosten,
   - Zinssätze,
   - Nutzungsdauern,
   - Abschreibungskosten,
   - Reparatur- und Wartungskosten,
   - Betriebsdauern usw.
2. Aufschlüsselung der Gesamtkosten
   - kapitalgebundene Kosten, z. B. Zinsen, Abschreibungen, Instandhaltungen,
   - verbrauchsgebundene Kosten, z. B. Brennstoff- bzw. Energiekosten,
   - betriebsgebundene Kosten, z. B. Bedienungs-, Wartungs-, Personalkosten,
   - sonstige Kosten, z. B. Versicherungen, Steuern sowie Abgaben usw.

Sensitivitätsbetrachtungen verbessern die Entscheidungsgrundlage im Rahmen von Gebäude-Energieberatungen für Wohn- und Nichtwohngebäude wesentlich, da damit die Risiken, die sich aus den Unsicherheiten gegenüber zukünftigen Entwicklungen ergeben, zuverlässiger abgeschätzt werden können. Empfohlen werden Sensitivitätsbetrachtungen insbesondere in Bezug auf Nutzungsdauer, Energiepreise, Personalkosten und Zinsen.

Weitere Kriterien zur Entscheidungsfindung

Für die Maßnahmenbewertung im Rahmen von Gebäude-Energieberatungen für Wohn- und Nichtwohngebäude sollten zusätzlich zur Wirtschaftlichkeitsbetrachtung und den voraussichtlichen Einsparungen folgende Kriterien beachtet werden:
- langfristige Versorgungssicherheit,

- Emissionsbilanzen,
- zu erwartende Verschärfungen und Neuauflagen behördlicher Vorschriften,
- mögliche Förderprogramme,
- Innovationsgrade und -risiken,
- regionale Konzepte der Energieversorgungsunternehmen,
- markt- und branchenspezifische Entwicklungstendenzen,
- Image der Unternehmen,
- soziale und innerbetriebliche Akzeptanz,
- unternehmensspezifische Entwicklungen, z. B. Erweiterungen,
- Flexibilität und Variabilität der Konzepte usw.

Auf Grundlage dieser Aspekte und der zu erwartenden Einsparungen sollten Prioritätenlisten der vorgeschlagenen Maßnahmen im Rahmen der Gebäude-Energieberatungen für Wohn- und Nichtwohngebäude erstellt werden (**Bild 4.13**).

Bereich	Möglichkeit	Erläuterung	Durchführung	Bemerkung
Arbeitsplatz	individuelle Einstellung der Beleuchtung am am Arbeitsplatz	individuelle Schaltungsmöglichkeiten für Fenster- und Innenraumplätze	extra Schalter berücksichtigen	für alle Büroarbeitsplätze im OG
Fertigungshalle	Tageslicht nutzen	Tageslicht wird in der Regel als schöner und angenehmer empfunden und ist kostenlos	im Falle der Hallenmodernisierung evtl. Fenster oder Oberlichter erneuern	Fertigungs- und Lagerhalle
Allgemein	ausreichend Schalter installieren	unnötig brennende Lampen sind zu vermeiden (Kosten), nicht zu viele Lampen an einen Schalter klemmen	mehr Schalter installieren	ist in allen Arbeitsräumen und in der Fertigung nachzuholen
	Schalter eindeutig beschriften	nebeneinander angebrachte Schalter sind schlecht zu überblicken, dehalb kennzeichnen	Schalter beschriften	in allen Arbeitsräumen und in der Fertigung
	Licht in unbenutzten Räumen ausschalten	nicht benötigten Verbrauch abschalten	eindeutige Schalter anbringen	in sämtlichen selten benutzten Räumen

Quelle: Bethe

Bild 4.13 Beispiel einer Prioritätenliste mit Vorschlägen

4.1.14 Präsentationen und Beratungsberichte im Rahmen von Gebäude-Energieberatungen

Die Ergebnisse der Analysen und Gebäude-Energieberatungen sind den Vertretern von Wohn- und Nichtwohngebäuden als Auftraggeber durch mündliche Präsentationen und schriftliche Beratungsberichte zu vermitteln. Um die Aussagekraft und Verständlichkeit der Ergebnisse und Leistungen zu gewährleisten, ist auf präzise, übersichtliche und eindeutige Darstellungsweisen zu achten. Verwendete Fachbegriffe sind zu erläutern.

Die Ist-Zustände der untersuchten Wohn- und Nichtwohngebäude sowie die untersuchten Vorschläge sind jeweils insbesondere mit Angaben zu

- Energie,
- Nutzung,
- Wirtschaftlichkeit,
- Umwelt,
- qualitativen Kriterien

zu beschreiben, wobei Wert auf geeignete spezifische Kenngrößen gelegt werden sollte. Die Darstellung kann in Anlehnung an **Bild 4.14** mit einem beispielhaften Ergebnisblatt vorgenommen werden.

Bei Wohn- und Nichtwohngebäuden sind im Rahmen von Gebäude-Energieberatungen darüber hinaus vorliegende spezielle Randbedingungen (Finanzierungsmöglichkeiten, vorhandenes energietechnisches Know-how, Standortgegebenheiten usw.) zu nennen und in ihrer Bedeutung für die Maßnahmen zu bewerten. Neben Textelementen sollten die Möglichkeiten zur grafischen Darstellung genutzt werden. Dafür sind insbesondere Anlagenschemata, Energieflussbilder und Funktionsverläufe, Balken- sowie Kreisdiagramme zu verwenden.

Bereich	Möglichkeit	Erläuterung	Durchführung	Bemerkung
Fertigungshalle	Verlegung der Lüftungsauslässe	Wärme dorthin leiten, wo sie benötigt wird	für alle Lüftungsauslässe	EG und OG
	Wohlfühlklima wählen	Kosten steigen um ca. 5 % pro °C		
	Wärmerückgewinnung nutzen	Kostensenkung	einfache Geräte verwenden	Halle A
Arbeitsplätze	nicht in Nischen anbringen	Heizkörper nicht verstellen, bessere Leistung	Einrichtung überprüfen	Arbeitsplätze EG
	Heizkörper entlüften	Luftblasen führen im Heizkreislauf zu höheren Energieverbräuchen	jährliche Überprüfung	Arbeitsplätze EG
	regelmäßig lüften	Kippfenster bringen nur wenig Frischluft in die Räume, Wärme geht verloren	Information der Mitarbeiter	Arbeitsplätze EG
Allgemein	Fenster und Türen möglichst dicht halten	Wärmeverluste durch Undichtigkeiten	Dichtungen instandsetzen/austauschen	
	Warmwassertemperatur so niedrig wie möglich einstellen	Verluste bei Speicherung minimieren	Verbräuche überprüfen	Küche
	unbenutzte Räume nicht beheizen oder lüften	Verbrauch minimieren		Besprechungsraum OG
	Durchlauferhitzer ausstellen	ständig warmes Wasser verursacht hohe Kosten	evtl. Zeitschaltuhr einbauen	Durchlauferhitzer in der Küche einsetzen

Quelle: Bethe

Bild 4.14 Ergebnisblatt-Beispiel eines Beratungsberichts

Bei jeder Darstellung im Rahmen von Gebäude-Energieberatungen für Wohn- und Nichtwohngebäude sollte Übersichtlichkeit und Verständlichkeit gewährleistet werden. Achsen in Darstellungen sind beispielsweise eindeutig zu bezeichnen. Sämtliche Zahlenwerte sind mit Einheiten zu versehen. Auf die Verwendung von Abkürzungen ist möglichst zu verzichten.

Energieberatungsberichte sind den beauftragenden Vertretern der Wohn- und Nichtwohngebäude vor den mündlichen Präsentationen zu übermitteln, um ihnen ausreichend Zeit zu geben, sich mit den Ergebnissen vertraut zu machen. An die mündliche Präsentation schließen sich Diskussionen der Beratungsberichte an.

Dabei sind Vorschläge für Realisierungen der Maßnahmen zu machen. Auf Förderprogramme, Steuererleichterungen usw. ist unter Nennung von Kontaktadressen und Ansprechpartnern hinzuweisen.

4.1.15 Umsetzung und Erfolgskontrolle zu Gebäude-Energieberatungen

Die Begleitung der Umsetzungsphasen sowie Erfolgskontrollen durch die Gebäude-Energieberater werden grundsätzlich empfohlen. Die langfristige Sicherung der erzielten Ergebnisse bedarf zudem der regelmäßigen Kontrolle durch z.B. innerbetriebliche Energiebeauftragte.

Die Pflege der „energiewirtschaftlichen Systeme“ umfasst sowohl die Erfassung von Änderungen der Versorgungs- und Verbrauchsstrukturen als auch die Erfassung, Auswertung und Fortschreibung von Kenngrößen im Rahmen von betrieblichen Energiemanagements der Wohn- und Nichtwohngebäude (**Bild 4.15**).

Bezeichnung	**Einheit**	**2018**	**2019**	**2020**
Betriebsdatenerfassung				
Beschäftigte	Anzahl	78	80	101
Betriebszeit	h/a	1.800	1.800	1.800
Betriebsleistung	EUR/a	3.456.100	3.960.234	4.178.543
Betriebsfläche	m^2	2.711	2.711	2.711
Energiekosten	EUR/a	41.210	421.345	43.849
Energieverbrauch	kWh/a	332.123	345.231	346.343
Strom	kWh/a	215.222	212.234	212.378
Gas	kWh/a	116.901	132.997	133.665
Jahresarbeitstage	d/a	250	250	250

Quelle: Bethe

Bild 4.15 Beispiel eines energiewirtschaftlichen Systems mit Betriebsdaten (Teil 1/2)

Bezeichnung	Einheit	2018	2019	2020
Betriebsdatenauswertung				
Betriebsleistung pro Beschäftigter	EUR/MAB	43.308	43.308	43.308
Leistung pro Beschäftigter	EUR/MAB	43.308	43.308	43.308
Energieverbrauch pro Beschäftigter	kWh/MAB	4.257	4.315	3.429
Energieverbrauch pro Betriebsfläche	kWh/m²	122	127	127
Energiekosten pro Betriebsfläche	EUR/m²	9,6	9,8	12,8

Quelle: Bethe

Bild 4.15 Beispiel eines energiewirtschaftlichen Systems mit Betriebsdaten (Teil 2/2)

4.2 Gebäude-Energieberatung nach VDI 3922 Blatt 1

Prof. Dr.-Ing. Martin Pfeiffer

In diesem Abschnitt werden Gebäude-Energieberatungen insbesondere nach dem Entwurf der VDI 3922 Blatt 1 dargestellt.

Der Inhalt der VDI 3922 Blatt 1 ist unter Beachtung der Vorgaben und Empfehlungen der Richtlinie VDI 1000 entstanden. Mit der VDI 3922 Blatt 1 wird der Beratungsprozess der VDI 3922:1998-06 weiterentwickelt. Sie bietet auch potenziellen Auftraggebern eine Orientierung über die gegebenenfalls zu beauftragenden Leistungen.

Das Vorgehen für Energieberatungsprozesse unter anderem aus den bekannten Normen, Richtlinien bzw. Förderprogrammen wird einheitlich und systematisch dargestellt und bietet somit eine Grundlage zum Aufbau und zur Durchführung eines Energieberatungsprozesses.

Unter „Energieberatung" wird hierbei eine Vielzahl von Beratungsprodukten verstanden, angefangen mit einer Energieanalyse über die Auslegungsplanung, Contracting- oder Einkaufsberatung, Fördermittelberatung, Umsetzungsbegleitung und Erfolgskontrolle bis hin zur energetischen Betriebsoptimierung. Im Sinne dieser Richtlinie wird mit einer Energieberatung gewerkeübergreifend festgestellt, wo mit welchen Potenzialen zu rechnen ist. Sie soll eine Orientierung geben, welche Potenziale mit welchem Effekt und Aufwand realisiert werden können. Sie gibt damit individuelle Eckpunkte und Entscheidungsvorlagen für die weitere Optimierung.

> Für den Energieberater gilt es herauszufinden, wo die wesentlichen Bereiche sind, um sich dann gegebenenfalls auf diese zu fokussieren.

Die Energieberatung umfasst keine Entwicklung oder Auslegung technischer Komponenten – auch dann nicht, wenn die Weiterentwicklung der

Komponenten durch z. B. höhere Wirkungsgrade zu einer Effizienzsteigerung führt.

Teil der Beratung kann neben der technischen Beratung unter anderem auch die ökologische oder die ökonomische Beratung sein.

In diesem Abschnittt konzentrieren wir uns auf die Inhalte von Blatt 1. Die Feststellung der Kompetenz von Energieberatern ist Gegenstand von Blatt 2 dieser Richtlinienreihe. Blatt 3 der Richtlinienreihe bietet eine praxisnahe Arbeitshilfe für die energetische Betrachtung über den gesamten Lebenszyklus eines Gebäudes.

4.2.1 Anwendungsbereiche und normative Verweise zu Gebäude-Energieberatungen nach VDI 3922 Blatt 1

Die VDI 3922 Blatt 1 beschreibt für die Anwendungsgebiete

- Wohngebäude,
- Nichtwohngebäude, u. a. Büros, Gewerbe, Handel, Dienstleistungen und Produktionsgebäude, öffentliche Gebäude und Einrichtungen (**Bild 4.16**),
- Fertigungstechnik (Produktion von geometrischen Körpern, z. B. in Stück),
- Verfahrenstechnik (Wandlung und Produktion von Stoffen, z. B. in Kilogramm oder Litern) sowie
- Transport und Verkehr (Personen- und Güterverkehr inklusive Produkt- und Materialfluss)

Quelle: Bethe

Bild 4.16 Hochschulgebäude mit Beratungsbedarf

ein Vorgehen bei der Durchführung eines Beratungsprozesses vom ersten Kontakt bis zum Abschluss, um zielgerechte Energieberatung anbieten, beauftragen und durchführen zu können.

Die Richtlinie beschreibt den Energieberatungsprozess und im Ablauf des Prozesses angewandte Methoden. Damit wird für die Bedeutung der Energieeffizienz im Rahmen der Energiewende ein konkreter und transparenter Rahmen geschaffen.

Die folgenden zitierten Dokumente sind für die Anwendung der VDI 3922 Blatt 1 erforderlich:

- Internationales Protokoll für Leistungsmessung und -verifizierung, Konzepte und Optionen zur Ermittlung von Energie- und Wassereinsparungen, Band 1. Hrsg. von Efficiency Valuation Organization. Januar 2012, EVO 10000-1:2012,
- Verordnung über Systeme zur Verbesserung der Energieeffizienz im Zusammenhang mit der Entlastung von der Energie- und der Stromsteuer in Sonderfällen (Spitzenausgleich-Effizienzsystemverordnung – SpaEfV) vom 31. Juli 2013 (BGBl I, 2013, Nr. 45, S. 2858-2864),
- DIN EN 16247 Energieaudits,
- DIN EN ISO 50001:2018-12 Energiemanagementsysteme; Anforderungen mit Anleitung zur Anwendung (ISO 50001:2018); Deutsche Fassung EN ISO 50001:2018,
- DIN ISO 50006:2017-04 Energiemanagementsysteme; Messung der energiebezogenen Leistung unter Nutzung von energetischen Ausgangsbasen (EnB) und Energieleistungskennzahlen (EnPI); Allgemeine Grundsätze und Leitlinien (ISO 50006:2014),
- DIN ISO 50015:2018-04 Energiemanagementsysteme; Messung und Verifizierung der energiebezogenen Leistung von Organisationen; Allgemeine Grundsätze und Leitlinien (ISO 50015:2014),
- DIN V 18599-1:2018-09 Energetische Bewertung von Gebäuden; Berechnung des Nutz-, End- und Primärenergiebedarfs für Heizung, Kühlung, Lüftung, Trinkwarmwasser und Beleuchtung; Teil 1: Allgemeine Bilanzierungsverfahren, Begriffe, Zonierung sowie Bewertung der Energieträger,
- ISO 50004:2014-12 Energiemanagementsysteme; Anleitung zur Einführung, Aufrechterhaltung und Verbesserung eines Energiemanagementsystems,
- VDI 2067 Blatt 1:2012-09 Wirtschaftlichkeit gebäudetechnischer Anlagen; Grundlagen und Kostenberechnung,

- VDI 3807 Blatt 1:2013-06 Verbrauchskennwerte für Gebäude; Grundlagen,
- VDI/BTGA-MT 3922 Blatt 2:2019-01 Energieberatung; Feststellen der Kompetenz von Energieberatern,
- VDI 4700 Blatt 1:2015-10 Begriffe der Bau- und Gebäudetechnik.

4.2.2 Begriffe und Abkürzungen zu Gebäude-Energieberatungen nach VDI 3922 Blatt 1

Für die Anwendung der VDI 3922 Blatt 1 für Gebäude-Energieberatungen gelten die Begriffe nach VDI 4700 Blatt 1 und die folgenden Begriffe:

Alarmgrenzen

Von Benutzern im Zusammenhang mit kontrollierten Umgebungen festgelegte Grenzwerte, die frühzeitig vor dem Abweichen von den normalen Bedingungen warnen und bei deren Überschreitung den Prozessen verstärkte Aufmerksamkeiten gewidmet werden sollte (s.a. VDI 4700 Blatt 1.1 nach VDI 2083 Blatt 3.1 nach DIN EN ISO 14644-2).

Bilanzgrenzen

Betrachtungsräume, in denen Systeme energetisch analysiert werden. Systeme können in Teilsysteme untergliedert werden, die durch eigene (Teil-)Bilanzgrenzen innerhalb der Systeme definiert werden. Bilanzgrenzen können sich an räumlichen, physikalischen, funktionalen, technischen oder organisatorischen Strukturen orientieren.

Energieberater

Experten für Energiefragen, die Energieaudits durchführen, Energiemanagementsysteme einführen oder andere Energieberatungstleistungen erbringen (s.a. VDI/BTGA-MT 3922 Blatt 2). Der Begriff „Energieberater" kann sich sowohl auf Einzelpersonen als auch auf Teams beziehen.

Energieeinflussfaktoren

Faktoren, die messbare Wirkung auf Energieverbräuche von Systemen haben (s.a. VDI/BTGA-MT 3922 Blatt 2). Es kann zwischen statischen und dynamischen Energieeinflussfaktoren unterschieden werden. Statische Energieeinflussfaktoren sind systemimmanente Faktoren. Sie bilden die energetischen Ausgangsbasen und bleiben bei Betrachtungen unverändert, z.B. Eigenschaften eingebauter Anlagentechnologien, Dämmstärken von Gebäudedächern usw. Dynamische Energieeinflussfaktoren sind systemunabhängige Faktoren, die sich (un)regelmäßig, (un)vorhersehbar und (un)beeinflussbar ändern, z.B. Anlagenbelastungen, Außentemperaturen usw. Weitere Beispiele s. a. Anhang B und Anhang C in VDI/BTGA-MT 3922 Blatt 2 in Anlehnung an VDI/BTGA-MT 3922 Blatt 2.

Leistungsbausteine

Inhaltlich abgegrenzte Teilleistungen der Beratungsprozesse.

Monitoringkonzepte

Systematische Überwachungen von energetischen Prozessen auf Basis festgelegter Zielgrößen. Bestandteil der Monitoringkonzepte müssen Messkonzepte sein. Für Wohn- und Nichtwohngebäude und zu berücksichtigende Anlagen sind Prüfgrößen sowie entsprechende Zielwerte aus Gebäude-Energieberatungen und/oder Fachplanungen abzuleiten bzw. mit Fachplanern abzustimmen und zu dokumentieren. Auf dieser Basis werden Mess- und Zählerkonzepte der einzelnen Gewerke und Vorgaben für Datenerfassungen übergreifend in Monitoringkonzepten beschrieben. Messkonzepte beschreiben Ausstattungen der Einheiten z. B. der Gebäude, der Liegenschaften oder der Industrieanlagen mit Messtechnik zu Energiedatenerfassungen. Für Wohn- und Nichtwohngebäude wird auch auf die VDI 6041 hingewiesen. Im Rahmen von Messkonzepten wird zwischen Zählerkonzepten und Betriebsdatenmanagement unterschieden. Beide Bereiche sind nicht vollständig unabhängig zu sehen, bereiten aber kaufmännisches und technisches Energiemanagement vor. Sie haben unterschiedliche Zielrichtungen und verlangen meist auch andere Qualifikationen bei Beschäftigten.

Nutzenergien

Energien, die Verbraucher letztendlich benötigten, um Energiedienstleistungen ausführen zu können (s. a. VDI 4661, 3.2.6), wie Wärme, mechanische Energie, Licht, elektrische und magnetische Feldenergie, z. B. Galvanik und Elektrolyse, sowie elektromagnetische Strahlung. Nutzenergien müssen im Allgemeinen zum Zeitpunkt und am Ort des Bedarfs aus Endenergie mittels Energiewandlern erzeugt werden (s. a. VDI 4661, 3.2.6).

Primärenergien

Energieinhalte von Energieträgern, die in der Natur vorkommen und technisch noch nicht umgewandelt wurden. Es wird unterschieden zwischen den an menschlichen Maßstäben gemessenen unerschöpflichen bzw. regenerativen, fossilen und nuklearen Energieträgern (s. a. VDI 4661).

In der VDI 3922 Blatt 1 werden für Gebäude-Energieberatungen zudem die folgenden Abkürzungen verwendet:

BDP	Best-demonstrated Practice
BHKW	Blockheizkraftwerk (**Bild 4.17**)
EnPls	Energy Performance Indicators (Energiekennzahlen)
EPD	Energie-Plan-Diagramm
eq	equivalent (englisch)
NGF	Nettogrundfläche
PhO	physikalisches Optimum
STO	Standort
TGA	technische Gebäudeausrüstung

Quelle: Bethe

Bild 4.17 Blockheizkraftwerk

4.2.3 Ziele von Gebäude-Energieberatungen nach VDI 3922 Blatt 1

Ausgehend von den individuellen Rahmenbedingungen des Beratungsempfängers stehen nach VDI 3922 Blatt 1 üblicherweise folgende Ziele im Mittelpunkt von Gebäude-Energieberatungen:

- Transparenz über Energiebedarf und -verbrauch schaffen,
- Identifizierung wesentlicher Energieeinsatzbereiche und Einsparpotenziale,
- Identifizierung und Entwicklung individueller Maßnahmen,
- Verbesserung der Energie-, Umwelt-, Nutzen- und Kosteneffizienz,

- Reduzierung energiebezogener Umwelteinwirkungen, z. B. CO_2-Emissionen, Feinstaub usw.,
- Erfüllung rechtlicher Vorgaben,
- Nachweise wie Gebäudezertifizierung, z. B. nach Nachhaltigkeitskriterien, oder Energiemanagementzertifikate, z. B. DIN EN ISO 50001,
- Entscheidungsfähigkeit der Auftraggeber herstellen.

Damit die gewünschten Ziele der Gebäude-Energieberatungen erreicht werden, müssen Energieberater je nach Projektumfang eine Vielzahl verschiedener Leistungen oder auch Leistungsbausteine erbringen können.

4.2.4 Gegenstände und Merkmale von Gebäude-Energieberatungen nach VDI 3922 Blatt 1

Die im Markt angebotenen Energieberatungsprodukte von Gebäude-Energieberatungen zu Wohn- und Nichtwohngebäuden setzen sich üblicherweise aus einzelnen Leistungsbausteinen zusammen. Dabei können sich Inhalte von Beratungsprodukten überschneiden, da einzelne Leistungsbausteine in mehreren Beratungsprodukten enthalten sein können.

In **Bild 4.18** sind in grau Tätigkeitsfelder dargestellt, die anteilig ein Teil der Gebäude-Energieberatungen sein können. Die dunkelgrau dargestellten Produkte und Leistungen stellen derzeit gängige Beratungsprodukte dar.

Gegenstand der Energieberatungsprozesse ist der gesamte Weg der Energie vom Zeitpunkt der Gewinnung bis hin zur Nutzung (s.a. VDI 4602 Blatt 1). Hierbei werden nach VDI 4661 Primär-, End-, und Nutzenergie unterschieden.

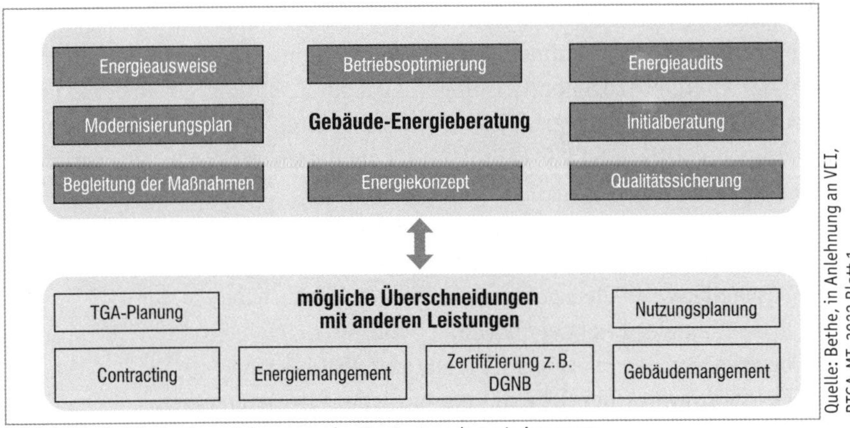

Bild 4.18 Gebäude-Energieberatung im Kontext anderer Leistungen

Insbesondere sind die folgenden Dinge Gegenstände von Gebäude-Energieberatungen:

- Komponenten,
- Netze/Transporte,
- Anlagen/Gebäude,
- Daten,
- Märkte, Recht, Finanzen,
- Management sowie
- deren Wechselwirkungen (s. a. VDI/BTGA-MT 3922 Blatt 2).

Aufgaben von Gebäude-Energieberatungen können sein:

- systematische Strukturierungen und Bilanzierungen zu den Wohn- und Nichtwohngebäuden,
- Wissen hinsichtlich aller Ebenen der Wohn- und Nichtwohngebäude sowie Möglichkeiten zur Energieeinsparung zusammenstellen,
- Analyse der wesentlichen Energieverbraucher und deren Einflussfaktoren,
- Bildung von Kennzahlen zum Steuern und Überwachen der Energieverbräuche,
- systematische Bewertung von Einflussfaktoren und gegebenenfalls Bereinigung um Einflussfaktoren,
- fundierte Ermittlung von Einsparpotenzialen und deren Wirtschaftlichkeit,
- Erstellung von für Anwendungsfälle geeigneten Dokumentationen der empfohlenen Maßnahmen,
- Begleitung der Umsetzung von Maßnahmen und Verifizierung der erzielten Einsparungen,
- Erstellung von Umsetzungsfahrplänen mit Durchführungshinweisen.

Die grundsätzlichen Methoden und Bewertungsansätze, die zu Verbesserungen der energiebezogenen Leistungen einschließlich Energieeffizienz, Energieeinsatz und Energieverbrauch erforderlich sind, liefert z. B. die Normenfamilie zur DIN EN ISO 50001. Daraus leiten sich alle wesentlichen Vorgehensweisen ab:

- Ermittlungen der Energiearten und der über die Bilanzgrenze in Systeme zu- und abgeführten Mengen,
- Feststellung der Energieeinsätze,
- Ermittlung der Energieeffizienz,
- Feststellung der Energieeinflussfaktoren (**Bild 4.19**),
- Feststellung der Bereiche mit wesentlichem Energieeinsatz,
- Ermittlung von Möglichkeiten für Verbesserungen.

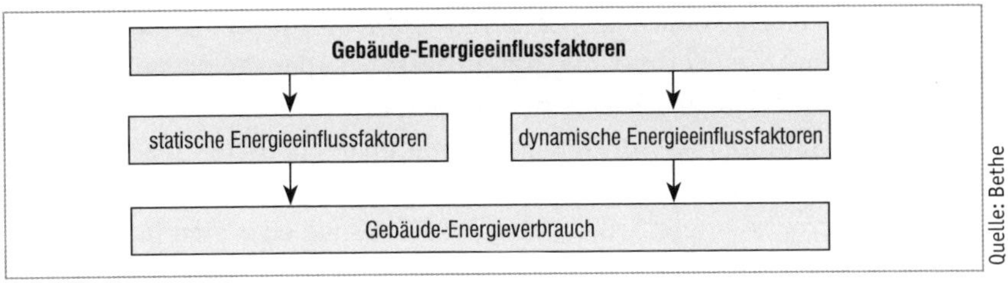

Bild 4.19 Energieeinflussfaktoren auf den Gebäude-Energieverbrauch

Veränderungen der Energieverbräuche folgen aus Änderungen der Energieeinflussfaktoren. Infrage kommen:

- Maßnahmen, die sich in Änderungen der statischen Einflussfaktoren widerspiegeln oder
- Maßnahmen zur Beeinflussung der Auswirkungen von dynamischen Einflussfaktoren.

Außerdem müssen Energieverbräuche um Einflussfaktoren normalisiert werden, um vergleichbare und aussagekräftige Energiekennzahlen (EnPI) zu erhalten, mit denen Verbesserungen des Energieverbrauchs dargestellt werden können.

4.2.5 Prozesse von Gebäude-Energieberatungen nach VDI 3922 Blatt 1

Energieberatungsprozesse finden Anwendung in den Bereichen der Gebäude-Energieberatungen zu Wohn- und Nichtwohngebäuden. Sie sind umfassender als die Beratungsansätze im Rahmen von Energieaudits nach DIN EN 16247-1.

Die Ziele der Beratungsprozesse werden auftragsbezogen festgelegt und können gegenüber den Zielen von Energieaudits wesentlich umfangreicher oder detaillierter sein. Insofern können sich die Gliederungen der Energieberatungsprozesse von Gliederungen der Energieaudits nach DIN EN 16247-1 unterscheiden.

Beratungsprozesse können Unternehmen, Standorte, Gebäude oder Teilbereiche davon umfassen. Welche Bereiche im Detail betrachtet werden und welche Themen Beratungsprozesse umfassen, ist bei der Beauftragung in Form des Beratungsumfangs und der Beratungstiefe festzulegen. Diese Festlegungen können auch Bestandteil einer Initial- oder Einstiegsberatung sein.

Beispielhaft zeigt **Bild 4.20** die Beratungstiefe für einen Gebäude-Energieberatungsprozess, der mehrere Teilprozesse von der Projektdefinition bis zur Implementierung und Evaluation umfasst.

Energieberatungsprozesse können auch in übergeordnete Prozesse eingebunden sein, z. B. in

- Planungsprozesse für einen Standort, ein Gebäude oder eine Industrieanlage,
- Nutzungs- oder Umnutzungsprozesse eines Standorts, Gebäudes oder einer Industrieanlage und/oder
- Instandhaltungsprozesse.

An den Schnittstellen zwischen den Prozessen ist unter anderem auf Folgendes zu achten:

- lückenlose Übergabe von Daten und Informationen sowie
- Delegation und Abgrenzung von Verantwortlichkeiten.

Gebäude-Energieberatungsprozesse gliedern sich allgemein in die in Bild 4.20 als Übersicht dargestellten Prozessschritte.

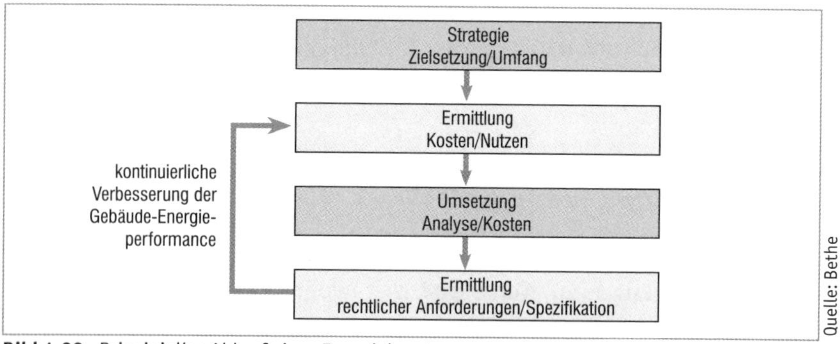

Bild 4.20 Prinzipieller Ablauf einer Energieberatung

4.2.6 Kontaktaufnahme für Gebäude-Energieberatungen nach VDI 3922 Blatt 1

Kontaktaufnahmen für Gebäude-Energieberatungen umfassen je nach Themenstellungen die Inhalte der DIN EN 16247-1 bis DIN EN 16247-4, Abschnitt 5.1 „Einleitender Kontakt" und Abschnitt 5.2 „Auftakt-Besprechung".

Dabei sind insbesondere anzusprechen:

- Erwartungen und Beratungsziele der Auftraggeber, z. B. auch gesetzliche Vorgaben, wirtschaftliche Aspekte, Fördermittelberatungen,

- Beratungsumfang und
- Beratungstiefe (z. B. Detaillierungsgrad nach DIN EN 16247).

Zu Beginn der Beratungstätigkeit geben Gebäude-Energieberater als Auftragnehmer kurze Darstellungen ihrer Unternehmen, der Schwerpunkte ihrer Tätigkeit und Qualifikationen. Der Auftraggeber sollte einen ersten Überblick über die Betriebsdaten und Randbedingungen der Wohn- und Nichtwohngebäude geben.

Ferner umreißen die Gesprächspartner der Gebäude-Energieberater die organisatorischen Gliederung der Auftraggeber, ihre Aufgabenbereiche und weisen auf weitere Ansprechpartner sowie die Verfügbarkeit von Verbrauchsdaten und anderen Informationen als Basis für die Gebäude-Energieberatung hin.

Zu Festschreibungen in späteren Angeboten werden abschließend die im Angebot zu definierenden Aufgabenverteilungen zwischen Gebäude-Energieberater und Auftraggeber zur Erfüllung des Beratungsauftrags besprochen.

Die Vereinbarungen im Rahmen der Kontaktaufnahme können z. B. anhand einer Checkliste im Sinne eines Erhebungsbogens, Lastenhefts oder Pflichtenhefts erfolgen und Bestandteil des Angebots sein.

Die zu klärenden und vereinbarenden Punkte können bereits am Telefon, im Erstgespräch oder im Rahmen eines Auftakttreffens geklärt und spätestens im Rahmen der Angebotsphase/Auftragserteilung/Projektvereinbarung zwischen Auftraggeber und -nehmer festgelegt werden.

4.2.7 Angebote und Aufträge zu Gebäude-Energieberatungen nach VDI 3922 Blatt 1

Gebäude-Energieberater erstellen schriftliche Angebote, die ihre Leistungen beschreiben und die zu erbringenden Leistungen der Auftraggeber spezifizieren. Auf Grundlage der verbindlichen Angebote werden schriftliche Auftragsbestätigungen erteilt.

Leistungsbeschreibungen von Gebäude-Energieberatern umfassen mindestens:

- Beschreibungen von Beratungsumfang und -tiefe,
- Beschreibung der Beratungsziele,
- Berücksichtigung öffentlich-rechtlicher Vorgaben und/oder verbindliche Anforderungen Dritter, z. B. Fördermittelgeber,
- Beschreibungen der Leistungen der Beratungs- und Analyseprozesse (Methoden/Arbeits- und Analyseschritte),

- Berücksichtigung der Wirtschaftlichkeit und Lebenszyklusphasen (Beraten/Planen/Bauen/Betreiben/Rückbauen),
- Darstellung der Randbedingungen der Beratungen, z. B. Zeit, Aufwand, Honorare, Fördermittel, Planungsbeteiligte usw.,
- Abgrenzung von eigenen Beratungsleistungen und Planungs- oder Beratungsleistungen Dritter,
- Festschreibung definierter Aufgabenverteilungen zwischen Beratern und Auftraggebern.

Optional können z. B. folgende Aspekte ergänzt werden:

- Begleitung in Umsetzungsphasen: Überwachungsfunktionen, Monitoring,
- Formulierung von Einsparzielen unter definierten Randbedingungen,
- Risikobewertung getroffener Annahmen und Prognosen,
- zusätzliche Leistungen.

Bei Angebotserstellung zu einer Gebäude-Energieberatung ist ferner zu berücksichtigen, dass es bei unterschiedlichen Aufgabenstellungen in der Fertigungs- und Verfahrenstechnik unter Umständen sinnvoll ist, mit einem Team von Energieberatern zu arbeiten, deren Kompetenzprofile sich nach VDI/BTGA-MT 3922 Blatt 2 ergänzen.

4.2.8 Erhebung und Strukturierung von Informationen bei Gebäude-Energieberatungen nach VDI 3922 Blatt 1

Datenerhebungen bei Gebäude-Energieberatungen nach VDI 3922 Blatt 1 sind in Abhängigkeit von den Beratungsumfängen, -tiefen und -breiten durchzuführen. Bei Strukturierung der Daten ist die Beratungstiefe maßgeblich, die zu dem gewünschten Beratungsziel führt. In der Folge einer größeren Beratungstiefe zu einem späteren Zeitpunkt muss die Datenerfassung kontinuierlich erweiterbar sein.

Das Wohn- oder Nichtwohngebäude ist zunächst grob im Ganzen zu erfassen. Im Fokus steht die generelle Funktionsweise im Rahmen der aktuellen Nutzung. Zur Erfassung sind die Daten anhand von Forderungskatalogen mit Planungsunterlagen, Verbrauchs- und Nutzerdaten usw. beim Auftraggeber oder seinen Erfüllungsgehilfen einzuholen und im Bedarfsfall durch eigene Erhebungen im Rahmen von Ortsbegehungen der Auftragnehmer zu ergänzen.

Um Start und Umsetzung der Projekte zu beschleunigen, sind von den Auftragnehmern die Unterlagen vor Beginn der Beratungen einzuholen und aufzubereiten.

Die Beratungsergebnisse müssen so dokumentiert werden, dass sie für Dritte nachvollziehbar sind. Verwendete Softwares, Messinstrumente oder Prüfverfahren sind zu dokumentieren.

Zwischen Auftraggebern und Auftragnehmern ist im Rahmen der Datenschutzerklärungen zu vereinbaren, wer Einblicke in die erhobenen Daten erhält, wie die Speicherung erfolgt und welche Aufbewahrungszeiten vereinbart werden.

4.2.9 Optimierungsansatzentwicklungen bei Gebäude-Energieberatungen nach VDI 3922 Blatt 1

Ausgehend von der Analyse des Ist-Zustands sind Optimierungsansätze in den Bereichen

- Energiebezug und Energiebereitstellung,
- Energiewandlung,
- Energieverteilung,
- Energiespeicherung und
- Energieanwendung

herauszuarbeiten und konzeptionell so aufzubereiten, dass sie dann im Weiteren entsprechend der Vorgaben der Auftraggeber bewertet werden können. Dies kann in Einzelfällen auch planerische Leistungen erforderlich machen, z. B. Vorplanungen als Grundlage für Kostenschätzungen.

Optimierungsansätze können insbesondere folgenden Kategorien zugeordnet werden:

a) investive Maßnahmen, bei denen die technischen Ist-Zustände (Basiserhebungen, s. a. DIN ISO 50006) verändert oder erneuert werden, z. B.
   - Dämmung und Luftdichtung an Wohn- und Nichtwohngebäuden,
   - neue Wärme- und/oder Kälteerzeuger,
   - Einbau von Wärmerückgewinnungsanlagen (**Bild 4.21**),
   - Einbau neuer, effizienterer Pumpen.

b) Maßnahmen zur Verbesserung der Gebäude- bzw. Anlagenbetriebe, z. B.
   - optimale Betriebsparameter finden und einstellen,
   - Absenkbetriebe in Stillstands- bzw. Bereitschaftszeiten optimieren,
   - technische Betriebsführung verändern, inklusive Instandhaltungen bis Modernisierungen,
   - Nutzerverhalten beeinflussen,
   - Energiecontrolling einführen.

Quelle: Bethe

Bild 4.21 Wärmerückgewinnungsanlagen in Wohngebäuden

Relevante und machbare Optimierungsansätze werden nach Kriterien der Auftraggeber bewertet: Es können dadurch Rankings der Energieeinflussfaktoren erstellt werden. Aus den Bewertungen sollten dann Realisierungskonzepte ableitbar sein, aus denen Auftraggeber dann wiederum Planungs- und Realisierungsprozesse entwickeln und veranlassen können.

4.2.10 Bewertungen, Risikobetrachtungen und Maßnahmenauswahl bei Gebäude-Energieberatungen nach VDI 3922 Blatt 1

Die Optimierungsansätze sollten im Rahmen von Gebäude-Energieberatungen zu Wohn- und Nichtwohngebäuden entsprechend den Anforderungen bzw. Wünschen der Auftraggeber bewertet werden, damit Entscheidungen für Umsetzungen der optimierten Maßnahmen getroffen werden können. Die Bewertungen erfolgen daraufhin anhand messbarer Kriterien.

In der Praxis von Gebäude-Energieberatungen zu Wohn- und Nichtwohngebäuden werden insbesondere die folgenden Kriterien verwendet:

- wirtschaftliche Qualität,
- energetische Qualität,
- ökologische Qualität,
- nutzungsbezogene Qualität,
- technische Qualität,
- prozessorale Qualität.

Ist nur ein Kriterium maßgeblich, ist ein jeweils übliches Bewertungsverfahren anzuwenden. Sollen mehrere Kriterien berücksichtigt werden, ist es empfehlenswert, das Verfahren der Nutzwertanalyse lt. VDI 3922 Blatt 1 anzuwenden.

Bei Bewertungen ist die Reihenfolge der Optimierungsansätze bezüglich der Kriterien herauszuarbeiten und grafisch darzustellen. Die Eingangsparameter, mit deren Hilfe die Bewertungen durchgeführt werden, sind größtenteils hinsichtlich ihrer Verläufe in der Zukunft unsicher. Auftraggeber sind darauf hinzuweisen, dass ermittelte Reihenfolgen der Energieeinflussfaktoren auf Annahmen genau dieser Eingangsparameter beruhen. Welche Werte diese in der Zukunft annehmen werden, kann durch die Gebäude-Energieberater nur abgeschätzt werden. Diese Annahmen müssen transparent dargestellt werden.

Unsichere Eingangsparameter können z. B. sein:

- Energiepreisentwicklungen,
- Leistungspreisentwicklungen, z. B. Modernisierungskosten,
- Energiebedarfe,
- Produktionsmengen,
- Nutzungs- bzw. Betriebsbedingungen,
- Umwelteinflüsse.

Im Rahmen von sogenannten „Kritische-Werte-Rechnungen“ nach VDI 3922 Blatt 1 können die jeweiligen kritischen Werte der unsicheren Eingangsparameter bestimmt werden. Eine solche „Kritische-Werte-Rechnung“ ist eine Methode, mit der die Sensitivitäten unsicherer Eingangsparameter bei Investitionsbewertungen analysiert werden können. Als kritischer Wert wird dabei der Wert des jeweiligen Parameters bezeichnet, bei dem das Ergebnis der Bewertung umschlägt von „Die Investition ist wirtschaftlich“ zu „Die Investition ist unwirtschaftlich“ bzw. umgekehrt.

Wechselwirkungen der Maßnahmen, gegenseitige Beeinflussungen als auch deren Auswirkungen müssen dargestellt werden. Die Datenlage und Datenqualität sind dar- und sicherzustellen.

4.2.11 Präsentationen und Beratungsberichte bei Gebäude-Energieberatungen nach VDI 3922 Blatt 1

Die Ergebnisse der Analysen und Gebäude-Energieberatungen zu Wohn- und Nichtwohngebäuden sind den Auftraggebern in geeigneter, vereinbarter Weise zu präsentieren und in Beratungsberichten zu dokumentieren. Es ist dabei auf präzise, übersichtliche und eindeutige Darstellungsweisen zu achten. Verwendete Fachbegriffe sind zu erklären und Quellen eindeutig zu benennen.

In Präsentationen sollen je nach Zielgruppe die wesentlichen Inhalte, insbesondere die Ergebnisse, vorgetragen werden. Hierbei hilft der Vorschlag nach VDI 3922 Blatt 1 für eine Präsentationsgliederung von Gebäude-Energieberatungen zu Wohn- und Nichtwohngebäuden:

- Ziele,
- Vorgehen,
- Schwerpunkte,
- Ergebnisse,
- weitere Vorgehensweisen usw.

Detaillierte Analysen und Erläuterungen sind den Berichten vorbehalten. In schriftlichen Berichten sollen insbesondere folgende Inhalte nach VDI 3922 Blatt 1 bei Gebäude-Energieberatungen zu Wohn- und Nichtwohngebäuden behandelt werden:

- Vorstellung der Auftraggeber und der Randbedingungen, die für die Gebäude-Energieberatungen gelten,
- Darstellung der Vorgehensweise (Erhebungen und Aufbereitungen von Daten, Analysen, Entwicklungen von Maßnahmen usw.),
- Darstellung der energetischen Ist-Zustände der untersuchten Wohn- und Nichtwohngebäude,
- Darstellung der Ermittlung von Kennzahlen,
- Analyse und Bewertung der Ist-Zustände,
- Darstellung der entwickelten und vorgeschlagenen Maßnahmen zur Energieeinsparung, z. B. Energieeffizienz, Energieplanung und -ausführung, Energiemanagement, Organisationen, Komponenten, Anlagen und Systeme inklusive quantitativer und qualitativer Angaben,
- Bewertung der vorgestellten Maßnahmen, z. B. nach den Kriterien Energie, Ökologie, Ökonomie, Soziologie, Technologie, Prozesse, Ausführung, Implementierung,
- Darstellung von Fördermaßnahmen,
- Empfehlungen zur weiteren Vorgehensweise.

Abweichungen davon sind insbesondere möglich, wenn z. B.

- Fördergeber eigene Berichtsformen vorschreiben,
- Teilberatungen, z. B. durch Fördermittelbestimmungen, beauftragt sind oder
- Auftragsumfänge und -tiefen in Verträgen abweichend definiert wurden.

4.2.12 Umsetzung und Erfolgskontrolle bei Gebäude-Energieberatungen nach VDI 3922 Blatt 1

Empfohlen wird eine Begleitung der Umsetzungsphasen und Erfolgskontrollen der Energieeffizienzmaßnahmen durch Gebäude-Energieberater zu Wohn- und Nichtwohngebäuden.

Auftraggebern sollten mindestens Informationen dazu gegeben werden, wie mittelfristige Erfolgskontrollen durchgeführt oder aufrechterhalten werden können. Langfristige Sicherungen der erzielten Ergebnisse bedürfen regelmäßiger Kontrollen.

4.2.13 Erfassung und weitere Nutzung von Beratungsergebnissen bei Gebäude-Energieberatungen nach VDI 3922 Blatt 1

Zur Steigerung der Qualität der Beratungsprozesse bereiten Gebäude-Energieberater meistens ihre Erkenntnisse, Erfahrungen und Unterlagen aus erledigten Energieberatungen zu Wohn- und Nichtwohngebäuden zur weiteren Verwendung auf. Dies kann auch in Form von Datenbanken erfolgen. Vertrauliche Daten sind in geeigneter Art und Weise zu schützen.

Folgende Informationen können insbesondere bei Gebäude-Energieberatungen nach VDI 3922 Blatt 1 gesammelt und ausgewertet werden:

- Komponenten- und/oder Anlagenhersteller, deren Produkte gegebenenfalls nach VDI 3805 aufbereitet und deren Kosten beispielsweise nach VDI 2067 berechnet werden,
- Energieverbrauchskennziffern als Benchmarks für Wohn- und Nichtwohngebäude und Prozesse,
- Glossare und/oder Übersetzungshilfen,
- Berechnungs-, Methoden- sowie/oder Literatursammlungen usw.

Besondere Bedeutung gewinnt die digitale Nutzung der Beratungsergebnisse. Die im Beratungsprozess erhobenen, aufbereiteten und bewerteten Daten sollen übergabefähig, z. B. für Simulations-, CAD-, BIM- und/oder Facility-Management-Software, vorliegen.

4.2.14 Methoden und Bewertungsinstrumente bei Gebäude-Energieberatungen nach VDI 3922 Blatt 1

In Abschnitt 7 der VDI 3922 Blatt 1 werden Methoden vorgestellt, die in Gebäude-Energieberatungsprozessen zum Einsatz kommen können:

- Abschnitt 7.1 beschreibt fachübergreifende Methoden,
- Abschnitt 7.2 beschreibt Methoden für technische Anlagen,
- Abschnitt 7.3 beschreibt Methoden für Gebäude.

Technische Anlagen umfassen dabei sowohl Produktionsanlagen als auch elektrische Verbraucher, gewerbliche Wärme-/Kälteanlagen usw. und schließen die Technische Gebäudeausrüstung (TGA) nicht aus. Bei Wohn- und Nichtwohngebäuden werden Gebäudehüllen und TGA gemeinsam betrachtet.

Im Abschnitt 7 der VDI 3922 Blatt 1 wird eine Übersicht der Methoden gegeben, um den derzeitigen Stand der gängigen Anwendungen darzustellen. Dabei werden Stärken und Schwächen der einzelnen Methoden sowie Beispiele für geeignete Anwendungsfälle benannt. Die Methoden für technische Anlagen und für Gebäude unterscheiden sich wesentlich voneinander. Im Bereich „Gebäude“ kommen z. B. Vergleichsmethoden mit Norm-Gebäuden zum Einsatz, die bei technischen Anlagen nicht anwendbar sind, da es keine Norm-Anlagen als Vergleichsbasis gibt. Technische Anlagen werden zu Beginn in ihrer Gesamtstruktur erfasst und Bilanzgrenzen eingeführt.

In Abhängigkeit von Umfang und Tiefe der Gebäude-Energieberatungen sowie den Lebenszyklen der Wohn- und Nichtwohngebäude können unterschiedliche Methoden zum Einsatz kommen. Oftmals werden innerhalb einer Gebäude-Energieberatung mehrere Methoden kombiniert oder Methoden für spezielle Auftraggeber verfeinert, um die Aussagen für die im Auftrag formulierten Ziele herauszuarbeiten (**Bild 4.22**).

Erfassung des Energieflusses **Kosten, Primärenergie, CO_2, usw. entlang der Fertigungsschritte transparent machen.**	
Messung	**Bewertung**
Effizienz in Echtzeit überwachen und Frühwarnsysteme einbauen.	Einsparpotenziale mittels Benchmarkings mit anderen Anlagen quantifizieren.
Verbesserung der Energieperformanz in Einklang mit DIN ISO 50006 überwachen.	Energieaufwand anderer Anlagen an eigenen Standortbedingungen simulieren.
Anlagen vorausschauend und bedarfsabhängig instand halten.	Einsparpotenziale mittels statistischer Tiefenanalyse aufdecken.
Wirksamkeit von Effizienzmaßnahmen und Erfolge hinsichtlich des Klimaschutzes auswerten.	Die Effizienz von Anlagen im Vergleich mit Bestanlagen absolut einschätzen.

Quelle: Bethe

Bild 4.22 Energieflussmessungen und -bewertungen

In Absprache mit den Auftraggebern sind die für Energieberatungen zu Wohn- und Nichtwohngebäuden geeigneten Methoden auszuwählen und deren Anwendungsgrenzen abzustecken.

Die Grenzen der einzelnen Methoden sollten nicht zu eng gezogen werden, sodass alle wichtigen Aspekte erfasst werden, die wesentlichen Einfluss auf die Energieeffizienzpotenziale haben können. Andererseits ist es nicht praktikabel und zielführend, Bilanzgrenzen zu weit zu ziehen, da der Aufwand für die Gebäude-Energieberatungen in rationellem Verhältnis zu deren Nutzen für Auftraggeber stehen soll. Mit den Auftraggebern können dann Analysen, die stufenweise erfolgen, vereinbart werden.

4.2.15 Fachübergreifende Methoden bei Gebäude-Energieberatungen nach VDI 3922 Blatt 1

Im Folgenden werden nach VDI 3922 Blatt 1 fachübergreifende Methoden bei Energieberatungen zu Wohn- und Nichtwohngebäuden dargestellt.

Energiecontrolling und Betriebsoptimierungen bei Gebäude-Energieberatungen nach VDI 3922 Blatt 1

Um die Energieeffizienz von Wohn- und Nichtwohngebäuden zu halten oder zu steigern, ist es wichtig, die Energieverbräuche und die Energieeffizienz kontinuierlich zu analysieren, zu optimieren und zu kontrollieren. Wesentliche Grundlagen dafür sind systematische Erfassung, Überwachung und Bewertung der dazu notwendigen Daten. Diese ergeben sich aus tiefgehenden Analysen der zu untersuchenden Wohn- und Nichtwohngebäude.

Die Zahl der hierbei zu überwachenden Daten kann reduziert werden, indem sogenannte „Energieeffizienzkennzahlen“ aufgestellt werden. Durch diese werden umfangreiche Energiedaten zu aussagekräftigen Kenngrößen verdichtet und ermöglichen so Verbrauchskontrollen und Verfolgungen von Energieeffizienzfortschritten sowie Ausweisungen von Energieeinsparpotenzialen.

> Im Rahmen der Inbetriebnahme neuer Anlagen erfolgt neben dem Funktionstest in der Regel keine energieoptimierte Einregulierung. Dadurch bleiben häufig erhebliche Potenziale zur Betriebsoptimierung bei Wohn- und Nichtwohngebäuden ungenutzt.

Die Inhalte von Gebäude-Energieberatungen nach VDI 3922 Blatt 1 sind insbesondere:

- Erstellung von Monitoringkonzepten, vorzugsweise basierend auf Kennzahlen,
- Kriterien zur Überwachung inklusive statischer und dynamischer Alarmgrenzen,
- Handlungsoptionen und Folgemaßnahmen bei Abweichungen von Vorgabewerten,
- Ressourcenbedarfe bei Auftraggebern für die Umsetzungen,
- Vorschläge zu Betriebsoptimierungen.

Geeignete Prüfgrößen und die entsprechenden Zielwerte sind mit Gebäudeplanern abzustimmen, gegebenenfalls in die Betreiberkonzepte zu integrieren und zu dokumentieren. Konkrete Hinweise zu methodischen Herangehensweisen finden sich in der VDI 6041 und in der DIN ISO 50015.

Nutzwertanalysen bei Gebäude-Energieberatungen nach VDI 3922 Blatt 1

Bei Entscheidungen bzw. Bewertungen, die von mehr als einem Kriterium abhängen, soll bei Gebäude-Energieberatungen zu Wohn- und Nichtwohngebäuden das Verfahren der sogenannten „Nutzwertanalyse" angewendet werden.

In der Gebäude-Energieberatungspraxis können z. B. folgende Bewertungsansätze wichtig sein:

- erweiterte energetische,
- betriebswirtschaftliche,
- ökologische,
- soziologische,
- technische,
- prozessorale.

Mithilfe der Nutzwertanalyse kann für jede Variante der Nutzwert bestimmt werden. Die Variante mit dem höchsten Nutzwert ist bezogen auf die zugrunde gelegten Kriterien die optimale Variante.

Erweiterte energetische Bewertungsansätze bei Gebäude-Energieberatungen nach VDI 3922 Blatt 1

Die energetische Qualität von Optimierungsvarianten bei Gebäude-Energieberatungen kann auch anhand des nicht erneuerbaren Primärenergiebedarfs bewertet werden. Dazu sind für die entsprechenden Bilanzräume (Gebäude, Anlagen, Prozesse usw.) auf Basis einer Energiebilanz die erforderlichen Endenergieträger mithilfe anerkannter Verfahren zu ermitteln (z. B. für Gebäude nach DIN V 18599).

Bewertungen der energetischen Ist-Zustände, z. B. des nicht erneuerbaren Primärenergiebedarfs, sollten, wenn möglich, für die gesamten Lebenszyklen der Wohn- und Nichtwohngebäude, ihrer Bau- und Anlagentechnik, ihrer Prozesse usw. erfolgen.

Ein berechneter nicht erneuerbarer Primärenergiebedarf kann auch in Form einer Kennzahl (**Bild 4.23**) dargestellt werden, der in einem nächsten Rechenschritt auf Energieeinflussfaktoren normalisiert wird (Nutzflächen, Produktionsmengen usw.).

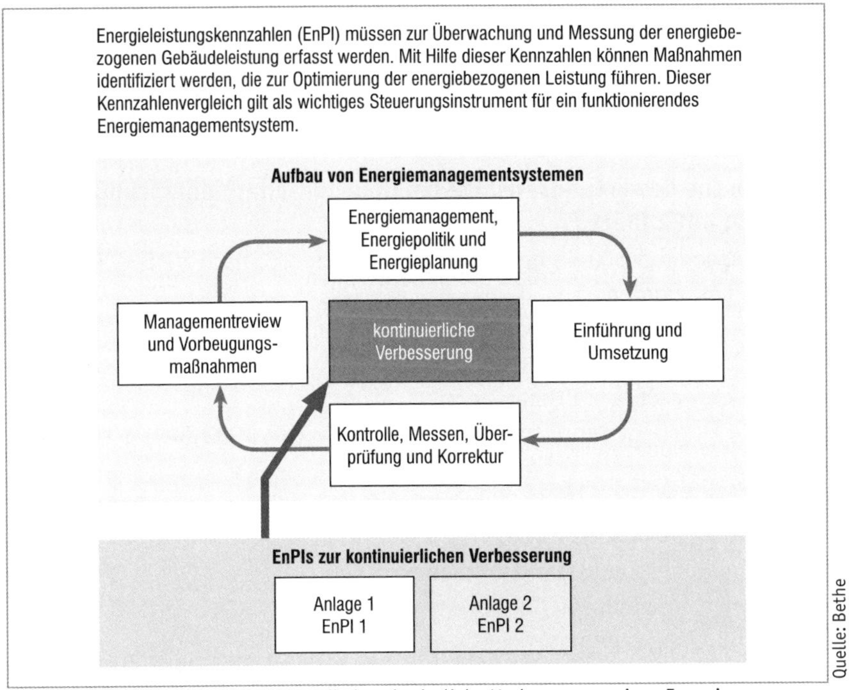

Bild 4.23 Kennzahlenvergleich für die kontinuierliche Verbesserung eines Energiemanagementsystems

Betriebswirtschaftliche Bewertungsansätze bei Gebäude-Energieberatungen nach VDI 3922 Blatt 1

Bei betriebswirtschaftlichen Bewertungen im Rahmen von Gebäude-Energieberatungen nach VDI 3922 Blatt 1 sind zwei Fälle zu unterscheiden:

- Bewertungen von energetischen Optimierungen ohne Investitionen: Die wirtschaftliche Bewertung von Prozessen erfolgt periodengerecht. Dabei werden den Einnahmen pro Periode, z. B. die erreichbaren Energiekosteneinsparungen, die erforderlichen Ausgaben, z. B. Aufwand für die Betriebsoptimierungen, gegenübergestellt.

- Bewertungen von energetischen Optimierungen mit Investitionen: In der Regel soll ein finanzmathematisches Investitionsbewertungsverfahren angewendet werden, z. B. Kapitalwert-, Barwert-, Annuitätenverfahren usw. Für die Praxis der Gebäude-Energieberatungen können die Bewertungsverfahren nach VDI 2067 Blatt 1 und VDI 6025 benutzt werden.

> Für Wirtschaftlichkeitsberechnungen müssen projektspezifische Eingangsbedingungen anstelle der Standardwerte des Gebäudeenergiegesetzes (GEG) verwendet werden.

Ökologische Bewertungsansätze bei Gebäude-Energieberatungen nach VDI 3922 Blatt 1

Ökologische Ist-Zustände bei Prozessen können z. B. nach VDI 3922 Blatt 1 beschrieben werden anhand

- von regionalen oder globalen Umweltwirkungen und/oder
- der Verbräuche von endlichen Ressourcen, insbesondere der nicht erneuerbaren Primärenergie.

Folgende Umweltwirkungen können z. B. nach VDI 3922 Blatt 1 betrachtet werden:

- Treibhauspotenziale/CO_2-Fußabdruck [t CO_2-eq],
- Ozonschichtabbaupotenziale (kg R11-eq),
- Ozonbildungspotenziale (kg Ethen-eq),
- Versauerungspotenzial (kg SO_2-eq/(m^2NGFa · a),
- Überdüngungspotenzial (kg PO_4-eq/(m^2NGFa · a).

Umweltwirkungen sollten, wenn möglich, für die gesamten Lebenszyklen der Wohn- und Nichtwohngebäude, ihrer Anlagen und Prozesse bilanziert werden.

Berechnete Umweltwirkungen können auch in Form von Kennzahlen dargestellt werden, die auf Einflussfaktoren normalisiert werden, z. B. Nutzflächen, Produktionsdurchsätze usw.

Ansätze von ökologischen Bewertungen (**Bild 4.24**) sind auch Teil von Nachhaltigkeitszertifizierungen zu Wohn- und Nichtwohngebäuden wie z. B. dem DGNB-Zertifizierungssystem (Deutsche Gesellschaft für Nachhaltiges Bauen), BNB (Bewertung Nachhaltiges Bauen) usw.

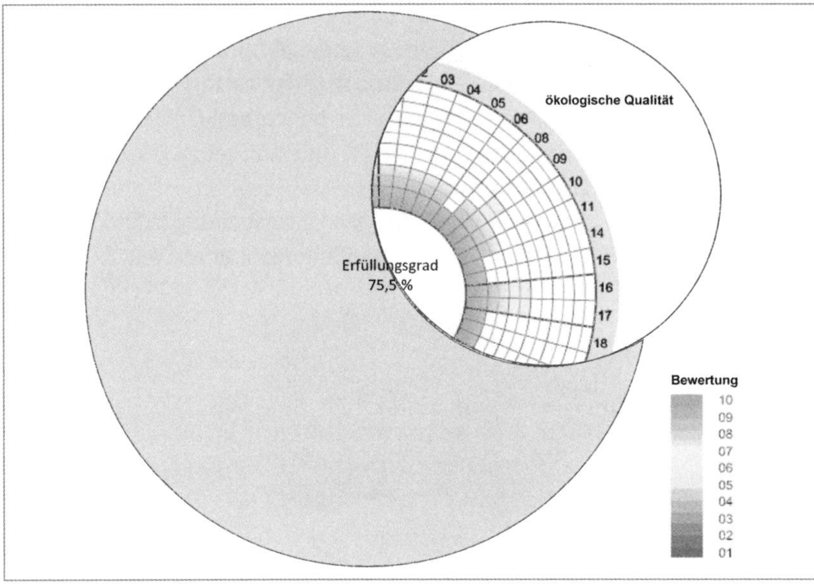

Quelle: Bethe

Bild 4.24 Ökologische Bewertung eines Gebäudes

4.2.16 Methoden für technische Anlagen bei Gebäude-Energieberatungen nach VDI 3922 Blatt 1

In Produktionsbereichen von Nichtwohngebäuden gibt es keine vergleichbar vorgeordneten oder vordefinierten Strukturen oder Referenzobjekte. Dafür gibt es eine Vielzahl unterschiedlicher Einzelverbraucher (Komponenten, Aggregate usw.), die zusammen mit Verteilnetzen und Speicheraggregaten Anlagen, Produktionslinien und Fabriken bilden (Strukturierungen siehe auch z. B. Technikbereiche in VDI/BTGA-MT 3922 Blatt 2).

Diese Strukturen werden bei Gebäude-Energieberatungen nach VDI 3922 Blatt 1 mit dem vorgestellten Strukturansatz als Systeme und Teilsysteme mit eigenen Bilanzgrenzen sichtbar gemacht und systematisch bewertet.

Neben diesen analytischen und für die kontinuierliche Optimierung über mehrere Jahre notwendigen Ansätzen gibt es noch den Rankingansatz (sortierte Listen von Verbrauchern) und den Inselansatz (technische Schwerpunkte) nach VDI 3922 Blatt 1.

Für Bewertungen von energetischen Ist-Zuständen bei Nichtwohngebäuden durch Vergleiche zwischen verschiedenen Anlagen sind gängige

„Energy Performance Indicators“ (EnPIs) mit definierten, Vergleichbarkeit schaffenden Randbedingungen (typischen Energieeinflussfaktoren) notwendig. Diese fehlen für technische Anlagen zurzeit noch in vielen Bereichen. Statt notwendiger, normalisierter und damit benchmarkfähiger EnPIs werden oft „Key Performance Indicators“ (KPIs, **Bild 4.25**) angegeben, die eher kaufmännische Aussagekraft haben.

Im Folgenden werden auch Methoden für Untersuchungen von Energieeinflussfaktoren und Methoden zu Kennzahlbildungen vorgestellt.

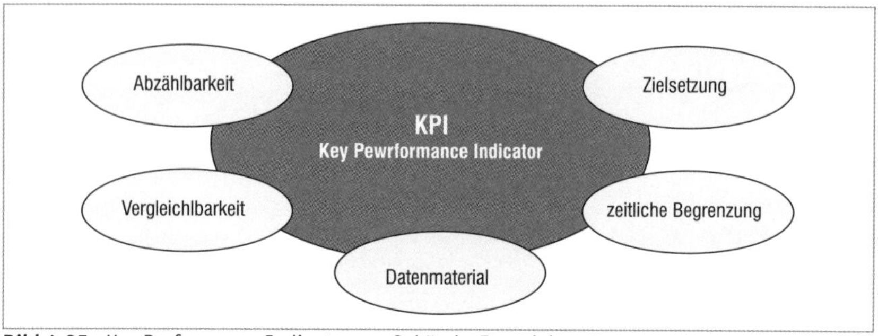

Bild 4.25 Key Performance Indicator zur Gebäude-Energieberatung

Strukturansätze mit Energie-Plandiagrammen bei Gebäude-Energieberatungen nach VDI 3922 Blatt 1

Ziel dieser Methoden nach VDI 3922 Blatt 1 bei Gebäude-Energieberatungen ist, durch Visualisierungen aktuelle Kenntnisstände darzustellen, diese Stände systematisch auf Energieeinsparpotenziale zu analysieren und weitere Entwicklungen der Energiedatenerhebungen und -analysen („energetische Bewertung“) zu planen.

Bei Strukturansätzen wird ein Standort erst räumlich und dann funktional strukturiert, entlang des Energieflusses grafisch dargestellt, gruppiert und analysiert. Dabei muss die Erfassung der Standorte sowie die ihrer Verbraucher und Verbräuche nicht von Anfang an vollständig sein. Dieses Instrument dient auch der Kommunikation, Erhöhung der Transparenz bezüglich der Ist-Zustände und bildet die Basis für strategische Planungen.

Eine grafische Darstellung der energetischen Bewertung wird nach VDI 3922 Blatt 1 als „EPD“ bezeichnet. Sie orientiert sich stark an der Darstellung eines Sankey-Diagramms (**Bild 4.26**) mit einer Flussrichtung von links nach rechts. Das EPD wird zyklisch überprüft und sukzessive erweitert. Es dient als Werkzeug für die strategische Planung und Umsetzung der energetischen Optimierungen.

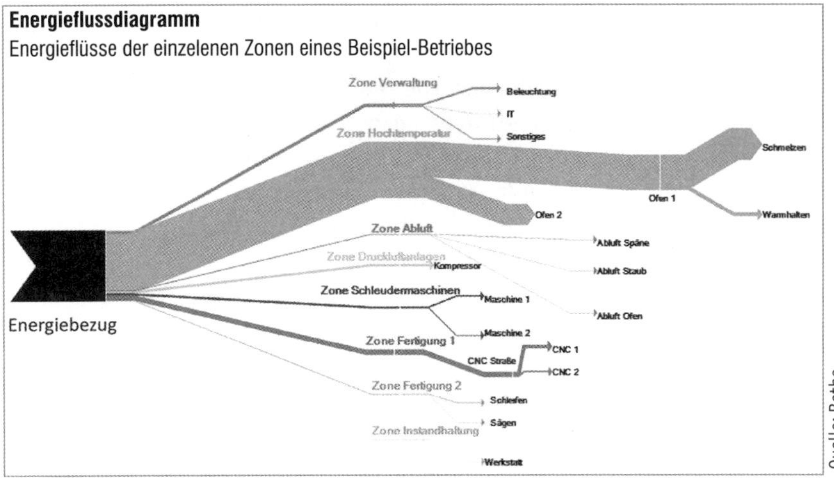

Bild 4.26 Energieflussdiagramm eines Industriegebäudes

Die Strukturen eines EPD bestehen aus Betrachtungseinheiten (Systemen/Teilsystemen). Dabei werden die Energieeinträge in Form von Nutzenergien und/oder im Eingangsmaterial enthaltener Energie ebenso betrachtet und bilanziert wie die sie verlassenden Nutzen, in der Regel Dienstleistungen oder Produkte, sowie Verluste oder Ab-Produkte, z.B. Abwärme, Abwasser usw. Zudem müssen die auf die Systeme wirkenden dynamischen Energieeinflussfaktoren als Eingangsgrößen betrachtet werden.

Die Systeme können sowohl geschachtelt als auch nebeneinander verwendet werden. Sie enthalten räumliche Standortteile wie Produktionshallen, Funktionsbereiche wie Druckluftanlagen oder Produktionslinien oder einzelne Aggregate (Komponenten/Module) usw.

Systeme oder Teilsysteme können jeweils als EPD dargestellt werden. Für die Systeme werden Energie-Leistungskennzahlen (EnPI) ermittelt und mit den für Vergleiche notwendigen Randbedingungen, sogenannten „dynamischen Energieeinflussfaktoren“, nach VDI 3922 Blatt 1 versehen.

Energieflüsse über die äußeren Bilanzgrenzen, in der Regel die Standortgrenzen, hinein und heraus sowie zwischen den Systemen werden, soweit bekannt, erfasst. Sie werden wie in Sankey-Diagrammen dargestellt, so dass die Linienstärke proportional zum Energiefluss ist.

Die Energieflüsse, die zwar bekannt, in ihrem Wert aber unbekannt sind, werden mit einer dünnen Linie im EPD sichtbar gemacht. Systeme, in denen eine weitere Detaillierung nicht möglich oder sinnvoll ist, können als leere „Black-Box" dargestellt und bei Bedarf in einem späteren Analysezyklus weiter untersucht werden.

Für gemeinsame Darstellungen von Verbräuchen im EPD gelten analog die zu beachtenden Punkte für Rankingansätze. Es hat sich nach VDI 3922 Blatt 1 bewährt, dieselben grafischen Strukturen im EPD mit Energieflüssen, Nutzen und Energieeinflussfaktoren zu verschiedenen, typischen Produktions- und Betriebszuständen zu verwenden.

Anhand der Energieeinsätze in einzelnen Teilsystemen werden wesentliche Energieeinsatzbereiche in verschiedenen Betriebszuständen identifiziert. Ausgehend von diesen wesentlichen Energieeinsatzbereichen wird die Untersuchung über mehrere (z. B. jährliche) Untersuchungszyklen gemäß ihrer Relevanz für den Energieverbrauch weiter geplant.

Die weiteren Schritte im Strukturansatz nach VDI 3922 Blatt 1 finden für die als relevant eingestuften Verbrauchergruppen statt.

Für die einzelnen Verbrauchsbereiche werden Basisinformationen zu den Anforderungen an die Energieversorgungen aus Sicht der energieverbrauchenden Einheiten zusammengestellt, um zu überprüfen, ob hier ausreichend, aber nicht „überdimensioniert" Energie angeboten wird.

Der Strukturansatz sieht hierzu Markierungen in Hallenaufstellungsplänen (**Bild 4.27**), Grundrissen usw. vor, die durch detaillierte Listen, Verzeichnisse o. ä. ergänzt werden.

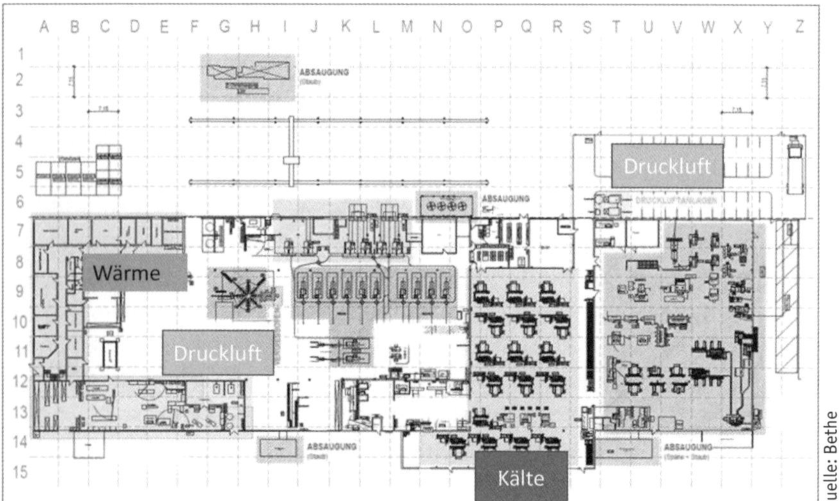

Bild 4.27 Erfassung von Wärme, Kälte und Druckluftbedarf mit Markierungen in einem Hallenplan

In mindestens einer Variante des EPD werden die Energieflüsse vor und/ oder hinter den Systemen mit Symbolen gekennzeichnet, die Auskunft über die Quellen geben, aus der die Werte an den Energieflüssen ermittelt wurden. Und andere, mit denen der weitere Ausbau von Messpunkten geplant wird.

Diese Art der grafischen Darstellung zeigt die Lücken der Datenerfassungen schnell und einfach auf. Selbst unvollständig geben diese grafischen Darstellungen einen Eindruck davon, welche weiteren Messungen notwendig sind, um ein vollständiges Bild zu bekommen.

Eine weitere Detaillierung richtet sich nach den Ergebnissen von Prozess- und Anlagenanalysen bezüglich des aktuellen Stands der Technik, nach Feststellungen von Handlungsgrenzen durch den Betrieb (z. B. durch Garantieanforderungen) sowie Bewertungen der Dimensionierungen und Qualitäten von bereitgestellten und erforderlichen Energien. Es muss hierbei vermieden werden, dass Anlagenteile optimiert werden, die später nicht mehr notwendig sind. Oder dass Energien in Qualitäten aufbereitet und verteilt werden, die nicht oder nicht mehr erforderlich sind.

Sofern die Prozesse und die dabei eingesetzten Verbraucher bestätigt oder nicht zu ändern sind, wird die Detaillierung von links nach rechts vorgenommen, bis die Grenzen der Beeinflussbarkeit durch den Betrieb oder die Grundverbraucherarten (sogenannte „Komponenten“ im Sinne der VDI/BTGA-MT 3922 Blatt 2, z. B. Brenner, LED, Elektromotor, Pumpe, Lüfter, Kompressor usw.) erreicht sind.

Komponenten, die einen hohen Anteil an Verbräuchen und hohes Potenzial für Optimierungen haben, werden bezüglich ihrer statischen Energieeinflussfaktoren zuerst überprüft und nach Energieeinsparpotenzialen bewertet.

Am rechten Rand des EPD werden die Komponenten wieder zu Funktionsgruppen zusammengefasst, die den gleichen dynamischen Energieeinflussfaktoren unterliegen. Mit dieser Art der Gruppierungen können die Analysen der dynamischen Energieeinflussfaktoren ebenfalls in Kampagnen geplant werden.

Der Strukturansatz ist ganzheitlich und technikübergreifend geeignet, die notwendigen Daten zu plausibilisieren, eindeutige Analysen und Bilanzierungen sowie die in VDI 3922 Blatt 1 genannten Bewertungsstrategien zu unterstützen. Das hier nach VDI 3922 Blatt 1 beschriebene Vorgehen kann mit einfachsten Mitteln im Gespräch mit technischem Personal umgesetzt werden. Selbst Energieflussdiagramme können in einem ersten Erhebungsansatz per Hand skizziert werden, um bereits hinreichende Aussagen zu erhalten.

Rankingansätze bei Gebäude-Energieberatungen nach VDI 3922 Blatt 1

Ziel der Rankingansatz-Methode nach VDI 3922 Blatt 1 ist, eine Übersicht über Verbrauchssituationen von längeren Zeiträumen zu bekommen. In der Regel wird auf ein Jahr hochgerechnet. Dabei wird angenommen, dass sich Verbrauchsunterschiede aufgrund von äußeren Einflüssen über den Zeitraum aufheben und die Verbrauchsdaten damit vergleichbar werden.

In der Regel wird ein solcher Vergleich durchgeführt, um die wesentlichen Energieeinsatzbereiche zu finden, die Bereiche mit größten Handlungsbedarfen bzw. höchsten Energieeinsparerfolgen zu identifizieren und den Fokus der weiteren Arbeiten hierauf zu lenken. Hierzu wird nach VDI 3922 Blatt 1 eine Verbrauchertabelle aufgestellt, z.B aus Bestandsaufnahmen, Anlagevermögen, Wartungslisten und/oder aus der Anlage 2 der Spitzenausgleich-Effizienzsystemverordnung (SpaEfV).

Ziel der Tabelle ist es, Informationen bewertend als Ranking zu sortieren. Diese sind z. B.:

- verbrauchertypische, statische Energieeinflussfaktoren,
- Gesamtverbräuche,
- Optimierungspotenziale, insbesondere als Abstand zum physikalischen Optimum, und/oder
- Energieeinsparpotenziale, geschätzt oder berechnet usw.

Neben statischen Stammdaten der Verbraucher, den räumlichen, organisatorischen oder technischen Eigenschaften des Verbrauchersystems (sogenannte „statische Energieeinflussfaktoren“), werden häufig auch dynamische Daten, die von äußeren Einflüssen abhängen und über einen Zeitraum summiert oder gemittelt wurden, in die Tabelle eingetragen.

> Sobald dynamische Daten in Rankings verwendet werden, ist auf Vergleichbarkeit und Fehlergrenzen zu achten. Durch das Zusammenfassen von dynamischen Daten über Zeiträume, Betriebszustände, Umgebungsbedingungen und andere Einflussfaktoren kann der Fehler eines angegebenen Werts so stark erhöht werden, dass er größer ist als der zu vergleichende Wert, so dass die Vergleichbarkeit nicht mehr gegeben ist.

Damit der Rankingansatz nach VDI 3922 Blatt 1 funktioniert, müssen insbesondere die folgenden Aspekte beachtet werden:

- Randbedingungen der dynamischen Daten müssen beachtet und sichtbar gemacht werden.
- Dynamische Daten müssen um die zugehörigen, äußeren Energieeinflussfaktoren normalisiert korrigiert werden, um eine Vergleichbarkeit herstellen zu können.
- Betrachtungszeiträume für Verbrauchsdaten müssen einheitlich und eindeutig sein. Hierbei muss z. B. beachtet werden, ob Vergleiche über gemeinsame Zeiträume, z. B. ein Kalenderjahr, oder bezogen auf Betriebsstunden je Verbrauchergruppe gemeint sind. Bei Verwendung von Betriebsstunden ist auf eine einheitliche Wahl der als Betriebsstunden ermittelten Zeiten zu achten. Hier soll unterschieden werden in produktive Zeiten, Bereitschaftszeiten, Hauptnutzungszeiten usw.
- Innerhalb der Betrachtungszeiträume müssen Betriebszustände, z. B. Auslastungszustände, Betriebsarten (s. a. Nennbetriebsarten nach IEC 60034-1) und/oder Taktzeiten, berücksichtigt werden. Im kontinuierlichen Betrieb für immer dasselbe Produkt sind die Werte an einem einzigen beliebigen Zeitpunkt für die Bilanzierungen aussagekräftig. Im sogenannten „Batch-Betrieb" sind die Verbrauchsdaten stark abhängig von den Anlagentypen (z. B. Einstrang, Mehrstrang, Mehrzweckanlage usw.), den Produktionsplanungen und den Anlagenauslastungen.
- Auch Schichtbetriebe, z. B. kontinuierlicher Betrieb im Dreischichtbetrieb an Arbeitstagen und Zweischichtbetrieb mit verlängerten Schichten am Wochenende, sowie An- und Abfahrprozesse müssen berücksichtigt werden.
- Für die einzelnen Verbraucher oder Verbrauchergruppen soll das physikalische Optimum ermittelt und einbezogen werden.
- Die Tabellen sollen nicht zu kleinteilig geführt werden, um übersichtlich zu bleiben. Verbrauchergruppen im Sinne von Systemen und Teilsystemen sollen bewusst eingesetzt werden.
- Hochrechnungen und Schätzungen müssen als solche kenntlich gemacht sowie die getroffenen Annahmen und Berechnungen nachvollziehbar dokumentiert werden.
- Die für Vergleiche verwendeten und für den Rankingansatz typischen Zahlenwerte müssen im Gegensatz zu Zeitreihen immer zusammen mit Fehlergrenzen in der Einheit der zu vergleichenden Zahlenwerte angegeben werden.

Bei Berechnungen müssen die Fehlergrenzen aus einer Berechnung zur Fehlerfortpflanzung resultieren.

Die genannten Unsicherheiten können entweder normalisiert herausgerechnet oder durch Fehlergrenzen sichtbar gemacht werden.

Eine weitere Ergänzung können Analysen sein, die die dynamischen Energieeinflussfaktoren, z. B. sich zeitlich ändernde Betriebsarten, Auslastungsfaktoren, Wetterbedingungen, feststellen und über Korrelationsanalysen bewerten.

Andere Rankingergebnisse ergeben sich bei Vergleichen mit dem technischen (z. B. Stand der Technik) oder z. B. physikalischen Optimum (PhO). Beim Vergleich mit dem PhO wird für jeden Verbraucher bzw. jede Verbrauchergruppe der Verbrauch abgeschätzt oder berechnet, der aufgrund des Verfahrens oder physikalischen Prinzips des Verbrauchers minimal notwendig ist. Diesen Verbrauch stellt das PhO dar, also den Wert, der aufgrund der physikalischen Relationen und Anforderungen nicht zu unterbieten ist. Dementsprechend ist die Differenz zum tatsächlichen Verbrauch das maximale Energieeinsparpotenzial.

Je nach Bewertungsgegenstand ergeben sich andere wesentliche Energieeinsatzbereiche.

Inselansatz bei Gebäude-Energieberatungen nach VDI 3922 Blatt 1

Beim Inselansatz nach VDI 3922 Blatt 1 werden typische Verbrauchergruppen herausgenommen und einzeln betrachtet, analysiert und optimiert. Diese Methode hat meist eine hohe Beratungstiefe und erfordert den Einsatz von Spezialisten. Dabei müssen potenzielle Wechselwirkungen zu anderen Energieverbrauchsbereichen und Optimierungsansätzen beachtet werden, wie in den folgenden Beispielen zu erkennen ist:

- Die Optimierung beispielsweise eines Druckluft-Kompressors kann entfallen, wenn auf mechanischen Materialtransport über ein Becherwerk umgestellt wird.
- Die Leistungssteigerung beispielsweise einer Klimaanlage eines Einkaufszentrums kann entfallen, wenn die Wärmelast durch das Umrüsten auf LED-Beleuchtung reduziert wird.

Diese Ansätze sind im Nachgang von Gebäude-Energieberatungen mit größeren Bilanzgrenzen oder nach Feststellung der wesentlichen Energieeinsatzbereiche besonders sinnvoll.

4.2.17 Untersuchungen der statischen Energieeinflussfaktoren bei Gebäude-Energieberatungen nach VDI 3922 Blatt 1

Ein Weg zu energetischen Optimierungen nach VDI 3922 Blatt 1 besteht darin, Soll-Zustände der statischen Energieeinflussfaktoren festzustellen und Ist-Zustände zu hinterfragen. Abweichungen zwischen Soll und Ist werden bezüglich ihrer Auswirkungen auf die Energieverbräuche oder andere einzuhaltende Parameter bewertet. Änderungsmaßnahmen werden geplant und umgesetzt. Dies kann in Kampagnen, im Rahmen von Instandhaltungsarbeiten, Ersatzbeschaffungen oder durch Sonderprojekte geplant und sukzessive umgesetzt werden. In jedem Fall sollten hierzu Durchführungs- bzw. Arbeitsplanungen aufgestellt werden. Das EPD kann für Visualisierungen dieser Arbeiten genutzt werden.

4.2.18 Untersuchungen der dynamischen Energieeinflussfaktoren bei Gebäude-Energieberatungen nach VDI 3922 Blatt 1

Sofern dynamische Energieeinflussfaktoren Energieverbräuche relevant beeinflussen, müssen sie bei Gebäude-Energieberatungen zu Wohn- und Nichtwohngebäuden bestimmt werden. Sind die Einflüsse auf die Energieverbräuche bestimmt, lassen sich Verbrauchswerte zu verschiedenen Zeiten miteinander vergleichbar machen, indem sie um diese Einflüsse normalisiert bereinigt oder als Parameter bezüglich Energieverbräuche nach VDI 3922 Blatt 1 betrachtet werden.

Es gibt zwei wesentliche Methoden zur Berücksichtigung der dynamischen Energieeinflussfaktoren bei der Suche von Energieeinsparpotenzialen nach VDI 3922 Blatt 1:

- statistische Methoden der multivariaten linearen Regressionsanalysen und
- Normalisierungen mit dem „besten jemals erreichten Ergebnis" (BDP).

Analysen mittels multivariater linearer Regressionsanalysen bei Gebäude-Energieberatungen nach VDI 3922 Blatt 1

Sofern es lineare, unabhängige Zusammenhänge zwischen den Energieverbräuchen von Systemen und dynamischen Energieeinflussfaktoren gibt, können mit der linearen Korrelationsanalyse nach VDI 3922 Blatt 1 mathematische Modelle aufgestellt werden, mit denen diese Zusammenhänge beschrieben werden.

Die vorgenannte Methode setzt voraus, dass:

- Anlagen bezüglich der Energieeinflussfaktoren linear arbeiten, zumindest hinreichend linear im Arbeitspunkt,

- Anlagen ihr Verhalten nicht während der Messungen ändern (stationärer Zustand) bzw. Verhaltensänderungen während der Messungen nur sehr gering sind sowie
- Messperioden ungefähr gleich lang sind.

Da die Methode bei Gebäude-Energieberatungen nur für stationäre, sogenannte „eingeschwungene", Zustände gilt, müssen die Messperioden wesentlich länger sein als die Einschwingzeiten – Faktor 10 oder mehr. Oder die Einschwingdaten müssen aus den Daten der Modellrechnungen entfernt werden als sogenannte „Datenbereinigung" nach VDI 3922 Blatt 1.

Ein Gebäude-Energieberater muss eigenverantwortlich und kritisch prüfen, ob das Verfahren für konkrete Anwendungen geeignet ist. Gleichzeitig muss ein Gebäude-Energieberater sich vergewissern, ob genutzte Tabellenkalkulationsprogramme hinreichend genaue und zuverlässige Ergebnisse liefern. Die Messungen dürfen keine systematischen Fehler enthalten.

Bei der linearen Regressionsanalyse nach VDI 3922 Blatt 1 werden Energieverbräuche als Funktion einer Grundlast (/0) sowie statischer Energieeinflussfaktoren (f_n) und unabhängiger dynamischer Energieeinflussfaktoren [$X_n(t)$] dargestellt.

Energieeinflussfaktoren werden durch Bewertung der Korrelation zwischen Energieverbräuchen und Energieeinflussfaktoren gefunden. Es gibt verschiedene statistische Methoden, mit denen die gefundenen Energieeinflussfaktoren bewertet und die Modelle validiert werden können. Wenn Korrelationen ausreichend genau sind, gilt es als sicher, dass alle relevanten Energieeinflussfaktoren gefunden wurden. Damit können dann folgende Wesentlichkeitsbetrachtungen (s. a. DIN EN ISO 50001) relativ präzise erfolgen.

Sobald wesentliche, dynamische Energieeinflussfaktoren bestimmt sind, können Maßnahmen zu deren Beeinflussungen bewertet werden, z. B. Dämmung gegen Temperatureinfluss von außen oder Wind- und Luftdichtheit der Hülle. Diese Maßnahmen verändern die statischen Energieeinflussfaktoren. Mit dem Formelzusammenhang zwischen Energieeinflussfaktoren und Energieverbräuchen werden Maßnahmen in Form von Sensitivitätsanalysen bezüglich ihrer Energieeinspareffekte und des Aufwands objektiv bewertbar gemacht.

Beispiel für Gebäude-Energieberatungen nach VDI 3922 Blatt 1

Wärmeenergieverbräuche in einem beispielhaften Produktionsgebäude sind nach VDI 3922 Blatt 1 abhängig von den dynamischen Energieeinflussfaktoren „Außentemperatur $X_1(t)$" und „produzierter Menge $X_2(t)$", da die Verlustwärme der eingesetzten Antriebe ebenfalls die Halle aufwärmt. Die aus der Korrelation stammenden Parameter f_1 und f_2 beschreiben den Zustand der statischen Energieeinflussfaktoren. Zwar ist die Außentemperatur nicht beeinflussbar, jedoch verbessert eine Gebäudedämmung die Situation.

Damit würde im Extremfall der Parameter f_1 gegen null gehen und die Außentemperatur keine Rolle mehr spielen. Anders verhält es sich bei f_2. Durch Einsatz effizienterer Antriebe kann der Wert von f_2 gesenkt werden.

Durch zusätzliche Maßnahmen in z. B. Produktionssteuerungen oder auch durch Störungsanalysen lassen sich Anlagenauslastungen (sogenannte „Verstetigungen") beeinflussen.

Prozessverbesserungen anhand der BDP bei Gebäude-Energieberatungen nach VDI 3922 Blatt 1

Lineare Korrelationen (sogenannte „lineare multivariate Regressionsanalysen") können bei rückgekoppelten Systemen, wie sie in der Verfahrenstechnik verbreitet sind (**Bild 4.28**), nach VDI 3922 Blatt 1 nicht mehr angewendet werden.

Ferner stoßen lineare Korrelationen an Grenzen, wenn es zu viele Parameter oder keine linearen Abhängigkeiten gibt.

In diesen Fällen kann das Verfahren der BDP nach VDI 3922 Blatt 1 bei Gebäude-Energieberatungen angewendet werden, um festzustellen, wie weit aktuelle Betriebspunkte von optimalen Betriebspunkten entfernt sind und welche Energieeinflussfaktoren wie stark an diesen Abweichungen beteiligt sind.

Diese Methode erfordert sehr viele, auch historische Messwerte und zugehörige Randbedingungen (Energieeinflussfaktoren) sowie solide mathematische Kenntnisse.

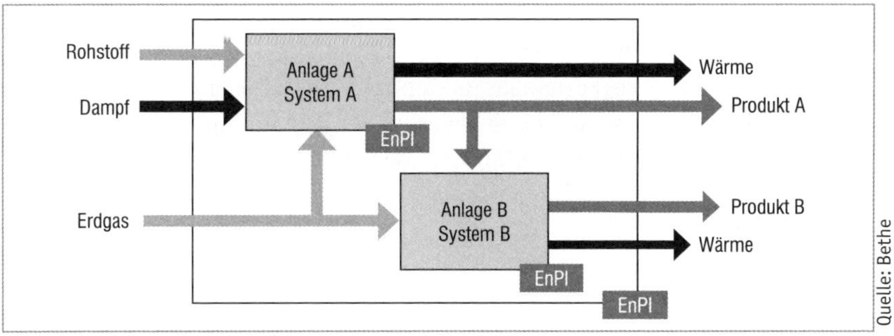

Bild 4.28 Gekoppelte Produktionssysteme mit EnPI-Bildung

4.2.19 Methoden zur Aufstellung von Energieeffizienzkennzahlen bei Gebäude-Energieberatungen nach VDI 3922 Blatt 1

Oftmals werden bei Gebäude-Energieberatungen problematisch übergeordnete Kennzahlen angewendet, um den Energieverbrauch von ganzen Standorten oder Bereichen zu bewerten. Mittels dieses Vorgehens (sogenannter „Top-down-Ansatz“) ist es selten möglich, Energieeffizienzsteigerungen nachzuweisen, da zu viele Größen diese Kennzahlen beeinflussen.

Eine Lösung bietet die Aufstellung einzelner Kennzahlen für ausgewählte Anlagen (Teilsysteme) oder Anlagengruppen (sogenannter „Bottom-up-Ansatz“) nach VDI 3922 Blatt 1.

> In der DIN EN ISO 50001 sowie in der DIN ISO 50006 ist ein Bottom-up-Ansatz für wesentliche Energieverbraucher vorgesehen.

Wurden nach VDI 3922 Blatt 1 beispielsweise durch vorausgegangene Analysen Bereiche oder Anlagen mit wesentlichen Energieverbräuchen ermittelt und bestehen auch Möglichkeiten, die Energieverbräuche beispielsweise durch das Umsetzen von Maßnahmen zu beeinflussen, ist der Bereich (im Weiteren „System“ genannt) genauer zu analysieren bzw. die Effizienz der Systeme vor und nach Umsetzung von Maßnahmen zu bestimmen, um Leistungsverbesserungen nachweisen zu können. Hierbei eignen sich sogenannte Energieeffizienzkennzahlen (EnPIs).

Die Kennzahlenmethodik beispielsweise des Bundesministeriums für Umwelt, Naturschutz und Reaktorsicherheit (BMU) zur Aufstellung von Energiekennzahlen deckt diese und weitere Anwendungsfälle ab.

Die EnPI setzt den messbaren Nutzen der Anlagen, z. B. Kälteerzeugungen einer Kältezentrale, in Bezug zum messbaren Aufwand, z. B. Stromverbräuche einer Kältezentrale, wobei wesentliche externe Einflussgrößen, z. B. die Außentemperaturen, zu berücksichtigen sind. Grundlage hierfür sind kontinuierliche Messwerte, um die Systeme auch im zeitlichen Verlauf überwachen und bewerten zu können (sogenanntes „Monitoring“).

Hierzu werden zunächst die für die jeweiligen Systeme notwendigen Daten zur Erstellung der Grundlinie gesammelt. Im Weiteren werden nach VDI 3922 Blatt 1 bei Gebäude-Energieberatungen aktuelle Verbräuche der Systeme dargestellt und die Energieeffizienz unter Berücksichtigung der Energieeinflussfaktoren bewertet.

Auf dieser Grundlage lassen sich auch Frühwarnsysteme mit dynamischen Alarmgrenzen aufbauen, die Verantwortliche dann informieren, wenn die Energieeffizienz von Anlagen einbricht, damit korrigierend eingegriffen werden kann.

Energiekennzahlenmethoden nach VDI 3922 Blatt 1 zeigen somit Vorgehensweisen, wie relevante externe Energieeinflussfaktoren beim Monitoring berücksichtigt werden können. Dadurch kann auch die Wirksamkeit von Energieeffizienzmaßnahmen überprüft und es können Energieeffizienzüberwachungen aufgebaut werden.

Wartungsintensive Anlagen können mit dem Ziel maximaler Energieeffizienzerhaltungen vorausschauend und bedarfsorientiert gewartet werden (sogenannte „Predictive Maintenance").

Verbesserungen der Energieperformance können z.B. in Einklang mit der DIN EN ISO 50001 und der DIN ISO 50006 nachgewiesen werden.

4.2.20 Methoden für Gebäude bei Gebäude-Energieberatungen nach VDI 3922 Blatt 1

Methoden im Wohn- und Nichtwohngebäudebereich basieren nach VDI 3922 Blatt 1 auf Energieverbräuchen, die aus Ablesungen von Energieverbrauchszählern ermittelt werden. Demgegenüber wird von Energiebedarfen gesprochen, wenn es sich um berechnete Werte handelt.

Für ein beispielhaftes Bestandsgebäude können nach VDI 3922 Blatt 1 beide Werte vorliegen, jedoch sind sie in der Regel nicht direkt vergleichbar. Ausnahmen werden in der VDI 3922 Blatt 1 beschrieben. Methoden zur Erstellung und Nutzung von Energieeffizienzkennzahlen und Teilenergiekennwerten (TEK) und Grobbewertungen von Wohn- und Nichtwohngebäuden (sogenannte „Gebäudesteckbriefe") können auf Energieverbräuchen oder auf Energiebedarfen basieren.

Energiebedarfsberechnungen und die Erstellung von Energiekonzepten sowie Modernisierungsfahrplänen basieren auf berechneten Energiebedarfen.

Die Einbettung vieler Methoden und deren Mehrwerte in Bezug auf Planungsphasen von Gebäuden werden in der VDI 3922 Blatt 3 beschrieben.

4.2.21 Erstellung und Nutzung von Energieeffizienzkennzahlen und Teilenergiekennwerten (TEK) bei Gebäude-Energieberatungen nach VDI 3922 Blatt 1

Energieeffizienzkennzahlen (EnPIs) dienen zur Auswertung und Bewertung von Energieverbräuchen und berechneten Energiebedarfen bei Gebäude-

Energieberatungen nach VDI 3922 Blatt 1. Sie können sich, wie z. B. im Fall der Endenergien in Energieausweisen im Rahmen des GEG, auf das gesamte Wohn- bzw. Nichtwohngebäude beziehen oder auf einzelne Gewerke, z. B. Beleuchtung.

Die Bezugsgrößen sind hierbei in der Regel Flächen (z. B. Bruttogrundflächen (BGF), Nettogrundflächen (NGF) bzw. Nettorestflächen (NRF), Nutzflächen usw.) oder in Sonderfällen z. B. die Anzahl von Betten, Mahlzeiten, Beckenflächen usw. bezogen auf Endenergieverbräuche oder -bedarfe. Installierte Leistungen bezogen auf geeignete Bezugsgrößen geben Hinweise auf Anlagenüber- bzw. -unterdimensionierungen.

Auswertungen nach Tagesmitteltemperaturverfahren (siehe auch VDI 3807 Blatt 1, Anhang D) ermöglichen Bestimmungen der realen Heizlasten und Heizgrenztemperaturen der Wohn- und Nichtwohngebäude auf Basis der Endenergieverbräuche. Durch Bereinigungen bzw. Normalisierungen der Basisdaten (z. B. in Bezug auf Witterung) können Vergleiche mit Daten aus anderen Quellen vollzogen werden. Beispielsweise werden nach VDI 3922 Blatt 1 Verbräuche durch Parkplatzbeleuchtungen oder Produktionen nicht in Energiekennzahlen von Gebäuden berücksichtigt.

Eine Kennzahlbildung für Gebäude insbesondere mit Schwerpunkt „Nichtwohngebäude“ ist in der Richtlinienreihe VDI 3807 beschrieben. Vergleichskennzahlen für Wohn- und Nichtwohngebäude sind auch in den Bekanntmachungen zum GEG zu finden. Als Richtwerte können Energieeffizienzkennzahlen für Ausschreibungen von Maßnahmen und Bewertungen von Angeboten dienen.

Kennzahlen, die Ist-Zustände von Wohn- und Nichtwohngebäuden oder Gewerken beschreiben, können zu Kennzahlen optimierter Gebäude (z. B. GEG minus 30 %) oder Anlagen in Beziehungen gesetzt werden, um so überschlägige Energieeinsparpotenziale zu ermitteln.

Unter diese Methode fällt nach der DIN 4108-2 unter anderem die Prüfung auf Einhaltung des sommerlichen Wärmeschutzes auf Basis des vereinfachten Verfahrens (sogenanntes „Sonneneintragskennwert-“ oder „SX-Verfahren“).

Qualität und Quellen der Daten, die zu Kennzahlbildungen dienen, sind zu dokumentieren. So können sich Kennzahlen auf geschätzte oder gemessene Daten beziehen. Bereinigungen bzw. Normalisierungen müssen ausreichend dokumentiert werden. Das vereinfacht die Nutzung der Daten auch über längere Zeiträume.

Bei Energieeffizienzkennzahlen handelt es sich um EnPIs im Sinne der DIN ISO 50006. Energieeffizienzkennzahlen können nach VDI 3922 Blatt 1 auch als sogenannte Key Performance Indicators (KPI) in übergeordnete Managementprozesse aufgenommen werden.

4.2.22 Erhebungen, Strukturierungen und Dokumentationen von Gebäudeinformationen bei Gebäude-Energieberatungen nach VDI 3922 Blatt 1

Auf Grundlage von Erstgesprächen mit Auftraggebern von Gebäude-Energieberatungen erfolgt die Feststellung der Beratungsziele, z.B. mithilfe der Checkliste aus Anhang A der VDI 3922.

Je nach Sachlage ist es sinnvoll, im Rahmen von Initial-/Einstiegsberatungen mit vereinfachter Datenerhebung die Beratungsziele anzupassen. Für ausreichende Datengrundlagen müssen Begehungen eines jeden Wohn- und Nichtwohngebäudes erfolgen, z.B. um die Richtigkeit vorhandener Dokumentationen einschätzen und die technische Umsetzbarkeit vorgeschlagener Maßnahmen beurteilen zu können.

Hierbei berücksichtigen Erhebungen der Daten bauphysikalische und gebäudetechnische Mindestanforderungen. Durch Kurzbewertung der energetischen Ist-Zustände der Wohn- und Nichtwohngebäude können Ansätze zu effizienteren Einsätzen von Energie identifiziert werden.

Datenerhebungen bei Gebäude-Energieberatungen nach VDI 3922 Blatt 1 sind zu strukturieren nach:

- Standorte und Lagen mit äußeren Gegebenheiten,
- Funktionen, Nutzungen und Konditionierungen der Räume sowie Nutzungsperspektiven,
- Anforderungen und Defizite in Bezug auf Komfort und Behaglichkeit sowie technische Standards, z.B. Mindestbeleuchtungsstärken,
- energetische Ist-Zustände der Gebäudehüllen und Bilanzgrenzen, z.B. beheizt, unbeheizt, belüftet, gekühlt,
- energetische Ist-Zustände der TGA und deren Wechselwirkungen mit den Gebäudehüllen,
- notwendige Instandsetzungen, Wartungsmängel und Nichteinhaltungen gesetzlicher Vorgaben, z.B. GEG,
- Nutzungsmöglichkeiten erneuerbarer Energien und mögliche Energieträgerwechsel,
- Energieverbrauchsmessungen usw.

Bei Dokumentationen zu Gebäude-Energieberatungen nach VDI 3922 Blatt 1 ist zu kennzeichnen, von wem (z. B. Auftraggeber, Berater, Fachplaner, andere Erfüllungsgehilfen) welche Daten bereitgestellt wurden und wie weitere Datenerfassungen erfolgten.

> Vor-Ort-Begehungen durch Gebäude-Energieberater stellen Grundleistungen dar.

Sind beispielsweise durch zerstörungsfreie Prüfungen keine eindeutigen Identifizierungen möglich und werden somit Annahmen getroffen, ist dies zu kennzeichnen und zu begründen, z. B. welche Bauteilkataloge verwendet wurden.

Bilanzgrenzen der Gebäude-Energieberatung sind darzulegen. Einflüsse von anderen Energieströmen, z. B. aus Produktionen oder weiteren Gebäuden, sind zu erörtern.

Vertiefungen von Datenerhebungen dienen bei komplexen Aufgabenstellungen z. B. Berechnungen zu Vergleichen von Energieeffizienzkennzahlen, Energiebedarfen und -verbräuchen.

Zur Einhaltung öffentlich-rechtlicher Nachweise und beim Einsatz von Fördermitteln sind Datenerhebungen in dem Maße vorzunehmen, dass technikoffene und herstellerneutrale Szenarien zur Steigerung der Energieeffizienz dargestellt werden können. Dabei sind insbesondere baukulturelle, denkmalschutzrechtliche und städtebauliche Rahmenbedingungen ebenso zu berücksichtigen wie etwa Behaglichkeit oder Hygieneanforderungen.

Je nach Beratungsziel und Beratungstiefe können Detailuntersuchungen, z. B. Materialentnahmen oder Messungen, erforderlich werden. Weiterführende detaillierte Datenerhebungen sind für Gebäude-Energieberatungsleistungen im Rahmen von Detailnachweisen und Simulationsrechnungen nach VDI 3922 Blatt 1 aufzunehmen.

Möglichkeiten zur Übernahme bestehender Daten, z. B. aus CAD-Programmen oder Energiemanagementsoftwares, sollen genutzt und die Daten angemessen auf Richtigkeit geprüft werden.

Soweit sinnvoll und möglich, sollen Daten der Energieberatungsergebnisse, z. B. für weitere Planungen oder Energiemanagementsoftwares, verwendbar sein.

Vorgenannte detaillierte Datenerhebungen in Wechselwirkung mit bereits erfolgten Gebäude-Energieberatungsleistungen sollen auch zur Erstellung von Planungsleistungen nutzbar sein.

Die Erfassung von Planungsergebnissen und tatsächlich zu verbauenden Komponenten erfordert für Prüfungen und für Abgleiche Rückkopplungen zu anfänglichen Datenerhebungen.

Im Rahmen von Umsetzungsbegleitungen sind nach VDI 3922 bei Wohn- und Nichtwohngebäuden baubegleitend die Datenerhebungen zu prüfen, um Annahmen abzugleichen und die Energieberatungsergebnisse zu verifizieren und zu aktualisieren. Des Weiteren sind durch Baubegleitungen jeweils Qualitätskontrollen und Konformität eingesetzter Materialien und Technik sicherzustellen.

Nach Abschluss von Energieeffizienzmaßnahmen bei Gebäude-Energieberatungen zu Wohn- und Nichtwohngebäuden nach VDI 3922 Blatt 1 müssen deren Dokumentationen den tatsächlichen Ausführungen entsprechen.

4.2.23 Grobbewertungen von Gebäuden bei Gebäude-Energieberatungen nach VDI 3922 Blatt 1

Bei Grobbewertungen von Gebäuden nach VDI 3922 Blatt 1 handelt es sich um Kurzbewertungen von Wohn- und Nichtwohngebäuden im Rahmen von Gebäude-Energieberatungen, bei denen in strukturierter Art und Weise energetische Qualitäten der Gebäudehüllen und der Anlagentechniken erfasst werden. Das Ergebnis solcher Erfassungen wird oft auch „Gebäudesteckbrief“ genannt. Dazu gehören z. B. Baujahr, Nutzung, Nutzungsperspektive, Bauteilbeschreibungen, Gebäudegeometrie, Heizkesseltyp oder Potenziale zur Nutzung erneuerbarer Energien usw. Auf Basis von ausreichend verifizierten EnPIs werden erste grobe Energieeinsparpotenziale ermittelt.

Vorgenannte Methoden haben geringe Beratungstiefen, sind jedoch gut geeignet, um erste Überblicke insbesondere über größere Gebäudebestände zu schaffen. Außerdem sind sie gute Einstiege in effektive Kosten-Nutzen-Analysen von Energieeinsparinvestitionen und in strategische Investitionsplanungen.

Je nach Energieberatungsziel können Daten aus Gebäudesteckbriefen für gebäudeübergreifende Energieeffizienz- und -suffizienzstrategien wie beispielsweise Flächenbedarfsanalysen dienen. Unter diese Methoden fallen auch Energieverbrauchsausweise.

Unter Energiesuffizienzstrategien werden nach VDI 3922 Blatt 1 Nachhaltigkeitsstrategien verstanden, die auf Begrenzungen und langfristige Reduktionen der gesamten Energie- und Ressourcenverbräuche zielen; z. B. braucht ein nicht gebauter Quadratmeter Gebäudefläche nicht beheizt oder klimatisiert zu werden. Gebäudeteile mit überwiegender Abendnutzung können gegebenenfalls tagsüber anderweitig genutzt werden und umgekehrt, z. B. Schulen, Theater usw. Flexible Wohnungsgrundrisse und die gemeinsame Nutzung beispielsweise von Gästezimmern können Wohnflächen pro Kopf reduzieren.

4.2.24 Energiebedarfsberechnungen bei Gebäude-Energieberatungen nach VDI 3922 Blatt 1

Energiebedarfsberechnungen nach VDI 3922 Blatt 1 ermöglichen bei Gebäude-Energieberatungen teilweise vereinfachte Abbildungen der Wohn- und Nichtwohngebäude mittels Softwares.

Ziele sind hierbei die Berechnungen der Energiebedarfe mindestens für die Heizwärmebedarfe. Leistungen der TGA gehen mit in die Berechnungen ein, jedoch sind Energiebedarfsberechnungen nicht zur Auslegung der TGA und ihrer Komponenten geeignet.

> Je nach eingesetzter Software können Daten über Schnittstellen ausgetauscht und dann auch z. B. für TGA-Planungen verwendet werden.

Hierbei gibt es unterschiedliche Berechnungsverfahren für unterschiedliche Anwendungsfälle. Zu unterscheiden sind Berechnungsverfahren, die auf monatlichen Berechnungen von mittleren Energieverbräuchen beruhen und Verfahren mit kürzeren Zeitschritten. Weiterführende Informationen zu einzelnen Verfahren können unter anderem der VDI 3808 entnommen werden.

Gewerkeübergreifende Berechnungen ermöglichen Vergleiche sehr unterschiedlicher Energieversorgungskonzepte wie z. B. Wärmepumpen kombiniert mit Holzpellet-Heizkesseln oder z. B. Einflüsse energieeffizienter Beleuchtungen auf Heizwärme- und Kühlbedarfe der Wohn- und Nichtwohngebäude.

Die Genauigkeit der Berechnungen hängt erheblich von Genauigkeiten der Eingabeparameter ab. Das betrifft auch die energetischen Ist-Zustände der Gebäudehüllen und der TGA. Weitere Einflussparameter sind nach VDI 3922 Blatt 1 Standorte der Wohn- und Nichtwohngebäude und Nutzungsparameter wie z. B. Innentemperaturen, Belegungszeiten usw. Dabei sind die Berechnungen dahingehend zu unterscheiden, ob sie auf Standardnutzungsprofilen beruhen, z. B. Nachweise gemäß GEG, oder auf an das Beratungsobjekt individuell angepassten Profilen.

4.2.25 Monatsbilanzverfahren bei Gebäude-Energieberatungen nach VDI 3922 Blatt 1

Bei Monatsbilanzverfahren nach VDI 3922 Blatt 1 für Gebäude-Energieberatungen werden Mittelwerte für jeden Monat berechnet und zu Jahreswerten aufsummiert. In der DIN V 18599-1 bis DIN V 18599-11 werden dazu für manche Gewerke von Wohn- und Nichtwohngebäuden Typentage ermittelt. Diese basieren teilweise auf Stundenwerten, die mittels dynamischer Gebäudesimulationen ermittelt wurden.

Auf Basis von Standardnutzungsprofilen und dem einheitlichen Referenzstandort für Deutschland dienen Berechnungsprogramme auf Basis insbesondere der DIN V 18599-1 bis DIN V 18599-12, DIN V 4108-6 und DIN V 4701-10 zur Nachweisführung zur Einhaltung des GEG und zur Beantragung von Fördermitteln.

Da die Nachweisführung bereits in frühen Planungsstadien angewendet werden muss, sind die hinterlegten Standardwerte mit Sicherheitszuschlägen beaufschlagt (z. B. pauschale Wärmebrückenzuschläge oder Längen der Verteilleitungen, die später durch detaillierte Berechnungen ersetzt werden können). Dies dient dazu, im weiteren Planungsprozess mit der Auswahl konkreter Anlagenkomponenten die gesetzlichen Anforderungen weiter einhalten zu können.

Auf Basis von Tabellenkalkulationsprogrammen sind Programme verfügbar, die die in den Normen beschriebenen Berechnungsverfahren zum Teil vereinfacht oder ergänzt um weitere Berechnungsansätze und Auswertungsmöglichkeiten abbilden, z. B. nach VSI 3922 Blatt 1 das Passivhaus-Projektierungspaket (PHPP), EnerCalC und TEK-Tool. EnerCalC und TEK-Tool sind für Energieberatungen optimierte und vereinfachte Energiebilanzmethoden nach DIN V 18599. Sie werden z. B. bei Planungen von sogenannten „Passivhäusern“ oder bei Energieaudits nach DIN EN 16247 mit dem Schwerpunkt „Gebäude“ eingesetzt.

4.2.26 Dynamische Gebäude- und Anlagensimulation bei Gebäude-Energieberatungen nach VDI 3922 Blatt 1

Mithilfe von dynamischen thermischen Simulationen von Wohn- und Nichtwohngebäuden nach VDI 3922 Blatt 1 werden bei Gebäude-Energieberatungen auf stündlicher Basis Energiebilanzen von Räumen für jede der 8.760 Stunden des Jahres berechnet und damit die verschiedenen Energiekonzepte bewertet und optimiert, z. B. möglichst realistisch geplante Nutzungsverhalten (insbesondere Wärmeabgabe von Personen, Geräten, Beleuchtungen, Lüftungen usw.).

Komfort und Behaglichkeit, z. B. nach der DIN EN 15251, sowie das Außenklima werden vorgegeben. Die Ergebnisse der vorhergehenden Stunde sind die Ausgangsdaten der folgenden Stunde, sodass damit die Speicherwirkungen der Bauteile berücksichtigt werden.

Auf physikalischer Basis werden Wirkungs- und Nutzungsgrade berechnet. Für jede Stunde des Jahres werden idealerweise Ergebnisse für jeden Raum in den Wohn- und Nichtwohngebäuden hinsichtlich der Raumtemperaturen, Heiz- und Kühlleistungen, Nutzenergiebedarfe sowie Luftwechsel festgehalten. Die daraus abgeleiteten Bedarfe an Strom, Wärme und Kälte werden dann über die ebenfalls stündlichen Simulationen der Komponenten zu Energieumwandlungen in Energieträger umgesetzt.

Der stündliche Verlauf der Energiebedarfe kann dann z. B. mit den zeitlich variablen Tarifen über die Leistungsbereitstellungs- und Energiepreise in Energiekosten umgerechnet werden. Auch können Energieträgern zeitlich variable Umweltbelastungen zugeordnet werden, z. B. CO_2-Äquivalent für Strom aus dem Netz.

Simulationen werden nach VDI 3922 Blatt 1 zu Beginn der Planungen bei Neubau und Modernisierungen von Wohn- und Nichtwohngebäuden eingesetzt. Einsätze der Simulationen in Gebäudebeständen bieten die Möglichkeit, gemessene mindestens stündliche Daten als reale Randbedingungen vorzugeben und deren Auswirkungen zu beurteilen. Die Erkenntnisse können z. B. über die Gebäudeleittechnik in Steuerungen und Regelungen der Wohn- und Nichtwohngebäude einbezogen werden. Zusätzlich geben Vergleiche von Energiebedarfen aus Simulationen mit den Energieverbräuchen aus Messungen Aufschluss über die Energieeffizienz.

Bewertungen der simulierten Raumtemperaturen geben Aufschlüsse über Komfort und Behaglichkeit vor Umsetzung der Baumaßnahmen. Es können detaillierte Dimensionierungen sowohl von Heiz- und Kühlleistungen mit geeigneten Raumübergabesystemen als auch weiteren TGA-Komponenten vorgenommen werden. Diese Berechnungsergebnisse dienen Vergleichen mit Auslegungswerten auf Basis der Standardauslegungsverfahren der Planungen und Diskussionen über vermeidbare Anlagenüberdimensionierungen.

Analysen der stündlichen Ergebnisse, z. B. für Raumtemperaturen, Strom, Wärme, Kälte und Energieträger, zeigen Minimal- und Maximalwerte sowie deren Häufigkeiten. Geringe Häufigkeiten sind Hinweise darauf, dass mögliche Sicherheitsaufschläge bei der Auslegung der TGA nicht notwendig sind und gegebenenfalls Anlagen mit geringerer Leistung bessere Wirkungsgrade erzielen.

So ist es möglich, z. B. die Anzahl der Stunden zu berechnen, in denen die Raumtemperatur oberhalb von 26 °C und innerhalb der täglichen Nutzungszeit liegen. Wenn z. B. nach VDI 3922 Blatt 1 auf aktive Klimatisierung verzichtet werden soll, sind die simulierten Übertemperaturgradstunden ein wichtiges Kriterium für den sommerlichen Wärmeschutz. Beispielsweise können anhand des zeitlichen Verlaufs der Ergebnisgröße „Raumtemperatur" die Ursachen für deren schnelles Ansteigen analysiert werden. Ursachen können solare oder interne Wärmeeinträge sein. Dadurch können nach VDI 3922 Blatt 1 die richtigen Maßnahmen, deren Energieeinspar- und Verbesserungspotenziale abgeleitet und deren zu erwartende Auswirkungen bewertet werden.

Bei ausreichender Modellierungstiefe ist es laut VDI 3922 Blatt 1 möglich, einen digitalen Zwilling vom Gebäude (Hülle, TGA mit z. B. Betonkernaktivierung und Nutzung) zu schaffen. So kann auch bei Änderungen in den Planungsphasen geprüft werden, wie sich jeder Raum im Wohn- oder Nichtwohngebäude in Zukunft verhalten wird. Die VDI 3922 Blatt 1 spricht in diesem Fall von „Whole-Building-Simulation".

Des Weiteren lassen sich mit entsprechender weiterer Software z. B. Durchströmungen von Wohn- und Nichtwohngebäuden oder Tageslichtnutzungsverteilungen simulieren. Die Mess-, Steuer- und Regelungstechnik kann im Rahmen von Gebäudesimulationen geplant und auf ihre Wirksamkeiten geprüft werden.

> Diese Energieberatungs- und Planungsmethoden zeigen hohe Beratungstiefen, die über das Monatsbilanzverfahren deutlich hinausgehen.

4.2.27 Energiebedarfs-/Energieverbrauchsabgleich bei Gebäude-Energieberatungen nach VDI 3922 Blatt 1

Ein Energiebedarfs-/Energieverbrauchsabgleich nach VDI 3922 Blatt 1 bei Gebäude-Energieberatungen ist eine Methode zur Bewertung von Energieeinsparpotenzialen von bestehenden Wohn- und Nichtwohngebäuden. Sie liefert deutlich bessere Übereinstimmungen mit individuellen Gegebenheiten als Energiebedarfsausweise. Das bedeutet nach VSDI 3922 Blatt 1, die berechneten Energiebedarfe ergeben realistischere Energiebilanzen.

Beim Energiebedarfs-/Energieverbrauchsabgleich werden in Energiebedarfsberechnungen die Nutzungsparameter der Wohn- und Nichtwohngebäude soweit angepasst, dass sie die realen Endenergieverbräuche möglichst genau abbilden (s.a. DIN V 18599 Beiblatt 1). Jedoch können für Energiebedarfs-/Energieverbrauchsabgleiche auf Basis von Berechnungen nach DIN V 18599, insbesondere bei gekühlten Gebäuden, nicht alle Parameter angepasst werden. Für diese Fälle sind dynamische Gebäudesimulationen besser geeignet.

Energiebedarfs-/Energieverbrauchsabgleiche entsprechen nicht öffentlich-rechtlichen Nachweisverfahren nach dem GEG. In der Regel wird dabei eine Abweichung zwischen dem berechneten Energiebedarf und dem gemessenen Energieverbrauch von unter 10 % angestrebt. Das gilt unter der Vorrausetzung ausreichend verifizierter Verbrauchsdaten. Dazu gehören neben Witterungsbereinigungen gegebenenfalls Bereinigungen aufgrund von Verbrauchern, die in der Berechnung nicht mit abgebildet werden (z. B. Aufzüge, IT- und Bürotechnik, Prozesstechnik usw.).

Sind die Anteile dieser Verbraucher an den Gesamtenergieverbräuchen der Wohn- und Nichtwohngebäude z. B. durch Messungen nicht ausreichend genau quantifizierbar, ist ein Energiebedarfs-/Energieverbrauchsabgleich gegebenenfalls nicht möglich oder nicht sinnvoll.

Die Methode nach VDI 3922 Blatt 1 ermöglicht deutlich bessere Beurteilungen der Wirtschaftlichkeit der angestrebten Energieeffizienzmaßnahmen als Berechnungen, die auf Standardnutzungsprofilen beruhen. Sie hat eine hohe Beratungstiefe.

Rebound- und Prebound-Effekte zwischen Ist-Zuständen und Modernisierungsvarianten können bei dieser Methode ebenfalls berücksichtigt werden. Ein direkter Rebound-Effekt liegt vor, wenn nach der Modernisierung Verbräuche höher ausfallen als berechnete Bedarfe, weil z. B. Nutzer zu wenig lüften oder höhere Raumtemperaturen wählen. Weitere Ursachen liegen nach VDI 3922 Blatt 1 in nicht optimal genutzter oder geregelter TGA.

Ein Prebound-Effekt liegt dagegen vor, wenn Verbräuche in unmodernisierten Wohn- und Nichtwohngebäuden niedriger liegen als berechnete Bedarfe, weil z. B. nicht alle Räume beheizt sind und die Durchschnittsraumtemperaturen eher niedrig sind.

4.2.28 Erstellung von Energiekonzepten und Sanierungsfahrplänen bei Gebäude-Energieberatungen nach VDI 3922 Blatt 1

Sanierungsfahrpläne und Energiekonzepte nach VDI 3922 Blatt 1 bei Gebäude-Energieberatungen beziehen sich in der Regel auf ein Wohn- bzw. Nichtwohngebäude, manchmal auch auf eine Liegenschaft oder ein Quartier. Basis dafür sind Energiebedarfsberechnungen. Im Zusammenhang mit dem GEG ist das in der Regel ein Monatsbilanzverfahren.

Ausgehend von der Abbildung der Ist-Zustände werden verschiedene Modernisierungsvarianten berechnet. Es wird die Wirtschaftlichkeit auf Basis der projektspezifischen Investitionskosten und der Betriebskosten in den Nutzungsphasen und, wenn notwendig, auch in den Verwertungsphasen berechnet und verglichen. Dabei sollten die Kosten, die sich aus ohnehin anstehenden Instandhaltungen, z. B. einer Dämmungserneuerung, ergeben, getrennt von den energetisch bedingten Mehrkosten betrachtet werden. Das ermöglicht einen objektiven Vergleich der Maßnahmen nicht nur auf Basis von Investitionskosten, sondern auch anhand der Kosten über den Lebenszyklus der Maßnahme.

Energiekonzepte sollen die Spezifikationen der Maßnahmen inklusive der gewünschten Qualitäten, z. B. Luftdichtigkeit und/oder Behaglichkeit, ausreichend für die weiteren Planungsprozesse beschreiben. Dabei sind auch hier weitere relevante Faktoren, z. B. baukulturelle, denkmalschutzrechtliche und städtebauliche Gegebenheiten, mit einzubeziehen.

> In Neubauten entfallen Abbildungen der Ist-Zustände. Lediglich unterschiedliche Realisierungsvarianten können insbesondere hinsichtlich Energieeffizienz, Wirtschaftlichkeit und Umweltwirkung verglichen werden.

Sanierungsfahrpläne nach VDI 3922 Blatt 1 zeigen die energetischen Verbesserungen der bestehenden Wohn- und Nichtwohngebäude in individuellen, zeitlich getrennten Schritten zur Erreichung eines langfristigen Modernisierungsziels, z. B. zum sogenannten „Plusenergiehaus“. Der Schwerpunkt liegt hier in der Bestimmung der geeigneten Reihenfolge der Maßnahmen und in Umsetzungshinweisen, wie die Einzelmaßnahmen mit Blick auf nachfolgende Maßnahmen umzusetzen sind. Das vermeidet strategische Fehlentscheidungen.

Sanierungsfahrpläne nach VDI 3922 Blatt 1 werden im Rahmen von Instandhaltungsmaßnahmen umgesetzt. Restenergiebedarfe können z. B.

durch erneuerbare Energien gedeckt werden. Im Bereich von individuellen Modernisierungsfahrplänen im Rahmen von Förderprogrammen werden teilweise Standardberatungsberichte vorgegeben. Oft werden die Energieeinsparmaßnahmen auf Basis des GEG berechnet, und es erfolgen keine Energiebedarfs-/Energieverbrauchsabgleiche.

Zumindest sollten in vereinfachten Formen Bezüge zu tatsächlichen Energieverbräuchen hergestellt werden, da die berechneten Energiebedarfe aufgrund der unterschiedlichen Nutzungen und erheblicher Sicherheitszuschläge in den Berechnungsverfahren oft erheblich von den tatsächlichen Verbräuchen abweichen.

Energiekonzepte und Modernisierungsfahrpläne sollten Monitoringkonzepte enthalten, die spätere Evaluierungen der Energieeffizienzmaßnahmen ermöglichen. Die genannten Methoden erfordern von Gebäude-Energieberatern fundiertes Wissen, das über die Erstellung öffentlich-rechtlicher Nachweise deutlich hinausgeht.

4.2.29 Detailuntersuchungen und -planungen bei Gebäude-Energieberatungen nach VDI 3922 Blatt 1

Im Rahmen von Energieberatungsprozessen nach VDI 3922 Blatt 1 zu Wohn- und Nichtwohngebäuden kann es sinnvoll sein, weitere Informationen zu ermitteln, die wichtig für Beurteilungen der Modernisierungsbedarfe, der Modernisierungskonzepte oder z. B. für Bewertungen der Wirtschaftlichkeit sind.

Diese Methoden werden in der Entwicklungsphase und in der Umsetzungsphase, z. B. bei Umplanungen, eingesetzt. Das heißt besonders hier sind Gebäude-Energieberatungen eng verknüpft mit Planungsleistungen in Entwurfsphasen. Oft gibt es fließende Übergänge. Ausführungsplanungen sind leider nach VDI 3922 Blatt 1 nicht Teil von Gebäude-Energieberatungen.

Detailplanungen im unmittelbaren Vorfeld der Realisierungsphasen sichern Erfolge der Maßnahmen bei den Umsetzungen.

Im Bereich der Gebäudehüllen sind dies z. B.:

- Baumaterialuntersuchungen zu Energie- und Materialqualitäten sowie Schadstoffen,
- Wind- und Luftdichtigkeitskonzepte,
- Wärmebrückenkonzepte mit detaillierten Berechnungen von Wärmebrücken als 2-D- oder 3-D-Modelle in bauphysikalisch kritischen Bereichen sowie

- Berechnungen zur Sicherstellung von Tauwasserfreiheit, z. B. mittels hygrothermischer Simulationsberechnungen, z. B. nach WTA-Merkblatt 6-1-01/D, insbesondere bei Flachdächern aus Holz, Gründächern, Innendämmungen und komplizierten Anordnungen von Dämmschichten und Dampfsperren bzw. -bremsen.

Im Bereich der TGA sind dies z. B.:

- Lastprofilanalysen,
- Lang- oder Kurzzeitmessungen einzelner Bereiche oder Anlagenkomponenten,
- das Prüfen der Umsetzung von Wärmebrückenkonzepten (z. B. Planungen zur Minimierung von Wärmebrücken),
- das Prüfen der Umsetzung von Wind- und Luftdichtigkeitskonzepten (Planungen zur Maximierung von Gebäudeluftdichtheiten),
- die Begleitung und Prüfung der Umsetzung der geplanten TGA-Konzepte vor Ort (z. B. lüftungstechnische Maßnahmen),
- Planungs- und baubegleitende Qualitätssicherungen (z. B. Wind- und Luftdichtheitsmessungen und/oder Thermografien),
- Anpassung von Energiebedarfsberechnungen an tatsächliche Umsetzungen sowie
- Überprüfung der Einhaltung gesetzlicher Vorgaben (z. B. GEG) und gegebenenfalls der Anforderungen, die an Fördermittel gestellt werden.

Dazu werden unterschiedliche Qualitätssicherungsmethoden eingesetzt. Im Bereich von Gebäudehüllen werden z. B. Wind- und Luftdichtigkeitstests, Gebäudethermografien und Messungen der Luftqualität genutzt, im Bereich der TGA das Inbetriebnahmemanagement, z. B. beschrieben in der VDI 6039 und der VDI 6041.

4.2.30 Beispiel einer Checkliste – Kontaktaufnahme bei Gebäude-Energieberatungen nach VDI 3922 Blatt 1 Anhang A

Ziele des Erfassungsbogens bei Gebäude Energieberatungen aus der VDI 3922 Blatt 1 nach Anhang A1

Gebäude-Energieberater sollen als Auftragnehmer nach VDI 3922 Blatt 1 Anhang A1 in die Lage versetzt werden, aussagefähige, belastbare und für beide Seiten wirtschaftliche Angebote abgeben zu können.

Auftraggeber sollen in die Lage versetzt werden, den finanziellen, personellen, zeitlichen und organisatorischen Aufwand sowie den Nutzen der Gebäude-Energieberatung zu Wohn- und Nichtwohngebäuden einschätzen und bewerten zu können. Der Erfassungsbogen unterstützt damit die Prozessschritte gemäß VDI 3922 Blatt 1 und ist ein Vorschlag für konzentrierte und strukturierte Sammlung von Informationen und Klärung der Gebäude-Energieberatung in drei Schritten:

- Kennenlernen der Auftraggeber und handelnden Personen für Gebäude-Energieberatungen zu den Wohn- und Nichtwohngebäuden,
- Kennenlernen der Ausgangssituation bei den Auftraggebern der Gebäude-Energieberatungen sowie
- Darlegung und Klärung der Abläufe und Leistungen der Gebäude-Energieberatungen.

Die obligatorischen Basisdaten zu den Wohn- und Nichtwohngebäuden werden im ersten Schritt erfasst und im Erfassungsbogen Teil 1 (Basisdaten) dokumentiert.

Im zweiten Schritt lernen Gebäude-Energieberater die Randbedingungen, Motivationen und Ausgangssituationen aus Auftraggebersicht kennen (Erfassungsbogen Teil 2, **Bild 4.29**). Dabei müssen Gebäude-Energieberater die Wohn- und Nichtwohngebäude im Kontext erfassen.

Nur wenn Gebäude-Energieberater es schaffen, ihre Auftraggeber „emotional abzuholen“ und insbesondere Befindlichkeiten, Randbedingungen, Ausgangssituationen usw. der Auftraggeber zu erfassen und in Gebäude-Energieberatungsprozessen zu berücksichtigen, können sich für beide Seiten zufriedenstellende Gebäude-Energieberatungen ergeben.

Zudem sollen Gebäude-Energieberater den Auftraggebern vermitteln, was aus Gebäude-Energieberatersicht im Rahmen der Beratungen zu Wohn- und Nichtwohngebäuden inhaltlich, finanziell, organisatorisch usw. an Aufwand auf die Auftraggeber zukommt und dies so fixieren, dass Einigkeit und Transparenz bestehen (siehe auch Erfassungsbogen Teil 3 der VDI 3922 Blatt 1 Anhang A1).

Nummer	Inhalt			erledigt
	Art	Verbrauch	wesentliche Einsatzbereiche	
1.7 Energiearten, Verbräuche	Strom	1.850.000 kWh/a	Beleuchtung, elektrische Kleinverbraucher, Küche,Kälte	
	Fernwärme	5.800.00 kWh/a	Heizung und Trinkwassererwärmung	
	Diesel	5.000 l/a	Transport	
1.8 Engagement bisher	kein Energiemanagement keine systematische Auseinandersetzung mit Energieverbräuchen			X

Quelle: Bethe

Bild 4.29 VDI 3922, Blatt 1 A3 Erfassungsbogen Teil 2 – Randbedingungen und Ausgangssituation

> Manche Themen müssen durch Gebäude-Energieberater gleich zu Beginn der Gespräche sowohl erklärt als auch moderiert und zu einer Meinungsbildung sowie Entscheidung geführt werden.

Es können sich in Teil 4 erste Erfassungen der technischen Infrastrukturen und Anlagen sowie Sichtungen der vorhandenen Informationen, z. B. Lage-, Hallen- und/oder Schaltpläne, und Informationsquellen, z. B. Genehmigungsordner, Betriebsinformations-, Wartungs-, Steuerungssysteme usw., anschließen. In Teil 5 werden erste Vereinbarungen getroffen und dokumentiert. Der Fortschritt der Erfassung ist in der Liste abzuhaken. Die Liste erhebt keinen Anspruch auf Vollständigkeit. Beispiele für Einträge sind kursiv dargestellt und erheben keinen Anspruch auf Konsistenz sowie Vollständigkeit.

Das hier vorgestellte Vorgehen erfüllt die Anforderungen der Normenreihe DIN EN 16247 für Energieaudits, insbesondere von DIN EN 16247-1 bis DIN EN 16247-3.

A5 Erfassungsbogen Teil 4 – Erste Erfassung der technischen Infrastruktur bei Gebäude-Energieberatungen nach VDI 3922 Blatt 1

Teil 4 der Checkliste ist optional und dient der Erfassung von Hintergrundinformationen, sofern diese im Gesprächsverlauf noch nicht erfasst wurden. Als Grundlage kann die Kompetenzmatrix aus VDI/BTGA-MT 3922 Blatt 2 verwendet werden. Eine Anpassung an Branchen ist gegebenenfalls erforderlich.

4.2.31 Beispiel für die Anwendung des Strukturansatzes bei Gebäude-Energieberatungen nach VDI 3922 Blatt 1 Anhang B

Das in der VDI 3922 Blatt 1, Abschnitt 7.2.3, beschriebene Vorgehen wird im Anhang B der VDI 3922 Blatt 1 aufgegriffen und mit einem durchgehenden Beispiel untersetzt.

Das genannte Beispiel, ein realer Beratungsfall, wurde stark vereinfacht und anonymisiert, da hier nur die Vorgehensweise dargestellt werden soll. Das Vorgehen im Rahmen von Gebäude-Energieberatungen zu Wohn- und Nichtwohngebäuden kann immer den jeweiligen Situationen vor Ort entsprechend angepasst und die Reihenfolgen der Untersuchungsschritte vertauscht werden.

Es handelt sich bei dem Beispiel nach VDI 3922 Blatt 1 um ein Nichtwohngebäude mit einer Produktion von Dosen aus Metall, die innen und außen beschichtet sowie außen gemäß Auftraggeberwünschen individuell bedruckt werden. Der Produktionsprozess besteht aus dem Schneiden, Ziehen, Ablängen der Dosen, Grundierung, Druck sowie Lackierung innen und außen. Zwischen allen Schritten werden die Dosen gewaschen und in Öfen getrocknet.

Die folgenden Schritte zeigen, wie der Strukturansatz von der räumlichen Strukturierung zur funktionalen Struktur eines Standorts führt. Er kann unvollständig beginnen und in geplanten Untersuchungszyklen verfeinert werden. DIN EN ISO 50001 spricht hier von „Energetischer Bewertung“ und „Methoden zur Energetischen Bewertung“.

Erster Schritt zur Festlegung von Bilanzgrenzen bei Gebäude-Energieberatungen nach VDI 3922 Blatt 1 aus Anhang B

Der Strukturansatz beginnt im ersten Schritt mit dem Lageplan des Standorts, in den Energieeingänge und -ausgänge eingetragen bzw. später überprüft werden. Die äußere Bilanzgrenze wird durch den Standort selbst gebildet. In den Lageplan des Standorts ist einzutragen, an welchen Stellen welche Energieart in die äußere Bilanzgrenze eintritt bzw. diese wieder verlässt (z. B. Energieversorgungsunternehmen-Zähler, Eingangs-Trafostationen, Fernwärme- oder Gasübergabestellen usw.). Ferner werden zentrale Energieumwandlungseinrichtungen (z. B. BHKW, Trafos, Solaranlagen, Erdwärmepumpen usw.) als „Stationen“ in den Lageplan eingetragen.

Im Anschluss wird der Standort in wesentliche Funktionsbereiche (Systeme) mit weiteren Bilanzgrenzen aufgeteilt. Dies orientiert sich in der Regel an der Produktionskette, die bis in die Grundfunktionen unterteilt werden kann.

Nach Anhang B der VDI 3922 Blatt 1 wurde der Standort in Systeme und Teilsysteme aufgeteilt. Bei der Definition von Teilsystemen wird analog zum Lageplan verfahren, indem Hallenaufstellungspläne oder Grundrisse verwendet und Verbrauchergruppen zusammengefasst werden, die einen funktionalen Zusammenhang und daher die gleichen Betriebs- und Lastdaten haben.

In diesem Beispiel sind dies die Produktionslinien und Apparate, die gemeinsam/zusammen Anlagen zur Wasseraufbereitung bzw. Drucklufterzeugung nutzen oder Einzelanlagen sind, z. B. die Schrottpresse (siehe auch Bild B3 aus Anhang B der VDI 3922 Blatt 1).

Die eingetragenen Informationen können innerhalb weniger Minuten auch als einfache Handskizzen erzeugt werden, um schnelle Überblicke über die Verbrauchersituation zu erhalten.

Zweiter Schritt zum Energiefluss durch die Struktur (EPD) bei Gebäude-Energieberatungen nach VDI 3922 Blatt 1 aus Anhang B

Aufgrund der oft komplexen Wechselwirkungen der Verbraucher ist es nach VDI 3922 Blatt 1 Anhang B notwendig, die Verbrauchsverteilung darzustellen.

Die zuvor definierten Bilanzgrenzen werden mit den zurzeit bekannten Verbrauchswerten in ein EPD übertragen, das die Sankey-Darstellung von Energieflüssen verwendet (s. a. Anhang B der VDI 3922 Blatt 1) und durch weitere Detaillierungen untersetzt wird. Hierbei wird oft die räumliche Struktur aufgelöst und durch eine funktionale Struktur ersetzt, die dem Energiefluss folgt.

Noch unbekannte Anlagen werden durch „Black Boxes" (hier z. B. die Palletieranlage, die Druckluftanlage, die Wasseraufbereitung, die Kühlanlage usw.) dargestellt. Damit werden diese Bereiche als Energieverbraucher sichtbar gemacht, um sie in späteren Schritten zu untersuchen und besser zu bewerten.

Ein Vorteil dieser Darstellung ist, neben der Übersichtlichkeit und leichten Kommunizierbarkeit, dass das EPD nicht von Anfang an vollständig sein muss, um aussagekräftig zu sein. Im einfachsten Fall zeigt es die „Lücken" im Energiefluss oder „Inseln" im Diagramm, bei denen noch ein Bedarf an Information besteht und ob dieser Bedarf zwingend notwendig für die nächsten Analysen ist.

Es ist mit diesem Ansatz nach Anhang B der VDI 3922 Blatt 1 möglich, auch mit unvollständigen Informationen zu ersten Ergebnissen zu kommen, z. B. 30.800 MWh/a (Strom gesamt) – 7.000 MWh/a (Strom Druckluftanlage) – 13.160 MWh/a (Strom Produktionslinien) = 10.640 MWh/a (Stromverbrauch der Untereinheiten inklusive Trafoverluste).

Lücken können auch als Hinweise verstanden werden, z. B. auf die Frage, ob die Werkstatt mit Strom beheizt wird oder ob hier die Erfassung einer Gasleitung vergessen wurde.

Das EPD ist von links nach rechts bezüglich des Energieflusses orientiert. Am linken Rand werden die in die jeweilige Bilanzgrenze eingehenden Energiearten und -mengen dargestellt. Für die äußere Bilanzgrenze ist dies die Endenergie. Der Energiefluss nach rechts folgt der zuvor festgestellten Struktur – in der Regel entlang der entsprechenden Netze bzw. Leitungen zur Energieverteilung.

Aus Gründen der Übersichtlichkeit sollte nach Anhang B der VDI 3922 Blatt 1 immer versucht werden, die Aussagen auf einer Seite darzustellen und mit Detail-EPDs der Teilsysteme zu untersetzen, hier im Beispiel umgesetzt durch Verweise auf Detail-EPDs für die Produktionslinien.

Nutzen in Form von Produkten und Energie, die die Bilanzgrenzen als Produkt oder Durchleitungen für Dritte verlassen, werden nach rechts weitergeführt. Abwärme oder energetisch relevante Abprodukte, z. B. heiße Schlacken, werden nach oben bzw. nach unten aus den Stationen abgehend eingezeichnet.

Für jedes EPD müssen Energieeingänge und -ausgänge sowie die äußeren, dynamischen Energieeinflussfaktoren und der Nutzen an den EPD-Grenzen angegeben werden. Daraus ergeben sich die Vergleichbarkeiten und Energiekennzahlen.

Die Energieflüsse werden mit einer Strichstärke proportional zu ihren Verbräuchen eingezeichnet. Teilströme, deren Wert nicht bekannt ist, werden als dünne Linie ebenfalls in die Darstellung aufgenommen, um zum einen den Fluss als identifiziert und zum anderen als, falls relevant, noch zu bestimmend zu kennzeichnen.

Es müssen immer alle Energiearten, auch die auf dem Standort umgewandelten wie z. B. Druckluft, Prozesswärme, Warmwasser usw. eingetragen werden.

Energieverbrauchswerte sollten nur so viele Ziffern enthalten, wie es der Mess- oder Datengenauigkeit entspricht.

Systeme, deren Energie-Zufluss noch unbekannt ist, weil z. B. noch Unklarheit über die tatsächliche Verteilung besteht, müssen trotzdem in das EPD eingetragen werden, um diesen Kenntnisstand deutlich zu machen. Spätestens durch das Bilden von Summen müssen solche „Inseln“ erkannt werden. Wissenslücken sind im EPD explizit sichtbar zu machen.

Zu Beginn liegen einige Verbrauchsdaten noch nicht unter vergleichbaren Randbedingungen (z. B. Betriebszustände, Auslastungen, Außentemperaturen usw.) vor. Dies kann zu Fehleinschätzungen führen.

Für gemeinsame Darstellungen von Verbräuchen im EPD gilt analog die Liste der Anforderungen an die Vergleichbarkeit von Daten, die in der VDI 3922 Blatt 1 zum Rankingansatz aufgelistet wird.

Das EPD kann erfahrungsgemäß auch als Handskizze im Gespräch mit dem Betrieb aufgenommen und sofort als Diskussionsgrundlage verwendet werden.

Dritter Schritt zum wesentlichem Energieeinsatz und zu Wechselwirkungen bei Gebäude-Energieberatungen nach VDI 3922 Blatt 1 Anhang B

In diesem dritten Schritt wird eine Übersicht über die Verbrauchssituation hergestellt, um anhand von wesentlichen Energieeinsatzbereichen, gemessen am absoluten Verbrauch oder PhO, Verbraucherarten und Funktionsbereiche mit gleichen, dynamischen Einflussfaktoren sowie die Bereiche mit höchstem Handlungsbedarf, möglichen Energieeinsparpotenzialen oder leistbarem Aufwand zu identifizieren und so den Fokus der weiteren Arbeiten hierauf zu lenken.

Wegen der für vergleichende Darstellungen zu berücksichtigenden Aspekte sind für die EPDs im dritten Schritt festzulegen, über welche Zeitbasis, Betriebszustände und andere Einflussfaktoren die im Diagramm dargestellten Energieströme summiert, gemittelt und verglichen werden können.

Im Gegensatz zum Rankingansatz als rein tabellarischem Ansatz lassen sich mit dem Strukturansatz als grafischem Ansatz die sich mit den Randbedingungen ändernden Wechselwirkungen und Ausprägungen deutlicher erkennbar und kommunizierbar machen.

Sofern das EPD mit Software erzeugt wird, die mit unterschiedlichen Werten für die Energieflüsse je nach Betriebszustand oder Zeitbasis verknüpft werden kann, fungiert das EPD als grafische Schablone, mit der die Aus- und Wechselwirkungen von unterschiedlichen Zuständen oder Einflüssen auf Energieverbräuche, Energieverbrauchsverteilungen und damit auf die sich verändernden wesentlichen Energieeinsatzbereiche sichtbar gemacht werden.

Anhand der in diesem Schritt gefundenen, relevanten Energieeinsatzbereiche können die Schritte 4 bis 8 nach Anhang B der VDI 3922 Blatt 1 auf die als aktuell wesentlich eingestuften Bereiche eingeschränkt werden.

Die Einstufung muss regelmäßig überprüft, aktualisiert und erweitert werden. Hieraus ergibt sich eine kontinuierliche Weiterentwicklung.

Im Beispiel wurden die Produktionslinien als relevante Energieeinsatzbereiche identifiziert. Daraus ergibt sich z. B. das Teilsystem „Produktionslinie 1“.

Vierter Schritt, um Basisanforderungen bei Gebäude-Energieberatungen nach VDI 3922 Blatt 1, Anhang B zu erfassen

Die energetische Optimierung muss immer mit Rücksicht auf bestehende Anforderungen an Sicherheit (z. B. Beleuchtungsvorgaben, explosionsgefährdete Bereiche usw.), Qualität und andere vorgegebene Anforderungen (z. B. Hersteller- oder Genehmigungsauflagen) sowie auf den Bedarf an Energien und deren Qualitäten erfolgen.

Eine grobe, grafische Darstellung als „Karte“ hilft dabei, diese Anforderungen durch selbstdefinierte Markierungen in Hallenaufstellungsplänen oder Grundrissen sichtbar und bewertbar zu machen.

Kartierungen von Nutzenergiequalitäten zeigen oft Einsparpotenziale. Die Druckluftverbraucherkarte nach VDI 3922 Blatt1 Anhang B zeigt z. B., welche Druckluftverbraucher durch elektrische Verbraucher ersetzt werden können bzw. an welchen Stellen welche Druckstufen und Qualitäten tatsächlich benötigt werden und ob dezentrale Druckerhöhungsstationen sinnvoll sind.

Diese „Karten“ werden durch Anforderungsverzeichnisse ergänzt, wie sie auch DIN EN ISO 50001 fordert. Beispiele für diese Karten:

- Raumnutzungskarten mit ihren klimatischen Bedingungen, unterschiedlichen Helligkeits- und Sicherheitsanforderungen, z. B. Explosionsschutz mit Hinweisen zur Bildung von Nutzungszonen,
- Verbraucher von verschiedenen Energiearten außer Strom und deren erforderliche Qualität, z. B. Dampfverbraucher mit verschiedenen Parametern, Druckluftverbraucher sowie
- Wärme-/Kältekarten usw.

Diese Karten müssen nicht aufwendig digital erzeugt werden. Für eine erste Übersicht reicht es aus, farbige Markierungen in Hallenplänen oder Grundrissen zu erzeugen

Fünfter Schritt, um Datenquellen bei Gebäude-Energieberatungen nach VDI 3922 Blatt 1, Anhang B zu erfassen und zu planen

Um dem Anspruch eines Messplans nach VDI 3922 Blatt 1 Anhang B zu genügen, können in einer Variante des EPD Symbole in den Energieströmen verwendet werden, die Auskunft über die Datenquellen geben. Diese Symbole sollen kennzeichnen, welche Daten als Messwerte vorliegen bzw. welche nach Anhang B der VDI 3922 Blatt 1 berechnet worden sind.

Beide Angaben müssen es ermöglichen, zugehörige Detailinformationen zu finden. Diese Detailinformationen enthalten Angaben zu:

- Messpunkten zu Zählereigenschaften, insbesondere Fehlergrenzen und Mess-/Ableseintervalle, Monitoringkonzepte usw.,
- Annahmen und Rechenmethoden bei berechneten Werten sowie
- geplanten Erweiterungen um zusätzliche Messstellen.

Hier ist zu beachten, dass der Strukturansatz explizit dafür gedacht ist, auch mit „Teilkenntnissen“ zu arbeiten und eine Planung für den weiteren Erkenntnisgewinn zu unterstützen.

Auch hier wird die Darstellung genutzt, um relevante Lücken in der Datenlage sichtbar zu machen. Ein Vorschlag, wie diese Informationslücke geschlossen werden kann, ist zu erarbeiten.

Vorhandene und geplante Messstellen sind unterschiedlich zu kennzeichnen. Werte, die sich aus Rechnungen ergeben, bekommen eine dritte Art der Markierung. Alle Markierungen verweisen auf weiterführende Informationen zu den Messstellen und deren Fehlergrenzen sowie zu Berechnungen und deren Annahmen und Fehlergrenzen.

Sechster Schritt zu Prozess- und Anforderungsanalysen, weitere Detaillierung bei Gebäude-Energieberatungen nach VDI 3922 Blatt 1 aus Anhang B

Nachdem die vorhandenen Daten erfasst, die Erhebung neuer Daten geplant und relevante bzw. wesentliche Energieeinsatzbereiche identifiziert sind, werden mindestens drei Untersuchungswege für diese wesentlichen Bereiche verfolgt:

- der Prozess an sich,
- die statischen Energieeinflussfaktoren sowie
- die dynamischen Energieeinflussfaktoren.

Dazu wird das EPD bis in die Prozessebene mit zugehörigen Anlagen und Wirkungen detailliert. Vor einer weiteren Detaillierung werden der Prozess und die installierte Anlagentechnik bewertet. Hier spielen Alter, Investitionsstau, Stand der Technik, bisher ungenutzte Prozesskopplungen, Abwärmenutzungen, Abhängigkeiten von beispielsweise der Lager- und Lieferlogistik bis hin zur Produktionsplanung eine Rolle.

Ferner ist festzustellen und zu dokumentieren, bis in welche Anlagenebene der Betrieb eingreifen darf, ohne Garantie- oder andere Vorschriften zu verletzen. Zudem ist zu vermeiden, dass Anlagenteile optimiert werden, die später möglicherweise entfallen, oder Energie unnötig hoch aufbereitet zur Verfügung gestellt wird.

Im Beispiel nach VDI 3922 Blatt 1, Anhang B verlieren die einzelnen Produktionsmaschinen/Apparate im „Bodymaker“-Prozess (stanzen, ziehen, schneiden) ihre Garantieleistungen, wenn man z. B. die Elektromotoren oder deren Ansteuerung verändert.

Eine weitere Detaillierung mit anschließender Analyse der statischen Energieeinflussfaktoren (siehe Schritt 7) kommt demnach für diese Produktionsteile zunächst nicht in Betracht.

Je nach Relevanz des Produktionsbereichs für den Gesamtverbrauch kann allerdings eine Analyse von dynamischen Energieeinflussfaktoren auf den ganzen „Bodymaker"-Prozess sinnvoll sein (siehe Schritt 8 bezogen auf z. B. Auslastungen und Betriebszustände) und damit eine Überprüfung der Produktionsplanung.

Bei den Antriebsmotoren der Transportsysteme hingegen lassen sich bis zur Komponente „Elektromotor" die Leistungsdaten detaillieren, um diesen z. B. auf anforderungsrechte Dimensionierung und Ansteuerung zu überprüfen. Allerdings ist der Verbrauch in den Antriebsmotoren als relativ gering und damit nicht wesentlich eingestuft worden.

Die Bewertung der statischen Energieeinflussfaktoren wird im Rahmen von Wartungsarbeiten über einen längeren, geplanten Zeitraum durchgeführt und erst wieder aktiviert, wenn andere scheinbar lohnenswertere Potenziale ausgeschöpft wurden.

Die räumliche Anordnung der Wäscher und Trocknungsöfen und deren Erwärmung/Warmhaltung sind im Beispiel frei von äußeren Vorgaben. Da hier auch ein wesentlicher Energieeinsatz stattfindet, ist dieser Bereich als Nächster näher zu untersuchen.

Auch hier werden zunächst der Prozess und seine Anforderungen bewertet, und es wird nach Vereinfachungen oder Modernisierungsmöglichkeiten gesucht.

In den wesentlichen, relevanten Energieeinsatzbereichen mit bestätigten oder nicht zu ändernden Prozessen und Anlagen wird das EPD soweit „nach rechts" detailliert, dass die Verbraucherarten als Komponenten im Sinne der Richtlinie VDI/BTGA-MT 3922 Blatt 2 erkennbar werden. Bei der weiteren Detaillierung ist immer zu berücksichtigen, wie relevant der Verbrauch im jeweiligen System im Gesamtkontext und wie hoch das mögliche Einsparpotenzial ist.

Die für den wesentlichen Energieverbrauch verantwortlichen Verbraucherarten werden so in einer Ebene angeordnet, dass leicht ersichtlich ist, welche Verbraucherarten den höchsten Verbrauch verursachen.

Siebter Schritt als Analyse der statischen Energieeinflussfaktoren bei Gebäude-Energieberatungen nach VDI 3922 Blatt 1, Anhang B

Gleiche Verbraucherarten werden bezüglich ihrer statischen Energieeinflussfaktoren untersucht (siehe Abschnitt 7.2.4). Dies wird in der Regel im Rahmen von Kampagnen geplant.

Achter Schritt als Analyse der dynamischen Energieeinflussfaktoren bei Gebäude-Energieberatungen nach VDI 3922 Blatt 1, Anhang B

Am rechten Rand des EPD werden die Komponenten wieder zu Funktionsgruppen zusammengefasst, die wahrscheinlich den gleichen dynamischen Energieeinflussfaktoren unterliegen.

Die Analyse dieser dynamischen Energieeinflussfaktoren kann wieder in Kampagnen geplant werden. Die Messung dieser Einflüsse und des zugehörigen Verbrauchs in Zeitreihen ist im EPD so zu planen, dass unnötiger Messaufwand vermieden wird.

Diese Betrachtungen müssen auch in den Teilsystemen oder unter Einbeziehung der Teilsysteme erfolgen.

Ziel ist, dass alle wesentlichen Einzelverbraucher und Verbrauchergruppen unter definierten Randbedingungen messbar sind. Definierte Randbedingungen werden durch dynamische Energieeinflussfaktoren bestimmt.

Mithilfe dieser Daten ist eine benchmarkfähige Kennzahlbildung, wie in Abschnitt 7.2.6. beschrieben, möglich, die es erlaubt, interne und externe Vergleiche durchzuführen, um so Hinweise auf weitere Optimierungspotenziale zu bekommen.

Anwendung statischer und dynamischer Energieeinflussfaktoren am Beispiel Drucklufterzeugung bei Gebäude-Energieberatungen nach VDI 3922 Blatt 1, Anhang C

Es gibt zwei Untersuchungsstränge zur Identifizierung von Energieeinsparpotenzialen. Zum einen ist dies die Analyse des optimalen Betriebs einer Anlage oder Komponente (statische, systemimmanente Faktoren) und zum anderen die Reduzierung oder Förderung dynamischer Einflüsse von außen (siehe Abschnitt 5.2). Dies wird im folgenden Beispiel anhand konkreter Zahlen erläutert:

- Die Kompressoren für die Drucklufterzeugung verbrauchen 6.960 MWh Strom pro Jahr bei 250 Arbeitstagen im 24-Stunden-Dreischichtbetrieb.
- Der Druck im Druckluftnetz beträgt 7,5 bar und versorgt Produktionslinie 1 bis 3. Die Netzverluste durch Leckagen betragen ca. 6 % und liegen bei 804 m^3/h.

- Die Druckluftverbraucher in den Produktionslinien benötigen laut Herstellerangabe nur 6 bar Versorgungsdruck. Ursache dafür, dass der Druck im Netz auf 7,5 bar eingestellt ist, kann ein zu hoher Druckverlust im Netz, in der Druckluftaufbereitung oder in den Druckluftanschlüssen der Verbraucher sein.
- Der spezifische Energieverbrauch am Kompressor für die Verdichtung der Druckluft von 1 bar Umgebungsdruck auf 7,5 bar Netzdruck beträgt 0,0865 kWh/m³ Druckluft. Der stündliche Druckluftverbrauch (Produktionslinie 1 bis 3 und Leckagen) beträgt 13.410 m³/h.

In den folgenden Beispielen wird Formel C1 (statischer Energieeinflussfaktor minus Druckniveau im Druckluftnetz) angewendet:

$$E_{\mathrm{calc}}(0) = T_o + f \cdot X(t) + f \cdot X_2(0) + f_n \cdot X_n(t) \qquad \text{(C1)}$$

Der eingestellte Netzdruck stellt einen statischen Einflussfaktor dar, der jedoch geändert werden kann, wenn die Druckverluste im Netz reduziert werden.

Die Absenkung des Druckniveaus im Netz senkt nicht nur den Energieverbrauch für die Verdichtung, sondern reduziert auch die Leckageverluste.

Wird der Druck auf 6,5 bar gesenkt, so reduziert sich der spezifische Energieverbrauch für die Verdichtung auf 0,079 kWh/m³ Druckluft.

Der Energieverbrauch des Kompressors pro Betriebsstunde lässt sich nach Abschnitt 5.2 darstellen:

$$E_{\mathrm{Kompressor}}(h) = f_i\,(7{,}5\,\mathrm{bar}) \cdot f\,(7{,}5\,\mathrm{bar}) = 0{,}0865\,\mathrm{kWh/m^3} \cdot 13.410\,\mathrm{m^3/h} = 1.160\,\mathrm{kWh/h}$$

Daraus ergibt sich ein jährlicher Energieverbrauch von:

$$E_{\mathrm{Kompressor}}(a) = 1.160\,\mathrm{kWh/h} \cdot 24\,\mathrm{h/d} \cdot 250\,\mathrm{d/a} = 6.960\,\mathrm{MWh/a}$$

Mit:

- statischer Energieeinflussfaktor f (7,5 bar) = spez. Energieverbrauch = 0,0865 kWh/m³
- statischer Energieeinflussfaktor f (7,5 bar) = Volumenstrom = 13.410 m³/h.

Wird der Druck auf 6,5 bar abgesenkt, ändert sich der statische Einflussfaktor f und der statische Einflussfaktor f:

$$E_{\mathrm{Kompressor}}(h) = f\,(6{,}5\,\mathrm{bar}) \cdot f\,(6{,}5\,\mathrm{bar}) = 0{,}079\,\mathrm{kWh/m^3} \cdot 13.410\,\mathrm{m^3/h} = 1.059{,}4\,\mathrm{kWh/h}$$

Daraus ergibt sich ein jährlicher Energieverbrauch von:

$$E_{\text{Kompressor}}\ (a) = 1.059{,}4\ \text{kWh/h} \cdot 24\,\text{h/d} \cdot 250\ \text{d/a} = 6.356\ \text{MWh/a}$$

Mit:

- statischer Energieeinflussfaktor f (6,5 bar) = spez. Energieverbrauch = 0,079 kWh/m³
- statischer Energieeinflussfaktor f (6,5 bar) = Volumenstrom = 13.410 m³/h

Auf die Art und Weise können 604 MWh pro Jahr gespart werden (statische Seite).

Das Zahlenbeispiel nach Anhang C der VDI 3922 Blatt 1 wurde zur besseren Nachvollziehbarkeit ohne Berücksichtigung von Fehlergrenzen berechnet.

Dynamische Energieeinflussfaktor-Auslastung der Produktionslinie 1 bis 3 bei Gebäude-Energieberatungen nach VDI 3922 Blatt 1, Anhang C

- Die Druckluft versorgt Produktionslinie 1 bis 3.
- In der Produktionslinie 1 sind Druckluftkomponenten mit einem höheren Druckluftverbrauch verbaut. Der Druckluftverbrauch der Linien beträgt bei 75 % Auslastung:
  - Linie 1: 6.705 m³/h, Energieverbrauch für Druckluftaufbereitung bei 7,5 bar: 580 kWh/h
  - Linie 2: 2.950 m³/h, Energieverbrauch für Druckluftaufbereitung bei 7,5 bar: 255 kWh/h
  - Linie 3: 2.950 m³/h, Energieverbrauch für Druckluftaufbereitung bei 7,5 bar: 255 kWh/h
- Leckageverluste: 804 m³/h
- Energieverbrauch für Druckluftaufbereitung bei 7,5 bar: 804 m³/h · 0,0865 kWh/m³ = 69,6 kWh/h
- Der Energieverbrauch des Kompressors pro Betriebsstunde lässt sich nach Abschnitt 5.2 in Abhängigkeit von der Auslastung der Produktionslinie 1 bis 3 darstellen:

$$E_{\text{Kompressor}} = f_0 + f_1 \cdot X_1(t) + f_2 \cdot X_2(\text{f}) + f_3 \cdot X_3(0) \qquad \text{(C2)}$$

Im Folgenden wird Formel C2 auf das Beispiel angewendet.

$$E_{\text{Kompressor}} = 70\ \text{kWh/h} + 0{,}75 \cdot 773\,\text{kWh/h} + 0{,}75 \cdot 340\,\text{kWh/h} + 0{,}75 \cdot 340\,\text{kWh/h}$$

$$E_{\text{Kompressor}} = 70\ \text{kWh/h} + 580\,\text{kWh/h} + 255\,\text{kWh/h} + 255\,\text{kWh/h} = 1.160\,\text{kWh/h}$$

Daraus ergibt sich ein jährlicher Energieverbrauch von:

$$E_{\text{Kompressor}}\,(a) = 1.160\,\text{kWh/h} \cdot 24\,\text{h/d} \cdot 250\ \text{d/a} = 6.960\ \text{MWh/a}$$

Mit:

- statischem Energieeinflussfaktor f (7,5 bar) = Energieverbrauch Druckluftaufbereitung für Leckageverluste = 69,6 kWh/h
- statischer Energieeinflussfaktor f (7,5 bar) = Energieverbrauch Druckluft Produktionslinie 1 = 773 kWh/h
- dynamischer Energieeinflussfaktor $X_1(t)$ = Auslastung Produktionslinie 1 in %
- statischer Energieeinflussfaktor f (7,5 bar) = Energieverbrauch Druckluft Produktionslinie 2 = 340 kWh/h.

4.3 Gebäude-Energieberatungen nach VDI/BTGA-MT 3922 Blatt 2

Prof. Dr.-Ing. Martin Pfeiffer

In diesem Abschnitt werden ausgewählte Aspekte zu Gebäude-Energieberatungen nach dem Entwurf der VDI/BTGA-MT 3922 Blatt 2 für Niedrigstenergiegebäude in Deutschland dargestellt.

Die Richtlinie VDI/BTGA-MT 3922 Blatt 2 beschreibt insbesondere die notwendige Kompetenz von Gebäude-Energieberatern (**Bild 4.30**). Der Inhalt dieser Richtlinie MT („Mensch und Technik") ist unter Beachtung der Vorgaben und Empfehlungen der Richtlinie VDI 1000 entstanden.

Quelle: Bethe

Bild 4.30 Gebäude-Energieberater am Bildschirm

Im Positionspapier der VDI-Gesellschaft Bauen und Gebäudetechnik zu „Klimaschutz und Energiepolitik" heißt es dazu: *„Die Qualifizierung und Zertifizierung von Energieberatern sollte verbessert werden. Für die Qualifizierung sollten einheitliche Eingangsvoraussetzungen, Inhalte und Prüfungskriterien sowie gegebenenfalls Kategorien geschaffen werden."* Vollständige Automation der Gebäude-Energieberatungsleistungen wird hier auch bei weitgehender Digitalisierung aller Produkte und Prozesse als nicht möglich angesehen und auch nicht als sinnvoll erachtet.

In unterschiedlichen Kompetenzprofilen müssen Gebäude-Energieberater auch zukünftig ihr Wissen und ihre Erfahrungen für festgelegte Einsatzbereiche nachweisen und durch regelmäßige Weiterbildungen aktuell halten. Die VDI/BTGA-MT 3922 Blatt 2 bietet:

- Sicherung und Erhöhung der Qualität von Gebäude-Energieberatern,
- Transparenzverbesserung für Auftraggeber von Gebäude-Energieberatungsleistungen, z. B. bei Umsetzung des Gebäudeenergie- und Energiedienstleistungsgesetzes und Leistungen nach der DIN EN 16247 sowie der DIN EN ISO 50001,
- Erstellung von Energiekonzepten für Wohn- und Nichtwohngebäude,
- Steigerung der Rechtssicherheit durch Aufnahme in das technische Regelwerk,
- Unterstützung beispielsweise bei Umsetzung der Forderungen aus Artikel 8 der **E**nergy **E**fficiency **D**irective (EED).

Die VDI/BTGA-MT 3922 Blatt 2 schafft damit eine Grundlage für private, verordnungsrechtliche und gesetzliche Prüfungen zu Kompetenzfeststellung von Gebäude-Energieberatern für Wohn- und Nichtwohngebäude.

In der VDI 3922 Blatt 1 wird für potenzielle Auftraggeber aufgezeigt, welche „Eckwerte", Mindestinhalte sowie Leistungen von Beratungs- und Analyseprozessen durch Gebäude-Energieberater zu erwarten sind (siehe Abschnitt 4.2).

Wichtige Faktoren bei Gebäude-Energieberatungen stellen die Persönlichkeit der Gebäude-Energieberater und ihre sogenannten „Soft Skills" dar. Die VDI/BTGA-MT 3922 Blatt 2 beschränkt sich dagegen auf Feststellungen der fachlichen Kompetenzen.

Gebäude-Energieberater müssen zudem vorhandene Bindungen, z. B. an Hersteller, Vertriebsfirmen, Verbände, Versorgungsunternehmen, andere Institutionen usw. bei Abgabe der Angebote zu Wohn- und Nichtwohngebäuden offenlegen.

4.3.1 Anwendungsbereiche, normative Verweise und Begriffe zu Gebäude-Energieberatungen nach VDI/BTGA-MT 3922 Blatt 2

Die VDI/BTGA-MT 3922 Blatt 2 beschreibt Kompetenzprofile von Gebäude-Energieberatern und Verfahren zur Feststellung der fachlichen Kompetenzen. Sie soll auch für Qualifizierungen und Zertifizierungen von Gebäude-Energieberatern herangezogen werden.

Die Richtlinie richtet sich an alle natürlichen und juristischen Personen, die

- Energie effizient in Gebäuden einsetzen und
- Gebäude-Energieberatungen durchführen.

Folgende Dokumente sind für die Anwendung der VDI/BTGA-MT 3922 Blatt 2 erforderlich:

- die VDI 3922:1998-06 Energieberatung für Industrie und Gewerbe sowie
- die VDI 4700 Blatt 1:2015-10 Begriffe der Bau- und Gebäudetechnik.

Für die Anwendung der VDI/BTGA-MT 3922 Blatt 2 gelten die Begriffe nach der VDI 4700 Blatt 1 sowie insbesondere der Begriff „Energieberater", hier als Experte/-in für Gebäude-Energieeffizienz-, -Energieplanung, -Energieberatung, -Energiemanagement sowie Energieaudits.

4.3.2 Sektoren und Kompetenzprofile zu Gebäude-Energieberatungen nach VDI/BTGA-MT 3922 Blatt 2

Energiebedarfe von Wohn- und Nichtwohngebäuden kennzeichnen im allgemeinen Sprachgebrauch die Bedarfe an Energien für unterschiedliche Nutzanwendungen. Ein Großteil der Endenergieverbräuche wird hier für mechanische Energie benötigt, z. B. zum Betrieb von Gebäudetechnik.

Aufgrund unterschiedlicher Schwerpunkte bei Gebäude-Energieberatungen werden in der Richtlinie fünf Kompetenzprofile unterschieden:

- Wohngebäude,
- Nichtwohngebäude (NWG – u. a. Büros, Gewerbe, Handel, Dienstleistungen (GHD) und Produktionsgebäude),
- Fertigungstechnik (Produktion von geometrischen Körpern, z. B. in Stück),
- Verfahrenstechnik (Wandlung und Produktion von Stoffen, z. B. in Kilogramm oder Litern) und
- Verkehr (Personen- und Güterverkehr, exklusive Produkt- und Materialfluss in Unternehmen).

Wohngebäude nach sind nach der VDI/BTGA-MT 3922 Blatt 2 beispielsweise

- Einfamilienhäuser,
- Mehrfamilienhäuser,
- Großwohnanlagen sowie
- Quartiere.

In Wohngebäuden dominiert die Raumwärme den Endenergieverbrauch (**Bild 4.31**).

Im Gegensatz zu den meist einheitlich aufgebauten und ebenso genutzten Wohngebäuden gibt es bei Nichtwohngebäuden in der Regel weniger Gemeinsamkeiten. Bei nahezu jedem Nichtwohngebäude handelt es sich um ein Unikat, das sich aufgrund der installierten Anlagentechnik, der Art der Nutzung(en) und der Nutzungsprofile von Grund auf von anderen Nichtwohngebäuden unterscheidet. Daher ist jedes Nichtwohngebäude als Einzelfall zu betrachten, zu untersuchen und einer Einzelfallbewertung zu unterziehen.

Beispiele für Nichtwohngebäude im Sinne der VDI/BTGA-MT 3922 Blatt 2 sind

- Bildungsgebäude, Forschungs- und Lehrgebäude,
- Büro- und Verwaltungsgebäude,
- Produktionsstätten, Werkstätten und Lagergebäude,

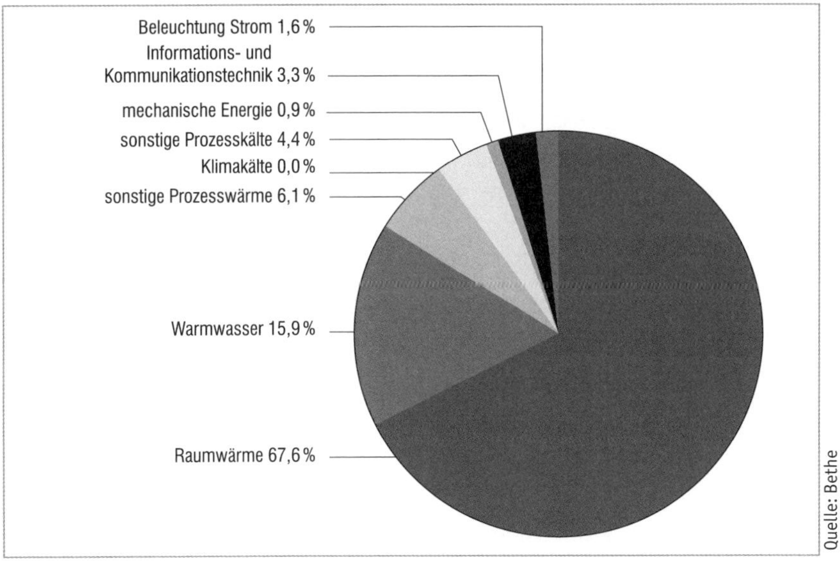

Bild 4.31 Anteile der Anwendungsbereiche am Endenergieverbrauch der privaten Haushalte

- Gebäude des Gesundheitswesens,
- Verkaufsstätten,
- Sportstätten,
- Gebäude für Kultur und Musik,
- Gebäude für Beherbergung und Gastronomie,
- Gebäude für Landwirtschaft (z. B. Tierhaltung, Gärtnereien usw.),
- Gebäude für technische Zwecke sowie
- Verkehrsgebäude.

Die Verknüpfung von Gebäude und TGA-Anlagentechnik, den unterschiedlichen Nutzungsstrukturen in einem Unternehmen sowie die Einbindung der Produktionsprozesse in ein einheitliches Energiekonzept erfordern in der Regel das Zusammenwirken von Gebäude-Energieberatern mit unterschiedlichen Kompetenzprofilen. Zu erkennen, wann weitere Fachleute in die Bewertung einzubeziehen sind, ist eine wichtige Aufgabe der zuerst hinzugezogenen Gebäude-Energieberater.

Auch bei Nichtwohngebäuden macht die Raumwärme mit etwa der Hälfte des Endenergieverbrauchs einen sehr hohen Anteil desselben aus. Gleichzeitig ist der Stromanteil relativ hoch, was auf den verstärkten Einsatz dieser Energieform für Beleuchtung und mechanische Energie (z. B. Kühlung und Lüftung) zurückzuführen ist.

4.3.3 Kompetenzbereiche der Gebäude-Energieberatungen nach VDI/BTGA-MT 3922 Blatt 2

Um den Energieberaterprofilen nach der VDI/BTGA-MT 3922 Blatt 2 Kompetenzen zuordnen zu können, wurden diese Kompetenzen erfasst und strukturiert sowie in Kenntnisse und Fertigkeiten gegliedert.

Die Struktur wird in der Kompetenzmatrix aus **Bild 4.32** dargestellt. Sie enthält zeilenweise Kompetenzkategorien und spaltenweise VDI-Energieberaterprofile. Die vollständige Matrix befindet sich in Anhang A der VDI/BTGA-MT 3922 Blatt 2.32In der VDI/BTGA-MT 3922 Blatt 2 werden die übergeordneten Anforderungen an VDI-Energieberater auf der Ebene der Kompetenzbereiche und Kompetenzfelder dargelegt, ohne auf die Detailanforderungen aus den Kompetenzkategorien einzugehen. Weiterführende Hinweise zu den Kompetenzkategorien werden in Anhang A der VDI/BTGA-MT 3922 Blatt 2 gegeben.

Die geforderten Kenntnisse und Fertigkeiten werden je Kreuzungspunkt einer Kompetenzkategorie und eines VDI-Energieberaterprofils bestimmt.

Sie unterscheiden sich in ihrer Art je nach Kompetenzbereichen. Die Relevanz der Kompetenzkategorien innerhalb eines VDI-Energieberaterprofils wird aufsteigend von 0 über 1 und 2 bis 3 gewichtet (**Bild 4.33**).

Die sechs Kompetenzbereiche nach der VDI/BTGA-MT 3922 Blatt 2 sind:

- Technik – Komponenten,
- Technik – Netze/Transporte,

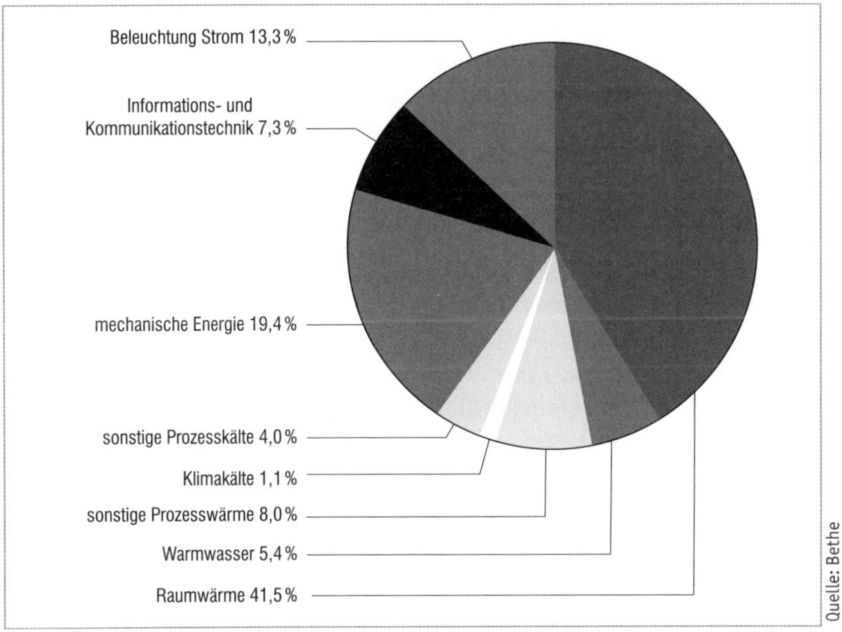

Bild 4.32 Anteil von Anwendungsbereichen am Endenergieverbrauch

6 Kompetenzbereiche	30 Kompetenzfelder	136 Kompetenzkategorien	5 VDI-Energieberaterprofile				
			Wohngebäude	Nichtwohngebäude	Fertigungstechnik	Verfahrenstechnik	Verkehr
1 Technik - Komponenten	1.1 Wärmeerzeugung aus Verbrennung	1.1.1 Feuerungstechnik, Brennersysteme allgemein	2	2	2	2	0
		1.1.2 Flüssigbrennstofffeuerungen	2	2	2	3	0
		1.1.3 Feststofffeuerungen	2	2	2	3	0
		1.1.4 Gasfeuerungen	2	3	2	3	0
	1.2 Wärmekraftmaschinen	1.2.1 Verbrennungsmotor	1	2	1	1	3
		1.2.2 Dampfturbinen	0	1	1	2	0
		1.2.3 Gasturbinen	0	1	1	2	0
		1.2.4 Generatoren	0	1	2	2	2
	1.3 Energie aus strömenden Ressourcen	1.3.1 Solarthermie	3	0	1	1	0
		1.3.2 Geothermie	2	2	1	1	0
		13 3 Fotovoltaik	3	0	1	1	0
		1.3.4 Rückkühlung	1	2	0	0	0
		1.3.5 Windkraftgeneratoren	1	1	1	1	0
		1.3.6 Wasserkraftgeneratoren	0	1	1	1	0

Quelle: Bethe

Bild 4.33 Kompetenzmatrix nach VDI/BTGA-MT 3922 Blatt 2

- Technik – Anlagen/Gebäude,
- Daten,
- Märkte,
- Recht,
- Finanzen sowie
- Management.

Die Kompetenzbereiche werden weiter untergliedert in „Kompetenzfelder“ und „Kompetenzkategorien“ und ausgewählt in den folgenden Abschnitten sowie in Anhang A der VDI/BTGA-MT 3922 Blatt 2 behandelt.

In den Technikbereichen wird unterschieden, ob für die jeweiligen Technikkategorien die notwendigen Kenntnisse und Fertigkeiten vorliegen, um die in VDI 3922 Blatt 1 behandelten Vorgehensweisen in Gebäude-Energieberatungsprozessen ausreichend bearbeiten zu können.

In der VDI/BTGA-MT 3922 Blatt 2 wird unterschieden zwischen

- statischen Energieeinflussfaktoren,
- dynamischen Energieeinflussfaktoren,
- Stand der Technik sowie
- Kennzahlen.

In den Anhängen B bis D der VDI/BTGA-MT 3922 Blatt 2 werden die Begriffe auszugsweise dargestellt. Die gewählten Auszüge erheben keinen Anspruch auf Vollständigkeit.

- Anhang B gibt ein Beispiel für diese Struktur anhand des Kompetenzfelds „Elektrische Verbraucher – Beleuchtung“.
- Anhang C gibt ein Beispiel für verschiedene Anwendungsfälle von Pumpen.
- Anhang D gibt ein Beispiel zu Kennzahlen im Bereich „IKT“.

Im Bereich „Daten“ der VDI/BTGA-MT 3922 Blatt 2 sind abrufbares Wissen und Fertigkeiten für Erfassung, Aufbereitung und Verifizierung von relevanten Daten sowie zu Analysemethoden gefordert, die in den jeweiligen Technikbereichen erforderlich und typisch sind.

Im Bereich „Markt, Recht, Finanzen“ der VDI/BTGA-MT 3922 Blatt 2 werden Kompetenzen gefordert, die es Gebäude-Energieberatern ermöglichen, neben der technischen Energieberatung die Themen „Compliance“ und „Wirtschaftlichkeit“ effektiv in die Bearbeitungen einzubinden.

Im Bereich „Management“ der VDI/BTGA-MT 3922 Blatt 2 werden Kompetenzen gefordert, um Projektaufgaben effizient zu managen.

Der Kompetenzbereich „Technik“ der VDI/BTGA-MT 3922 Blatt 2 ist aufgrund seiner Größe in drei Teilbereiche aufgeteilt:

- Technik – Komponenten,
- Technik – Netze/Transporte sowie
- Technik – Anlagen.

Energetische Analysen können sowohl einzelne Energieverbraucher als auch Verbrauchergruppen, ganze Anlagen oder Anlagenteile betreffen.

Energieeinflussfaktoren, der Stand der Technik und typische Kennzahlen können sich je nachdem unterscheiden, ob nur Einzelkomponenten oder ganze Anlagen betrachtet werden.

4.3.4 Kompetenzbereich „Technik – Komponenten"

Dieser Bereich der VDI/BTGA-MT 3922 Blatt 2 zielt darauf ab, die wichtigsten Verbraucher im Sinne von Energieumwandlern zu strukturieren. Ausgehend von Energieträgern werden die Verbraucher aufgezählt, die bis zur Wandlung in Nutzenergie eingesetzt werden können (**Bild 4.34**).

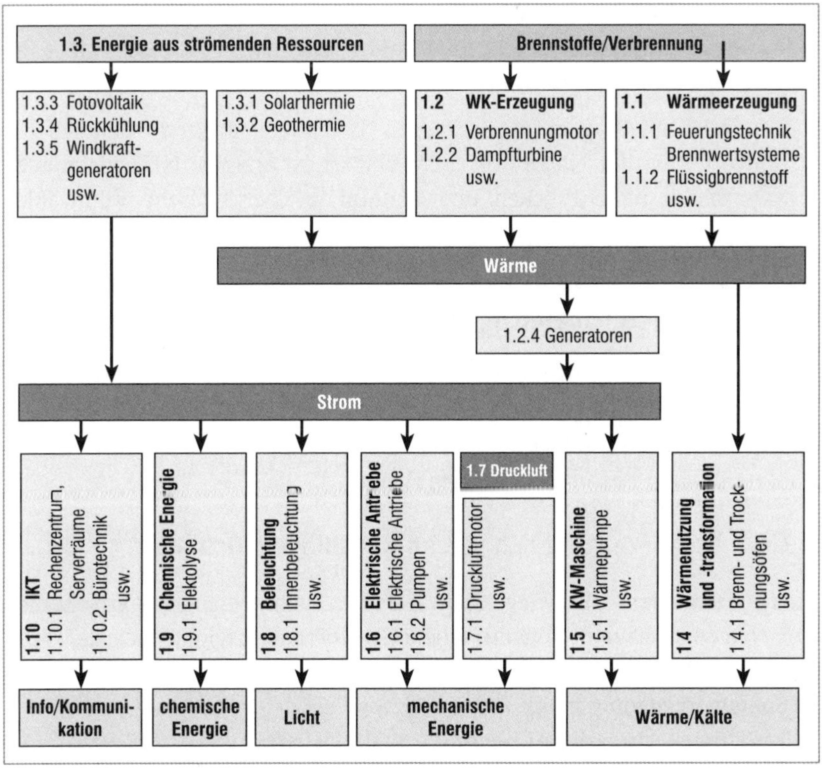

Quelle: Bethe

Bild 4.34 Energieumwandlungen

Die Gliederung nach der VDI/BTGA-MT 3922 Blatt 2 richtet sich dabei danach, aus welcher Energieform in welche Energieform bis zur späteren Nutzenergie gewandelt wird, (siehe auch „Kompetenzfelder").

Die einzelnen Verbraucher (sogenannte Wandler), die diese Umwandlung vornehmen, bilden die nächste Gliederungsebene nach der VDI/BTGA-MT 3922 Blatt 2: Kompetenzkategorien, in denen dann Kenntnisse und Fähigkeiten zu Energieeinflussfaktoren, Stand der Technik und typischen Kennzahlen zugeordnet werden.

Energieumwandelnde Komponenten zeichnen sich dadurch aus, dass sie zunächst Energie in andere Energieformen umwandeln und dabei Verluste in Form von Abwärme erzeugen. Ihre Kennzahlen werden in der Regel in Wirkungsgraden ausgedrückt.

Komponenten wie beispielsweise Wärmeübertrager oder Transformatoren, die innerhalb der gleichen Energieform wandeln, sind den Netzen zugeordnet.

Die nachfolgenden Komponenten nutzen diese Energie dann wiederum, um Volumenströme, mechanische Arbeiten, chemische Prozesse, Licht, Informationen usw. zu erzeugen.

> Kennzahlenbildung wird in diesen Bereichen dadurch deutlich erschwert, dass der Nutzen oft nicht einfach zu erfassen ist. Hier müssen Kennzahlen oft entwickelt und Kenntnisse über typische Kennzahlen vorhanden sein.

4.3.5 Kompetenzbereich „Technik – Netze/Transport"

Der Technikbereich „Netze/Transport" gliedert sich nach der VDI/BTGA-MT 3922 Blatt 2 in folgende Kompetenzfelder:

- Energietransporte (Netze) und -speicher sowie
- Material- und Personentransporte (Verkehr).

4.3.6 Kompetenzbereich „Technik – Anlagen/Gebäude"

Anlagen sind zum überwiegenden Teil Kombinationen aus Komponenten und Netzen. Sie werden in die folgenden Kompetenzfelder nach der VDI/BTGA-MT 3922 Blatt 2 unterteilt:

- Energieerzeugungsanlagen,
- Verfahrenstechnische Anlagen/Prozessindustrien,
- Anlagen der Fertigungsindustrien und verarbeitenden Industrien,

- Gebäudehüllen,
- technische Gebäudeausrüstungen,
- Steuerungen sowie Regelungen usw.

Zu den energieerzeugenden Anlagen gehören KWK-, KWKK- und BHKW-Anlagen, die Kombinationen aus z. B. Wärme- und Krafterzeugungskomponenten, Speichern und Verteilnetzen sind und die nach der VDI/BTGA-MT 3922 Blatt 2 als Einheit betrachtet werden müssen.

Beispielsweise werden in der Verfahrensindustrie nach der VDI/BTGA-MT 3922 Blatt 2 die Prozesse in kleinste Einheiten (Grundoperationen) zerlegt. Daraus werden Prozesse zusammengefügt.

Das Wesentliche eines Prozesses aus energetischer Sicht ist die Gesamtbilanz (Massen- und Energiebilanz) und das Zusammenwirken der einzelnen Komponenten (thermische Verschaltungen zur Nutzung von Abwärme/-kälte). Daher ist die Verfahrensindustrie unterteilbar in eine Komponentenebene (einschließlich Verteilnetzen) und eine Prozess- bzw. Bilanzebene (Bilanzen bei Datenanalyse).

In der Fertigungsindustrie bestehen Produktionsanlagen insbesondere aus aneinandergereihten Maschinen von OEMs gemäß VDI/BTGA-MT 3922 Blatt 2. Traditionell spielen das Zusammenwirken und der übergeordnete Prozess eine geringere Rolle als in der Verfahrensindustrie. Daher können die Daten aus dem Bereich „Fertigungsindustrie" über die Komponentenebene abgefragt werden.

Technische Gebäudeausrüstungen werden zum größten Teil durch Komponenten, Verteilnetze und Speicher in der Kompetenzmatrix nach der VDI/BTGA-MT 3922 Blatt 2 abgedeckt, wie z. B.

- Sanitärtechnik,
- Wärmetechnik/Heiztechnik (**Bild 4.35**) siehe technische Komponenten sowie Netze/Speicher) sowie
- Kältetechnik/Kühlung (siehe technische Komponenten sowie Netze/Speicher).

Die folgenden Kategorien nach der VDI/BTGA-MT 3922 Blatt 2 ergänzen durch eigene Kategorien noch fehlende Teile:

- Aufzüge (**Bild 4.36**), Fahrtreppen,
- RLT-Anlagen – Lüftungsanlagen,

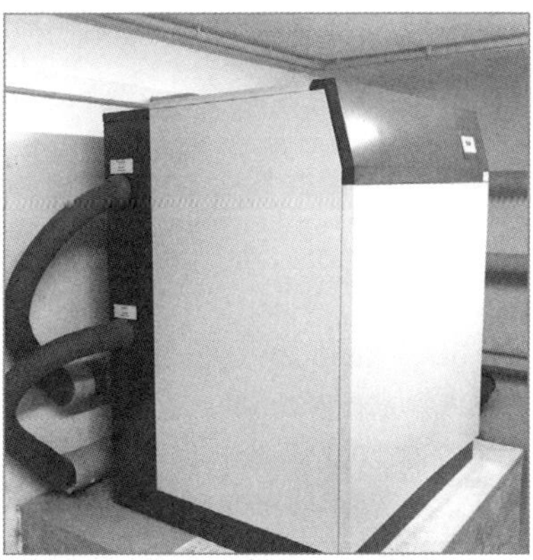
Quelle: Bethe

Bild 4.35 KW-Maschine – Wärmepumpe eines Nichtwohngebäudes

- Klimatisierung von Räumen sowie
- Gebäudeautomation.

Steuerungen und Regelungen von Produktionsanlagen und Gebäuden umfassen nach der VDI/BTGA-MT 3922 Blatt 2

- Betriebsleitebenen und Produktionssteuerungen,
- MES und MSR,
- Anlagensteuerungen und Bedienungen sowie
- Gebäudeautomationen.

Steuerungen auf Unternehmensebenen sind im Bereich „Managementprozesse“ der VDI/BTGA-MT 3922 Blatt 2 enthalten.

Quelle: Bethe

Bild 4.36 Aufzug in einem Nichtwohngebäude

Betriebsleitebenen und Produktionssteuerungen umfassen nach der VDI/BTGA-MT 3922 Blatt 2 beispielsweise den Themenbereich „Manufacturing Execution System (MES)“ als mehrschichtiges Gesamtsystem, das die ERP und die eigentlichen Fertigungs- bzw. Produktionsprozesse in der Fertigungs- bzw. Automatisierungsebene „Messen-Steuern-Regeln (MSR)“ abdeckt. Dazu gehören klassische Datenerfassungen und Aufbereitungen wie Betriebsdatenerfassungen, Maschinendatenerfassungen und Personaldatenerfassungen, aber auch alle anderen Prozesse, die zeitnahe Auswirkungen auf Fertigungs- bzw. Produktionsprozesse haben. Hierzu zählen auch Themen wie das Lastmanagement und die Belegungen von Maschinen.

4.3.7 Kompetenzbereich „Daten“

Um Einsparpotenziale zu identifizieren, die auch tatsächlich realisiert werden können, müssen Informationen hinreichend valide sein, so dass auf ihrer Basis dann entsprechende Analysen durchgeführt und Schlussfolgerungen gezogen werden.

Der Begriff „Daten“ wird nach der VDI/BTGA-MT 3922 Blatt 2 im Sinne von „zahlenmäßig zu erfassenden Informationen“ verwendet. Bevor Daten in Analysemethoden verarbeitet und damit Erkenntnisse gewonnen werden können, müssen diese natürlich erhoben und aufbereitet werden.

4.3.8 Datenerhebungen und -messungen

Datenerhebungen erfordern Kompetenzen bei Planung und Durchführung. Für die Planung von Datenerhebungen sind folgende Vorgehensweisen und Kenntnisse nach der VDI/BTGA-MT 3922 Blatt 2 notwendig:

- Festlegung von notwendigen Daten je Zielstellungen,
- Identifikation von Datenquellen,
- Festlegung von Randbedingungen der Datenerhebungen,
- Bestimmung energetischer Ausgangsbasen,
- „Baseline“ vor Projektumsetzung nach Messungs- und Verifizierungsplan (M&V-Plan) und DIN ISO 50006,
- Festlegung von Verifizierungsmöglichkeiten und -erfordernissen zur Bewertung des Einsparerfolgs (M&V-Plan).

Es sollen Kenntnisse über einzusetzende Messgeräte vorliegen und über typische Fehler, die bei Sammlung und Messung von Daten gemacht werden können. Je nach Energieberaterprofil sind Kenntnisse zu den entsprechend relevanten Messgeräten und Messprinzipien notwendig.

Darüber hinaus sollen Energieberater wissen, wie Daten z. B. aus folgenden Bereichen zu beschaffen sind und innerhalb welcher Grenzen diese gelten:

- Betriebsinformationssysteme,
- steuernde und regelnde Einrichtungen,
- Internet.

Datenerhebungen müssen protokolliert werden.

Sach- und fachgerechte Messprotokolle müssen alle Informationen enthalten, die für die folgenden vier Anforderungen nach der VDI/BTGA-MT 3922 Blatt 2 ausreichend sind.

Gefordert wird eine Genauigkeit der Messungen hinsichtlich:

- Messunsicherheiten (z. B. Fehlergrenzen, absolute oder relative Fehler), wobei für die Messunsicherheiten ein Vertrauensniveau (sogenanntes Konfidenzniveau) angegeben werden sollte,
- Schnelligkeiten je nach Zeitbasis, z. B. als Zeitkonstanten der Messgeräte,
- Reproduzierbarkeit der Messungen als oft unterschätzte grundlegende Anforderungen, lückenlose Dokumentation der Messaufbauten und Durchführung der Messungen sind dafür zwingend erforderlich.
- Einfachheit von Messungen. Insbesondere aus wirtschaftlichen Aspekten ist auf Einfachheit von Messungen zu achten. Im Wesentlichen soll auf das Ziel von Messungen geachtet werden.

4.3.9 Datenqualität

Gebäude-Energieberater müssen in der Lage sein, die Aussagekraft von Daten und Informationen zu bewerten. Dazu müssen Daten plausibilisiert, validiert, bezüglich ihrer Qualität bewertet und dokumentiert werden. Hierzu gehört auch die Anwendung von Methoden zur Bewertung und Berechnung von Messfehlern.

Die Rohdaten müssen gemäß VDI/BTGA-MT 3922 Blatt 2 für die statistischen Auswertungen aufbereitet werden:

- Verdichtung großer Datenmengen sowie
- Bereinigungen, um Verfälschungen durch fehlerhafte Daten zu minimieren.

Hierzu können verwendet werden:

- grafische Darstellungen, die einen allgemeinen Eindruck der Verteilung eines Merkmals geben sowie
- Maßzahlen zur Beschreibung von Lage und Streuung durch eine Zahl.

4.3.10 Datenanalysen

Von Gebäude-Energieberatern wird ein Methodengrundwissen in den jeweils zutreffenden Bereichen zur systematischen und effizienten Identifizierung und Bewertung von Einsparpotenzialen in verschiedenen Technikbereichen der Wohn- und Nichtwohngebäude erwartet. Die folgend genannten Methoden der Datenanalyse stellen nur eine Auswahl dar. Bei der Auswahl wurde darauf geachtet, dass dies keine Methoden der Auslegungsplanung oder Planungen im Sinne der Honorarordnung für Architekten und Ingenieure (HOAI) sind (zu Methoden der Gebäudeenergetik bei Neubauten s.a. VDI 3922 Blatt 3; zu Methoden des strukturierten Vorgehens in der Gebäude-Energieberatung vgl. VDI 3922 Blatt 1).

Die Methoden der Datenanalyse lassen sich nach VDI/BTGA-MT 3922 Blatt 2 folgendermaßen gruppieren:

- Strukturierung von Informationen, Energiebilanzen und Verbrauchsverteilungen,
- Analyse von statischen Energieeinflussfaktoren (z. B. Analyse von optimalen Betriebsbedingungen von Verbrauchern),
- Überprüfung zum eingesetzten Stand der Technik,
- Nachweismethoden von Einsparmaßnahmen mit M&V-Plänen,
- Bewertung der Bestandssituationen anhand von Energiekennzahlen (u. a. mit Fehlerbehandlungen und Analysen von Einflüssen wie z. B. Klima und Betriebszuständen).

Es ist nach VDI/BTGA-MT 3922 Blatt 2 zu unterscheiden zwischen sogenannten Key Performance Indicators (KPIs), also typischen Leistungskennzahlen, die technik- oder branchenüblich kennzeichnende Werte für Verbraucher angeben, und Energieleistungskennzahlen, auch bekannt als Energy Performance Indicators (EnPIs).

Die jeweiligen typischen Kennzahlen sowie die Art ihrer Bestimmung und ihrer Randbedingungen müssen Gebäude-Energieberater für die Verbrauchergruppen ihrer Fachgebiete kennen. Sie benötigen diese, um Vergleiche anstellen und bewerten zu können, wie groß Effizienzpotenziale an diesen Stellen sind („Benchmarking").

Ferner müssen Gebäude-Energieberater Kennzahlen für Auftraggeber bilden können, die Vergleiche zwischen vergleichbaren Prozessen, Branchen oder innerhalb einer Branche oder eines Unternehmens mit mehreren gleichartigen Prozessen zulassen (sogenannte Benchmarks). Gebäude-Energieberater müssen hierfür benchmarkfähige Kennzahlen aus korrelierenden Daten (z. B. Verbräuche über der Zeit, Einflussgrößen über der Zeit) aus Zeitreihen entwickeln und bewerten können.

Hinzu kommen die in den jeweiligen Beraterprofilen notwendigen, speziellen Analysen:

- bei Industrie- und Gewerbeanlagen (z. B. Pumpenchecks, **Bild 4.37**), Druckluftanalysen, Pinch-Light-Analysen, Berechnung der Energiebedarfe für industrielle Prozesse),

Quelle: Bethe

Bild 4.37 Pumpen in einem Nichtwohngebäude

- im Verkehrs- und Mobilitätsbereich sowie
- im Gebäudebereich (z. B. Simulationen der TGA, Energiebedarfsberechnungen).

Die verschiedenen Methoden stehen in Wechselwirkung miteinander und entwickeln sich ständig weiter. Technische Lösungen für Gebäudeenergie-Einsparpotenziale (z. B. wie in **Bild 4.38**) müssen hieraus entwickelt, konzipiert und grob ausgelegt werden können.

Bild 4.38 BHKW in einem Nichtwohngebäude

4.3.11 Investitionsrechnungen

Für die wirtschaftliche Bewertung von Einsparpotenzialen bei Wohn- und Nichtwohngebäuden müssen Gebäude-Energieberater statische und dynamische Verfahren der Investitionsrechnungen beherrschen.

4.3.12 Kompetenzbereich „Markt, Recht, Finanzen" zu Gebäude-Energieberatungen nach VDI/BTGA-MT 3922 Blatt 2

Wesentlichen Einfluss auf die Wirtschaftlichkeit von Gebäudeenergieeffizienzmaßnahmen haben neben verbesserten Wirkungsgraden nach einem Umbau die zukünftige Gestaltung der Energiepreise, der Energielieferverträge und die Einbindung in mögliche Finanzierungsformen. Die Chancen und Risiken, die sich aus den teils volatilen Energie- und Kapitalmärkten ergeben, müssen bei Vertragsgestaltung weitestgehend beherrschbar und kalkulierbar gehalten werden.

4.3.13 Regelwerke

Gebäude-Energieberater sollten Kenntnis der Strukturen von Regelwerken haben und die einschlägigen Quellen für diese Regelungen kennen, um ggf. die Einhaltung dieser Vorgaben überprüfen zu können. Die geltenden Gesetze und Verordnungen sind zu beachten sowie die (allgemein) anerkannten Regeln der Technik einzuhalten.

4.3.14 Projektfinanzierungen für Projektrealisierungen mittels Förderungen zu Gebäude-Energieberatungen nach VDI/ BTGA-MT 3922 Blatt 2

Bei Gebäude-Energieberatungen zu Wohn- und Nichtwohngebäuden sind zudem Kenntnisse über die Möglichkeiten von Projektrealisierungen mittels Förderungen gemäß VDI/BTGA-MT 3922 Blatt 2 wichtig:

- Projektkostenförderungen (z. B. Teilprojektkostenförderungen, Pilotprojektförderungen, Förderprogramme auf kommunaler, Landes- und Bundesebene, EU-Förderprogramme, Drittmittel)
- Projektkostenzuschüsse (Teilprojektkostenzuschüsse, Kostenzuschüsse auf kommunaler, Landes- und Bundesebene usw.) sowie
- Subventionen.

4.3.15 Projektrealisierungen mittels Finanzierungen

Benötigt werden nach der VDI/BTGA-MT 3922 Blatt 2 zudem Kenntnisse über die Möglichkeiten der Projektrealisierung mittels Finanzierung:

- nach Herkunft der Finanzierungsmittel (z. B. Innen- und Außenfinanzierungen),
- nach Rechtsstellungen der Kapitalgeber (z. B. Eigen- und Fremdfinanzierungen),
- nach Fristen von Finanzierungen (z. B. kurz-, mittel- und langfristig) sowie
- nach Verwendungszwecken von Finanzierungen (z. B. Betriebsmittel-, Investitionsgüter-, Gründungs-, Modernisierungs-, Anschlussfinanzierungen).

4.3.16 Projektrealisierungen mittels Contracting

Erforderlich sind nach VDI/BTGA-MT 3922 Blatt 2 auch Kenntnisse über Sonderformen von Projektrealisierungen mittels Contracting. Dazu zählen:

- Formen des Contractings (z. B. Energieliefercontracting, Energieeinsparcontracting, Finanzierungscontracting, Betriebsführungscontracting usw.).
- Einflussnahmen des Contractor (z. B. Finanzierungsanteile der Contractor versus unternehmerischem Anteil der Contractor).
- Kenntnisse über die Beweggründe der Nutzung von Contractingleistungen durch bestimmte Kundengruppen (z. B. Industrie und Gewerbe, Dienstleister, Wohnungswirtschaft, öffentliche Einrichtungen).

4.3.17 Energieeinkäufe und Energiepreise

Weiterhin fordert die VDI/BTGA-MT 3922 Blatt 2 Kenntnisse über die Zusammensetzung der Preise leitungsgebundener/nicht leitungsgebundener Energieträger, also:

- Energiepreiskomponenten (z. B. Börsenentwicklungen bzw. vergleichbare Handelsplätze, konjunkturelle Einflüsse, klimatische Einflüsse, Einfluss der Bezugsgrößen von Arbeit und Leistung, Einflüsse zeitlicher Inanspruchnahmen, rechtliche Einflüsse, politische Einflüsse, geopolitische Zusammenhänge),
- Transportpreiskomponenten (z. B. Einfluss der Entfernung Lagerort/Erzeugungsort zu Eigentumsgrenzen oder Übergabestellen, Einfluss der Bezugsgrößen von Arbeit und Leistungen, Einfluss zeitlicher Inanspruchnahmen der Transportwege, rechtliche Einflüsse, politische Einflüsse),
- Steuern (z. B. rechtliche Einflüsse auf Art und Höhe der Steuersätze und Komponenten, politische Einflüsse auf die zukünftigen Entwicklungen, Möglichkeiten der partiellen Reduzierung oder gar Befreiung von Steuern),
- Abgaben (z. B. rechtliche Einflüsse auf Art und Höhen der Abgabensätze und Komponenten, politische Einflüsse auf die zukünftigen Entwicklungen, Möglichkeiten kompletter oder partieller Befreiungen von Abgaben).

4.3.18 Energielieferverträge

Notwendig für Gebäude-Energieberatungen zu Wohn- und Nichtwohngebäuden nach VDI/BTGA-MT 3922 Blatt 2 sind des weiteren Kenntnisse zur Zusammensetzung von Energielieferverträgen:

- Energiepreisbildungen (z. B. Festpreisregelungen, volumen- oder leistungsvariable Preisregelungen, Preisbildung beim Börsenhandel, Preisindizierungen, Preisanpassungsklauseln, Regelung bei Mehr-/Minderabnahmen),
- Vertragslaufzeiten (z. B. Dauer der Verträge, Gültigkeitsdauern der Vertragspreise, Prolongationsregelungen),
- Orte der Leistungserbringung/Eigentumsübergänge/Liefergrenzen, Eigenschaften der Energieträger (z. B. Energieinhalt je Liefereinheit inklusive Toleranzen, physikalische Eigenschaften bei Bezug und Rückgabe usw.),
- Vertragsmengen (z. B. minimale/maximale Liefermengen je Lieferperiode, Toleranzgrenzen als Geltungsbereiche der vereinbarten Energiepreise usw.),

- Vereinbarungen zu Steuern/Abgaben (z. B. Anwendbarkeit von Gesetzen/Verordnungen, Einschränkungen der Verwendung beim Kunden),
- besondere Vereinbarungen (z. B. Temperaturspreizungen, Mindestabnahmen an Leistungen, zeitliche Einschränkungen der Abnahmen),
- allgemeine Vertragsbestandteile (z. B. gesetzliche AGB-Bestandteile, privatrechtliche AGB, Haftungsregelungen, Vertraulichkeitsvereinbarungen, salvatorische Klauseln).

4.3.19 Kompetenzbereich „Management"

Neben dem Wissen hinsichtlich technischer Optimierungspotenziale und der notwendigen Methoden zu deren Identifizierung und Bewertung sollten Gebäude-Energieberater auch über organisatorische und steuernde Managementkompetenzen verfügen.

Kompetentes Management beginnt selbst bei den kleinsten Beratungsaufträgen mit strukturierten und rechtssicheren Vereinbarungen der Beratungsleistung mit dem Kunden. Es reicht weiter über zielgruppengerechte Präsentationen und Übergaben der Beratungsergebnisse hin zu transparenten Abrechnungen der Gebäude-Energieberatungsleistungen im Rahmen des sogenannten Auftragsmanagements.

Größere oder technisch komplexere Wohn- und Nichtwohngebäude erfordern zusätzliche Projektmanagementfähigkeiten. Insbesondere gilt das für Gebäude-Energieberater, wenn sie Beratungsprojekte organisieren und führen wollen, bei denen es sich um Vertiefungen oder Weiterführungen über eine erste Erhebungen hinaus handelt und die in Kooperation mit anderen Experten organisiert werden müssen.

Wenn Aufträge für Gebäude-Energieberater Arbeiten im Rahmen von Managementsystemen nach ISO-Normen erfordern oder sogar Einführung und Aufrechterhaltung von ISO-Managementsystemen beinhalten, sollte ein grundsätzliches Verständnis der heutigen Managementsystemkonzepte bezüglich der betrieblichen und strategischen Einbindungen in die Unternehmensorganisationen vorliegen. Eine nicht zu unterschätzende Kompetenz ist hierbei auch das Etablieren von Energiecontrollingmechanismen, die Auftraggeber unterstützen, eine „Gebäudeenergieeffizienz" nachhaltig zu managen.

4.3.20 Auftrags- und Projektmanagement

Details zum Auftragsmanagement für Gebäude-Energieberatungen zu Wohn- und Nichtwohngebäuden sind insbesondere in der VDI 3922 Blatt 1 zu finden.

Gebäude-Energieberater sollen entsprechend VDI/BTGA-MT 3922 Blatt 2 Grundlagen des Projektmanagements kennen und anwenden können (siehe auch VDI 3922 Blatt 1 und DIN EN 16247-1).

4.3.21 Informationsmanagement zu Gebäude-Energieberatungen nach VDI/BTGA-MT 3922 Blatt 2

Um neue Aussagen und Erkenntnisse zu generieren, werden bei Gebäude-Energieberatungen häufig Informationen aus unterschiedlichen EDV-Systemen zusammengeführt. Die Berücksichtigung etwa von IT-bedingten Einflüssen ist für energieeffiziente Wohn- und Nichtwohngebäude besonders wichtig.

Dazu brauchen Gebäude-Energieberater grundlegende Kenntnisse über die Existenz und Nutzung von:

- EDV-Systemen, die beim Kunden Verwendung finden (z. B. GLT- und Betriebsdatenerfassungssysteme),
- Buchhaltungs- und Controllingsoftware als Datenquellen für z. B. Energieabrechnungen und Inventarquellen,
- Arbeitsschutz- und Brandschutzdokumente zur Strukturierung von Verbräuchen, z. B. Listen zu Prüfungen mobiler elektrischer Endgeräte,
- Flucht- und Rettungsmittelpläne,
- Sensordaten- und Datentransfereinrichtungen sowie deren Anbindung, z. B. Bussysteme und zugehörige Dateiformate,
- Anlagensteuerungs- und Leitstellen- sowie Gebäudeautomationssysteme (vgl. **Bild 4.39**),
- Software zur Datenzusammenführung, -aufbereitung und -analyse, z. B. Tabellenkalkulationssoftware und Dokumentenmanagementsysteme.

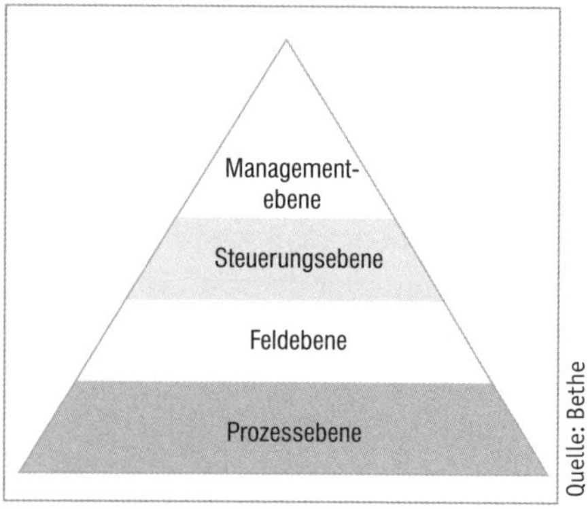

Bild 4.39 Darstellung der Ebenen einer Gebäudeautomation

4.3.22 Managementsysteme

Gebäude-Energieberater ünernehmen bei Wohn- und insbesondere Nichtwohngebäuden auch die Aufgabe, Energiemanagementsysteme nach DIN EN ISO 50001 einzuführen und zu externen Auditierungen und ggf. Zertifizierungen zu bringen. Bei vielen Gebäude-Energieberatungen handelt es sich auch um Beratungen zum Qualitätsmanagement und Umweltmanagementsystem nach DIN EN ISO 14001. Es gibt Gebäude-Energieberatungen, in denen die Energiethematik idealerweise mit anderen Managementsystemen in ein komplexes Managementhandbuch integriert wird. Zudem gibt es Fälle, in denen Risikomanagementsysteme, z. B. im IT-Bereich DIN EN ISO 27001, berücksichtigt werden müssen.

Gebäude-Energieberater sollten daher grundsätzliche Erfahrung im Management haben, mit Wohn- und Nichtwohngebäudeauftraggebern sprechen können, Grundlagen im Bereich des Projektmanagements haben und Konzepte kennen, um geplante Wandel zu Wohn- und Nichtwohngebäuden umzusetzen.

Die für alle Managementsystemnormen einheitliche Struktur trägt dem Umstand Rechnung, dass nie beabsichtigt war, innerhalb von Wohn- und Nichtwohngebäudeorganisationen Inselorganisationen für die jeweiligen Disziplinen der Managementsysteme (Energie, Qualität, Umwelt, Risiko, Soziales usw.) zu unterstützen. Die Integration aller Themen in Wohn- und Nichtwohngebäudeorganisationen muss daher von jedem, der hier beratend tätig wird, berücksichtigt und gefördert werden.

4.3.23 Auditieren, Prüfen, Überwachen

Es gibt verschiedene Prüf- und Überwachungsaufgaben, die Gebäude-Energieberater für ihre Auftraggeber hinsichtlich Wohn- und Nichtwohngebäuden wahrnehmen können. Hierzu gehören nach VDI/BTGA-MT 3922 Blatt 2 insbesondere folgende Aufgaben:

- Durchführung interner Audits im Rahmen von (Energie-)Managementsystemen,
- Vorbereitung auf externe Auditierungen durch Zertifizierungsgesellschaften für (Energie-)Managementsysteme,
- Etablierung von nachhaltigen, strategischen Energiecontrollings (z. B. als Führungs- und Informationssysteme) zur Planung, Steuerung und Kontrolle der Energieverbräuche,

- Etablierung regelmäßiger Überwachung als operatives Energiecontrolling, z. B. Planung und Durchführung von entsprechenden Messungen,
- Gebäudezertifizierungen in Form von z. B. Produktprüfungen.

4.3.24 Durchführung und Vorbereitung

Erforderliche Methoden und Vorgehensweisen für Managementsystem-Audits nach VDI/BTGA-MT 3922 Blatt 2 sind insbesondere in der DIN EN ISO 19011 sowie den Regelungen für Zertifizierungsstellen und deren Prüfpersonal enthalten.

4.3.25 Energiecontrolling

Energiecontrolling hat bei Wohn- und Nichtwohngebäuden grundsätzlich die Aufgabe, Auftraggeber durch Auftragnehmer von Gebäude-Energieberatungen mit den notwendigen Informationen zu versorgen. Dies erfordert z. B. effiziente Planung, Steuerung und Kontrolle der Energieverbräuche sowie der weiteren Optimierungsmaßnahmen. Unterscheidungen in operatives, administratives und strategisches Controlling sind auf die Energiebereiche bei Gebäude-Energieberatungen zu übertragen.

Beim *operativen Energiecontrolling* geht es insbesondere um Steuerung der Energieverbräuche, der Energieeffizienz und der optimalen Energieeinsätze durch z. B. operative Überwachung der Energieeinflussfaktoren, Energieverbräuche usw.

Für a*dministratives Energiecontrolling* bedarf es entsprechender Energieeffizienz-, Planungs-, Beratungs- und Managementadministrationen für Wohn- und Nichtwohngebäude.

Strategisches Energiecontrolling entwickelt insbesondere benchmarkfähige Kennzahlen zu Wirtschaftlichkeit, Energieeffizienz und Nutzungsgerechtigkeit, um gegebenenfalls versteckte Potenziale zu identifizieren. Ferner soll eine Ausrichtung an der optimal verfügbaren Bau- und Gebäudetechnik angestrebt werden. Zu den möglichen Kompetenzen von Gebäude-Energieberatern gehört es, ein solches operatives, administratives als auch strategisches Controlling für ihre Auftraggeber entwerfen und etablieren zu können.

4.3.26 Gebäudezertifizierungen nach VDI/BTGA-MT 3922 Blatt 2

Für Zertifizierungsverfahren zur Nachhaltigkeit hinsichtlich der Energieeffizienz von Wohn- und Nichtwohngebäuden sind Kenntnisse der jeweiligen Zertifizierungsprogramme etwa von DGNB (Deutsche Gesellschaft für Nachhaltiges Bauen), BREAM (Building Research Establishment Environmental Assessment Methodology) sowie LEED (Leadership in Energy and Environmental Design) erforderlich.

Achtung! Prüfungen zum VDI-Energieberatern ersetzen nicht die Zulassungen als Auditoren bei den jeweiligen Organisationen!

4.3.27 Integrale Betrachtungen und Umfeldanalysen

Energieeffizienzmaßnahmen sind im Kontext der jeweiligen Rahmenbedingungen bei Gebäude-Energieberatungen zu Wohn- und Nichtwohngebäuden zu betrachten.

Dies erfordert auch Kompetenzen hinsichtlich

- Produktionsplanung (**Bild 4.40**),
- Energiekonzepten,
- Produktionsgrobplanung,
- Bestellabwicklung,
- Controlling,
- Produktionsfeinplanung,
- Lager- und Bestandsführung,
- Auftragsverfolgung,

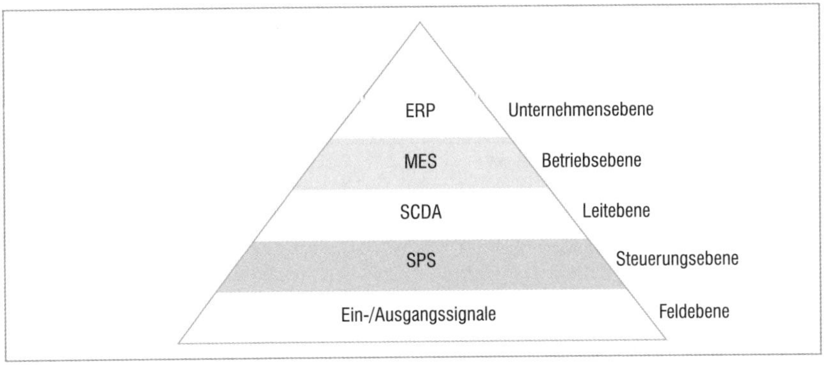

Bild 4.40 Ebenen einer Gebäudeautomation

- Prozess- und Betriebsdatenerfassung,
- Kennzahlenermittlung,
- Störungserfassung und -analyse,
- Qualitätsdatenerfassung,
- Bedienen und Beobachten, Steuern und Regeln,
- Rezeptverwaltung/-ausführung,
- E/A-Signalen (automatisiert),
- Mensch-Maschine-Schnittstellen,
- Apparaten und Maschinen,
- Gebäuden, Armaturen, Sensoren, Aktoren,
- Quartieren, Versorgung,
- Begleitung der Umsetzungen von Energieeffizienzmaßnahmen.

4.3.28 Kompetenz nach der VDI/BTGA-MT 3922 Blatt 2

Die Notwendigkeit ausreichender Kompetenzen für eine erfolgreiche Gebäude-Energieberatungen beschreibt deutlich die DIN EN 16247-5: *„Das Vertrauen in den Energieauditprozess und die Fähigkeit, dessen Zielsetzungen zu erreichen, ist von der Kompetenz des Energieauditors abhängig. [...] Kompetenz bezieht sich nicht notwendigerweise auf eine Einzelperson, sondern könnte auch auf ein Team/eine Gruppe von Energieauditoren angewendet werden."*

4.3.29 Kompetenzbegriff nach VDI/BTGA-MT 3922 Blatt 2

Kompetenz bedeutet nicht nur das Vorhandensein von Wissen oder Fertigkeiten und damit die Fähigkeit, sondern das Zusammenwirken dieser Fähigkeiten mit dem Ziel des analytischen, synthetischen und problemorientierten Handels, siehe **Bild 4.41**.

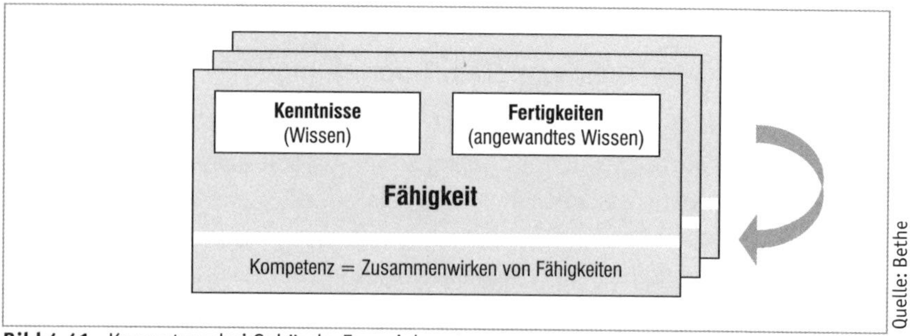

Bild 4.41 Kompetenz bei Gebäude-Energieberatungen

Kompetenzen von Gebäude-Energieberatern müssen nach VDI/BTGA-MT 3922 Blatt 2 in folgenden Kompetenzbereichen festgestellt werden:

- Technik
  - Komponenten,
  - Netze/Transporte,
  - Anlagen/Gebäude,
- Daten,
- Markt, Recht, Finanzen,
- Management.

4.3.30 Ziele der Kompetenzfeststellung

Aufgabe und Ziele der Kompetenzfeststellung nach VDI/BTGA-MT 3922 Blatt 2 sind:

- Sicherstellung der Handlungskompetenz für Auftraggeber oder Fördergeber,
- eigene Positionsbestimmung der Gebäude-Energieberater, z. B. innerhalb der VDI-Beraterprofile,
- Planungshilfe für interdisziplinäre Teamarbeit, z. B. zur besseren Verteilung von Projektrollen,
- Basis für gezielte Erhaltungen und Weiterentwicklungen.

4.3.31 Verfahren zur Kompetenzfeststellung

Zu jeder Kompetenzkategorie (siehe Anhang A der VDI/BTGA-MT 3922 Blatt 2) werden Prüfungsfragen erstellt. Hierzu wird ein Fragenpool gebildet und ständig aktualisiert und überwacht. Detaillierte Anforderungen wird ein Zertifizierungsprogramm zu dieser VDI-Richtlinie regeln. Dieses ist verbindlich für alle Institutionen, die am Verfahren zur Kompetenzfeststellung mitwirken.

4.3.32 Prüfungen und Kompetenzfeststellungen

Das fachliche Niveau der Prüfung nach VDI/BTGA-MT 3922 Blatt 2 setzt neben Praxiserfahrungen in der Regel eine Ausbildung nach deutschem Qualifikationsrahmen ab Stufe 6 voraus, also mindestens eine Ausbildung zum Meister, Techniker oder Bachelor (siehe Energiedienstleistungsgesetz (EDL-G) und Gebäudeenergiegesetz (GEG)) in einer einschlägigen Fachrichtung. Formale Nachweise der Ausbildungen und Praxiserfahrungen sind für Zulassungen als „VDI-Energieberater" nicht erforderlich.

4.3.33 Ergebnis und Zertifikate

Nach erfolgreich abgeschlossenem Zertifizierungsverfahren wird gemäß VDI/BTGA-MT 3922 Blatt 2 eines bzw. werden mehrere Zertifikate erteilt (vgl. Beispiel in **Bild 4.42**).

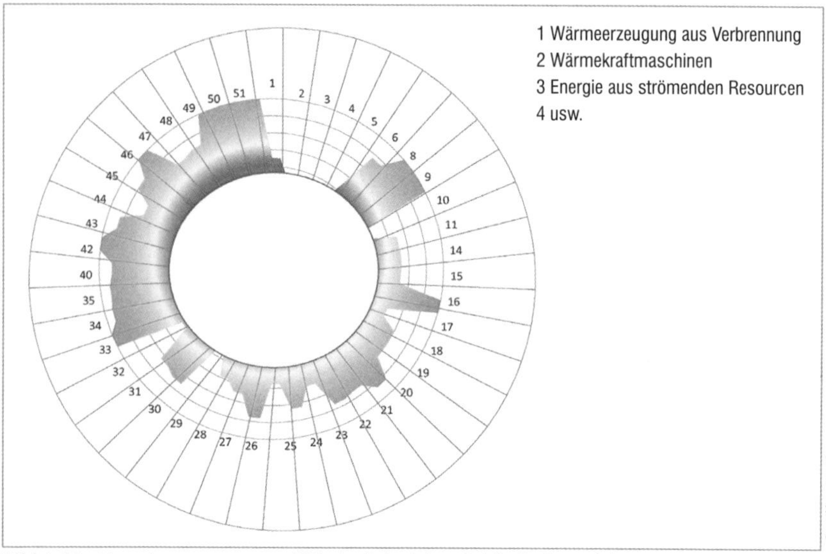

Quelle: Bethe

Bild 4.42 Energieerzeugungszertifikats-Beispiel zu Gebäude-Energieberatungen

4.4 Gebäude-Energieberatungen nach VDI 3922 Blatt 3

Prof. Dr.-Ing. Martin Pfeiffer

In diesem Abschnitt werden ausgewählte Aspekte von Gebäude-Energieberatungen für Niedrigstenergiegebäude nach VDI 3922 Blatt 3 in Deutschland dargestellt. Der Inhalt dieser Richtlinie zu Gebäude-Energieberatungen entstand unter Beachtung der Vorgaben und Empfehlungen der Richtlinie VDI 1000.

Die Begrenztheit der Ressourcen erfordert einen effizienten Energieeinsatz. Insbesondere beim Beraten, Planen, Bauen und Betreiben von Gebäuden und deren Bau- und Anlagentechnik bestehen Potenziale und Möglichkeiten, die sogenannte „Gebäudeenergetik" effizienter und ressourcenschonender zu gestalten. Dies betrifft beispielsweise die Energie für das

Bild 4.43 Beleuchtungsanlage in einem Nichtwohngebäude

Heizen, Kühlen, Lüften, Beleuchten (**Bild 4.43**), für Trinkwarmwasser sowie die Aspekte „Wärmebrückenoptimierung", „Wind- und Luftdichtigkeitskonzepte", „Optimierung der Gebäudehüllen" sowie die Qualitätssicherung.

Daher werden in Wohn- und Nichtwohngebäuden unter anderem Energieberatungen und Energiesimulationen eingesetzt und Energiekonzepte und Energieoptimierungen per Energiemanagement entwickelt. Es gibt bis heute allerdings keinen Standard, der beschreibt, welche Ingenieurleistungen für die Optimierung einer „Gebäudeenergetik" erforderlich sind.

Die einschlägigen Richtlinien und Normen zur Planung der Bau- und Anlagentechnik geben nur Hinweise, wie Mindestanforderungen erreicht werden können. Das GEG und insbesondere die DIN V 18599 beispielsweise dienen lediglich genehmigungsrechtlichen Nachweisen. Zudem sind festgeschriebene Randbedingungen und vereinfachte Berechnungsverfahren nicht geeignet, projektbezogene energetische Optimierungen der Wohn- und Nichtwohngebäude abzubilden.

In der Richtlinienreihe VDI 2552 werden wesentliche Aspekte des sogenannten „**B**uilding **I**nformation **M**odeling" (BIM) behandelt. Sofern diese für die Gebäudeenergetik relevant sind, finden sie Eingang in ganzheitliche Planungsprozesse über Lebenszyklen der Wohn- und Nichtwohngebäude.

Mit der VDI 3922 Blatt 3 werden die Planung der Energetik von Gebäuden und weitere im Zusammenhang stehende Einzelthemen wie z. B. thermische (Gebäude- und Anlagen-) Simulationen, Energiemonitoring und Tageslichtnutzungen anhand der Lebenszyklen von Wohn- und Nichtwohngebäuden dargestellt. Damit bietet die VDI 3922 Blatt 3 eine ganzheitlich strukturierte Herangehensweise vom Planungs- und Bauprozess über den Betrieb bis hin zur Verwertungsphase von Wohn- und Nichtwohngebäuden.

In der Richtlinie wird aufgezeigt, welche Beratungs- und Planungsleistungen zu erbringen sind, wenn eine Gebäudeenergetik ingenieurmäßig konzipiert, geplant, gebaut und betrieben wird. Die hierfür benötigten Ingenieurleistungen sollen durch qualifizierte Fachleute ausgearbeitet werden.

In der VDI 3922 Blatt 1 wird, wie bereits dargestellt, für potenzielle Auftraggeber aufgezeigt, welche „Eckwerte", Mindestinhalte sowie Leistungen von Beratungs- und Analyseprozessen durch VDI-Energieberater zu erwarten sind. Die Richtlinie VDI/BTGA-MT 3922 Blatt 2 beschreibt die notwendige Kompetenz von Gebäude-Energieberatern.

4.4.1 Anwendungsbereiche

Die VDI 3922 Blatt 3 beschreibt Leistungsumfänge von Planungen der Gebäudeenergetik im Lebenszyklus von Wohn- und Nichtwohngebäuden inklusive der besonderen Leistungen. Hierzu zählen etwa CFD-Simulationen („Computational Fluid Dynamics"), Betriebshandbücher, Emulationen der Gebäudeautomation, Energiemonitoring, thermische Simulationen, Tageslichtnutzung und energetische Anforderungen bei Wettbewerben.

Darüber hinaus stellt die Richtlinienreihe das Verfahren der Beratungsprozesse dar, die über die in der HOAI beschriebenen Leistungen hinausgehen (s. a. dargestellte VDI/BTGA-MT 3922 Blatt 2). Die VDI 3922 Blatt 3 ist sowohl für Planungs- und Bauprozesse als auch die Nutzungsphasen von Wohn- und Nichtwohngebäuden anwendbar. Dabei richtet sich die VDI 3922 Blatt 3 insbesondere an Energieberatende und Fachplanende, die verschiedene Energiethemen im Planungs- und Bauprozess bearbeiten und z. T. auch im Betrieb eingebunden sind.

Eigentümern, Verantwortlichen und Betreibendern von Wohn- und Nichtwohngebäuden werden mit der VDI 3922 Blatt 3 Ziele und Nutzen von „Gebäudeenergetik" aufgezeigt, so dass sie die entsprechend notwendigen Entscheidungen treffen können. Damit steht eine Grundlage für die Kommunikation zwischen den Auftraggebenden und den Auftragnehmenden von Gebäude-Energieplanungs-, Gebäude-Energieberatungs- und GebäudeEnergiemanagementleistungen zur Verfügung. Die VDI 3922 Blatt 3 schafft damit Transparenz, unterstützt Entscheidungsprozesse, zeigt relevante Entscheidungsparameter auf und ist für alle Wohn- und Nichtwohngebäude anwendbar und somit relevant für:

- Bauherren und Projektentwickler,
- Nutzer, Eigentümer und Betreiber von Wohn- und Nichtwohngebäuden oder Liegenschaften,
- Beratende, Planende und Managende der „Gebäudeenergetik".

Im Folgenden werden Begriffe definiert als auch Leistungsbilder gemäß VDI 3922 Blatt 3 beschrieben.

4.4.2 Normative Verweise und Begriffe

Die folgenden Dokumente sind für Anwendungen der VDI 3922 Blatt 3 erforderlich:

- DIN 4108-2:2013-02 Wärmeschutz und Energie-Einsparung in Gebäuden; Teil 2: Mindestanforderungen an den Wärmeschutz.
- DIN EN 15251:2012-12 Eingangsparameter für das Raumklima zur Auslegung und Bewertung der Energieeffizienz von Gebäuden; Raumluftqualität, Temperatur, Licht und Akustik.
- DIN V 18599 Energetische Bewertung von Gebäuden; Berechnung des Nutz-, End- und Primärenergiebedarfs für Heizung, Kühlung, Lüftung, Trinkwarmwasser und Beleuchtung.
- VDI 2067 Blatt 1:2012-09 Wirtschaftlichkeit gebäudetechnischer Anlagen; Grundlagen.

Für die Anwendung der VDI 3922 Blatt 3 bei Gebäude-Energieberatungen zu Wohn- und Nichtwohngebäuden gelten die Begriffe nach VDI 4700 Blatt 1 sowie der Begriff „Gebäudeenergetik".

Anpassungen der energetischen Gegebenheiten in Wohn- und Nichtwohngebäuden bei Gebäudekonstruktion sowie technischen Gebäudeausrüstungen an Außenklima und geplante Nutzungen (z. B. mit winterlichem und sommerlichem Wärmeschutz, passiver Solarenergienutzung, natürlicher Belüftung und Belichtung, Nutzung der Nachtauskühlung über Speichermassen usw.).

Zur Gebäudeenergetik gehört beispielsweise auch der Energieaufwand der technischen Gebäudeausrüstung für Wärme, Kälte, Lüften, Kunstlicht und Trinkwarmwasser (**Bild 4.44**) in den Teilbereichen Nutzenübergabe in Räumen, Verteilung und Erzeugung einschließlich der regenerativen Energiequellen als Raumklima- und Energiekonzept.

Bild 4.44 Trinkwarmwasseranlage

4.4.3 Grundlagen

Für alle Wohn- und Nichtwohngebäude können Beratungs- und Planungsleistungen in der Konzeption, Planung, Ausführung und beim Betrieb für die Gebäudeenergetik eingesetzt werden, um Energie- und Ressourcenaufwände zu optimieren. Hierzu werden für Wohn- und Nichtwohngebäude konzeptionelle Analysen, Berechnungs- und Simulationsverfahren eingesetzt, mit denen das energetische Betriebsverhalten optimiert werden kann.

Der effiziente Einsatz von Energie zum Heizen, Kühlen, Lüften, Beleuchten für Trinkwarmwasser usw. folgt den Bedarfsentwicklungen und umfasst neben einem minimierten Energiebedarf für das Wohn- bzw. Nichtwohngebäude an die Bedarfe angepasste Energieaufwände für die gebäudetechnischen Anlagen. Diese Energieaufwände sollten mit einem möglichst hohen Anteil an regenerativen Energiequellen erreicht werden.

Minimierte Energiebedarfe erreicht man dadurch, dass Gebäudekonzeption und wärmeübertragende Gebäudehülle an das entsprechende Außenklima und die geplante Nutzung angepasst werden. Dies wird beispielsweise erreicht durch optimalen winterlichen und sommerlichen Wärmeschutz, eine passive Solarenergienutzung, natürliche Belüftung und Belichtung, die Nutzung von Nachtauskühlung mit Speichermassen. Reichen diese passiven Energieeinsparmaßnahmen nicht aus, um den gewünschten Komfort zu erreichen, ist dieser mit einem möglichst geringen Energieaufwand durch die Anlagentechnik für Wärme, Kälte, Lüftung und Kunstlicht zu decken. Der Energieaufwand für die Anlagentechnik kann wiederum in den einzelnen Teilbereichen der Nutzenübergabe in Räumen, Verteilungen und Erzeugungen optimiert werden.

Optimierte Energieaufwände für Nutzenübergaben in Räumen erfordern bedarfsgerechte Übergabesysteme, optimierte Energieaufwände für Verteilungen, möglichst symmetrische Netze, kurze Verteilwege, niedrige Druckverluste im Teillast- und Volllastbetrieb usw.

Optimierte Energieerzeugungen für Wohn- und Nichtwohngebäude erfordern effiziente Erzeugungssysteme für Wärme, Kälte und Strom, die mit möglichst hohen Anteilen an regenerativen Energiequellen gespeist werden.

4.4.4 Ziele und Nutzen

Bei Beratungs- und Planungsleistungen in der Gebäudeenergetik für Wohn- und Nichtwohngebäude nach VDI 3922 Blatt 3 werden verschiedene bau- und anlagentechnische Lösungsansätze vergleichend gegenübergestellt und bewertet.

Der Nutzen derartiger Beratungs- und Planungsleistungen nach der VDI 3922 Blatt 3 ist:

- Transparenz beim ganzheitlichen Zusammenwirken von Bau- und Anlagentechnik zu Komfort, Energiebedarf, Energieaufwand, Ressourcenaufwand, Schadstoffemissionen, Umweltbelastung usw.,
- Transparenz beim erreichbarem raumklimatischen und visuellen Komfort verschiedener bau- und anlagentechnischer Lösungen,
- Transparenz beim Energiebedarf und -aufwand und damit bei den Energiekosten für Heizen, Kühlen, Lüften, Beleuchten und Trinkwassererwärmung verschiedener bau- und anlagentechnischer Lösungen,
- Transparenz bei den Vor- und Nachteilen verschiedener Systeme für:
  - Nutzenübergabe,
  - Verteilung,
  - Energieerzeugung,
  - Energieversorgung und
  - Einsatz regenerativer Energiequellen für die Bereiche Heizen, Kühlen, Lüften, Beleuchten und Trinkwarmwasser,
- Transparenz bei Ressourcenaufwand und Schadstoffemissionen verschiedener gebäude- und anlagentechnischer Lösungen,
- Grundlage für Bewertungen der Wirtschaftlichkeit nach VDI 2067 Blatt 1 von verschiedenen bau- und anlagentechnischen Lösungen.

Für die Beratungs- und Planungsleistungen in der „Gebäudeenergetik" werden nach VDI 3922 Blatt 3 verschiedene Simulations-, Berechnungs- und Analyseverfahren eingesetzt. Es handelt sich um besondere Leistungen, die individuell zwischen auftragnehmenden Planenden/Beratenden/Managenden und Auftraggebenden zu vereinbaren sind. Im Gegensatz zu klassischen Planungsleistungen (z. B. für Architektur, Tragwerk oder technische Gebäudeausrüstung) werden diese nicht in der HOAI oder der Richtlinie VDI 6026 behandelt. Es gibt somit keine Standardleistungsbilder, die für die Kommunikation zwischen Auftragnehmern und Auftraggebern dienen könnten.

Des Weiteren gibt es auch keine Empfehlungen, in welchen Planungsphasen welche Beratungs- und Planungsleistungen der Gebäudeenergetik sinnvoll sind und wie die Wertschöpfung in der Gebäudeenergetik erhöht werden kann, etwa durch Nutzung der Ergebnisse in mehreren Lebenszyklusphasen der Wohn- und Nichtwohngebäuden.

Die VDI 3922 Blatt 3 zeigt auf, welche Beratungs- und Planungsleistungen in den jeweiligen Phasen im Lebenszyklus von Wohn- und Nichtwohngebäuden erforderlich sind, wie systematisch vorzugehen ist und welche Leistungsinhalte von Auftraggebern jeweils erwartet werden können.

4.4.5 Lebenszyklusbetrachtungen nach VDI 3922 Blatt 3 bei Gebäude-Energieberatungen

Die Gebäudeenergetik hat Einfluss auf den gesamten Lebenszyklus eines Wohn- und Nichtwohngebäudes. Ein Gebäude-Lebenszyklus beinhaltet die Bedarfs-/Entwicklungs-, die Planungs-, Realisierungs-, Nutzungs- sowie die Verwertungsphase eines Wohn- und Nichtwohngebäudes. Diese Phasen lassen sich nach VDI 3922 Blatt 3 dargestellt, in zwölf Phasen unterteilen. Ausgehend von der sogenannten „Phase 0“ (Projektentwicklung) bis zur sogenannten „Phase 11“ (Verwertung), vgl. **Bild 4.45**.

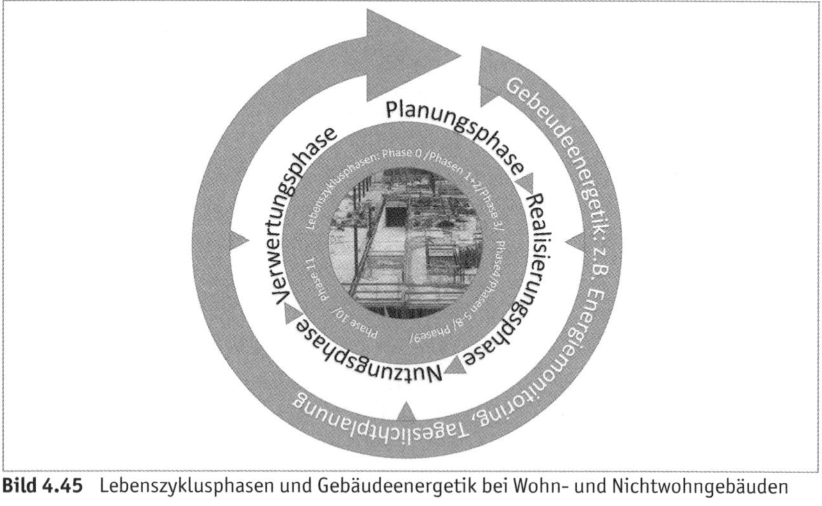

Quelle: Bethe

Bild 4.45 Lebenszyklusphasen und Gebäudeenergetik bei Wohn- und Nichtwohngebäuden

Dabei beeinflussen z. B. die in der Konzeption und Planung festgeschriebenen energetischen Qualitäten maßgeblich die Energieverbräuche in den Nutzungsphasen.

Ebenso relevant für Gesamtprimärenergieverbräuche der Wohn- und Nichtwohngebäude ist die in den Planungen getroffene Materialwahl. Denn auch der Primärenergieverbrauch für die Herstellung der Materialien, die sogenannte „graue Energie", zählt zur Gebäudeenergetik, wie übrigens auch der Energieaufwand für den Rückbau der Materialien am Ende der Nutzungsphasen.

4.4.6 Planungsphasen der Gebäudeenergetik

Planungen der Gebäudeenergetik gliedern sich nach der VDI 3922 Blatt 3 in die verschiedenen Lebenszyklusphasen eines Wohn- bzw. Nichtwohngebäudes. In jeder der Phase 0 bis Phase 11 (**Bild 4.46**) sind Beratungs- und Planungsleistungen für die „Gebäudeenergetik" erforderlich, die den verschiedenen Phasen zugewiesen sind.

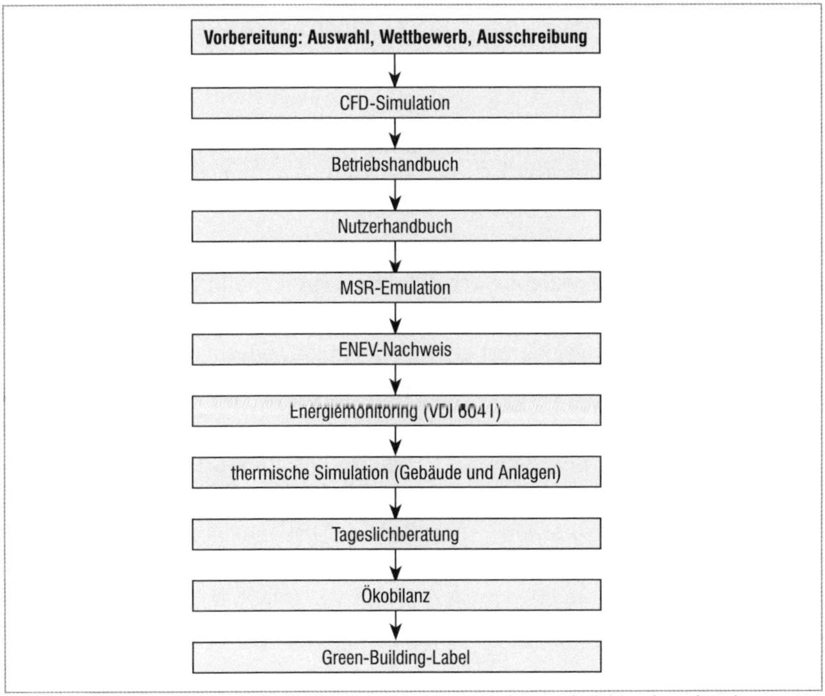

Quelle: Bethe

Bild 4.46 Planungsphasen der Gebäudeenergetik bei Wohn- und Nichtwohngebäuden

Nachfolgend werden die einzelnen Beratungs- und Planungsleistungen detailliert beschrieben.

Entwicklungs- und Planungsphasen (Phase 0 bis Phase 3)

Phase 0 – Projektvorbereitung

Projektvorbereitungen bei Neubauten

- Entwicklung der prinzipiellen Anforderungen an energetische Qualitäten der Wohn- und Nichtwohngebäude bzw. einer gesamten Liegenschaft,
- Abklären der energetischen Ziele mit den Auftraggebern,
- Entwicklen von Raumklima- und Energiekonzepten in Varianten als Grobkonzept,
- Aufzeigen erreichbarer Qualitäten bezüglich GEG und anderer energetischer Vorgaben,
- grobe Wirtschaftlichkeitsbewertung für die Varianten,
- Abschätzen von CO_2-Bilanzen und Ökobilanzen,
- Festlegen von Energiekennwerten für wesentliche Hauptkomponenten der Nutzenübergaben, Verteilungen und Energieerzeugungen,
- Zusammenstellung in Pflichtenheften.

Je nach Komplexität sind thermische Simulationen von Wohn- bzw. Nichtwohngebäuden zum Abschätzen der Energieaufwände und des thermischen Komforts sinnvoll.

Projektvorbereitungen bei Bestandsbauten

Hier sind dieselben Schritte wie bei Neubauten zu vollziehen. Hinzu kommen:

- Ermittlung der energetischen Qualitäten der Bestände,
- Einfordern und Auswertung von Energieverbräuchen mindestens der letzten drei Jahre,
- Abschätzen von Energieeinsparpotenzialen je Modernisierungsvariante.

Projektvorbereitungen zu energetischen Anforderungen bei Wettbewerben

Immer häufiger sind energetische Vorgaben Bestandteil bei Wettbewerben zu Wohn- und Nichtwohngebäuden. Damit sind Wechselwirkungen zwischen Gebäudekonzeptionen, technischen Systemen und energetischen Versorgungen möglichst früh in Wohn- und Nichtwohnprojekte zu implementieren. Oft gibt es dabei Vermischungen mit den Themenbereichen „Nachhaltiges Bauen“, „Lebenszyklusbetrachtungen“, unternehmens- sowie baupolitischen Zielen.

Darüber hinaus werden zum Teil Energiekonzepte oder -berechnungen in Wettbewerben verlangt. Hinzu kommt, dass Arbeitsaufwände in Wettbewerbsverfahren nicht unerheblich sind und aus den Preisgeldern nicht gedeckt werden. Daraus ergibt sich der Bedarf, bei Wettbewerben energetische Anforderungen entsprechend vorzugeben.

Bei Wettbewerben erfolgen Grundlagenermittlungen zu energetischen Anforderungsprofilen der Wohn- bzw. Nichtwohngebäude mit Differenzierung nach Wettbewerbsart:

- Planungswettbewerbe, Architektenwettbewerbe,
- Generalplanerwettbewerbe,
- Wettbewerbe mit Betreiberkonzepten,
- Stufenverfahren bei Wettbewerben.

Weitere Leistungen bei Wettbewerbsverfahren zu Wohn- bzw. Nichtwohngebäuden:

- Zusammenstellung möglicher Wettbewerbskriterien erfolgen unter Berücksichtigung von z. B.:
  - GEG minus x %, Fast-Null-, Null-, Plusenergiegebäude,
  - CO_2-neutrale Gebäude,
  - nachhaltiges Bauen, Zertifizierung
  - erneuerbare Energien, Fotovoltaik, Geothermie, GEG,
  - Blockheizkraftwerke (BHKW), Kraft-Wärme-Kopplungsgesetz (KWKG),
  - Betreiberkonzepte, Lebenszyklusbetrachtungen,
  - unternehmerische und politische Vorgaben,
  - Stufenverfahren bei Wettbewerben.

- Erstellung von Vorgaben für Abfragen zu energetischen Grobkonzepten,
- Vorgabe von möglichen Berechnungsmodellen im Wettbewerb,
- Vorschlag und Festlegungen der Wettbewerbskriterien,
- Mitwirkung bei Bewertungsmatritzen von Wettbewerben,
- Erstellung der Auslobungstexte,
- Mitarbeit als Sachverständigenberater in Wettbewerben,
- Mitarbeit als Vorprüfer in Wettbewerben usw.

Phase 1 und Phase 2 – Grundlagenermittlung und Vorplanung

- Berücksichtigung von Pflichtenheften aus der sogenannten „Phase 0“,
- Überprüfung der Energiekonzepte aus Phase 0 auf geänderte Randbedingungen,
- Klärung energierelevanter Grundlagen anhand von Anforderungskatalogen in Zusammenarbeit mit Architekten, Planern, Nutzern und Bauher-

ren in Abstimmung mit der TGA-Planung, der Bauphysik, der Fassadentechnik und dem Gebäudemanagement, im Bestand mit den Betreibern usw.

- Entwicklung und Vordimensionierung in Varianten der auf die Entwürfe angepasste Raumklima- und Energiekonzepte unter ganzheitlichen Aspekten der Nutzung(en), des Außenklimas, der Bauphysik, der Fassadentechnik und des Gebäudemanagements in Bezug auf Komfort, Energieeffizienz, Energiekosten, Wirtschaftlichkeit, Instandhaltungsfreundlichkeit sowie Flexibilität usw., z. B. mit folgenden Vorgaben:
  - Fensterflächenanteile,
  - sommerlicher und winterlicher Wärmeschutz (**Bild 4.47**),
  - natürliche und/oder maschinelle Belüftungen,
  - bedarfsgerechte natürliche und/oder maschinelle Be-/Entfeuchtung,
  - natürliche und/oder künstliche Beleuchtung,
  - bedarfsgerechte Raumklimasysteme,
  - effiziente Verteilung,
  - effiziente Energieerzeugung von Wärme, Kälte, Strom usw.

Quelle: Bethe

Bild 4.47 Sonnenschutz bei einem Nichtwohngebäude

- Aufzeigen erreichbarer Qualitäten hinsichtlich des GEG,
- Berechnungen und Aufzeigen des thermischen Komforts in Sommer und Winter zu:
  - DIN 4108-2
  - thermischen Simulationen von Gebäuden und Raumklimasystemen für folgende Beratungsbereiche:
    - Fensterflächenanteile,
    - winterlicher und sommerlicher Wärmeschutz, Dämmstärken, Arten der Verglasung,
    - Sonnenschutz,
    - natürliche Lüftung,
    - natürliche Belichtung,
    - Speicherwirkung,
    - erreichbarer thermischer Komfort nach DIN EN 15251.
- Berechnnung und Aufzeigen des visuellen Komforts zu:
  - Berechnung von Tageslichtquotienten,
  - Tageslichtsimulationen usw.

- Tageslichtberatung für optimale Tageslichtnutzung und künstliche Beleuchtung,
- Berechnungen und Aufzeigen der Energiebedarfe und -aufwände für Heizen, Kühlen, Lüften, Beleuchten, Trinkwarmwasser zu:
  - DIN V 18599,
  - thermischen Simulationen von Gebäuden und TGA-Anlagen samt Nutzenübergaben, Verteilungen und Energieerzeugungen mit folgenden Berechnungen und Beratungen:
    - Energiebedarfe und -aufwände sowie Lastganglinien für Heizen, Kühlen, Lüften, Beleuchten, Trinkwarmwasser usw.
    - Lastganglinien für Wärme, Kälte, Strom,
    - Ableitungen der sinnvollen Laufzeiten der Energieerzeugungssysteme. Wichtig ist hierbei, dass die Temperaturniveaus der Raumklimakonzepte und die Temperaturniveaus der Energieerzeugungsanlagen sowie deren hydraulische Verschaltungen richtig berücksichtigt werden,
    - Analysen des Betriebsverhaltens und Ableiten von Erkenntnissen für die Auslegungen der technischen Anlagen,
- bei Bedarf Strömungssimulationen für besondere Konzepte und Fragestellungen,
- Mitwirkung bei Investitionskostenschätzungen für energiekonzeptrelevante Komponenten, z. B. natürliche Lüftungen, Messwerterfassungssysteme,
- Wirtschaftlichkeitsberechnungen und/oder Lebenszykluskostenberechnungen z. B. nach VDI 2067 Blatt 1 für die Raumklima- und Energiekonzepte in Varianten,
- Berechnung der Endenergie-, Primärenergie- und CO_2-Emissionen,
- Abschätzung von Ökobilanzen,
- vergleichende Bewertungen und Herbeiführen von Konzeptentscheidungen,
- Darstellung und Diskussion der Ergebnisse mit Auftraggebern, Nutzern, Architekten, Planern und Betreibern,
- Festlegung von Energiekennwerten für Gebäudehüllen und Fassaden sowie für wesentliche Hauptkomponenten der Nutzenübergaben, der Verteilung und der Energieerzeugung für Heizen, Kühlen, Lüften, Beleuchten und Trinkwarmwasser als Vorgaben für Planungen,
- Festlegung von Energiekennwerten für die Bereiche „Heizen", „Kühlen", „Lüften", „Beleuchten" und „Trinkwarmwasser" jeweils

für die einzelne Gesamtsysteme, Nutzungsbereiche, gesamte Gebäude, gesamte Liegenschaften als Vorgaben für Planungen,
- Erläuterung der Konzeptionen und der energetischen Qualitäten als Vorgaben für andere Planungsbeteiligte,
- Dokumentation der Energiekonzeptionen in Vorplanungsberichten für die nächsten Planungsphasen:
  - Systembeschreibungen mit Ergebnissen der energetischen Berechnungen, erreichbaren energetischen Qualitäten, Kosten und der Wirtschaftlichkeit, z. B. mit folgenden Inhalten:
    - Energieflussdiagramme und Prinzipschaltbilder,
    - Energieziel- und -kennwertekataloge, unterteilt nach:
      - sommerlichem und winterlichem Wärmeschutz,
      - natürlicher und/oder maschineller Belüftung,
      - natürlicher und/oder maschineller Be-/Entfeuchtung,
      - natürlicher und/oder künstlicher Beleuchtung (**Bild 4.48**),
      - Hauptkomponenten der Nutzenübergaben, der Verteilungen und Energieerzeugungen für Heizen, Kühlen, Lüften, Beleuchten, Trinkwarmwasser usw.
- Messwerterfassungskonzepte,
- Anforderungen an Sicherungen von energetischen Qualitäten, z. B. Controlling in weiteren Phasen,
- Anforderungen an Inbetriebnahmen/Inbetriebnahmemanagement,
- Anforderungen an Abnahmen,
- Energiemonitoringkonzepte,
- Energiemanagementkonzepte,

Quelle: Bethe

Bild 4.48 Beleuchtungsanlage in einem Nichtwohngebäude

- Anforderungen an Nutzungs- und Betriebsphasen,
- Prüfung der Umsetzung der energetischen Qualitäten bei anderen Planungsbeteiligten am Ende der Vorplanungen.

Phase 3 – Entwurfsplanung

- Einbringung des Vorplanungsberichts „Gebäudeenergetik" in die Entwurfsplanungen als Vorgabe für weitere Planungen,
- Fortschreibung, Detaillierung von Raumklima- und Energiekonzeptionen, angelehnt an Planungsfortschritte,
- Fortschreibung, Detaillierung von Messwerterfassungskonzepten hinsichtlich der Gebäudeenergetik,
- Erarbeitung der Messpunkte zu Darstellungen von „geschlossenen" Energiebilanzen,
- Fortschreibung, Detaillierung von Inbetriebnahmekonzepten hinsichtlich der Gebäudeenergetik,
- Fortschreibung, Detaillierung von Energiemonitoringkonzepten hinsichtlich der Gebäudeenergetik,
- Fortschreibung, Detaillierung von Energiemanagementkonzepten hinsichtlich der Gebäudeenergetik,
- Fortschreibung, Detaillierung von Anforderungen an Nutzungs- und Betriebsphasen hinsichtlich der Gebäudeenergetik,
- Anpassung von Simulationsrechnungen an geänderte Randbedingungen,
- Detaillierung der Tageslichtberatung, gegebenenfalls detaillierte Tageslichtsimulationen,
- Verfeinerung der Energiekennwerte von der Nutzungsebene auf die Anlagenebene und Übertragung in Energiekennwertekataloge sowie Einbringung in Entwurfsplanungen als Vorgaben für weitere Planungen,
- Mitwirkung bei Fortschreibung von Entwurfsplanungen im Hinblick auf energierelevante Fragestellungen,
- Aufzeigung von energetischen Optimierungsansätzen in Planungen,
- gegebenenfalls CFD-Strömungssimulationen zu strömungstechnischen Optimierungen, z. B.:
  - für natürliche Lüftungen von Gebäudeatrien,
  - für Durchströmungen von sogenannten „Doppelfassaden",
  - Luftführungen im Raum von maschinellen Lüftungsanlagen und Bewertung der Behaglichkeiten,
  - Begleitung der Entwurfsplanungen und Beratung der fachlich Beteiligten im Hinblick auf energetische Qualitäten,

- Prüfung der Entwurfsplanungen auf Umsetzungen der energetischen Qualitäten
- Dokumentationen der Energiekonzeptionen in Entwurfsberichten.

Realisierungsphasen (Phase 4 bis Phase 8)

Phase 4 – Genehmigungsplanung

- Erstellung von baurechtlich energetischen Nachweisen,
- Erstellung von anderen genehmigungsrelevanten Energienachweisen, z. B. für das Genehmigungsverfahren von BHKW (**Bild 4.49**).

Quelle: Bethe

Bild 4.49 BHKW in einem Gebäude

Phase 5 – Ausführungsplanung

- Einbringung der Entwurfsberichte „Gebäudeenergetik" in Ausführungsplanungen als Vorgaben für weitere Planungen,
- Begleitung von Ausführungsplanungen und Beratungen der fachlich Beteiligten im Hinblick auf energetische Qualitäten,
- Fortschreibung, Detaillierung von Energiekonzeptionen an Planungsfortschritten,
- Fortschreibung, Detaillierung von Messwerterfassungskonzepten hinsichtlich der Gebäudeenergetik,
- Fortschreibung, Detaillierung von Inbetriebnahmekonzepten hinsichtlich der Gebäudeenergetik,
- Fortschreibung, Detaillierung von Energiemonitoringkonzepten hinsichtlich der Gebäudeenergetik,

- Fortschreibung, Detaillierung von Energiemanagementkonzepten hinsichtlich der Gebäudeenergetik,
- Fortschreibung, Detaillierung von Anforderungen an Nutzungs- und Betriebsphasen hinsichtlich der Gebäudeenergetik,
- Prüfung und gegebenenfalls Freigabe von Zeichnungen zu energiekonzeptrelevanten Details auf Übereinstimmung mit Konzepten, Planungen, Pflichtenheften usw.
- Aufbau von Steuerungs- und Regelungskonzepten für energiekonzeptrelevante Systeme in Abstimmung mit TGA-Planern,
- Ausarbeitung von Konzepten zur Überprüfung von energetischen Qualitäten von Einzelkomponenten und Systemen im Rahmen der Inbetriebnahmen und für späteres Energiemonitoring,
- Prüfung von Ausführungsplanungen auf Umsetzung von energetischen Qualitäten,
- Erstellung eines Pflichtenhefts „Gebäudeenergetik" mit energetischen Einzelqualitäten der Hauptkomponenten und Systeme als Vorgabe für Ausführungsplanungen, z. B. mit folgenden Themen:
  - detaillierte Vorgaben von Wirkungs- und Nutzungsgraden für Teillast- und Volllastbetriebe für die Hauptkomponenten,
  - Vorgabe von Messpunkten für geschlossene Energiebilanzen an den Hauptkomponenten und am Gesamtsystem, die zur Abbildung der Energieverbräuche und der weiteren Optimierungen des Gebäudebetriebs erforderlich sind,
  - Festlegung der zu installierenden Messtechnik, insbesondere hinsichtlich der Genauigkeitsanforderungen an Sensoren,
  - Festlegung der Anforderungen an Sensoren und Messeinrichtungen, Abstimmen der Eingriffsmöglichkeiten der Nutzer/Betreiber, Abstimmen von Prioritätsebenen mit den Planern und Nutzern/Betreibern, Dokumentation von Regelschemata für energiekonzeptrelevante Systeme,
  - Erstellung von Messwerterfassungs- und Energiemonitoringkonzepten.

Phase 6 – Ausschreibungen

- Erstellung von Pflichtenheften zur Gebäudeenergetik mit energetischen Einzelqualitäten der Hauptkomponenten und Systeme als Vorgabe für Ausschreibungen, z. B. mit folgenden Themen:
  - detaillierte Vorgaben von Wirkungs- und Nutzungsgraden für Teillast- und Volllastbetriebe für die Hauptkomponenten,
  - Beschreibung der energetischen Einzelqualitäten der Hauptkomponenten und Beschreibung, wie ausführende Unternehmen die energeti-

schen Einzelqualitäten der Hauptkomponenten durch Vorlage von entsprechenden Messprotokollen oder Kennlinien der Hersteller belegen müssen,
  - Vorgabe von Messpunkten für geschlossene Energiebilanzen an den Hauptkomponenten und am Gesamtsystem, die zur Abbildung der Energieverbräuche und weiteren Optimierungen des Gebäudebetriebs erforderlich sind,
  - Festlegung der zu installierenden Messtechnik, insbesondere hinsichtlich der Genauigkeitsanforderungen an die Sensoren
  - Festlegung der Anforderungen an Sensoren und Messeinrichtungen, Abstimmen der Eingriffsmöglichkeiten der Nutzer/Betreiber, Abstimmen von Prioritätsebenen mit Planern und Nutzern/Betreibern, Dokumentation eines Regelschemas für die energiekonzeptrelevanten Systeme,
- Ausschreibung einer Emulation als wesentlicher Inhalt der Qualitätskontrolle der MSR-Technik und von Energiemanagementfunktionen,
- Erstellung von Leistungsbeschreibungen für notwendige Messtechnik als Zuarbeit für Ausschreibungen zu Energiemonitoring/Energiemanagement,
- Mitwirkung bei Ausschreibungen im Hinblick auf energiekonzeptrelevante Themen für:
  - Messwerterfassungskonzepte,
  - Inbetriebnahmekonzepte/Inbetriebnahmemanagement,
  - Energiemonitoringkonzepte,
  - Energiemanagementkonzepte,
  - wesentliche Funktionstests.

Phase 7 – Mitwirkung bei Vergaben

- Mitwirkung beim Auswerten der Angebote zur Gebäudeenergetik,
- Prüfung der Nachweise zu energetischen Qualitäten der Hauptkomponenten, z. B. Kennlinien und Prüfprotokolle,
- Mitwirkung beim Bewerten von Nebenangeboten zur Gebäudeenergetik.

Phase 8 – Objektüberwachung und Ausführung

- Prüfung der Werkstatt- und Montagepläne auf Einhaltung der energetischen Vorgaben für die Gebäudeenergetik,
- Einforderung der Kennlinien für Nachweise von energetischen Einzelqualitäten der Hauptkomponenten bei ausführenden Unternehmen ent-

sprechend den Vorgaben der Ausschreibungen, stichprobenartige Qualitätskontrollen auf Baustellen zu energiekonzeptrelevanten Hauptkomponenten und Systemen,

- Einforderung eines Inbetriebnahmemanagements zu Funktionskontrollen der MSR-Technik hinsichtlich energiekonzeptrelevanter Systeme,
- Erstellung von Checklisten und Prüfprotokollen als Vorgabe für die ausführenden Unternehmen für Inbetriebnahme- und Abnahmeprozesse. Die Checklisten und Prüfprotokolle beinhalten die erforderlichen Ergebnisse nach durchgeführten Inbetriebnahmen der ausführenden Unternehmen sowie z. B. Leistungsnachweise und Messwerte von Werksabnahmen der Hauptkomponenten (z. B. Kältemaschinen, Beleuchtungen usw.). Die Checklisten sind durch die ausführenden Unternehmen zu ergänzen und durch das Inbetriebnahmemanagement auf Vollständigkeiten und Plausibilität zu prüfen,
- Einforderung der rechtzeitigen Instrumentierung der Anlagensysteme und Anlagenkomponenten, damit im Rahmen der Inbetriebnahme die energetischen Qualitäten der Hauptkomponenten und Systeme entsprechend der Ausschreibungen gemessen und damit geprüft werden können,
- Prüfung der Funktionsweise von Steuerungsprogrammen für energiekonzeptrelevante Regelungen mithilfe einer Emulation bereits vor dem Einbau in die Anlagen,
- Aufbau des Einregulierungsmonitorings, damit dieses für die Inbetriebnahmephasen und zur Überprüfung der energetischen Qualitäten der Hauptkomponenten und Systeme vor den rechtsgeschäftlichen Abnahmen eingesetzt werden kann,
- Finalisierung der Energiebedarfsberechnungen hinsichlich der tatsächlich eingebauten energetischen Qualitäten und Erstellung der finalen Energieausweise,
- Anpassung der Pflichtenhefte „Gebäudeenergetik" an die tatsächlich realisierten energetischen Qualitäten,
- Erstellung von Nutzerhandbüchern für die energiekonzeptrelevanten Nutzungsthemen,
- Erstellung von Betriebshandbüchern zur Gebäudeenergetik; Hinweise und Empfehlungen für Betreiben und Bedienen, für Datenlieferungen zu Abschätzungen von Nutzungs-/Lebenszykluskosten sowie Energie- und Medienverbräuchen sowie Kosten, Empfehlungen zu organisatorischen und systemmäßigen Einbindung für ein Energiemanagement, Vorschläge

von Profilen und Konzepten für ein Energie-, Qualitäts-, Abrechnungsmanagement, Hinweise/Empfehlungen zur Energiebeschaffung,
- Anpassung der Ökobilanzen für die Dokumentation der Wohn- bzw. Nichtwohngebäude,
- Mitwirkung bei Abnahmen hinsichtlich der Gebäudeenergetik.

Nutzungsphase (Phase 9 und Phase 10)

Phase 9 und Phase 10 – Objektbetreuung und Betrieb

- Nutzung des Energiemonitorings zum Nachweis, dass gebäudetechnische Anlagen optimal betrieben und Planungswerte und Ausschreibungseigenschaften erreicht werden,
- Nutzung des Energiemonitorings für weitergehende Prüfungen von vereinbarten energetischen Qualitäten bei verschiedenen Betriebsbedingungen,
- Nutzung des Energiemonitorings für weitergehende Prüfungen und Optimierung der vereinbarten energetischen Qualitäten bei verschiedenen Betriebsbedingungen.

Verwertungsphase (Phase 11)

Phase 11 – Verwertung

Bereitstellung/Erstellung von Dokumenten zur „Gebäudeenergetik", z. B.:
- Energiebedarfs-/-verbrauchsausweise,
- Pflichtenhefte „Gebäudeenergetik",
- Energiemonitoring der letzten drei Jahre.

Besondere Leistungen

Thermische Simulation von Gebäuden und Anlagen

Mit Simulationen des thermischen Verhaltens wird die Gebäudeenergetik für ausgewählte Wohn- und Nichtwohngebäudebereiche in ihren Wechselwirkungen mit den zu erwartenden Nutzungen detailliert berechnet. Die Ergebnisse stellen Aussagen zum thermischen und energetischen Verhalten von Zonen und Räumen sowie zu gebäudetechnischen Anlagen dar. Hierzu sind die gebäudetechnischen Anlagen inklusive der Regelungen physikalisch so detailliert abzubilden, dass nicht nur Gebäudeenergiebedarfe, sondern auch Energieaufwände für die gebäudetechnischen Anlagen inklusive den Energieaufwänden für Nutzenübergaben, Verteilungen und Energieerzeugungen abgebildet werden.

Die Simulationen sind für repräsentative Ausschnitte mit Simulationsprogrammen z. B. nach den Richtlinien VDI 6020 und VDI 6020 Blatt 1 zu erstellen. Eine thermische Simulation kann während der Planung der Gebäudeenergetik sowie auch zu Optimierungen im Betrieb eingesetzt werden.

Phase 1 und Phase 2 – Grundlagenermittlung und Vorplanung

- Festlegung der Untersuchungsumfänge,
- Festlegung der zu untersuchenden Zonen und Räume,
- Ermittlung der erforderlichen Eingabedaten,
- Aufbau eines Simulationsmodells in Varianten für erforderliche Zonen einschließlich:
  - Bauteilaufbauten, Wärmedurchgangskoeffizienten, Speichermassen, umliegende Verschattungen,
  - Materialwerte für Fassade und sonstige Verglasungsanteile,
  - Sonnen- und Blendschutzsysteme,
  - natürliche und maschinelle Lüftungen,
  - Heizungen und Kühlungen,
  - Trinkwassererwärmung,
  - Beleuchtungen,
  - Höhen und zeitlicher Verlauf der inneren Wärmequellen, sonstige Nutzungsdaten usw.
- Simulationsrechnungen in Varianten,
- Berechnung, Optimierung und Bewertung des thermischen Komforts nach z. B. DIN EN 15251,
- Berechnung, Optimierung und Bewertung der Energieaufwände für Heizungen, Kühlungen, Lüftungen, Beleuchtungen und Trinkwarmwasser, z. B. nach VDI 2067 Blatt 1 oder vergleichbar,
- Berechnung der Jahreslastganglinien für Heizen und Kühlen, unterteilt nach sinnvollen Temperaturniveaus,
- Berechnung der Jahreslastganglinien für Strom.

Die Simulationsergebnisse sind nach der VDI 3922 Blatt 3 unter folgenden Gesichtspunkten auszuwerten:

- maximale Raumtemperaturen und Raumluftfeuchten,
- Wochengänge von Raumtemperaturen und Raumluftfeuchten im Sommer und Winter,
- Über-/Unterschreitungshäufigkeiten von Grenztemperaturen, Grenzfeuchten usw.
- gegebenenfalls Bewertung des thermischen Komforts, z. B. nach den Anforderungen von Nachhaltigkeitszertifikaten,

- Energiebedarfe und Energieaufwände für Heizungen, Kühlungen (**Bild 4.50**), Lüftungen, Beleuchtungen, Trinkwarmwasser und andere relevante Energieaufwände:
  - Lastganglinien für Wärme, Kälte, Strom, unterteilt in Abhängigkeit von verschiedenen Energieerzeugern,
  - Lastganglinien für Wärme, Kälte, Strom, unterteilt in Abhängigkeit von den Temperaturniveaus der Nutzenübergabesysteme oder den Energieerzeugern,
- Diskussion von Simulationsergebnissen zur Ableitung von Optimierungsmöglichkeiten,
- Dokumentation von Simulationsergebnissen.

Quelle: Bethe

Bild 4.50 Kühlanlage

Phase 3 – Entwurfsplanung

- Weiterpflegen von Simulationsmodellen entsprechend der weiterführenden detaillierteren Planungen,
- Anpassung von Simulationsberechnungen auf geänderte Randbedingungen und Aktualisierung der Ergebnisse aus der Leistungsphase 2,
- Diskussion von Simulationsergebnissen zu Ableitungen von Optimierungsmöglichkeiten,
- Dokumentation von Simulationsergebnissen.

Phase 4 – Ausführungsplanung

- Anpassung von Simulationsmodellen an geänderte Randbedingungen,
- gegebenenfalls Detaillierung von Simulationsmodellen auf Basis von Ausführungsplanungen,

- Erstellung von Simulationsreferenzmodellen für Überprüfungen der energetischen Qualitäten von Einzelkomponenten und Systemen im Rahmen der Inbetriebnahmen und für späteres Energiemonitoring,
- Diskussion von Simulationsergebnissen zur Ableitung von Optimierungsmöglichkeiten.

Dokumentation von Simulationsergebnissen

Phase 8 – Objektüberwachung und Ausführung

- Anpassung von Simulationsreferenzmodellen an finale Ausführungszustände,
- Einbringung von Simulationsreferenzmodellen in Überprüfungen der energetischen Qualitäten von Einzelkomponenten und Systemen im Rahmen der Inbetriebnahmen und in das Energiemonitoring,
- Dokumentation in Betriebshandbüchern usw.

Phase 9 – Objektbetreuung

- Einbringung von Simulationsreferenzmodellen in Überprüfungen der energetischen Qualitäten von Einzelkomponenten und Systemen beim Energiemonitoring,
- Nutzung von Simulationsberechnungen zur Nutzungsbereinigung von Simulationsergebnissen für Nachweise der energetischen Qualitäten von Einzelkomponenten, Teilsystemen und der gesamten Gebäudeenergetik.

Phase 10 – Betrieb

- Anpassung von Simulationsreferenzmodellen auf die tatsächliche Betriebsführung,
- Einbringung von Simulationsreferenzmodellen in die fortlaufende Optimierung der energetischen Qualitäten von Einzelkomponenten und Systemen beim Energiemonitoring oder Energiemanagement,
- Nutzung von Simulationsberechnungen zur Nutzungsbereinigung von Simulationsergebnissen für Nachweise der energetischen Qualitäten von Einzelkomponenten, Teilsystemen und der gesamten Gebäudeenergetik.

Tageslichtberatung mit Tageslichtsimulationen

Phase 1 und Phase 2 – Grundlagenermittlung und Vorplanung

- Festlegung von Untersuchungsumfängen,
- Festlegung von zu untersuchenden Räumen,
- Ermittlung von erforderlichen Eingabedaten,

- Aufbau von Simulationsmodellen in Varianten für erforderliche Zonen einschließlich:
  – Abmessungen der Räume, umliegende Verschattungen,
  – Materialwerte für Fassaden und sonstige Verglasungsanteile,
  – Sonnen- und Blendschutzsysteme,
  – Beleuchtungen,
  – Eigenschaften der Oberflächen usw.
- Simulationsrechnungen in Varianten,
- tageslichttechnische Optimierung durch Variationen:
  – Fassaden mit Sonnenschutz und/oder Lichtlenkelementen,
  – Blendschutz,
  – Tageslichtsysteme sowie deren Steuerung,
  – Lichtverteilung auf relevanten Oberflächen,
  – Innenausbau, Materialeigenschaften und Texturen der Oberflächen usw.
- Berechnung der Tageslichtquotienten sowie der Beleuchtungsstärken durch Tageslicht für typische Räume bei vollständig bedecktem sowie klarem Himmel,
- Berechnung, Optimierung und Bewertung des visuellen Komforts nach DIN 5034 und andere Anforderungen,
- Berechnung, Optimierung und Bewertung der Energieaufwände für Beleuchtungen,
- Einbringung der Ergebnisse und Erkenntnisse in Raumklima- und Energiekonzepte.

In **Bild 4.51** nach VDI 3922 Blatt 3 ist dargestellt, in welchen Phasen die Tageslichtberatung und -simulation im Lebenszyklus erforderlich ist; siehe dazu auch VDI 6011 Blatt 2.

Strömungssimulationen, z. B. Computational Fluid Dynamics (CFD)

Für Räume von Wohn- und Nichtwohngebäuden kann, aufbauend auf erstellten Raumklima- und Lüftungskonzepten, die thermische Behaglichkeit mithilfe von Strömungssimulationen detailliert überprüft werden.

Ziel von dreidimensionalen Strömungssimulationen ist es, die zu erwartenden lokalen Luftgeschwindigkeiten, Lufttemperaturen, Oberflächentemperaturen oder Stoffkonzentrationen aufzuzeigen. Die Ergebnisse können helfen, verschiedene Raumklima- und Lüftungskonzepte hinsichtlich Komfort und Energiebedarf zu bewerten.

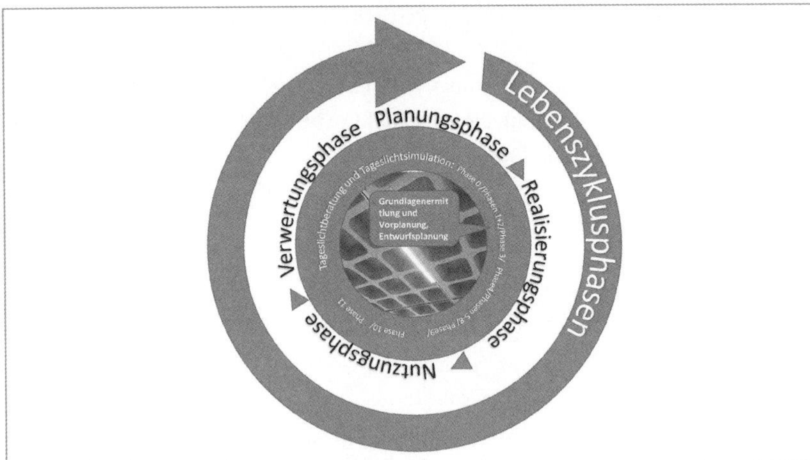

Bild 4.51 Tageslichtberatung und Tageslichtsimulation im Lebenszyklus, in Anlehnung an VDI 3922 Blatt 3

Phase 3 – Entwurfsplanung

- Festlegung von Untersuchungsumfängen,
- Festlegung von zu untersuchenden Zonen, Räumen und Strömungssituationen,
- Ermittlung von erforderlichen Eingabedaten,
- Aufbau von Simulationsmodellen in Varianten für erforderliche Zonen, einschließlich:
  - Bauteilaufbauten, Wärmedurchgangskoeffizienten, umliegende Verschattungen,
  - Materialwerte für Fassaden und sonstige Verglasungsanteile,
  - Sonnen- und Blendschutzsysteme,
  - natürliche und maschinelle Lüftungen,
  - Heizungen und Kühlungen,
  - Beleuchtungen,
  - innere Wärmequellen,
  - sonstige Nutzungsdaten.
- Durchführung von Simulationsrechnungen in Varianten,
- dreidimensionale Simulationen; z. B. werden klimatische Bedingungen (Außentemperatur, Windturbulenz usw.) für vereinbarte Auslegungspunkte angesetzt,
- Auswertung hinsichtlich zu erwartender lokaler Luftgeschwindigkeiten, Lufttemperaturen, Oberflächentemperaturen oder Stoffkonzentrationen,

- Diskussion von Simulationsergebnissen zu Ableitungen von Optimierungsmöglichkeiten,
- Dokumentation von Simulationsergebnissen usw.

Bild 4.52 zeigt, wann der Einsatz einer CFD-Simulation bei der Planung der Gebäudeenergetik sinnvoll ist.

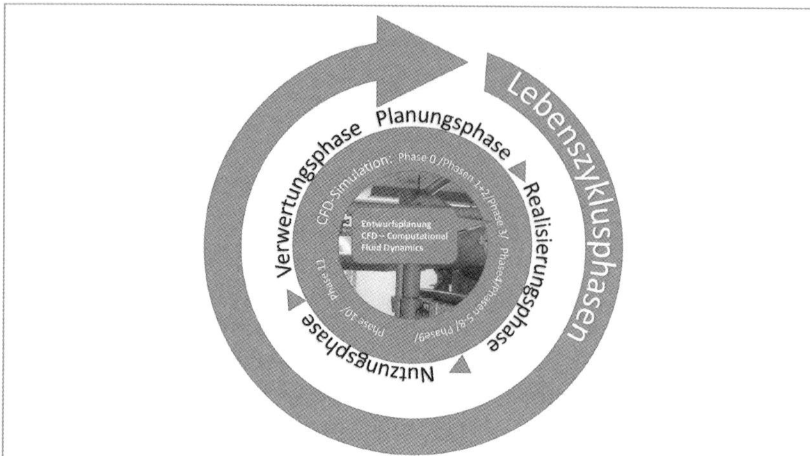

Quelle: Bethe

Bild 4.52 Sinnvoller Einsatz der CFD-Simulation bei Planung der Gebäudetechnik, in Anlehnung an VDI 3922 Blatt 3

Betriebshandbücher – Teil „Gebäudeenergetik"

In sogenannten „Betriebs-" oder auch „Betreiberhandbüchern" werden alle direkten und vorbeugenden Maßnahmen beschrieben, die für den Betrieb eines Wohn- und Nichtwohngebäudes und der technischen Anlagen erforderlich sind. Hierzu fließen alle wesentlichen Informationen aus den Betreiberkonzepten sowie Betriebsdaten ein und werden dort dokumentiert. Dies geschieht über alle Lebenszyklusphasen. So können dort z. B. energetische Nachweise nach DIN V 18599 oder auch Informationen aus durchgeführten Simulationen für Soll-Ist-Vergleiche im Sinne eines Energiemanagements zentral abgelegt werden.

Grundsätzlich sind in Betreiberhandbüchern alle wesentlichen Informationen aus den Prozessen der Gebäudeenergetik zu hinterlegen. In **Bild 4.53** wird aufgezeigt, wann Betriebshandbücher bei Planungen der Gebäudeenergetik aufgebaut werden müssen.

Zur Ableitung von Modernisierungsmaßnahmen können Betriebshandbüchern weiterhin Ergebnisse der Messungen und Inspektionen sowie Infor-

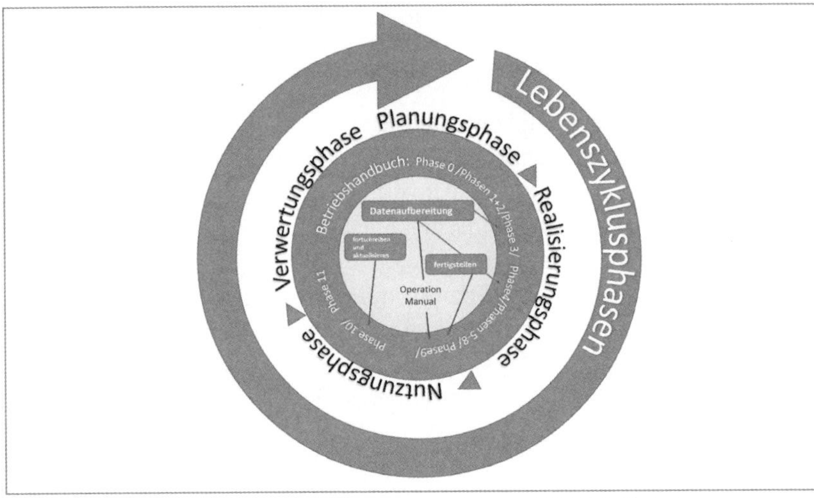

Quelle: Bethe

Bild 4.53 Betriebshandbuch im Lebenszyklus, angelehnt an VDI 3922 Blatt 3

mationen zu Energieverbräuchen entnommen werden. Betriebshandbücher sind somit auf die konkrete Wohn- und Nichtwohngebäude zugeschnittene Instrumente, die die gesamten Daten, Unterlagen und Informationen zum optimalen Betreiben und Bewirtschaften enthalten.

Die Betriebshandbücher können auch als ein Teil der Bedienungs- und Serviceunterlagen angelegt sein und in elektronischer oder anderer geeigneter Form vorliegen. Sie sind mit entsprechenden Unterteilung nach den jeweiligen gebäudetechnischen Anlagen auszuführen.

Darüber hinaus liefern Betriebshandbücher idealerweise erforderliche Informationen für die Erstellung von Nutzerhandbüchern.

Phase 3 bis Phase 7 – Entwicklungs- und Planungsphasen/ Realisierungsphasen

In diesen Phasen erfolgen sukzessive Zusammenstellungen der energetisch relevanten Daten und Informationen aus den Prozessen der Gebäudeenergetik.

Phase 8 bis Phase 9 – Objektüberwachung und Ausführung

In diesen Phasen erfolgt die Erstellung von Betriebshandbüchern mit energierelevanten Inhalten, z. B.:

- Energiekonzeption und -versorgung,
- Energienachweise mit Berechnungen und Energieausweisen,

- Beschreibungen technischer Systeme und energetisch relevanter Wechselwirkungen,
- Vorgaben für Soll-Ist-Vergleiche,
- Informationen zum Energiemonitoring,
- Datenlieferung zur Berechnung von Nutzungs- und Lebenszykluskosten sowie Energie- und Medienverbräuchen,
- Beschreibung von organisatorischen und systemmäßigen Einbindungen für Energiemanagement,
- Erstellung von Profilen und Kompetenzen hinsichtlich Energie-, Qualitäts- und Abrechnungsmanagement,
- Berichte zum thermischen, strömungstechnischen, tageslichttechnischen und energetischen Verhalten der Wohn- und Nichtwohngebäude oder der technischen Anlagen z. B. als Simulationen,
- Pflichtenhefte „Gebäudeenergetik“,
- Unterlagen zum technischen Gebäudemanagement im Hinblick auf Gebäudeenergetik,
- Mess- und Zählkonzepte,
- Unterstützung der Energiebeschaffung,
- Unterstützung und Erstellung von Textbeiträgen für Nutzerhandbücher,
- Nutzung der Gebäudeautomation,
- Informationen wie Ökobilanzen oder Nachhaltigkeitszertifikate.

Phase 10 – Objektbetreuung und Betrieb

In dieser Phase erfolgen Fortschreibungen von Betriebshandbüchern zu energiekonzeptrelevanten Inhalten:

- Fortschreibung und Aktualisierung der unter Phase 8 aufgeführten energierelevanten Inhalte,
- Dokumentation von Nutzungskosten sowie Energie- und Medienverbräuchen,
- Dokumentation der Ergebnisse aus Energiemanagement/Energiemonitoring usw.

Phase 11 – Verwertung

- Bereitstellung von Betriebshandbüchern für Übergaben von Wohn- und Nichtwohngebäuden oder z. B. für Expertisen,
- Dokumente zur Gebäudeenergetik.

Nutzerhandbücher – Teil „Gebäudeenergetik"

Nutzerhandbücher stellen Nutzern von Wohn- und Nichtwohngebäuden die wesentlichen Informationen zusammen, damit diese Gebäude energetisch, umweltfreundlich, bedarfsgerecht und wirtschaftlich betrieben werden können. In **Bild 4.54** wird aufgezeigt, in welcher Phase im Lebenszyklus ein Nutzerhandbuch erstellt wird.

Zweck von Nutzerhandbüchern ist wie gesagt, Nutzern zu vermitteln, wie Wohn- bzw. Nichtwohngebäude energetisch geplant und betrieben werden sollen. Dabei sollen die technischen Zusammenhänge der Bau- und Anlagentechnik in einfacher Sprache erläutert werden. Ebenso sollen Wechselwirkungen von anspruchsvollen Systemen (wie z. B. Sonnenschutz, Fassadenklappen, Bauteilaktivierungen oder geothermische Anlagen) beschrieben werden. Aber auch Hinweise zu technischen Komponenten (wie z. B. Fensterkontakten, Beleuchtungssystemen, zum bestimmungsgemäßen Warmwasserverbrauch und richtigem Lüftungsverhalten), sind Bestandteile von Nutzerhandbücher.

Wesentliche Informationen der Nutzerhandbücher können den Betriebshandbüchern entnommen werden und sind mit diesen abzugleichen.

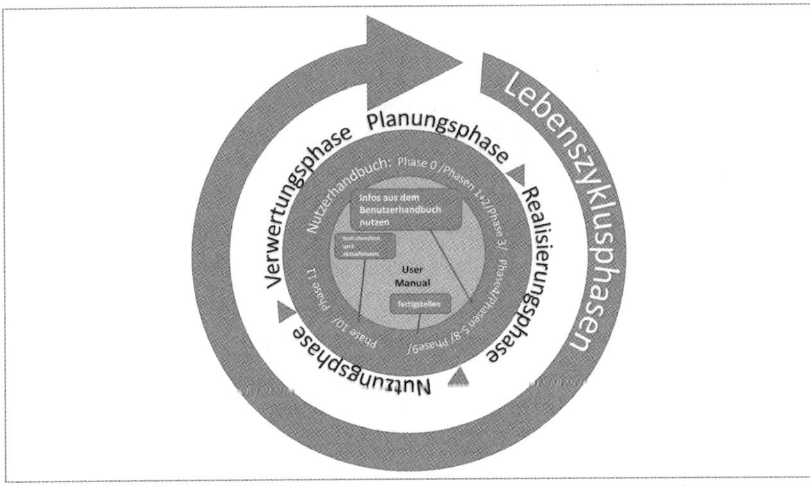

Quelle: Bethe

Bild 4.54 Nutzerhandbuch im Lebenszyklusprozess, angelehnt an VDI 3922 Blatt 3

Phase 5 bis Phase 7 – Realisierungsphasen

In diesen Phasen erfolgen sukzessive Zusammenstellungen der energetisch relevanten Daten und Informationen aus den Prozessen der Gebäudeenergetik.

Phase 8 bis Phase 9 – Objektüberwachung und Ausführung

In diesen Phasen erfolgt die Erstellung von Nutzerhandbüchern für die energiekonzeptrelevanten Nutzungsthemen, z. B.:

- Dokumentationen zu Nutzereinweisungen bei Erstnutzungen und Nutzerwechseln,
- Planung von Nutzerinformationsveranstaltungen,
- Darstellung der Energiekonzepte für den Nutzer,
- Darstellung von Nachhaltigkeitsqualitäten, die für Nutzer relevant sind,
- Informationen zum optimalen Nutzerverhalten,
- bestimmungsgemäßer Betrieb,
- Wochenendbetrieb,
- Sommer-/Winterbetriebe,
- Hinweise zu Behaglichkeit und Raumregelungen,
- Tageslichtnutzung, natürliche Lüftung, Sonnenschutz usw.,
- Hinweise zum Energiemanagementsystem,
- Hinweise zum Energiemonitoring,
- Beschreibung der technischen Systeme und der energetisch relevanten Wechselwirkungen,
- Informationen zu energetischen Abrechnungssystemen,
- Informationen zu Energieverbräuchen sowie -kosten.

Phase 10 – Objektbetreuung und Betrieb

In dieser Phase erfolgen Fortschreibung und Aktualisierung der Nutzerhandbücher.

Phase 11 – Verwertung

Bereitstellung der Nutzerhandbücher für Übergaben von Wohn- und Nichtwohngebäuden oder z. B. für Expertisen, Dokumente zur Gebäudeenergetik usw.

Emulation einer Gebäudeautomation

Eine sogenannte „Emulation“ ist nach der VDI 3922 Blatt 3 ein Instrument zur Qualitätssicherung in der Gebäudeautomation für Wohn- und Nichtwohngebäude. Mit ihr werden reale Komponenten der Gebäudeautomation über Testsignale auf einem Emulationsprüfstand vor dem Einbau in Wohn- und Nichtwohngebäude getestet.

Phase 5 bis Phase 7 – Vorbereitung der Vergaben und Mitwirkung bei Vergaben

- Festlegung und Durchsprache von Emulationsanforderungen aus der Gebäudeenergetik,
- Einbringung der Emulationsanforderungen in Ausführungsplanungen,
- Erstellung von Ausschreibungen für Emulationen als Teil der Ausschreibungen für die MSR-Technik,
- Prüfungen von Angeboten für Emulationen.

Phase 8 – Objektüberwachung

- Einforderung von Festlegung der Anforderungen, Randbedingungen und Funktionsabläufe der einzelnen Steuerungen und Regelungen der Gebäudeenergetik in eindeutigen und nachvollziehbaren Funktionsabläufen als Teil der Werk- und Montageplanungen,
- Definition von Musterfunktionsablaufplänen als Vorlagen für Ausarbeitungen von Funktionsablaufplänen durch Planende oder ausführende Unternehmen, s. a. VDI 3814 Blatt 2.1 und Blatt 2.2,
- Durchsprachen zum Aufbau von Funktionsbeschreibungen und Musterfunktionsablaufplänen mit Planenden und ausführenden Unternehmen,
- Stichprobenartige Prüfungen der ersten Entwürfe für Funktionsablaufpläne und Funktionsbeschreibungen auf Plausibilität und Durchgängigkeit sowie zur Sicherstellung eines gemeinsamen Verständnisses,
- Prüfung der für Programmierungen zugrunde gelegten Steuerungskonzepte auf Durchgängigkeit und Plausibilität sowie (soweit möglich) auf Konformitäten mit Planungsvorgaben für die Gebäudeenergetik,
- Verknüpfung von virtuellen Testumgebungen mit den Regel- und Steuergeräten auf Emulationsprüfständen,
- Kopplung von Emulationen mit Regel- und Steuergeräten,
- Konfiguration von zu übertragenden Signalen,
- Auswahl und Definition von Testsignalsequenzen und Testprozeduren zur Überprüfung der Regel- und Steuergeräte der Gebäudeenergetik,
- Durchführung von Echtzeitprozeduren an den Regel- und Steuerfunktionen,
- Auswertung der Ergebnisse und Aufzeigen von Mängeln,
- Mitwirkung beim Nachverfolgen der Mängelbeseitigung.

In **Bild 4.55** ist aufgezeigt, wann die MSR-Emulation bei der Planung der Gebäudeenergetik eingesetzt wird.

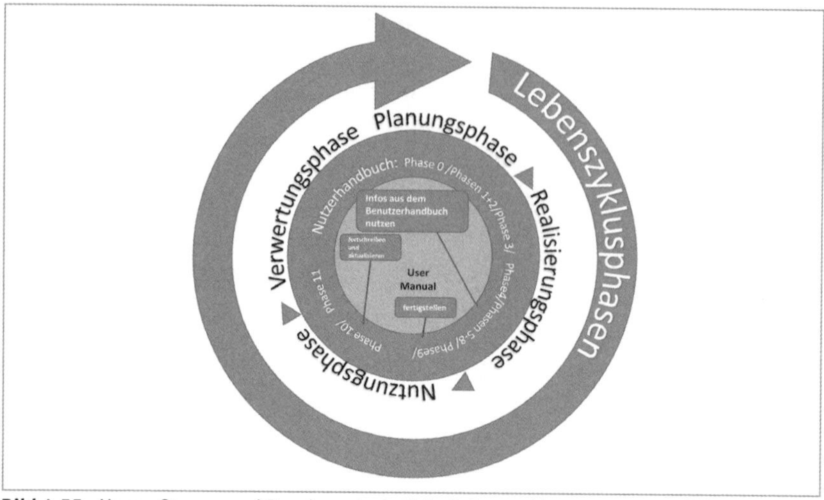

Quelle: Bethe

Bild 4.55 Mess-, Steuer- und Regelungstechnik im Lebenszyklusprozess, angelehnt an VDI 3922 Blatt 3

GEG-Nachweise/-Ausweise

Das Gebäudeenergiegesetz (GEG) regelt die Vorgaben für energetische Qualitäten von Gebäuden und deren gebäudetechnischen Anlagen sowie die Nachweisverfahren für den GEG-Ausweis. Bei der Planung einer Gebäudeenergetik ist sehr früh zu prüfen, ob die energetische Konzeption den Anforderungen des GEG entspricht. Das Nachweisverfahren der Norm DIN V 18599 ist hierbei tatsächlich nur als Nachweisverfahren zu verwenden; von detaillierten energetischen Analysen und Variantenvergleichen sollte abgesehen werden, da nicht alle bau- und anlagentechnischen Lösungen mit der DIN V 18599 abgebildet werden können. Für detaillierte energetische Analysen sollten daher geeignete Simulationswerkzeuge verwendet werden.

Energiemonitoring

Ein Energiemonitoring (EM) befasst sich mit Erfassung und Auswertung von Energie- und Medienverbräuchen sowie Leistungen und Volumenströmen. Dazu gehören z. B. Gas-/Ölzähler, Wärme-/Kältezähler, Stromzähler und Wasserzähler. Für weitere Energieträger (wie Holz, Holzhackschnitzel oder Holzpellets) kann die Masse oder das Volumen erfasst werden. Der Schwerpunkt liegt auf Erhebung, Übermittlung, Verarbeitung und Analyse von Messdaten.

Ein EM lässt sich in ein Energiedatenmanagement nach DIN EN ISO 50001 integrieren.

Wesentliche Voraussetzungen für Durchführungen eines Energiemonitorings sind bedarfsgerechte Zählerkonzepte und geeignete Zählerstrukturen.

Nachfolgend werden Bearbeitungsschritte im Lebenszyklus und der Umfang eines Energiemonitorings im Wesentlichen dargestellt. Ausführliche Informationen können z. B. der Richtlinie VDI 6041 entnommen werden.

Phase 0 – Konzeptphase

Grundlagenermittlungen greifen Vorgaben aus Grundsatzentscheidungen und Festlegungen von Bedarfsanforderungen auf und bereiten die Grundlagen wie folgt vor:

- Erstellung von Maßnahmenplänen zum EM,
- Erstellung von Listen der Beteiligten, soweit nicht bereits in Projektlisten abgebildet,
- Zusammenstellung der wesentlichen Projektgrundlagen
- Grobdarstellung des Leistungsumfangs,
- Vorbereitungen von Ablaufplanungen zum EM.

Phase 1 und Phase 2 – Vor- und Entwurfsplanung

In Vor- und Entwurfsplanungen werden frühzeitig wesentliche Parameter, die für das spätere EM notwendig sind, in die baulichen und technischen Planungen eingebracht und in weiteren Planungsprozessen konkretisiert. Dazu sind folgende Punkte zu betrachten und zu bearbeiten:

- Erstellung von Mess- und Zählerkonzepten in Zusammenarbeit mit den Fachplanern.
  Bereits in Vor- und Entwurfsplanungen sind alle technischen Anlagen mit ihren Bezeichnungen sowie ihren Verknüpfungen aufzuzeigen. Weiterhin ist die Verteilung der Energie in Wohn- und Nichtwohngebäuden darzustellen, sodass Sondernutzungen (z. B. Küchen, Serverräume, Aufteilung nach vermietbaren Einheiten usw.) zu erkennen sind,
- Beschreibung des EM nach Art und Umfang unter Berücksichtigung von Ziel- und Kennwertekatalogen zur Gebäudeenergetik,
- Festlegung von Datenpunktadressierungsschlüsseln, z. B. nach DIN 6779-12,
- Festlegung von Kommunikationsprotokollen (z. B. BACnet, LON usw.), gegebenenfalls eigene Kommunikationsprotokolle für Zähler,
- Abstimmung der Übertragungswege mit operativen Bereichen,

- Beschreibung der Schnittstellen und der Leistungsumfänge zum Inbetriebnahmemanagement,
- Definition der Einbindungen in Betreiberkonzepte,
- Klärung von IT-Systemen (z. B. CAFM, Energiemanagementsystem, GA-Managementebenen usw.),
- Erstellung von Dokumentationen der Vor- und Entwurfsplanungen.

Phase 4 – Genehmigungsplanung
Entfällt nach VDI 3922 Blatt 3.

Phase 5 – Ausführungsplanung
In der Phase von Ausführungsplanungen wird das EM konkret ausgestaltet. Zu betrachten und zu bearbeiten sind nach VDI 3922 Blatt 3 für Wohn- und Nichtwohngebäude:

- Mess- und Zählerstrukturen,
- Vorgaben zu Mess- und Zählerkonzepten für konkretes Energiemonitoring mit erforderlichen Zählerstrukturen unter Berücksichtigung der Ziel- und Kennwertekataloge zur Gebäudeenergetik,
- EM nach Art und Umfang (Einregulierungs- und Langzeitmonitoring),
- Systemstrukturen in Abstimmung mit Fachplanungen,
- Schnittstellen zum und Leistungsumfang des Inbetriebnahmemanagements (IBM),
- Einbindung in Betreiberkonzepte,
- Überprüfung von Datenpunktadressierungsschlüsseln,
- Kommunikationsprotokolle,
- Vorgaben für Ausschreibungen, Bereitstellung von Textbeschreibungen für Ausschreibungen,
- Erstellung von Dokumentationen der Ausführungsplanungen.

Phase 6 und Phase 7 – Mitwirkung bei Vergaben

- Unterstützung bei der Angebotsbewertung und Auftragsvergabe,
- Dokumentation von Abweichungen usw.

Phase 8 und Phase 9 – Objektüberwachung, Ausführung und Objektbetreuung

In diesen Phasen beschränken sich die Objektüberwachung im Wesentlichen darauf, sicherzustellen, dass die Vorgaben des EM zur Ausführung kommen. Im Zusammenhang mit einem sogenannten IBM unterstützt das EM die Inbetriebnahmen und die Übergangsphase in den Betrieb. Damit verbunden ist die Mitwirkung bei der Abnahme der Leistungen, bezogen auf das EM (Zählerstruktur). Eine Abnahme nach der § 12 VOB/B ist damit nicht verbunden.

Zu diesen Phasen gehören:

- Überprüfung der Umsetzung der EM-Vorgaben,
- Zählerwertabgleiche, Zählerfunktionsprüfungen,
- Prüfung der Datenerfassungen und Auswertungen,
- Beginn des Einregulierungsmonitorings (ERM),
- Dokumentation.

Phase 10 – Betrieb und Durchführung

In der Nutzungsphase bzw. im Betrieb von Wohn- und Nichtwohngebäuden erfolgt die Durchführung des EM. Die Fortführung des Einregulierungsmonitorings endet im Regelbetrieb durch Langzeitmonitoring (LZM).

Soweit nicht in Planungs- und Bauprozessen Systemintegrationsplaner aus Betriebsorganisationen das technische Monitoring geplant haben, ist ein geregelter Übergang erforderlich. Zu den Aufgaben des EM gehören u. a.:

- Erstellung von Standardberichten, Kennzahlenbildungen,
- Überwachung und Auswertung des EM,
- Zählerwertabgleiche,
- Statusmeldungen als Schnittstelle zum Störungsmanagement,
- systematische, zyklusorientierte Dokumentationen.

Phase 11 – Verwertungen

Für weitere Verwertungen (z. B. Veräußerung, Abbruch, Rückbau, Modernisierung) von Wohn- und Nichtwohngebäuden können die Ergebnisse eines EM aus den Aufzeichnungen und Dokumentationen genutzt werden.

Nachhaltigkeitszertifizierungen

In Nachhaltigkeitszertifikaten zu Wohn- und Nichtwohngebäuden sind die Anforderungen an die Gebäudeenergetik sehr hoch. Daher können die Inhalte der VDI 3922 Blatt 3 auch zur Planung der Gebäudeenergetik für Wohn- und Nichtwohngebäude mit Nachhaltigkeitszertifizierungen verwendet werden. In der Richtlinie wird an entsprechender Stelle, z. B. bei der Bewertung des thermischen und visuellen Komforts, auf Nachhaltigkeitszertifizierungen aufmerksam gemacht.

Weitergehende Anforderungen sind den einzelnen Nachhaltigkeitszertifizierungssystemen zu entnehmen und in ganzheitliche Prozesse zur Planung der Gebäudeenergetik entsprechend der VDI 3922 Blatt 3 zu integrieren.

Detaillierte Nachhaltigkeitsanforderungen gibt es z. B. für:

- Anteile erneuerbarer Energien an der Energieerzeugung,
- Reduzierung der Umweltwirkungen (z. B. Global-Warming-Potenzial usw.),
- Wirtschaftlichkeit, Wertstabilität, Flexibilität sowie Umnutzungsfähigkeit, thermischer Komfort,
- visueller Komfort, Tageslichtversorgungen und natürliche Belichtungen,
- Luftqualität.

Eine Nachhaltigkeitszertifizierung ist eine zusätzliche Motivation, alle in der VDI 3922 Blatt 3 beschriebenen Prozesse einzusetzen, um das Gesamtkonzept der Gebäudeenergetik über den Lebenszyklus der Wohn- und Nichtwohngebäude zu optimieren.

Fachliche Qualifikationen

Die Beratungs- und Planungsleistungen zu einer Gebäudeenergetik können in entsprechenden Fällen nach VDI 3922 Blatt 3 zu Wohn- und Nichtwohngebäuden nur durch Ingenieure mit einschlägigen fachlichen und prozesstechnischen Qualifikationen erbracht werden.

Deren Qualifikation ist insbesondere ein Ingenieurstudium der Technischen Gebäudeausrüstung, Energietechnik, Physik, Architektur, Bauphysik, des Bauingenieurwesens, der Thermodynamik oder ein anderes, vergleichbares Studium. Prüfungen nach VDI/BTGA-MT 3922 Blatt 2 erleichtern dabei die Sicherung der fachlichen Kompetenzen aller Beteiligten.

Des Weiteren sind Zusatzqualifikationen in der Regel durch mehrjährige einschlägige Berufserfahrung auf folgenden Gebieten nachzuweisen:

- Simulationsverfahren zum thermischen Verhalten von Gebäuden und Anlagen,
- physikalisch-thermisches Verhalten von Komponenten der technischen Gebäudeausrüstung,
- Grundlagen der Regelungs- und Steuerungstechnik,
- thermisches und tageslichttechnisches Verhalten der Fassadentechnik,
- Thermodynamik, Wärmetechnik,
- natürliche Lüftungen,
- natürliche Belichtungen,
- Speicherwirkungen,
- regenerative Energiesysteme,
- nachhaltiges Bauen.

4.5 Neu- und Altbauqualität durch Gebäude-Energieberatung im Überblick

Dipl.-Ing. (FH) Dirk Fanslau-Görlitz

Gebäude der Gebäudealtersklassen bis Baujahr 1978 und älter zeichnen sich oftmals durch nicht oder nicht ausreichend wärmegedämmte Gebäudehüllflächen (Wand, Dach, Fenster etc.) aus. Dadurch sind, bedingt durch hohe Wärmeverluste, deutlich erhöhte Wärmeenergiebedarfe festzustellen. Im Rahmen der Gebäude-Energieberatung können mögliche Maßnahmen und konkrete Ansätze der nachträglichen Modernisierung aufgezeigt werden, die zur Effizienzsteigerung beitragen und den Wärmeenergiebedarf nachhaltig senken. Im folgenden Abschnitt werden beispielhaft unterschiedliche Modernisierungsmaßnahmen aufgezeigt. Grundsätzlich unterscheiden sich hierbei Modernisierungsmaßnahmen an der Gebäudehülle von Ein- , Zwei- oder kleineren Mehrfamilienhäuser nicht wesentlich von Modernisierungsmaßnahmen bei größeren Mehrfamilienhäuser oder Nichtwohngebäuden. Der Umfang der bau- sowie anlagentechnischen Maßnahmen spielt jedoch bei der Unterscheidung zwischen kleinen Wohn- bzw. großen Nichtwohngebäuden eine entsprechende Rolle. Insbesondere die nutzungsspezifischen Rahmenbedingungen und resultierenden anlagenspezifischen Anforderungen und Notwendigkeiten erfordern bei entsprechendem Umfang eine detaillierte anlagentechnische Planung.

Die bautechnisch bedingten Energieverluste (Wärmeverluste) werden in Transmissionswärmeverluste und Lüftungswärmeverluste unterschieden. Der Transmissionswärmeverlust stellt den Wärmeverlust da, der ausschließlich über die wärmedämmenden Hüllflächen, die sog. „Außenbauteile“ (z. B. Außenwandfläche, Fensterfläche, Kellerdeckenfläche, oberste Geschossdeckenfläche oder Dachfläche) erfolgt. Der Lüftungswärmeverlust stellt wiederum den Wärmeverlust da, der weitestgehend über z. B. undichte Fensterrahmen oder die sogenannte „Fensterlüftung“ verursacht wird.

Bei energetisch hochwertigen Gebäuden oder Neubauten mit einem hohen Anteil sog. Raumlufttechnischer Anlagen (RLT-Anlagen) bewegen sich die Energieverluste bei optimaler Planung und Auslegung auf niedrigem Niveau. Jedoch werden Lüftungswärmeverluste zusätzlich durch die mechanische Lüftung verursacht. Dabei verschieben sich die Anteile von den Transmissionwärmeverlusten hin zu den Lüftungswärmeverlusten.

Zur Verdeutlichung zeigt **Bild 4.56** die prozentuale Verteilung der möglichen Energieverluste von Bauteilen, der Heizung sowie der Lüftung für ein typisches, nicht modernisiertes Einfamilienhaus (EFH) der 1950er- oder 1960er-Jahre.

Bild 4.57 zeigt die prozentuale Verteilung der möglichen Energieverluste bei einem großen Verwaltungsgebäude (Baualtersklasse vor 1978) ohne RLT-Anlage.

Bild 4.58 zeigt beispielhaft die Energieverluste eines universitären Seminargebäudes mit einer RLT-Anlage und hohen Anteil einer Wärmerückgewinnung (WRG).

Die Anforderungen an bestehende Gebäude sind im Teil 3 des Gebäudeenergiegesetzes (GEG) vom 01.11.2020, geändert zum 01.01.2023, geregelt. Demnach ist die Aufrechterhaltung der energetischen Qualität (§ 46 GEG) bei Änderungen der Außenbauteile (Wand, Dach Fenster etc.) nicht zu verschlechtern. Bei Änderungen an bestehenden Gebäuden werden an Außenbauteile entsprechende Anforderungen (§ 48 GEG sowie Anlage 7 GEG) hinsichtlich der Höchstwerte der Wärmedurchgangskoeffizienten (*U*-Werte) gestellt. Diese orientieren sich in der Regel am jeweiligen Neubaustandard. Somit müssen Außenbauteile (Bauteile der wärmeübertragenden Umfassungsfläche) im energetisch sanierten Zustand entsprechende *U*-Werte erreichen. Die Anforderungen für Gebäude der öffentlichen Hand können je nach Landes- bzw. Bundesregelung davon abweichen und deutlich

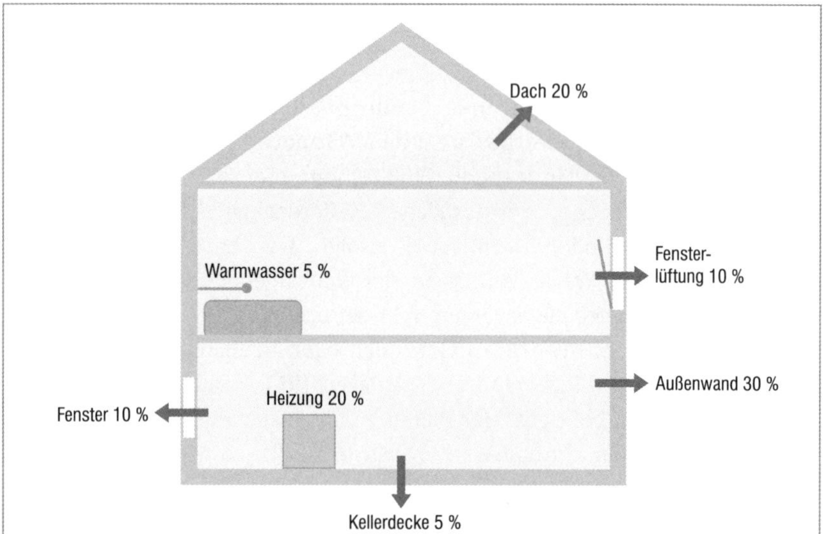

Bild 4.56 Anteilige Energieverluste in Prozent, bezogen auf den Gesamtenergieverlust eines typischen Einfamilienhauses

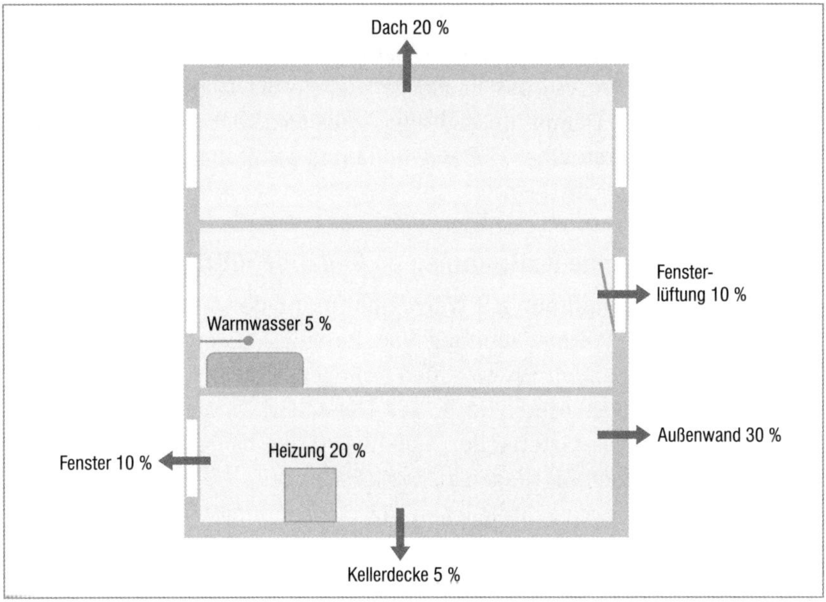

Bild 4.57 Anteilige Energieverluste in Prozent bezogen auf den Gesamtenergieverlust eines Verwaltungsgebäudes, Baujahr vor 1978

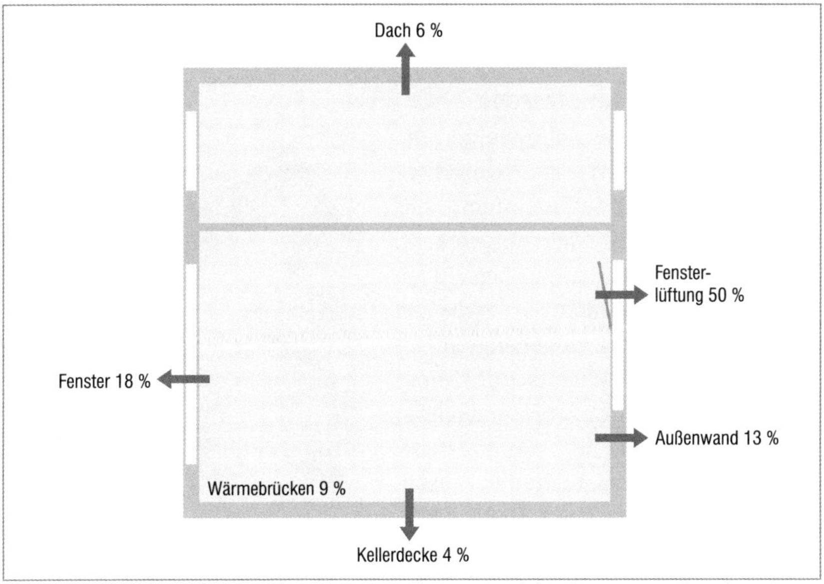

Bild 4.58 Anteilige Energieverluste in Prozent bezogen auf den Gesamtenergieverlust eines universitären Seminargebäudes, Neubau

höher ausfallen. Hier sind entsprechende Vorgaben auf Landesebene, Bundesebene bzw. kommunaler Ebene zu berücksichtigen.

Die sorgfältige Analyse des Baukörpers sowie die fachgerechte Planung und Umsetzung des Dämm- und Lüftungskonzeptes können die wärmedämmenden Eigenschaften einer Gebäudehülle und somit die Neu- und Altbauqualität nachhaltig verbessern.

4.5.1 Energetische Maßnahmen an Gebäudehüllflächen

Nachträgliche Maßnahmen zur Wärmedämmung der Außenwandflächen

Eine fachgerechte Wärmedämmung von Bestandsaußenwandflächen setzt die Wahl eines passenden Systems, den richtigen Aufbau und die Beachtung der Verarbeitungsvorschriften (z. B. der Hersteller) voraus. Dazu sind die Konstruktion und das Material der Außenwand, die baurechtlichen Belange sowie Brandschutzanforderungen zu berücksichtigen.

Folgende Arten der nachträglichen Wärmedämmung werden im Folgenden näher beschrieben:

- hinterlüftete Vorhangfassade,
- Innenwanddämmung (ID),
- Wärmedämmverbundsystem (WDVS),
- Kerndämmung (KD),
- Wärmedämmung erdberührter Bauteile.

Hinterlüftete Vorhangfassade

Bei hinterlüfteten Fassaden werden die Dämmplatten mittels einer Unterkonstruktion aus Holz, Aluminium oder Metall auf die Außenwand aufgebracht. Zur Feuchtigkeitsabführung besteht eine Belüftungsschicht zwischen Dämmebene und der vorgehängten Fassade, welche als Wetterschutz dient (z. B. Schieferplatten, Faserzement-, Kunststoffelemente oder Holzverschalung). **Bild 4.59** zeigt eine Eckausbildung einer hinterlüfteten Holzfassade. Die Belüftungsebene ist hier 6 cm dick, um eine ausreichende Hinterlüftung und Feuchteabfuhr zu gewährleisten.

Bild 4.59 Hinterlüftete Vorhangfassade, Holzfaserdämmstoff und Holzbekleidung

Innenwanddämmung (ID)

Soll oder kann die Außenfassade, z. B. aus Gründen des Denkmalschutzes, nicht verändert werden, kommen zunehmend Innendämmsysteme zum Einsatz. Diese bestehen i. d. R. aus einem Grundputz, einem abgestimmten Klebespachtel, Dämmplatten (z. B. Kalziumsilikat-, Mineralschaum- oder Perlitplatten) sowie einem Systeminnenputz. Innendämmsysteme sollten feuchteregulierende Eigenschaften haben, um bauphysikalisch relevante Feuchtemengen aus der Raumluft aufnehmen bzw. abgeben zu können.

Wärmedämmverbundsystem (WDVS)

Beim WDVS werden Dämmstoffplatten direkt z. B. auf den Außenputz (entsprechend vorbereitet) der Bestandswand aufgeklebt bzw. gedübelt (**Bild 4.60**). Darauf wird eine Schicht aus Armierungsmörtel/-gewebe aufgebracht, danach die Fassade verputzt. Zum Einsatz kommen neben verschiedenen anderen Dämmstoffen Holzfaser-, Polystyrol-, Steinwolle- oder Hartschaumplatten sowie Polyurithan-Dämstoffplatten.

Bild 4.60 Beispiel Wärmedämmverbundsystem

Kerndämmung (KD)

Eine nachträgliche Kerndämmung im Bestand und an schwer zugänglichen Stellen ist grundsätzlich mit Einblasdämmstoffen, Schüttdämmstoffen oder Ortschaum möglich. Allerdings ist die für die nachträgliche Kerndämmung vorgesehene Hohlschicht vorab z. B. endoskopisch auf generelle Eignung hin zu prüfen. Um Schäden durch Wärmebrücken zu vermeiden, sollte zudem eine detaillierte Wärmebrückenbetrachtung an Anschlusspunkten wie Fensterlaibung, einbindenden Wänden und Decken etc. durchgeführt werden.

Wärmedämmung erdberührter Bauteile

Die nachträgliche Wärmedämmung erdberührter Bauteile erfolgt i. d. R. durch Perimeterdämmung, die auf der Bauwerksabdichtung oberhalb der wasserundurchlässigen Schicht (z. B. Bitumenanstrich oder wasserundurchlässiger Folie) angebracht und bis zur Sohle geführt wird.

Maßnahmen zur nachträglichen Dach- und Deckendämmung (Keller)

Ist die obere Geschossdecke ungedämmt und/oder soll stattdessen z. B. wegen der Schaffung zusätzlichen Wohnraums im Dachgeschoss eine Wärmedämmung der Dachflächen erfolgen, stellt sich immer die Frage der Ausführungsart.

Folgende Arten der nachträglichen Dachdämmung sollen näher beschrieben werden:

- Aufsparrendämmung,
- Zwischensparrendämmung,
- Untersparrendämmung,
- oberste Geschossdeckendämmung (OGD),
- Aufdeckendämmung,
- Zwischendeckendämmung,
- Unterdeckendämmung (z. B. Kellerdeckendämmung).

Aufsparrendämmung

Aufsparrendämmung bezeichnet die Wärmedämmung von Dächern oberhalb der Sparren (**Bild 4.61**), wobei die Dämmplatten von außen auf den Dachsparren aufgebracht werden. Diese Art der Dämmung bietet sich an, wenn im Rahmen einer Dachsanierung die Neueindekkung vorgenommen wird. Diese Maßnahme kann z. B. mit Polystyrol-Verbundplatten, Polyurethanplatten oder Mineralwollematten durchgeführt werden. Es sind auch natürliche Dämmstoffe einsetzbar, z. B. druckfeste Holzfaserplatten.

Bild 4.61 Beispiel Aufsparrendämmung

Zwischensparrendämmung

Bei der Zwischensparrendämmung wird die Wärmedämmung zwischen den Sparren eingebaut. Es kommen bei nachträglicher Dämmung der Steildachflächen hauptsächlich Dämmstoffe in Betracht, die eingeblasen werden können (z. B. Zellulose bei nachträglicher verbauter Dachsparrenansichten) bzw. sich passend zuschneiden lassen (z. B. Mineralfaserbahnen, Baumwoll-, Flachs- oder Hanfbahnen). In **Bild 4.62** sind Mineralfaserbahnen erkennbar, die passend zugeschnitten und in einem engen Dachraum verbaut werden mussten. Im hinteren Teil ist die Installation der Dampfbremse bereits begonnen worden.

Bild 4.62 Beispiel Zwischensparrendämmung in engem Dachraum

Untersparrendämmung

Bei einem bereits ausgebauten und ausreichend hohen Dachboden kann sich eine Untersparrendämmung anbieten. Hierbei handelt es sich um eine Form der Innendämmung, die mit der Zwischensparrendämmung kombiniert werden kann. Beim Einbau der Dämmung wird auf der Unterseite der Dachsparren oberhalb der Dampfsperre eine zusätzliche Lattung angebracht, zwischen die dann die Dämmmatten geklemmt werden. Anschließend kann der Aufbau mit Trockenbauplatten bzw. mit Profilhölzern bekleidet werden.

Nachträgliche Wärmedämmung von Decken

Eine Deckendämmung in Bestandsgebäuden als thermische Trennung zwischen beheizten und unbeheizten Geschossen (Kellerdecken, Balkone, oberste Geschossdecken mit darüber liegendem, nichtausgebauten Dachraum) ist grundsätzlich angebracht, hinsichtlich der Dämmung der obersten Geschossdecke ggf. vorgeschrieben. Deckendämmungen werden mittels verschiedener Materialien vorgenommen, zum Teil in mehrschichtiger Verarbeitung. Zum Einsatz kommen neben verschiedenen anderen Dämmstoffen Holzfaser-, Polystyrol-, Steinwolle- oder Hartschaumplatten sowie Zellulose-Einblasdämmung.

Aufdeckendämmung

Die Dämmung befindet sich oberhalb der Geschossdecke (Rohbaudecke). Hier bedingt die Nutzung der Decke den Aufbau der Konstruktion: Bei begehbaren Decken ist eine trittfeste Oberfläche zu schaffen. Dies macht den Einsatz einer trittfesten Dämmung oder einer Unterkonstruktion erforderlich.

Zwischendeckendämmung

Bei der Zwischendeckendämmung befindet sich die Dämmebene innerhalb des Deckenaufbaus. Daher kann diese Art der Dämmung nur bei Hohldekken ausgeführt werden. Im Falle einer Sanierung sind im Austausch mit der alten Dämmung in der Regel Schütt- und Einblasdämmungen (z. B. Perlit oder Faserflocken) möglich.

Unterdeckendämmung (Kellerdeckendämmung)

Bei der Unterdeckendämmung liegt die Dämmebene an der Unterseite der Decke. Die Dämmung kann hierbei mittels nut- und federverlegter Wärmedämmplatten oder über eine verfüllte Holz-Unterkonstruktion ausgeführt sein.

4.5.2 Hinweise zu energetischen Modernisierungsmaßnahmen bei der Gebäude-Energieberatung

Nachfolgend werden Hinweise zu einzelnen energetischen Modernisierungsmaßnahmen sowie mögliche Beratungsinhalte bei der Gebäude-Energieberatung zusammenfassend dargestellt. Sie beinhalten neben der nachträglichen Dämmung der Außenbauteile auch die Erneuerung bzw. Austausch der Heizungsanlage. Grundsätzlich sind energetische Modernisierungen von einzelnen Bauteilen möglich. Anzustreben ist jedoch (je nach Rahmenbedingungen) die energetische Modernisierung des gesamten Gebäudes. Die im Folgenden dargestellten Empfehlungen, Kosten und Einsparpotenziale beziehen sich in erster Linie auf die Betrachtung typischer Wohngebäude und sind als Orientierungshilfen zu betrachten. Sie sind nicht in Gänze auf komplexe Nichtwohngebäude übertragbar. Insbesondere die Kosten für typische Modernisierungsmaßnahmen können regional und je nach Jahresbezug sehr unterschiedlich sein. In diesem Zusammenhand wird auf das Statistische Bundesamt und den dort regelmäßig aktualisierten Baupreis- sowie Verbraucherpreisindex verwiesen.

Kellerdecke

Nachträgliche Dämmung der Kellerdecke

Zur Verringerung der Transmissionswärmeverluste über die nicht wärmegedämmte Kellerdecke ist eine Dämmung der Kellerdecke von unten anzustreben. Hierbei sind die bautechnischen und bauphysikalischen Aspekte zu berücksichtigen (**Bild 4.63**).

Bild 4.63 Beispiel Kellerdecke, malerfertig

Einsparung

Eine nachträglich gedämmte Kellerdecke kann den ursprünglichen Energiebedarf um ca. 3 % bis 6 % verringern.

> Die Dämmung sollte homogen erfolgen, d.h. möglichst wärmebrückenfrei. Insbesondere für an der Decke verlaufende Rohre und Leitungen sowie einbindende Innenwände sollten gesonderte Lösungen entwickelt werden. Auf eine fachgerechte Ausführung ist dabei zu achten (**Bild 4.64**).

Auch die Decken über den nicht beheizten Kellerräumen müssen der wärmeübertragenden Umfassungsfläche zugerechnet werden. Sie sind nach Möglichkeit (= ausreichende Stehhöhe im Kellergeschoss) in die Verbesserung der Wärmeschutzmaßnahmen einzubeziehen.

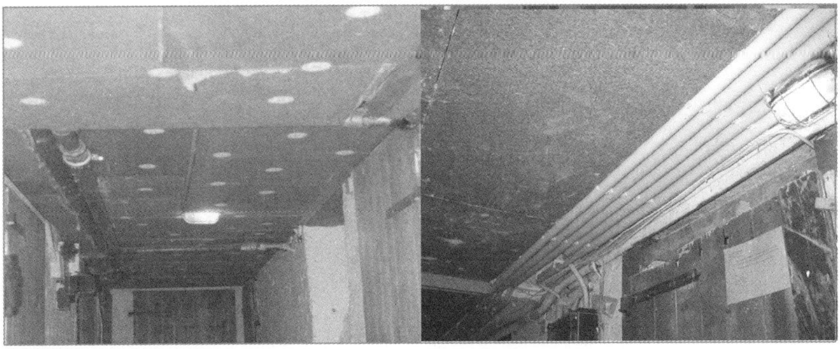

Bild 4.64 Ausführungsbeispiel, Kellerdecke, Strom und Gasleitungen

Bild 4.65 Beispiel Kellerdecke unterseitig gedämmt

Ist die Kellerdecke als massive Betondecke ausgeführt und nicht gedämmt, ist aus bautechnischen Gründen die nachträgliche Dämmung auf der Unterseite der Kellerdecke aufzubringen (**Bild 4.65**), da die Dämmung der Oberseite nur mit großem Aufwand auszuführen wäre. Auch aus bauphysikalischen Aspekten ist die Dämmung auf der sog. „kalten Seite" der Deckenkonstruktion auszuführen, da die Wärmespeicherfähigkeit der Decke erhalten bleibt und die Gefahr der Tauwasserbildung vermindert bzw. bei entsprechender Planung ausgeschlossen werden kann. Diesbezüglich kann der Einbau einer „Dampfbremse" vermieden werden.

Als Dämmmaterial können leichte Dämmplatten verwendet werden, wie z.B. Kunststoff-Hartschaum- oder Korkplatten, mineralische Schaumplatten bzw. Verbundplatten. Die Dicke der Wärmedämmung sollte sich in Bereiche von ca. 4 cm bis 10 cm bewegen, da auf Grund der Stehhöhe in den Kellergeschossen in der Regel die Dämmstoffdicke begrenzt ist. Die Dämmung wird mit speziellen Bauklebern auf die Unterseite der Kellerdecke geklebt. Verwendbar sind auch Holzwolle-Leichtbauplatten, die auf Grund ihres Eigengewichtes mit Dübeln befestigt werden.

Anschlusspunkt Kellerdecke – Außenwand

Am Anschlusspunkt Kellerdecke – Außenwand ist eine Wärmebrücke (**Bilder 4.66** und **4.67**) unvermeidlich, da die Kellerdeckendämmung nicht direkt an die Außenwanddämmung angeschlossen werden kann. Die Wärmebrücke lässt sich jedoch vermindern, indem die Außenwanddämmung ausreichend tief (ca. 50 cm) unter das Kellerniveau geführt wird.

Kosten der Kellerdeckendämmung

Für eine nachträglich Dämmung der Kellerdecke können kostenseitig bei Ausführung durch eine Fachfirma ca. 40 EUR bis 60 EUR (netto) pro m² Kellerdeckenfläche angenommen werden. Diese Kostenschätzung basiert auf Standardangeboten und Erfahrungen aus ähnlichen Modernisierungsvorhaben. Sie können jedoch, je nach Aufwand und konjunktureller Lage (Baupreissteigerung) deutlich höher ausfallen. Die angegebenen Kosten sollten in der Regel folgende Leistungen beinhalten:

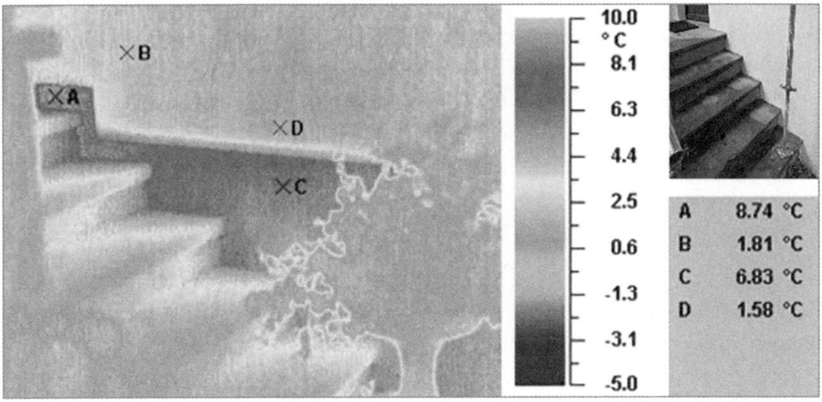

Bild 4.66 Beispiel einer Wärmebildaufnahme (Außen) im Treppen-Sockelbereich, Wärmedämmung nur bis zur Kellerdecke geführt

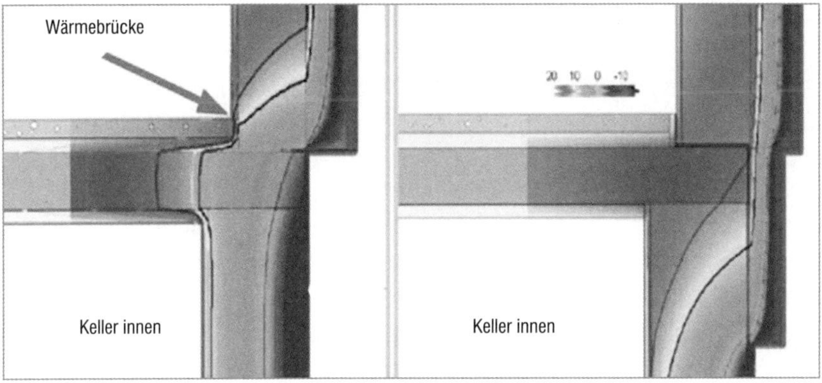

Bild 4.67 Isothermenverlauf eines Wärmebrückendetails im Sockelbereich, links ohne WD, rechts mit WD

- Deckenflächen in den Kellerräumen vom losen Anstrich entfernen und mit z. B. lösungsmittelfreien Tiefgrund grundieren,
- Dämmplatten aus z. B. expandierten Polystyrol-Hartschaum (Typ z. B. PS15 SE WLS 035 4 cm bis ca. 10 cm), Holzwolle-Leichtbauplatten, Mineralfaser-Dämmplatten etc. verkleben, z. B. mit Werktrockenmörtel,
- Verdübelung der verklebten Dämmplatten in Beton,
- Deckenflächen spachteln, inkl. Armierungsgewebe,
- Deckenflächen streichen,
- ggf. Wandflächen streichen mit z. B. Innensilikatfarbe.

Wenn möglich, sollten mind. 4 cm bis 10 cm Dämmstoff vorgesehen werden. Installationsleitungen (z. B. Wasser, Heizung, Elektro, **Bild 4.68**) bedürfen einer besonderen Beachtung. Deckenleuchten müssen eventuell neu befestigt und deren Anschlüsse verlängert werden. Unter der Decke befestigte Heizungsrohre oder Installationsleitungen sollten, sofern möglich, verlegt werden. Andernfalls müssen individuelle Lösungen gefunden werden (**Bild 4.69**). Insbesondere bei Gasleitungen, die unter der Kellerdecke installiert worden sind, ist die Zugänglichkeit zu gewährleisten. Das heißt, die Dämmung ist ggf. in diesen Bereichen zu unterbrechen (**Bild 4.70**).

Bild 4.68 Ausführungsbeispiel Gasleitung unter der Kellerdecke

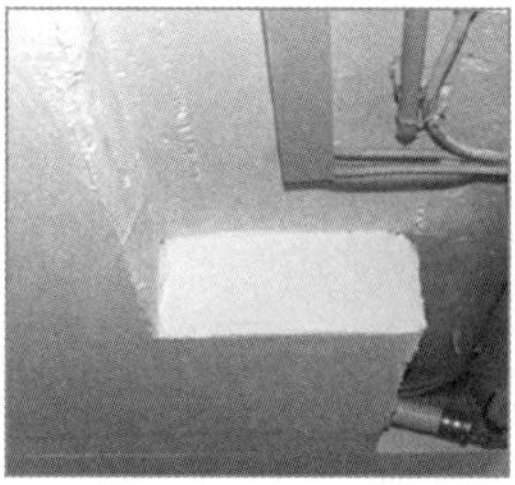

Bild 4.69 Ausführungsbeispiel Leitung unter der Kellerdecke, Aussparen der Dämmung

Bild 4.70 Beispiel Installationsleitungen unter der Kellerdecke nachträglich gedämmt

Außenwände – Vorhangfassade

Nachträgliche Wärmedämmung der Außenwände

Zur Verringerung der Transmissionswärmeverluste über die nicht wärmegedämmten Außenwände ist eine Wärmedämmung z. B. als Vorhangfassade möglich.

Einsparung

Nachträglich gedämmte Außenwände können den ursprünglichen Energiebedarf bei entsprechend großen Außenwandflächen um bis zu 20 % verringern.

Die hinterlüftete Vorhangfassade als nachträgliche Verbesserung des Wärmeschutzes von Außenwänden ist eine bewährte, bauphysikalisch ausgereifte Konstruktion. Sie bietet sich an, wenn die architektonische Gestaltung der Außenhaut des Gebäudes verändert werden soll oder wenn diese Veränderung ohne gestalterische Bedenken möglich ist. Als Dämmmaterial können z. B. entsprechend zugelassene Mineralwolledämmplatten nach DIN EN 13162 verwendet werden. Insbesondere bei Anforderungen an den Schall- und Brandschutz sind entsprechend zugelassene Mineralwolledämmplatten gut einsetzbar. Die Platten sollten je nach Wärmeleitfähigkeitsgruppe und Zulassung sowie entsprechend den energetischen und bauphysikalischen Anforderungen 60 mm bis 150 mm dick sein. Energetisch, bauphysikalisch und wirtschaftlich sinnvoll sind z. B. Dämmschichtdicken von 100 mm bis 140 mm. Größere Dämmstoffdikken sind möglich, sollten jedoch im Rahmen der Planung geklärt werden.

Bekleidungsmaterial

Als äußere Bekleidung werden im Allgemeinen Kunststoff- oder Faserzementplatten unterschiedlicher Form, Farbe und Dicke (**Bild 4.71**) verwendet. Daneben ist aber auch die Verwendung anderer Bekleidungen möglich, z. B. Holz, Leichtmetallprofiltafeln, Betonwerkstein- oder Natursteinplatten. Abhängig ist die Materialwahl von statischen, optischen und nicht zuletzt finanziellen Aspekten.

Quelle: Fanslau Görlitz

Bild 4.71 Ausführungsbeispiel Faserzementbekleidungsplatte

Unterkonstruktion

Als Unterkonstruktion werden in der Regel Holz-, Aluminium- oder Stahlprofile verwendet. Beim Einsatz von Aluminium und Stahl ist wegen der hohen Wärmeleitfähigkeit des Materials eine thermische Trennung zwischen Unterkonstruktion und Außenwand vorzusehen, um die Wärmebrükkenwirkung zu reduzieren. Weiterhin sollte die Anzahl der Befestigungspunkte (soweit dies statisch möglich ist) minimiert werden.

Vor Anbringung der Unterkonstruktion muss das Mauerwerk auf seine statische Belastbarkeit geprüft werden. Darüber hinaus müssen die DIN 18516-1, die technischen Baubestimmungen für Fassadenbekleidungen und die entsprechenden Zulassungen der Befestigungssysteme berücksichtigt werden. Inwiefern eine Hinterlüftung der Vorhangfassade vorzusehen ist, ist im Rahmen der Planung bauphysikalisch zu prüfen. Untersuchungen des Fraunhofer Instituts für Bauphysik (Stuttgart) zeigen, dass bei vorgesetzten

Fassadenbekleidungen aus kleinformatigen Elementen (z. B. Faserzementplatten, Holzschindeln), die schuppenförmig übereinander an horizontalen Holzlatten oder Metallprofilen befestigt werden, im Hinblick auf die Trocknung des Mauerwerks eine Hinterlüftung nicht zwingend erforderlich ist. Dies kann eine Arbeits- und Kostenersparnis ergeben und zu einer Reduzierung der Konstruktionsabmessungen (Bauteildicke) führen, setzt jedoch die langfristige Vermeidung eines zu hohen Feuchtigkeitsgehalts voraus.

Anschlusspunkt Kellerdecke – Außenwand

Am Anschlusspunkt Kellerdecke – Außenwand sowie im Bereich der durchkragenden Balkonplatten sind Wärmebrücken unvermeidlich (siehe Kellerdecke), da die Dämmung nicht durchgehend ausgeführt werden kann. Die Wärmebrücken lassen sich jedoch vermindern, indem die Außenwanddämmung ausreichend tief (ca. 50 cm) unter das Kellerniveau geführt wird.

Außenwände – Innendämmung

Nachträgliche Wärmedämmung als Innendämmung

Ist z. B. eine Außendämmung der Außenwandfläche nicht möglich, da das Gebäude verklinkert bzw. mit einer Vormauerschale aus Verblendsteinen versehen ist bzw. Denkmalschutzbelange zu berücksichtigen sind und die Ansicht der Fassade nicht geändert werden soll bzw. darf, kann in diesem Fall eine nachträgliche Innendämmung sinnvoll sein.

Einsparung

Eine vollständig nachträglich auf der Innenseite gedämmte Außenwand kann den ursprünglichen Energiebedarf um bis zu 10 % verringern.

> Beim Anbringen einer innenseitigen Dämmung ist in der Regel eine innen liegende Dampfbremse erforderlich. Die Minimierung von Wärmebrücken spielt auch hier eine wesentliche Rolle. Auf eine bauphysikalisch funktionsfähige Ausführung insbesondere der Fensteranschlüsse, -laibungen, einbindenen Innenwände und -decken ist zu achten.

Innendämmung mit Calziumsilikatplatten (Mineralschaumplatten)

Calziumsilikatplatten bestehen im Wesentlichen aus Kalk, Zement und Sand sowie einem Bindemittel. Sie sind „aufgeschäumt“ und damit leichter als Porenbetonplatten (etwa 1/3 des Gewichts einer Porenbetonplatte). Calziumsilikatplatten sind ein natürlicher Baustoff mit guten, energetisch wirksamen bauphysikalischen Eigenschaften. Sie sind unbrennbar bis Feuerwiderstandsklasse F180; vor allem aber können sie Feuchtigkeit bis zum dreifachen des eigenen Gewichts aufnehmen und wieder abgeben, ohne ihre Form zu verlieren. Sie sind also ideal für Feuchträume und unter Umständen für feuchtebelastete Wände.

Das Einziehen einer Dampfsperre ist bei diesem Baustoff ggf. unnötig. In diesem Zusammenhang wird eine detaillierte bauphysikalische Berechnung (Wärme- und Feuchteschutz) empfohlen. Calziumsilikatplatten sind energetisch betrachtet erst bei einer Plattenstärke von 4 cm bis 8 cm sinnvoll, d. h. die Wärmedämmfahigkeit ist erst ab einer entsprechenden Dicke, mit der einer Außenwanddämmung energetisch gleichzusetzen. Bei Calziumsilikatplatten (**Bild 4.72**) ist eine zusätzliche Bekleidungsplatte nicht notwendig. Sie können direkt mit vom Hersteller empfohlenen Putzen gespachtelt oder verputzt werden. Die Anschlüsse/Überbindemaße (z. B. Fenstern, Tür) sind fachgerecht, dauerhaft und luftdicht herzustellen. Es muss geprüft werden, ob der Einbau einer „Dampfbremse“ erforderlich ist. Ist dies der Fall, ist der Einbau fachgerecht (vor allem dauerhaft dicht) durchzuführen. Es sollten auch hier nur Materialien verwendet werden, die eine entsprechende Zulassung besitzen.

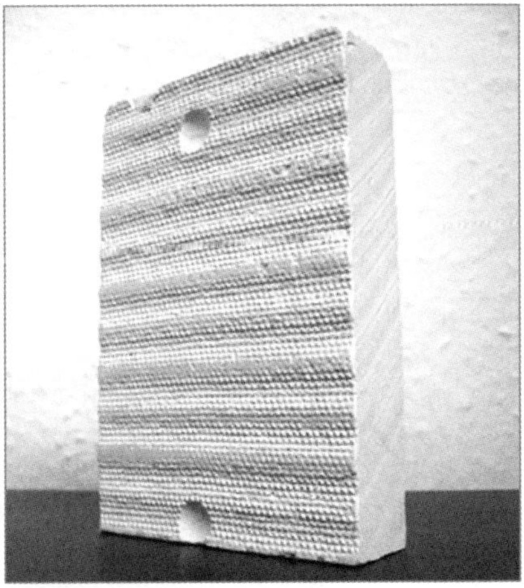

Bild 4.72 Beispiel Calziumsilikatplatten

Anschlusspunkt Kellerdecke – Außenwand

Am Anschlusspunkt Kellerdecke – Außenwand sowie im Bereich durchkragender Betonplatten sind Wärmebrücken unvermeidlich, da die Dämmung nicht durchgehend ausgeführt werden kann. Die Wärmebrücken lassen sich jedoch vermindern, indem die Innenwanddämmung möglichst bis auf die Kellerdecke geführt wird.

Außenwände – Wärmedämmverbundsystem (WDVS)

Nachträgliche Wärmedämmung als Wärmedämmverbundsystem

Zur Verringerung der Transmissionswärmeverluste über die nicht wärmegedämmten Außenwände ist eine Wärmedämmung z. B. als WDVS möglich.

Einsparung

Eine nachträglich gedämmte Außenwand (**Bild 4.73**) kann den ursprünglichen Energiebedarf um bis zu 25 % verringern.

Hinweis zur Ausführung

Es sollten nur Komplettsysteme verwendet werden, die eine entsprechende Zulassung besitzen. Es sollten zudem keine feuchten Wände bekleidet werden; andernfalls kann sich Kondensfeuchte im Dämmstoff bilden, die die Dämmwirkung deutlich herabsetzt.

Die Dämmplatten sind lückenlos (**Bild 4.74**) zu stoßen. Die Dämmstöße müssen sauber abgeklebt werden. Dämmplatten mit Stufenfalz (**Bild 4.75**) sind dabei von Vorteil. Die Anschlüsse/Überbindemaße (z. B. an Fenstern, Türen) und die Einbindung von z. B. Außenstromanschlüssen (**Bild 4.76**) sind fachgerecht, dauerhaft und luftdicht herzustellen.

Dunkle Farben für die Oberfläche des Putzes sollten vermieden werden, da sie in hohem Maße durch die Sonneneinstrahlung erwärmt werden. Dies kann zu erhöhten Spannungen, zu Rissbildungen und Abplatzungen führen.

Beim WDVS werden die Dämmplatten unmittelbar auf die Außenwand aufgebracht und beschichtet.

Bild 4.73 Beispielobjekt, WDVS mit Mineralfaserlamellen geklebt und gedübelt

Bild 4.74 Beispiel einer nachträglichen Wärmedämmung der Außenwand mit WDVS

Bild 4.75 Beispiel einer nachträglichen Wärmedämmung (EPS) der Außenwand mit WDVS. Die Dämmplatten werden sauber abgeklebt und lückenlos gestoßen.

Wärmedämmverbundsysteme werden als Außenwanddämmung seit mehr als 30 Jahren angewendet. Als Materialien für die Wärmedämmung kommen z. B. Hartschaumplatten, entsprechend zugelassene (hydrophobierte) Mi-neralwolledämmplatten oder Korkplatten bzw. Holfaserdämmplatten zum Einsatz. Wärmedämmverbundsysteme sind nur als Gesamtsystem zugelassen, d. h. die Einzelkomponenten (Dämmstoff, Armierung und Putz) verschiedener Systeme dürfen nicht verwendet werden.

Die Dämmschicht kann in Abhängigkeit von der Wärmeleitfähigkeitsgruppe und der Zulassung des Dämmstoffes sowie entsprechend den energetischen und bauphysikalischen Anforderungen der Außenwand 60 mm bis 300 mm dick sein. Derzeit sind Dämmschichtdicken von mind. 140 mm (WLS 035) aus energetischen bzw. wirtschaftlichen Aspekten sinnvoll und üblich, da insbesondere der Dachüberstand und der Anschluss der Dämmschicht an die Fensterlaibungen zu berücksichtigen sind. Energetische Konzepte zum Gesamtgebäude und zum angestrebten energetischen Niveau können die Angaben zu den Dämmstoffdicken und den bauphysikalischen Eigenschaften verifizieren.

Bild 4.76 Beispielobjekt, WDVS mit Mineralfaserlamellen geklebt und gedübelt

Bei einem gut erhaltenen Außenputz werden die Platten (nachdem der Putz mit einem Tiefengrundhärter behandelt worden ist) direkt mit einem Spezialkleber aufgebracht. Durch die Entwicklung von mechanischen Befestigungssystemen wie Kunststoffdübeln (**Bild 4.77**) oder Aluminiumprofilen ist es möglich, die Platten auch auf sprödem und rissigem Putzgrund oder auf unverträglichen Farbanstrichen aufzubringen. Das aufwändige Abschlagen des alten Putzes oder das Abfräsen seiner Oberfläche kann dadurch im Allgemeinen entfallen.

Bild 4.77 Beispiel Dämmplatten als Mineralwolllamellen-Sockelanschluss

Eine nachträgliche Dämmung der Außenwände z. B. mit einem WDVS führt bei fachtechnischer Ausführung nicht zwangsläufig zu einer Tauwasserbildung im Bauteilinneren nach EN ISO 13788. Bei geplanten Maßnahmen sollte diesbezüglich ein Feuchteschutznachweis durch einen Fachplaner angestrebt werden.

Anschlusspunkt Kellerdecke – Außenwand

Am Anschlusspunkt Kellerdecke – Außenwand sowie z. B. im Bereich der durchkragenden Balkonplatten bzw. an Vordächern sind Wärmebrücken unvermeidlich (siehe Kellerdecke), da die Dämmung nicht durchgehend ausgeführt werden kann. Wärmebrücken lassen sich jedoch vermindern, indem die Balkonplatten und Balkonbrüstungen im Bereich der Wintergärten von außen gedämmt werden.

Fenster

Erneuerung bzw. Austausch der Fenster

Zur Verringerung der Transmissionswärmeverluste bzw. der Lüftungswärmeverluste über die Fenster ist eine Erneuerung bzw. ein Austausch der Fenster möglich.

Einsparung

Neue Fenster mit Wärmeschutzverglasung können gegenüber Isolierverglasung (sog. „Thermopane") den ursprünglichen Energiebedarf um bis zu 15 % verringern.

Um Wärmebrücken zu vermeiden, sollten die Besonderheiten bei der Fenstermontage und insbesondere die Einbaulage des Fensters berücksichtigt werden (**Bild 4.78**). Bei dem Fenstertausch bzw. der Erneuerung der Fenster in einem Bestandsgebäude wird die Einbaulage des Fensters häufig durch bauliche Gegebenheiten bestimmt. **Bild 4.79** zeigt ein Bestandsfenster in Holz kurz vor dem Austausch. Die Einbaulage ist energetisch gut gelöst, indem der Fensterrahmen in der Ebene der bestehenden 6cm dicken Mi-

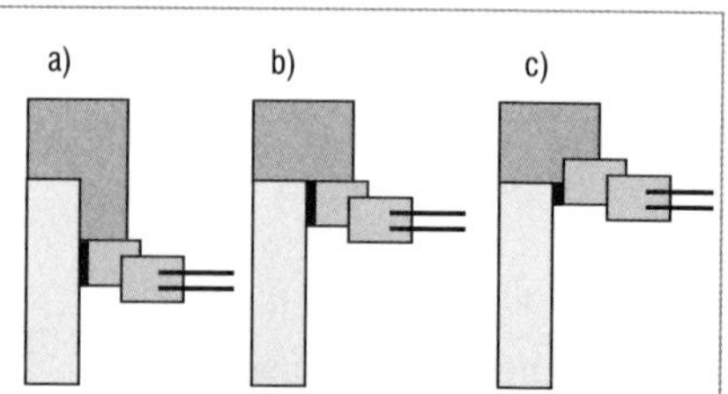

a) Einbaulage durch bauliche Gegebenheiten vorgegeben, Altbau

b), c) optimale Einbaulage, z. B. beim Neubau

Bild 4.78 Einbaulage von Fenstern in Außenwänden

neralfaserkerndämmung verläuft. Die **Bilder 4.80** und **4.81** zeigen hocheffiziente Holz-Aluminium-Fenster luft- und winddicht eingebaut. Die Einbaulage verläuft in Ebene der Wärmedämmung. Eine optimale Einbaulage ist in der Regel bei Neubauten möglich. **Bild 4.82** zeigt die beispielhafte Einbaulage von Fenstern in Außenwänden bündig zur Hintermauerung, sodass die Wärmedämmebene den Fensterrahmen überbinden kann. Insbesondere ist ein dauerhaft luftdichter Anschluss des Fensterrahmens an die Außenwand zu gewährleisten. Hierbei sind die anerkannten Regeln der Technik zu beachten, die z. B. im RAL-Leitfaden zur Montage/Planung und Ausführung der Montage von Fenstern und Haustüren detailliert beschrieben sind.

Bild 4.79 Beispiel Bestands-Holzfenster alt in Ebene der Kerndämmung

Bild 4.80 Beispiel Holz-Alu-Fenster neu

Bild 4.81 Beispiel Holz-Alu-Fenster, wind- und dampfdichter Fensteranschluss

Bild 4.82 Ausführungsbeispiel eines Fensteranschlusses bei einem Wärmedämmverbundsystem

Allgemeiner Hinweis

Eine wärmetechnische Verbesserung der Fenster ist in der Regel dann empfehlenswert, wenn auch die Außenwände insgesamt energetisch verbessert werden. Hierbei sollte das Gesamtsystem Außenwand/Fenster bauphysikalisch bewertet werden, um Wärmebrücken soweit möglich zu verringern.

Konstruktiv intakte Fenster können durch entsprechende Maßnahmen den heutigen Anforderungen an den Wärmeschutz und Winddichtheit angepasst werden. Im Folgenden sind einzelne Maßnahmen dargestellt:

- Abdichtung der Fugen,
- Abdichtung zwischen Flügel und Blendrahmen (Dichtungsprofile),
- Abdichtung zwischen Blendrahmen und Außenwand,
- Einziehen von Dichtungslippen in z. B. das Innenfenster eines bestehende Kastenfensters,
- Anbringen von umlaufenden Falzdichtungen bei Außentüren sowie
- Austausch der Glasscheiben gegen Wärmeschutzverglasung.

Abhängig sind die Maßnahmen vom Erhaltungszustand und der vorhandenen Fensterkonstruktion. Die Entscheidung hinsichtlich der besten Variante zur wärmetechnischen Verbesserung bzw. die Erneuerung der vorhandenen Fenster sollte einem Fachplaner und -unternehmen übertragen werden, da sie bautechnisch und bauphysikalisch nicht immer problemfrei sind.

Achtung! Bei Austausch oder Erneuerung der Fenster und Türen ist auf ein verändertes Lüftungsverhalten hinzuweisen. Moderne Fenster und Türen sind bei sach- und fachgerechtem Einbau praktisch luftdicht, d. h. der Luftaustausch (bis zu fünf Luftwechsel pro Stunde) über undichte Fugen im und am Fensterbereich entfällt (Lüftungswärmeverlust). Findet keine bewusste, regelmäßige Lüftung statt, können Tauwasserbildung und die Gefahr von Schimmelpilzbildung die Folge sein. **Bild 4.83** zeigt am Beispiel einer Wärmebildaufnahme (innen) den oberen Bereich des Fensterrahmens, der deutliche Lüftungswärmeverluste aufweist. Als ein Grund ist hier die Undichtheit der Fensterdichtung bzw. ein nicht sach- und fachgerecht eingestelltes Fenster zu nennen. Eine kontrollierte Fensterlüftung ist unerlässlich. Eine weitere Möglichkeit ist die Verwendung einer Komfort-Lüftungsanlage mit Wärmerückgewinnung (WRG). Grundsätzlich ist zu beachten, dass der zum Zwecke der Gesundheit und Beheizung erforderliche Mindestluftwechsel sichergestellt ist. Gemäß § 13 GEG bleiben öffentliche Vorschriften unberührt. Wenn mehr als 1/3 der gesamten Fensterfläche ausgetauscht wird, ist in der Regel ein Lüftungskonzept notwendig. Die Anforderungen der DIN 1946-6 bei der Instandsetzung/Modernisierung eines bestehenden Gebäudes sind zu berücksichtigen.

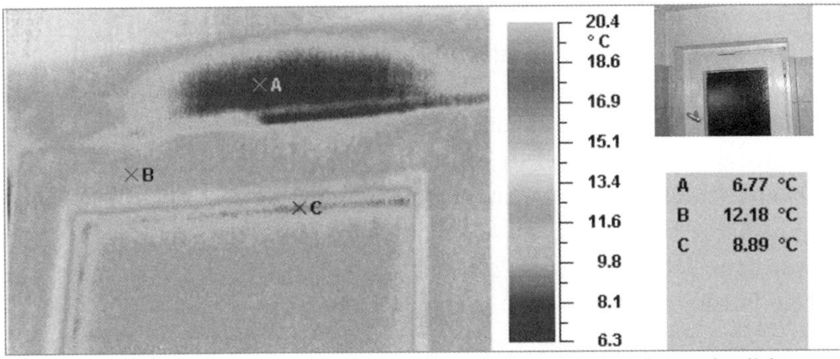

Bild 4.83 Beispiel einer Wärmebildaufnahme (innen) oberer Fensterrahmen, deutliche Lüftungswärmeverluste auf Grund von undichten Fensterrahmen

Oberste Geschossdecke

Nachträgliche Wärmedämmung der obersten Geschossdecke

Zur Verringerung der Transmissionswärmeverluste über die nicht wärmegedämmte oberste Geschossdecke ist eine nachträgliche Wärmedämmung möglich.

Einsparung

Eine nachträglich gedämmte oberste Geschossdecke kann je nach Rahmenbedingungen den Energiebedarf um bis zu 5 % verringern.

Neben der Qualität der Decke bezüglich Aufbau, Tragfähigkeit und Erhaltungszustand sind die bauphysikalischen Daten zu ermitteln.

Das Gebäude-Energie-Gesetz GEG enthält in § 47 diesbezüglich Nachrüstverpflichtungen. Wird der Dachraum nicht genutzt oder dient nur untergeordneten Nutzungszonen, wie z. B. als Abstellfläche, kann die Verbesserung des Wärmeschutzes auf die Dämmung der obersten Geschossdecke beschränkt werden.

Bei nachträglichen Dämmmaßnahmen ist die bautechnisch günstigste Lösung, das Dämmmaterial auf der Oberseite der Geschossdecke aufzubringen. **Bild 4.84** zeigt hierzu das Beispiel einer obersten Geschossdecke zum nicht beheizten Dachraum, die zukünftig begehbar sein soll. Aus bauphysikalischer Sicht ist diese Variante der unterseitigen Dämmung vorzuziehen. Die Dämmung befindet sich auf der kalten Seite der Konstruktion; eine Tauwasserbildung ist in der Regel nicht zu befürchten, das Aufbringen einer Dampfsperre kann ggf. entfallen und die Decke bleibt als Wärmespeicher erhalten.

Eine Möglichkeit der nachträglichen Dämmung der obersten Geschossdecke ist das Auslegen mit Dämmstoffmatten oder -platten wie in Bild 4.84. Einige Laufbohlen sollten den Zugang zu Schornsteinen, Dachluken usw. ermöglichen. Soll der nicht beheizte Dachraum begehbar sein, muss die Dämmschicht lagegesichert und z. B. mit Holzfaser- oder Spanplatten abgedeckt sein. Für diese Dämmung sollten nach Möglichkeit steife Matten oder Platten verwendet werden. Möglich ist auch das Einbringen von Schüttdämmstoffen oder Dämmmatten zwischen Lagerhölzern, die auf dem Boden verlegt sind (z. B. Perlitschüttung, **Bild 4.85**).

Bild 4.84 Nachträgliche Wärmedämmung der obersten Geschossdecke zum nicht beheizten Dachraum. Die Geschossdecke ist begehbar.

Bild 4.85 Schüttdämmstoff, hier Perlitschüttung

Steildach

Nachträgliche Wärmedämmung der Dachflächen

Zur Verringerung der Transmissionswärmeverluste über die nicht wärmegedämmten Dachflächen ist eine Wärmedämmung möglich.

Einsparung

Nachträglich gedämmte Dachflächen, insbesondere im Bereich des beheizten Dachgeschosses, können den ursprünglichen Energiebedarf um bis zu 15 % verringern.

Aufgrund der nicht vorhandenen Dämmschicht (z. B. bei Steildächern) sollten auch die Dachflächen zusätzlich gedämmt werden (**Bild 4.86**). Dazu ist unter Umständen ein Umdecken des Daches und/oder das Verstärken der Sparren notwendig. In Verbindung mit notwendigen Modernisierungs- und Wartungsarbeiten sind diese zusätzlichen Dämmarbeiten gut ausführbar.

Die zusätzliche Wärmedämmung kann zwischen, über oder unter den Sparren eingebaut werden (**Bilder 4.87** und **4.88**). Als Dämmmaterial werden z. B. Mineralwolle- (**Bild 4.89**), Schafwolle-, Baumwolle- oder Zellulosematten, Holzfaserdämmplatten, Korkplatten oder Kunststoffhartschaumplatten bzw. lose Dämmstoffe, wie z. B. Zellulose, verwendet.

Die Dicke der Dämmschicht ist in Abhängigkeit von der Wärmeleitfähigkeitsgruppe und den konstruktiven Gegebenheiten (z. B. Sparrenhöhe) auszuwählen.

Bild 4.86 Steildach, Aufsparrendämmung Übergang Doppelhaushälfte

Bild 4.87 Steildach, Aufsparrendämmung Übergang Doppelhaushälfte

Bild 4.88 Ausführungsbeispiel: Aufsparrendämmung

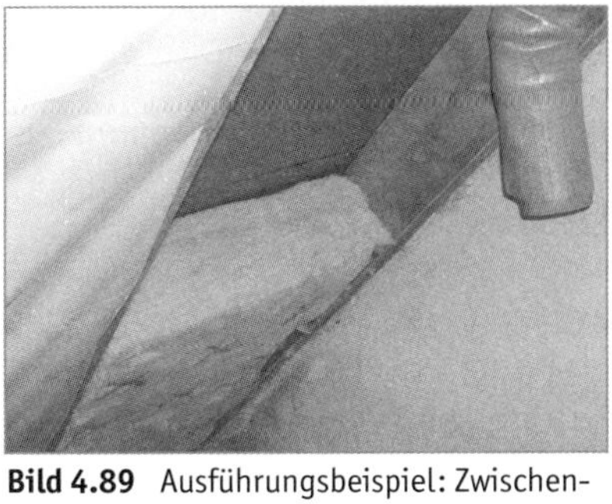

Bild 4.89 Ausführungsbeispiel: Zwischensparrendämmung, Mineralwolle als Klemmfilz

Flachdach

Nachträgliche Wärmedämmung der Dachflächen

Die Verringerung der Transmissionswärmeverluste über die nicht wärmegedämmte Flachdachfläche ist durch eine Wärmedämmung möglich.

Einsparung

Eine nachträglich gedämmte Flachdachfläche kann je nach Größe den ursprünglichen Energiebedarf um bis zu 20 % verringern.

> Flachdächer sind in der Regel als Stahlbetondachdecken oder als Holzbalkendecken ausgeführt worden. Besonderes Augenmerk ist auf die Lage der Dämmstoffschicht zu setzen.

Bei einer nachträglichen Wärmedämmung des Flachdaches kann die zusätzliche Wärmedämmung oberhalb z. B. der Stahlbetondecke (als so genanntes Warmdach) ggf. in Form einer Gefälledämmung aufgebracht werden. Aus bauphysikalischer Sicht ist diese Variante der unterseitigen Dämmung vorzuziehen. Die Dämmung befindet sich auf der kalten Seite der Konstruktion, eine Tauwasserbildung ist in der Regel nicht zu befürchten, das Aufbringen einer Dampfsperre kann ggf. entfallen und die Decke bleibt als Wärmespeicher erhalten. Der zu wählende Flachdachquerschnitt ist bauphysikalisch im Hinblick auf den konstruktiven Feuchteschutz zu überprüfen. **Bild 4.90** zeigt ein Flachdach mit Gefälledämmung und innenliegender Regenentwässerung. Das Gefälle der Dämmung führt zur Mitte des Flachdaches. Im hinteren rechten Bereich der Attika befindet sich zusätzlich ein Notüberlauf.

Bild 4.90 Beispiel Flachdach Gefälledämmung, innenliegende Regenwasserentwässerung

Für die Dämmung sollten steife, trittfeste Matten oder Platten (z. B. Hartschaumplatten) verwendet werden. Möglich ist auch das Einbringen von Schüttdämmstoffen oder Dämmmatten zwischen Lagerhölzern, die auf dem Boden verlegt sind (z. B. Perlitschüttung). Hierzu ist aber eine oberseitige Bekleidung mit Holzwerkstoffplatten oder einer Holzschalung notwendig, um ein fachgerechtes Aufbringen der Dachabdichtung zu ermöglichen.

Wird eine Dachabdichtung (z. B. mehrlagig untereinander verklebte Bitumenbahnen) im Rahmen der Instandhaltung lediglich regeneriert (z. B. durch das vollflächige Aufkleben einer neuen Abdichtungslage), ohne dass die neue Schicht für sich allein eine funktionsfähige Dachhaut darstellt, ist der Tatbestand der Erneuerung der Dachhaut ggf. nicht gegeben. In diesem Falle besteht keine Anforderung nach § 48 Absatz in Verbindung mit Anlage 7 Nr. 5 GEG.

Heizungstechnik

Modernisierung der Heizungsanlage

Eine deutliche Energieeinsparung ist durch die Zentralisierung der alten Heizungstechnik möglich. Dies gilt sowohl für die Heizwärmeerzeugung als auch für die Warmwassererzeugung. Eine Zentralisierung der Warmwasserversorgung hängt im Wesentlichen von den nutzungsspezifischen Randbedingungen ab. Bei einer weit entfernten Warmwasserabnahmestelle ist häufig eine Warmwasserzirkulationsleitung empfehlenswert. Sinnvoll kann jedoch auch eine dezentrale Warmwasserbereitung sein.

Einsparung

Je nach Ausgangszustand und Heizkessel kann durch alternative effiziente Heizungsanlagen bis zu 30 % Heizenergie eingespart werden. Der Einsatz von regenerativen Energien und alternativen Wärmeversorgungsanlagen (wie z. B. Wärmepumpen etc.) ist im Sinne eines Verzichts auf fossile Energieträger zu empfehlen und zu prüfen.

Bild 4.91 zeigt einen zentralen Öl-Niedertemperatur-Heizkessel, der sich im unbeheizten Bereich befand. Zudem sind nicht gedämmte Heizleitungen erkennbar. Der Heizkessel wurde ca. 1980 errichtet und beinhaltete einen separaten Warmwasserspeicher.

> Vor allem im Rahmen einer oder nach einer wärmeschutztechnischen Modernisierung, z. B. der nachträglichen Wärmedämmung der Außenbauteile, ist es empfehlenswert, die Wirtschaftlichkeit und Funktionsfä-

higkeit der Heizungsanlage überprüfen zu lassen. Den verringerten Anforderungen an den Heizwärmebedarf sollte auch die Technik für Wärmeerzeugung, -verteilung und -regelung angepasst werden. Zudem enthält das Gebäudeenergiegesetz im § 71 und § 72 entsprechende Nachrüstverpflichtungen bzw. Betriebsverbote für Heizkessel und Ölheizungen. Demnach dürfen Eigentümer von Gebäuden ihre Heizkessel, die mit einem flüssigen oder gasförmigen Brennstoff beschickt werden, nach Ablauf von 30 Jahren nach Einbau oder Aufstellung nicht mehr betreiben. Zu beachten sind hierbei allerdings auch entsprechende Ausnahmen. In **Bild 4.92** ist eine heizungstechnische Anlage mit bisher ungedämmten, zugänglichen Wärmeverteilungs- und Warmwasserleitungen, die sich nicht in beheizten Räumen befinden, dargestellt. Um die Wärmeabgabe der Rohrleitungen in Bild **4.93** auf der Infrarotbildaufnahme zu sehen, und die Wärmeverluste über die Wärmeleitungen zu begrenzen, müssen die Wärmeverteilungs- und Warmwasserleitungen nachträglich gedämmt (**Bild 4.94**) werden.

Bild 4.91 Zentraler Öl-Niedertemperatur-heizkessel

Bild 4.92 Ausführungsbeispiel nicht gedämmter Heizleitungen

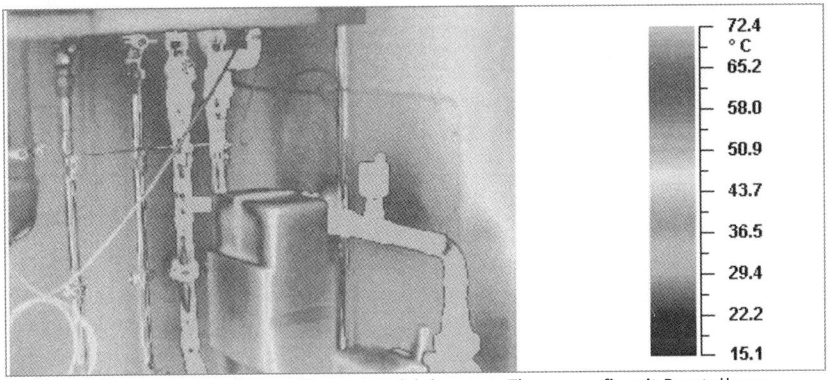

Bild 4.93 Thermografie nicht gedämmter Heizleitungen, Thermografie mit Darstellung der Wärmeverluste

Bild 4.94 Ausführungsbeispiel gedämmte Heizleitungen

Hinweise zur Vermeidung von Schimmelpilzbildung

Mikrobieller Befall/Schimmelpilze

Voraussetzung für das Wachstum von Mikroorganismen, wie z. B. Schimmelpilzen, ist das Vorhandensein von Nährstoffen und Feuchtigkeit. In Gebäuden bzw. auf Bauteiloberflächen sind Nährstoffe in mehr oder weniger gut verfügbarer Form vorhanden. Dem entsprechend kommt dem Vorhandensein verfügbarer Feuchte eine wesentliche Bedeutung zu. Weitere Faktoren, wie z. B. die in Innenräumen vorhandene Raumlufttemperaturen und pH-Werte spielen dagegen eine eher untergeordnete Rolle, da Schimmelpilze in einem weiten Temperatur- und pH-Bereich wachsen können. Schimmelpilzsporen sind generell sowohl in der Innen- als auch in der Außenluft vorhanden. Für das Wachstum auf Bauteiloberflächen muss jedoch die erforderliche Feuchte über einen ausreichend langen Zeitraum zur Verfügung stehen. Feuchtegehalte, die nur geringfügig über der Ausgleichsfeuchte von Baustoffen liegen bzw. nur kurzzeitig erhöht sind, führen dagegen nicht zu einem Schimmelpilzbefall. Insofern kann die Entstehung bzw. das Vorhandensein eines Schimmelpilzbefalls als Indikator für eine mangelhafte bauliche oder nutzungsbedingte Situation gewertet werden.

Bauphysikalische Zusammenhänge

Die Baustoff- bzw. Bauteileigenschaften „trocken" oder „feucht" sind aus technischer Sicht nicht exakt definiert. Als „technisch trocken" werden Baustoffe bezeichnet, die ihre so genannte Ausgleichsfeuchte erreicht haben. Entsprechende Grenzwerte sind in einschlägigen DIN-Normen festgelegt. Darüber hinaus gehende Materialfeuchten sind Ursachen von Feuchteerscheinungen oder -schäden, die z. B. in Form von Feuchteverflekkungen sichtbar werden können oder aber zu Folgeschäden, z. B. in Form von Schimmelpilzbefall, führen können. Feuchtegehalte, die eine Schimmelpilzbildung begünstigen, können in unterschiedlicher Art und Weise auf eine Bauteiloberfläche bzw. in die Konstruktion gelangen.

Schimmelpilzschäden setzen also bestimmte Wachstums- und Vermehrungsbedingungen voraus:

- Feuchtigkeit/Feuchtigkeitsdauer,
- Temperatur(-bereich),
- Nährboden (Substrat, Porosität, Kapillarität, pH-Wert, Zusammensetzung etc.).

Die Feuchtigkeit kann auf unterschiedliche Art und Weise auf die Oberfläche gelangen:

- eindringende Feuchtigkeit von außen (Abdichtungsmängel, Fehlstellen in der Außenbekleidung, Undichtheiten etc.)
- eindringende bzw. entstehende Feuchtigkeit von innen (Wasserschäden, konstruktive bzw. Planungs-/Ausführungsmängel → Kondensation)

Die Kondensationsneigung und -menge wird durch (Luft-)Feuchtigkeit und (Oberflächen-)Temperatur des jeweiligen Bauteils bestimmt. Weitere Faktoren:

- Heizung,
- Lüftung,
- Wärmedämmung,
- Dampfdiffusion,
- Außentemperatur,
- Nutzung sowie
- Absorption der raumumschließenden Flächen und der Ausstattungsgegenstände.

Die Mindestoberflächentemperatur beträgt nach DIN 4108-2 12,6 °C. Bei Unterschreitung dieser Oberflächentemperatur besteht die Gefahr des Tauwasserausfalls (Kondensation). Dies kann insbesondere an konstruktiven Wärmebrücken, wie z. B. Aussenwandecken der Fall sein.

Tauwasserausfall auf Bauteiloberflächen

Tauwasserausfall entsteht in der Regel als direkte Folge eines Ungleichgewichtes des Raumklimas (ausreichend hohe Raumluftfeuchten in Verbindung mit geringen Bauteiloberflächentemperaturen) oder aber als Folgeerscheinung von Bauteildurchfeuchtungen.

Raumluft, die mit Wasserdampf gesättigt ist, besitzt eine relative Luftfeuchte von 100 %. Die Sättigungsgrenze ist abhängig von der Temperatur der Raumluft. „Wärmere" Raumluft besitzt einen höheren Sättigungsgehalt als „kühlere" Raumluft. Wird in einem geschlossenen System feuchte Luft erwärmt, sinkt die relative Luftfeuchte. Umgekehrt erhöht sich die relative Luftfeuchte, wenn die Luft abgekühlt wird. Verringert sich die Temperatur der Raumluft z. B. in der Nähe einer kalten Bauteiloberfläche, erhöht sich die relative Luftfeuchte und die enthaltene Feuchte fällt ab einer Grenztemperatur (Taupunkt) auf festen Oberflächen als Tauwasser aus.

Die Oberflächentemperaturen ungedämmter Außenwandbereiche, insbesondere an konstruktiven Wärmebrücken, wie z. B. Außenwandecken, können in Abhängigkeit von den Randbedingungen (Außen-/Innentemperaturen) das Risiko der Kondensation bergen, so dass bei „normalem" fachgerechten Heizungs- und Lüftungsverhalten ein schadenfreies Bewohnen der Räume kaum gewährleistet werden kann. **Bild 4.95** zeigt einen mikrobiellen Befall bei einer einbindenden Betondecke in die nicht gedämmte Außenwand. Eine weitere konstruktive Wärmebrücke zeigt **Bild 4.96**. Hier ist die einbindende Innenwand in die Außenwand Ursache für den mikrobiellen Befall an einer konstruktiven Wärmebrücke

Bild 4.95 Beispiel für mikrobiellen Befall an typischer konstruktiver Wärmebrücke

Bild 4.96 Beispiel für mikrobiellen Befall an typischer konstruktiver Wärmebrücke

Durch die Möblierung und Ausstattung kann die Zirkulation der Raumluft zusätzlich behindert werden, so dass sich in diesen Bereichen das Risiko der Schimmelpilzbildung deutlich erhöht. Vorteilhaft kann sich dagegen eine gleichmäßige Beheizung der Räume (und Bauteile) tagsüber und nachts auswirken.

Unter der Voraussetzung, dass die möglichen Schimmelpilzschäden auf das Vorhandensein konstruktiver Wärmebrücken zurückzuführen sind, könnte eine Wärmedämmung der Außenwände die Schadenursache beheben, da hiermit sowohl die dämmtechnischen Anforderungen aus dem GEG als auch die erforderlichen Mindestoberflächentemperaturen der DIN 4108-2 erfüllt werden könnten.

Mögliche „kurzfristige" Maßnahmen zur Schimmelpilzbeseitigung bzw. -vermeidung

Als kurzfristige Maßnahmen zur Schadenbeseitigung/-begrenzung sind folgende Möglichkeiten durchführbar:

- Fachgerechte Reinigung des Schimmelpilzbefalls (z. B. Feinreinigung mit 70-%- bis 90-%-igem Isopropyl-Alkohol) unter Beachtung der erforderlichen Atemschutzmaßnahmen; ggf. ist eine Fachfirma hinzuzuziehen.
- Fachgerechte Möblierung und Einrichtung, die eine Zirkulation der Wärme ermöglicht.
- Fachgerechtes Heizen und Lüften der Räume im Obergeschoss (mehrmals täglich Stoß-/Querlüftung, keine Kippstellung der Fenster, gleichmäßige Beheizung der Wohnung, insbesondere der betroffenen Räume, Schließen der Türen zwischen Räumen unterschiedlicher Temperatur).
- Kontinuierliche, angepasste (ggf. höhere) Beheizung der betroffenen Räume bzw. Bereiche.

Diese Maßnahmen ersetzen nicht eine detaillierte Ursachenermittlung und die Beseitigung der Schadenursachen.

Maßnahmenpakete

Verbesserungen des Wärmeschutzes an den Hüllflächenbauteilen bestehender Gebäude sind in vielen Fällen notwendig, jedoch mit erheblichen baulichem und finanziellem Aufwand verbunden. Deshalb hat die Koppelung dieser Maßnahmen an ohnehin erforderliche Instandsetzungs-, Erneuerungs- und Modernisierungsarbeiten große Bedeutung. Die Kosten der zusätzlichen Maßnahmen können durch ohnehin notwendige Arbeiten reduziert werden.

Eine Außenwand nur wärmetechnisch zu verbessern, lediglich die einfachverglasten Fenster gegen wärmeschutzverglaste Alternativen auszutauschen, eine „besonders kalte" Außenwand einer Wohnung in einem Mehrfamilienhaus mit einer Innendämmung zu versehen – all das sind Einzelmaßnahmen, die oftmals weder energetisch noch wirtschaftlich sinnvoll sind.

Im Rahmen energetischer Sanierungsarbeiten sollte in jedem Fall ein homogener „Dämmmantel" angestrebt werden. Insofern ist es notwendig, die Maßnahmen der Instandhaltung und des nachträglichen Wärmeschutzes insgesamt zu planen und gemeinsam bzw. in aufeinander folgenden Schritten zu realisieren.

Wichtig ist dabei, günstige Zeitpunkte für die Durchführung derartiger Instandsetzungsmaßnahmen zu ermitteln, zu denen ohnehin baulicher Aufwand entsteht, und diese für die zusätzliche Anbringung eines optimalen Wärmeschutzes zu nutzen.

Beispiele für gekoppelte Instandsetzungsarbeiten mit Wärmeschutzmaßnahmen:

- **Außenwand**
  Erneuerung des Außenputzes bzw. der Fassade kombinieren mit der Wärmedämmung der Fassade, der Erneuerung der Fenster und Außentüren, möglichst in Kombination mit Kellerdecken und Dachdämmung
- **Steildach**
  Neueindeckung und Dämmung der Dachfläche in Verbindung mit der Erneuerung des Außenputzes (bzw. Vergrößerung des Dachüberstandes als Vorbereitung der Fassadendämmung)
- **Fenstererneuerung**
  Einbau von wärmeschutzverglasten Fenstern kombinieren mit der Außenwanddämmung (bzw. die Berücksichtigung der späteren Wärmedämmung bei der Rahmenbreite), sowie der Einbau einer kontrollierten Lüftung
- **Erneuerung der Heizung**
  Austausch des Brenners/Kessels gegen eine moderne, effiziente heiztechnische Anlage mit hohem Nutzungsgrad und ggf. regenerativen Energien; ggf. Energieträgerwechsel, Kombination mit einer thermischen Solaranlage, Erneuerung bzw. Dämmung der Rohrleitungen und Armaturen
- **Erneuerung der Heizkörper**
  Dämmung vorhandener Heizkörpernischen, Dämmung der Außenwände, Einbau moderner Thermostatventile, hydraulischer Abgleich

Die Beispiele machen deutlich, dass durch die Maßnahmenkopplung die Kosten für nachträgliche Dämmmaßnahmen optimiert werden können. Die bekannten Erneuerungszyklen von Bauteilen können für die Planung kombinierter Maßnahmen als Grundlage dienen.

Zahlreiche Maßnahmen oder Maßnahmenpakete werden von öffentlichen Institutionen finanziell gefördert.

Hinweise zum „richtigen" Lüften

Der Austausch der Raumluft ist in jedem Fall notwendig. Einerseits leidet bei fehlendem Luftaustausch die Luftqualität und andererseits kommt es in stehender Luft zu Feuchtigkeitsanreicherungen. Feuchte Luft fördert die Schimmelpilzbildung und kann Schäden an den Baukonstruktionen und gesundheitliche Beeinträchtigungen verursachen. Frischluft ist grundsätzlich wesentlich trockener als verbrauchte Raumluft.

Im Folgenden sind Hinweise zum „richtigen Lüften" aufgezeigt:

- Mehrmals am Tag durch weites Öffnen der Fenster kurz und kräftig lüften (Stoßlüftung),
- Dauerkippstellung der Fenster vermeiden,
- in den Wintermonaten mehrmals täglich ca. vier bis sechs Minuten „stoßlüften", in den Übergangszeiten 10 bis 15 Minuten,
- Feuchtigkeit dort abführen, wo sie entsteht (Bad, Küche, Schlafräume),
- Warme (feuchte) Luft nicht in kalte bzw. ungeheizte Räume leiten,
- während des Lüftens die Thermostatventile an den Heizkörpern schließen, sofern dies nicht durch elektronische Thermostatventile mit Fensteröffnungskontakten geregelt wird.

Stoßlüften oder Querlüften ist die beste Art der Fensterlüftung!

Das vermeidet Energieverluste und Auskühlung der Bauteile, und innerhalb kürzester Zeit kann ein Luftaustausch – und damit die Entfernung des überschüssigen Wasserdampfs – erfolgen. Lüften Sie benutzte Räume etwa stündlich. Nebeneffekt: Auch Schadstoffe werden abgeführt, das Raumklima verbessert sich dadurch.

Stoßlüftung

Bei „ganz" geöffnetem Fenster vier bis zehn Minuten mehrmals täglich lüften (je kälter es ist, desto kürzer lüften)

Querlüftung

„Durchzug", alle Fenster zwei bis vier Minuten und mehrmals täglich öffnen).

Spaltlüftung

Spaltlüftung ist nicht zu empfehlen!

Bei dieser Lüftungsart („kippen") bleiben die Fenster oft sehr lange in der Kippstellung, dadurch kommt es während der kalten Jahreszeit zu unnötigen Energieverlusten. **Bild 4.97** zeigt Fenster in geöffneter Kippstellung. Dadurch kommt es zu erhöhten Lüftungswärmeverlusten, die durch eine gebäudethermografische Aufnahme (Wärmebildaufnahme, **Bild 4.98**) sichtbar gemacht werden können. Durch die stärkere Auskühlung der Fensterlaibung kann es zu Schimmelbefall kommen.

Unbeheizte oder weniger beheizte Räume sollten nicht durch die Raumluft anderer Räume mitbeheizt werden. Der in der Luft des wärmeren Raumes enthaltene Wasserdampf würde die relative Luftfeuchtigkeit in den kalten Räumen sehr schnell ansteigen lassen und sich als Tauwasser an den kälteren Oberflächen der Außenwände absetzen. Räume nicht zu stark auskühlen lassen!

Türen von Räumen mit viel Feuchtigkeitsanfall sollten geschlossen bleiben, damit die Feuchtigkeit nicht in der gesamten Wohnung verteilt wird. Große Dampfmengen (wie beim Duschen, Kochen etc.) gleich ins Freie ablüften und nach einer halben Stunde nochmals lüften. Schlafzimmer nach dem Aufstehen lüften und nach einer halben Stunde nochmals lüften.

Bild 4.97 Beispiel geöffnetes Fenster in „Kippstellung"

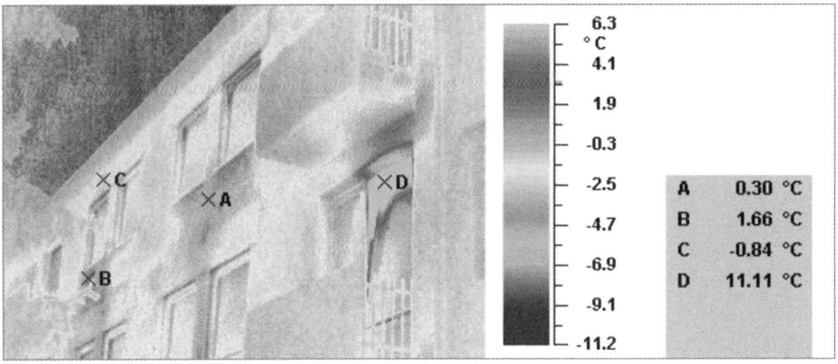

Bild 4.98 Lüftungswärmeverluste, „gekipptes" Fenster

4.5.3 Bauqualität bei der energetischen Modernisierung

Aspekte der Bauqualität

Das Bauen ist in den vergangenen Jahrzehnten durch verschiedene Rahmenbedingungen komplexer geworden, was dazu führt, dass der Erfolg des Bauprozesses und des Bauergebnisses von einer hohen Bauqualität abhängig ist. Gemäß dem geltenden Werkvertragsrecht sind Planer und Bauausführende verpflichtet, ein mangelfreies Werk zu erstellen und entsprechend den anerkannten Regeln der Technik sowie auf der Grundlage der vertraglichen Vereinbarungen zu planen und mit dem Ziel einer dauerhaften Gebrauchstauglichkeit zu bauen. Abweichungen in Form von Mängeln können zu erheblichen Einschränkungen führen, z. B. zu erheblichen Effizienz-, Nutzungskosten- und Komforteinbußen oder im schlechtesten Fall zu Bauschäden.

Die Aspekte der Bauqualität sind vielseitig. Sie betreffen nicht nur die Bautechnik, sondern ergeben sich insbesondere schon aus der Zielsetzung für ein Bauvorhaben. Sie beziehen sich folglich auf die Entwurfsqualität, die Nutzungsqualität sowie die Qualitäten und Kombinationen der verwendeten Baumaterialien und reichen bis zur Unterhaltung und dem Betrieb eines Gebäudes.

In einer aktuellen Studie des Instituts für Bauforschung e. V. (IFB) zum Thema der Entwicklung der Bauschäden und der Bauschadenkosten aus dem Jahr 2018 wird aufgezeigt, dass *„...die Schadenzahlen weiterhin ansteigen und die Bauschadenkosten z. T. noch deutlich höher einzuordnen sind als bislang angenommen. [...] Die aktuellen Untersuchungsergebnisse zur Entwicklung der Zahl der Bauschäden und zur Entwicklung der Bauschadenkosten geben weiterhin Anlass zur Besorgnis“*.

5.868 regulierungsrelevante Bauschäden aus den Jahren 2002 bis 2016 wurden in der Studie des IFB untersucht und in ausgewählte „Schadensstellen“ unterschieden (**Bild 4.99**).

Eine weitere Studie des IFB aus dem Jahr 2019 zur Bauqualität beim Neubau von Ein- und Zweifamilienhäusern zeigt durch eine Auswertung baubegleitender Qualitätskontrollen unabhängiger Bauherrenberater ebenfalls eine große Anzahl von dokumentierten Mängeln im Bereich Wärmedämmung, Schallschutz, Brandschutz (**Bild 4.100**).

Die Verteilung der Mängel im Bereich Wärmedämmung, Schallschutz, Brandschutz ergibt sich aus dem **Bild 4.101**. Mit insgesamt 263 Mängeln bei 100 untersuchten baubegleiteten Bauvorhaben umfasst der Bereich

Wärmedämmung, Schallschutz, Brandschutz den viertgrößten Anteil am gesamten Mängelaufkommen innerhalb Untersuchung. Die Bilder **4.102, 4.103** und **4.104** zeigen beispielhafte Mängel, die im Rahmen der Qualitätskontrolle durch einen baubegleitenden Bauqualitätssicherer festgestellt und dokumentiert wurden. Im Bild 4.102 unterbricht die Stahlstütze den hochdämmenden Mauerstein der ersten Steinschicht. Im Bild 4.103 und Bild 4.104 sind im Bereich der sogenannten „Z-Folie" des zweischaligen Mauerwerks mit Kerndämmung die Wärmedämmebenen unterbrochen.

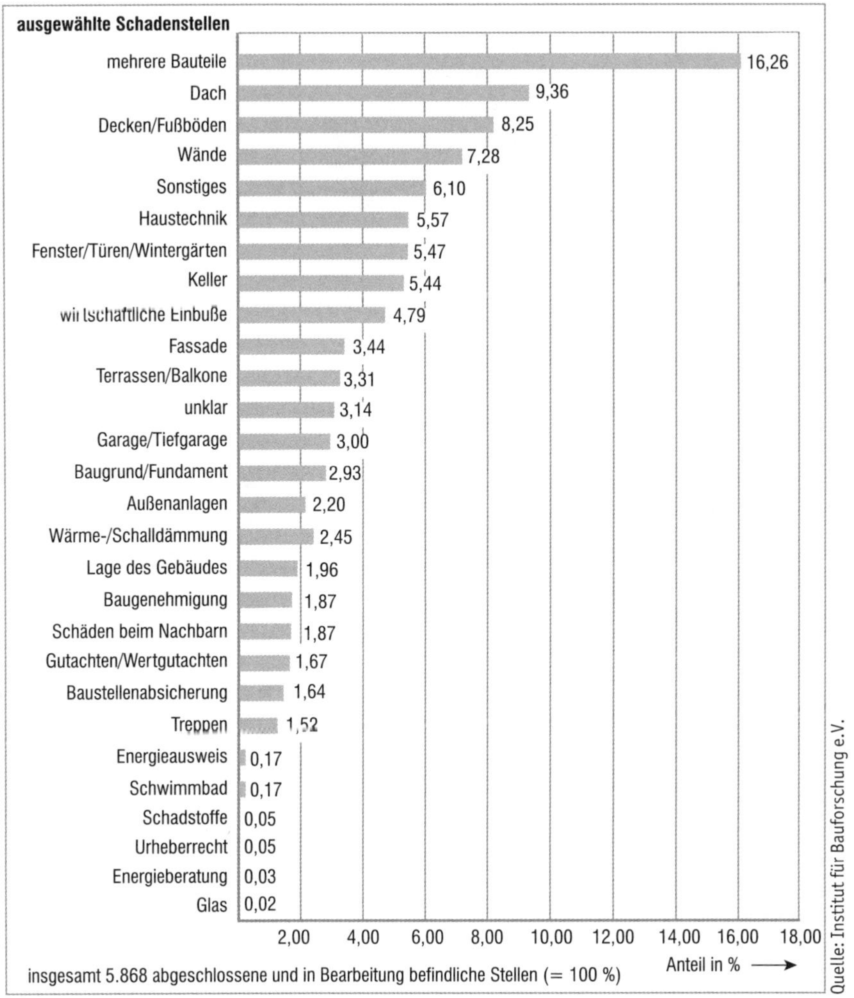

Bild 4.99 Prozentualer Anteil ausgewählter Schadenstellen am Gesamtschadenaufkommen

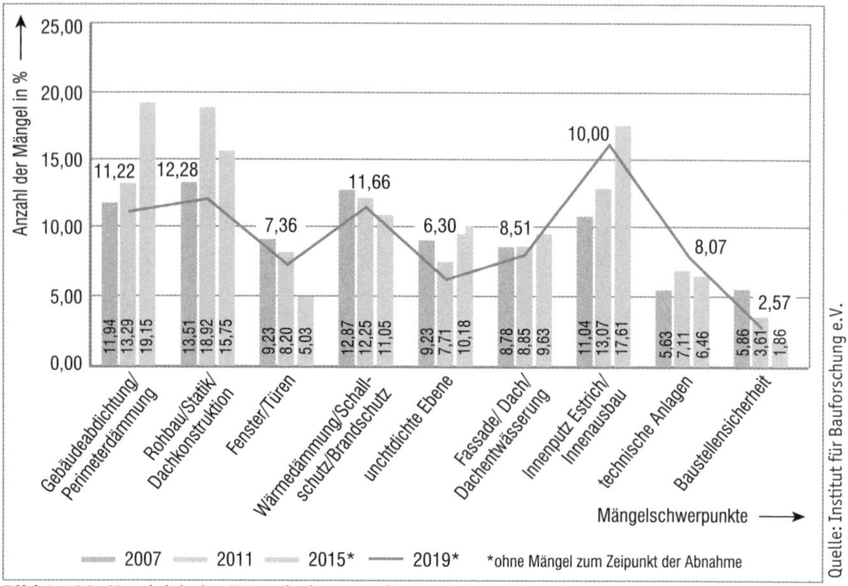

Bild 4.100 Vergleich der Mängelschwerpunkte nach Bereichen/Gewerken

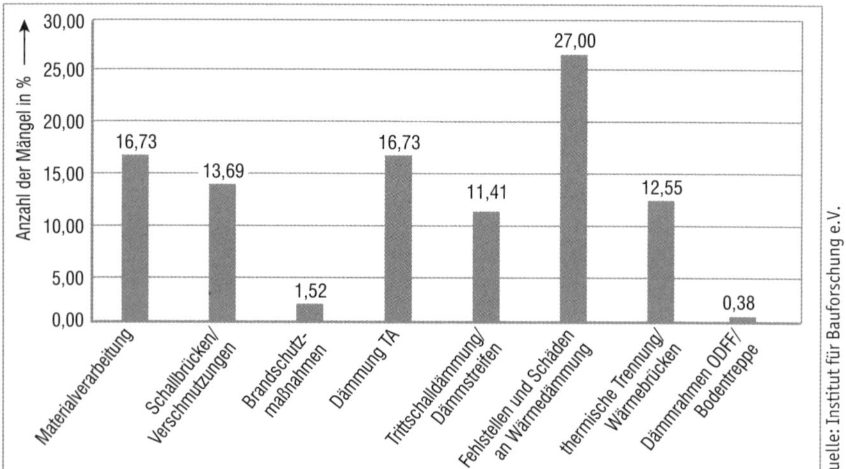

Bild 4.101 Mängel innerhalb des Bereichs „Wärmedämmung, Schallschutz, Brandschutz"

Rund 1/3 der Mängel aus dem Bereich Wärmedämmung, Schallschutz und Brandschutz entfielen auf den Teilbereich „Fehlstellen und Schäden an der Wärmedämmung". Die Anzahl der festgestellten Mängel insgesamt zeigte sich erhöht. Ausgehend von den reinen Mängelzahlen stellt die Studie

Bild 4.102 Beispiel für Mängel innerhalb des Bereichs Wärmedämmung

Bild 4.103 Beispiel für Mängel innerhalb des Bereichs Wärmedämmung

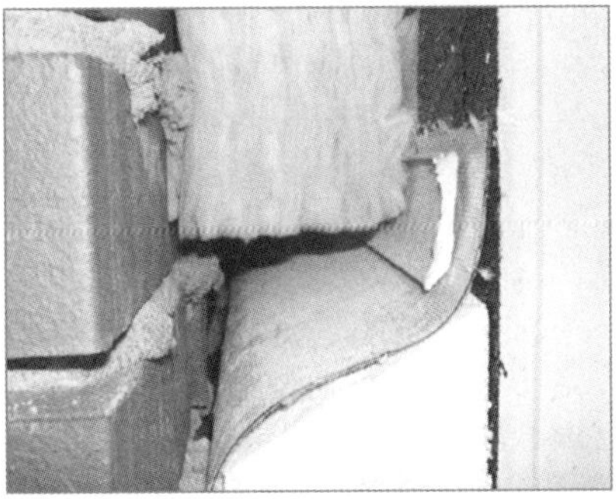

Bild 4.104 Beispiel für Mängel innerhalb des Bereichs Wärmedämmung

damit eine Verschlechterung der Bauqualität insgesamt fest. Gleichzeitig haben sich die Mängelschwerpunkte wahrnehmbar verschoben.

Die gewerkespezifischen Auswertungen der Untersuchung zeigten zwar, dass insbesondere die schweren konstruktiven Mängel im Bereich Rohbau, Statik, Dachkonstruktion weiter rückläufig sind, dass der Bereich „Fenster- und Türen" mittlerweile weniger Probleme bereitet und auch die Mängel im Bereich Wärmedämmung, Schallschutz, Brandschutz leicht zurückgehen. Dafür verschiebt sich das Mängelaufkommen aber deutlich hin zu Problemen im Bereich der Gebäudeabdichtung/Perimeterdämmung, bei denen die Folgen von unentdeckten Baumängeln in Form späterer Bauschäden oftmals ebenfalls schwerwiegend sind.

4.5.4 Risikopotenzial beim Einsatz von Wärmedämmstoffen

Das Institut für Bauforschung e.V. (Hannover) hat mit dem Forschungsbericht „Risikopotenzial von Wärmedämmstoffen – Entwicklung eines Katalogs zur Bewertung von Gefährdungspotenzialen" aus dem Jahr 2016 einen leicht anwendbaren Katalog zur Bewertung von Gefährdungspotenzialen bei dem Einsatz von Wärmedämmstoffen entwickelt.

Der Katalog dient als unkomplizierte Handlungshilfe bei der Auswahl der für eine Bauaufgabe jeweils geeigneten Wärmedämmstoffe und Dämmverfahren. Somit sind fehleranfällige Bauteile sowie kritische (Dämm-)Konstruktionen unter Beachtung bestimmter Rahmenbedingungen leichter zu identifiziert.

Bei Planung und Umsetzung eines Wärmedämmkonzeptes spielen die Eigenschaften der vorgesehenen Dämmstoffe als auch die vorgefundenen bauphysikalischen Rahmenbedingungen eine große Rolle. Dies ist grundsätzlich auch in Hinblick auf den Feuchte-, Schall- und Brandschutz zu beachten.

Wärmeschutz

Die normative Regelung des baulichen Wärmeschutzes erfolgt hauptsächlich durch die DIN 4108-2, in der zwischen dem winterlichen und den sommerlichen Wärmeschutz unterschieden wird. Die normative Definition des winterlichen Wärmeschutzes beinhaltet die Vermeidung von feuchtebedingten Bauschäden durch einen festgelegten Mindestwärmeschutz. Da sich die wärmeschutztechnischen Anforderungen an Gebäude sukzessive erhöhen, ist insbesondere die Begrenzung der Transmissionswärmeverluste (Wärmeverlust durch die wärmeübertragenden Umfassungsflächen eines Gebäudes) von besonderer Bedeutung. Der sommerliche Wärmeschutz dagegen bezweckt eine Begrenzung der durch die Sonneneinstrahlung verursachten Aufheizung von Räumen, um ein behagliches Raumklima zu gewährleisten.

Der Wärmeschutz eines Raumes, d.h. der Wärmeverlust im Winter und die raumklimatische Belastung im Sommer, ist nach DIN 4108-2 u.a. abhängig von folgenden Faktoren:

- Wärmedurchgangskoeffizient (*U*-Wert) der Bauteile und deren Anteil an der wärmeübertragenden Umfassungsfläche,
- Anordnung der einzelnen Schichten bei mehrschichtigen Bauteilen sowie die wirksame Wärmespeicherfähigkeit der Gebäudehüllflächen,
- Vermeidung von Wärmebrücken (z.B. Gebäudekanten, Deckenanbindungen, Heizkörpernischen, auskragende Balkonplatten) und die damit verbundenen reduzierten Innenoberflächentemperaturen, die auch das Wachstum von Schimmelpilzen beeinflussen,
- Gesamtenergiedurchlassgrad von Verglasungen sowie Orientierung und Größe der Fenster unter Berücksichtigung von Sonnenschutzmaßnahmen sowie
- Luftdichtheit von Bauteilen und deren Anschlüssen.

Feuchteschutz

Für die bauphysikalische Bewertung des Feuchteschutzes ist die DIN 4108-3 anzuwenden. Enthalten sind neben den Anforderungen an den Tauwasserschutz von Bauteilen u.a. feuchteschutztechnische Hinweise für die Planung und Ausführung von Hochbauten. Das Feuchteverhalten eines Bauteils ist grundsätzlich abhängig von folgenden Stoffeigenschaften:

- **Hygroskopizität**
  Damit wird die Eigenschaft eines Baustoffes bezeichnet, Luftfeuchte aus der Umgebungsluft aufzunehmen und zu binden. In Abhängigkeit von der relativen Luftfeuchte stellt sich eine Gleichgewichtsfeuchte ein.
  Je nach Feuchteaufnahmevermögen und Reaktionsgeschwindigkeit wirkt der Baustoff mehr oder weniger regulierend auf die Raumfeuchte.
- **Kapillare Leitfähigkeit**
  Die kapillare Leitfähigkeit ist die Grundlage für die Aufnahme, den Transport und die Abgabe von Wasser. Sie hat ihren Ursprung im Porengefüge des Baustoffes, im sogenannten Kapillarsystem. Das enthaltene Kapillarwasser wandert immer zur trockenen Seite des Bauteils.
- **Wasserdampfdiffusionsfähigkeit**
  Mit dem Wasserdampfdiffusionswiderstand (μ-Wert) wird ausgedrückt, wie groß bzw. wie gering die Fähigkeit eines Bauteils oder Baustoffes ist, den „Durchgang" (Diffusion) von Wasserdampf zu verhindern. Dieser diffundiert aufgrund eines Dampfdruckgefälles zur kalten Seite des Bauteils oder bei gleicher Temperatur zur Seite der geringeren Luftfeuchte.
  Liegt der Taupunkt des Wasserdampfes im äußeren Drittel der Außenwand, kann der Wasserdampf meist schnell an die Oberfläche transportiert werden und durch eine diffusionsoffene Oberfläche verdunsten. Je weiter der Taupunkt in das Innere der Wand verschoben wird, desto weiter ist der Weg bis zur Verdunstung. Wird auf der Innenseite des Bauteils eine Dämmung aufgebracht, kann die Temperatur schon direkt hinter der Dämmung derart absinken, dass der Wasserdampf an der kalten Seite kondensiert. Um dies zu verhindern, sollten nach Möglichkeit kapillaraktive, diffusionsoffene Innendämmsysteme verwendet werden. Bei konstruktivem Erfordernis einer Dampfbremse können feuchteadaptive Produkte verwendet werden, bei der sich der Dampfdiffusionswiderstand in Abhängigkeit von der Luftfeuchte ändert.

Brandschutz

Durch Gesetze, Vorschriften und Richtlinien zum baulichen Brandschutz sollen gesellschaftlich vereinbarte Schutzziele erreicht werden, auf die jeder Bewohner oder Benutzer einer baulichen Anlage einen Anspruch hat. Jeder Art von baulichen Brandschutzmaßnahmen liegt in Deutschland die Musterbauordnung (MBO) zugrunde. Hier wird für alle baulichen Anlagen die grundlegende Forderung formuliert, dass der Entstehung eines Brandes und der Ausbreitung von Feuer und Rauch vorzubeugen ist. Im Brandfall müssen alle Vorkehrungen für die Rettung von Menschen und Tieren sowie für wirksame Löscharbeiten möglich sein. Neben der Sicherung von Flucht- und Rettungswegen kommt der Auswahl der Baustoffe eine besondere Bedeutung zu.

Baustoffe und Bauteile müssen einem Brand grundsätzlich eine bestimmte Zeit standhalten. Allgemeine Anforderungen an das Brandverhalten von Baustoffen und Bauteilen sind § 26 MBO zu entnehmen. Demnach werden Baustoffe nach den Anforderungen an ihr Brandverhalten unterschieden in

- nicht brennbar,
- schwer entflammbar und
- normal entflammbar.

Baustoffe, die nicht mindestens normal entflammbar sind (leicht entflammbare Baustoffe), dürfen nicht verwendet werden. Damit ergibt sich die bauaufsichtliche Forderung, dass grundsätzlich Angaben zum Brandverhalten der verwendeten Baustoffe gemacht werden müssen. Die Unterscheidung von Bauteilen erfolgt nach den Anforderungen an ihre Feuerwiderstandsfähigkeit in feuerbeständig, hochfeuerhemmend und feuerhemmend. Die Feuerwiderstandsfähigkeit bezieht sich bei tragenden und aussteifenden Bauteilen auf deren Standsicherheit im Brandfall, bei raumabschließenden Bauteilen auf deren Widerstand gegen Brandausbreitung.

Die brandschutztechnischen Anforderungen an Baustoffe sind in Deutschland in der DIN 4102-1 geregelt. Auf europäischer Ebene werden die (einheitlichen) Anforderungen für den Brandschutz in der Normenreihe DIN EN 13501-1 festgelegt. Anders als in der deutschen Klassifizierung mit den fünf Baustoffklassen A1 und A2 (nicht brennbar) sowie B1 (schwer entflammbar), B2 (normal entflammbar) und B3 (leicht entflammbar) erfolgt die Einstufung der Baustoffe in die sieben Euroklassen A1, A2, B, C, D, E und F. Daneben werden Brandnebenerscheinungen wie Rauchentwicklung und brennendes Abtropfen/Abfallen von Baustoffen berücksichtigt.

Schallschutz

Maßgeblich für die Schallausbreitung in Gebäuden ist die Schalldämmung der vorhandenen Bauteile. Der bauliche Schallschutz von Gebäuden zielt daher auf eine Begrenzung der Schallausbreitung in Aufenthaltsräumen. Allgemeine Anforderungen an den Schallschutz von Gebäuden sind der MBO § 15 zu entnehmen. Demnach müssen Gebäude einen ihrer Nutzung entsprechenden Schallschutz aufweisen. Differenzierter äußert sich die DIN 4109-1, die in Deutschland das maßgebliche Dokument für den Schallschutz im Hochbau darstellt. Danach sollte die Planung des Schallschutzes raumweise in Abhängigkeit von Nutzung und maßgeblichem Außenlärmpegel erfolgen. Die Norm enthält insbesondere Anforderungswerte für die Luft- und Trittschalldämmung von Bauteilen sowie zulässige Schalldruckpegel von Geräuschen aus gebäudetechnischen Anlagen. Bei diesen Werten handelt es sich um Mindestanforderungen, die nicht mehr den anerkannten Regeln der Technik entsprechen. Der mittlerweile übliche Qualitäts- und Komfortstandard im Schallschutz lasst sich erreichen durch die Anwendung der erhöhten Anforderungen nach Beiblatt 2 der DIN 4109-1 oder der VDI 4100.

Umweltverträglichkeit

Die Auswahl und Verwendung von Materialien vor dem Hintergrund ihrer Umweltverträglichkeit umfasst im Wesentlichen die Bewertung und Berücksichtigung des Lebenszyklus von Materialien. Dieser wird insbesondere im Rahmen der Bewertung und Zertifizierung des nachhaltigen Bauens betrachtet und bezieht die Stadien der Rohstoffgewinnung, der Materialherstellung, der Verarbeitung, des Transports, der Nutzung, der Nachnutzung und der Entsorgung mit ein. Insbesondere die DIN EN ISO 14040 und 14044 spielen mit der Methodik des Life Cyle Assessments (LCA, Ökobilanzierung) eine wesentliche Rolle im Rahmen der Bewertung der Umweltwirkungen von Prozessen, die damit in Verbindung stehen. Diese Betrachtung findet nach der Nutzung im Rahmen der verschiedenen Gebäudezertifizierungen (BNB, DGNB, LEED, BREAM) zunehmend Eingang in den Planungsalltag von Architekten und Ingenieuren. Dabei werden im Rahmen der Auswahl von Baustoffen und -produkten die Schwerpunkte der ökologischen Materialbetrachtung (Bauökologie und Baubiologie) gleichermaßen betrachtet.

Die Grundidee, ausschließlich geschlossene Stoffkreisläufe zu nutzen, ist mittlerweile in zahlreichen rechtlichen Rahmenbedingungen festgeschrieben, so z. B. in der EU-Bauproduktenverordnung, im Kreislaufwirtschaftsgesetz und in der Rücknahmeverordnung. Daneben finden zunehmend Vermeidungs- und Optimierungsstrategien Anwendung. Die zu planenden und zu errichtenden Gebäude müssen in ihrer Gesamtheit die Anforderungen erfüllen. Eine separierte Betrachtung kann sich lediglich auf einzelne Schutzziele (z. B. Schadstoffvermeidung, schadstoffarme Innenraumluft) oder Bewertungskriterien (z. B. Ressourcenschonung, Recyclingfähigkeit) beziehen, die jeweils im Zusammenhang der Konstruktion, Bauteilkombination und Nutzung andere Ergebnisse aufzeigt.

Recycling/Wiederverwendung

Dem Recycling (der Wiederverwertung) und der Wiederverwendung als Teil der Umweltverträglichkeit im Sinne der Rückführung in den Stoffkreislauf fällt eine wesentliche Rolle zu. Grundvoraussetzung dafür ist in der Regel eine sortenreine Trennung der Komponenten/Bestandteile, die heute mehrheitlich zum Zeitpunkt des Ausbaus oder Rückbaus nicht sichergestellt werden kann.

4.5.5 Wärmedämmstoffe

Wärmedämmstoffe sind Materialien, deren bauphysikalische Eigenschaft spezifische Wärmeleitfähigkeit unter 0,1 W/mK liegt. Das Kriterium der Wärmeleitfähigkeit, der sogenannte λ-Wert, stellt eine wesentliche Eigenschaft der Wärmedämmstoffe dar. Hiermit wird der Wärmestrom beschrieben, der bei einem Temperaturunterschied von 1 Kelvin (K) eine 1 m^2 große und 1 m dicke Schicht des jeweiligen Materials durchdringt. Daraus folgt, dass eine möglichst geringe Wärmeleitfähigkeit zu einer guten Wärmedämmwirkung führt. Praxisübliche Wärmedämmstoffe weisen derzeit λ-Werte zwischen 0,025 W/mK und 0,040 W/mK auf. Je nach Anwendungsgebiet werden durch die DIN 4108-10 bestimmte Wärmedämmstoffe vorgeschrieben.

Wärmedämmstoffe werden entsprechend ihrer Rohstoffbasis in anorganische (mineralische) und organische Materialien unterteilt. Eine zusätzliche Einteilung dieser beiden Gruppen kann im Hinblick auf deren Erzeugung in synthetische und natürliche Dämmstoffe erfolgen.

Daraus ergeben sich folgende vier Dämmstoffgruppen:

- anorganische, synthetische Dämmstoffe, z. B. Mineralwolle, Calciumsilikat, Schaumglas,

- Anorganische, natürliche Dämmstoffe, z. B. Blähperlite, Blähton,
- organische, synthetische Dämmstoffe, z. B. expandierter/extrudierter Polystyrolschaum, Polyurethan-Hartschaum,
- organische, natürliche Dämmstoffe, z. B. Schafwolle, Flachs, Hanf, Holz.

Folgend werden die Wärmedämmstoffe beispielhaft beschrieben, die als „klassisch" betrachtet, d.h. in der Baupraxis überwiegend verwendet werden. Dazu zählen neben Mineralwolledämmstoffen (MW) Schaumkunststoffe wie expandiertes Polystyrol (EPS) und extrudiertes Polystyrol (XPS), Polyurethan-Hartschäume (PUR), Calciumsilikat- (CS), Blähperlite- (EP) und Holzfaserdämmstoffe (WF).

Mineralwolle (MW)

Bei Mineralwolledämmstoffen handelt es sich um anorganische Dämmstoffe, die zur Gruppe der künstlichen Mineralfasern (KMF) gehören. KMF werden aus geschmolzenem Glas oder Stein hergestellt und auch als Glas- oder Steinwolle bezeichnet. Mineralwolle-Dämmstoffe sind in Form von Matten und Platten sowie lose als Schüttung und als Stopfwolle erhältlich. Eingesetzt wird Mineralwolle auf Grund ihrer bauphysikalischen Eigenschaften insbesondere zur Wärme- und Schalldämmung, wobei sie für nahezu alle Anwendungsbereiche am Gebäude eingesetzt werden können.

Blähperlit, expandierte Perlite (EP)

Bei Blähperlit handelt es sich um ein anorganisches, künstlich erzeugtes Dämmstoffgranulat aus vulkanischem Perlitgestein. Durch schlagartiges Erhitzen auf über 1.000 °C verdampft das im Gestein eingeschlossene Wasser und bläht es bis zum 20-fachen seines ursprünglichen Volumens auf. Blähperlit ist vorwiegend als lose Schüttung erhältlich und eignet sich insbesondere zur Wärme- und/oder Schalldämmung in Hohlräumen wie Fußböden, Decken und Wänden.

Calciumsilikat (CS)

Bei Calciumsilikat handelt es sich um einen anorganischen, künstlich erzeugten Dämmstoff, der aus einem Gemisch aus Calciumoxid (Branntkalk), Siliziumdioxid, Flugasche und Wasser unter Dampfdruck hergestellt wird. Charakteristisch für die so entstehenden Dämmplatten ist die hohe kapillare Saugfähigkeit. Calciumsilikat-Dämmplatten werden vorwiegend im Bereich der Gebäudesanierung zur nachträglichen Innendämmung von Außenwänden und Decken eingesetzt.

Polystyrol-Hartschaum, expandiert (EPS)/extrudiert (XPS)

Bei Polystyrol-Hartschäumen handelt es sich um organische, künstlich erzeugte Dämmstoffe, die zur Gruppe der Schaumkunststoffe gehören. Hierzu zählen u. a. expandiertes Polystyrol (EPS) und extrudiertes Polystyrol (XPS). Beide Dämmstoffe sind in Form von Platten erhältlich. Eingesetzt werden EPS und XPS hauptsächlich zur Wärmedämmung, wobei die Dämmstoffe für nahezu alle Anwendungsbereiche am Gebäude geeignet sind. EPS wird überwiegend im Bereich Außendämmung von Wänden und Flachdächern sowie im Innenbereich als Trittschalldämmung eingesetzt. XPS ist v. a. geeignet für stark beanspruchte, erdberührte Bauteile (Perimeterdämmung).

Polyurethan-Hartschaum (PUR)

Bei Polyurethan-Hartschäumen handelt es sich um organische, künstlich erzeugte Dämmstoffe, die zur Gruppe der Schaumkunststoffe gehören. Hierzu zählen PUR-Hartschaum und die PIR (Polyisocyanurat)-modifizierte Variante. PUR/PIR-Hartschäume werden hauptsächlich aus Polyolen und Isocyanaten hergestellt. Polyurethan-Hartschäume sind als Platten erhältlich, die üblicherweise mit einer Kaschierung aus Mineralvlies oder Aluminiumfolie versehen sind. Eingesetzt werden die Dämmstoffe zur Wärmedämmung, wobei Polyurethan-Hartschäume für nahezu alle Anwendungsbereiche am Gebäude geeignet sind.

Holzfasern (WF)

Bei Holzfaserdämmstoffen handelt es sich um organische, nachwachsende Faserdämmstoffe. Holzfaserdämmstoffe werden aus Weichholzfasern von Fichten oder Tannen hergestellt, die in loser Form als Einblasdämmung sowie als Dämmplatten erhältlich sind. Eingesetzt werden Holzfaserdämmstoffe vor allem zur Wärmedämmung in Holzkonstruktionen (z. B. Holzrahmen- und Holztafelbauweise), aber auch im Massivbau. Besonders geeignet sind Holzfaserdämmstoffe zur Wärmedämmung von Boden, Decken, Dächern und Wänden. Auch als Trittschalldämmung im Fussbodenbereich sind Holzfaserdämmstoffe einsetzbar. **Bild 4.105** zeigt den Einsatz als Trittschalldämmplatte auf einer Ausgleichsschüttung. **Bild 4.106** zeigt eine druckfeste Holzfaserdämmplatte als geklemmte Zwischensparrendämmung.

Bild 4.105 Holzfaser-Trittschalldämmplatten

Bild 4.106 Holzfaserdämmplatte, eingesetzt als Flachdachdämmplatte

5 Gebäude-Energiemanagement

Prof. Dr.-Ing. Martin Pfeiffer

In diesem Kapitel wird Gebäude-Energiemanagement zunächst allgemein in Schritten, danach im Rahmen des Kontinuierlichem Verbesserungsprozesses (KVP) und zuletzt nach ausgewählten Aspekten der DIN EN ISO 50001 zu Wohn- und Nichtwohngebäuden in Deutschland dargestellt.

Unter dem Begriff „Energiemanagement" (EM) wird die Gesamtheit aller Überlegungen, Planungen und Ausführungen zu Bedarf, Auswahl, Einrichtung und Betrieb energietechnischer Einrichtungen verstanden. Neben technischen Maßnahmen umfasst EM auch organisatorische Maßnahmen.

5.1 Gebäude-Energiemanagement – erste Schritte

In diesem Abschnitt werden allgemein erste Schritte eines Gebäude-Energiemanagements für Wohn- und Nichtwohngebäude in Deutschland dargestellt (**Bild 5.1**). Basis hierfür ist die DIN EN ISO 50001. Generelles Ziel der DIN EN ISO 50001 für Wohn- und Nichtwohngebäude ist, Verantwortliche beim Aufbau von Systemen und Prozessen zur Verbesserung der Gebäude-Energieeffizienz zu unterstützen. Ein systematisches Gebäude-Energiemanagement sollte zu Reduzierungen sowohl der Kosten als auch der Treibhausgasemissionen führen.

Die DIN EN ISO 50001 beschreibt Anforderungen an Energiemanagementsysteme, um Verantwortliche von Wohn- und Nichtwohngebäuden in die Lage zu versetzen, Grundsätze und Ziele unter Berücksichtigung gesetzlicher Anforderungen und Informationen zu wesentlichen energetischen Aspekten zu entwickeln sowie umzusetzen. Sie soll auf jedwedes Gebäude-Energiemanagement von Wohn- und Nichtwohngebäuden Anwendung finden, unabhängig von geografischen, kulturellen und sozialen Rahmenbedingungen. Die Norm findet auf die von einer Organisation beeinflussbaren Aktivitäten Anwendung und kann entweder eigenständig oder in Verbindung mit anderen Managementsystemen angewendet werden; sie entspricht in der Normenstruktur z. B. der DIN EN ISO 14001.

> Der Erfolg eines Gebäude-Energiemanagementsystems für Wohn- und Nichtwohngebäude ist abhängig von der Verpflichtung aller Ebenen und Funktionen der verantwortlichen Organisationen, insbesondere des sogenannten „Top-Managements".

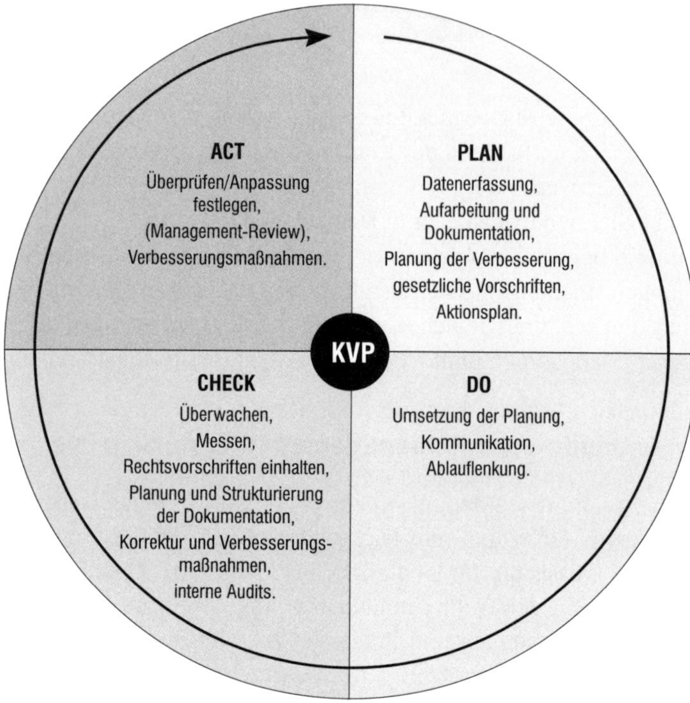

Bild 5.1 Bausteine eines Energiemanagements für Wohn- und Nichtwohngebäude im PDCA-Zyklus mit KVP

Ein derartiges System ermöglicht es verantwortlichen Organisationen von Wohn- und Nichtwohngebäuden, eine eigene „Energiepolitik" zu entwickeln, Ziele und Prozesse zu definieren, die notwendigen Maßnahmen zur Verbesserung ihrer Gebäude-Energiemanagementleistungen zu ergreifen und die Übereinstimmung ihres Gebäude-Energiemanagementsystems mit den Anforderungen der DIN EN ISO 50001 zu demonstrieren. Dabei besteht ein wichtiger Unterschied zwischen der DIN EN ISO 50001, die Anforderungen an das Gebäude-Energiemanagementsystem auch für Wohn- und Nichtwohngebäude beschreibt und auch zur Zertifizierung oder Registrierung dieses Energiemanagementsystems bzw. für eine diesbezügliche Selbsterklärung herangezogen werden kann, und z. B. einer nicht zertifizierbaren Leitlinie zum Zweck einer grundlegenden Hilfestellung bei Aufbau, Einführung oder Verbesserung von Energiemanagementsystemen.

Gebäude-Energiemanagement umfasst eine große Bandbreite von Inhalten und Komponenten, einschließlich solcher mit strategischen und wettbewerblichen Auswirkungen. Die Darlegung einer erfolgreichen Umsetzung eines Gebäude-Energiemanagementsystems nach der DIN EN ISO 50001 kann von Verantwortlichen dazu verwendet werden, interessierte Kreise zu Wohn- und Nichtwohngebäuden von der Existenz eines adäquaten Gebäude-Energiemanagementsystems zu überzeugen.

Die DIN EN ISO 5001 enthält nur solche Anforderungen, die in objektiver Weise auditiert werden können. Sie beschreibt keine absoluten Anforderungen bezüglich der energetischen Leistung jenseits der von einer Organisation mittels der eigenen Energiepolitik eingegangenen Verpflichtungen und Notwendigkeiten zur Einhaltung relevanter gesetzlicher Bestimmungen. Demzufolge können beispielsweise zwei Organisationen von Nichtwohngebäuden mit vergleichbarer Geschäftstätigkeit, aber unterschiedlicher Energiepolitik die Anforderungen dieser Norm erfüllen.

Die Anwendung der DIN EN ISO 50001 für ein Gebäude-Energiemanagement von Wohn und Nichtwohngebäuden könnte beispielsweise beim Aufbau eines kontinuierlichen Verbesserungsprozesses helfen, der zu einer effizienteren Energienutzung führt. Sie wird im Gebäude-Energiemanagement die Einführung von Energie-Überwachungsplänen und Durchführung von Energieanalysen, -maßnahmen und -kontrollen im Rahmen von Wohn- und Nichtwohngebäude-Lebenszyklen fördern.

Die Anforderungen der DIN EN ISO 50001 können an diejenigen anderer Managementsysteme, wie z.B. Qualitäts- Umwelt-, Arbeitsschutz-, Finanz- oder Risikomanagement, angepasst oder in diese integriert werden. Für Wohn- und Nichtwohngebäude verantwortliche Organisationen haben die Möglichkeit, ihre bestehenden Managementsysteme mit dem Ziel anzupassen, Gebäude-Energiemanagementsysteme in Übereinstimmung mit der DIN EN ISO 50001 aufzubauen.

Der Detaillierungsgrad und die Komplexität eines solchen Energiemanagementsystems ist ebenso wie der Umfang der Dokumentation und der erforderlichen Ressourcen abhängig von einer Reihe von Aspekten – beispielsweise der Größe der Organisationen, den Anwendungsbereichen der Systeme, Formen ihrer Nutzung, der Tätigkeiten, Produkte sowie Leistungen.

Anforderungen an die Einführung, Verwirklichung, Aufrechterhaltung und Verbesserung von Energiemanagementsystemen zu Wohn- und Nichtwohngebäuden regelt die DIN EN ISO 50001. Solche Systeme berücksichtigen gesetzliche Anforderungen, die von den Organisationen erfüllt werden müssen, sowie anderweitige Verpflichtungen für die Organisationen. Es versetzt die Organisationen in die Lage, Energieeffizienz durch systematische Ansätze mit Gebäude-Energiemanagement kontinuierlich zu verbessern.

Auch legt die DIN EN ISO 50001 Anforderungen für eine kontinuierliche Verbesserung zur effizienteren und nachhaltigeren Energienutzung unabhängig von den Energieformen fest. Sie macht keine Aussagen zu spezifischen Kriterien für die energetische Leistung und ist auf jede Organisation auch von Wohn- und Nichtwohngebäuden anwendbar, die die Konformität mit ihrer erklärten Energiepolitik sicherstellt und dies auch nach außen hin darstellen möchte. Eine diesbezügliche Bestätigung kann entweder durch eine Selbstbewertung und Selbsterklärung oder durch die Zertifizierung des Energiemanagementsystems durch eine externe Organisation erfolgen.

5.1.1 Ermittlung und Überprüfung von Energieaspekten

Die verantwortlichen Organisationen von Wohn- und Nichtwohngebäuden müssen ihre Energieaspekte erstmalig ermitteln und überprüfen. Diese Ermittlungen und Überprüfungen sollen in vorgegebenen Zeitabständen aktualisiert werden und die wesentlichen Energieaspekte für weitergehende Analysen nach Prioritäten strukturieren.

Die Ermittlung und die Überprüfung von Energieaspekten müssen Folgendes beinhalten:

- frühere und aktuelle Energieverbräuche sowie frühere und aktuelle Energiefaktoren auf Basis von Messungen und anderen Daten,
- Identifikation von Bereichen mit erheblichen Energieverbräuchen und insbesondere mit wesentlichen Veränderungen der Energienutzung während der letzten Perioden,
- Abschätzung der zu erwartenden Energieverbräuche während der folgenden festgelegten Perioden,
- Identifikation jener Personen, die für die verantwortlichen Organisationen intern und extern arbeiten und deren Aktivitäten zu wesentlichen Veränderungen der Energieverbräuche führen können sowie
- Identifikation und Priorisierung von Möglichkeiten zur Verbesserung der Energieeffizienz. Die Organisationen müssen Listen der Möglichkeiten für Energieeinsparungen führen.

Die Überprüfungen von Energieaspekten sind zu dokumentieren.

5.1.2 Rechtliche Verpflichtungen und andere Anforderungen

Die verantwortlichen Organisationen von Wohn- und Nichtwohngebäuden müssen:

- geltende rechtliche Verpflichtungen sowie andere Anforderungen, zu denen sich die Organisationen bezüglich ihrer Energieaspekte verpflichtet haben, ermitteln und Zugang zu diesen haben sowie
- bestimmen, wie diese Anforderungen auf ihre Energieaspekte anwendbar sind.

Die Organisationen von Wohn- und Nichtwohngebäuden müssen sicherstellen, dass diese rechtlichen Verpflichtungen und andere Anforderungen, zu denen sich die Organisationen verpflichtet haben, in den Gebäude-Energiemanagementsystemen berücksichtigt werden.

5.1.3 Strategische und operative Energieziele und Programme

Alle relevanten Funktionen und Ebenen der Organisationen von Wohn- und Nichtwohngebäuden müssen dokumentierte strategische und operative Energieziele einführen, verwirklichen und aufrechterhalten. Diese strategischen und operativen Ziele müssen im Einklang mit der Energiepolitik stehen, einschließlich der Verpflichtung zur Verbesserung der Energieeffizienz und der Einhaltung geltender rechtlicher Bestimmungen sowie anderer Anforderungen, zu denen sich die Organisation verpflichtet hat.

Die Organisation muss spezifische operative Ziele für diejenigen beeinflussbaren Parameter festlegen, die wesentlichen Einfluss auf die Energieeffizienz haben. Die strategischen und operativen Energieziele müssen messbar, dokumentiert und mit einem Zeitrahmen für ihre Erreichung versehen sein. Bei der Festlegung operativer Ziele muss die Organisation sowohl die wesentlichen Energieaspekte als auch ihre technologischen Optionen sowie finanzielle, betriebliche und geschäftliche Rahmenbedingungen betrachten, ebenso die rechtlichen Verpflichtungen und die Sicht interessierter Kreise.

Die Organisation muss Gebäude-Energiemanagementprogramme ausarbeiten und aufrechterhalten, die Folgendes beinhalten müssen:

- Festlegung der Verantwortlichkeiten sowie
- Mittel und Zeitrahmen für das Erreichen der einzelnen operativen Ziele.

Die strategischen und operativen Energieziele sowie Energieprogramme müssen dokumentiert sein und in vorgegebenen Zeitintervallen aktualisiert werden.

5.1.4 Ressourcen, Aufgaben, Verantwortlichkeiten und Befugnisse

Die für Wohn- und Nichtwohngebäude verantwortlichen Organisationen müssen die Verfügbarkeit der benötigten Ressourcen für Einführung, Verwirklichung, Aufrechterhaltung und Verbesserung eines Gebäude-Energiemanagementsystems sicherstellen. Diese Ressourcen umfassen Kapital, menschliche Arbeitskraft, Materie, Technik und Energie sowie Zeit. Aufgaben, Verantwortlichkeiten und Befugnisse müssen festgelegt, dokumentiert und kommuniziert werden, um ein wirkungsvolles Gebäude-Energiemanagement zu erleichtern.

5.1.5 Überprüfung und Messung

Verantwortliche Organisationen von Wohn- und Nichtwohngebäuden müssen die Anforderungen an Messung, Überwachung und Zielsetzung ihrer Gebäude-Energiemanagementprogramme aufstellen und beschreiben. Es müssen auch Pläne für Energiemessungen festgelegt und verwirklicht werden.

Die Organisationen müssen die wesentlichen Energieverbräuche sowie die damit verbundenen Energiefaktoren in festgelegten Zeitabständen messen, überwachen und aufzeichnen, sowie sicherstellen, dass die Genauigkeit und Reproduzierbarkeit der Mess- und Überwachungseinrichtungen den jeweiligen Aufgaben angemessen sind. Entsprechende Aufzeichnungen müssen vorgehalten werden.

Organisationen müssen im Gebäude-Energiemanagement auch für jeden praktikablen Fall die Beziehung zwischen Energieverbrauch und den damit verbundenen Energiefaktoren definieren und in festgelegten Zeitabständen den tatsächlichen Energieverbrauch im Vergleich zum erwarteten bewerten. Außerdem müssen sie entsprechende Aufzeichnungen über alle wesentlichen ungeplanten Abweichungen vom erwarteten Energieverbrauch, einschließlich der Gründe und Abhilfemaßnahmen, vorhalten. Die Beziehungen von Energieverbrauch und Energiefaktoren müssen in festgelegten Zeitabständen überprüft und bei Bedarf überarbeitet werden.

Wann immer möglich, müssen die verantwortlichen Organisationen die Indikatoren ihrer energetischen Leistungen mit ähnlichen internen oder externen Organisationen oder Konstellationen im Rahmen des Gebäude-Energiemanagements vergleichen.

5.1.6 Bewertung der Einhaltungen von Rechtsvorschriften

Entsprechend ihrer Verpflichtungen zur Einhaltung von Rechtsvorschriften müssen verantwortliche Organisationen für Gebäude-Energiemanagement von Wohn- und Nichtwohngebäuden die Einhaltung rechtlicher Bestimmungen und anderer eingegangener Verpflichtungen, zumindest soweit diese im Anwendungsbereich der DIN EN ISO 50001 von Bedeutung sind, regelmäßig bewerten. Die Organisation muss zudem Aufzeichnungen über die Ergebnisse ihrer regelmäßigen Bewertungen aufbewahren.

5.1.7 Nichtkonformität, Korrektur- und Vorbeugungsmaßnahmen

Im Gebäude-Energiemanagement von Wohn- und Nichtwohngebäuden muss eine verantwortliche Organisation Nichtkonformitäten ermitteln und bearbeiten, indem sie in angemessener Weise und innerhalb einer festgelegten Frist Korrektur- und Vorbeugungsmaßnahmen ergreift. Die Organisationen müssen auch entsprechende relevante Dokumentationen in Übereinstimmung mit gesetzlichen und/oder dokumentierten Fristen aufbewahren. Es bleibt dabei den Organisationen überlassen, zu entscheiden, in welcher Weise bei Nichtkonformitäten Maßnahmen ergriffen werden. Dies beinhaltet die Festlegung von Kriterien, bei welcher Art von Nichtkonformität überhaupt Maßnahmen notwendig sind.

5.1.8 Vorgehensweise der Analyse

Für Ist-Analysen zu Wohn- und Nichtwohngebäuden, insbesondere als gewerkeübergreifende Analysen zu Energieverbräuchen, sollten als Basis für die nächsten Schritte wichtige energierelevante Daten angelegt werden. Dabei sind Datenblätter (**Bild 5.2**) zur Analyse, z. B. in Form von Excel-Tabellen, eine hilfreiche Unterstützung.

Ergebnis entsprechender Datenerfassungen zu Wohn- und Nichtwohngebäuden sind Auflistungen insbesondere von Kenngrößen zu Energieanwendungen, Verteilsystemen und Energieumwandlungen. Im Rahmen von Aufbereitung, Bilanzierung und Auswertung der Daten werden die in den Wohn- und Nichtwohngebäuden ein- und ausgehenden Energiemengen einschließlich der Energieverluste gegenübergestellt. Zur Durchführung dieser Bilanzierungen sind Darstellungsmöglichkeiten optimal, anhand derer Be-

Verbraucher	Stromverbrauch	
	in kWh/a	Anteil in %
Heizungsanlage	89.256	3,25
Warmwasseranlage	161.251	5,88
Prozesswärme	39.458	1,44
Druckluft	437.988	15,97
Antriebe und Maschinen	582.478	21,23
Beleuchtung	344.587	12,56
Büroausstattung	648.532	23,64
Klimaanlage	315.214	11,49
Lüftungsanlage	124.256	4,53
Summe berechnet	**2.743.020**	**100,00**
Abrechnung nach Verbrauch in 2021	**2.776.598**	**101,22**
Abweichung : Abrechnung – Summe Berechnung	**33.578**	**1,22**

Quelle: Bethe

Bild 5.2 Beispiel eines Datenblatts zur Ist-Analyse des Stomverbrauchs im Gebäude-Energiemanagement

reiche mit relativ hohen Energieverbräuchen identifiziert werden können. Um vorhandene Verbräuche zu reduzieren, dienen als Energiekonzept ausgewählte Maßnahmen zur Energieeinsparung.

Informationen zu Finanzierungsformen führen zu Wirtschaftlichkeitsbetrachtungen im Rahmen des Gebäude-Energiemanagements. Wirtschaftlichkeitsbetrachtungen bilden die Basis für die Erstellung von Maßnahmenkatalogen zum Gebäude-Energiemanagement. Die Elemente der Maßnahmenkataloge werden entsprechend einer Prioritätenliste abgearbeitet. Mit regelmäßigen Überprüfungen der Energieverbräuche können Abweichungen von nun definierten Soll-Verbräuche vor Energieeinsparungen mit den davon abgezogenen Energieeinsparungen ermittelt werden.

5.1.9 Hilfsmittel und Leistungen zur Analyse beim Gebäude-Energiemanagement von Wohn- und Nichtwohngebäuden

Zur Einführung eines Gebäude-Energiemanagements dienen z. B. zur Verfügung stehende Hilfsmittel und auch Leistungen anerkannter Gebäude-Energiemanager.

Auf dem deutschen EDV-Markt sind unterschiedliche Lösungen zur Unterstützung und Erstellung von Energiekonzepten bzw. kompletten Gebäude-Energiemanagementsystemen erhältlich. Die Angebote reichen von der einfachen Erfassung der Energieverbräuche mit Arbeitsblättern auf Basis von Tabellenkalkulation über grafische Systeme mit Darstellung der Anlagenzustände bis zu Modulen in kaufmännischer Software, die für das Controlling integriert werden können. Die Kosten für Gebäude-Energiemanagement-Systeme liegen dabei in einer Bandbreite von einigen hundert bis zu mehreren tausend Euro. Um das geeignete System für die jeweiligen Wohn- und Nichtwohngebäude auszuwählen, müssen dessen Kosten den möglichen Einsparungen gegenübergestellt werden.

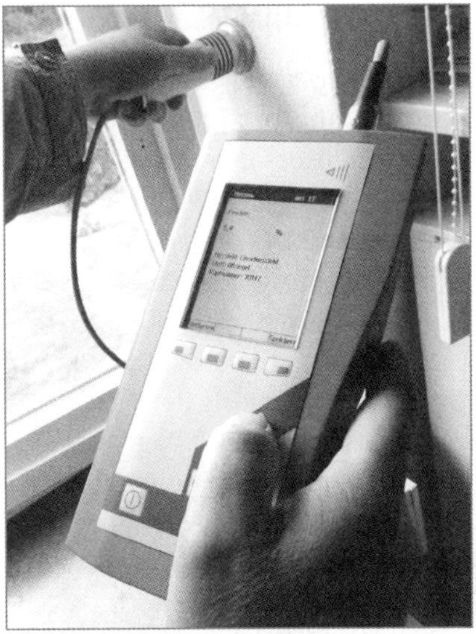

Quelle: Bethe

Bild 5.3 Energieberater beim Feuchtemessen

Anregungen und Hilfestellungen für die Erarbeitung von Konzepten können beispielsweise auch gelistete Energiemanager geben (**Bild 5.3**). Sind keine eigenen Personalkapazitäten bei verantwortlichen Organisationen vorhanden, besteht insbesondere die Möglichkeit, externe Berater zur Erstellung von Energiekonzepten heranzuziehen.

Folgende Kriterien und Grundlagen (siehe auch VDI-Richtlinie 3922) können bei der Auswahl für das Gebäude-Energiemanagement helfen:

- Qualifikation der Manager: Theoretische und praktische Kenntnisse in Gebäude-Energiemanagement, -wirtschaft und -technik sowie entsprechende Referenzen,
- Sorgfalt der Betrachtungen: alle Wohn- und Nichtwohnbereiche, Vernetzungen von Systemen und Bereichen,
- Ablauf der Beratungen: Zeitpläne, Umfänge, Umsetzungen, Erfolgskontrollen,
- Leistungsangebote der Anbieter: Spezialisierung auf Energie-Themenbereiche oder allgemeine Unternehmensberatung,
- Honorierung: fest, erfolgsabhängig oder variabel (z. B. Tagessätze),
- Unabhängigkeit: Bindung an Hersteller, Vertrieb oder sonstige Einrichtungen sind zu prüfen und zu bewerten, ein Bericht ggf. durch Dritte prüfen zu lassen,
- Vertraulichkeit der Daten: Datenschutz, Veröffentlichungen usw.

5.1.10 Ist-Analysen

Mit Ist-Analysen im Gebäude-Energiemanagement entsteht ein Überblick zu den energetischen Situationen von Wohn- und Nichtwohngebäuden mittels Erfassung insbesondere folgender Teilbereiche:

- Wohn- oder Nichtwohnnutzungen,
- Bautechnik,
- Energieversorgungsstrukturen,
- Energiebezugskosten.

Sind nur wenige Verbraucher in Wohn- oder Nichtwohngebäuden vorhanden, so kann das Muster-Arbeitsblatt „Sammelübersicht zur Erfassung von Verbrauchern" (**Bild 5.4**) genutzt werden.

Das vorgestellte, bereits ausgefüllte Datenblatt bzw. entsprechende Formulare bieten Hilfestellung bei Darstellung der Energiesituation. Die benötigten Informationen zu Verbrauchsdaten und für Analysen wichtiger Strukturdaten sind z.B. in Rechnungen der Energieversorgungsunternehmen, Anlagen und Gebäudeteilen, Strangschemata der Versorgungsleitungen sowie nutzungs-, produktions- und betriebsspezifischen Daten enthalten. Bewertungen der erfassten Daten und Fakten finden am Ende der Ist-Analysen statt. Ist-Analysen sind Voraussetzung, um im Rahmen der Bewertung und Bilanzierung vermeidbare Energieverluste zu identifizieren und zu beseitigen.

Kosten/Verbrauch	Jahr			
	Einheit	2018	2019	2020
Energiekosten	EUR/a	618.328	632.123	641.348
Energieverbrauch	kWh/a	13.944.791	14.538.810	15.156.531
Stromverbrauch	kWh/a	5.456.142	5.925.152	5.975.589
Wärmeverbrauch	kWh/a	8.488.649	8.613.658	9.180.942

Quelle: Bethe

Bild 5.4 Muster-Arbeitsblatt: Sammelübersicht Verbrauch und Kosten in Referenzjahren

5.1.11 Gebäude-Energiemanagement von Nichtwohngebäuden am Beispiel von Industrie- und Gewerbegebäuden

Die folgende Darstellung zu Industrie- und Gewerbebetriebsstätten mit ihren Infrastrukturen und Produktionsabläufen liefert den erforderlichen Überblick für ein entsprechendes Gebäude-Energiemanagement. Wichtige Betriebsdaten zur Charakterisierung der Industrie- und Gewerbebetriebsstätten sind im Gebäude-Energiemanagement

- betriebsspezifische Angaben wie beispielsweise Branchenzugehörigkeit, Betriebsstrukturen, Beschäftigtenzahl an Standorten, Betriebszeiten (z. B. Schichtbetriebe, Öffnungszeiten, Betriebsferien usw.) sowie
- produktionsspezifische Angaben wie beispielsweise Arten und Umfänge von Fertigungen (z. B. täglich, monatlich, jährlich erzeugte Produktionsmengen), Produktionsanlagen, Produktionsverfahren und zugehörige Prozessparameter, Produktionsabläufe nach Arten und Umfängen, Anlagenauslastungen (z. B. täglich, wöchentlich, monatlich, saisonal, jährlich).

> Auch Produktionsmengen können zur Ermittlung von spezifischen Energieverbrauchswerten bzw. -kennzahlen (z. B. kWh/kg usw.) herangezogen werden.

Detaillierte Informationen zu Produktionsanlagen, Produktionsabläufen und zu Anlagenauslastungen sind die Basis, um Potentiale zu Verbrauchsreduzierungen zu quantifizieren (z. B. Verbesserungen der Nutzungsgrade durch Erhöhungen der Auslastungen, Reduzierungen von Lastspitzen durch Verringerungen von Gleichzeitigkeit). Das Muster-Arbeitsblatt zu Industrie- und Gewerbebetriebsstätten (**Bild 5.5**) stellt ein Beispiel für die Erfassung der Daten dar.

Firma	Meier & Söne
Adresse	Mühlenstraße 17, 30173 Hannover
Nutzung	Umformtechnik, Lager, Vertrieb, Verwaltung
Betriebszeit	Zweischichtbetrieb

Mitarbeiter	420
Baujahr	2000
Ansprechpartner:	
Herr Müller	0551-45xxx
Frau Schmidt	0551-50xxx

Bruttogrundfläche (BGF) in m^2	42.015
beheiztes Raumvolumen in m^3	259.451

Firmendatenerfassung				
Daten	**Einheit**	**2018**	**2019**	**2020**
Mitarbeiter	Anzahl	412	425	429
Betriebszeit	h/a	4.100	4.100	4.100
Produktionsfläche	m^2	42.058	42.058	42.058
Umsatz	EUR/a	81.000.000	82.500.000	81.100.000

Quelle: Bethe

Bild 5.5 Muster-Arbeitsblatt für die Datenerfassung in Industrie- und Gewerbebetriebsstätten

Gebäudehüllenaspekte

Die bauphysikalischen und -technischen Beschaffenheiten der Gebäudehülle von Industrie- und Gewerbegebäuden bestimmen insbesondere den vorhandenen Wärme-, Feuchte- Schall-, Brand- sowie Witterungsschutz. Um beispielsweise die Gebäudebauphysik bewerten und dann optimieren zu können, müssen insbesondere folgende bauphysikalischen Daten erfasst bzw. Unterlagen zusammengestellt werden:

- aktuelle Planungsunterlagen wie z. B. Bauzeichnungen und Baubeschreibungen (z. B. mit Arten der Baustoffe und -teile, *U*-Werte),
- Detailzeichnungen von z. B. Gebäudehüllfügepunkten und -bauteilen, erdberührten Bauteilen, Wandbauteilen, Fenster-, Tür- und Torbauteilen, Jalousien, Dachbauteilen,
- allgemeine Beschreibungen der bautechnischen und -physikalischen Zustände der Gebäudehüllbausubstanzen einschließlich z. B. Baujahr, Dokumenten, Berechnungen, Nachweisen.

Außerdem sollten neben der reinen „Aktenlage" Vor-Ort-Begehungen und eine Inaugenscheinnahme der Industrie- und Gewerbegebäude von innen und außen durchgeführt werden, um etwaige Mängel, Schäden u. ä. in aktueller Realität zu erkennen und zu dokumentieren.

Mit dem in **Bild 5.6** dargestellten Muster-Arbeitsblatt zur Gebäudebauphysik können Daten zu Industrie- und Gewerbegebäudehüllen erfasst und zusammengestellt werden. Berechnungen werden mit diesem Muster-Arbeitsblatt nicht ausgeführt.

Mögliche Verfahren, um Transmissions- und Lüftungswärmeverluste an den Industrie- und Gewerbegebäudehüllen zu erkennen, sind beispielsweise Thermographie-Untersuchungen und Blower-Door-Tests. Hierbei werden mit einer speziellen Kamera von Sachverständigen berührungslose Oberflächentemperaturmessungen und Tests zur Luft- und Winddichtheit durchgeführt. Insbesondere Wärmebrücken und Luftundichtheiten in den Industrie- und Gewerbegebäudehüllen sind so zu erkennen; diese sind insbesondere für die Transmissions- bzw. Lüftungswärmeverluste verantwortlich.

Aspekte der Energieversorgungsstruktur

Energieversorgungsstrukturen in Industrie- und Gewerbegebäuden stellen insbesondere Erzeugung, Umwandlung, Speicherung, Verteilung, Verwendung und Messung der eingesetzten Energieträger und der dazu benötigten technischen Anlagen dar. Betriebliche Energieflüsse in Industrie- und Gewerbegebäuden beginnen mit dem Bezug von Energieträgern als Primär-

Firma **Adresse**	**Meier & Söhne** **Mühlenstraße 17, 30173 Hannover**			
			Gebäudeteil	
	Einheit	**Halle A**	**Halle B**	**Halle C**
Baujahr		2000	2000	2001
Nutzfläche (BGF)	m^2	10.145	14.145	16.245
Daten der Bauteile				
Außentüren				
Anzahl	Stück	4	6	6
Art	Metall = X	X	X	X
mit Verglasung		nein	nein	nein
automatisch		ja	ja	ja
Außentore				
Anzahl	Stück	2	4	4
Art	Metall = X	X	X	X
mit Verglasung		ja	ja	ja
automatisch		ja	ja	ja
Fenster				
Anzahl	Stück	114	187	210
Art		Isoliertenster	Isoliertenster	Isoliertenster

Quelle: Bethe

Bild 5.6 Muster-Arbeitsblatt Gebäudebauphysik von Hallen

energien. In Folge der Energieflüsse werden durch Umwandlung und Verteilung die für die Energiedienstleistungen benötigten Energieformen (z. B. Wärme, Kraft, Licht usw.) als Sekundär- sowie Endenergien als Nutzenergien bereitgestellt. Für umfassende Ist-Analysen sind messtechnische Erfassungen der Energieträgerverbräuche an den Anwendungsstellen erforderlich.

Folgende Daten, Informationen, Unterlagen usw. können hierzu zusammengestellt werden:

- eingesetzte Energieträger (z. B. Strom, Gas, Fernwärme, Heizöl, Kohle, energetisch genutzte Abfälle, extern bezogene Druckluft) und deren Bezugskosten (z. B. Formulare zu Gas, Strom, Heizöl),
- zentrale und dezentrale Energieversorgung, Installations- sowie Leitungspläne,
- Energiewandler (z. B. Transformatoren, Strom- und Wärmeerzeugungsanlagen, Reduzierstationen, Kompressoren),
- vorhandene Speicher (z. B. Druckluft, Warmwasser),
- installierte Messanlagen.

Im Zusammenhang mit den Informationen zu den Hauptanlagen sind folgende Daten insbesondere von Bedeutung: Zunächst werden die wichtigsten technischen Daten der Energieumwandlungsanlagen erfasst. Dies sind z. B. Anlagen zur Wärme- und Stromerzeugung, Druckluftanlagen, Kälteanlagen, Transformatoren usw. Danach sollten Speicher, Verteiler, Endverbraucher usw. betrachtet werden. Erfahrungsgemäß sollten zur Aufwandsbegrenzung zunächst nur energetisch relevante Anlagen mit hohen Anschlussleistungen und/oder hohen Betriebsstunden erfasst werden. Kleinere Verbraucher (z. B. Leuchten, Umwälzpumpen usw.) sollten nach geeigneten innerbetrieblichen Kriterien zusammenfassend betrachtet werden.

Für die Erfassung von Energieversorgungsstrukturen in Industrie- und Gewerbegebäuden sind folgende Gruppierungen der entsprechenden Arbeitsblätter (**Bild 5.7**) empfehlenswert:

- Antriebe und Maschinen (u.a. Pumpen, Verdichter, Be- und Verarbeitungsmaschinen),
- Druckluftanlagen,
- Lüftungsanlagen (RLT-Anlagen usw.),
- Raumheizungsanlage,
- Warmwasseranlagen,
- Prozesswärmeanlagen und Industrieöfen,
- Beleuchtungsanlagen,
- Büroausstattung und
- Sammelübersichten.

Grunddaten	Einflussgrößen	Energiebezugsdaten	Energiebedarfsdaten Betriebsdaten	Auswertungen
Baukörper Haustechnik Umwandlungsanlagen Produktionsanlagen Energieverbrauchsbereiche	Außentemperaturverlauf Produktionskenngrößen Mitarbeiter Betriebszeiten Einschaltdauer	Bezugsverträge Rechnungsbelege Energiepreise Lagerbestände der speicherfähigen Energieträger Bezugsmengen für Gesamtbetrieb	laufende Messungen der Energieverbrauchsbezirke Produktionsdaten Kesselprotokolle Prüfprotokolle Laufzeiten der Energieanlagen	Diagramme Mengenbilanzen für Energieverbrauchsbereiche Mengenbilanzen für den Gesamtbetrieb Energiekennzahlen Energieverbrauchsfunktionen Kontrollkarten Energieverrechnung

Quelle: Bethe

Bild 5.7 Muster-Arbeitsblatt Energieversorgungsstruktur

Im Rahmen der Bestandsaufnahme gehören zu den einzelnen Energieversorgungsanlagen folgende Daten und Informationen:

- Hersteller/Typen,
- Baujahre,
- Nenndaten (angegebene Leistung usw.)/durchschnittliche Leistungsdaten,
- Steuerungs- und Regelungsarten,
- Einsatzzwecke,
- Produktionsdaten,
- Betriebsdauer/überwiegende Betriebsweise,
- Beeinflussbarkeit des Betriebs,
- komplette Typenschildbezeichnungen,
- Energieverbräuche (z. B. täglich, monatlich, jährlich usw.),
- technische Zustand.

Dabei ist zu beachten, dass große Energieversorgungsanlagen aus vielen einzelnen Energieverbrauchern mit verschiedenen Energieträgereinsätzen bestehen können, wie z. B. Antrieben, Umwälzpumpen, Ventilatoren, Heizaggregaten, Brennkammern usw.

Bekanntermaßen nimmt die Qualität der verfügbaren Informationen und Verbrauchswerte von der Bezugsenergie bis zum Energiebedarf der einzelnen Anlagen/Einrichtungen deutlich ab. Folgende Möglichkeiten stehen zur Ermittlung der benötigten Informationen und Daten in der Regel zur Verfügung:

- Bestandslisten,
- Instandhaltungsprotokolle,
- Betriebsbegehungen,
- Zählerablesungen,
- Mitarbeiterbefragungen,
- Schätzungen usw.

Mit ersten Schätzungen können Energieverbräuche durch Multiplikation der durchschnittlichen Leistungsinanspruchnahmen (bzw. der Nennleistungen) mit den geschätzten täglichen Betriebsstunden ermittelt werden.

Vertiefende Analyseinstrumente sind zusätzliche Messungen im Gebäude-Energiemanagement, etwa

- Messung der Temperaturverläufe an Heizungsanlagen oder
- Aufzeichnung elektrischer Lastgänge von Verbrauchern/Verbrauchsgruppen.

Zu leistende Aufwände für zusätzliche Messungen sollten insbesondere zu den erzielbaren Ergebnissen in rationellen Verhältnissen stehen.

Energiebezugskostenaspekte

Zur Ermittlung von Energiebezugskosten im Gebäude-Energiemanagement können insbesondere Rechnungen von Energieversorgungsunternehmen (EVUs) oder von z. B. Brennstofflieferanten ausgewertet werden. In Rechnungen enthaltene Angaben zu Energiebezugskosten können mit den in den Industrie- und Gewerbebetrieben aus Einzelmessungen oder eigenen Ablesungen ermittelten Gesamtverbräuchen verglichen werden (siehe Muster-Arbeitsblatt, **Bild 5.8**).

Bei eingesetzten Energieträgern wird nach leitungsgebundenen und nicht leitungsgebundenen Energieträgern für Industrie- und Gewerbebetriebe unterschieden. Leitungsgebundene Energieträger (z. B. elektrischer Strom und Gas) werden in der Regel monatlich von den Lieferanten abgelesen. Nicht leitungsgebundene Energieträger (z. B. feste und flüssige Brennstoffe wie Heizöl, Kohle, Holz) werden hingegen nicht ständig neu bezogen, sondern über längere Zeiträume gelagert. Dadurch wird bei diesen Energieträgern eine laufende Verbrauchskontrolle erschwert. Meistens sind Füllstandsmessungen möglich; ist dies nicht der Fall, müssen Verbräuche abschätzt oder über längere Zeiträume ermittelt werden.

Energiebezüge von z. B. elektrischem Strom, Erdgas und Fernwärme werden meist in Kilowattstunden (kWh) abgerechnet, Abrechnungen der übrigen Brennstoffe erfolgen in der Regel über Massen- und Volumenverbräuche (z. B. in Kubikmetern, Litern, Tonnen usw.). Zur Ermittlung der Energieverbräuche in kWh sind in vorgenannten Fällen die Brennstoffverbräuche mit den kWh-Heizwerten der entsprechenden Energieträger zu multiplizieren. Genaue Werte sind Lieferantenangaben zu entnehmen.

Alternativ sind auch Abschätzungen möglich. Bei Gasen werden die Brennwerte (Heizwerte) angegeben, d. h. einschließlich der Verdampfungswärme des entstehenden Wassers.

Jahr	Einheit	Gas	Heizöl	Summe
2017	kWh/a	8.527.395	244.789	8.774.201
2018	kWh/a	8.645.683	259.154	8.906.855
2019	kWh/a	8.569.874	242.452	8.814.345
2020	kWh/a	8.784.225	259.925	9.046.170
mittlere thermische Energie	**kWh**			**8.885.393**

Quelle: Bethe

Bild 5.8 Muster-Arbeitsblatt Energieverbrauch und -kosten: Gas, Heizöl

Die Beispielrechnung in Bild 5.8 soll die Verfahrensweise für die Berechnung des Energiebezuges aufzeigen. Aus der Summe der einzelnen Energiebezugskosten lassen sich die gesamten Energiebezugskosten für ein Jahr ermitteln.

Ermittlung von Optimierungspotentialen im Gebäude-Energiemanagement

Im Folgenden werden zur Ermittlung von Optimierungspotentialen im Gebäude-Energiemanagement notwendige Instrumente für Aufbereitung, Bilanzierung und Bewertung vermittelt, mit denen die zusammengetragenen Daten der Ist-Analysen in übersichtliche und aussagekräftige Darstellungen überführt werden können. Die Energieverbräuche von Industrie- und Gewerbeunternehmen werden zu betrieblichen Größen in Beziehung gesetzt und die Energieflüsse werden von Gebäude-Energiemanagern transparent gemacht.

Aufbereitung, Bilanzierung und Bewertung

Nach der Ist-Analyse können beispielhaft die notwendigen Daten in Muster-Arbeitsblätter ähnlich denen aus diesem Fachbuch eingetragen werden. In die entsprechenden Ergebniszeilen der Dateien sollten die Rechenalgorithmen für erste Bilanzierungen idealerweise bereits eingetragen sein.

Die elektrischen und thermischen Leistungen der einzelnen Verbraucher werden hierfür mit den sogenannten „Vollbenutzungsstunden“ multipliziert. So entstehen die berechneten theoretischen Verbrauchswerte in kWh/a. Diese Vollbenutzungsstunden müssen entweder entsprechend der betrieblichen Erfahrungswerte abgeschätzt oder (wenn möglich) durch Messungen erhoben werden. Falls für einzelne Verbraucher Messwerte zur Verfügung stehen, so können diese auch direkt in das Ergebnisfeld eingegeben werden. Die Verbrauchswerte der einzelnen Aggregate werden dann bereichsweise aufsummiert. Die Bereiche, die in den Muster-Arbeitsblättern erfasst sind, werden dann getrennt nach thermischen und elektrischen Verbräuchen summiert und als Gesamtergebnis der theoretischen Berechnung dargestellt.

Zur weiteren Analyse und Bewertung werden die Bereiche nach der Höhe der Energieverbräuche geordnet und graphisch bzw. tabellarisch abgebildet.

Vergleiche der beiden Wertebereiche sollten keine größeren Differenzen als 5 % aufweisen. Größere Differenzen deuten auf Mess- und Schätzfehler hin. Ist die Differenz größer als 5%, müssen die Werte in den Muster-Arbeitsblättern entsprechend nach oben oder unten korrigiert werden.

Bild 5.9 zeigt ein Muster für die Bilanz des elektrischen und thermischen Bereiches. In der Abbildung ist die Zusammenfassung für die Bereiche und der Vergleich mit den Verbrauchswerten für den Strom dargestellt.

In der Regel ist davon auszugehen, dass ein hoher Energieverbrauch auch hohe Energieeinsparmöglichkeiten bietet. Deshalb sollten bei der Suche nach vermeidbaren Energieverlusten bei den größten Verbrauchergruppen begonnen werden; hier z. B. verdeutlicht am hohen Stromverbrauch einer Druckluftanlage. Um diesen Anteil zu verringern, sollte als Erstes dort über Einsparmaßnahmen nachgedacht werden.

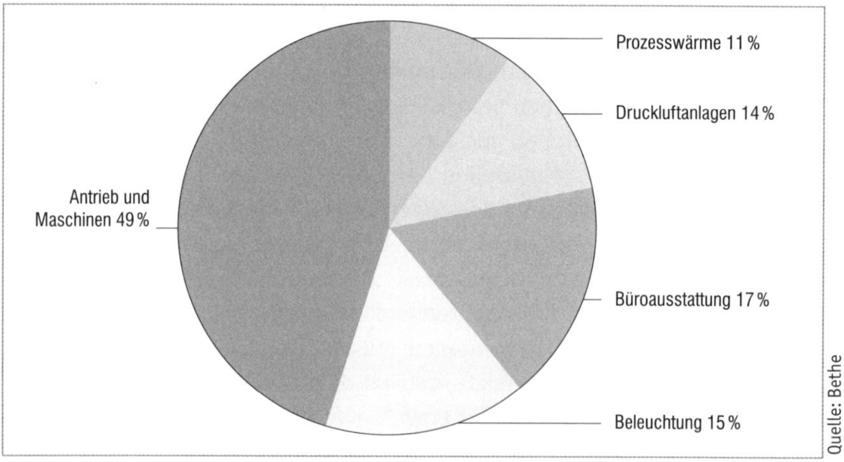

Bild 5.9 Bilanz von elektrischen und thermischen Stromverbrauchern

Darstellungsformen

Zur grafischen Darstellung von Sachverhalten des Gebäude-Energiemanagements von Industrie- und Gewerbegebäuden dienen diverse Formen. Folgend sind einige Beispiele und Möglichkeiten zur Auswahl genannt.

Grafiken in unterschiedlichsten Variationen können mit herkömmlichen Tabellenkalkulationsprogrammen zum Gebäude-Energiemanagement erstellt werden.

Folgende Darstellungsmöglichkeiten haben sich zum Gebäude-Energiemanagement zu Industrie- und Gewerbegebäuden bewährt:

- **Struktogramme:** Mit Struktogrammen (**Bild 5.10**) lässt sich z. B. der Energiefluss von der Übergabestation bis zu den Endverbrauchern darstellen. Teilweise findet auf dem Weg zum Endverbraucher eine Energieumwandlung statt. So wird der Energieträger Gas im Heizkessel 2 zur Erwärmung von Wasser benutzt, welches seinerseits die Wärmeenergie zum Heizkörper transportiert und Energie dort in Form von Wärme abgibt. Mit einem Struktogramm entsteht eine übersichtliche Darstellungsform dieser Energiewege.
- **Diagramme:** Punktdiagramme (**Bild 5.11**) sind z. B. geeignet, um den Zusammenhang zwischen zwei Größen aufzuzeigen. Die Verteilung von Energieverbräuchen oder Energiekosten auf verschiedene Energieträger bzw. -verbraucher lässt sich gut durch Kreisdiagramme darstellen. In Liniendiagrammen ist z. B. der Verbrauch einzelner Monate (zeitlich abhängige Lastgänge) abzulesen. Säulendiagramme (**Bild 5.12**) können z. B. zum Vergleich der Wärmeverbräuche verschiedener Jahre dienen und dabei zusätzlich nach Energieträgern unterscheiden.

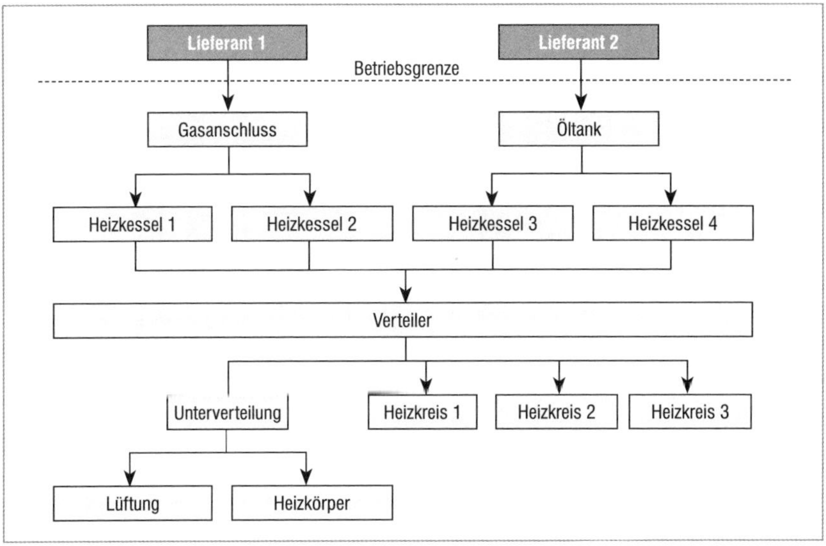

Quelle: Bethe

Bild 5.10 Struktogramm Wärmeversorgung und -verteilung

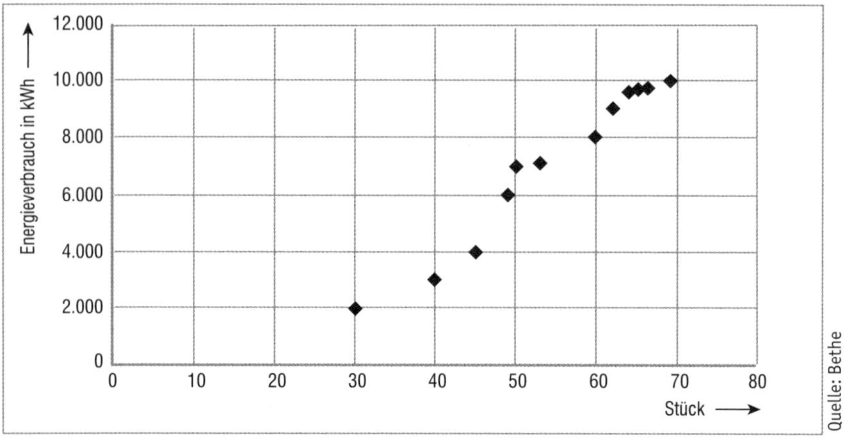

Bild 5.11 Punktdiagramm Energieverbrauch und Stückzahlen

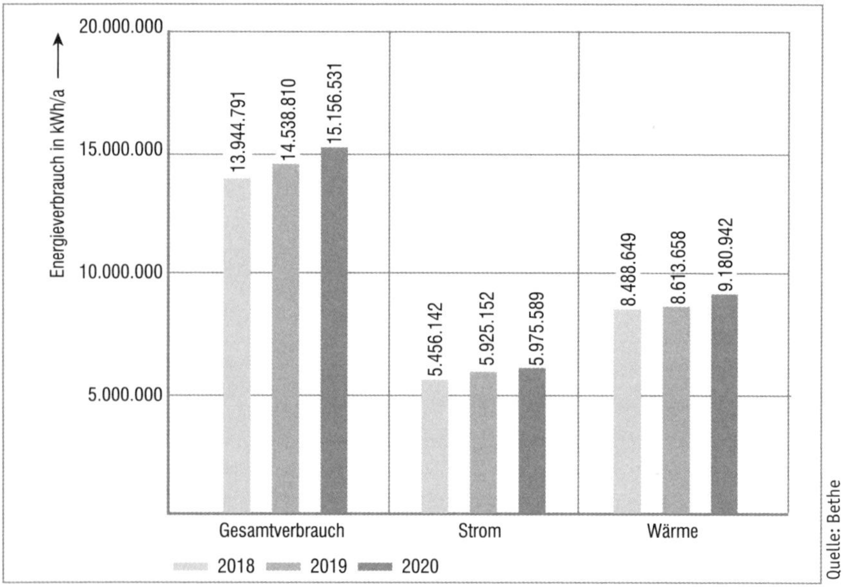

Bild 5.12 Wärmeverbrauch von Beispieljahren aufgeteilt nach Energieträgern

Energiekennzahlen

Die Bildung von Energiekennzahlen ist ein Verfahren, um eine Vergleichbarkeit von energetischen Kennwerten mit anderen Industrie- und Gewerbebetrieben oder -prozessen zu ermöglichen.

Energieverbräuche werden von vielen Faktoren beeinflusst. Ausschließliche Vergleiche reiner Verbrauchswerte sind daher nur begrenzt aussagefähig. Spezifische Verbrauchswerte (als Verbrauchswerte bezogen auf Bezugsgrößen) ermöglichen dagegen als Kennzahlen weitergehende Vergleiche und Bewertungen.

Empfehlenswert ist das Beziehen von Verbrauchswerten auf Bezugsgrößen, die Vergleiche mit anderen Unternehmen oder anderen Zeiträumen ermöglichen.

Bei der Bildung von Energiekennzahlen sollten nur Werte in Bezug gesetzt werden, die in einem direkten Zusammenhang zu einander stehen. Ein Bezug des Stromverbrauchs für die Produktion auf die Produktionsfläche wäre beispielsweise nicht aussagekräftig.

Einige aussagekräftige Beispiele für Verbrauchskennzahlen sind:

Beispiel 1: Fleischerei: Stromverbrauch/Tonne oder Stück Schlachtvieh und Jahr

Beispiel 2: Großbäckerei: Stromverbrauch/Tonne Teig und Jahr

Beispiel 3: Großmaschinenhersteller: Stromverbrauch/Stunde Arbeitszeit

Beispiel 4: Stückguthersteller: Stromverbrauch/Fertigungsstückzahl

Bild 5.13 zeigt charakteristische Größen, die in einem direkten Bezug zum Energieverbrauch stehen.

Verbraucher	**Verbrauch in kWh**
Büroausstattung	45.896
Beleuchtung	42.589
Antriebe und Maschinen	425.687
Lüftungsanlage	12.589
Heizungsanlage	52.148
Warmwasseranlage	12.547
Gesamtverbrauch	**591.456**

Quelle: Bethe

Bild 5.13 Charakteristische Größen mit direktem Bezug zum Energieverbrauch

5.1.12 Dokumentationen zu Gebäude-Energiemanagementsystemen

Verantwortliche Organisationen von Wohn- und Nichtwohngebäuden müssen Informationen in Papier- oder elektronischer Form einführen, verwirklichen und aufrechterhalten:

- Beschreibung der Kernelemente der Gebäude-Energiemanagementsysteme und deren Zusammenspiel,

- Ermittlung der Standorte von relevanten Dokumentationen einschließlich der technischen Dokumentationen.

Lenkung von Dokumenten

Die genannten Organisationen müssen in diesem Zusammenhang Aufzeichnungen und andere Dokumente kontrollieren, um sicherzustellen, dass:

- sie rückverfolgbar und auffindbar sind,
- sie regelmäßig überprüft und bei Bedarf überarbeitet werden,
- die aktuellen Versionen an allen relevanten Standorten verfügbar sind,
- die Dokumente so aufbewahrt und erhalten werden, dass sie leicht zugänglich sind und gegen Beschädigung, Verlust oder Zerstörung geschützt sind; ihre Aufbewahrungszeiten sind festzulegen und zu dokumentieren,
- überholte Dokumente gleichwohl aus rechtlichen Gründen oder zu Zwecken der Kentnissicherung aufbewahrt oder gegebenenfalls entfernt werden.

Ablauflenkungen in Gebäude-Energiemanagementsystemen

Verantwortliche Organisationen von Wohn- und Nichtwohngebäuden müssen im Gebäude-Energiemanagement Abläufe ermitteln und planen, die im Zusammenhang mit den wesentlichen Energieaspekten stehen und die Übereinstimmungen mit der Energiepolitik sowie den strategischen und operativen Zielen sicherstellen. Dies beinhaltet insbesondere:

- Vermeidung von Situationen, die zu Abweichungen von der Energiepolitik, strategischen oder operativen Energiezielen führen können,
- Festlegung von Kriterien für Betrieb und Instandhaltung von Anlagen, Einrichtungen und Gebäuden,
- energetische Betrachtungen bei Beschaffung und Kauf von Einrichtungen, Ausgangsmaterialien und Dienstleistungen; bei der Beschaffung energieverbrauchender Einrichtungen, die wesentlichen Einfluss auf Gesamtenergieverbrauch haben, sollten die Organisationen die Lieferanten darüber informieren, dass die Bewertungen der Beschaffungsvorgänge teilweise auf der Energieeffizienz beruht,
- Bewertung des Energieverbrauchs bei Auslegung, Veränderung oder Instandsetzung jeglicher Wirtschaftsgüter, einschließlich Gebäuden, die das Potenzial aufweisen, den Energieverbrauch wesentlich zu beeinflussen,
- angemessene diesbezügliche Kommunikation gegenüber dem Personal und im Namen der Organisation handelnden Personen sowie anderen relevanten Kreisen.

5.2 Gebäude-Energiemanagement – weitere Schritte

In diesem Abschnitt werden weitere allgemeine Schritte eines Gebäude-Energiemanagements für Wohn- und Nichtwohngebäude in Deutschland dargestellt.

5.2.1 Planen von Maßnahmen unter betriebswirtschaftlichen Aspekten

Nachdem die aktuelle Energieverbrauchssituation von Wohn- bzw. Nichtwohngebäuden über die Ist-Analysen und die anschließende Datenaufbereitung, -bilanzierung und -bewertung von Gebäude-Energiemanagern vollzogen wurde, ist größtenteils bekannt, wo die hohen Energieverbrauchsanteile und -kosten in dem jeweiligen Wohn- bzw. Nichtwohngebäude verursacht werden. In den Bereichen mit den höchsten Verbräuchen sind erfahrungsgemäß hohe Einsparungen zu erwarten.

Im Folgenden werden Maßnahmen zu Energieeinsparungen im Rahmen der Planungen unter betriebswirtschaftlichen Aspekten dargestellt, sortiert nach charakteristischen Verbrauchsbereichen von Wohn- und Nichtwohngebäuden. Ziel ist, Vorschläge für die verschiedenen Energieverbrauchsbereiche, aber auch Optimierungsmöglichkeiten bei der Energieerzeugung, -umwandlung, -speicherung, -verteilung sowie -nutzung für Wohn- und Nichtwohngebäude aufzuzeigen.

Sind Kapazitäten für die Berechnung von Energieeinsparpotentialen in Wohn- und Nichtwohngebäuden vorhanden, so können diese intern durchgeführt werden. Andernfalls sind externe Gebäude-Energiemanager mit fach- und sachgerechter Kompetenz einzuschalten, die mit den jeweiligen verantwortlichen Organisationen zusammen die Bereiche erarbeiten.

Die Nutzer von Wohn- und Nichtwohngebäuden sind ebenfalls wichtige Akteure bei der Umsetzung von Energiesparmaßnahmen im Gebäude-Energiemanagement. Die Bildung von innerbetrieblichen Arbeitsgruppen zu effizienten Energienutzungen kann z. B. Industrie- und Gewerbeunternehmen ebenfalls bei der Umsetzung unterstützen. Dabei sollten Mitarbeiter aus verschiedenen Bereichen vertreten sein, beispielsweise aus Personalabteilungen, technischen Abteilungen, Betriebsrat usw.

Wurden durch Gebäude-Energiemanager nachhaltige Maßnahmen zur Energieeffizienz von Wohn- und Nichtwohngebäuden erfasst, so können diese dafür Maßnahmenkataloge aufstellen.

Abschließende Ausarbeitungen von Energiekonzepten sind erst nach Aufstellung und Auswertung der erwogenen Maßnahmen sinnvoll. Dabei sollte beachtet werden, dass sich einzelne Maßnahmen gegenseitig beeinflussen können und unter Umständen die Durchführung von Maßnahmen wiederum andere geplante Maßnahmen überflüssig machen kann. So beeinflusst z. B. die Verbesserung der Wind- und Luftdichtheit von Wohn- und Nichtwohngebäuden die Dimensionierung neuer Heizungs- und Lüftungsanlagen; auch die Nutzung von Abwärme kann den Ersatz von Brauchwassererwärmern überflüssig machen.

Als Entscheidungskriterien für die Durchführung von Maßnahmen sollten im nachhaltigen Sinne Kosten-/Umwelt-/Nutzen-Betrachtungen im Vordergrund stehen. Der Begriff „Nutzen" sollte dabei nicht zu einseitig betrachtet werden, sondern im ganzheitlichen Sinne auch ideellen oder nicht sofort quantifizierbaren Nutzen einschließen (z. B. Werbewirksamkeit). Als materieller und umweltverträglicher Nutzen gelten Einsparungen von Energiebezugskosten und Verminderungen weiterer Betriebs- und Anlagekosten, die mit Verringerung von Energieverbräuchen und energiebezogenen Emissionen verbunden sind.

Aus organisatorischen und technischen Maßnahmen, die in Energiekonzepte aufgenommen werden, sind dann Maßnahmenkataloge zu erstellen. Mit diesen Aufstellungen können ökonomische, ökologische und soziokulturelle Leitbilder für das Gebäude-Energiemanagement des jeweiligen Wohn- und Nichtwohngebäudes für die nächsten Jahre gebildet werden. In diesem Zusammenhang erarbeitete Daten können auch Grundlagen für weitere Aktivitäten bilden, wie beispielsweise die Teilnahme am europäischen Öko-Audit oder die Umsetzung der DIN EN ISO 14001; deren Ziel ist es, konsequent ökologisch bewusste Betriebsführung nach vorgegebenen Maßstäben zu zertifizieren.

5.2.2 Rationelle Energienutzung

Rationeller Energienutzung und damit Reduktion der Energienachfrage in Wohn- und Nichtwohngebäuden kommt eine hohe Bedeutung bei der Erstellung von Energiekonzepten zu. Im Folgenden werden Möglichkeiten und Anregungen zur Umsetzung von einzelnen Energiesparmaßnahmen im Gebäude-Energiemanagement dargestellt.

Bautechnik und Gebäude-Energiemanagement

Der Raumwärmebedarf für Wohn-, aber auch Nichtwohngebäude hat oftmals einen sehr hohen Anteil an der gesamten Energieverwendung. Haben Auswertungen der Ist-Analysen ergeben, dass betrachtete Wohn- bzw. Nichtwohngebäude hohe Wärmebedarfe und bautechnisch problematische Voraussetzungen gegenüber vergleichbaren Gebäuden aufweisen, so finden sich im Folgenden Ansätze für Energieeinsparmaßnahmen.

Sobald größere Maßnahmen im Bereich Bautechnik seitens des Gebäude-Energiemanagements notwendig sind, sollten Sachverständige für energieeffiziente Bautechnik als Gebäude-Energieberater und -planer zu Rate gezogen werden. Bevor beispielsweise anlagentechnische Verbesserungen der Heizungsanlagen in Betracht gezogen werden, sind z. B. Reduktionen der Transmissions- und Lüftungswärmeverluste der Gebäudehüllen als bautechnische Maßnahmen integral zu betrachten. Dadurch können Leistungen und Verbräuche der Anlagentechnologien reduziert werden.

Bei der Bautechnik der Gebäudehüllen spielt der Feuchte- und Wärmeschutz eine besondere Rolle. Optimale Dämmungen und Wind- und Luftdichtheiten von Dächern und Außenwänden, aber auch erdberührten Bauteilen mindestens nach dem aktuellen Gebäudeenergiegesetz (GEG) können im Neubau- und Modernisierungsbereich von Wohn- und Nichtwohngebäuden sehr viel Nutzungskosten, Energieverluste, Behaglichkeitsdefizite usw. einsparen. Über den GEG-Standard hinausgehende Standards wie z. B. „Passivhaus-Standards", „Null-Energie-Emissionsstandards" bis „Energiegewinn-Standards" bieten Möglichkeiten nachhaltigen Umgangs mit Kosten, Umwelt und Nutzung.

Klima-, Lüftungs- und Kälteanlagen am Beispiel von Industrie- und Gewerbegebäuden

Beim Stromverbrauch von Lüftungsanlagen von Industrie- und Gewerbegebäuden können mit der Durchführung von Einsparmaßnahmen Einsparpotentiale zwischen 30 % bis 60 % realisiert werden (**Tabelle 5.1**). Bei Eingriffen in Lüftungsanlagen sind insbesondere sogenannte „HKL-Ingenieure" als Sachverständige einzuschalten, da Heizungs-, Klima- und Lüftungsanlagen sehr komplexe Anlagenprozesse darstellen.

Mögliche grundsätzliche Maßnahmen zur Reduktion des Stromverbrauchs von Lüftungsanlagen sind

- planerische, bauliche, betriebliche und organisatorische Voraussetzungen zur Ermöglichung von geringen Energieverbräuchen der Anlagentechnik

Bereich	Möglichkeit	Erläuterung
Produktionshalle	Absenkung der Decke	Teilbeheizung der Halle
	Temperierung richtig einstellen	Kosten beachten
	eventuell über Wärmerückgewinnung nachdenken	senkt die Kosten
Büroräume	Heizkörper nicht zustellen	reduzierte Leistung bei zugestellten Heizkörpern
	Heizkörper regelmäßig entlüften	Luftblasen im Heizkreislauf führen zu höherem Energieverbrauch
	kurz und intensiv lüften	durch ein ständig gekipptes Fenster dringt nur wenig Frischluft ein, aber viel Wärme geht verloren
Allgemein	Fenster und Türen schließen	direkte Wärmeverluste vermeiden
	Warmwassertemperatur nicht zu hoch wählen	unnötige Verluste bei der Speicherung vermeiden
	unbenutzte Räume nicht heizen	unnötiger Verbrauch

Quelle: Bethe

Tabelle 5.1 Energiesparhinweise im Gebäude-Energiemanagement

schaffen (z. B. Installationen der Lüftungskanäle, Installationsorte der Anlagenzentralen, zentrale bzw. dezentrale Einheiten, Einbeziehung von Anlagen mit Lüftungsbedarf),

- Dimensionierungskriterien bedarfsgerecht festlegen, Ausarbeitung klarer Richtlinien für Festlegungen von Volumenströmen (z. B. Lüftungsbedarfe, Luftwechsel, Temperaturen, Feuchte, CO_2-Gehalt),
- Verzicht auf nicht notwendige Funktionen (z. B. Klimatisierungen) sowie überdimensionierte Anlagen und Komponenten (z. B. Vermeidung von Sicherheitszuschlägen, Auslegungen der Standardfälle, nicht der Maximalwerte),
- Komponenten mit guten Wirkungsgraden in ganzen Nutzungsbereichen einsetzen (z. B. Nutzungen frequenzgeregelter Antriebe),
- Messung relevanter Betriebsparameter und der Energieverbräuche ermöglichen (z. B. Erfassung der Betriebsparameter der Anlagen zum Anschluss an eine zentrale Gebäudeleittechnik oder Regeltechnik),
- mehrstufige Motoren auf die am häufigsten verwendeten Stufen optimieren,
- Einsatz von Sensortechnik und zentralen Leitsystemen prüfen,
- Nutzung von Wärmerückgewinnungsanlagen (z. B. Wärmetauscher) und
- Prüfung von Möglichkeiten zur Umluftbeimischung.

Wärmetauscher bieten beispielsweise einfache Möglichkeiten zur Nutzung von Wärme aus Abluftanlagen in Gebäuden. Dabei wärmt die Abluft die Außenluft vor. So ist der Energieverbrauch für die Erwärmung der Außenluft aufgrund des dann kleineren Temperaturunterschieds zur Raumtemperatur geringer.

Lastmanagement

Die besonderen Anforderungen von Spitzenlasten beanspruchen beispielsweise die elektrischen Netze von Energieversorgungsunternehmen sehr stark. Sie werden darum den Verursachern mit höheren Leistungspreisen berechnet. Die Installation von Lastmanagementsystemen ist somit oftmals eine rentable Lösung, um temporäre Lastspitzen zu kappen.

Geräte mit Wärme- oder Kälteproduktion und langen Betriebszeiten, wie z. B. Klima-, Lüftungs-, Kühl- -oder Kälteanlagen, eignen sich besonders gut für den Anschluss an Lastmanagementsysteme. Die elektrischen Verbraucher werden, je nach ihrer definierten Priorität für kürzere oder längere Stromabschaltung, in folgende Gruppen zusammengefasst:

- Geräte, die durchgängig und mit voller Leistung betrieben werden; diese Gruppe wird nicht an Lastmanagementsysteme angeschlossen,
- Apparate, die für kurze Stromabschaltungen von max. 2,5 min vorzusehen sind,
- Geräte, die gemäß Funktion Stromabschaltungen von bis zu 5 min (oder gar mehr) zulassen.

Neben der Vermeidung von Lastspitzen kann unter Berücksichtigung der vorgenannten Maßnahmen auch eine Reduktion der Energieverbräuche erzielt werden.

Belichtung und Beleuchtung

Grundsätzlich sollte im Gebäude-Energiemanagement von Wohn- und Nichtwohngebäuden Tageslicht zur Belichtung optimiert und vor Beleuchtung mit Kunstlicht eingesetzt werden. Die beispielsweise in Industrie- und Gewerbegebäuden installierten Beleuchtungsanlagen sind oftmals nicht energieeffizient, aber vielfach bereits abgeschrieben. Sie bestehen oft aus Systemen mit aus heutiger Sicht geringen Wirkungsgraden. Durch Modernisierung der Beleuchtungsanlagen können Einsparpotentiale von bis zu 60 % bei gleichzeitiger Erhöhung der Beleuchtungsgüte erzielt werden.

Als Grundlage für eine sorgfältige Planung für Neuanlagen zur Beleuchtung dienen beispielsweise die in DIN 5035 Teil 2 empfohlenen Richtwerte der Nennbeleuchtungsstärken für verschiedene Tätigkeits- und Raumarten industrieller und gewerblicher Arbeitsstätten. Anhand dieser Werte können die unterschiedlichen Beleuchtungsanlagen hinsichtlich ihrer beleuchtungstechnischen Eigenschaften miteinander verglichen werden.

Neben einer optimierten Tageslichtbelichtung empfehlen sich in Wohngebäuden Energiesparleuchten, LEDs usw. sowie tageslichtabhängige Dimmregelungen für das Kunstlicht.

Für die Grundbeleuchtung beispielsweise von Büroräumen empfehlen sich Kombinationen aus Leuchtstofflampen und Spiegelrasterleuchten als sowohl ergonomisch als auch wirtschaftlich geeignete Beleuchtungslösungen.

Industrie- und Gewerbehallenbeleuchtungen sind oftmals mit segmentweise zuschaltbaren Natriumdampf-Hochdrucklampen ausgestattet. Bei größeren Hallenhöhen sind richtig geplante Hallenbeleuchtungen mit Leuchtstofflampen und Spiegelreflektorleuchten unter Umständen die ergonomisch und wirtschaftlich bessere Alternative. Leuchtstofflampen haben gegenüber Natriumdampf-Hochdrucklampen bessere Lichtgüteeigenschaften und tragen dadurch zum physischen Wohlbefinden bei optischer Behaglichkeit und zu guten Arbeitsergebnissen der Belegschaften bei. Durch den Einsatz energiesparender Kompaktleuchtstofflampen im Bereich von Verkehrsflächen können z. B. bis zu 60 % der jährlichen Beleuchtungskosten gegenüber einer Lösung mit Glühlampen eingespart werden. Die Ersparnis resultiert nicht nur aus den verminderten Energiekosten während der Nutzung, sondern auch aus Kostenminderungen aufgrund der höheren Lebensdauer von Kompaktleuchtstofflampen.

Elektrische Antriebe am Beispiel von Industrie- und Gewerbegebäuden

Ein Großteil der elektrischen Energie wird im Industrie- und Gewerbebereich von elektrischen Antrieben verbraucht. Das technische Potenzial für die Energieeinsparung bei Antrieben ist erheblich. Durch Überdimensionierung und überholte Regelungskonzepte werden Antriebe häufig nicht optimal betrieben.

Mit elektronischen Drehzahlregelungen an Drehstrommotoren mit Stromrichtern lassen sich beispielsweise bei überschaubaren Investitionen in vielen Anwendungsfällen erhebliche Einsparungen im Bezug elektrischer Leistung und Arbeit erzielen. In vielen Fällen ist eine Drosselregelung für Rohrleitungstransporte immer noch die übliche Regelart.

> Die Drosselregelung ist im Grunde eine „Vernichtung“ von Arbeitsfähigkeit; grundsätzlich besser ist die Drehzahlregelung.

Bürogeräte und EDV

Die Einflussmöglichkeiten auf Energieverbräuche von Bürogeräten sind gegenüber beispielsweise den Einsparmöglichkeiten in Produktionsbereichen von Gewerbe- und Industriegebäuden gering. Das vorrangige Ziel konzentriert sich hier auf Vermeidung bzw. Verringerungen von Stand-by-Verlusten, d.h. Verluste durch Leerlauf oder Bereitschaft von Geräten.

Auch mit gezielter Aufklärung und Schulungen von Nutzerinnen und Nutzern können weitere Energiesparpotenziale erschlossen werden. Computernutzer müssen z.B. Monitore nicht immer durchgehend in Betrieb halten. In längeren Pausen sollten die Geräte ausgeschaltet werden. Gleiches gilt für Kopierer. Zusätzlich sollten diese mit einer Zeitschaltuhr ausgerüstet sein, um z.B. den Betrieb auf die Bürozeiten zu beschränken. Neue Kopierer sollten immer mit einer „Öko-(Energiespar-)Taste" ausgerüstet sein. Neuinvestitionen zum Ersatz noch funktionstüchtiger Bürogeräte allein aus Energiespargründen sind aufgrund der hohen Kosten allerdings in den seltensten Fällen rentabel und daher nicht empfehlenswert.

Wenn jedoch neue Geräte eingekauft werden, sollte bei Beschaffung jeweils auf den geringsten Energieverbrauch im Gerätevergleich geachtet werden. Dies sind zwar nicht immer die preisgünstigsten Angebote in der Anschaffung, die Mehrkosten zahlen sich aber recht schnell in geringeren Betriebskosten beim Stromverbrauch aus. Hilfestellungen hierfür geben Informationen von Verbraucherverbänden, Gebäude-Energiemanagern, anerkannten Prüfzeichen usw.

> Die Vermeidung von Stand-by-Verlusten führt auch zu erheblichen Entlastungen für die Umwelt. Bei der Stromproduktion für den Stand-by-Betrieb bzw. den Leerlauf von Geräten entstehen jedes Jahr allein in Deutschland ca. 14 Millionen Tonnen Kohlendioxid (CO_2), die in die Atmosphäre gelangen.

Heizungswärme

Hinsichtlich der Heizungswärme werden grundsätzlich fünf Bereiche im Gebäude-Energiemanagement unterscheiden: Zentrale und dezentrale Wärmeerzeugung, Wärmeverteilung, Wärmeabgabe und Regelungen.

a) Zentrale Wärmeerzeugung ist der Regelfall.

b) Dezentrale Heizungen, wobei elektrische Heizlüfter vermieden werden sollten. Ihr hoher Stromverbrauch und ein schlechter Wirkungsgrad rechtfertigen selten den Einsatz im Vergleich zu anderen Heizsystemen.

c) Wärmeverteilung mit Ist-Analysen, um umfangreiche Eindrücke über Zustände der Leitungssysteme zu erhalten. Auch hier sind Einsparpotentiale vorhanden. Insbesondere zu überprüfen sind alte, unübersichtliche Heizsysteme. Oft sind Heizsysteme „Flickwerke“, die stetig erweitert wurden. Manche Pumpen können entfallen, „tote“ Leitungen abgetrennt werden. Interessante Möglichkeiten für Raumheizungen bieten insbesondere Strahlungsheizungen.
d) Wärmeabgaben, die nicht gestört werden.
e) Optimale Regelung von Heizungswärme für Energieeffizienz.

Prozesswärme am Beispiel von Industrie- und Gewerbegebäuden

Prozesswärme hat beispielsweise in Industrie- und Gewerbegebäuden erhebliche Anteile an Betriebskosten, Energieverbräuchen und Umweltbelastungen. Aus dem Energieflussbild der Bundesrepublik Deutschland geht hervor, dass der Anteil der Prozesswärme am gesamten Wärmeverbrauch ca. 67 % beträgt.

Die Prozesswärme bei Industrie- und Gewerbegebäuden wird meist unterteilt in:

- Hochtemperatur-Prozesswärme mit Temperaturen über 500 °C; sie wird aus Brennstoffen und elektrischem Strom bereitgestellt. Zur Anwendung kommt sie vorwiegend in Industrieöfen.
- Mitteltemperatur-Prozesswärme mit Temperaturen zwischen 100 °C und 500 °C; sie entsteht in Dampf- und Wärmeerzeugern. Als Wasserdampf, Heißwasser, Thermoöl, Heißluft usw. wird sie in Erhitzern sowie aus Abgasen gewonnen. Ihre Anwendung findet sie in Apparaten und Vorrichtungen zum Verdampfen, Erhitzen, Trocknen, Rektifizieren, Destillieren oder Desorbieren.
- Niedertemperatur-Prozesswärme mit Temperaturen unterhalb 100 °C wird aus Abgasen, Abwärme und Warmwasser erzeugt.

Bereitstellung von Prozesswärme für Mittel- und Niedertemperaturbereiche kann technisch auch durch Verbrennung von Brennstoffen und durch elektrischen Strom erfolgen. Allerdings erfolgt dabei eine Vernichtung hochwertiger Energie, die für andere Anwendungsgebiete effizienter eingesetzt werden kann. Wichtige Ausrüstungen mit Prozesswärmenutzungen sind z. B. Industrieöfen, Heizer, Trockner, Destillations- sowie Rektifikationsapparate, Reaktoren für Stoffwandlungsprozesse, Absorber, Adsorber, Desorber sowie Wärmeübertrager aller Art.

Entscheidend für energetisch rationellen Betrieb ist die sorgfältige Wahl des jeweils anzuwendenden Verfahrens für den beabsichtigten Zweck und die Wahl des Apparates mit der besten thermodynamischen Güte.

Warmwasserbereitung und -nutzung

Grundsätzlich muss im Gebäude-Energiemanagement darauf geachtet werden, dass Warmwasser in Wohn- und Nichtwohngebäuden bedarfsabhängig und energieeffizient bereitgestellt wird. Dies betrifft sowohl Warmwassermengen als auch Temperaturniveaus.

Um Warmwasseranlagen dem tatsächlichen Bedarf anpassen zu können, ist der spezifische Warmwasserbedarf und die benötigte Wassertemperatur für die jeweilige Anwendung zu bestimmen. Warmwasserbereitung erfolgt in der Regel zentral über die Heizanlagen oder dezentral mit (energetisch problematischen) elektrischen Warmwasserboilern; letztere sollten nur an entlegenen Stellen zum Einsatz kommen. Die Nutzung von produktionsspezifischer Abwärme durch einfache Wärmetauscher ermöglicht beispielsweise „kostenlose" Warmwasserbereitung in Industrie- und Gewerbegebäuden.

Kaltwasser und Kühlwasserverwendung

In Bereichen, in denen Kühlwasser benötigt wird, ist darauf zu achten, dass nur so viel Wasser zur Kühlung aufgewandt wird, wie auch tatsächlich benötigt wird. Wird kein Kühlwasser gebraucht, sollte die Zirkulation sofort unterbunden werden. Dasselbe gilt beispielsweise für Nassfilteranlagen.

Deckung der betrieblichen Energiebedarfe

Rationeller Energieerzeugung und -umwandlung kommt im Gebäude-Energiemanagement hohe Bedeutung bei der Deckung reduzierter Nachfragen zu. Die Deckung der Strom- und Wärmebedarfe müssen insbesondere sorgfältig nach wirtschaftlichen und logistischen Kriterien geprüft werden.

Sind Veränderungen erforderlich, können grundsätzlich folgende Möglichkeiten in Betracht gezogen werden:

- Bezug von Strom und Wärme,
- Bezug von Strom und Eigenerzeugung von Wärme sowie
- Eigenerzeugung von Strom und Wärme.

Bei der Wahl eigener Erzeugung von Strom und Wärme hängt das optimale technische System von der jeweiligen Bedarfshöhe und dem zeitlichen Verlauf des Energieverbrauches ab. An ausgereiften Techniken stehen beispielsweise zur Verfügung:

- Kombinationen von Gas- und Dampfturbinen (GUD-Kraftwerke),
- Gas- oder Dampfturbinen (Gas- oder Dampfturbinenkraftwerke),
- Blockheizkraftwerke (Gas- oder Dieselmotorenkraftwerke),
- Techniken zur Nutzung erneuerbarer Energien zur Stromerzeugung (z. B. Wasser-/Windkraftwerk, Photovoltaik usw.).

Bei reinem Strombezug sind die Prozess- und Heizwärmebedarfe selbst zu decken. Die einzusetzende Technik hängt beispielsweise von den benötigten Prozesswärmeparametern ab. Für den gesamten Wärmebereich von beispielsweise Dampferzeugung mit höchsten Druck- und Temperaturanforderungen bis zur Deckung von Heizwärme- und Warmwasserverbräuchen stehen ausgereifte, effiziente Techniken zur Verfügung. In jedem Fall ist vor der Auswahl der geeigneten Anlagentechnik zu prüfen, ob sich bei Ist-Analysen nutzbare Abwärmepotenziale ergeben haben, die zu Wärmebedarfsdeckungen herangezogen werden können.

Wärme-, Kälte- und Stromerzeugung sowie Wärmegewinnung

Heizungssysteme sind von grundlegender Bedeutung für die Wärmewirtschaft eines Betriebs. Wenn es um die Planung und die Möglichkeiten neuer Techniken geht, ist eine Beratung von fachlicher Seite unumgänglich. Gebäude-Energieberater und -manager finden für jede Branche bzw. den jeweiligen Fertigungsprozess die technisch ideale Lösung; jede Erzeugungsanlage muss den verschiedenen anwendungs- und fallspezifischen Problemen z. B. innerhalb von Betrieben angeglichen werden.

Blockheizkraftwerke (BHKW-Anlagen) können beispielsweise inzwischen aufgrund der standardisierten Bauweisen in vielen Bereichen wirtschaftlich eingesetzt werden. BHKWs bestehen meist aus einem Verbrennungsmotor, der mit einem Generator gekoppelt ist. Sie werden mit Erdgas, Biogas, Grubengas, Diesel oder Biodiesel betrieben und erzeugen neben Wärme, die als Prozesswärme für Heizzwecke und zur Warmwasserbereitung genutzt wird, auch Strom. Der Einsatz von BHKWs kann je nach den gegebenen Bedingungen zu einer Primärenergieeinsparung von bis zu 35 % gegenüber einer konventionellen Bereitstellung von Strom und Wärme führen!

Für Raumheizungen stehen insbesondere zwei Systeme zur Auswahl:

- lokale Wärmeerzeugung durch direktbefeuerte Lufterhitzer oder Strahlungsheizungen,
- zentrale Wärmeerzeugung in Heizwerken und Transport der Wärme über Wasser, Luft oder Dampf.

Für Kälteerzeugung wird die zur Verfügung stehende Wärme z. B. mittels Absorptionskälteanlagen energetisch günstiger in Kälte umgewandelt als über elektrische Kompressions-Kältemaschinen (Kraft-Wärme-Kälte-Kopplung).

Bei Neuplanungen von Heizanlagen sollte insbesondere auf folgende Aspekte geachtet werden, die rationellere Energieeinsätze gegenüber älteren Anlagen gewährleisten:

- Einsatz von Brennwertheizkesseln. Moderne Brennwertheizkessel bieten die Möglichkeit, Energie beim Heizen vor allem in den Übergangszeiten zu sparen. Die Kosten für Brennwert-Kesselanlagen liegen etwa drei Prozent über einem üblichen Niedertemperaturkessel (NT-Anlage), die Einsparpotentiale betragen jedoch bis zu 16 %.
- Nutzung von Blockheizkraftwerken (Wärme-, Kälte- und Stromerzeugung): Eine Alternative mit zusätzlicher Stromerzeugung bieten die sogenannten Blockheizkraftwerke (BHKW) oder auch Kraft-Wärme-Kopplungsanlagen (KWK).

Um die Wirtschaftlichkeit einer Anlage zu gewährleisten, muss ein ganzjähriger, möglichst kontinuierlicher Bedarf von Wärme und/oder Kälte vorliegen. Über die Wirtschaftlichkeit von BHKWs sind keine pauschalen Aussagen möglich. Es sind in jedem Fall detaillierte Prüfungen erforderlich, die die speziellen Gegebenheiten der Standorte bei der Auslegung berücksichtigen.

Die Anlagen werden zunehmend von Unternehmen installiert, die diese Anlagen bei den Endverbrauchern betreiben und jene mit Wärme und Strom beliefern.

Die Liberalisierung des Strommarktes hat z. T. zu Senkungen der Strompreise geführt. BHKWs sind hiervon auf drei Arten betroffen, da die Erlöse in Form der vermiedenen Strombezugspreise ebenso sinken wie die Einspeisevergütungen der Energieversorgungsunternehmen. Andererseits sinken auch die Kosten für Bezüge von Zusatz- und Reservestrom. Außerdem schafft die Aufhebung der geschlossenen Versorgungsgebiete neue Absatzmöglichkeiten für Strom aus BHKWs.

Einen positiven Einfluss auf den Betrieb von KWK-Anlagen hatte die Einführung der Ökosteuer in Deutschland. Hierbei hat die Bundesregierung die Umweltvorteile über eine Steuerbefreiung deutlich gewürdigt. Auf diese Weise erhalten Anlagen, die zur Versorgung eines einzelnen Objekts eingesetzt werden, einen deutlichen Beitrag zur Wirtschaftlichkeit. Zum zeitweiligen Schutz der Kraft-Wärme-Kopplung wurde das KWK-Gesetz erlassen, das Einspeisevergütungen sichert.

Abwärmenutzung

Selbst wenn in Wohn- und Nichtwohngebäuden bereits umfangreiche Maßnahmen zur Energieeinsparung vorgenommen wurden, besteht darüber hinaus oft Potenzial an ungenutzter Energie im Bereich der Abwärme. Ungenutzte Abwärme fällt beispielsweise an beim Betrieb von

- Motoren,
- Maschinen,
- Kühlaggregaten,
- Produktionsanlagen,
- Druckluftaggregaten,
- Prozessen der Lüftung, Absaugung, Trocknung, Ableitung von Abwässern sowie
- weiteren Fertigungsprozessen.

Abwärme lässt sich vielfach mittels einfacher Wärmetauscher wiederverwenden. In einigen Prozessen ist die Temperatur der Abwärme für die Wiedernutzung um 10 K bis 50 K zu niedrig. Beispielsweise kann mit Wärmetransformatoren oder Absorptionswärmepumpen die Abwärme auf die notwendigen Temperaturniveaus angehoben und damit effizient genutzt werden.

Druckluft

Die Instandhaltung von Druckluftnetzen und das Beseitigen von Leckagen sind Ihre oberste Handlungsaufgabe – dies sind die Voraussetzungen für möglichst energiesparende Drucklufterzeugung.

Bedarfsgesteuerte Bereitstellung von Druckluft ist in den wenigsten Fällen in den Betrieben vorhanden. Schon einfache Zeitsteuerungen der Aggregate durch z. B. Abschaltung während der Stillstandzeiten des Betriebs können etwa 30 % der Energie für Drucklufterzeugung wirtschaftlich einsparen. Bedarfsgerechte Steuerung führt hier zu noch höheren Energieeinsparungen.

> Je nach Entfernungen der Einzelverbraucher sollten Auslegungen bei zentralen oder dezentralen Versorgungen überdacht werden, um Risiken von Leckagen zu vermeiden. Nicht entdeckte Leckagen führen zu Mehrverbräuchen bei Drucklufterzeugungen und entdeckte Leckagen zu Energieeinsparungen von bis zu 30 %.

Gewinnung und Nutzung erneuerbarer Energien

In Wohn- und Nichtwohngebäuden werden erneuerbare Energien zunehmend genutzt. Meist stehen bei diesen Maßnahmen nicht wirtschaftliche Gründe für die Umsetzung im Vordergrund, sondern eher gesetzliche Anforderungen sowie insbesondere in Industrie- und Gewerbe die Darstellung ökologischer Unternehmensziele (Imagewerbung).

Dabei sind für spezielle Industrie- und Gewerbezweige einzelne Methoden geradezu prädestiniert. So sind z. B. in der holzverarbeitenden Industrie Holzfeuerungsanlagen dazu geeignet, die Holzreste gemäß Kreislaufwirtschaftsgesetz zu verwerten. Bestehende Förderprogramme erhöhen vielfach die Wirtschaftlichkeit der Anlagen.

Neben der Erzeugung von Wärme (Solarthermie) kann auch Strom direkt aus dem Sonnenlicht (Photovoltaik) gewonnen werden. Bei notwendigen Erneuerungszyklen von Wohn- und Nichtwohngebäudedächern können hier „Sowieso-Kosten" angerechnet werden. Bei vielen Anlagen kommt hinzu, dass sie öffentlich wahrgenommen werden. So besteht die Möglichkeit zur Demonstration innovativer Technik, mit deren Nutzung ein positives Umweltimage verbunden ist. Dies kann für Unternehmen auch unter Marketinggesichtspunkten außerordentlich interessant sein.

> Es ist davon auszugehen, dass in Zukunft die noch teure Stromerzeugung aus Sonnenenergie einen höheren Stellenwert bekommen wird. Das Gebäudeenergiegesetz (GEG) zum Vorrang von Erneuerbaren Energien treibt die Entwicklung entscheidend voran.

Wohn- und Nichtwohngebäude weisen Gebäudehüllen auf, die zum Teil frei von Verschattungen sind und sich daher gut für das Aufstellen von Solaranlagen eignen.

Die Bedingungen für Installationen von Solaranlagen sind relativ günstig, wenn

- große, zusammenhängende Flächen zur Verfügung stehen, so dass ein erhebliches Potenzial realisiert werden kann,
- bei Installationen von Großanlagen Senkungen der spezifischen Kosten möglich sind und
- Gebäudehüllmodernisierungen mit Installationen von Solaranlagen kombiniert werden.

> Vollständige Integration erleichtert unter Umständen Installationen in Gebäuden, die unter Denkmalschutz stehen.

Darüber hinaus sind Solaranlagen von außen sichtbar und dokumentieren so auch den innovativen und ökologischen Charakter der Wohn- und Nichtwohngebäude. Die Gebäude bzw. einzelne Teile der Gebäude dienen dabei zu Sammlung, Verteilung, Speicherung und Nutzung der Energie.

Aus Ist-Analysen sind Warmwasserverbräuche von Wohn- und Nichtwohngebäude bekannt. Im Gebäude-Energiemanagement werden auch nachhaltige Möglichkeiten von solaren bedarfsgerechten Brauchwassererwärmungen untersucht.

Die für Auslegungen von Brauchwassererwärmungen in Wohn- und Nichtwohngebäuden wesentlichen Randbedingungen sind Energiebedarfe der Nutzer, Energieangebote, insbesondere ermittelt aus den Globalstrahlungswerten der Standorte und Aufstellungsbedingungen (z. B. Dachflächen sowie -neigungen). Auslegungsparameter sind Speicherinhalte und Kollektorflächen, die optimal aufeinander abgestimmt werden müssen.

„Passive Solarenergienutzung“ bedeutet den Einsatz gezielter baulicher Maßnahmen zur Nutzung der auf Wohn- und Nichtwohngebäude einstrahlenden Sonnenenergie für die Raumheizungen. Dabei wird weitgehend auf technische Einrichtungen verzichtet. Beim Neubau von Wohn- und Nichtwohngebäuden sollte bereits in frühsten Planungsphasen die passive Solarenergienutzung berücksichtigt werden. Im modernen Gebäudebau stellen Fenster nicht mehr nur eine Wärmeverlustquelle dar, sondern leisten durch die Ausrichtung auf die Sonne vielmehr einen beträchtlichen Beitrag zur Deckung des Wärmebedarfs des Gebäudes durch passive Solarenergiegewinne. Der Anteil des Raumwärmebedarfes, der bei modernen Gebäuden durch Solarenergieeinstrahlungen über Fensterflächen gedeckt werden kann, wird dabei im Allgemeinen auf 15 % bis 30 % geschätzt.

Der Anteil des Raumwärmebedarfs, der durch Solarenergieeinstrahlung durch Fensterflächen gedeckt werden kann, hängt im Wesentlichen ab von:

- Dämmung sowie Wind- und Luftdichtheit der Gebäudehüllen,
- Größe und Durchlässigkeit der Fensterflächen sowie
- Ausrichtung der Wohn- und Nichtwohngebäude.

Heutzutage kann unter Beachtung entsprechender Rahmenbedingungen beispielsweise Biomassenutzung auch unter betriebswirtschaftlichen Maßstäben erfolgreich eingesetzt werden. Im Bereich von Biomasse stehen zu energetischen Verwertungen folgende Energieträger zur Verfügung:

- Holz aus Wald- und Forstwirtschaft sowie aus der holzverarbeitenden Industrie,
- Stroh und Gülle aus der Landwirtschaft sowie
- weitere organische Reststoffe.

Für einen wirtschaftlichen Betrieb von beispielsweise Holz- und Strohheizwerken bzw. Biomasseanlagen mit Stromerzeugung sowie Biogasanlagen mit Blockheizkraftwerk sind hohe, möglichst gleichmäßige Energiebedarfe notwendig. Dies trifft insbesondere auf Industrie- und Gewerbebetriebe mit Prozesswärmebedarf zu. Durch eine Vernetzung unterschiedlicher Wärmeabnehmer können diese Bedingungen jedoch z. B. im Zusammenschluss mehrerer Gebäude als Wärmeverbund geschaffen werden. Auch für die Nutzung von Biomasse steht ein breites Spektrum von Fördermaßnahmen zur Verfügung.

Umsetzung von Einsparmaßnahmen und Nachweise von Einsparungen sowie Audits

Im Gebäude-Energiemanagement von Wohn- und Nichtwohngebäuden müssen die Gebäudenutzer motiviert und aufgeklärt eingebunden werden.

Schon in ersten Phasen der Ist-Analysen sollten daher die späteren Nutzer über Pläne zur Einführung eines Gebäude-Energiemanagements informiert werden. Denn häufig hängt der Erfolg von Einsparmaßnahmen von der Akzeptanz der Nutzer ab. Zum einen beinhaltet diese Motivierung die Förderung eines Energiebewusstseins, zum anderen die Motivation zum Energiesparen.

Sobald ein ökonomisches, ökologisches und soziokulturelles Bewusstsein geschaffen wurde, ist davon auszugehen, dass Nutzerinnen und Nutzer z. B. bei Einkaufsentscheidungen einen reduzierten Energieverbrauch der Investitionsgüter berücksichtigen. Sie achten dann z. B. darauf, dass in unbenutzten Räumen die Fenster und Türen geschlossen sind und die Beleuchtung ausgeschaltet ist. Sie werden erkennen, dass das eigene Verhalten nicht nur für das Gebäude, sondern auch für die Zukunft der Umwelt bedeutsam ist.

Wenn es gelingt, beispielsweise die Mitarbeiterinnen und Mitarbeiter in Industrie- und Gewerbegebäuden für das betriebliche Projekt „Energieeffizienz" zu interessieren, werden, insbesondere bedingt durch „Insiderkenntnisse" zusätzliche Einsparpotenziale aufgedeckt, die vielfach sogar den externen Fachleuten verborgen bleiben. Darüber hinaus ist mit einer schrittweisen Imagesteigerung nach außen und innen zu rechnen. Die Identifizierung mit dem Produkt wird sowohl den Kunden, als auch den Betriebsangehörigen leichter fallen. Inner- und außerbetriebliche Kommunikation über die erreichten Erfolge sind dabei zwingend notwendig.

Bewusstsein, Schulungen, Fähigkeiten und Kommunikation

Verantwortliche für Wohn- und Nichtwohngebäude bzw. das Top-Management bei Industrie- und Gewerbeorganisationen müssen Gebäude-Energiemanagementvertreter benennen, die ungeachtet anderer Verantwortlichkeiten festgelegte Aufgaben, Verantwortlichkeiten und Befugnisse haben müssen, um insbesondere

a) sicherzustellen, dass ein Gebäude-Energiemanagementsystem in Übereinstimmung mit der DIN EN ISO 50001 eingeführt und verwirklicht ist und aufrechterhalten wird und

b) über die Leistungen des Gebäude-Energiemanagementsystems an die Verantwortlichen bzw. das Top-Management zu dessen Bewertungen, einschließlich Empfehlungen für Verbesserungen, zu berichten.

Gebäude-Energiemanager müssen über hinreichende Qualifikationen und Kompetenzen bezüglich Energie und Verbesserung der Energieeffizienz für Wohn- bzw. Nichtwohngebäude verfügen.

Die verantwortlichen Organisationen von Wohn- und Nichtwohngebäuden müssen sicherstellen, dass ihre Nutzer, Mitarbeiter sowie alle Personen, die in ihrem Namen nutzen, Kenntnis haben hinsichtlich

a) der Energiepolitik und der Gebäude-Energiemanagementprogramme der Organisationen,

b) der Anforderungen der Gebäude-Energiemanagementsysteme einschließlich der Aktivitäten der Organisation zur Kontrolle der Energienutzung und Verbesserung der energetischen Leistungen,

c) des tatsächlich oder potenziell bedeutenden Einflusses ihrer Tätigkeiten auf den Energieverbrauch und inwieweit ihre Nutzung und ihr Verhalten zur Erreichung strategischer und operativer Energieziele beiträgt,

d) ihrer Aufgaben und Verantwortlichkeiten bei der Erfüllung der Anforderungen des Gebäude-Energiemanagementsystems,

e) der Vorteile einer verbesserten Energieeffizienz.

Gebäudenutzer, die Nutzungen mit potenziell wesentlichem Einfluss auf die Energieverbräuche ausführen, müssen aufgrund angemessener Gebäude-Energieberatungen hinreichend befähigt sein. Es liegt dabei in der Verantwortung der Organisationen, dafür zu sorgen, dass die Nutzer hinreichend befähigt sind und bleiben: Sie müssen die im Zusammenhang mit der Kontrolle ihrer wesentlichen Energieaspekte und dem Betrieb ihres Gebäude-Energiemanagementsystems erforderlichen Beratungsmaßnahmen festlegen.

Verantwortliche Organisationen von Wohn- und Nichtwohngebäuden müssen zudem sicherstellen, dass Gebäudenutzer auf allen Ebenen hinsichtlich des Gebäude-Energiemanagements informiert und hinreichend beraten sind, um zweckdienliche strategische, administrative und operative Ziele festzulegen sowie geeignete Hilfsmittel und Methoden für das Gebäude-Energiemanagement auszuwählen. Sie müssen dazu intern über ihre energetische Leistung und ihre Gebäude-Energiemanagementsysteme kommunizieren. Damit ist sicherzustellen, dass alle Personen, die für die Organisationen oder in deren Namen tätig sind, aktiv am Gebäude-Energiemanagement und der Verbesserung der energetischen Leistung teilnehmen können.

Auch müssen die Gebäudeorganisationen entscheiden, ob sie über ihre Gebäude-Energiemanagementsysteme und ihre energetischen Leistungen zusätzlich extern kommunizieren wollen. Wenn eine Entscheidung zugunsten externer Kommunikation fällt, müssen die Organisationen einen Plan für diese Form der Kommunikation einführen, verwirklichen und dokumentieren.

5.2.3 Energielieferverträge

Durch die Marktöffnung können Kunden in Deutschland seit Mai 1998 ihre Energieversorger nach eigenen Kriterien auswählen. Dabei sind insbesondere Preisunterschiede bei der Bereitstellung von elektrischer Energie sowie die Qualität der Energiedienstleistung für die Wahl des Energieversorgers entscheidend.

Folgende Punkte sollten beim Neuabschluss von Energielieferverträgen sowohl bei Wohn- als auch Nichtwohngebäuden berücksichtigt werden:

- Keine langfristigen Bindungen eingehen, denn je länger die Vertragslaufzeiten, umso höher sollten Einsparungen sein.
- Keine Akzeptanz bisheriger Handlungsbeschränkungen, beispielsweise ein Verbot der Eigenerzeugung durch regenerative Energiequellen oder über Kraft-Wärme-Kopplungen bzw. Kraft-Wärme-Kälte-Kopplungen.
- Auch Vereinbarungen von Mindestabnahmeleistungen oder Zahlungen der Abnahmeleistungen sind Verhandlungssache.
- Einkaufsgemeinschaften zur Bündelung der Strombedarfe nutzen. So sind Zusammenschlüsse in Netzgebieten eines Netzbetreibers möglich, aber auch netzübergreifende oder branchenübergreifende Kooperationen denkbar.

Aus der Energiewirtschaftspraxis lassen sich für die aufgeführten wichtigsten Punkten folgende Prämissen ableiten:

- Kurze Vertragslaufzeiten vereinbaren. Strategisch günstig sind ein bis zwei Jahre, nicht akzeptabel fünf oder mehr Jahre.
- Klare Ausstiegsklauseln vereinbaren, festes Vertragsende oder Datum,
- Vertragsbeendigungen klar definieren.
- Eigenerzeugungen sollten ausdrücklich erlaubt sein, offene Klauseln sind vorzuziehen.
- Einsparoptionen nutzen, keine Mindestabnahmen festlegen lassen, Investitionshoheit sichern.
- Vermeidung von Koppelverträgen!
- Ausschließlichkeitsklauseln vermeiden, wie z. B. alle Abnahmestellen (und alle Energiearten) des Kunden.

5.2.4 Überbetriebliche Kooperationen

Neben den üblichen Brennstoffen in konventionellen Kesselanlagen können z. B. auch Biomasse, Solarenergie, industrielle Abwärme, Wärmepumpen, Anlagen zur Kraft-Wärme-Kopplung usw. zu Stromerzeugungen für die Raumwärme und/oder die Prozesswärme bei Wohn- bzw. Nichtwohngebäuden eingesetzt werden.

Für viele dieser rationellen und umweltschonenden Techniken schaffen Wärmeverbünde mit naheliegenden oder benachbarten Verbrauchern günstigere Voraussetzungen für den Einsatz. Der Zusammenschluss von Abnehmern mit unterschiedlichen Verbrauchsstrukturen (z. B. Betriebe, Bedarf tagsüber; Wohngebäude, Bedarf abends) führen dabei zu gleichmäßigeren Auslastungen der Anlagen und durch größere Anlagen zu geringeren spezifischen Investitionskosten. Die Wirtschaftlichkeit eines Wärmeverbundes hängt dabei im Wesentlichen von der Größe und der Struktur der Wärmeabnehmer ab.

Eine zentrale Heizanlage für einen Wärmeverbund wird entweder im erweiterten Heizhaus des Lieferbetriebes oder in einem separaten Gebäude untergebracht. Eine preisgünstige Lösung bei kleineren Zentralen stellt die Errichtung eines Gebäudes aus Fertigbauteilen im Anschluss an ein vorhandenes Gebäude dar. Die Wärmeverluste des Netzes bewegen sich im Bereich zwischen 5 % und 15 % der erzeugten Wärmemenge. Unter energetischen Aspekten steht den höheren Verlusten die Erzeugung mit einem höheren Wirkungsgrad gegenüber. Unter Kostengesichtspunkten werden die Verteilungskosten durch die günstigeren Brennstoffpreise der Zentrale ausgeglichen. Für Bau und Betrieb einer kooperativen Wärmeversorgungsanlage kommen neben dem Nutzer auch die Strom- oder Gasversorgungsunternehmen oder externe, private Betreiberfirmen in Frage.

Versorgungstechniken für einen Wärmeverbund sind:

- Suche nach möglichen Kooperationspartnern in unmittelbarer oder näherer Nachbarschaft zum Gebäude bzw. Betrieb,
- Ermittlung möglicher Abwärmepotenziale oder energetisch verwertbarer Reststoffe im Gebäude bzw. Betrieb oder Anfrage bei anderen Betrieben nach vorhandenen Potenzialen,
- Gründung von Arbeitskreisen mit möglichen Kooperationspartnern,
- Beratungsbeauftragung für Konzept zum Wärmeverbund,
- Gründung einer Wärmeversorgungsgesellschaft oder Übergabe der Aufgabe an Dritte.

5.2.5 Wirtschaftlichkeitsbetrachtung

Für die im Gebäude-Energiemanagement zu Wohn- und Nichtwohngebäuden erfassten Maßnahmen zur Energieeinsparung müssen Wirtschaftlichkeitsbetrachtungen durchgeführt werden. Bei Wirtschaftlichkeitsbetrachtungen von Investitionen werden statische und dynamische Verfahren verwendet.

Grundsätzlich sind immer investitionsbezogenen Kosten den zu erwartenden Erträgen über die Nutzungszeiten gegenüberzustellen. Ist der Saldo positiv oder gleich null, ist eine Investition wirtschaftlich. Ermittelt werden hierzu zuerst die Höhe der Investitionen für die Einsparmaßnahmen, z.B. durch Einholung von Angeboten entsprechender Anbieter. Dann werden die voraussichtlichen Einsparpotentiale entweder durch einfache Abschätzung oder durch genaue Berechnung ermittelt.

> Vielfach bieten die Hersteller von Anlagen und Komponenten die Durchführung der Berechnungen kostenlos an. Hier bietet es sich an, auf Leistungen von neutralen Gebäude-Energieberatern zurückzugreifen, die detaillierte Berechnungen oder Überprüfungen der Herstellerangaben durchführen.

Liegt das (positive) Gesamtergebnis nun innerhalb des vorher definierten Zeitraums (z.B. die technische Lebensdauer von 15 Jahren), ist die Investition wirtschaftlich. Werden bei dieser Berechnung die Zinsen für das Investitionskapital, Restwerte und/oder Steigerungen bzw. Reduktionen der Energiepreise berücksichtigt, so werden diese Berechnungen zur dynamischen Amortisationsrechnung.

Über dieses Verfahren hinaus bestehen noch weitere Möglichkeiten der Investitionsrechnung. In der VDI-Richtlinie 2067, die für Wirtschaftlichkeitsbetrachtungen von Wärmeversorgungsanlagen definiert worden ist, wird z.B. das Annuitätenverfahren als dynamisches Verfahren ausführlich erklärt. Darüber hinaus sind die Barwert-/Kapitalwertmethode sowie die interne Zinsfußmethode als auch die Nutzwertanalyse gängig.

Die Amortisationsrechnung kann entweder statisch oder dynamisch durchgeführt werden. Die statische Variante kann sehr einfach berechnet werden. Wenn 100.000 EUR investiert und dadurch 25.000 EUR/Jahr netto einspart werden, kann die Investition durch die Einsparung geteilt werden. Es ergibt sich eine statische Amortisationszeit von in diesem Fall vier Jahren.

5.2.6 Finanzierungsformen und Contracting

In den meisten Fällen werden Investitionen im Gebäude-Energiemanagement bei Wohn- und Nichtwohngebäuden entweder über vorhandenes Eigenkapital realisiert oder aber über Fremdkapital realisiert. Bei Fremdfinanzierung bietet das Contracting eine interessante Variante an, da dieses Verfahren auch dann angewendet werden kann, wenn die momentane finanzielle Situation größere Investitionen durch Eigenkapital oder z.B. den klassischen Bankkredit nicht zulässt. Da es sich beim Contracting um eine besonders interessante Form der Fremdfinanzierung handelt, wird sie hier kurz beschrieben.

Contracting liegt nahe, wo die vorgezogene Erneuerung von Investitionen wirtschaftlich sinnvoll wäre, dass hierfür nötige Kapital aber nicht verfügbar ist. So bietet es sich an, eine Investition, z.B. die Erneuerung einer Heizungsanlage, von einem Dritten vornehmen zu lassen und von diesem die benötigte Wärme zu kaufen. In dem ausgehandelten Wärmepreis sind dann alle Kosten des Contractors für die Heizungsanlage enthalten. Neben der Vermeidung von eigenen Investitionen bietet dieses Verfahren weitere Vorteile. Aufgrund seines Know-Hows ist der Contractor in der Lage, die Anlage zu optimieren; aus seiner Geschäftstätigkeit kann ein Contractor günstigere Preise für die Anlage erzielen.

Contracting ist mittlerweile auf dem Markt etabliert. Darüber hinaus bietet das im Folgenden kurz skizzierte Einspar-Contracting weitergehende

Möglichkeiten zur Energie- und Kosteneinsparung. Dies ist in Zeiten knapper Investitionsbudgets und der Anforderungen an kurze Amortisationszeiten ein Mittel zur Umsetzung wirtschaftlicher Effizienzmaßnahmen durch Dritte. Grundlage ist die umfassende Einbeziehung aller maßnahmenrelevanten Möglichkeiten durch den Contractor, die Ausnutzung der technischen Lebensdauer sowie die stringente Organisation von Arbeitsabläufen, um Kostenreduktionen zu erzielen und eine gesetzte Investitionsobergrenze einzuhalten.

Beim Einspar-Contracting werden Maßnahmen zur Reduktion der Energienachfrage realisiert. Der Contractor investiert dabei beim Kunden und erhält dafür einen Teil der eingesparten Energiekosten. Dies bewirkt, dass sich durch die Einsparmaßnahme des Contractors eine Kostenersparnis gegenüber der Ist-Situation ergibt, die für die Refinanzierung der Investition maximal für die technische Lebensdauer ausreicht.

Für den Contracting-Nehmer bedeutet dies, dass sein Aufwand zukünftig aus zwei Komponenten besteht, den Energiekosten und den Zahlungen an den Contractor zur Refinanzierung der Maßnahme. In Summe sollen diese Kosten möglichst geringer als die der Ausgangslage sein. Nach Refinanzierung der Maßnahme und der Beendigung des Vertrags steht dem Contracting-Nehmer dann die gesamte Energieeinsparung zur Verfügung.

Die Umsetzung eines Einspar-Contracting-Vorhabens erfolgt auf der Grundlage des dargestellten groben Programmablaufplans:

- Definition der Dienstleistung,
- Bestimmung des Ist-Zustands,
- Vertragsgestaltung,
- Wirtschaftlichkeitsbetrachtung,
- Definition der Leistungen,
- Bestimmung der Einsparung,
- Übergabe der Anlage,
- Abnahme vom Kunden und
- Nutzungsrecht geht auf den Kunden über.

5.2.7 Erstellung von Maßnahmenkatalogen

Hierzu werden im Gebäude-Energiemanagement alle Ergebnisse zusammengetragen und ein Maßnahmenkatalog mit klassifizierten Prioritäten für die einzelnen Maßnahmen erstellt. Diskutiert und beachtet werden sollten insbesondere folgende Punkte:

- wirtschaftliche, umweltverträgliche und nutzungsgerechte Aspekte,
- Notwendigkeit und Dringlichkeit einzelner Projekte sowie Abhängigkeiten untereinander,
- organisatorische Ziele sowie
- Realisierbarkeit einzelner Projekte.

5.2.8 Erfolgskontrolle

Erfolgskontrollen sind wesentlicher Bestandteil eines Gebäude-Energiemanagements für Wohn- und Nichtwohngebäude. Sie dienen dazu, die durchgeführten und eingeleiteten Maßnahmen auf ihre Auswirkungen hin zu prüfen. Bei gegenüber den Plandaten auftretenden Abweichungen können Gründe analysiert bzw. bei Bedarf die Maßnahmen korrigiert werden. Darüber hinaus lassen sich durch den kontinuierlichen Vergleich zum Vorjahr (z. B. Verbrauch vor Energieeinsparung minus Energieeinsparung ergibt den neuen prognostizierten Verbrauch), Trends ablesen, Störungen identifizieren und Ziele für das nächste Jahr formulieren. Durch den Vergleich des Energieverbrauches im Vorjahr mit den aktuellen Werten können erste Schlüsse über den Erfolg der Maßnahmen gezogen werden. Durch Leistungs- oder Verbrauchsmessungen z. B. an ausgetauschten Aggregaten oder einzelnen Verbrauchern können Einsparungen konkret nachgewiesen werden.

Außerordentlich wichtig ist dabei, die erhaltenen Werte von nicht beeinflussbaren Größen zu bereinigen. Bei dem Heizwärmeverbrauch für ein Gebäude geschieht dies beispielsweise mit der „Gradtagszahlbereinigung 24", bei der die witterungsbedingten Einflüsse herausgerechnet werden. Der Vergleich mit spezifischen bereinigten Kennwerten ist ebenfalls möglich und sinnvoll.

Erfolgskontrollen orientieren sich nicht nur an den rein rechnerischen und wirtschaftlichen Größen. Ein weiterer Aspekt kann z. B. die Beteiligung an der Selbstverpflichtung zur CO_2-Reduktion sein. Darüber hinaus lassen sich auch qualitative, allerdings schwer bewertbare Kriterien wie z. B. erhöhte Nutzer- oder Mitarbeitermotivation durch beispielsweise bessere Beleuchtung oder eine Imageverbessserung des Unternehmens beim Kunden bei der Bewertung berücksichtigen.

Ziel der Erfolgskontrollen sind Nachweise der Erfolge der eingeleiteten Maßnahmen. Tritt ein prognostizierter Erfolg ein, ist es unter Umstäden sinnvoll, dies über eine Öffentlichkeitsarbeit zu dokumentieren. Geprüft werden sollte auch, ob sich die durchgeführten Maßnahmen vermarkten lassen. Umwelt- und Qualitätsaspekte müssen nicht versteckt, sondern bekannt gemacht werden.

5.3 Gebäude-Energiemanagement – kontinuierlicher Verbesserungsprozess

In diesem Abschnitt wird Gebäude-Energiemanagement mit kontinuierlichem Verbesserungsprozess (KVP, **Bild 5.14**) für Wohn- und Nichtwohngebäude in Deutschland dargestellt.

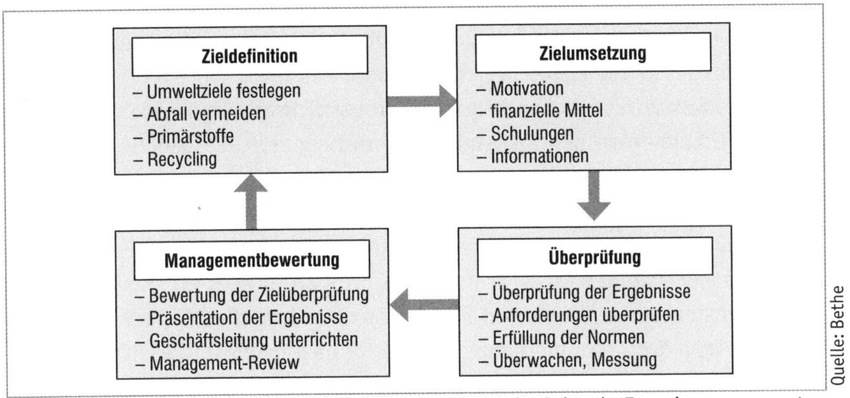

Bild 5.14 KVP, der kontinuierliche Verbesserungsprozess im Gebäude-Energiemanagement

5.3.1 Schritte im kontinuierlichen Verbesserungsprozess (KVP) beim Gebäude-Energiemanagement für Wohn- und Nichtwohngebäude im PDCA-Zyklus

Lenkung von Aufzeichnungen im KVP eines Gebäude-Energiemanagements
Eine für Wohn- und Nichtwohngebäude verantwortliche Organisation muss im notwendigen Umfang im KVP Aufzeichnungen zum Nachweis der Übereinstimmung mit den Anforderungen des Gebäude-Energiemanagementsystems erstellen, einführen und pflegen. Diese Aufzeichnungen müssen Aufschluss über die erreichten Leistungen und die Wirksamkeit des Gebäude-Energiemanagementsystems geben. Organisationen von Wohn- und Nichtwohngebäuden müssen die für das Management der Aufzeichnungen im KVP notwendigen Kontrollmechanismen festlegen.

Die Aufzeichnungen müssen für einen festgelegten Aufbewahrungszeitraum lesbar, identifizierbar und bezüglich der relevanten Aktivität, des Produktes oder der Dienstleistung rückverfolgbar sein und bleiben.

Interne Auditierung des Gebäude-Energiemanagementsystems im KVP

Die verantwortliche Organisation muss in festgelegten Zeitabständen interne Audits des Gebäude-Energiemanagementsystems im KVP durchführen, um sicherzustellen, dass

- sich das Gebäude-Energiemanagementsystem im Einklang mit der Energiepolitik, strategischen und operativen Zielen, dem Energiemanagement und weiteren Anforderungen der DIN EN ISO 50001 befindet,
- alle gesetzlichen und anderen, durch die Organisation eingegangenen Verpflichtungen beachtet werden sowie
- der Prozess wirksam eingeführt ist und aufrechterhalten wird.

Es ist ein Ablaufplan für das Audit zu erstellen, der die Bedeutung der zu auditierenden Bereiche des Managementsystems ebenso berücksichtigt wie die Ergebnisse früherer Audits. Die Auswahl der Auditoren und die Durchführung des Audits müssen die Objektivität und Unparteilichkeit des Auditprozesses sicherstellen.

Das für den zu auditierenden Bereich verantwortliche Management muss sicherstellen, dass Maßnahmen zur Beseitigung festgestellter Nichtkonformitäten und deren Ursachen ohne ungebührliche Verzögerung ergriffen werden. Die Überprüfung der ergriffenen Maßnahmen sowie ein Bericht über die Ergebnisse dieser Überprüfung müssen Bestandteil der Folgeaktivitäten im KVP sein.

Interne Audits des Gebäude-Energiemanagementsystems werden entweder durch die Organisation selbst (oder auf deren Anforderung von Externen) für interne Zwecke durchgeführt; sie können als Basis für eine Selbsterklärung über die Beachtung des Managementsystems dienen.

Die Ergebnisse von Audits sind zu dokumentieren und an die Verantwortlichen bzw. das Top-Management im KVP zu berichten.

Überprüfung eines Gebäude-Energiemanagementsystems im KVP

Verantwortliche bzw. das Top-Management müssen das Gebäude-Energiemanagementsystem der Wohn- und Nichtwohngebäude in festgelegten Zeitabständen im KVP überprüfen, um sicherzustellen, dass dieses weiterhin geeignet, hinreichend und wirksam ist. Aufzeichnungen über die Management-Reviews sind vorzuhalten.

Eingangsparameter für ein Management-Review im KVP des Gebäude-Energiemanagements

Eingangsgrößen für ein Management-Review im KVP des Gebäude-Energiemanagements müssen insbesondere Folgendes enthalten:

- Folgeaktivitäten aus früheren Management-Reviews,
- Überprüfung der Energieaspekte und der Energiepolitik,
- Bewertung der Übereinstimmung mit gesetzlichen Bestimmungen sowie Änderungen gesetzlicher Bestimmungen und anderer eingegangener Verpflichtungen,
- Ausmaß der Erreichung operativer und strategischer Ziele,
- Ergebnisse von Gebäude-Energiemanagementsystemaudits,
- Stand von Korrektur- und Vorbeugungsmaßnahmen,
- energetische Gesamtleistung der Wohn- und Nichtwohngebäude,
- geplanter Energieverbrauch für die folgende Periode,
- Empfehlungen für Verbesserungen.

Ergebnisse eines Management-Reviews im KVP des Gebäude-Energiemanagements

Die Ergebnisse eines Management-Reviews im KVP vom Gebäude-Energiemanagement müssen insbesondere alle Entscheidungen und Maßnahmen enthalten bezüglich

- Verbesserungen der energetischen Leistung der Wohn- und Nichtwohngebäude seit der letzten Überprüfung,
- Änderungen der Energiepolitik,
- Änderungen strategischer und operativer Ziele sowie anderer Elemente des Gebäude-Energiemanagementsystems in Übereinstimmung mit der Verpflichtung zur kontinuierlichen Verbesserung,
- Bereitstellung von Ressourcen.

5.3.2 Allgemeine Anforderungen im KVP eines Gebäude-Energiemanagements

Die Verwirklichung eines Energiemanagementsystems mit KVP ist auf die Verbesserung der Energieeffizienz hinsichtlich Wirtschaftlichkeit, Umweltverträglichkeit und Nutzungsgerechtigkeit ausgelegt. Daher basiert ein KVP auf der Annahme, dass jede verantwortliche Organisation von Wohn- und Nichtwohngebäuden ihr Gebäude-Energiemanagementsystem regelmäßig überprüft und bewertet, um Möglichkeiten für Verbesserungen und deren Verwirklichung zu identifizieren.

Grad, Umfang und Zeitrahmen werden für jeden kontinuierlichen Verbesserungsprozess durch die verantwortlichen Organisationen von Wohn- und Nichtwohngebäuden angesichts nachhaltiger Rahmenbedingungen festgelegt.

Ein KVP im Gebäude-Energiemanagement fordert von einer Organisation,

- eine angemessene Energiepolitik einzuführen,
- die von der Tätigkeit der Organisation herrührenden Energieaspekte zu ermitteln,
- geltende gesetzliche Anforderungen und andere durch die Organisation eingegangene Verpflichtungen zu identifizieren,
- Prioritäten zu setzen sowie entsprechende strategische und operative Ziele festzulegen,
- geeignete Strukturen und Programme zur Verwirklichung der Energiepolitik sowie zur Erreichung strategischer und operativer Ziele einzuführen sowie
- die Planung, Steuerung und Überwachung von Vorbeuge- und Korrekturmaßnahmen sowie Auditierungs- und Überprüfungsaktivitäten zu erleichtern, um sicherzustellen, dass die Energiepolitik beachtet wird und das Gebäude-Energiemanagementsystem angemessen bleibt.

> Organisationen sollten im KVP Erstüberprüfungen durchführen, um die Bereiche der Energienutzung sowie Verbesserungsmöglichkeiten zu ermitteln. Die daraus resultierenden Informationen bilden die Basis für die Ausarbeitung eines Arbeitsprogramms zum KVP des Gebäude-Energiemanagements sowie strategischer und operativer Ziele.

5.3.3 Energiepolitik im KVP eines Gebäude-Energiemanagements

Die Energiepolitik ist der Antrieb für die Verwirklichung und Verbesserung des Gebäude-Energiemanagementsystems der verantwortlichen Organisationen von Wohn- und Nichtwohngebäuden. Diese Politik spiegelt die Verpflichtung der verantwortlichen Organisationen (bzw. des Top-Managements) insbesondere bezüglich Energie wider, sodass die Organisationen in der Lage sind, ihre Anstrengungen zur ständigen Verbesserung der Energieeffizienz aufrechtzuerhalten und zu verstärken und eine Anpassung ihres Energieverbrauchs an den tatsächlichen Bedarf anzustreben.

Alle Initiativen der Verantwortlichen erfordern Klarheit in Bezug auf ihre Ausrichtung und ihren Zusammenhang mit strategischen Zielen der Organisation. Die Energiepolitik sollte eine Verpflichtung der Organisation zur Erreichung strategischer, administrativer und operativer Gebäude-Energiemanagement-Ziele hinsichtlich Umweltverträglichkeit, Wirtschaftlichkeit und Nutzungsgerechtigkeit und insbesondere der Reduzierung energiebezogener Emissionen sein. Das Fehlen einer Verpflichtung seitens der höchsten Organisationsebene bedeutet, dass die Energiepolitik kein integraler Bestandteil der Kultur der Organisation wird.

Eine inoffizielle/informelle Politik könnte durch personelle Veränderungen oder Änderungen in den Tätigkeiten destabilisiert werden. Deshalb sollte die Energiepolitik in andere bestehende Politiken eingebunden werden, um Kontinuität und dauerhafte Relevanz für die Organisationen herzustellen.

Die Energiepolitik im KVP des Gebäude-Energiemanagements bildet die Basis für die Festlegung strategischer, administrativer und operativer Energieziele und sollte ausreichend klar sein, damit sie von internen und externen Kreisen (Verantwortlichen, Nutzern, Mitarbeitern, Kunden, Behörden, Investoren usw.) verstanden werden kann.

Die Organisation sollte auch im KVP sicherstellen, dass eine durchgängige Linie von der Energiepolitik bis zu denjenigen Bereichen mit erheblichem Energieverbrauch existiert. Dies geschieht durch die Festlegung strategischer, administrativer und operativer Ziele, von Aktionsplänen, Schlüsselparametern usw. So wird eine Konzentration der Anstrengungen auf die Bereiche ermöglicht, in denen die bestmögliche Wirkung erzielt wird.

Wenn Organisationen an mehreren Standorten tätig sind, darf die Politik auch auf die KVP-Aktivitäten lediglich einiger dieser Standorte beschränkt werden. Dies sollte in der Energiepolitik explizit klargestellt werden. In den erfassten Teilen der Organisation sollte die Politik alle Prozesse und Tätigkeiten abdecken. Beschreibt die Energiepolitik keine Abgrenzungen, so muss angenommen werden, dass sie für die gesamte Organisation ungeachtet des Standorts gültig ist.

Eine Energiepolitik sollte im KVP eines Gebäude-Energiemanagements deshalb

- die Organisation dazu verpflichten, sich mit den KVP-Produkten, -prozessen und -aktivitäten zu befassen, die den Energieverbrauch wesentlich beeinflussen. Das heißt jenen Bereichen, die den größten Beitrag zum Energieverbrauch liefern oder die das bedeutendste Potential für Energieeinsparungen bieten,

- die Organisation im KVP dazu verpflichten, ihre Energieeffizienz kontinuierlich zu verbessern sowie den Einsatz alternativer und erneuerbarer Energieträger zu prüfen. Dies bedeutet, dass die Politik sowohl den Rahmen bildet für die Festlegung strategischer, administrativer und operativer Energieziele als auch für deren ständige Überprüfung hinsichtlich der Erreichung dieser Ziele oder eines sich abzeichnenden Änderungsbedarfs,
- die Organisation im KVP dazu verpflichten, sich an geltende Gesetze und Vorschriften zu halten, die für die Energienutzung der Organisation von Bedeutung sind; soweit angebracht, sollten alle weiteren durch die Organisation geschlossenen Übereinkünfte, die die Energienutzung beeinflussen, ebenfalls Bestandteil der Politik sein,
- allen Personen bekannt gemacht werden, die für die Organisation oder in deren Namen arbeiten und zudem auch für die Öffentlichkeit verfügbar sein.

Die Energiepolitik im KVP darf Bestandteil einer übergeordneten Umweltpolitik oder anderer relevanter Politiken der Organisation sein. Sie darf auch eine Selbstverpflichtung zur Lebenszykluskostenrechnung zu den Wohn- bzw. Nichtwohngebäuden enthalten. Die Verpflichtung der Organisation, speziell bezüglich Energie, sollte aber in jedem Fall in der übergeordneten Politik erwähnt werden.

5.3.4 Ermittlung und Überprüfung von Energieaspekten im KVP beim Gebäude-Energiemanagement

Zweck der Ermittlung von Energieaspekten im KVP ist es, die Bereiche mit wesentlichem Energieverbrauch zu verstehen, d. h. die Wohn- bzw. Nichtwohngebäude, Einrichtungen und Prozesse, die den größten Beitrag zur Energienutzung liefern oder die das bedeutendste Potential für Energieeinsparungen bieten.

Die verantwortlichen Organisationen sollten im KVP Listen der Möglichkeiten für Energieeinsparungen führen, die zu mehr Wirtschaftlichkeit, Umweltverträglichkeit und Nutzungsgerechtigkeit führen. Für jede der gelisteten Möglichkeiten sollte, falls möglich, zumindest Folgendes angegeben werden:

- der Energieaspekt, auf den sie sich bezieht,
- ihren Wert in ökonomischer, ökologischer und sozialer Hinsicht,
- erforderliche Maßnahmen,
- geschätzte oder tatsächliche Aufwände und Nutzen und

- für erledigte Punkte das Erledigungsdatum und das tatsächliche Ergebnis als Nachweis.

Die Ermittlung von Energieaspekten im KVP ist entscheidend für das Verständnis, wo innerhalb der Organisationen von Wohn- und Nichtwohngebäuden Energie genutzt wird. Sie bildet die Basis für die Priorisierung der Anstrengungen zur Energieverbrauchsreduzierung im Gebäude-Energiemanagement. Eine Organisation, die beabsichtigt, ein KVP zum Gebäude-Energiemanagementsystem zu verwirklichen, sollte zunächst ihre aktuelle Position im Hinblick auf Energieverbräuche durch Überprüfungen der Energieaspekte bestimmen.

Jede Überprüfung von Energieaspekten im KVP muss Folgendes enthalten:

a. Frühere und aktuelle Energieverbräuche und Energiefaktoren auf Basis von Messungen und anderen Daten.

   Der Energieverbrauch sollte in Verbindung gebracht werden mit Daten zu Nutzungen und/oder anderen Faktoren, die den Energieverbrauch beeinflusst haben könnten. Die Detailtiefe hängt von der Größe der Organisation und der Höhe des Energieverbrauchs ab, es sollte aber zumindest der primäre Energieeinsatz auf Basis der eingesetzten Brennstoffe/Energieformen (z.B. Elektrizität, Öl, Erdgas usw.), sowie eine Einschätzung der endgültigen Energienutzung (z.B. Heizung, Kühlung, Lüftung, Trocknung, Pumpen, Klimatisierung, Beleuchtung, siehe **Bild 5.15**) enthalten sein.

   Sofern eine Organisation mehrere Anlagen in Wohn- bzw. Nichtwohngebäuden betreibt, sollten der Energieeinsatz und der Verbrauch für jede Anlage separat überprüft werden. Tendenzen im Energieverbrauch zurückliegender Jahre sollten überprüft werden und bilden die Basis für eine Festlegung

Quelle: Bethe

Bild 5.15 Beleuchtungsanlage in einem Nichtwohngebäude

operativer Ziele sowie für die Beurteilung, ob frühere operative Ziele erreicht wurden. Bereits vorhandene Informationen bezüglich des Energieverbrauchs können bei Überprüfung herangezogen werden, z. B. Energierechnungen, Zählerstände, Energieberichte des Gebäudemanagements und andere vorhandene Informationen. Liegen keine anderen Informationen vor, so kann der Verbrauch mit anderen Mitteln (z. B. Daten von Typenschildern, Strommessungen, Betriebsstunden usw.) bestimmt werden. Es wird hierzu empfohlen, dass Typenschilddaten mit äußerster Vorsicht verwendet werden, da sie nur selten der tatsächlichen Nutzung entsprechen. Typenschilddaten werden normalerweise entweder für die ungünstigsten Bedingungen oder aber für standardisierte Testbedingungen angegeben. Die Nutzung von Daten geeigneter Unterzähler können Gebäude-Energiemanager darin unterstützen, weitere Informationen über Energienutzungen und Energieverbräuche zu erhalten (z. B. Unterzähler für verschiedene Gebäude, Stockwerke oder Abteilungen).

b. Ermittlung der Bereiche mit wesentlichen Energieverbräuchen, vor allem solche mit bedeutenden Veränderungen während der letzten Periode.
   Diese Bereiche sollten eingehenderen Betrachtungen unterzogen werden. Die wesentlichen Energieverbräuche verantworten einen hohen Anteil des Gesamtenergieverbrauchs von Wohn- und Nichtwohngebäuden. Die Betrachtung sollte sich aber auch auf andere Bereiche, die hinreichendes Potential für Energieeinsparungen bieten, erstrecken. Es obliegt der für Gebäude-Energiemanagement verantwortlichen Organisation, festzulegen, welcher Energieverbrauch wesentlich ist. Es ist unentbehrlich, dass eine Organisation in der Lage ist, zu konkretisieren, weshalb der Energieverbrauch als wesentlich angesehen wird.
c. Abschätzung der erwarteten Energieverbräuche während der nachfolgenden Periode.
   Abschätzungen können sich auf vorhandene Daten stützen, abgeleitet von relevanten
   - Zählerständen (**Bild 5.16**),
   - Betriebsstunden,
   - Typenschilddaten,
   - Zusammenstellungen von Rechnungen des Energieversorgers (falls erforderlich auf Konsistenz mit aktuellen Zählerablesungen geprüft),
   - geplanten betrieblichen Veränderungen usw.

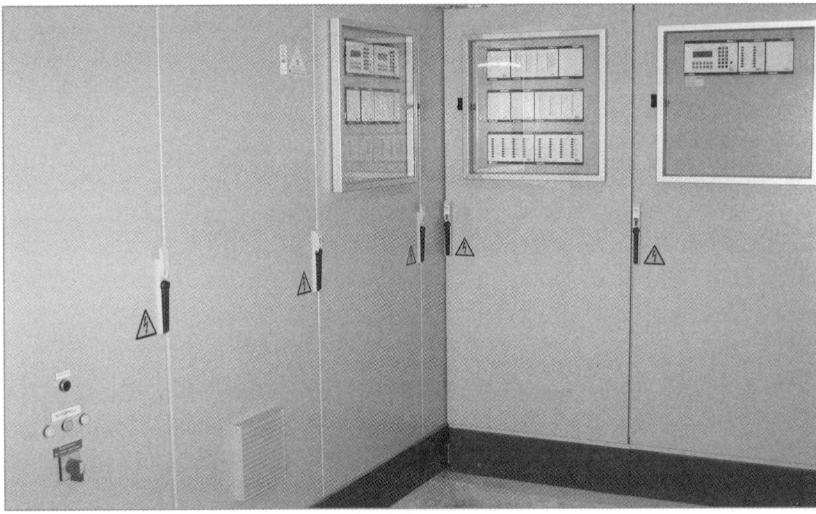

Quelle: Bethe

Bild 5.16 Zähleranlage in einem Nichtwohngebäude

d. Identifikation aller Personen, die für Organisationen der Wohn- bzw. Nichtwohngebäude oder in deren Namen arbeiten, deren Aktivitäten wesentliche Veränderungen der Energieverbräuche herbeiführen könnten. Deren Aufgaben, Verantwortlichkeiten und Befugnisse sollten geklärt werden. Dies schließt auch solche Personen ein, die einen indirekten, aber wesentlichen Einfluss auf Energieverbräuche haben.
e. Ermittlung von Möglichkeiten zur Verbesserung der Energieeffizienz. Zusätzlich zur Ermittlung der Möglichkeiten zur Verbesserung der Energieeffizienz können verantwortliche Organisationen zu Wohn- und Nichtwohngebäuden im KVP auch bereits konkrete Maßnahmen zur Verbesserung der energetischen Leistung geplant haben. Die Kombination aus bestehenden und während der Überprüfung neu identifizierten Möglichkeiten sollte die Basis für Festlegungen strategischer, administrativer und operativer Ziele sowie Gebäude-Energiemanagementprogramme im KVP bilden. Häufig ergeben sich die größten Möglichkeiten zur Verbesserung der Energieeffizienz aus kostenfreien organisatorischen Maßnahmen, z. B. Nutzer anzuhalten, Geräte abzuschalten, während sie nicht genutzt werden, Förderung und Bewusstsein bezüglich der energetischen Leistung im persönlichen Tagesgeschäft usw. Die Organisation sollte eine Aktualisierung der Überprüfungen in festgelegten Zeitabständen in Betracht ziehen.

Aktualisierte Überprüfungen sollten soweit möglich auf aktuellen Messungen basieren. Die aktualisierten Überprüfungen sollten stufenweise immer genauere Analysen von allen Bereichen der Energienutzungen enthalten. Dabei sollten wesentliche Veränderungen der Energieaspekte der Organisationen beachtet werden, wie z. B. Änderungen betreffend

- Nutzung,
- Produktion,
- Bau- und Anlagentechnik,
- Organisation,
- Qualifikation oder Tätigkeitsbeschreibung.

Dies dient dazu, dass die Organisationen die Fortschritte während der letzten Überprüfungsperioden beurteilen und mögliche Maßnahmen für kommende Perioden identifizieren können. Überprüfungen sind zu dokumentieren.

5.3.5 Rechtliche Verpflichtungen und andere Anforderungen im KVP eines Gebäude-Energiemanagements

Verantwortliche Organisationen von Wohn- und Nichtwohngebäuden müssen im KVP beim Gebäude-Energiemanagement die geltenden rechtlichen und weiteren, durch die Organisation eingegangenen Verpflichtungen bezüglich ihrer Energieaspekte ermitteln.

Diese können insbesondere enthalten:

- regionale, nationale und internationale Verpflichtungen,
- rechtliche, technische, wirtschaftliche, ökologische und soziale Verpflichtungen sowie
- gebäudespezifische Anforderungen.

Beispiele weiterer Anforderungen, zu denen sich Organisationen verpflichten, können (falls anwendbar) insbesondere Folgendes umfassen:

- Anforderungen bezüglich des Emissionshandels,
- Vereinbarungen mit Nutzern/Mitarbeitern/Kunden,
- Leitlinien aus dem nicht geregelten Bereich,
- freiwillige Prinzipien oder Verfahrensregeln,
- freiwillige Energievereinbarungen,
- Anforderungen von Wirtschaftsverbänden,
- Vereinbarungen mit kommunalen Gruppen oder Nichtregierungsorganisationen,

- öffentliche Verpflichtungen der Organisation oder ihrer Mutterorganisation,
- organisations-, unternehmens- und eigentumsspezifische Anforderungen.

Die Ermittlung, inwieweit rechtliche und andere von Organisationen eingegangene Verpflichtungen für die Energieaspekte der Organisationen relevant sind, erfolgt gewöhnlich im Zuge der Feststellung dieser Verpflichtungen. Organisationen sollten eine Liste der einschlägigen Energiegesetzgebung sowie anderer Anforderungen erstellen und unterhalten, sofern Letztere Auswirkungen auf die Nutzung, Tätigkeiten, Waren oder Dienstleistungen der Organisationen haben. Es dürfte daher nicht erforderlich sein, ein getrenntes oder zusätzliches Verfahren für die Durchführung dieser Ermittlung einzuführen.

Dennoch sollten Organisationen klarstellen, wer für die Überprüfung aller rechtlichen und anderer, von den Organisationen eingegangener Verpflichtungen verantwortlich ist. Organisationen sollten beschreiben, wie sie

- die relevanten Informationen an die maßgeblichen Personen kommunizieren,
- bezüglich neuer Gesetze, Verordnungen und Vorschriften auf dem aktuellen Stand bleiben und
- ihre Liste der einschlägigen Gesetzgebung in vorgegebenen Zeitabständen aktualisieren.

5.3.6 Strategische und operative Energieziele und Programme im KVP beim Gebäude-Energiemanagement

Die Festlegung strategischer, administrativer und operativer Ziele ist grundsätzlich ein Mittel, eine Politik in Maßnahmen umzusetzen. Verantwortliche Organisationen sollten im KVP beim Gebäude-Energiemanagement sicherstellen, dass sich die strategischen und operativen Ziele in Übereinstimmung mit der Energiepolitik sowie den wesentlichen Energieaspekten befinden.

Strategische, administrative und operative Ziele sollten regelmäßig überprüft und angepasst werden, z. B. in Zusammenhang mit einem Management-Review oder durch die regelmäßige Überarbeitung der Gebäude-Energiemanagementprogramme.

Das Setzen von Energiezielen stellt sicher, dass die Organisationen Erfolgskriterien definiert haben, sodass der Fortschritt im KVP bei Wohn- und Nichtwohngebäuden in Richtung einer verbesserten Energieeffizienz gemessen werden kann. Energieziele im KVP beim Gebäude-Energiemanagement sollten

- ehrgeizig sein, sodass sie die Organisationen zu ständigen Verbesserungen verpflichten,
- realistisch sein, sodass sie in vorgegebenen Zeitrahmen erreicht werden können, sowie
- spezifisch und messbar sein.

Als Minimum sollten für jeden während der Überprüfungen ermittelten wesentlichen Energieaspekt operative Ziele festgelegt werden. Einige operative Ziele können sich auf Einrichtungen oder Anlagen beziehen, während andere beispielsweise den Energieverbrauch bestimmter Nutzungen oder Schulungen, Energiebewusstsein, zusätzliche Messungen, Überwachungen usw. betreffen können.

Energiereduktionsziele können als Indikatoren für die energetische Leistungen beschrieben werden, wie z. B. Energieverbrauch je Nutzer, Stück, kg, m^2 oder Vergleichbares. Hierdurch wird das Energieziel weitgehend unabhängig von Veränderungen in der Leistung.

Zweck der Einführung von Gebäude-Energiemanagementprogrammen ist es, sicherzustellen, dass die Organisationen ihre strategischen, administrativen und operativen Ziele erreichen. Gebäude-Energiemanagementprogramme sollten genau beschreiben, wie die Organisation gedenkt, ihre Energieeffizienz zu verbessern, und eine Beschreibung der notwendigen Aufgaben und Ressourcen zu ihrer Verwirklichung enthalten. Um Doppelungen von Ressourcen zu vermeiden, sollten Gebäude-Energiemanagementprogramme in die normalen Gebäudebetriebe eingearbeitet werden.

Entsprechend verantwortliche Organisationen sollten bei Einführung ihrer Gebäude-Energiemanagementprogramme Möglichkeiten der Nutzung der bestverfügbaren Technologien in Betracht ziehen. Bei der Einführung solcher Programme sollten insbesondere folgende Punkte identifiziert bzw. behandelt werden:

- Was sind die prioritär einzuleitenden Aktivitäten und Projekte, d. h. welche Aktionen werden mit Blick auf die verfügbaren Ressourcen die größten Verbesserungen erbringen?
- Was muss erreicht werden und was ist der Zeitrahmen dafür, d. h. die Definition des Kernziels der Aktion, und wann muss dieses erreicht werden?
- Wer ist verantwortlich und welche Ressourcen sind für die Umsetzung der Aktionspläne erforderlich, d. h. wer hat die Gesamtverantwortung

und die Befugnisse, um sicherzustellen, dass die Pläne auch umgesetzt werden; welche menschliche Arbeitskraft und welche finanziellen Mittel sind erforderlich?

- Wie werden die Gebäude-Energiemanagementprogramme überwacht und überarbeitet, d. h. wie werden Fortschritte überwacht und wie wird die Organisation über die Erreichung bzw. Nichterreichung der Ziele informiert; wie werden Verbesserungen in der Energieeffizienz als KVP zu Wohn- und Nichtwohngebäuden dokumentiert?
- Spiegeln die Gebäude-Energiemanagementprogramme die Energiepolitik, strategische, administrative und operative Ziele sowie rechtliche und andere Verpflichtungen wider?

> Gebäude-Energiemanagementprogramme sollten dokumentiert und regelmäßig überprüft werden, um sicherzustellen, dass sie aktuell und zielführend sind.

5.3.7 Ressourcen, Aufgaben, Verantwortlichkeiten und Befugnisse im KVP beim Gebäude-Energiemanagement

Erfolgreiche Verwirklichungen von Gebäude-Energiemanagementsystemen im KVP für Wohn- und Nichtwohngebäude erfordern die Verpflichtung aller Personen, die für die verantwortlichen Organisationen oder in deren Namen arbeiten. Diese Verpflichtung sollte bei den verantwortlichen Organisationen, z. B. beim Top-Management, beginnen. Dementsprechend sollte das Top-Management die Energiepolitik der Organisationen festlegen und die Verwirklichungen der Gebäude-Energiemanagementsysteme sicherstellen.

Als Teil dieser Verpflichtung sollte das Top-Management spezielle Beauftragte der eigentlich verantwortlichen Organisationen mit festgelegten Verantwortlichkeiten und Befugnissen für die Verwirklichung der Gebäude-Energiemanagementsysteme als Sachwalter bestellen. Diese Beauftragten sollten auch Verantwortung für Berichte über Leistungen und Ergebnisse des Systems an das Top-Management haben. Jenes Top-Management sollte sicherstellen, dass angemessene Ressourcen für Verwirklichung und den Betrieb des Gebäude-Energiemanagementsystems zur Verfügung stehen. Die Ressourcen umfassen Zeit, Kapital, menschliche Arbeitskraft, Materie und Energie.

Der Betrieb von Gebäude-Energiemanagementsystemen sollte in Verantwortlichkeit erfahrener Sachwalter liegen, die über Befugnisse, Fähigkeiten und Ressourcen verfügen. Außerdem ist wichtig, dass Schlüsselfunktionen und Verantwortlichkeiten im Zusammenhang mit Gebäude-Energiemanagementsystemen klar definiert und allen Personen mitgeteilt werden, die für die Organisation oder in deren Namen arbeiten.

5.3.8 Bewusstsein, Schulungen und Fähigkeiten im KVP beim Gebäude-Energiemanagement

Verantwortliche Organisationen für Wohn- und Nichtwohngebäude sollten Bewusstsein, Kenntnisse, Verständnis und Fertigkeiten ermitteln, die Personen mit Verantwortlichkeiten und Befugnissen zur Ausführung von Aufgaben in ihren Namen besitzen müssen. Die Tätigkeiten dieser durch die Organisation ermittelten Personen kann die Energieverbräuche wesentlich beeinflussen. Sie müssen daher zur Ausführung der ihnen übertragenen Aufgaben entsprechend befähigt sein. Die diesbezügliche Kompetenz wird insbesondere auf Basis einer fach- und sachgerechten Balance zwischen Ausbildung, Weiterbildung und Erfahrung bewertet. Es sollten Kriterien für notwendige Kompetenzen definiert, Schulungsprogramme aufgestellt und überprüft sowie Schulungsunterlagen gepflegt werden.

> Beauftragende Organisationen sollten einfordern, dass in deren Namen tätige Auftragnehmer nachweisen können, inwiefern deren Mitarbeiter die erforderlichen Fähigkeiten und/oder entsprechende Schulungen haben.

5.3.9 Kommunikation im KVP beim Gebäude-Energiemanagement

Effektive Kommunikation im KVP des Gebäude-Energiemanagements von Wohn- und Nichtwohngebäuden ist wesentlich für die erfolgreiche Verwirklichung und den Betrieb eines Gebäude-Energiemanagementsystems. Fach- und sachdienliche sowie regelmäßige Informationen über das Gebäude-Energiemanagementsystem tragen im KVP dazu bei, alle Beteiligten zur Einhaltung der Energiepolitik der Organisation und zur aktiven Beteiligung an der Erreichung der strategischen, administrativen und operativen Ziele der Organisation zu motivieren und zu verpflichten.

Die interne Kommunikation im KVP sollte folgende Themen behandeln:

- die Energiepolitik sowie die strategischen, administrativen und operativen Ziele der Organisationen,
- Möglichkeiten für Beiträge eines jeden Beteiligten,
- Informationen über aktuelle Energienutzungen und Trends innerhalb der Organisationen,
- Einhaltung gesetzlicher Bestimmungen und anderer von Organisationen eingegangener Verpflichtungen,
- Möglichkeiten für Verbesserungen, sowohl organisatorisch als auch individuell im KVP,
- nachhaltige Vorteile der Gebäude-Energiemanagementaktivitäten,
- Ansprechpartner für weitere Einzelheiten.

Verantwortliche Organisationen sollten sicherstellen, dass Beteiligte auf allen Ebenen der Organisation ermutigt und es ihnen erleichtert wird, Verbesserungsvorschläge und Kommentare zum Gebäude-Energiemanagementsystem einzureichen. Diese Vorschläge und Kommentare sollten geprüft und beantwortet werden. Organisationen können Pläne für interne Kommunikation einführen, verwirklichen und aufrechterhalten. Diese Pläne können insbesondere Folgendes beinhalten:

- Wer ist für interne Kommunikation zum KVP beim Gebäude-Energiemanagementsystem verantwortlich?
- fach- und sachdienliche Informationen im KVP zur Einführung, Verwirklichung und dem Betrieb des Gebäude-Energiemanagementsystems,
- Mittel zur Kommunikation von Informationen (z. B. interne Besprechungen, Seminare, Informationsmaterialien, Intranet, E-Mail, „Schwarze Bretter“ zu Energiethemen, Kampagnen zur Sensibilisierung usw.).

Wenn eine Entscheidung für eine externe Kommunikation getroffen wird, sollten Organisationen Pläne für die externe Kommunikation aufstellen, die insbesondere beschreiben

- wer für die externe Kommunikation zu Gebäude-Energiemanagementsystemen verantwortlich ist und
- mit welchen Mitteln Informationen kommuniziert werden.

Aufzeichnungen über Kommunikationsaktivitäten sollten vorgehalten werden.

5.3.10 Dokumentation des Gebäude-Energiemanagementsystems im KVP eines Gebäude-Energiemanagements

Innerhalb der Systemdokumentation sollte der Zusammenhang zwischen den Prozessen, Systemen und Aktivitäten des Energiemanagementsystems hinreichend ausführlich beschrieben werden. Die Dokumentation sollte außerdem Hinweise darauf enthalten, wo weitere Informationen über die Funktion dieser Systemelemente verfügbar sind. Diese Dokumentation darf dabei in die Dokumentation zu anderen, durch die Organisation verwirklichten Managementsystemen integriert werden. Der Umfang der Dokumentation des Energiemanagementsystems kann von einer zur anderen Organisation unterschiedlich sein, abhängig von:

- Größe und Art der Organisation sowie ihren Tätigkeiten, Waren oder Dienstleistungen,
- Komplexität von Prozessen und deren Zusammenspiel,
- Fähigkeit des Personals.

Beispiele für Dokumente sind

- Festlegungen bezüglich Politik, strategischer und operativer Ziele,
- Informationen über bedeutende Energieaspekte und Prozesse,
- Arbeitsanweisungen,
- Prozessinformationen,
- Organisationsplänen,
- internen und externen Normen,
- Aufzeichnungen,
- Umfang der technischen Dokumentation (z. B. Installations- und Gerätezeichnungen, Zeichnungen zu Energiefluss und Versorgungseinrichtungen, Instandhaltungspläne, Betriebsanleitungen für Einrichtungen usw.),
- Ergebnisse von Überprüfungen der Energieaspekte sowie
- Aktionspläne mit Hinweisen auf weiterführende Aktivitäten.

Jede Entscheidung, (ein) Verfahren zu dokumentieren, sollte auf Erwägungen basieren hinsichtlich

- der Konsequenzen, dies nicht zu tun,
- der Notwendigkeit des Nachweises gesetzlicher und anderer, durch die Organisation eingegangener Verpflichtungen,
- der Notwendigkeit sicherzustellen, dass eine Aktivität in nachvollziehbarer Weise durchgeführt wird,
- der Vorteile einer Dokumentation, u. a. eine leichtere Verwirklichung durch Kommunikation und Schulung,

- der leichteren Pflege und Revision, eines geringeren Risikos von Unklarheiten und Abweichungen, der Nachweisführung und Sichtbarkeit und
- der Anforderungen dieser Norm.

5.3.11 Lenkung von Dokumenten im KVP eines Gebäude-Energiemanagements

Es ist sicherzustellen, dass verantwortliche Organisationen im KVP des Gebäude-Energiemanagements Dokumente in einer für die Umsetzung der Gebäude-Energiemanagementsysteme hinreichenden Weise erstellen und pflegen. Das Hauptaugenmerk der Organisationen sollte hierbei auf einer verbesserten energetischen Leistung und der effektiven Verwirklichung des Gebäude-Energiemanagementsystems und nicht auf einem aufwändigen System zur Lenkung von Dokumenten liegen. Und dennoch sollten die Dokumente Gegenstand eines Prozesses sein, der sicherstellt,

- dass alle relevanten Dokumente zum Gebäude-Energiemanagementsystem bezüglich der Urheber, der betreffenden Prozesse, Systeme, Aktivitäten, Kontaktpersonen usw. identifiziert werden können; diese Dokumente sollten regelmäßig überprüft und bei Bedarf überarbeitet werden, wobei Überarbeitungen formalen Freigabeprozessen unterliegen,
- dass aktuelle Versionen der relevanten Dokumente in den Arbeitsbereichen verfügbar sind, in denen die relevanten Aktivitäten ausgeführt werden,
- dass nicht länger gültige Dokumente entweder eindeutig gekennzeichnet oder entfernt werden.

> Dokumente können in gedruckter oder elektronischer Form vorliegen, abhängig von der sinnvollsten Art der Bereitstellung von Dokumenten für die Nutzer.

5.3.12 Ablauflenkung im KVP beim Gebäude-Energiemanagement

Verantwortliche Organisationen im KVP sollten Abläufe bewerten, die in Verbindung mit ihren festgestellten wesentlichen Energieaspekten stehen. Zudem sollen sie sicherstellen, dass dies in einer Weise erfolgt, die ihre Energieverbräuche kontrolliert und reduziert, um die Energiepolitik zu erfüllen sowie strategische, administrative und operative Ziele zu erreichen.

Dies sollte alle Teile ihrer Tätigkeiten umfassen, insbesondere z. B. den Betrieb, Instandhaltungen, Auslegungen und Beschaffungen zu den Wohn- und Nichtwohngebäuden, Einrichtungen, Anlagen und Rohmaterialien sowie alle anderen Bereiche, die die wesentlichen Energieaspekte beeinflussen könnten.

Häufig ergeben sich Möglichkeiten für eine verbesserte Leistung aus der ständigen Ermittlung und Verwirklichung kostenfreier organisatorischer Maßnahmen, z. B. durch Abschaltungen von Geräten, wenn diese nicht benutzt werden.

Prozesse für Betrieb und Instandhaltungen sollten insbesondere Folgendes enthalten:

- organisatorische Prozesse und Checklisten zu Vermeidung und Minimierung von Verschwendungen,
- Betriebs- und Instandhaltungspläne für Bautechnik, Maschinen, Einrichtungen, Anlagen usw.,
- Beschreibungen von Wartungsintervallen für einschlägige Einrichtungen, einschließlich dessen, was gewartet werden muss,
- Identifikationen der Bereiche und der Personen, die für Betrieb und Instandhaltungen der Einrichtungen verantwortlich sind,
- Zeitpläne für Überprüfungen der relevanten Einrichtungen und die Beschreibungen, wie die Überprüfungen durchzuführen sind.

Ein nachhaltiges energiebewusstes Design im KVP stellt sicher, dass bei der Auslegung von neuen oder modifizierten Einrichtungen bzw. Betriebsstätten, Bau- und Anlagentechniken sowie ganzen Gebäuden, die einen potenziellen Einfluss auf die wesentlichen Energieaspekte haben, energieeffiziente Alternativen in Betracht gezogen werden. Dies beinhaltet nach Bedarf die Planung neuer Gebäude, Modernisierungen, Produktionslinien, Ver- und Entsorgungseinrichtungen, Bau- und Anlagentechnik usw., sofern dies machbar und wirtschaftlich sowie sozial praktikabel ist. Ganz allgemein könnte dies durch das Bewusstsein und die Schulung aller Beteiligter abgedeckt werden.

Energiebewusstes Design im KVP beim Gebäude-Energiemanagement von Wohn- und Nichtwohngebäuden sollte sicherstellen, dass

- eine ausführliche Analyse des Energiebedarfs in der allerersten Phase von Entwicklungsprojekten durchgeführt wird,
- in allen relevanten Entwicklungsschritten (z. B. Bedarfsermittlung, Angebote, Designplanung, Auswahl der Technik und Einrichtungen,

Auslieferungen, Inbetriebnahmen usw.) Energiebewertungen durchgeführt werden sowie

- die Aufgaben der verantwortlichen Personen bezüglich energiebewussten Designs klar festgelegt sind.

Energiebewusste Beschaffungen stellen beispielsweise sicher, dass der Energieverbrauch bei Entscheidungen über die Beschaffungen von Bauelementen, -teilen sowie -stoffen, Maschinen, Einrichtungen, Rohmaterialien, Leistungen usw. mit einbezogen wird. Wenn Beschaffungsvorgänge potenziell einen (erheblichen) Einfluss auf wesentliche Energieverbräuche haben, sollte Energieeffizienz zum Bestandteil der Beurteilungskriterien werden. Ganz allgemein könnte dies durch das Bewusstsein und die Schulung der Beteiligten abgedeckt werden.

Die empfohlenen Prozesse sollten Folgendes umfassen:

- Beschaffungspolitiken (soweit anwendbar),
- Beschaffungsrichtlinien, d.h. zu befolgende Kriterien, falls vorgeschlagene Produkte potenziell den Energieverbrauch über ein vorgegebenes Maß hinaus steigern,
- ausführliche Energiebewertungen im erforderlichen Umfang,
- Kriterien und Berechnungsmethoden für die Amortisation, d.h. eine finanzielle Bewertung,
- Lebenszykluskosten (Phasen siehe **Bild 5.17**),
- Nutzungsgerechtigkeit,
- geprüfte Listen von anerkannt energieeffizienten Ersatzteilen und/oder Lagerstätten solcher Teile.

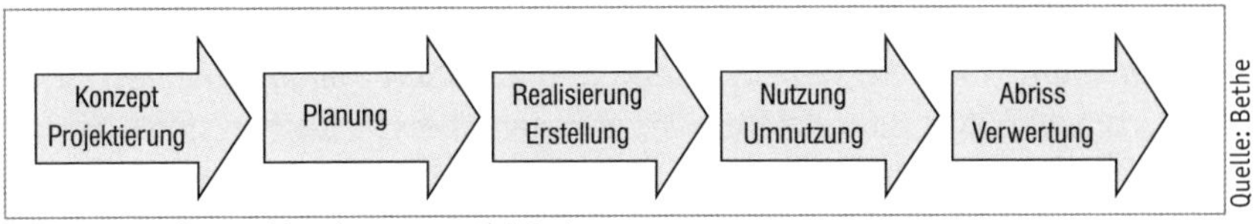

Bild 5.17 Lebenszyklusphasen von Gebäuden

Bei der Durchführung von Energieeffizienzbewertungen, sei es in der Auslegung oder der Beschaffung von Einrichtungen, die einen Einfluss auf wesentliche Energieaspekte haben, sollte insbesondere Folgendes festgelegt werden:

- Kriterien dafür, wann solche Bewertungen durchgeführt werden sollten,
- Personen, die für Durchführungen der Bewertungen verantwortlich sind,
- Ressourcen (zeitlich, finanziell, menschlich, materiell und energetisch), die verfügbar sind,

- Untersuchungen der energieeffizienten, wirtschaftlichen, nutzungsgerechten und technischen Alternativen,
- Personen, die für die Überprüfung und Freigabe der Bewertungen verantwortlich sind,
- Personen, die für abschließende Entscheidungen über die sich bietenden Optionen verantwortlich sind.

Abhängig von den durch die verantwortlichen Organisationen festgelegten Kriterien kann es unterschiedliche Bewertungsebenen geben. Je höher Energieverbräuche sind, umso mehr sollte sich das Augenmerk auf eine Reduzierung der Verbräuche durch Entwicklung und/oder Beschaffung der energieeffizientesten Lösungen auf dem Markt richten.

Diese Prozesse sollten für alle Kreise gelten, die Arbeiten im Namen der Organisation ausführen, einschließlich auftragnehmender Manager, Berater usw. Diese Prozesse sollten daher beschreiben:

- wie die Kommunikation mit externen Auftragnehmern, z. B. Managern und Beratern, gestaltet wird und
- wie zu dokumentierende Aktivitäten aufgezeichnet werden.

Durch die Information von Lieferanten hinsichtlich Energiepolitik und Beschaffungsprozess fördern verantwortliche Organisationen den Dialog mit den Lieferanten über Möglichkeiten zu Verbesserungen der Energieeffizienz.

5.3.13 Überwachung und Messung im KVP beim Gebäude-Energiemanagement

Überwachung und Messung bedeuten allgemein das Management der Energieverbräuche durch regelmäßige Vergleiche von tatsächlichen und erwarteten Verbräuchen (**Bild 5.18**).

Die Überwachung und Messungen sollten hinsichtlich der Anforderungen der Organisationen angemessen sein und die Analysen der Energieverbräuche beispielsweise von Anlagentechnik und Prozessen, zeitlichen Veränderungen, Erreichung operativer Ziele usw. erleichtern. Dies bedeutet, dass Einschätzungen und Bewertungen der wesentlichen Energieverbräuche in solchen Intervallen erfolgen sollten, die es erlauben, Verschlechterungen der Energieeffizienz aufzudecken, zu untersuchen und abzustellen.

Es kann sinnvoll sein, den Energieverbrauch mit Hilfe von Indikatoren zur energetischen Leistung zu überwachen, z. B. kWh je Produktionseinheit und/oder kWh je m^2 Grundfläche.

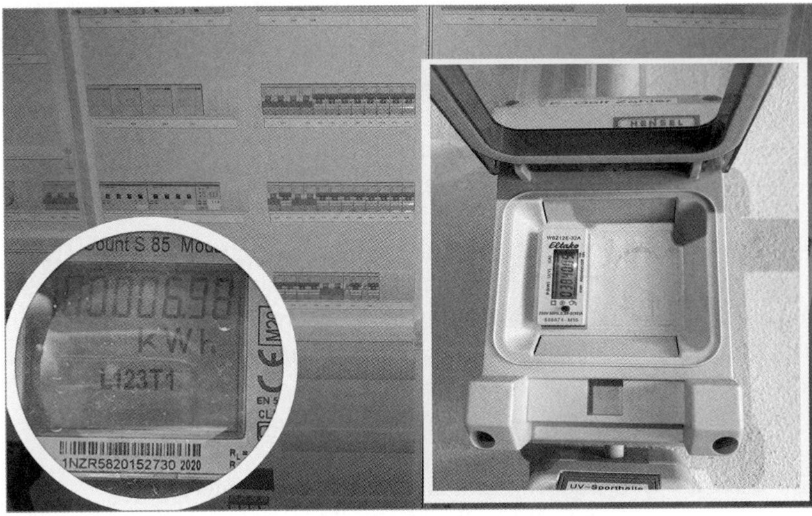

Quelle: Bethe

Bild 5.18 Energieverbrauchsmessungen in einem Nichtwohngebäude

Die Energieverbräuche müssen nicht direkt proportional zu den Energiefaktoren sein. Die Organisationen sollten die genaueste zweckmäßige Methode zur Berechnung der erwarteten Verbräuche anwenden.

Vergleiche zwischen tatsächlichen und erwarteten Verbräuchen werden unerwartete Abweichungen aufzeigen und können dabei helfen, verdeckte Vergeudungen zu entdecken.

Es ist anzunehmen, dass Organisationen im KVP beim Gebäude-Energiemanagement von Wohn- und Nichtwohngebäuden nicht unbedingt über flächendeckende Mess- und Zähleinrichtungen verfügen, dass deren Anschaffung möglicherweise teuer und zeitaufwändig ist sowie Nutzungen stören können. Dennoch sollten sie, so weit möglich, nachweisliche Pläne zur Verbesserung der Ausstattung mit Mess- und Zähleinrichtungen vorweisen.

Die Organisationen sollte in der Lage sein, die Sachdienlichkeit der gewählten Messintervalle in Relation zu den ermittelten Energieverbräuchen zu begründen. Je nach Art und Größe der Organisation können unterschiedliche Messintervalle verwendet werden. Für manche Organisationen können wöchentliche Intervalle angebracht sein. Andere betreiben vielleicht eher Echtzeit-Messungen, Messungen je Schicht, tägliche, monatliche oder noch seltenere Messungen.

Beispiele für Überwachungen und Messungen sind die nachfolgend genannten Aktivitäten:

- laufende Überwachung und Aufzeichnung wesentlicher Energieverbräuche und damit verbundener Energiefaktoren,
- Zusammenfassung der wesentlichen Energieverbräuche in Form von Schlüsselwerten,
- Vergleich von tatsächlichen und erwarteten Energieverbräuchen,
- Eingriff bei Fällen von Abweichungen zu den erwarteten Energieverbräuchen,
- Aufzeichnung der wesentlichen Abweichungen von erwarteten Energieverbräuchen, deren Gründe sowie Abhilfemaßnahmen.

Verantwortliche Organisationen sollten die Überwachung und Messungen aller wesentlichen Energieverbräuche und Energiefaktoren einplanen. Diese Pläne sollten u. a. Folgendes beschreiben:

- wie wesentliche Energieverbräuche und -faktoren gemessen und aufgezeichnet werden,
- Umfang der Überwachung, einschließlich der Messintervalle,
- Kalibrierungen und Instandhaltungen der Messeinrichtungen,
- Aufgaben und Verantwortlichkeiten der maßgeblich Beteiligten,
- wie der erwartete Energieverbrauch in Bezug auf die Energiefaktoren ermittelt wird.

Es besteht eine Anforderung, die Beziehungen zwischen Energiefaktoren und Energieverbräuchen in festgelegten Zeitabständen zu überprüfen. Dies dient dazu, sicherzustellen, dass die Verbräuche immer gegenüber den aktuell besten erreichbaren Leistungen beurteilt werden.

In der Praxis können die Beziehungen entsprechend vorgegebener Umstände überprüft werden (z. B. sobald ein Projekt mit Auswirkungen auf die Energieeffizienz durchgeführt wird).

5.3.14 Bewertung der Einhaltung von Rechtsvorschriften im KVP beim Gebäude-Energiemanagement

Verantwortliche Organisationen von Wohn- und Nichtwohngebäuden sollten Prozesse im KVP zur Überwachung der Übereinstimmungen des Gebäude-Energiemanagementsystems mit gesetzlichen und anderen von den Organisationen eingegangenen Verpflichtungen bezüglich wesentlicher Energieverbräuche einführen, verwirklichen und aufrechterhalten. Zum Nachweis der Konformität sollten Aufzeichnungen dieser Ergebnisse aufbewahrt werden.

5.3.15 Nichtkonformitäten, Korrektur- und Vorbeugungsmaßnahmen im KVP beim Gebäude-Energiemanagement

Die verantwortlichen Organisationen von Wohn- und Nichtwohngebäuden sollten im KVP des Gebäude-Energiemanagements sicherstellen, dass Nichtkonformitäten untersucht werden und angemessen darauf reagiert wird. Nichtkonformitäten bestehen, wenn Übereinstimmungen mit der Energiepolitik der Organisationen, strategischen bzw. operativen Zielen, Programmen oder dokumentierten Verfahren nicht gegeben sind.

Die Organisationen sollten insbesondere

- Gründe von Nichtkonformitäten ermitteln,
- angemessene Maßnahmen zur Beseitigung der Nichtkonformitäten ergreifen,
- notwendige Maßnahmen einleiten, um Wiederholungen von Nichtkonformitäten zu verhindern,
- nötigenfalls dokumentierte Prozesse ändern, um sicherzustellen, dass diese im Einklang mit neuen Initiativen oder Maßnahmen stehen,
- festlegen, wer für Aufzeichnungen von Nichtkonformitäten verantwortlich ist und wie diese aufgezeichnet werden, sowie sicherstellen, dass Prozesse für Korrektur- und Vorbeugungsmaßnahmen eingeleitet werden und zudem
- relevante Dokumentationen in Übereinstimmung mit gesetzlichen und/ oder dokumentierten Fristen aufbewahren.

5.3.16 Lenkungen von Aufzeichnungen im KVP beim Gebäude-Energiemanagement

Zweck von Aufzeichnungen zu Wohn- und Nichtwohngebäuden im KVP ist, sicherzustellen, dass jene notwendigen Dokumentationen zur Verfügung gestellt werden, die die Erreichung bzw. Erfüllung von operativen Zielen, Aktionsplänen und anderer Anforderungen der Gebäude-Energiemanagementsysteme belegen. Der Umfang einer solchen Dokumentation kann, je nach den Anforderungen der Organisationen, unterschiedlich sein.

Solche Aufzeichnungen können insbesondere Folgendes umfassen:

- Informationen zu relevanten Gesetzen und Regularien,
- maßgebliche Aufzeichnungen zu Schulungen,
- zweckdienliche Kommunikationsmittel zum Gebäude-Energiemanagementsystem für alle Interessengruppen, wie z. B. Presse-

mitteilungen, Kampagnen zum Bewusstsein, Präsentationen, Webseiten, Auszeichnungen usw.,
- wesentliche Energieverbräuche und Indikatoren zu energetischen Leistungen,
- Aufzeichnungen zu Installationen, Überprüfungen, Instandhaltungen und Kalibrierungen von Messeinrichtungen,
- Kommunikation der Energiepolitik gegenüber Auftragnehmern, Unterauftragnehmern und Lieferanten,
- Überwachungs- und Instandhaltungstermine für energieverbrauchende Einrichtungen,
- Anschaffung von energieeffizienten Einrichtungen,
- Konstruktionen und Auslegungen, bei denen Energieeffizienz berücksichtigt wurde,
- Ergebnisse von Audits und
- Management-Reviews.

Diese Aufzeichnungen sollten die Prozesse im KVP beim Gebäude-Energiemanagementsystem von Wohn- und Nichtwohngebäuden unterstützen. Sie sollten lesbar, identifizierbar, rückverfolgbar und leicht auffindbar sein.

5.3.17 Interne Auditierungen von Gebäude-Energiemanagementsystemen im KVP beim Gebäude-Energiemanagement

Der Zweck eines internen Audits im KVP zu Wohn- und Nichtwohngebäuden ist die systematische Überprüfung des Gebäude-Energiemanagementsystems und eine Beurteilung, ob das System im Einklang mit den eigenen Anforderungen der Organisationen betrieben wird. Verfahren zur Durchführung von internen Audits sollten Anforderungen an die Umfänge der Audits, an Häufigkeit und zeitliche Planung, an die Form, wie Audits durchzuführen sind, sowie an erforderliche Schulungen für Auditoren beschreiben. Die Prozesse sollten zudem darlegen, wie Erkenntnisse aus den Audits aufgezeichnet und berichtet werden und wie jegliche Korrekturmaßnahmen gehandhabt werden.

Beispiele für im Rahmen interner Audits insbesondere zu betrachtender Aspekte beim KVP sind
- wirksame und effiziente Verwirklichung von Gebäude-Energiemanagementprogrammen, Prozessen und Systemen,
- Möglichkeiten zur kontinuierlichen Verbesserung,
- Leistungsfähigkeit von Prozessen und Systemen,

- wirksame und effiziente Verwendung statistischer Methoden sowie
- Einsatz von Informationstechnologien.

Interne Audits dürfen von Mitarbeitern der Organisationen und/oder von den Organisationen benannten externen Stellen durchgeführt werden. In beiden Fällen müssen Personen die Audits durchführen, qualifiziert, erfahren, unparteiisch und unabhängig von dem zu auditierenden Teil der Organisationen sein.

> Typischerweise sollte ein Gebäude-Energiemanagementsystem von Wohn- und Nichtwohngebäuden im KVP zumindest jährlich überprüft und auditiert werden. Ergebnisse der Audits sollten dokumentiert und kommuniziert werden.

5.3.18 Überprüfung durch verantwortliche Organisationen im KVP beim Gebäude-Energiemanagement

Der Zweck eines Management-Reviews ist, die kontinuierliche Verbesserung und Anpassung des Gebäude-Energiemanagementsystems sicherzustellen, sodass dieses im Einklang mit der Energiepolitik der verantwortlichen Organisationen betrieben wird. Eine solche Überprüfung beinhaltet, dass die einzelnen Elemente ebenso wie der generelle Betrieb des Gebäude-Energiemanagementsystems bezüglich ihrer Fähigkeit zu Übereinstimmungen mit der Energiepolitik sowie der Erreichung der Energieziele kritisch bewertet werden. Es sollte Aufgabe der verantwortlichen Organisationen sein, das System in regelmäßigen Abständen zu überprüfen.

Wird ein Management-Review über die bloße Überprüfung des Gebäude-Energiemanagementsystems hinaus ausgedehnt, so können die Ergebnisse des Management-Reviews als Eingangsparameter für Verbesserungsprozesse verwendet werden. Verantwortliche Organisationen bzw. das Top-Management können Überprüfungsprozesse als leistungsfähige Werkzeuge zur Identifikation von Möglichkeiten zur Verbesserung der Energieeffizienz sowie der Leistung der Gebäude-Energiemanagementsysteme einsetzen.

Die zeitliche Planung einer Überprüfung sollte die zeitgerechte Bereitstellungen von Daten im Zusammenhang mit strategischen Planungen für die Organisation erleichtern.

Ausgewählte Ergebnisse sollten an die Beteiligten in den Organisationen kommuniziert werden, um aufzuzeigen, wie der Management-Review-Prozess zu neuen strategischen Zielen zum Vorteil der Organisationen führt.

Für verantwortliche Organisationen von Wohn- und Nichtwohngebäuden kann es möglicherweise vorteilhaft sein, Leistungserklärungen zu erstellen, die zusammenfassen, wie die Organisationen kontinuierlich die energetischen Leistungen der Wohn- und Nichtwohngebäude verbessert bzw. ihre erklärte Politik und ihre Energieziele im KVP beim Gebäude-Energiemanagement erreicht haben.

5.4 Gebäude-Energiemanagement nach der DIN EN ISO 50001

In diesem Abschnitt wird Gebäude-Energiemanagement nach ausgewählten Aspekten der DIN EN ISO 50001 für Wohn- und Nichtwohngebäude in Deutschland dargestellt.

5.4.1 Einleitende Aspekte aus der DIN EN ISO 50001

Ziel der DIN EN ISO 50001 ist es, auch verantwortliche Organisationen von Wohn- und Nichtwohngebäuden in die Lage zu versetzen, die Systeme und Prozesse festzulegen, die zur fortlaufenden Verbesserung der energiebezogenen Leistungen einschließlich Energieeffizienz, Energieeinsatz und Energieverbrauch im Gebäude-Energiemanagement erforderlich sind.

Erfolgreiche Einführungen von Gebäude-Energiemanagementsystemen unterstützen Verbesserungskulturen bezüglich der energiebezogenen Leistungen. Diese hängen vom Engagement aller Ebenen der Organisationen ab, insbesondere aber von dem der obersten Leitung. In vielen Fällen setzt dies einen Kulturwandel innerhalb der Gebäudeorganisationen in Gang.

Die DIN EN ISO 50001 gilt für Tätigkeiten, die der Kontrolle der Organisationen unterliegen. Ihre Anwendung kann insbesondere an spezifische Anforderungen der Organisationen angepasst werden, einschließlich der Komplexität ihrer Systeme, der Grade der dokumentierten Informationen und der verfügbaren Ressourcen. Die Norm gilt weder für Produktnutzung durch Endnutzer außerhalb der Anwendungsbereiche und der Grenzen eines Energiemanagementsystems noch für Produktgestaltung außerhalb von Anlagen, Standorten, Einrichtungen, Systemen oder energienutzenden Prozessen. Sie gilt stattdessen für Auslegung und Beschaffung von Anlagen, Standorten, Einrichtungen, Systemen oder energienutzenden Prozessen innerhalb der Anwendungsbereiche und Grenzen der Gebäude-Energiemanagementsysteme von Wohn- und Nichtwohngebäuden.

Entwicklung und Verwirklichung von Gebäude-Energiemanagementsystemen beinhalten für Wohn- und Nichtwohngebäude eine Energiepolitik, Ziele, Energieziele und Aktionspläne bezogen auf die Energieeffizienz, den Energieeinsatz und den Energieverbrauch bei gleichzeitiger Erfüllung geltender gesetzlicher und anderer Anforderungen.

Ein Gebäude-Energiemanagementsystem ermöglicht verantwortlichen Organisationen von Wohn- und Nichtwohngebäuden, Ziele und Energieziele festzulegen und zu erreichen, erforderliche Maßnahmen zur Verbesserung ihrer energiebezogenen Leistungen zu ergreifen und die Konformität ihrer Systeme mit den Anforderungen der DIN EN ISO 50001 nachzuweisen.

5.4.2 Ansatz für energiebezogene Leistungen von Wohn- und Nichtwohngebäuden

Die DIN EN ISO 50001 enthält Anforderungen an systematische, datengetriebene und faktenbasierte Prozesse, deren Schwerpunkte auf fortlaufenden Verbesserungen der energiebezogenen Leistungen liegen.

Energiebezogene Leistungen sind Konzepte, die sich auf Energieeffizienz, Energieeinsätze und Energieverbräuche beziehen.

Sie sind damit Schlüsselelement und integraler Bestandteil der in der DIN EN ISO 50001 vorgestellten Konzepte, um wirksame und messbare Ergebnisse im zeitlichen Verlauf sicherzustellen.

Energieleistungskennzahlen (sogenannte „EnPIs“) und energetische Ausgangsbasen (sogenannte „EnBs“) sind zwei zusammenhängende Elemente, die in der DIN EN ISO 50001 behandelt werden. Sie sollen verantwortliche Organisationen von Wohn- und Nichtwohngebäuden in die Lage zu versetzen, Verbesserungen der energiebezogenen Leistungen nachzuweisen.

5.4.3 Plan-Do-Check-Act-Zyklus (PDCA-Zyklus) für Wohn- und Nichtwohngebäude

Auch ein nach DIN EN ISO 50001 beschriebenes Gebäude-Energiemanagementsystem für Wohn- und Nichtwohngebäude beruht auf dem Zyklus aus Planen – Durchführen – Prüfen – Handeln (engl. Plan-Do-Check-Act), dem sogenannten „PDCA-Zyklus“. Er dient als Rahmen zur fortlaufenden Verbesserung im Kontinuierlichen Verbesserungsprozess (KVP) und baut das Energiemanagement in bestehende Organisationsabläufe ein (**Bild 5.19**).

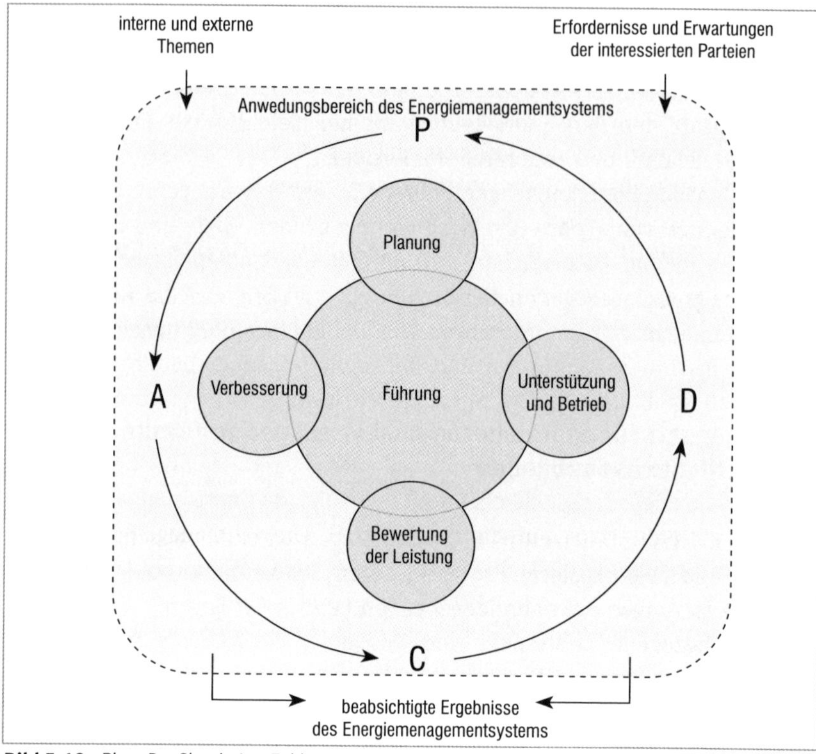

Quelle: Bethe (nach DIN EN ISO 50001)

Bild 5.19 Plan-Do-Check-Act-Zyklus

In unserem Kontext kann der normative PDCA-Ansatz wie folgt umrissen werden:

- **Planen:** Verstehen des Kontextes der Organisationen, Festlegung hinsichtlich Energiepolitik und des Gebäude-Energiemanagementteams, Berücksichtigung von Maßnahmen zur Behandlung von Risiken und Chancen, Durchführung von energetischen Bewertungen, Identifizierung wesentlicher Energieeinsätze und Bestimmung von Energieleistungskennzahlen (EnPIs), von energetischen Ausgangsbasen (EnBs) sowie von Zielen, Energiezielen und Aktionsplänen, die zur Erbringung von Ergebnissen notwendig sind, die die energiebezogenen Leistungen in Übereinstimmungen mit der Energiepolitik der Organisationen verbessern,
- **Durchführen:** Umsetzung von Aktionsplänen, Ablauf- und Instandhaltungssteuerung und Kommunikation, Sicherstellung von Kompetenzen und Berücksichtigung der energiebezogenen Leistungen bei Auslegung und Beschaffung,

- **Prüfen:** Überwachung, Messung, Analyse, Bewertung, Auditierung und Durchführung von Managementbewertungen der energiebezogenen Leistungen und der Gebäude-Energiemanagementsysteme,
- **Handeln:** Ergreifen von Maßnahmen zum Umgang mit Nichtkonformitäten und zur fortlaufenden Verbesserung der energiebezogenen Leistungen und der Gebäude-Energiemanagementsysteme.

5.4.4 Kompatibilität mit anderen Managementsystemnormen

Die DIN EN ISO 50001 entspricht den ISO-Anforderungen an Managementsystemnormen, die eine Grundstruktur, einen einheitlichen Basistext und gemeinsame Benennungen und Basisdefinitionen enthalten, damit ein hohes Maß an Kompatibilität mit anderen Managementsystemnormen sichergestellt ist. Diese Norm kann unabhängig angewendet werden.

Verantwortliche Organisationen von Wohn- und Nichtwohngebäuden können sich auch dafür entscheiden, ihr Gebäude-Energiemanagementsystem mit anderen Managementsystemen (z. B. Umweltmanagement, Qualitätsmanagement usw.) zu kombinieren. Oder ihr Gebäude-Energiemanagementsystem in das Erreichen weiterer geschäftlicher, umweltbezogener oder sozialer Ziele zu integrieren.

> Zwei Organisationen, die ähnliche Tätigkeiten durchführen, jedoch unterschiedliche energiebezogene Leistungen aufweisen, können beide die Anforderungen nach DIN EN ISO 50001 erfüllen. Sie enthält Anforderungen, die zu Bewertungen der Konformitäten verwendet werden.

Verantwortliche Organisationen von Wohn- und Nichtwohngebäuden, die in ihren Gebäude-Energiemanagementsystemen Konformität mit der DIN EN ISO 50001 nachweisen möchten, können dies tun, indem sie

- Bewertungen und Selbsterklärungen vornehmen oder
- Bestätigung ihrer Konformität oder Selbsterklärungen durch interessierte Parteien, wie z. B. Nutzer anstreben oder
- Zertifizierungen bzw. Registrierungen ihrer Gebäude-Energiemanagementsysteme durch externe Organisationen anstreben.

5.4.5 Vorteile durch die DIN EN ISO 50001

Wirksame Umsetzungen der DIN EN ISO 50001 bieten systematische Ansätze zur Verbesserung der energiebezogenen Leistungen sowie der Art und Weise, wie Organisationen mit Energie in Wohn- und Nichtwohngebäuden umgehen können. Indem Gebäude-Energiemanagementsysteme für Wohn- und Nichtwohngebäude eingeführt werden, können Prozesse zu fortlaufenden Verbesserungen der energiebezogenen Leistungen sich etablieren.

Durch Verbesserungen von energiebezogenen Leistungen und damit verbundene Senkungen von Energiekosten können Wohn- und Nichtwohngebäude
wirtschaftlicher werden. Zudem können Umsetzungen dazu führen, dass energieeffiziente Wohn- und Nichtwohngebäude allgemeine Klimaschutzziele unterstützen, indem sie energiebezogenen Treibhausgasemissionen reduziert sind.

5.4.6 Begriffe aus der DIN EN ISO 50001 für Wohn- und Nichtwohngebäude

Für Anwendungen der DIN EN ISO 50001 im Gebäude-Energiemanagement von Wohn- und Nichtwohngebäuden gelten auch die folgenden Begriffe.

Organisationsbezogene Begriffe aus der DIN EN ISO 50001

- **Organisation**
  „Verantwortliche Organisation“ von Wohn- und Nichtwohngebäuden ist eine Person oder eine Personengruppe, die eigene Funktionen mit Verantwortlichkeiten, Befugnissen und Beziehungen hat, um ihre Ziele zu erreichen. Der Begriff „Organisation“ umfasst verantwortliche Eigentümer, Bauherren, Einzelunternehmer, Gesellschaften, Konzerne, Unternehmen, Behörden, Handelsgesellschaften, Institutionen usw. oder Teile oder Kombinationen der genannten, ob eingetragen oder nicht, öffentlich oder privat.
- **Oberste Leitung**
  Hier ist mit „oberste Leitung“ eine Person oder Personengruppe gemeint, die verantwortliche Organisationen von Wohn- und Nichtwohngebäuden auf der obersten Ebene führt und steuert. Oberste Leitungen sind befugt, innerhalb der Organisationen Verantwortung zu delegieren und Ressourcen bereitzustellen. Wenn der Anwendungsbereich des Gebäude-Energiemanagementsystems nur einen Teil einer Organisation umfasst, bezieht sich „oberste Leitung“ auf diejenigen, die diesen Teil führen und steuern. Die oberste Leitung steuert die Organisation, wie im Anwendungsbereich des Gebäude-Energiemanagements und seinen Grenzen für Wohn- und Nichtwohngebäude festgelegt.

- **Grenzen**
  Hier sind physikalische oder organisatorische Abgrenzungen gemeint, z. B. als Prozesse, Standorte, mehrere Standorte unter der Kontrolle einer Organisation oder eine gesamte Organisation von Wohn- und Nichtwohngebäuden. Verantwortliche Organisationen legen Grenzen ihres Gebäude-Energiemanagementsystems für Wohn- und Nichtwohngebäude fest.
- **Anwendungsbereich des Energiemanagementsystems**
  Hierunter ist ein Satz von Tätigkeiten zu verstehen, die verantwortliche Organisationen von Wohn- und Nichtwohngebäuden durch Gebäude-Energiemanagementsysteme behandeln. Ein Anwendungsbereich kann z. B. mehrere Grenzen einschließen.
- **Interessierte Parteien**
  Hier verstanden als Anspruchsgruppen, eine Person oder Organisationen, die Entscheidungen oder Tätigkeiten beeinflussen, davon beeinflusst sein können oder sich davon beeinflusst fühlen können.

Managementsystembezogene Begriffe aus der DIN EN ISO 50001

- **Managementsystem**
  Hier ein Satz zusammenhängender oder sich gegenseitig beeinflussender Elemente von Organisationen, um Politiken, Ziele und Prozesse zum Erreichen dieser Ziele festzulegen. Ein Managementsystem kann eine oder mehrere Disziplinen behandeln. Die Elemente des Systems beinhalten die Organisationsstrukturen, Rollen und Verantwortlichkeiten, die Planungen sowie den Betrieb. Bei manchen Managementsystemen kann der Anwendungsbereich die ganze Organisation, bestimmte Funktionen der Organisation, bestimmte Bereiche der Organisation oder eine oder mehrere Funktionen über eine Gruppe von Organisationen hinweg umfassen. Der Anwendungsbereich von Gebäude-Energiemanagementsystemen zu Wohn- und Nichtwohngebäuden schließt sämtliche Energiearten innerhalb ihrer Grenzen ein.
- **Energiemanagementsystem (EnMS)**
  Hier ein Managementsystem zur Festlegung einer Energiepolitik, von Zielen, Energiezielen, Aktionsplänen und Prozessen zum Erreichen der Ziele und Energieziele.
- **Politik**
  Hier Absichten und Ausrichtungen von Organisationen, die von der jeweiligen obersten Leitungen formell ausgedrückt wurden.

- **Energiepolitik**
  Hier Aussagen der verantwortlichen Organisationen von Wohn- und Nichtwohngebäuden zu übergeordneten Absichten, Ausrichtungen und Verpflichtungen hinsichtlich ihrer energiebezogenen Leistungen im Gebäude-Energiemanagement, wie von den obersten Leitungen formell ausgedrückt.
- **Energiemanagementteam**
  Hier Personen mit Verantwortlichkeiten und Befugnissen für wirksame Umsetzungen von Gebäude-Energiemanagementsystemen zu Wohn- und Nichtwohngebäuden sowie für Erbringung der Verbesserungen der energiebezogenen Leistungen. Der Größe und Art einer Organisation sowie den verfügbaren Ressourcen wird bei der Bestimmung der Größe eines Gebäude-Energiemanagementteams Rechnung getragen. Eine einzelne Person kann die Rolle des Teams ausfüllen.

Anforderungsbezogene Begriffe aus der DIN EN ISO 50001

- **Anforderungen**
  Hier Erfordernisse oder Erwartungen, die festgelegt, üblicherweise vorausgesetzt oder verpflichtend sind. „Üblicherweise vorausgesetzt" bedeutet, dass es für die Organisationen und andere interessierte Parteien übliche oder allgemeine Praxis ist, dass das entsprechende Erfordernis oder die entsprechenden Erwartungen vorausgesetzt werden. Eine festgelegte Anforderung ist eine, die z. B. in dokumentierten Informationen enthalten ist.
- **Konformität**
  „Konformität" bedeutet hier die Erfüllung von Anforderungen.
- **Nichtkonformität**
  Hier entsprechend verstanden als Nichterfüllung von Anforderungen.
- **Korrekturmaßnahmen**
  Alle Maßnahmen zur Beseitigung der Ursachen von Nichtkonformitäten und zum Verhindern des erneuten Auftretens.
- **Dokumentierte Informationen**
  Gemeint sind jene Informationen, die von verantwortlichen Organisationen der Wohn- und Nichtwohngebäude gelenkt und aufrechterhalten werden müssen, sowie die Medien, auf denen sie enthalten sind. Dokumentierte Informationen können in jeglichem Format oder Medium vorliegen sowie aus jeglicher Quelle stammen.
  Dokumentierte Informationen können sich insbesondere beziehen auf

– Gebäude-Energiemanagementsysteme, einschließlich mit ihnen verbundener Prozesse,
– Informationen, die für den Betrieb der Organisationen geschaffen wurden sowie
– Nachweise erreichter Ergebnisse.

- **Prozesse**
  Hier ein Satz zusammenhängender oder sich gegenseitig beeinflussender Tätigkeiten, die Eingaben in Ergebnisse umwandeln. Ein Prozess mit Bezug auf die Tätigkeiten einer verantwortlichen Organisation von Wohn- und Nichtwohngebäuden ist
  – physikalisch (z. B. als energienutzender Prozess, etwa Verbrennung) oder
  – geschäftlich oder dienstleistungsbezogen (z. B. als Auftragserfüllung).
- **Überwachung**
  Der Begriff meint die Bestimmung des Zustands von Systemen, Prozessen oder Tätigkeiten. Das Bestimmen des Zustands erfolgt etwa durch Prüfen, Beaufsichtigen und kritische Beobachtung. Bei einem Gebäude-Energiemanagementsystem zu Wohn- und Nichtwohngebäuden kann die Überwachung zudem die Bewertung von Energiedaten sein.
- **Audit**
  Audits sind systematische, unabhängige und dokumentierte Prozesse zum Erlangen von Auditnachweisen und zu deren objektiven Auswertungen, um zu bestimmen, inwieweit Auditkriterien erfüllt sind. Ein Audit kann ein internes Audit (sogenanntes „Erstparteien-Audit“), oder ein externes Audit, (sogenanntes „Zweit-“ oder „Drittparteien-Audit“), sein und es kann ein kombiniertes Audit sein als Verbindung zweier oder mehrerer Disziplinen. Ein internes Audit wird von den Organisationen selbst durchgeführt, oder von einer externen Seite in ihren Aufträgen. „Auditnachweise“ und „Auditkriterien“ sind z. B. in der ISO 19011 definiert. Der Begriff „Audit“, wie dort definiert und in diesem Dokument verwendet, hat die Bedeutung des internen Audits eines Gebäude-Energiemanagementsystems. Dieses unterscheidet sich von einem „Energieaudit“. In dieser Definition hat „Auditnachweis“ die Bedeutung eines Nachweises von einem internen Audit des Gebäude-Energiemanagementsystems und nicht eines Nachweises von einem Energieaudit.
- **Ausgliedern**
  Mit „ausgliedern“ ist gemeint, dass Vereinbarungen getroffen werden, durch die externe Organisationen einen Teil der Funktionen oder eines

Prozesses einer Organisation wahrnehmen bzw. durchführen. Während sich eine externe Organisation außerhalb des Anwendungsbereichs des Managementsystems befindet, liegt die ausgegliederte Funktion oder der ausgegliederte Prozess im Rahmen des Anwendungsbereichs.

Leistungsbezogene Begriffe

- **Messung**
  Hier Prozesse zum Bestimmen von Werten. Siehe auch ISO/IEC Guide 99 für zusätzliche Informationen zu messungsbezogenen Konzepten.
- **Leistung**
  Hier definiert als messbares Ergebnis. Leistungen können sich entweder auf quantitative oder qualitative Feststellungen beziehen und dabei auf das Führen und Steuern, etwa von Tätigkeiten, Prozessen, Produkten, Systemen oder Organisationen.
- **Energiebezogene Leistung**
  Hier messbare Ergebnisse, bezogen auf Energieeffizienz, Energieeinsatz und Energieverbrauch. Die energiebezogene Leistung kann an den Zielen und Energiezielen der Organisation sowie an anderen energiebezogenen Leistungsanforderungen gemessen werden. Die energiebezogene Leistung ist eine Komponente der Leistung des Energiemanagementsystems.
- **Energieleistungskennzahlen (EnPIs)**
  Das Maß bzw. die Einheit der energiebezogenen Leistung, wie von Organisationen festgelegt. In Abhängigkeit von der jeweiligen Tätigkeit, die gemessen wird, können EnPIs durch eine einfache Metrik, ein Verhältnis oder ein Modell ausgedrückt werden. Weitere Informationeen zu EnPIs enthält die ISO 50006. Die Quantifizierung der EnPIs zu einem bestimmten Zeitpunkt oder über einen bestimmten Zeitraum, also die Werte der Energieleistungskennzahl, werden als „EnPI-Werte“ bezeichnet.
- **Verbesserung der energiebezogenen Leistungen**
  Verstanden werden hierunter Verbesserungen der messbaren Ergebnisse der Energieeffizienz oder des Energieverbrauchs bezogen auf Energieeinsätze im Vergleich mit den energetischen Ausgangsbasen.
- **Energetische Ausgangsbasis (EnB)**
  Hier quantitative Referenzpunkte als Basis für einen Vergleich der energiebezogenen Leistungen. Eine energetische Ausgangsbasis beruht auf Daten aus einem festgelegten Zeitabschnitt und/oder auf Bedingungen, die von verantwortlichen Organisationen von Wohn- und Nichtwohnge-

bäuden festgelegt wurden. Eine bzw. mehrere energetische Ausgangsbasen werden bei Bestimmungen der Verbesserung energiebezogener Leistungen verwendet, als Referenz vor und nach oder mit und ohne die Umsetzung der Verbesserungsmaßnahmen. Zusätzliche Informationen zur Messung und Verifizierung der energiebezogenen Leistung bietet die ISO 50015, zu EnPIs und EnBs die ISO 50006.

- **Statische Faktoren**
  Hier identifizierte Faktoren, die die energiebezogenen Leistungen wesentlich beeinflussen und sich nicht routinemäßig ändern. Kriterien dafür, was als wesentlich anzusehen ist, werden von den Organisationen festgelegt.
- **Relevante Variablen**
  Dies sind jene quantifizierbaren Faktoren, die die energiebezogenen Leistungen wesentlich beeinflussen und sich routinemäßig ändern. Kriterien dafür, was als wesentlich anzusehen ist, werden von den verantwortlichen Organisationen festgelegt.
- **Normalisierung**
  Hier Modifizierungen von Daten zu Berücksichtigungen von Änderungen, um Vergleiche von energiebezogenen Leistungen unter gleichwertigen Bedingungen zu ermöglichen.
- **Risiko**
  Risiken werden verstanden als Auswirkungen von Ungewissheiten. „Auswirkungen“ wiederum sind Abweichungen vom Erwarteten in positiver oder negativer Hinsicht. „Ungewissheit“ ist der Zustand des auch teilweisen Fehlens von Informationen im Hinblick auf das Verständnis von Ereignissen oder Wissen über Ereignisse, ihre Folgen oder Wahrscheinlichkeiten.
  Ein Risiko wird häufig durch Bezugnahme auf mögliche Ereignisse und Folgen oder durch eine Kombination beider charakterisiert. Es wird auch oft mittels der Folgen eines Ereignisses in Verbindung mit der Wahrscheinlichkeit seines Eintretens beschrieben.
- **Kompetenzen**
  Hier gemeint als jeweilige Fähigkeit, Wissen und Fertigkeiten anzuwenden, um beabsichtigte Ergebnisse zu erzielen.
- **Ziele**
  Ziele werden von Organisationen der Wohn- und Nichtwohngebäude im Einklang mit ihrer Energiepolitik festgelegt, um bestimmte Ergebnisse zu erreichen.

- **Wirksamkeit**
  „Wirksamkeit" beschreibt das Ausmaß, in dem geplante Tätigkeiten verwirklicht und geplante Ergebnisse erreicht werden.
- **Energieziele**
  Hier die quantifizierbaren Ziele für Verbesserungen der energiebezogenen Leistung. Ein Energieziel kann dabei in einem Ziel enthalten sein.
- **Fortlaufende Verbesserungen**
  Hier wiederkehrende Tätigkeiten zum Steigern der Leistungen. Der Begriff bezieht sich auf kontinuierliche Verbesserungen der energiebezogenen Leistungen und der Gebäude-Energiemanagementsysteme.

Energiebezogene Begriffe

- **Energie**
  Hier z. B. Elektrizität, Brennstoffe, Dampf, Wärme, Druckluft und vergleichbare Medien. Für die Zwecke der DIN EN ISO 50001 bezieht sich der Begriff „Energie" auf verschiedene Arten von Energie, einschließlich erneuerbarer Energien, die erworben, gespeichert, aufbereitet, in Wohn- und Nichtwohngebäuden oder Prozessen verwendet, oder zurückgewonnen werden können.
- **Energieverbrauch**
  Hier die Menge der eingesetzten Energie(n).
- **Energieeffizienz**
  Hier das Verhältnis (oder eine andere quantitative Beziehung) zwischen erzielter Leistung bzw. Ertrag an Leistungen, Gütern, Waren oder Energien und der eingesetzten Energie(n). Sowohl Einsatz als auch Ertrag sollten quantitativ und qualitativ klar festgelegt und messbar sein.
- **Energieeinsatz**
  Hier Anwendungen von Energie. Energieeinsätze werden auch als „Endnutzungen" von Energie bezeichnet.
- **Energetische Bewertung**
  Meint die Analyse der Energieeffizienz, des Energieeinsatzes und des Energieverbrauchs auf Basis von Daten und anderen Informationen, die zur Identifizierung wesentlicher Energieeinsätze und von Verbesserungsmöglichkeiten energiebezogener Leistungen führen.
- **Wesentliche Energieeinsätze (SEU)**
  Hier sind jene Energieeinsätze gemeint, die wesentlichen Anteil am Energieverbrauch haben und/oder erhebliches Potential für Verbesserungen der energiebezogenen Leistungen bieten. Kriterien dafür, was als

wesentlich anzusehen ist, werden von verantwortlichen Organisationen der Wohn- und Nichtwohngebäude im Gebäude-Energiemanagement bestimmt. SEUs können Anlagen/Standorte, Systeme, Prozesse oder Einrichtungen sein.

5.4.7 Kontext der Organisationen nach DIN EN ISO 5001

Verständnis der Organisationen und ihrer Kontexte

Damit die beabsichtigten Ergebnisse des Gebäude-Energiemanagements erreicht und energiebezogene Leistungen verbessert werden können, müssen für Wohn- und Nichtwohngebäude verantwortliche Organisationen jene internen und externen Themen bestimmen, die für ihre Zwecke relevant sind und sich auf ihre Fähigkeiten auswirken.

Verständnis der Erfordernisse und Erwartungen interessierter Parteien

Verantwortliche Organisationen von Wohn- und Nichtwohngebäuden müssen insbesondere

- interessierte Parteien, die für die energiebezogenen Leistungen und das Gebäude-Energiemanagementsystem relevant sind, bestimmen,
- relevante Anforderungen dieser interessierten Parteien bestimmen und außerdem
- bestimmen, welche der erkannten Erfordernisse und Erwartungen die Organisation mit ihrem Gebäude-Energiemanagement behandelt.

Die Organisationen müssen zudem

- sicherstellen, dass sie Zugang zu den geltenden rechtlichen und anderen Anforderungen bezüglich ihrer Energieeffizienz, ihrer Energieeinsätze und Energieverbräuche haben,
- bestimmen, wie diese Anforderungen auf ihre Energieeffizienz, ihre Energieeinsätze und Energieverbräuche anzuwenden sind,
- sicherstellen, dass diesen Anforderungen auch Rechnung getragen wird sowie
- ihre rechtlichen und anderen Anforderungen in festgelegten Abständen überprüfen.

5.4.8 Festlegung der Anwendungsbereiche des Gebäude-Energiemanagementsystems nach DIN EN ISO 50001

Die verantwortlichen Organisationen von Wohn- und Nichtwohngebäuden müssen die Grenzen und die Anwendbarkeit der Gebäude-Energiemanagementsysteme bestimmen, um deren Anwendungsbereiche festzulegen. Bei der Festlegung der Anwendungsbereiche des Gebäude-Energiemanagementsystems müssen die Organisationen die genannten externen und internen Themen sowie die genannten Anforderungen berücksichtigen.

Die Organisationen müssen zudem sicherstellen, dass sie die Befugnis zur Steuerung ihrer Energieeffizienz, ihrer Energieeinsätze und des Energieverbräuche innerhalb der Anwendungsbereiche und der Grenzen besitzen. Innerhalb dieser dürfen die Organisationen keine Energiequelle ausschließen. Der Anwendungsbereich und die Grenzen des Gebäude-Energiemanagementsystems müssen als dokumentierte Information aufrechterhalten werden.

Gebäude-Energiemanagementsysteme

Verantwortliche Organisationen von Wohn- und Nichtwohngebäuden müssen entsprechend der Anforderungen der DIN EN ISO 50001 ein Energie-Managementsystem (EnMS) einführen, verwirklichen, aufrechterhalten und fortlaufend verbessern. Dies gilt einschließlich der erforderlichen Prozesse und ihrer Wechselwirkungen. Sie müssen zudem die energiebezogenen Leistungen fortlaufend verbessern.

Die erforderlichen Prozesse können von einer Organisation zur anderen abweichen, insbesondere aufgrund

- der Größe der Organisationen und der Art ihrer Tätigkeiten, Prozesse, Produkte und Leistungen,
- der Komplexität ihrer Prozesse und deren Wechselwirkungen und
- der Kompetenz der Beteiligten.

5.4.9 Führung nach DIN EN ISO 50001

Führung und Verpflichtung

Die oberste Leitung der Organisationen zu Wohn- und Nichtwohngebäuden muss in Bezug auf die fortlaufende Verbesserung ihrer energiebezogenen Leistung und der Wirksamkeit des Gebäude-Energiemanagementsystems Führung und Verpflichtung zeigen, indem sie sicherstellt, dass

- der Anwendungsbereich des EnMS und der Grenzen festgelegt sind,

- die Energiepolitik, Ziele und Energieziele festgelegt und mit der strategischen Ausrichtung der Organisation vereinbar sind,
- die Anforderungen des EnMS in die Geschäftsprozesse der Organisation integriert werden,
- Aktionspläne genehmigt und umgesetzt werden und
- die für das EnMS erforderlichen Ressourcen zur Verfügung stehen.

In diesem Zusammenhang muss sie zudem

- die Bedeutung eines wirksamen Gebäude-Energiemanagements sowie die Erfüllung der Anforderungen des EnMS vermitteln,
- sicherstellen, dass das EnMS sein beabsichtigtes Ergebnis bzw. seine beabsichtigten Ergebnisse erzielt,
- fortlaufende Verbesserungen der energiebezogenen Leistung und des EnMS fördern,
- die Bildung eines Gebäude-Energiemanagement-Teams sicherstellen,
- Personen anleiten und unterstützen, damit diese zur Wirksamkeit des EnMS und der Verbesserung der energiebezogenen Leistung beitragen können,
- andere relevante Führungskräfte unterstützen, um deren Führungsrolle in deren jeweiligen Verantwortungsbereichen deutlich zu machen,
- sicherstellen, dass die EnPIs die energiebezogenen Leistungen in geeigneter Weise darstellen sowie
- sicherstellen, dass innerhalb des Anwendungsbereichs und der Grenzen des EnMS Prozesse festgelegt und umgesetzt werden, um Veränderungen zu bestimmen und zu behandeln, die sich auf das EnMS und die energiebezogenen Leistungen auswirken.

Energiepolitik

Die oberste Leitung verantwortlicher Organisationen von Wohn- und Nichtwohngebäuden muss eine Energiepolitik festlegen, die normativ

- für den Zweck der Organisationen angemessen ist,
- Rahmen zur Festlegung und Überprüfung von Zielen und Energiezielen bietet,
- Verpflichtungen enthält, die Verfügbarkeit von Informationen und erforderlichen Ressourcen zum Erreichen von Zielen und Energiezielen sicherzustellen,
- Verpflichtungen zur Erfüllung geltender rechtlicher sowie weiterer Anforderungen im Zusammenhang mit Energieeffizienz, Energieeinsätzen und Energieverbräuchen enthält,

- Verpflichtungen zur fortlaufenden Verbesserung der energiebezogenen Leistungen und des EnMS enthält,
- Beschaffung von energieeffizienten Produkten und Leistungen unterstützt, die Auswirkungen auf die energiebezogenen Leistungen haben und
- auslegungsbezogene Tätigkeiten unterstützt, die die Verbesserung der energiebezogenen Leistungen berücksichtigen.

Die normengerechte Energiepolitik muss zudem:

- in Form dokumentierter Informationen verfügbar sein,
- innerhalb der Organisationen bekanntgemacht werden,
- für interessierte Parteien verfügbar sein (soweit angemessen) und natürlich
- regelmäßig überprüft und bei Bedarf aktualisiert werden.

Rollen, Verantwortlichkeiten und Befugnisse in Organisationen nach DIN EN ISO 50001

Die oberste Leitung verantwortlicher Organisationen von Wohn- und Nichtwohngebäuden muss sicherstellen, dass die Verantwortlichkeiten und Befugnisse für relevante Rollen zugewiesen und innerhalb der Organisationen bekannt gemacht werden. Die oberste Leitung muss dem Gebäude-Energiemanagement-Team entsprechend die Verantwortlichkeiten und Befugnisse zuweisen für

- eine Sicherstellung, dass das EnMS eingeführt, verwirklicht, aufrechterhalten und fortlaufend verbessert wird,
- eine Sicherstellung, dass das EnMS die Anforderungen der DIN EN ISO 50001 erfüllt,
- die Umsetzung von Aktionsplänen zur fortlaufenden Verbesserung energiebezogener Leistungen,
- Berichte an die oberste Leitung über die Leistung des EnMS und die Verbesserung der energiebezogenen Leistungen in festgelegten Zeitabständen,
- die Festlegung von Kriterien und Verfahren, die für Sicherstellung wirksamer Funktionen und der Steuerung des EnMS erforderlich sind.

5.4.10 Planung nach DIN EN ISO 50001 (Bild 5.20)

Maßnahmen zum Umgang mit Chancen und Risiken

Bei Planungen für Gebäude-Energiemanagementsysteme müssen verantwortliche Organisationen von Wohn- und Nichtwohngebäuden die genannten Themen und Anforderungen berücksichtigen sowie die Tätigkeiten und Prozesse der Organisationen überprüfen, die sich auf die energiebezogenen Leistungen auswirken können.

Die Planungen müssen in Einklang mit der Energiepolitik stehen und zu Maßnahmen führen, die in einer fortlaufenden Verbesserung als kontinuierlichem Verbesserungsprozess (KVP) der energiebezogenen Leistungen resultieren. Organisationen müssen die Risiken und Chancen bestimmen, die behandelt werden müssen, um normativ

- sicherzustellen, dass das EnMS seine beabsichtigten Ergebnisse erzielen kann, einschließlich der Verbesserung der energiebezogenen Leistungen,

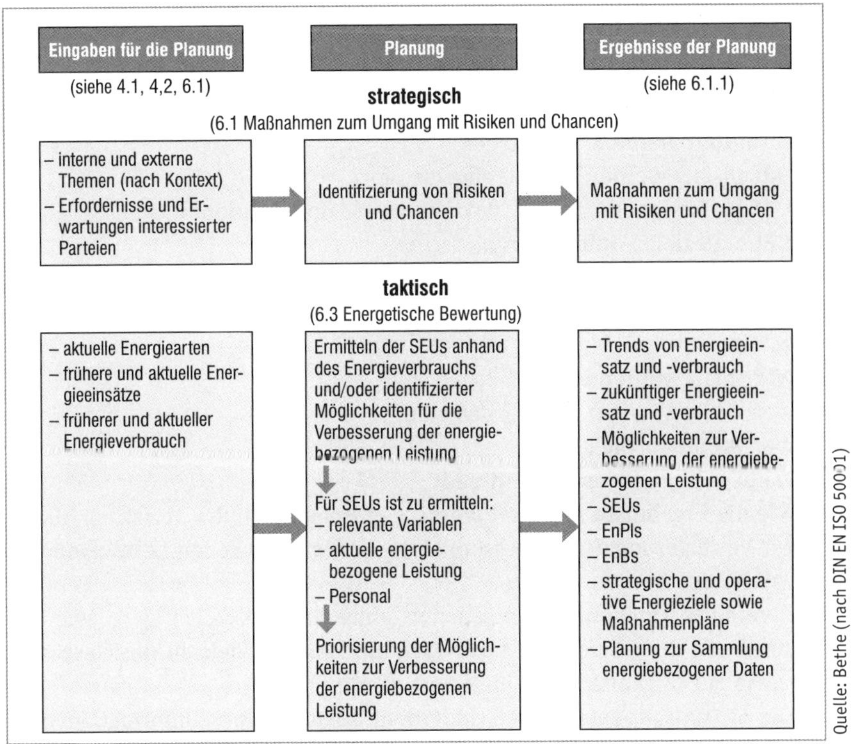

Bild 5.20 Konzeptdiagramm zum Energieplanungsprozess (Verweise zu DIN EN ISO 50001)

- unerwünschte Auswirkungen zu verhindern oder zu verringern sowie
- eine fortlaufende Verbesserung des EnMS und der energiebezogenen Leistungen zu erreichen.

Die Organisationen müssen Maßnahmen zum Umgang mit diesen Risiken und Chancen planen, etwa wie die Maßnahmen in die Prozesse des EnMS und der energiebezogenen Leistung integriert und dort umgesetzt werden und wie die Wirksamkeit dieser Maßnahmen bewertet wird.

Ziele, Energieziele und Planung zu deren Erreichung

Verantwortliche Organisationen von Wohn- und Nichtwohngebäuden müssen Ziele für relevante Funktionen und Ebenen festlegen. Die Organisationen müssen insbesondere Energieziele festlegen.

Die Ziele und die Energieziele müssen normativ

- im Einklang mit der Energiepolitik stehen,
- messbar sein,
- den anwendbaren Anforderungen Rechnung tragen,
- SEUs berücksichtigen,
- Chancen zu Verbesserungen der energiebezogenen Leistungen Rechnung tragen,
- überwacht werden,
- vermittelt werden,
- aktualisiert werden (soweit angemessen).

Die Organisationen müssen dokumentierte Informationen zu den Zielen und Energiezielen aufbewahren.

Bei der Planung zum Erreichen der Ziele und Energieziele müssen die Organisationen Aktionspläne festlegen und aufrechterhalten, die normativ einschließen,

- was getan werden wird,
- welche Ressourcen erforderlich sind,
- wer verantwortlich ist,
- wann es abgeschlossen wird und
- wie die Ergebnisse bewertet werden, einschließlich der Verfahren, die zur Verifizierung der Verbesserung der energiebezogenen Leistungen verwendet werden.

Die verantwortlichen Organisationen müssen berücksichtigen, wie die Maßnahmen zum Erreichen ihrer Ziele und Energieziele in die Geschäftsprozesse der Organisationen integriert werden können.

Die Organisationen müssen außerdem dokumentierte Informationen zu Aktionsplänen aufbewahren.

Energetische Bewertung

Verantwortliche Organisationen von Wohn- und Nichtwohngebäuden müssen im normativen Gebäude-Energiemanagement energetische Bewertungen entwickeln und durchführen. Für die Ausführung der energetischen Bewertungen müssen die Organisationen normativ

- Energieeinsätze und -verbräuche auf Grundlage von Messungen und anderen Daten analysieren, d. h.:
  - aktuelle Energiearten ermitteln,
  - frühere und aktuelle Energieeinsätze und -verbräuche bewerten,
  - auf der Grundlage der Analysen SEUs identifizieren,
  - für jeden SEU:
    - die relevante Variablen bestimmen,
    - die aktuellen energiebezogenen Leistungen bestimmen,
    - jene Personen ermitteln, die unter ihrer Aufsicht Tätigkeiten verrichten und die auf die SEUs Einfluss haben oder nehmen,
- Chancen zu Verbesserungen der energiebezogenen Leistungen bestimmen und priorisieren,
- die künftigen Energieeinsätze und Energieverbräuche abschätzen.

Die energetischen Bewertungen müssen in festgelegten Zeitabständen sowie auch in Folge größerer Änderungen bei Technologien, Anlagen, Standorten, Einrichtungen, Systemen, Energie nutzenden Prozessen usw. aktualisiert werden.

Die Organisationen müssen die Verfahren und Kriterien, die bei Ausführung der energetischen Bewertungen verwendet werden, als dokumentierte Informationen aufrechterhalten und dokumentierte Informationen zu den Ergebnissen aufbewahren.

Energieleistungskennzahlen

Die verantwortlichen Organisationen von Wohn- und Nichtwohngebäuden müssen EnPIs bestimmen, die normativ

- für Messung und Überwachung ihrer energiebezogenen Leistungen geeignet sind und
- es Organisationen ermöglichen, Verbesserungen der energiebezogenen Leistungen nachzuweisen.

Die Verfahren zur Bestimmung und Aktualisierung der EnPI(s) müssen als dokumentierte Informationen aufrechterhalten werden.

Wo den Organisationen Daten vorliegen, die darauf hinweisen, dass relevante Variablen sich wesentlich auf die energiebezogenen Leistungen auswirken, müssen sie diese Daten für Festlegungen geeigneter EnPIs berücksichtigen.

Die EnPI-Werte müssen überprüft und mit ihren entsprechenden EnBs verglichen werden, in angemessener Weise.

Die Organisationen müssen dokumentierte Informationen zu EnPI-Werten aufbewahren.

Energetische Ausgangsbasen

Verantwortliche Organisationen von Wohn- und Nichtwohngebäuden müssen EnBs unter Verwendung der Informationen aus energetischen Bewertungen festlegen und angemessenen Zeiträumen Rechnung tragen.

Wo Organisationen im Gebäude-Energiemanagement Daten vorliegen, die darauf hinweisen, dass relevante Variablen sich wesentlich auf die energiebezogenen Leistungen auswirken, müssen sie eine Normalisierung der EnPI-Werte und der entsprechenden EnBs vornehmen.

> Je nach Art der Tätigkeiten kann die Normalisierung eine einfache Anpassung oder ein komplexeres Verfahren sein.

EnBs müssen modifiziert werden, falls einer oder mehrere der folgenden Fälle eintreten:

- Die EnPIs spiegeln nicht länger die energiebezogene Leistung der Organisationen wider.
- Es gab größere Veränderungen bei den statischen Faktoren.
- Eine Modifikation ist in Übereinstimmung mit einem im Voraus bestimmten Verfahren notwendig.

Die Organisationen müssen Informationen zu den EnBs, zu Daten relevanter Variablen und zu Modifikationen der EnBs als dokumentierte Informationen aufbewahren.

Planung der Energiedatensammlungen

Die verantwortlichen Organisationen von Wohn- und Nichtwohngebäuden müssen normativ sicherstellen, dass Hauptmerkmale ihrer Tätigkeiten, die sich auf energiebezogene Leistungen auswirken, identifiziert und in geplanten Zeitabständen gemessen, überwacht und analysiert werden.

Die Organisationen müssen einen Plan für die Energiedatensammlungen festlegen und umsetzen, der für ihre Größe, ihre Komplexität, ihre Ressourcen und ihre Mess- und Überwachungsausrüstung angemessen ist. Dieser Plan muss die für die Überwachung der Hauptmerkmale erforderliche Daten festlegen und angeben, wie und mit welcher Häufigkeit die Daten gesammelt und aufbewahrt werden müssen.

Die zu sammelnden Daten sowie die aufzubewahrenden dokumentierten Informationen müssen Folgendes normativ beinhalten:

- relevante Variablen bezüglich SEUs,
- Energieverbräuche bezüglich SEUs und der Organisationen,
- betriebliche Kriterien bezüglich SEUs,
- statische Faktoren, falls zutreffend,
- in Aktionsplänen festgelegte Daten usw.

Der Plan für die Energiedatensammlungen muss in festgelegten Zeitabständen überprüft und, soweit angemessen, aktualisiert werden.

Die Organisationen müssen sicherstellen, dass die zu Messungen von Hauptmerkmalen verwendeten Ausrüstungen Daten bereitstellen, die genau und wiederholbar sind.

Die verantwortlichen Organisationen im Gebäude-Energiemanagement müssen dokumentierte Informationen zu Messungen und Überwachungen und zu anderen Mitteln zu Feststellungen von Genauigkeiten und Wiederholbarkeiten aufbewahren.

5.4.11 Unterstützung nach der DIN EN ISO 50001

Ressourcen

Die verantwortlichen Organisationen von Wohn- und Nichtwohngebäuden müssen normativ erforderliche Ressourcen für Aufbau, Verwirklichung, Aufrechterhaltung und fortlaufende Verbesserung der energiebezogenen Leistungen und des EnMS bestimmen und bereitstellen.

Kompetenzen

Verantwortliche Organisationen von Wohn- und Nichtwohngebäuden müssen normativ im Gebäude-Energiemanagement

- für Personen, die unter ihrer Aufsicht Tätigkeiten verrichtet bzw. verrichten, welche die energiebezogene Leistung und das EnMS der Organisation beeinflussen, deren erforderliche Kompetenzen bestimmen,
- sicherstellen, dass diese Personen auf Grundlage angemessener Ausbildung, Schulungen, hinsichtlich Fertigkeiten oder Erfahrung kompetent sind,
- falls erforderlich, Maßnahmen einleiten, um die benötigten Kompetenzen zu erwerben und die Wirksamkeiten der getroffenen Maßnahmen zu bewerten,

- angemessene dokumentierte Informationen als Nachweise der Kompetenzen aufbewahren.

„Erforderliche Maßnahmen" können hierbei z. B. Schulungen, Mentoring oder die Versetzung von Beteiligten und Beauftragung kompetenter Personen sein.

Bewusstsein

Personen, die unter Aufsicht der Organisationen von Wohn- und Nichtwohngebäuden Tätigkeiten im Gebäude-Energiemanagement verrichten, müssen sich normativ folgender Punkte bewusst sein:

- der Energiepolitik,
- ihres Beitrags zur Wirksamkeit des EnMS, einschließlich des Erreichens von Zielen und Energiezielen und der Vorteile einer verbesserten energiebezogenen Leistung,
- des Einflusses ihrer Tätigkeiten oder ihres Verhaltens hinsichtlich der energiebezogenen Leistungen und
- der Folgen einer Nichterfüllung der Anforderungen des EnMS.

Kommunikation

Die verantwortlichen Organisationen von Wohn- und Nichtwohngebäuden müssen die interne und externe Kommunikation in Bezug auf das EnMS normativ bestimmen, einschließlich

- worüber kommuniziert wird,
- wann kommuniziert wird,
- mit wem kommuniziert wird,
- wie kommuniziert wird und vor allem auch
- wer kommuniziert.

Bei Festlegungen ihrer Kommunikationsprozesse müssen die Organisationen sicherstellen, dass die vermittelten Informationen mit den innerhalb des EnMS erzeugten Informationen übereinstimmen und zuverlässig sind.

Verantwortliche Organisationen müssen Prozesse einführen und umsetzen, die es jeden unter Aufsicht der Organisation Tätigkeiten verrichtenden Personen ermöglicht, Kommentare oder Verbesserungsvorschläge zum EnMS und zu energiebezogenen Leistungen abzugeben.

Die Organisationen müssen erwägen, dokumentierte Informationen zu Verbesserungsvorschlägen aufzubewahren.

5.4.12 Dokumentierte Informationen nach DIN EN ISO 5001

Ein Gebäude-Energiemanagement der Organisationen von Wohn- und Nichtwohngebäuden muss Folgendes normativ einschließen:

- die von der DIN EN ISO 50001 geforderten dokumentierten Informationen sowie
- dokumentierte Informationen, die die Organisationen als notwendig für die Wirksamkeit des EnMS und den Nachweis der Verbesserungen der energiebezogenen Leistungen bestimmt hat.

Der Umfang dokumentierter Informationen für ein EnMS kann sich von Organisation zu Organisation unterscheiden, und zwar aufgrund

- der Größe der Organisation und der Art ihrer Tätigkeiten, Prozesse, Produkte und Leistungen,
- der Komplexität ihrer Prozesse und deren Wechselwirkungen sowie
- der Kompetenz der Personen.

Erstellung und Aktualisierungen

Beim Erstellen und Aktualisieren dokumentierter Informationen müssen verantwortliche Organisationen von Wohn- und Nichtwohngebäuden im Gebäude-Energiemanagement das Folgende normativ sicherstellen:

- angemessene Kennzeichnungen und Beschreibungen,
- angemessene Formate, wie z. B. Sprache, Softwareversion, Graphiken sowie Medien,
- angemessene Überprüfungen und Genehmigungen im Hinblick auf Eignungen und Angemessenheit.

Lenkung dokumentierter Informationen

Die für das Gebäude-Energiemanagement bei Wohn- und Nichtwohngebäuden erforderlichen und von der DIN EN ISO 50001 geforderten dokumentierten Informationen müssen gelenkt werden, um sicherzustellen, dass sie

- verfügbar und zur Verwendung geeignet sind, wo und wann immer sie benötigt werden und dennoch
- hinreichend geschützt werden.

Zur Lenkung dokumentierter Informationen müssen die verantwortlichen Organisationen, soweit zutreffend, folgende Tätigkeiten normativ behandeln:

- Verteilung, Zugriffe, Auffindbarkeit und Verwendung,
- Ablage, Speicherung und Erhaltung, einschließlich Erhalt der Lesbarkeit,
- Überwachung von Änderungen,
- Aufbewahrung und Verfügungen hinsichtlich des weiteren Verbleibs.

Dokumentierte Informationen externer Herkunft, die von den Organisationen als notwendig für Planung und Betrieb des EnMS bestimmt wurden, müssen angemessen gekennzeichnet und gelenkt werden.

Zugriffe können Entscheidungen voraussetzen, mit denen die Erlaubnis erteilt wird, dokumentierte Informationen lediglich zu lesen bzw. zum Lesen und Ändern dokumentierter Informationen.

5.4.13 Betrieb nach DIN EN ISO 50001

Betriebliche Planungen und Steuerungen

Verantwortliche Organisationen im Gebäude-Energiemanagement von Wohn- und Nichtwohngebäuden müssen die mit ihren SEUs in Zusammenhang stehenden Prozesse, die zur Erfüllung der Anforderungen sowie zur Durchführung der festgelegten Maßnahmen erforderlich sind, planen, verwirklichen und steuern, indem sie:

- Kriterien für die Prozesse festlegen, einschließlich des wirksamen Betriebs und der Instandhaltung ihrer Technologien, Anlagen, Standorte, Einrichtungen, Systeme und energienutzenden Prozesse, sofern das Fehlen solcher Kriterien zu signifikanten Abweichungen von vorgesehenen energiebezogenen Leistungen führen können; Kriterien für signifikante Abweichungen werden von den Organisationen bestimmt,
- den relevanten Personen, die unter Aufsicht der Organisationen Tätigkeiten verrichten, die Kriterien vermitteln,
- die Prozesssteuerung in Übereinstimmung mit den Kriterien durchführen, einschließlich Betrieb und Instandhaltungen von Technologien, Anlagen, Standorten, Einrichtungen, Systemen und energienutzenden Prozessen in Übereinstimmung mit den festgelegten Kriterien und
- dokumentierte Informationen im notwendigen Umfang bereithalten, so dass darauf vertraut werden kann, dass die Prozesse wie geplant durchgeführt wurden.

Die Organisationen müssen geplante Änderungen überwachen sowie die Folgen unbeabsichtigter Änderungen beurteilen. Und (falls notwendig) Maßnahmen ergreifen, um jegliche negativen Auswirkungen zu vermindern.

Verantwortliche Organisationen müssen sicherstellen, dass ausgegliederte SEUs bzw. mit ihren SEUs im Zusammenhang stehende Prozesse gesteuert werden.

Auslegung

Die verantwortlichen Organisationen von Wohn- und Nichtwohngebäuden müssen Möglichkeiten zur Verbesserung der energiebezogenen Leistungen und betriebliche Steuerung bei Auslegung neuer, veränderter oder verbesserten Technologien, Anlagen, Standorte, Einrichtungen, Systeme und energienutzender Prozesse berücksichtigen, die wesentlichen Einfluss auf ihre energiebezogenen Leistungen über die geplanten oder erwarteten Nutzungsdauern haben können.

Wo zutreffend, müssen die Ergebnisse der Betrachtungen bzgl. der energiebezogenen Leistungen in die Spezifikationen, Auslegungen und Beschaffungstätigkeiten mit einbezogen werden.

Die Organisationen müssen dokumentierte Information zu Auslegungstätigkeiten, die mit den energiebezogenen Leistungen im Zusammenhang stehen, aufbewahren.

Beschaffung

Verantwortliche Organisationen im Gebäude-Energiemanagement von Wohn- und Nichtwohngebäuden müssen Kriterien für die Bewertung der energiebezogenen Leistungen über geplante oder erwartete Nutzungsdauern festlegen und umsetzen, wenn sie energienutzende Technologien, Produkte, Einrichtungen und Leistungen beschaffen, von denen wesentliche Auswirkungen auf die energiebezogenen Leistungen der Organisationen erwartet werden.

Bei der Beschaffung von Energie nutzenden Technologien, Produkten, Einrichtungen und Leistungen, die eine Auswirkung auf die SEUs haben oder haben können, müssen die Organisationen die Lieferanten darüber informieren, dass die energiebezogenen Leistungen eines der Bewertungskriterien für die Beschaffung sind.

Wo zutreffend, müssen die Organisationen normativ Spezifikationen festlegen und vermitteln für die Sicherstellung der energiebezogenen Leistungen beschaffter Einrichtungen und Dienstleistungen sowie die Energiebeschaffung.

5.4.14 Bewertungen der Leistungen nach DIN EN ISO 50001

Überwachung, Messung, Analyse und Bewertung der energiebezogenen Leistung und des EnMS

Die verantwortlichen Organisationen von Wohn- und Nichtwohngebäuden müssen für die energiebezogenen Leistungen und das EnMS bestimmen, was überwacht und gemessen werden muss. Darunter fallen mindestens die folgenden Hauptmerkmale:

- die Wirksamkeit der Aktionspläne zur Erreichung von Zielen und Energiezielen,
- die EnPIs,
- der Betrieb der SEUs,
- die tatsächlichen gegenüber den erwarteten Energieverbräuchen,
- die Methoden zur Überwachung, Messung, Analyse und Bewertung, soweit zutreffend, um gültige Ergebnisse sicherzustellen,
- wann Überwachungen und Messungen durchzuführen sind,
- wann Ergebnisse der Überwachungen und Messungen zu analysieren und zu bewerten sind.

Die Organisationen müssen ihre energiebezogenen Leistungen und Wirksamkeit des EnMS bewerten.

Die Verbesserung der energiebezogenen Leistungen muss durch Vergleich der EnPI-Werte mit den entsprechenden EnBs bewertet werden.

Verantwortliche Organisationen müssen wesentliche Abweichungen in den energiebezogenen Leistungen untersuchen und darauf reagieren. Sie müssen dokumentierte Informationen zu den Ergebnissen der Untersuchungen und der Reaktionen darauf aufbewahren und angemessene dokumentierte Information zu den Ergebnissen der Überwachung und Messungen aufbewahren.

Bewertung der Einhaltung rechtlicher und anderer Anforderungen

In geplanten Abständen müssen die Organisationen die Einhaltung rechtlicher und anderer Anforderungen bezüglich ihrer Energieeffizienz, ihrer Energieeinsätze und -verbräuche ihres sowie des EnMS bewerten. Die Organisationen müssen dokumentierte Informationen zu den Ergebnissen der Bewertung der Einhaltung und allen ergriffenen Maßnahmen aufbewahren.

Interne Audits

Verantwortliche Organisationen von Wohn- und Nichtwohngebäuden müssen in festgelegten Abständen interne EnMS-Audits durchführen, um Informationen darüber zu erhalten, ob das Gebäude-Energiemanagement nach DIN EN ISO 50001 normativ:

- die energiebezogenen Leistungen verbessert,
- übereinstimmt mit
  - den Anforderungen der Organisationen an ihr EnMS,
  - der Energiepolitik, den Zielen und Energiezielen, wie von den Organisationen festgelegt, und

- den Anforderungen dieses Dokuments,
- wirksam verwirklicht und aufrechterhalten wird.

Organisationen müssen normativ

- ein oder mehrere Auditprogramme planen, einführen, verwirklichen und aufrechterhalten, einschließlich der Häufigkeit von Audits und deren Methoden, Verantwortlichkeiten, Anforderungen an die Planung sowie Berichterstattung, welche die Bedeutung der betroffenen Prozesse und die Ergebnisse vorheriger Audits berücksichtigen,
- für jedes Audit die Auditkriterien sowie die Umfänge festlegen,
- Auditoren so auswählen und Audits so durchführen, dass die Objektivität und die Unparteilichkeit der Auditprozesse sichergestellt sind,
- sicherstellen, dass die Ergebnisse der Audits gegenüber den zuständigen Leitungen berichtet werden,
- geeignete Maßnahmen ergreifen,
- dokumentierte Informationen als Nachweis der Verwirklichungen der Auditprogramme und der Ergebnisse der Audits aufbewahren.

Managementbewertungen nach DIN EN ISO 50001

Die obersten Leitungen der Organisationen von Wohn- und Nichtwohngebäuden müssen das Gebäude-Energiemanagement in geplanten Abständen bewerten, um dessen fortdauernde Eignung, Angemessenheit, Wirksamkeit und Übereinstimmung mit den strategischen Ausrichtungen der Organisationen sicherzustellen. Die normative Managementbewertung muss dabei folgende Aspekte einschließen:

- den Status von Maßnahmen vorheriger Managementbewertungen,
- Veränderungen bei internen und externen Themen und damit verbundene Chancen und Risiken, die das EnMS betreffen,
- Informationen über die Leistung des EnMS, einschließlich Entwicklungen bei
  - Nichtkonformitäten und Korrekturmaßnahmen,
  - Ergebnissen von Überwachungen und Messungen,
  - Auditergebnissen,
  - Ergebnissen der Bewertung hinsichtlich der Einhaltung rechtlicher und anderer Anforderungen,
- Möglichkeiten zu fortlaufenden Verbesserungen, auch im Hinblick auf die Kompetenz und nicht zuletzt
- die Energiepolitik.

Die Eingangsgrößen für die normativen Managementbewertungen bezüglich der energiebezogenen Leistungen müssen

- das Ausmaß, in dem Ziele und Energieziele erreicht wurden,
- die energiebezogenen Leistungen und Verbesserungen der energiebezogenen Leistungen auf Grundlage von Überwachungs- und Messergebnissen, einschließlich der EnPIs (**Bild 5.21**) und
- den Status der Aktionspläne

einschließen.

Die Ergebnisse der Managementbewertungen müssen normativ Entscheidungen zu Möglichkeiten der fortlaufenden Verbesserung sowie zu jeglichem Änderungsbedarf am EnMS enthalten, einschließlich

- Möglichkeiten zur Verbesserung der energiebezogenen Leistung,
- der Energiepolitik,
- der EnPIs oder EnBs,
- der Ziele, Energieziele, Aktionspläne oder anderer Elemente des EnMS und der bei Nichterreichung von Zielen zu ergreifenden Maßnahmen,
- Möglichkeiten zu Verbesserungen der Integrationen in Geschäftsprozesse,
- Ressourcenbereitstellung und
- Verbesserung von Kompetenzen, Bewusstsein und Kommunikation.

Die verantwortlichen Organisationen müssen dokumentierte Information als Nachweis der Ergebnisse der Managementbewertungen aufbewahren.

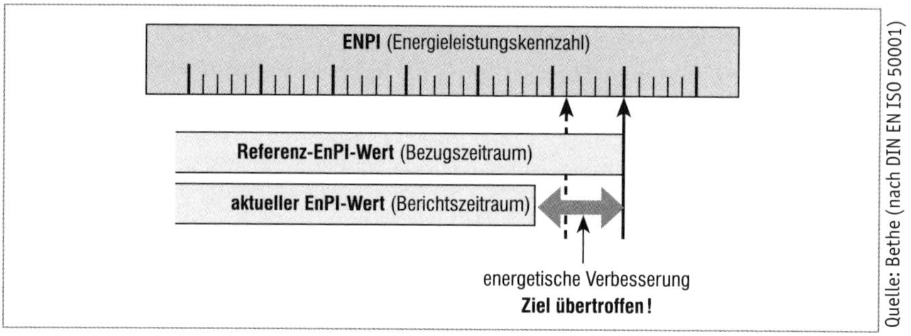

Bild 5.21 EnPl und Referenz-ENPl-Wert

5.4.15 Verbesserungen nach DIN EN ISO 50001

Nichtkonformitäten und Korrekturmaßnahmen

Wenn Nichtkonformitäten in einem Gebäude-Energiemanagement nach DIN EN ISO 50001 festgestellt werden, müssen die verantwortlichen Organisationen von Wohn- und Nichtwohngebäuden darauf reagieren und, soweit zutreffend,

- Maßnahmen zur Überwachung und Korrektur ergreifen,
- mit den Folgen umgehen,
- die Notwendigkeit von Maßnahmen zur Beseitigung der Ursachen von Nichtkonformitäten bewerten, damit diese nicht erneut oder an anderer Stelle auftreten, und zwar durch:
  - Überprüfen der Nichtkonformität,
  - Bestimmen der Ursachen der Nichtkonformität,
  - Bestimmen, ob vergleichbare Nichtkonformitäten bestehen oder möglicherweise auftreten können,
- erforderliche Maßnahmen einleiten,
- Wirksamkeiten ergriffener Korrekturmaßnahmen überprüfen und
- Änderungen am EnMS vornehmen, sofern erforderlich.

Korrekturmaßnahmen müssen den Auswirkungen der aufgetretenen Nichtkonformitäten angemessen sein.

Die verantwortlichen Organisationen müssen normativ dokumentierte Informationen aufbewahren hinsichtlich

- der Art der Nichtkonformität sowie ergriffener Folgemaßnahmen,
- der Ergebnisse jeglicher Korrekturmaßnahmen.

Fortlaufende Verbesserungen

Die verantwortlichen Organisationen von Wohn- und Nichtwohngebäuden müssen Eignung, Angemessenheit und Wirksamkeit ihres Gebäude-Energiemanagements fortlaufend im sogenannten Kontinuierlichen Verbesserungsprozess (KVP) verbessern. Die Organisationen müssen die fortlaufenden Verbesserungen der energiebezogenen Leistungen nachweisen (**Bild 5.22**).

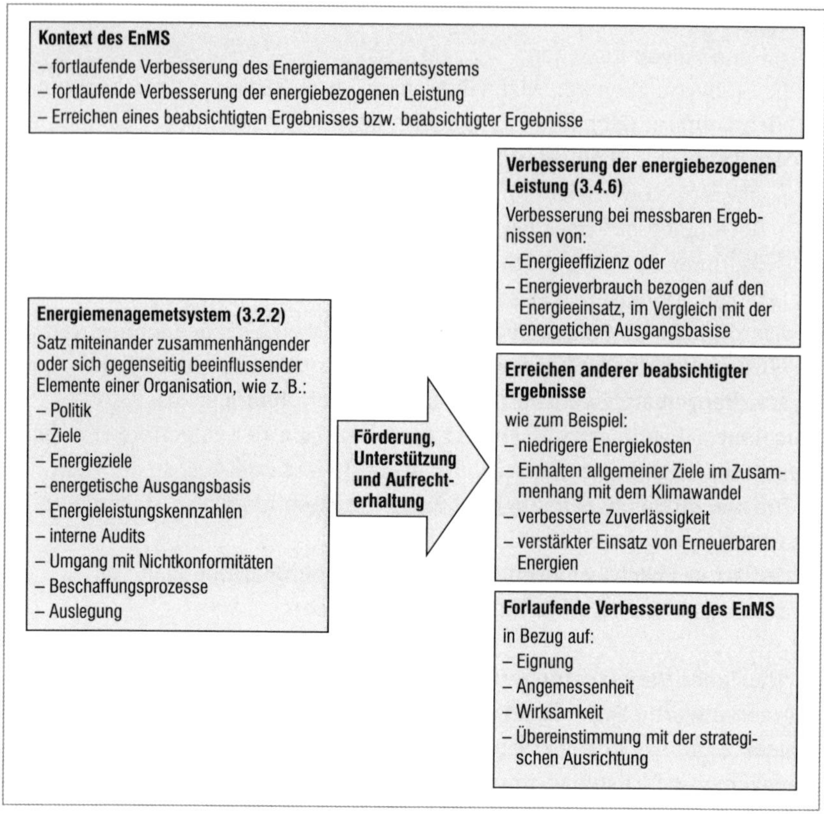

Quelle: Bethe (nach DIN EN ISO 50001)

Bild 5.22 Zusammenhang zwischen energiebezogener Leistung und EnMS (Verweise zu DIN EN ISO 50001)

Anhang

Anhang 1 Ausgewählte Gesetze, Verordnungen, Richtlinien und Normen (Übersicht)

Ausgewählte Gesetze

Gesetz zur Einsparung von Energie und zur Nutzung erneuerbarer Energien zur Wärme- und Kälteerzeugung in Gebäuden (Gebäudeenergiegesetz – GEG) vom 01. November 2020.

Gesetz über Energiedienstleistungen und andere Energieeffizienzmaßnahmen (EDL-G) vom 4. November 2010.

Gesetz für die Erhaltung, die Modernisierung und den Ausbau der Kraft-Wärme-Kopplung (Kraft-Wärme-Kopplungsgesetz – KWKG) vom 21. Dezember 2015.

Erneuerbare-Energien-Gesetz (EEG) vom 25. Oktober 2008.

Ausgewählte Verordnungen

Verordnung über Anforderungen an eine nachhaltige Herstellung von Biomasse zur Stromerzeugung (Biomassestrom-Nachhaltigkeitsverordnung – BioSt-NachV) vom 23. Juli 2009.

Biomasseverordnung (Biomasseverordnung – BiomasseV) vom 21. Juni 2001.

Erste Verordnung zur Durchführung des BundesImmissionsschutzgesetzes (Verordnung über kleine und mittlere Feuerungsanlagen – 1. BImSchV) vom 26. Januar 2010.

Verordnung über Anforderungen an die Verwertung und Beseitigung von Altholz (Altholzverordnung – AltholzV) vom 15. August 2002.

Verordnung über die Verwertung von Klärschlamm, Klärschlammgemisch und Klärschlammkompost (Klärschlammverordnung – AbfKlärV) vom 27. September 2017.

Verordnung über Arbeitsstätten (Arbeitsstättenverordnung – ArbStättV) vom 12. August 2004.

Verordnung über die Honorare für Architekten und Ingenieurleistungen (Honorarordnung für Architekten und Ingenieure – HOAI) vom 10. Juli 2013.

Internationales Protokoll für Leistungsmessung und -verifizierung, Konzepte und Optionen zur Ermittlung von Energie- und Wassereinsparungen, Band 1. hrsg. von Efficiency Valuation Organization. Januar 2012, EVO 10000-1:2012 (DE).

Verordnung über Systeme zur Verbesserung der Energieeffizienz im Zusammenhang mit der Entlastung von der Energie- und der Stromsteuer in Sonderfällen (Spitzenausgleich-Effizienzsystemverordnung – SpaEfV) vom 31. Juli 2013(BGBl I, 2013, Nr. 45, S. 2858-2864)

Ausgewählte Richtlinien

Richtlinie 2010/31/EU des Europäischen Parlaments und des Rates vom 19. Mai 2010 über die Gesamtenergieeffizienz von Gebäuden (EU-Gebäuderichtlinie).

VDI 1000:2017-02 VDI-Richtlinienarbeit; Grundsätze und Anleitungen (VDI Standardisation Work; Principles and procedures). Berlin 2017.

VDI 2067 Blatt 1:2012-09 Wirtschaftlichkeit gebäudetechnischer Anlagen; Grundlagen und Kostenberechnung (Economic efficiency of building installations; Fundamentals and economic calculation). Berlin 2012.

VDI 2552 Blatt 1:2020-07 Building Information Modeling – Grundlagen. Berlin 2020.

VDI 3805 Blatt 1:2011-10 Produktdatenaustausch in der Technischen Gebäudeausrüstung; Grundlagen (Product data exchange in the Building Services; Fundamentals). Berlin 2011.

VDI 3807 Blatt 1:2013-06 Verbrauchskennwerte für Gebäude; Grundlagen (Characteristic consumption values for buildings; Fundamentals). Berlin 2013.

VDI 3808:2011-10 Energetische Bewertung von Gebäuden und der Gebäudetechnik; Anwendung bestehender Verfahren (Assessment of energy efficiency of buildings and building services; Application of existing techniques). Berlin 2011.

VDI 3814 Blatt 2.1:2019-01 Gebäudeautomation (GA); Planung; Bedarfsplanung, Betreiberkonzept und Lastenheft (Building automation and control systems (BACS); Planning; Requirements planning, concept of operation and specifications sheet). Berlin 2019.

VDI 3814 Blatt 2.2:2019-01 Planung; Planungsinhalte, Systemintegration und Schnittstellen (Building automation and control systems (BACS); Planning; Planning content, system integration, and interfaces). Berlin 2019.

VDI/BTGA/GIH 3922 Blatt 1:2021-06 Energieberatung – Energieberatungsprozess und -methoden. Berlin 2021.

VDI/BTGA-MT 3922 Blatt 2:2019-01 Energieberatung – Feststellen der Kompetenz von Energieberatern (Energy consultancy; Competence assessment of energy consultants). Berlin 2019.

VDI/BTGA-MT 3922 Blatt 3:2019-01 Energieberatung – Planung der Gebäudeenergetik; Grundlagen zur Planung der Gebäudeenergetik (Energy consulting for estates and buildings; Fundamentals for estates and buildings). Berlin 2019.

VDI 4100:2012-10 Schallschutz im Hochbau – Wohnungen – Beurteilung und Vorschlage für erhöhten Schallschutz. Berlin 2010.

VDI 4602 Blatt 1:2018-04 Energiemanagement; Grundlagen (Energy management; Fundamentals). Berlin 2018.

VDI 4661:2014-08 Energiekenngrößen; Grundlagen; Methodik (Energetic characteristics; Fundamentals; Methodology). Berlin 2014.

VDI 4700 Blatt 1:2015-10 Begriffe der Bau- und Gebäudetechnik (Terminology of civil engineering and building services). Berlin 2015.

VDI 4710 Blatt 2:2007-05 Meteorologische Daten in der technischen Gebäudeausrüstung; Gradtage (Meteorological data for technical building services purposes; Degree days). Berlin 2007.

VDI 6011 Blatt 2:2018-07 Lichttechnik; Optimierung von Tageslichtnutzung und künstlicher Beleuchtung; Planungshinweise (Lighting technology; Optimisation of daylight use and artificial lighting; Design criteria). Berlin 2018.

VDI 6020:2016-09 (Entwurf/Draft) Anforderungen an thermisch-energetische Rechenverfahren zur Gebäude- und Anlagensimulation (Requirements to be met by calculation methods for the simulation of thermalenergy efficiency of buildings and building installations). Berlin 2016.

VDI 6020 Blatt 1:2001-05 Anforderungen an Rechenverfahren zur Gebäude- und Anlagensimulation; Gebäudesimulation (Requirements on methods of calculation to thermal and energy simulation of buildings and plants; Buildings). Berlin 2001.

VDI 6025:2012-11 Betriebswirtschaftliche Berechnungen für Investitionsgüter und Anlagen (Economy calculation systems for capital goods and plants). Berlin 2012.

VDI 6026 Blatt 1.1:2015-04 Dokumentation in der Technischen Gebäudeausrüstung; Inhalte und Beschaffenheit von Planungs-, Ausführungs- und Revisionsunterlagen (Documentation in the building services;

Contents and format of planning, execution and review documents). Berlin 2015.
VDI 6039:2011-06 Facility-Management; Inbetriebnahmemanagement für Gebäude; Methoden und Vorgehensweisen für gebäudetechnische Anlagen (Facility management; Managing of building commissioning; Methods and procedures for building-services installations). Berlin 2011.
VDI 6041:2017-07 Facility-Management; Technisches Monitoring von Gebäuden und gebäudetechnischen Anlagen (Facility management; Technical monitoring of buildings and building services). Berlin 2017.
WTA Merkblatt 6-1-01/D:2002-05 Leitfaden für hygrothermische Simulationsberechnungen (A guide to hygrothermal computer simulation). Berlin 2002.

Ausgewählte Normen

DIN 4102-1:1998-05 Brandverhalten von Baustoffen und Bauteilen – Teil 1: Baustoffe; Begriffe, Anforderungen und Prüfungen. Berlin 1998.
DIN 4108-2:2013-02 Wärmeschutz und Energie-Einsparung in Gebäuden – Teil 2: Mindestanforderungen an den Wärmeschutz. Berlin 2013.
DIN 4108-3 :2018-10 Wärmeschutz und Energie-Einsparung in Gebäuden – Teil 3: Klimabedingter Feuchteschutz – Anforderungen, Berechnungsverfahren und Hinweise für Planung und Ausführung. Berlin 2018.
DIN 4108-7:2011-01 Wärmeschutz und Energie-Einsparung in Gebäuden – Teil 7: Luftdichtheit von Gebäuden – Anforderungen, Planungs- und Ausführungsempfehlungen sowie -beispiele. Berlin 2011.
DIN 4108-10:2015-12 Wärmeschutz und Energie-Einsparung in Gebäuden – Teil 10: Anwendungsbezogene Anforderungen an Wärmedämmstoffe – Werkmäßig hergestellte Wärmedämmstoffe. Berlin 2015.
DIN 4108 Beiblatt 2:2019-06 Wärmeschutz und Energie-Einsparung in Gebäuden; Beiblatt 2: Wärmebrücken – Planungs- und Ausführungsbeispiele. Berlin 2019.
DIN 4109-1:2018-01 Schallschutz im Hochbau; Anforderungen und Nachweise. Berlin 2018.
DIN 5034:2021-08 Tageslicht in Innenräumen (Daylight in interiors). Berlin 2021.
DIN 6779-12:2011-04 Kennzeichnungssystematik für technische Produkte und technische Produktdokumentation; Teil 12: Bauwerke und Technische Gebäudeausrüstung (Structuring principles for technical products

and technical product documentation; Part 12: Buildings and building technology). Berlin 2011.

DIN 18516-1:2010-06 Außenwandbekleidungen, hinterlüftet – Teil 1: Anforderungen und Grundsätze. Berlin 2010.

DIN 32736:2000-08 Gebäudemanagement – Begriffe un Leistungen. Berlin 2000.

DIN 54162:2006-09 Zerstörungsfreie Prüfung – Qualifizierung und Zertifizierung von Personal für die thermografische Prüfung – Allgemeine und spezielle Grundlagen für Stufe 1, 2 und 3. Berlin 2006.

DIN 54190-1 Zerstörungsfreie Prüfung – Thermografische Prüfung – Teil 1: Allgemeine Grundlagen. Berlin 2008.

DIN 54190-2 Zerstörungsfreie Prüfung – Thermografische Prüfung – Teil 2: Gerät. Berlin 2008.

DIN 54190-3 Zerstörungsfreie Prüfung – Thermografische Prüfung – Teil 3: Begriffe. Berlin 2008.

DIN 54191:2017-10 Zerstörungsfreie Prüfung – Thermografische Prüfung elektrischer Anlagen. Berlin 2017.

DIN 54192:2010-11 Zerstörungsfreie Prüfung – Aktive Thermografie. Berlin 2010.

DIN EN 13187-1999-05 Wärmetechnisches Verhalten von Gebäuden – Nachweis von Wärmebrücken in Gebäudehüllen – Infrarot-Verfahren. Berlin 1999.

DIN EN 13162:2015-04 Wärmedämmstoffe für Gebäude – Werkmäßig hergestellte Produkte aus Mineralwolle (MW) – Spezifikation. Deutsche Fassung EN 13162:2012+A1:2015, Berlin 2015.

DIN EN 13501-1:2010-01 Klassifizierung von Bauprodukten und Bauarten zu ihrem Brandverhalten. Berlin 2010.

DIN EN 15251:2012-12 Eingangsparameter für das Raumklima zur Auslegung und Bewertung der Energieeffizienz von Gebäuden; Raumluftqualität, Temperatur, Licht und Akustik (Indoor environmental input parameters for design and assessment of energy performance of buildings addressing indoor air quality, thermal environment, lighting and acoustics; German version EN 15251:2007). Berlin 2012.

DIN EN 15316-4-5:2017-09 Energetische Bewertung von Gebäuden – Verfahren zur Berechnung der Energieanforderungen und Nutzungsgrade der Anlagen – Teil 4-5: Fernwärme und Fernkälte, Modul M3-8-5, M4-8-5, M8-8-5, M11-8-5; Deutsche Fassung EN 15316-4-5:2017. Berlin 2017.

DIN EN 16247 Energieaudits (Energy audits). Berlin 2014.

DIN EN 16798 Energetische Bewertung von Gebäuden – Lüftung von Gebäuden. Berlin 2017.

DIN EN ISO 9712:2022-09 Personal der zerstörungsfreien Prüfung nach DIN EN ISO 9712:2012 – Verfahren Thermografie (TT). Berlin 2022.

DIN EN ISO 9972:2018-12 Wärmetechnisches Verhalten von Gebäuden – Bestimmung der Luftdurchlässigkeit von Gebäuden – Differenzdruckverfahren (ISO 9972:2015); Deutsche Fassung EN ISO 9972:2015. Berlin 2018.

DIN EN ISO 13370:2008-04 Wärmetechnisches Verhalten von Gebäuden, Wärmeübertragung über das Erdreich, Berechnungsverfahren. Berlin 2008.

DIN EN ISO 14040:2021-02 Umweltmanagement – Ökobilanz – Grundsätze und Rahmenbedingungen (ISO 14040:2006 + Amd 1:2020; Deutsche Fassung ENISO 14040:2006 + A1:2020. Berlin 2021.

DIN EN ISO 14044:2018-05 Umweltmanagement – Ökobilanz – Anforderungen und Anleitungen (ISO 14044:2006 + Amd 1:2017); Deutsche Fassung EN ISO 14044:2006 + A1:2018. Berlin 2018.

DIN EN ISO 19011:2018-10 Leitfaden zur Auditierung von Managementsystemen (ISO 19011:2018); Deutsche und Englische Fassung EN ISO 19011:2018. Berlin 2018.

DIN EN ISO 50001:2018-12 Energiemanagementsysteme; Anforderungen mit Anleitung zur Anwendung (ISO 50001:2018); Deutsche Fassung EN ISO 50001:2018. Berlin 2018.

DIN EN ISO 50001:2017-09 Energiemanagementsysteme; Anforderungen mit Anleitung zur Anwendung (ISO/DIS 50001:2017); Deutsche und Englische Fassung prEN ISO 50001:2017 (Energy management systems; Requirements with guidance for use (ISO/DIS 50001:2017); German and English version prEN ISO 50001:2017). Berlin 2017.

DIN ISO 19600:2016-12 Compliance-Managementsysteme – Leitlinien. (ISO 19600:2014). Berlin 2016.

DIN ISO 50003:2022-05 Energiemanagementsysteme – Anforderungen an Stellen, die Energiemanagementsysteme auditieren und zertifizieren. (ISO 50003:2021). Berlin 2022.

DIN ISO 50006:2017-04 Energiemanagementsysteme – Messung der energiebezogenen Leistung unter Nutzung von energetischen Ausgangsbasen (EnB) und Energieleistungskennzahlen (EnPI) – Allgemeine Grundsätze und Leitlinien. Berlin 2017.

DIN ISO 50015:2018-04 Energiemanagementsysteme; Messung und Verifizierung der energiebezogenen Leistung von Organisationen; Allgemeine Grundsätze und Leitlinien (ISO 50015:2014). Berlin 2018.

DIN V 4701-10:2003-08 Energetische Bewertung heiz- und raumlufttechnischer Anlagen – Teil 10: Heizung, Trinkwassererwärmung, Lüftung. Berlin 2010.

DIN V 4108-6:2003-06 DIN V 4108-6:2003-06 Wärmeschutz und Energie-Einsparung in Gebäuden – Teil 6: Berechnung des Jahresheizwärme- und des Jahresheizenergiebedarfs. Berlin 2003.

DIN V 18599-1:2018-09 Energetische Bewertung von Gebäuden – Berechnung des Nutz-, End- und Primärenergiebedarfs für Heizung, Kühlung, Lüftung, Trinkwarmwasser und Beleuchtung – Teil 1: Allgemeine Bilanzierungsverfahren, Begriffe, Zonierung und Bewertung der Energieträger. Berlin 2018.

DIN V 18599-2:2018-09 Energetische Bewertung von Gebäuden – Berechnung des Nutz-, End- und Primärenergiebedarfs für Heizung, Kühlung, Lüftung, Trinkwarmwasser und Beleuchtung – Teil 2: Nutzenergiebedarf für Heizen und Kühlen von Gebäudezonen. Berlin 2018.

DIN V 18599-4:2018-09 Energetische Bewertung von Gebäuden – Berechnung des Nutz-, End- und Primärenergiebedarfs für Heizung, Kühlung, Lüftung, Trinkwarmwasser und Beleuchtung – Teil 4: Nutz- und Endenergiebedarf für Beleuchtung. Berlin 2018.

DIN V 18599-9:2018-09 Energetische Bewertung von Gebäuden – Berechnung des Nutz-, End- und Primärenergiebedarfs für Heizung, Kühlung, Lüftung, Trinkwarmwasser und Beleuchtung – Teil 9: End- und Primärenergiebedarf von stromproduzierenden Anlagen. Berlin 2018.

DIN V 18599-11:2018-09 Energetische Bewertung von Gebäuden – Brechnung des Nutz-, End- und Primärenergiebedarfs für Heizung, Kühlung, Lüftung, Trinkwarmwasser und Beleuchtung – Teil 11: Gebäudeautomation. Berlin 2018.

DS 2403:2001, Energy management– Specification (Danish Standards Association) Energy management System – Specification with guidance for use. Den Haag 2004.

E DIN EN 16247:2021-05 Energieaudits – Teil 1: Allgemeine Anforderungen; Deutsche und Englische Fassung prEN 16247-1:2021. Berlin 2021.

EN 15251:2007-08 Eingangsparameter für das Raumklima zur Auslegung und Bewertung der Energieeffizienz von Gebäuden – Raumluftqualität, Temperatur, Licht und Akustik, deutsche Fassung (Indoor environmental input parameters for design and assessment of energy performance of buildings addressing indoor air quality, thermal environment, lighting and acoustics; German version EN 15251:2007). Berlin 2007.

EN ISO 13788:2013-05 Wärme- und feuchteschutztechnisches Verhalten von Bauteilen und Bauelementen – Raumseitige Oberflächentemperatur zur Vermeidung kritischer Oberflächenfeuchte und Tauwasserbildung im Bauteilinneren – Berechnungsverfahren (ISO 13788:2012); Deutsche Fassung EN ISO 13788:2012.

ESD Directive 2006/32/EC of the European Parliament and of the Council on energy end-use efficiency and energy services and repealing Council Directive 93/76/EEC.

EUP DIRECTIVE 2005/32/EC of the European Parliament and of the Council establishing a framework for the setting of ecodesign requirements for energy-using products and amending Council Directive 92/42/EEC and Directives 96/57/EC and 2000/55/EC of the European Parliament and of the Council.

Guideline VDI 4602, Energy Management – Terms and definitions (Verein Deutscher Ingenieure/The Association of German Engineers)

IEC 60034-1:2017-05 Rotating electrical machines; Part 1: Rating and performance (Drehende elektrische Maschinen; Teil 1: Bemessung und Betriebsverhalten). Genf: IEC.

ISO 6781, Thermal insulation – Qualitative detection of thermal irregularities in building envelopes – Infrared method.

ISO 9000:2005, Quality management Systems – Fundamentals and vocabulary.

ISO 9001:2008, Quality management Systems – Requirements.

ISO 9004:2000, Quality management Systems – Guidelines for Performance improvements.

ISO 10012:2003, Measurement management Systems – Requirements for measurement processes and measuring equipment.

ISO 10015:1999, Quality management – Guidelines for training.

ISO 14001:2004, Environmental management Systems – Requirements with guidance for use.

ISO 14004:2004, Environmental management Systems – General guidelines on principles, Systems and support techniques.

ISO 14040:2006, Environmental management – Life cycle assessment – Principles and framework.

ISO 14044:2006, Environmental management – Life cycle assessment – Requirements and guidelines.

ISO 14050:2002, Environmental management– Vocabulary.
ISO 18434-1, Condition monitoring and diagnostics of machines – Thermography – Part 1: General procedures.
ISO 18436-7, Condition monitoring and diagnostics of machines – Requirements for qualification and assessment of personnel – Part 7: Thermography.
ISO 19011:2002, Guidelines for quality and/or environmental management Systems auditing.
ISO 50004:2014-12, Energy management systems; Guidance for the implementation, maintenance and improvement of an energy managementsystem (Energiemanagementsysteme; Anleitung zur Einführung, Aufrechterhaltung und Verbesserung eines Energiemanagementsystems).
ISO/TR 10013:2001, Guidelines for quality management System documentation.
LS. 393:2005, Energy management Systems – Requirements with guidance for use (NSAI, National Standards Authority of Ireland).
LS. 393:2005, Energy management Systems– Technical guideline (SEI, Sustainable Energy Ireland).
SS 627750:2003, Energy management Systems – Specification (SIS, Swedish Standards Institute).

Anhang 2 Literaturverzeichnis

Ackerschott, Daniel; Beisheim, Benedikt; Engell, Sebastian; Kalliski, Marc; Krämer, Stefan: Real-Time Performance Indicators for Energy and Resource Efficiency in Continous and Batch Processing. Chapter 5: Ressource Efficiency of Processing Plants-Monitoring and Improvement. Weinheim 2018.

AMEV (Hrsg.): Technisches Monitoring 2017. Technisches Monitoring als Instrument zur Qualitätssicherung, Empfehlung Nr. 135. Berlin 2017.

Bayrische Ingenieurekammer-Bau (Hrsg.): GEG 2020 – Leitfaden für Bauherren und Anwender der Bayerischen Ingenieurkammer-Bau. München 2021.

Bechmann, Arnim: Nutzwertanalyse, Bewertungstheorie und Planung. Beiträge zur Wirtschaftpolitik 29. Stuttgart 1978.

Bohrisch, R. et al.: MeTuSa-lem: Modellhafte energieoptimierte Turnhallensanierung – langfristig einsparend modernisieren. Abschlussbericht zum Förderprojekt von DBU (AZ 21019), BISP (VF07/14/01/2005), Bremer Energie-Konsens GmbH (12305U) und SBUV Bremen (AZ G216/04) 02/2006.

Cerbe, Günter; Wilhelms, Gernot: Technische Thermodynamik. München 2021.

Diehl, Simon; Ernst, Carsten; Grabowski, Knut; Kubin, Kirsten; Melsheimer, Jurek: Entwicklung einer Methodik zur Aufstellung von Energiekennzahlen zur Steigerung der Energieeffizienz in Unternehmen (Zusammenfassung). Berlin 2014.

Efficiency Valuation Organization (Hrsg): Internationales Protokoll für Leistungsmessung und -verifizierung, Konzepte und Optionen zur Ermittlung von Energie- und Wassereinsparungen. Band 1: EVO 10000-1: 2012.

FIZ Karlsruhe GmbH: BINE Informationsdienst 07/2008. Bonn 2008.

FIZ Karlsruhe GmbH: Gebäude energieeffizient betreiben – den Anspruch der Planung einlösen, in: BINE Informationsdienst Themeninfo I/2010. Bonn 2010.

FLiB e.V. (Hrsg.): Gebäude-Luftdichtheit. Band 1. Kassel 2008.

Fouad, Nabil; Richter, Torsten: Leitfaden Thermografie im Bauwesen. Stuttgart 2005.

Fraunhofer-Institut für Bauphysik: Untersuchungen über die Belüftung des Luftraumes hinter vorgesetzten Fassadenbekleidungen aus kleinformatigen Elementen. Stuttgart 1983.

Institut für Bauforschung e.V. im Auftrag des Bauherren-Schutzbund e.V.: Bauqualität beim Neubau von Ein- und Zweifamilienhäusern. Hannover 2019.

Institut für Bauforschung e.V., im Auftrag der AIA AG und des Bauherren-Schutzbund e.V.: Analyse der Entwicklung der Bauschäden und der Bauschadenkosten. Hannover 2018.

Institut für Bauforschung e.V.: Risikopotenzial von Wärmedämmstoffen – Entwicklung eines Kataloges zur Bewertung von Gefährdungspotenzialen. Hannover 2016.

Kirtschig, Thomas; Lude, Gerhard; Werner, Johannes: Wärmebrücken am Fuß des Gebäudes – Neue Lösungsmöglichkeiten für Sockelanschluss und erdberührte Flächen bei Neubau und Sanierung. Tagungsband 7. Internationale Passivhaustagung. Hamburg 2003.

Mevenkamp, Manfred; Zapke, Wilfried: Untersuchung zur Nutzung des Erdreichs unter einer Sporthalle als Wärmespeicher im Rahmen der modellhaften Sanierung der Sporthalle des TV Bremen-Walle 1875 e.V. Abschlussbericht. Bonn 2009.

Pfeiffer, Martin; *Nordmann, Dieter; Zapke, Wilfried:* Nach-haltiges Sanieren. EU und Land Niedersachsen. Abschlussbericht für EU/AGIP. Hannover 2001 (Forschungsarbeit).

Pfeiffer, Martin: Architekten- und Ingenieur-Management. Berlin 2003.

Pfeiffer, Martin: Bau-Nutzungskosten. Stuttgart 2007.

Pfeiffer, Martin: Energetische Gebäudemodernisierung, Stuttgart 2008.

Pfeiffer, Martin; *Arlt, Joachim:* Lebensdauer von Baustoffen und Bauteilen. Bonn/Berlin 2006.

Pfeiffer, Martin; Bethe, Achim; Fanslau, Dirk; Zedler, Julia: Nutzungsdauertabellen für Wohn- und Nichtwohngebäude. Band 1. Berlin 2010.

Pfeiffer, Martin et al.: Atlas Bauen im Bestand. Köln 2008.

Pfeiffer, Martin et al.: Bau-Nutzungskosten. Berlin 2006.

Pfeiffer, Martin et al.: Nutzungskostenplanung im Wohnungsbau. Bonn/Berlin 2006.

Pfeiffer, Martin et al.: Nachhaltiges Bauen. München 2022.

Recknagel, Hermann; Sprenger, Eberhard; Schrameck, Ernst-Rudolf (Hrsg.): Taschenbuch für Heizung und Klimatechnik. München 2014.

Schneider, Dietrich: Einführung in die praktische Infrarot-Thermografie, 2. korrigierte Auflage. Düren 2019.

Spindler, Edmund A. (Hrsg.): Die energieeffiziente Sporthalle. Heidelberg 2004.

Spindler, Edmund A. (Hrsg.): Management und Modernisierung von Turn- und Sporthallen – PPP-Konzepte, zeitgemäße Sanierung und energieeffiziente Nutzung. Heidelberg 2007.

Stark, Thomas; Heider, Jan: Machen Infrarotheizungen Sinn? Können Direktstromheizungen zur CO2 Reduktion im Bauwesen beitragen?, in: Gebäude-Energieberater 01/2021. Stuttgart 2021.

Schuster, Norbert; Kolobrodov, G. Valentin: Infrarotthermographie. Weinheim 2004.

Steimle, Fritz: Handbuch haustechnische Planung. Stuttgart 2000.

Verein Deutscher Ingenieure (Hrsg.): VDI-Wärmeatlas. Berlin 2019.

Zimmermann Martina; Zimmermann Thomas: Lehrbuch der Infrarotthermografie. Stuttgart 2012.

Anhang 3 Autorenverzeichnis

Prof. Dr.-Ing. Martin Pfeiffer
Bausachverständiger, Energieberater sowie Professor für Nachhaltiges Energie-Design für Gebäude an der Hochschule Hannover. Als Direktor vom Institut für Bauforschung e.V. war er Gründungsmitglied der Deutschen Gesellschaft für Nachhaltiges Bauen, Mitglied des Runden Tisches zum nachhaltigen Bauen sowie Berater zur „Zukunft Bau“ und dem „Leitbild Bauwirtschaft“ des BMVBS.

Dipl.-Ing. (FH) Achim Bethe M. Eng.
Bauingenieur sowie Energieberater und seit 2008 wissenschaftlicher Mitarbeiter an der Hochschule Hannover.

Dipl.-Ing. (FH) Dirk Fanslau-Görlitz
Nach acht Jahren als Leiter der Abteilung Beratung im Institut für Bauforschung e.V, Hannover, ist er seit 2014 verstärkt als Energieberater im Bereich des öffentlichen Bauens u.a. für die Themen des energieeffizienten und klimagerechten Bauens, des nachhaltigen Bauens und des Gebäudemanagements tätig.

Prof. Dr.-Ing. Holger Janßen
Professor für Thermische Energiesysteme an der Hochschule Hannover.

Prof. Dipl.-Ing. Gerd Kaellander
Professor für Haustechnik, Brandschutz und CAD, Dipl.-Ing. Allgemeiner Maschinenbau, Energieberater für Wohn- und Nichtwohngebäude, öffentlich bestellter und vereidigter Sachverständiger für Lüftungs- und Klimaanlagen, Mitglied des Arbeitskreises für Energiefragen der Ingenieurkammer Niedersachsen. Mitglied im Institut für Prüfung und Forschung im Bauwesen in Hildesheim.

Stichwortverzeichnis

Danseurs de lumière

Collection dirigée par Denis Guiot
Couverture illustrée par Philippe Munch

Participation à l'ouvrage :
Chloé Chauveau et Dominique Montembault

Composition : Express Compo

ISBN : 2-7404-2077-3
Numéro d'édition : M06017
Dépôt légal : mars 2006

Danseurs de lumière

Frédérique Lorient

MANGO

Pour Dominique, de la part de sa Dame

Je ne suis pour toi qu'un renard semblable à cent mille renards. Mais, si tu m'apprivoises, nous aurons besoin l'un de l'autre. Tu seras pour moi unique au monde. Je serai pour toi unique au monde…

Le Petit Prince,
Antoine de Saint-Exupéry

I
Tristan

Une sonnerie d'une stridence insupportable extirpa Tristan du sommeil épuisé dans lequel il venait tout juste de s'effondrer. Simultanément, une vive décharge électrique traversa toute la cellule, piquant le corps de l'adolescent comme une volée de guêpes. Il se redressa en hurlant. Une voix s'éleva :

—*Les Meds sont le Mal ! Les Meds sont les ennemis de l'humanité ! Il faut sauver l'humanité ! Tristan, tu dois sauver l'humanité ! Les Meds sont répugnants, les Meds sont flasques, gluants, visqueux, et ils veulent nous détruire, nous, les hommes ! Sans toi, Tristan, les Meds nous tueront tous...*

C'était une voix forte et ferme, autoritaire, qui coulait sans fin d'un haut-parleur soigneusement dissimulé à l'intérieur d'un des murs blancs. Cette voix le poursuivait depuis des jours, résonnant de multiples échos aux quatre coins de sa cellule, aux quatre coins du plus intime de son cerveau.

Grelottant d'épuisement, Tristan appuya ses deux mains sur ses oreilles. Il lutta une fois encore pour ne plus entendre la voix, mais elle s'amplifia automatiquement jusqu'à atteindre un seuil difficilement supportable ; elle vrillait son crâne, elle vibrait à l'intérieur de ses fragiles neurones à la façon d'une perceuse. Les ondes sonores démultipliées semblaient jaillir de l'intérieur même de son corps et exploser à l'infini. C'était atroce. Vaincu une fois de plus, il laissa retomber ses mains, agitées de spasmes. Le volume baissa aussitôt. Ses tortionnaires savaient récompenser la soumission.

—*Tristan, tu dois sauver l'humanité ! Tristan, tu dois sauver le monde... Tu n'es qu'un déchet... un simple déchet, un immonde déchet... Tu ne vaux rien, depuis ta naissance... Mais voici venue l'occasion de te racheter ! Tu seras un héros, car tu auras vaincu le Mal ! Les foules t'acclameront ! Les Meds sont nos ennemis...*

Le garçon secoua la tête avec la violence de la démence naissante. Ses cheveux battirent ses yeux comme l'aile d'un éventail, les privant par fractions de seconde bénies de l'éternelle lumière aveuglante de sa cellule. Il continua longtemps ainsi ; il ne sentait pas que ses ongles perçaient ses paumes.

—Non... non, balbutiait-il, sans savoir à qui il s'adressait.

Une fois de plus, un pan du mur coulissa en silence, découvrant un miroir géant.

—*Tristan,* ordonna la voix, *viens observer ton visage.*

—Non... Non...

Le garçon se laissa tomber à plat ventre sur le sol blanc en enfouissant sa tête dans ses mains. Il savait que le miroir scintillait sur toute la surface du mur opposé.

Il entendit alors le coulissement des murs, du plafond et du plancher de sa cellule, qui se transformaient en autant de miroirs étincelants. Il savait que son image s'y répétait à l'infini, aussi multiple que les yeux facettés d'un insecte. Il ne put s'empêcher de regarder le plancher miroitant à travers la fente de ses doigts. Ses yeux, énormes, exagérément proches, le fixaient du fond de leur cocon de cils. Il appuya ses poings serrés sur ses paupières, tremblant déjà par anticipation de ce qu'il allait subir. Immédiatement, une violente décharge électrique le cingla comme un coup de chaîne des rues, faisant claquer ses mâchoires. Il hurla de douleur et de peur en se redressant, les muscles tétanisés. Une deuxième décharge, plus forte.

Il regarda. À chaque fois, il finissait par regarder. Regarder le spectre que la cellule blanche et les décharges électriques avaient fait de lui.

Ses yeux étaient rouge vif, brûlés de lumière et d'insomnie forcée, et c'est à peine si ses iris, d'ordinaire d'un bleu doux, semblaient avoir encore de la couleur. Ses joues livides se creusaient, ses cheveux d'un beau brun chocolat pendaient en mèches flasques sur ses oreilles et son cou. Les trois traits de feu de la trirécidive griffaient, écarlates, sa pommette. Il avait l'air d'un fou, il avait l'air d'un vieillard ; il ne ressemblait plus à un adolescent de dix-huit ans.

—*Triiiissssstaannn...* se remit à siffler la voix. *Regarde ! Regarde au plus profond de ton être qui tu es : un monstre. Un déchet humain... Un rebut de la société... À onze ans, tu as été condamné pour vol et trafic de tabac... À quatorze ans, tu as refusé la glo-*

rieuse année de service et tu es devenu totalement asocial... À quinze ans, tu as été capturé pour la deuxième fois pour trafic de drilâa, et l'incarcération clémente de douze ans pour bi-récidive n'a pas fait reculer tes mauvais instincts. Tu t'es évadé, profitant d'une épouvantable émeute dans ta prison... Et te voilà tri-récidiviste, irrécupérable, pris en volant des livres... Tu n'auras plus d'autre chance. Ta vie nous appartient, désormais. La société doit se protéger des rebuts malfaisants ! Tu as eu trois chances et tu les as gâchées ! Depuis combien de temps faisais-tu du trafic de ces pitoyables livres anciens ? Tu as blessé trois courageux citoyens-relais qui t'ont surpris et arrêté. Regarde-toi, regarde en toi ce que tu es devenu... Un déchet humain, un rebut de la société... Et pourtant, le président de l'Ouest, dans sa bienveillance, est prêt à te donner une nouvelle, une dernière chance... Tu peux sauver l'humanité... Au lieu de t'envoyer en cellule jusqu'à la fin de tes misérables jours, l'humanité est prête à te donner une chance de te racheter... Regarde-toi !

Les miroirs qui reflétaient son image disparurent et une salle d'apparat, drapée de rouge, transforma toute la pièce. Une foule anonyme l'observait, vibrante d'enthousiasme. Il vit s'approcher une image de lui-même, habillé d'une sorte d'uniforme seyant. Son visage était embelli, anobli, aussi fier que celui d'un paon. Le président de l'Ouest lui serrait les deux mains avec émotion avant d'accrocher sur sa poitrine une médaille rutilante. Une bouillie musicale mélodramatique à base de violons accompagnait cette vision naïve.

—*Tristan... voici ce qui se passera quand tu revien-*

dras de ta mission... Regarde bien comment tu seras accueilli quand tu reviendras... Toi, un réprouvé, un déchet de la société...

Bouche bée, l'adolescent regardait, et un peu de salive lui coulait des lèvres.

***

Il craqua le lendemain soir.

Il hurla qu'il était d'accord, qu'il était d'accord, oui, oui, qu'il était d'accord, qu'il tuerait tous les Meds… tous, tous, tous, qu'il reviendrait en héros sur Terre !

Il hurla plusieurs heures.

Quand sa voix se brisa en de maigres coassements, une porte silencieuse coulissa à travers le mur blanc.

Avec effort, Tristan se leva. La voix de la cellule s'était tue et il régnait un bizarre silence, seulement percé du sifflement suraigu qui jaillissait de ses tympans surmenés. Il tituba jusqu'à la porte. Quatre gardes de la milice, armés, l'attendaient avec calme.

—C'est bien, dit l'un d'eux aimablement. Maintenant, tu veux redevenir un être humain utile ; tu vas pouvoir te racheter. Suis-nous.

Tristan leur emboîta le pas, tête basse, à moitié conscient de son allure misérable et de l'odeur nauséabonde qu'il dégageait. Ses yeux lui faisaient mal et coulaient sans discontinuer. Les gardes n'avaient pas pris la peine de lui attacher les bras, mais ils gardaient leurs terribles matraques électriques en main. Ils parcoururent une centaine de mètres dans un couloir nu avant de s'arrêter devant une autre porte.

— Ce sont les douches, expliqua le même garde. Tu peux te laver. Prends tout ton temps. Tu as des vêtements propres à l'intérieur. Profites-en bien, nous t'attendons.

Tristan posa la main sur la porte. Au moment où elle se mettait à coulisser, des cris de terreur attirèrent son attention. Au loin, un autre groupe de gardes traînait une jeune fille blonde… Aussitôt, Tristan se mit à trembler de tout son corps. De gros sanglots gonflèrent sa poitrine et il crut qu'il allait uriner dans son pantalon.

— Va te laver, répéta le garde.

Tristan trébucha à l'intérieur et poussa une exclamation rauque. La salle d'eau était somptueuse, toute en marbre rose et or. Une serviette de vrai tissu, immaculée, attendait sur le bord d'une baignoire aussi grande qu'une piscine d'enfant, remplie d'une eau chaude à souhait qui dégageait de petites volutes de vapeur parfumée.

L'adolescent se déshabilla lentement et laissa ses vêtements souillés en vrac dans le coin le plus reculé. Il entra à l'intérieur de la baignoire avec précaution mais, une fois que la douceur tiède de l'eau l'eut entouré, il s'enduisit de savon avec une soudaine frénésie. Il ne cessait de guetter autour de lui à la façon d'un oiseau affolé ; il n'osa pas une fois tourner le dos à la porte. Ce luxe, après des jours et des jours de privation de sommeil, de décharges électriques, de saleté, lui semblait être une fantasmagorie aussi folle que celles que voient les mourants en plein désert. Au moins, cette folie-là le décapait-elle de sa crasse, le déshabillait-elle de sa vieille peau de sueur âcre : la sueur de la peur et de la douleur. Quand ses membres furent brûlants et ses cheveux emmêlés d'avoir été énergiquement savonnés, il sortit de l'eau. Une fois rhabillé de neuf, il prit le temps d'essuyer l'épaisse couche de buée qui recouvrait un grand miroir au-dessus d'une vaste vasque de marbre.

Même propre, son visage restait difficilement reconnaissable. Une lueur de folie brillait toujours dans ses yeux rougis. Des cernes énormes, qui n'étaient plus atténués par la crasse, lui faisaient des yeux de hibou. Le tatouage de feu de la tri-récidive était douloureux. La troisième barre encore à vif, irritée par le savon, l'élançait plus que jamais.

Une troisième barre parce qu'il avait volé des livres… Lui qui n'en avait pas ouvert un seul pendant les seize premières années de sa vie ! Les écoles-écrans avaient bien fait leur travail. Il y avait appris les quelques rudiments nécessaires pour travailler sans réflexion ni rébellion pour une usine quelconque. Il aurait parfaitement pu passer sa vie à côté d'une montagne de livres et ne pas ressentir une seule fois l'envie d'en ouvrir un.

C'était son père qui l'en avait supplié. Le pauvre homme se mourait d'un cancer généralisé, trop misérable pour être soigné, trop faible et amaigri pour lutter. Il avait été pendant bien des années un simple fonctionnaire de l'Ouest, gentil, dépassé par son fils vite grandi, vite désorienté, vite rebelle car sans mère ni frère ni sœur. Un pauvre homme veuf, exploité par les usines de réacteurs nucléaires jusqu'à ce que son corps trop irradié perde le fil normal de sa reproduction cellulaire et se mette à fabriquer tumeur sur tumeur, exactement comme sa femme, morte une dizaine d'années auparavant.

—Triss, mon petit, je voudrais tant… Il y a quelque chose que je voudrais tant…

L'adolescent revoyait le visage osseux, torturé par la maladie. Les draps du lit étaient sales, tachés de vieilles souillures. Tristan s'en était aperçu avec une brusque bouffée de honte. Il était rentré au petit matin, après une de ses sorties-trafic dans les bas-fonds de la ville. Il avait gagné assez d'argent pour avoir envie de faire plaisir à son père, pour une fois. Et même s'il avait très sommeil, la honte le retint et il écouta la belle voix affectueuse qui sortait de ce corps pitoyable :

—Quand j'étais petit, Triss, mon grand-père… tu sais, Milan, celui qui avait été professeur de littérature… eh bien, il me lisait des livres quand j'étais malade, ou le soir… pas des livres du Parti, pas les quelques livres-écrans que le président autorise… Non, non, rien de tout cela… C'était bien avant… Tu sais… d'autres livres… des livres en papier… en vrai papier… que plus personne ne lit. Et pourtant, ils existent encore… Je le sais bien… Ceux qui étaient venus les chercher, à l'époque… ils m'ont dit… tous, mis au pilon… brûlés… Mais ce n'est pas vrai. Il en reste, archivés dans la biblio-mémoire de l'État.

—Et qu'est-ce que tu veux que ça me foute ?

Tristan, qui s'était forcé à s'asseoir en équilibre sur un des bords du lit pour lutter contre son dégoût et se punir d'avoir trop attendu, songeait qu'il allait devoir porter les draps du lit à une laverie publique. Il avait les laveries publiques en horreur. Il y régnait une odeur insupportable de vieille lessive et de pauvreté.

—Je voudrais tant les entendre encore une fois avant de mourir… Pas tous… certains d'entre eux… Si tu pouvais me les lire…

Cette fois, Tristan figea son bâillement et réagit :

—J'ai horreur de la lecture ! Ça me casse la tête ! J'y comprends rien ! Et puis, tu sais bien que les bouquins dont tu parles sont rares et, surtout, interdits. Comment veux-tu que je mette la main dessus ?

La solution était d'une limpide évidence : il fallait les voler. Tristan avait été estomaqué de la désinvolture apparente avec laquelle son père l'avait poussé à commettre un acte aussi durement réprimé par la loi. Lui qui se désolait quotidiennement des deux barres qui balafraient les chairs de la joue de son fils ! Lui qui disait qu'il donnerait sa main droite pour que ce fils mène une vie honnête ! Mais il souffrait dans son cœur de père, plus encore que dans son corps, de l'abrutissement dans lequel la société l'avait contraint d'élever son seul enfant. Il avait cherché un ultime moyen de se réconforter en se réchauffant aux soleils immenses de l'intelligence et de la créativité humaines. Et, pardessus tout, il avait voulu apprendre à son fils qu'il existait bien d'autres mondes que les sombres ghettos des mégalopoles.

Le vol de livres et, contre toute attente, la rémission de la maladie de son père avaient duré presque un an et demi. Avant que des citoyens-relais ne finissent par s'en rendre compte et ne lui tendent un piège, Tristan avait monté de rares et délicates expéditions nocturnes.

Il avait volé des livres terrifiants de lucidité qui avaient prédit que leur monde serait un jour peuplé de gens incapables de lire ; il avait volé des histoires sur des mondes engloutis, des pays disparus et des gens oubliés.

Et il les avait lus à son père. Il avait vite compris que cet homme tendre et bon n'aurait droit à aucun autre remède contre le cancer qui le dévorait morceau par morceau.

Juste avant que sa vie ne bascule dans la cellule blanche où on l'avait métamorphosé en lapin terrifié, Tristan avait lu à voix haute près de quatre livres par semaine. Il en avait le temps. Il était entré dans la clandestinité en refusant de faire son année de service et, depuis sa deuxième incarcération, il vivait strictement dans l'illégalité. De menus trafics lui permettaient de survivre et de se procurer pour son père quelques médicaments dérisoires qui se vendaient sous le manteau. Il traînait avec sa bande. Il errait à la recherche de filles. Le reste du temps, il avait appris à lire suffisamment bien pour que les phrases ânonnées du début se transforment en longues périodes de lecture souples et vibrantes de vie.

Bien des jours auparavant, alors qu'il descendait aussi agilement qu'une araignée le long du mur de la biblio-archive en portant sur son dos quelques kilos de poésie scandinave, les *Essais* de Montaigne et de la littérature arabe, il avait été capturé.

Un citoyen-relais posté sur le toit avait sectionné sa corde alors qu'il se trouvait à trois mètres au-dessus du sol. Il était tombé comme une masse. Les livres avaient heureusement amorti sa chute, le sauvant d'une fracture de la colonne vertébrale. Profitant qu'il gémissait dans l'herbe, à moitié assommé par le choc, deux autres citoyens-relais étaient sortis des buissons pour se jeter sur lui. Il suffoquait encore de la violence de sa chute, il était affolé par la grêle de coups de pied qui rebondissaient sur son corps, mais la pensée de l'agonisant, seul à l'attendre, l'avait fait se relever.

La veille, les insoutenables terreurs de l'agonie avaient fait supplier son père : « Trouve-moi Montaigne… Il souffrait aussi, il savait la douleur sans médic… » Il sanglotait et se tordait sur son lit. « Trouve-moi Montaigne. »

Tristan avait rassemblé ses quelques forces pour se défendre des citoyens-relais, mais les matraques électriques de miliciens venus à la rescousse l'avaient terrassé aussi rapidement qu'un bœuf à l'abattoir.

Tristan s'aperçut que ses joues s'étaient mouillées de larmes. Il les essuya hâtivement. Et si on le surveillait ? Son père devait être mort, à présent. Il avait passé trop de temps dans la cellule blanche. Plusieurs jours ou plusieurs semaines, ou même peut-être des milliers d'années. Il savait qu'il ne le reverrait plus. Maintenant, il allait partir combattre les Meds et sauver l'humanité car il était un déchet, un rebut, un tri-récidiviste, et que la société avait besoin de lui et qu'il devait se racheter…

Il se sécha le visage avec soin et sortit rejoindre les gardes.

2
Loé

Il fut poussé dans une salle immense, silencieuse, où des dizaines de jeunes étaient assis, les yeux rivés sur des écrans chuchotants. Personne ne réagit à son entrée. Il eut le temps de remarquer une écrasante majorité de garçons, et quelques têtes aux cheveux plus longs ou plus bariolés : une dizaine de filles.

Les gardes le firent asseoir sans brutalité et lui attachèrent les chevilles à son siège. Il osa jeter un coup d'œil rapide autour de lui. À sa droite se trouvait un grand garçon très maigre, très pâle, presque verdâtre. Un dealer drogué à la drilâa, à coup sûr.

À sa gauche, une adolescente métisse de type asiatique. Ses cheveux noirs très longs formaient deux rideaux qui recouvraient ses joues, et il ne distinguait de son profil qu'une onde de nez et de front barrée d'une ombre de cils.

L'écran du simulateur s'éclaira et les gardes s'éloignèrent. Tristan essaya docilement de regarder les images dansantes. Malheureusement, il avait trop mal aux yeux pour fixer son attention. Il pencha la tête vers sa voisine :

—Qu'est-ce qu'on fout ici ? chuchota-t-il.

La jeune fille n'était pas vraiment concentrée sur l'écran car elle réagit aussitôt en se tournant légèrement vers lui. Le signe des assassins étincelait sur sa joue droite et défigurait un visage adorable. Deux yeux d'or froid.

—Tu la fermes et tu apprends à les crever.

Sa voix, même réduite à un murmure, réussissait à être cinglante.

Une violente décharge électrique transperça les chevilles de Tristan. C'était si inattendu, maintenant qu'il avait quitté sa cellule, qu'il laissa échapper un ridicule piaulement de douleur qui perfora le silence de la salle. Un garde s'approcha et dit gentiment en lui empoignant le bras :

—Tu veux retourner en cellule ? Tu n'es pas encore prêt ?

—Si, si, je suis prêt, bafouilla Tristan en éclatant en sanglots et en joignant les mains en une pitoyable supplication, je veux sauver l'humanité, je suis un rebut… Oui, oui, je veux sauver l'humanité… Je vous en supplie, laissez-moi sauver l'humanité…

Le garde l'écouta attentivement bredouiller, examina ses joues ruisselantes de larmes. Il semblait hésiter. Tristan hoquetait, fou de terreur, barbouillant son visage de morve et de pleurs en le frottant de ses mains. Il avait l'air aussi sincère et misérable qu'un tout petit enfant perdu.

—D'accord, alors montre-moi que tu mérites la nouvelle chance qui t'est donnée.

Le garde s'éloigna, mais il ne le quitta pas des yeux. Les sanglots de Tristan se calmèrent un peu. Son corps, agité de spasmes convulsifs, était moite d'une sueur malsaine. Il croisa encore par mégarde le regard étrange de sa voisine, avant d'obliger ses yeux à s'arrêter sur l'écran. Des images et des voix le capturèrent ; il oublia son entourage.

L'écran qu'il avait devant lui débitait deux types d'informations. Une première série, purement technique, déroulait un cours accéléré de pilotage. Décollage, hyperespace, manœuvre de pointage. La deuxième série, entremêlée à la première, évoquait les Meds.

Cela faisait environ un an que le problème des Meds avait commencé. Triss n'en savait presque rien. Il vivait hors du monde depuis deux ans, et la clandestinité et les livres l'avaient éloigné des télécrans. De plus, le problème des Meds concernait les océans, or ni lui ni son père n'avaient jamais vu la mer, de près ou de loin. Son monde se réduisait à une gigantesque mégalopole crasseuse dont il connaissait surtout les quartiers les plus misérables.

—*Les Meds sont venus de l'espace pour nous détruire,* scandait la voix du simulateur. *Pour TE détruire, Tristan. Tu ne peux pas les laisser faire ! Les Meds ont envahi nos océans, ils s'installent dans nos mers !*

L'écran diffusait les images impressionnantes d'espèces de poulpes ou de méduses luminescentes, nageant par bancs le long de plages merveilleuses.

—*Plus aucun humain ne peut se baigner en sécurité car les Meds contiennent un neurotoxique foudroyant, mortel pour l'homme. Si un adulte en bonne santé touche un de leurs filaments brillants, il succombe en quelques secondes d'une paralysie du système nerveux.*

Fugitivement, un reste de pensée libre traversa l'esprit embrumé de Tristan : *J'en ai rien à foutre, je sais même pas nager et j'ai même jamais vu la mer...*

Immédiatement, il se recroquevilla dans l'attente de la décharge atroce qui allait le punir avant que le garde doucereux ne vienne l'empoigner à nouveau pour le renvoyer croupir en cellule blanche. Il se rappela soudain que la technologie qui l'avait maté ne savait pas encore deviner les pensées. Les gardes devaient avoir un système d'écoute inclus aux simulateurs, et l'échange qu'il avait eu avec sa voisine était parvenu jusqu'à eux. Ses pauvres pensées, elles, restaient libres. Une absurde vague de réconfort traversa son esprit et permit à un timide souvenir d'émerger des brumes.

Il se rappela un livre terrible où une police de la pensée traquait tous les regards, épiait toutes les attitudes, pour percer à jour les dissidents. Son monde n'en était pas encore là, heureusement. Son esprit, fragmenté par les tourments de la cellule blanche, cherchait déjà à se guérir, à se reconstituer, comme ces mosaïques de banquises dont l'hiver vient stopper la dérive.

—*Nous avons tenté de communiquer avec ces créatures, mais sans succès,* continuait l'écran, imperturbable. *Leurs engins tombent du ciel en nombre et elles s'installent dans nos mers. L'humanité est perdue !*

Suivaient des images d'archives montrant des sous-marins tirant des missiles sur les étranges engins translucides des Meds. Les engins explosaient, les corps des Meds se déchiquetaient comme des ballons crevés. Cela composait un lent feu d'artifice aveuglant.

—*Nos vaillants scientifiques ont réussi à localiser l'origine des Meds. Leur planète ! Toi, Tristan, tu dois aller porter la guerre sur leur territoire ! Il faut anéantir l'espèce des Meds avant qu'elle ne nous anéantisse ! Le Bien vaincra grâce à toi et le Mal sera détruit !*

L'écran montrait ensuite la riposte des engins meds. Un long jet d'eau de mer, d'une finesse et d'une pression infinies, découpait la coque d'un sous-marin avec la précision d'un scalpel. Éventré, le sous-marin et tous ses occupants allaient s'effondrer au fond d'une plaine abyssale.

—*Tristan, tu dois aller porter la guerre sur la planète des Meds ! Tristan, tu dois apprendre à piloter une navette de guerre !*

Les heures passaient. Enchaînés, les adolescents répétaient mécaniquement tous les gestes nécessaires pour faire décoller une navette, la diriger jusqu'au moment où elle entrerait dans l'hyperespace puis, une fois la planète atteinte, la pointer vers un objectif. Quand l'enchaînement était réussi, le programme se remettait automatiquement au début. Images des destructions causées par les Meds. Décollage, hyperespace vers Médusa, pointage vers une forme ressemblant vaguement à une cité sous-marine. Images, décollage, hyperespace, pointage, images, décollage, hyperespace, pointage…

Tristan avait l'impression que ses yeux avaient fondu dans leurs orbites. Une migraine atroce l'empêchait de penser. Il mourait de soif. Il manipulait tel un robot les différentes commandes. Décollage, hyperespace, pointage. Le temps n'existait plus.

Une musique claironnante envahit la pièce où les adolescents, à demi comateux, répétaient indéfiniment les mêmes gestes.

« Bravo ! Bravo à tous ! Vous êtes prêts à devenir des héros ! Vous êtes libres ! »

Toutes les entraves s'ouvrirent automatiquement avec un cliquetis de chaînes de forçat.

« Vous pouvez vous lever ! Un festin vous attend dans notre cafétéria ! »

Les écrans s'éteignirent, une lumière arrosa toutes les têtes penchées. Personne ne bougea.

« Venez vous restaurer ! Vous avez bien mérité une récompense ! Vous allez vous racheter ! »

Tristan contemplait l'écran noir. De légères décharges parcoururent ses jambes. Il tourna la tête avec une infinie lenteur. Le drogué à la drilâa s'était effondré sur les commandes de son simulateur. Ses yeux grands ouverts étaient déjà vitreux. Son cœur avait dû lâcher depuis longtemps.

Cela ne provoqua aucune émotion en Tristan. Ni colère, ni tristesse, ni révolte. Il tourna encore une fois la tête vers la jeune métisse. Les yeux dorés, rougis par l'écran, étaient aussi vides que ceux d'un zombie.

Une nouvelle décharge un peu moins légère fit se lever l'ensemble des adolescents. Une grande porte coulissa lentement sur des tables bien garnies.

Tristan sentit sa bouche s'emplir de salive. Cela faisait bien des jours qu'il ne mangeait pas à sa faim, et la vue de la nourriture offerte lui donnait envie de s'agenouiller pour remercier ceux qui avaient la bonté de la lui offrir. Il courut avec les autres, enfonçant ses doigts dans les épaules de ceux qui le dépassaient.

Tout le monde s'était précipité sans échanger le moindre mot, horde de loups sur une carcasse. Tristan essaya de s'empiffrer de foie gras et de choux à la crème, qu'il saisissait à pleines mains. Presque immédiatement, son estomac déclara forfait. Il se laissa tomber sur un fauteuil, avala d'un trait un verre de jus de pomme et s'endormit aussi rapidement que si on l'avait anesthésié.

Une curieuse exaltation fit qu'il se réveilla de lui-même quelques minutes plus tard. Toute sa fatigue s'était miraculeusement envolée. Il sauta sur ses pieds avec entrain.

—Je vais vraiment sauver le monde, dit-il en considérant ses camarades avec des yeux mouillés de larmes d'émotion, moi, Triss, je serai un héros !

Tout le groupe de jeunes était dans le même état d'euphorie. Les adolescents allaient et venaient en s'interpellant avec force rires et cris de courage. La belle métisse vint vers lui, un plein verre de jus de pomme à la main, et elle planta ses yeux d'or dans les siens.

—Jusqu'à maintenant, dit-elle d'un ton convaincu, j'étais un rebut de la société. Un déchet. À présent, je vais me racheter et sauver le monde libre des Meds.

—Non, c'est moi qui vais sauver le monde, balbutia Triss avec une conviction enfantine.

—Non, moi, insista la jeune fille.

Elle arborait un sourire niais qui contrastait avec la froideur de son regard. Elle sourit encore plus fort en se serrant contre Tristan. Soudain, elle inclina discrètement son verre côté mur et fit couler tout son contenu jusqu'au sol.

L'étrangeté de ce qu'elle venait de faire finit par lentement faire son chemin dans le cerveau épuisé de Triss. Il accrocha avec effort le regard doré tout en luttant contre une absurde envie de rire, une joie exaltée qui ne se justifiait par rien de ce qu'il avait vécu ces derniers temps. Il se sentait en pleine forme, heureux et fort, certes, mais une partie de lui-même luttait contre ce stupide bien-être qu'il devinait totalement artificiel.

—Aujourd'hui, papa est mort, pensa-t-il à haute voix, toute sa volonté tendue pour essayer d'être cohérent. Ou peut-être hier, je ne sais pas… et je me sens un étranger…

—C'est pas grave, tu vas sauver le monde, fit la jeune fille en s'écartant de lui pour faire semblant de boire dans son verre vide.

Ses yeux dorés le vrillaient. Tristan éclata d'un rire effrayant qui provoqua en lui une nausée soudaine. Il se faufila en catastrophe jusqu'aux toilettes, vomit tout ce qu'il avait ingurgité. Il se redressa et se bassina les tempes d'eau glacée. La lucidité commençait à lui revenir, et avec elle la tristesse et la peur.

Le jus de pomme devait être bourré d'euphorisants. Il ressentait toujours un enthousiasme stupide, en surface, contrastant avec une sensation d'horreur vide qui le poignardait au plus profond de son âme.

Il sortit des toilettes et se heurta à la jeune fille métisse, qui arborait toujours son magnifique sourire crétin.

—Comment tu t'appelles ? demanda Tristan.

—Souris, souris ou tu vas te retrouver en cellule blanche, lui chuchota à l'oreille l'adolescente en faisant tanguer son verre et en se collant à lui. Ils nous observent, c'est sûr.

—Comment tu t'appelles ? insista Tristan.

—Quelle importance ? Nous partons sauver le monde et tu ne me reverras jamais.

Tristan haussa les épaules. Il se sentait misérable. Sa migraine frappait à présent des coups de massue à l'intérieur même de ses neurones. Il se força à sourire.

Un haut-parleur éclata dans la cafétéria.

« Rassemblement, jeunes gens ! Vous devez vous rendre sans plus attendre dans le hangar à navettes. Le président de l'Ouest vous souhaite bonne chance et le monde tout entier a les yeux fixés sur vous ! Vous devez réussir ! Vous ne devez pas reculer ! Le Bien triomphera et le Mal sera vaincu ! »

Un grand hourra accueillit ces paroles. Les adolescents se précipitèrent gaiement vers l'ouverture qui venait d'apparaître. Tristan et la jeune fille les suivirent avec toutes les apparences de la joie la plus primitivc.

—Adieu, lui dit-elle en courant. Je m'appelais Loé.

3
Décollage !

Le hangar à navettes contenait des engins vieillots, bricolés d'une façon rudimentaire, bourrés d'explosifs jusqu'à la gueule.

Un officier milicien de haute taille, au visage totalement inexpressif, les attendait devant les engins. Son uniforme blanc et or était si propre qu'il semblait flambant neuf. Les adolescents, souriant à leurs tortionnaires comme à des anges, se mirent en rang sous l'œil vigilant de gardes lourdement armés.

—Nous allons vous répartir dans les navettes, expliqua l'officier. Deux par navette. Si l'un de vous meurt, est malade, ou inapte, c'est à l'autre de prendre le relais. Vous allez décoller pour Médusa. Vous mettrez trois jours terrestres à l'atteindre. Si vous déviez de votre trajectoire pour tenter d'échapper à votre mission en fuyant lâchement, votre navette sera détruite. Une fois sur Médusa, votre mission est simple : trouver la base marine et la faire exploser. Si vous revenez sur Terre sans avoir mené à bien cette mission, vous terminerez vos misérables jours dans une cellule blanche.

Un silence absolu accueillit ces paroles.

—Maintenant, je vais faire la répartition dans les navettes. Tâchez de ne pas vous entre-tuer pendant les trois jours que vous passerez ensemble.

Il toisa les adolescents.

—Toi et toi, navette 1. Toi, toi, navette 2…

L'homme triait les jeunes avec dextérité, comme s'il devait apparier des chevaux d'attelage et non des êtres humains. Deux filles ou deux garçons ensemble, associés selon leurs crimes ou leurs délits. Loé se retrouva avec une grosse fille au nez cassé, à l'air mauvais. L'homme ne demanda aucun nom, aucun prénom, à une exception près. À un moment donné, il s'arrêta devant un grand garçon musclé, debout à côté de Triss, dont les traits lourds reflétaient une tension violente. Ses deux joues portaient le signe des assassins. Au moins six victimes.

—Toi, dit-il, ton nom?

—Dork.

—Dork, tu es le chef. Si une navette n'obéit pas, si quelqu'un fait un pas de côté, tu le réduis en bouillie. Tu prendras la navette 32, c'est la meilleure, la plus rapide. En échange, tu feras un vrai boulot de chef en nous explosant ces saloperies de Meds.

—Oui.

Dork eut un lent sourire ravi.

La répartition s'acheva rapidement. Tristan se retrouva à l'intérieur d'une navette délabrée en compagnie d'un petit blond tri-récidiviste. Ils s'installèrent sur les deux sièges de pilotage, retrouvant instantanément les réflexes du cours de simulateur.

Tristan laissa les commandes à son voisin, qui frétillait d'impatience.

—Décollage ! claironna celui-ci.

—Je m'appelle Triss.

—Décollage !

Les navettes vrombirent et s'envolèrent à la verticale, jaillissant du hangar ouvert comme une nuée de mouches chassées d'un cadavre.

—J'ai bien décollé, commenta le petit blond d'un air satisfait.

—Je m'appelle Triss. Et toi ?

—Max. J'ai bien décollé.

—D'où tu viens ? demanda Triss. Pourquoi on t'a capturé ?

—Je suis sûr que si t'avais eu les commandes, t'aurais pas su décoller mieux que moi, continua son camarade. Moi, j'ai réussi.

—C'est bien, soupira Triss. On a bien décollé, OK. D'où tu viens, Max ?

—Tu veux pas dire que j'ai bien décollé pasque tu es jaloux pasque j'ai bien décollé.

Tristan eut l'impression qu'une chape de plomb lui tombait sur les épaules. Après des jours et des jours d'enfer dans sa cellule, il avait soif d'échanges, de paroles humaines, et ses nerfs blessés avaient soif de calme. Il poussa un profond soupir, regarda quelques instants les étoiles floconneuses qui les entouraient déjà et reprit :

—OK, on va pas en parler jusqu'à la nuit des temps. T'as bien décollé, mec, t'as super bien décollé. Mieux que ça, y a pas. Le top du décollage. D'où tu viens, Max ?

Le petit blond tourna vers lui un regard totalement vide et bredouilla :

—Chuis sûr qu't'es jaloux pasque j'ai bien décollé.

Avant d'avoir compris ce qui lui arrivait, Triss arracha son harnais de sécurité et jaillit de son siège tel un diable hors de sa boîte. Ses deux poings s'abattirent en même temps sur le visage du petit blond, qui bascula en arrière. Du sang jaillit de son arcade sourcilière droite, et il se mit à hurler comme un fou. Un voile rouge tomba sur les yeux de Triss. Pour la première fois de sa vie, il se sentait capable de frapper jusqu'à tuer.

—Au secours, maman ! brailla Max de toute la vigueur de ses poumons.

Ce cri éperdu traversa l'épais brouillard de folie qui envahissait l'esprit de Tristan. Il s'arrêta net et regarda Max, qui protégeait son visage tuméfié et pleurnichait misérablement.

—Excuse-moi, balbutia Triss en prenant soudain conscience qu'il était en train de passer sa colère et son désarroi sur quelqu'un d'aussi souffrant que lui.

Il aida le petit blond à se redresser. Le nez écarlate du garçon se vidait comme une fontaine.

—Euh… tu saignes du nez. Je vais trouver une trousse de secours…

Triss se mit à farfouiller dans le minuscule habitacle. Rien. En désespoir de cause, il finit par faire une boule de papier-toilette. Il l'appliqua sur le visage tuméfié du petit blond, qui se laissa faire sans mot dire.

—Je suis désolé, mec, mais tu m'as gonflé avec ton décollage. Je suis enfermé depuis je sais pas combien de temps, j'ai envie de parler. J'ai l'impression que si je parle pas mon cerveau va exploser et se barrer par les oreilles. Je t'en supplie, dis-moi qui tu es et d'où tu viens.

—Je viens de York, quartier sud. J'ai été taupé pour trafic de viande, articula lentement Max. J'ai quatorze ans. Pourquoi tu m'as tabassé ? On s'connaît depuis cinq minutes et tu m'as déjà tabassé !

—Excuse-moi, répéta Tristan platement. Tabasser les gens pour rien, c'est pourtant pas mon style.

—Toi aussi, t'es un déchet, un rebut de la société. On t'offre une chance, et tu es déjà en train de me tabasser. Pourquoi tu m'as tabassé ?

Tristan refoula les larmes qui venaient de monter sans crier gare dans ses yeux.

—Je t'ai dit de m'excuser. On oublie ça, vieux, tu veux ? On oublie ça. Je t'en prie.

—Tu m'as tabassé pasque t'es jaloux, pasque j'ai bien décollé, grommela le garçon blond à travers la boule de papier-toilette, qui rapetissait au fur et à mesure que le sang l'imbibait.

Triss se laissa retomber sur son siège et regarda le long fleuve de l'immensité étoilée qui se déversait sous eux.

Le silence infini des espaces infinis... pensa-t-il. *Non, ce n'est pas cette phrase-là... L'espace infini m'effraie. Le grand silence des espaces infinis m'effraie... Non... Papa aurait été capable de retrouver cette citation...*

Des larmes dévalèrent ses joues. Le chagrin le rattrapait. Comment son père était-il mort ? Si seulement il s'était endormi tranquillement pour ne plus se réveiller... Mais il avait dû l'attendre, il avait dû espérer son retour jusqu'à la dernière minute de sa vie.

—*Navette 17 !* hurla la voix de Dork à travers tout l'habitacle. *Vous avez dévié d'un degré ! Rectifiez ou je vous pulvérise !*

—Il a raison ! Il a raison ! gémit Max en se ruant sur les commandes. Nous avons dévié ! Pitié, chef ! C'est pas moi, c'est l'autre, c'est l'autre ! Il m'a frappé et on a dévié ! Je rectifie, pitié ! C'est lui qu'il faut pulvériser !

—On est dans la même galère, abruti, fit Tristan d'un ton cinglant. Explique-moi comment il va me descendre sans te toucher !

—Mais il a raison ! On a dévié ! Et Dork est le plus fort !

—Ouais, soupira Triss en se frottant impatiemment les yeux, toujours la vieille histoire de la raison du plus fort.

Le petit blond lui lança un regard d'incompréhension.

La navette reprit sa lancée normale, dans le sillage des quarante autres. Quelques minutes s'écoulèrent, tendues.

—Il ne nous a pas pulvérisés ! s'exclama soudain Max.

Des larmes de reconnaissance roulaient, semblables à de grosses billes, sur le sang séché qui maculait ses joues. Tout tremblant, il appuya sur le bouton radio :

—Merci, Dork ! Dork est grand !

—C'est parce que tu décolles tellement bien,

commenta Tristan avec méchanceté. On pulvérise pas un mec qui décolle si bien. Mais sur Médusa, faudra aussi que tu montres comment tu atterris.

Le petit blond le regarda d'un air hébété.

—Atterrir ?

Triss avait dit cela sans réfléchir, mais c'était comme si quelque chose était sorti des tréfonds de son esprit et essayait de rejoindre sa conscience. Atterrir.

—Oui, atterrir, répéta-t-il d'une voix blanche.

Frénétiquement, il fouillait sa mémoire. Le simulateur. Décollage, hyperespace, pointage. Pointage vers la cible. Pointage vers la cible. Et puis… décollage…

—Eh, mec, comment on fait pour atterrir ? demanda-t-il à Max. Comment on fait pour tirer sur la base med ? On pointe la navette vers la cible, OK, et puis ? On fait quoi ?

—On rentre glorieux sur Terre et le président de l'Ouest nous offre une médaille, répondit mollement le petit blond. Où est le problème ?

—Écoute-moi bien, Max, dit Triss en s'efforçant de prendre un ton posé alors que son cerveau douloureux était entré en ébullition. On décolle, OK, on s'offre un passage dans l'hyperespace, OK, on arrive sur Médusa et on pointe la navette sur la cible pour la détruire.

—Ben oui, où est le problème ?

—Si on reste dans la navette au moment où on la pointe, ça s'appelle faire le kamikaze. Ça veut dire qu'on va péter avec la navette. Comme autrefois, banzaï et boum !

—Banzaï et boum ? répéta lentement le jeune, l'air buté. T'es cinglé ?

—Non. Je veux dire par là que nous faisons une mission suicide. Tu comprends ?

—Mais non, puisqu'on va revenir et avoir une médaille du président de l'Ouest.

Triss le contempla, atterré :

—Mais t'as le cerveau complètement lessivé, ma parole. Il n'en reste plus rien ! Comment veux-tu que l'on reçoive une médaille puisqu'on ne nous a pas appris à atterrir, ni à larguer des bombes ? La bombe, c'est notre navette !

Triss se pencha sur le tableau de commandes, qu'il martela du poing.

—Et puis, t'as vu la jauge à combustible ? On est à peine au-dessus de la moitié. Y en a certainement pas assez pour revenir. Tu piges ?

L'adolescent tuméfié le regarda un long moment, les sourcils froncés. Triss devina qu'il faisait un gros effort pour comprendre ce qu'il lui expliquait.

—Mais si on fait demi-tour, articula Max avec difficulté, soit Dork nous pulvérise, soit on retourne en cellule blanche.

Une lueur de panique traversa ses yeux pâles.

—Je veux pas retourner en cellule blanche ! Je veux pas ! Non ! Non ! cria-t-il soudain. Je veux faire ma mission et me racheter ! J'veux une médaille du président ! Tu dis n'importe quoi pasque t'es jaloux…

—Ouais, j'suis jaloux pasque t'as bien décollé, mec, céda Triss, découragé. J'suis hyper-jaloux de toi, tu devines même pas à quel point… T'en fais pas, on va réussir notre mission.

Vaincu, Triss se renversa sur son siège.

Devant eux, les étoiles filaient de façon hypnotique. Dans moins d'une heure, l'ordinateur de bord basculerait dans le mode hyperespace.

4
Dans la navette 17

Tu veux que je te récite un texte, ou un poème ? demanda Triss à Max. On s'emmerde comme des rats crevés dans cette navette.

—Qu'est qu'c'est, un poème ? demanda Max d'un air méfiant.

—Un texte comme ça :

Comme je descendais des Fleuves impassibles
Je ne me sentis plus tiré par les haleurs :
Des Peaux-Rouges criards les avaient pris pour cibles
Les ayant cloués nus aux poteaux de couleurs.

—Qu'est qu'ça veut dire un fleuve impossible ? Baleurs, riar, chible ? Ça veut rien dire, ton truc. C'est même pas des mots qu'existent. Fous-moi la paix avec tes trucs de cinglé. J'ai faim. J'veux bouffer.

L'après-midi s'avançait tandis que le néant opaque de l'hyperespace, lui, restait immuable. Les deux adolescents s'ennuyaient. Ils n'avaient plus rien à faire avant l'arrivée sur Médusa et le pointage sur cible.

Tristan se leva, s'étira. Il avait encore deux jours à

passer avant de mourir en compagnie de Max. Ils n'avaient rien à se dire, absolument rien. En définitive, son père n'avait pas été tant à plaindre. Il avait fini sa vie bercé par les voix des morts, des voix débordantes d'émotions et de sentiments. Et son fils, la dernière personne qu'il aimait, avait été avec lui presque jusqu'au bout. Triss n'aurait rien de tout cela. Ce n'était pas Max qui pourrait le réconforter dans la terreur de l'agonie. Le petit blond avait été aussi proprement vidé de sa substance qu'une coquille d'escargot.

Restaient les voix des morts… Dans le silence de la navette, des échos pâlis de ses lectures résonnaient faiblement. Des lambeaux, des restes d'un naufrage…

Et l'étoile se dit je tremble au bout d'un fil ; si nul ne pense à moi, je cesse d'exister... Du fond de l'océan des étoiles nouvelles... Gonfle-toi vers la nuit, ô mer !... Selon que vous serez puissant ou misérable, les jugements de cour vous rendront blanc ou noir... Sois sage, ô ma douleur, et tiens-toi plus tranquille... Quand le ciel bas et lourd pèse comme un couvercle sur l'esprit gémissant... Ce fut comme une apparition... Pièce de huit ! Pièce de huit !

—Qu'est-ce que tu veux bouffer ? demanda Triss. Un peu de lembas, ou alors un peu de lembas ?

—Quoi ?

—Des spaghettis lyophilisés ou des pâtes à la chinoise ?

—J'veux du jus de pomme.

—Il est shooté au jus de pomme, ce mec, marmonna

Triss en dévissant le capuchon d'un jerrican où ballottait un liquide jaunâtre.

—Quoi ?

—J'te demande ce que tu veux tremper dans ton jus.

—Rien. File-moi à boire.

—Tu viens pourtant de dire que t'avais faim.

Triss pensa une fois de plus à Loé, qui l'avait mis en garde contre le jus de fruit qu'il avait eu dans son verre. Il était tenté d'y toucher. Ne valait-il mieux pas vivre ses derniers instants en riant comme un damné au lieu de rester conscient de toute l'horreur à venir ? Sa gorge devint aussi rêche qu'une poignée de sable. Il tendit le jus à Max, le regarda boire avec envie avant de se décider à se désaltérer au petit robinet des toilettes. L'eau était tiède et sentait le vieux métal.

Il en versa un demi-verre sur des spaghettis desséchés. Peu à peu, les pâtes absorbant l'eau, une bouillie rouge se constitua. Il en avala une cuillerée. C'était infect. Un chien affamé n'en aurait pas voulu.

—Qu'est-ce que tu faisais, avant ta capture ?

—T'ai déjà dit.

—Tu avais des parents ?

—J'sais pas.

—Une copine ? Des frères, des sœurs ?

—J'sais plus, m'en fous.

—Tu trafiquais quelle viande ?

—Du homard et des huîtres. Et je me faisais une sacrée tune ! Ces foutus Meds ont rendu ça encore plus rare que le snif de drilâa.

—Du homard et des huîtres… C'est pas de la viande, ça.

— C'est quoi alors, du pain ?

— Je sais pas, moi… des coquillages…

— Et alors, qu'est qu'ça peut foutre ? De toute façon, y en a pas ici.

— Y en aura peut-être là-bas. Il devrait y avoir des océans.

— Où ça ?

— Sur Médusa.

Un silence lourd s'abattit dans la navette. Triss se força à manger encore un peu de son répugnant mélange tandis que Max tétait le goulot du jerrican. Son œil droit violacé était presque fermé.

— Je vais dormir un peu, dit Triss. Tu m'appelles quand tu es fatigué, et je te relaierai.

Il n'y avait qu'une couchette dans l'habitacle de la navette, fixée juste derrière les sièges de pilotage, coincée contre les toilettes. Même si Triss avait été seul, l'exiguïté de l'endroit aurait été insupportable. À deux, c'est tout juste s'ils pouvaient bouger.

Triss s'allongea sur l'armature métallique et tira une vieille couverture militaire sale sur lui. Toute la conception de l'intérieur de la navette reflétait le mépris du gouvernement pour ceux qui allaient y mourir. Des objets de rebut pour des êtres au rebut. Seuls les explosifs dont elle était gorgée devaient être de bonne qualité.

L'adolescent s'obligea à fermer les yeux. Le sommeil le fuyait. Dieu sait pourtant qu'il était fatigué ! Pendant plusieurs minutes, il se laissa aller à imaginer comment la planète Médusa pouvait être. Les simulateurs avaient été particulièrement évasifs, diffusant des images virtuelles de vagues cités marines.

Il roula sur le dos, les yeux toujours clos. Une bouffée de peur primitive le suffoqua sans prévenir, bloqua sa gorge. Il allait mourir. Comment pourrait-il se sortir d'un pareil piège ?

L'espoir vaincu, pleure... Non... Non !

Il secoua la tête sur l'oreiller graisseux.

Ce n'est pas parce que j'ai lu quelques bouquins de plus que les autres que je mérite davantage de m'en tirer. Si l'on doit tous s'écraser sur cette planète, comment est-ce que je pourrais m'échapper ?

Question sans réponse. L'angoisse pesait sur sa poitrine, aussi lourde et destructrice qu'une créature venimeuse.

Je me demande à quoi pensent les autres, dans leurs navettes... Est-ce qu'ils sont comme Max ? Ou alors comme moi ? Est-ce que Dork a pris conscience du fait qu'il ne savait pas atterrir ? Loé, elle, doit le savoir... C'est elle qui m'a dit devant le simulateur qu'on apprenait à les crever... J'ai l'impression qu'elle avait envie de dire « c'est nous qui apprenons à crever »... Loé se doute bien que nous sommes des kamikazes.

Cette pensée le réconforta un peu. Son esprit se laissa entraîner vers des images plus douces, celles du visage pur de la jeune fille, et il s'endormit brutalement.

***

— Lève-toi, mec, c'est mon tour, debout, debout !

Max le secouait sans ménagement. Triss sortit péniblement du profond sommeil dans lequel il n'était plongé que depuis deux heures. Il s'assit sur la couchette, ébouriffé, complètement désorienté.

—Qui t'es, toi ?

—J'suis Max. Fous le camp de ma couchette. Je veux dormir, c'est mon tour. T'as dit que tu prendrais le relais.

—OK, OK.

Tristan se leva lourdement, fit trois pas et se retrouva dans le siège de pilotage. Devant lui, le même brouillard d'encre. Le jerrican de jus de pomme, vide, traînait par terre.

—T'as tout bu ? T'es dingue ! s'exclama-t-il à l'adresse du garçon blond.

Un faible ronflement lui répondit. Triss resta un moment songeur. Il se sentait beaucoup mieux. L'effroyable mal de tête qu'il traînait depuis qu'ils étaient partis s'était presque envolé, et ses yeux avaient complètement cessé de le brûler. Il avait envie de parler. Il enfonça le bouton de la commande radio.

—Allô, allô, les copains, ici la navette 17. Quelqu'un m'entend ? Quelqu'un veut me répondre ?

—Ici Dork, votre chef. Les communications entre navettes sont interdites. Moi, j'ai le droit de vous appeler, toi, tu t'écrases.

Triss eut un petit rire sans joie.

—Bien dit. Moi je m'écrase. Toi aussi, mon vieux, tu vas t'écraser. Tu vas t'écraser sur Médusa comme une grosse merde explosive.

—Je vais te réduire en bouillie !

—Je ne pense pas que tu aies le droit de gâcher une navette pour rien. J'ai rien fait de mal, je continue gentiment mon chemin, je ne fais que bavarder un peu. On s'emmerde, dans cette navette. Y a rien à voir par la fenêtre que cette mélasse noire. Ils auraient pu prévoir un télécran.

—*Tu n'as pas honte de parler ainsi,* intervint une voix vibrante.

—Qui es-tu ?

—*Navette 29. Je m'appelle Tom. Tu devrais réfléchir à tes pensées et tes paroles ordurières. Notre mission est glorieuse.*

—Nous allons mourir comme de glorieux kamikazes, tu le sais, ça ?

—*Évidemment,* répliqua la voix suraiguë de Tom. *Et je suis fier d'avoir été choisi. Je reviendrai en héros et rachèterai mes fautes ! Le président lui-même me décorera !*

Triss soupira et ne trouva rien à répondre.

—*Je t'ai à l'œil, navette 17,* en profita pour dire Dork. *Tu te jetteras en premier sur la base des Meds, sinon je me ferai un plaisir de te transformer en chair à pâtée. Si tu réussis tout seul la mission, je te vouerai une reconnaissance éternelle.*

Il eut un rire convulsif.

—Tu as forcé sur le jus de pomme, mec, répondit Triss d'une voix rauque.

—*La navette 17, c'est le tri-récidiviste aux yeux bleus ?* demanda soudain une voix féminine.

—Loé ! s'exclama Triss. Oui, c'est moi. On s'est parlé. Je m'appelle…

—*Je peux couper les communications !* annonça Dork d'un ton ironique.

— … Triss ! cria l'adolescent.

Un sifflement lui répondit. Il donna une claque rageuse au tableau de commandes.

— Salopard de Dork ! Si je peux, tu me le paieras !

Incapable de rester en place, il se leva. Max dormait, recroquevillé sous la vieille couverture. Il avait l'air d'un gros bébé négligé. Des traces de larmes sales avaient souillé ses joues sans qu'il en eût conscience. Triss serra les poings. Il aurait eu besoin de courir ou de boxer pour calmer le tumulte bouillonnant de sa colère. La navette minuscule ne lui laissait guère la possibilité de se défouler. Il songea à réveiller Max aussi violemment que celui-ci l'avait fait pour déclencher une dispute. Il s'en empêcha d'extrême justesse. Une dispute dans un tel état d'esprit, il le savait bien, se muerait immanquablement en un sauvage assassinat.

— Et j'ai vraiment pas besoin de faire ce voyage en compagnie d'une charogne puante… grommela-t-il en grinçant des dents.

Il se rassit sur son siège, tout frémissant de nervosité. Pendant quelques minutes, il repensa au comte de Monte-Cristo, seul dans son cachot, rendu fou par l'inactivité. Il pensa aux différents récits d'enfermement qu'il avait lus. Soudain, il lui vint une idée. Il sortit sa fourchette de l'amas gluant de pâtes rougeâtres et entreprit de rayer avec soin l'endroit le plus plat du tableau de bord.

Il lui fallut un long moment pour graver soixante-quatre cases approximativement régulières, qu'il hachurait une fois sur deux. Il entreprit ensuite de fabriquer les pièces d'un jeu d'échecs avec des boulettes de mie de pain.

Quand Max se réveilla, presque six heures plus tard, Triss était si absorbé qu'il avait momentanément tout oublié de l'horreur de sa situation.

Il essayait désespérément de sauver un roi de pain blanc d'une mort certaine.

5
L'attaque suicide

Les deux derniers jours de voyage furent terribles. Max ne parlait presque plus, se contentant de grogner si Triss lui adressait la parole. Pourtant, ils vivaient dans la promiscuité la plus totale, que seuls les détenus qui partagent la même cellule peuvent connaître.

Triss essayait de maintenir sa terreur à distance en jouant d'affilée d'interminables parties d'échecs sur son plateau improvisé. C'était la seule activité qui occupât suffisamment son esprit pour l'obliger à ne pas penser à ce qui les attendait.

Il avait d'abord essayé de se concentrer sur les livres qu'il avait lus, mais les lambeaux qui lui revenaient le ramenaient à sa situation. *Plutôt souffrir que mourir, c'est la devise des hommes... La mort gardait une sorte de trompeuse irréalité... Au détour d'un chemin une charogne infâme...*

La dernière tentative de conversation avec son camarade de misère avait eu lieu la veille au matin. Il avait proposé à Max de lui apprendre à jouer.

—Jouer ? À quoi ?

—Je me suis fabriqué un jeu d'échecs en mie de pain, tu vois, on pourrait faire une partie pour tuer le temps.

—Tuer le temps ! répéta Max d'un ton lugubre.

—Je jouais parfois avec mon père… Je ne suis pas doué. Je sais juste comment il faut bouger les pièces. Je peux te montrer.

—Non. C'est dégueulasse de jouer avec la nourriture.

—Je ne joue pas avec la nourriture, tenta d'expliquer patiemment Triss. J'ai fabriqué des pièces en mie de pain parce que je n'ai pas de vraies pièces en bois. On n'a rien d'autre à sculpter. C'est une idée que j'ai piquée dans un livre… Enfin, peu importe… regarde : ça, c'est un roi.

Max jeta un coup d'œil dégoûté à la boulette crasseuse, sommairement façonnée.

—J'toucherais pas à ça même si on me payait.

—OK… soupira Triss. Alors fous-moi la paix.

Max se laissa tomber dans son siège de pilote. Depuis qu'il avait fini le jus de pomme drogué, un tic nerveux agitait constamment ses lèvres et ses paupières.

—Tu vas te faire engueuler d'avoir gravé sur le tableau de bord. Tu bousilles le matériel de l'État.

—T'en fais pas pour ça.

—T'es complètement malade. Tu joues avec tes merdes de nez et tu bousilles le matériel. En plus, tu m'as frappé sans raison.

—Écoute, fit Triss en se redressant, si tu m'emmerdes encore une fois, je recommence. OK ? Fous-moi la paix et on passera nos dernières heures peinards.

Max lui avait lancé un regard meurtrier. Depuis, il se contentait de grommeler, de s'ennuyer en contemplant le vide sidéral et de tripoter ses pieds nus. Le reste du temps, il dormait, recroquevillé.

Le matin du quatrième jour, il réveilla Triss en le secouant avec une force décuplée.

—On vient de sortir de l'hyperespace ! V'là Médusa, v'là Médusa !

Triss se leva d'un bond, toute langueur évanouie. Le brouillard avait laissé la place à un océan noir sur lequel voguaient, tels de petits bateaux perdus, les étoiles. Une boule bleuâtre grossissait sur leur écran de contrôle.

—Mon Dieu, t'as raison. On y sera dans quelques minutes, murmura Triss lentement.

Il lui semblait que ses entrailles avaient brusquement gelé. Il avait froid jusqu'au fond des os.

—C'est vrai ce que t'as dit l'autre jour ? demanda Max d'une voix rauque, les yeux exorbités, le souffle court. Tu crois qu'on doit se jeter dessus avec la navette ?

Triss était incapable de lui répondre. Il avait envie de vomir, et en même temps de retourner dormir, de mettre la couverture sur sa tête et de ne plus penser à ricn.

La voix de Dork résonna dans leur navette.

—*Dans moins d'un quart d'heure, nous serons à portée d'attaque de Médusa. Navette 17, je ne t'ai pas oubliée. Tu passes le premier. Si tu changes ton cap d'un degré, je t'explose immédiatement.*

—Pourquoi qu'il dit ça? demanda Max d'une voix tremblante. Pourquoi c'est nous les premiers?

Triss ne répondit pas. Il luttait contre une terreur abjecte qui lui donnait envie de hurler et de supplier. Son cœur battait dans ses oreilles, et chaque battement lui faisait mal.

—Réponds! Réponds, je te dis! Pourquoi c'est nous les premiers?

La petite boule avait grossi, prenant une jolie teinte bleu-gris.

—Dork, chef, pleurnicha Max en enfonçant le bouton radio. Je vous en supplie, je veux bien être un héros, je veux bien racheter mes fautes… mais… mais… pourquoi on n'y va pas tous ensemble? Ils ont dit sur Terre qu'on doit attaquer tous ensemble. Les Meds, faut les crever tous ensemble…

—*Vous passez les premiers et vous nous montrez comment vous faites péter la base med.*

—Pourquoi nous, pitié! Pourquoi nous?

—*Demande au mariole qui est avec toi.*

Max se tourna vers Triss comme un cobra furieux.

—Qu'est-ce que t'as fait au chef?

—Rien. Il est complètement taré.

—C'est de ta faute! hurla le garçon blond en franchissant d'un saut le siège de pilotage.

La rage l'avait rendu incroyablement leste. Ses yeux étaient aussi blancs que ceux d'un cheval emballé.

—Tu vas crever le premier!

Il surprit Tristan en le saisissant à la gorge. Ses doigts, durcis par la panique, s'enfoncèrent profondément dans le cou de son adversaire, écrasant la trachée de celui-ci.

Pris au dépourvu par la douleur inattendue, Triss suffoqua en tentant vainement de faire la plus inutile des choses : écarter l'étau mortel.

Le visage du petit blond, convulsé de terreur, était à quelques centimètres du sien. Triss distinguait les moindres détails de son arcade sourcilière abîmée, de son œil tuméfié qui virait déjà au jaune.

La pression devint vite insupportable. Il avait l'impression que son cerveau avait gonflé dans sa boîte crânienne. Ses mouvements de défense perdirent rapidement de leur force et devinrent anarchiques.

—*Navette 17 ! Entrée dans l'atmosphère de Médusa imminente ! Prenez les commandes et trouvez cette foutue base ! Navette 17 ! Reprenez les commandes ! JE VAIS VOUS EXPLOSER !*

Un sifflement suraigu, insoutenable, parcourut tout l'habitacle.

Max lâcha Triss pour porter ses mains à ses oreilles.

—Non ! Non ! J'obéis ! Je veux me racheter ! hurla le petit blond.

Triss sentit son cou se déplier dans une douleur atroce quand il reprit une première inspiration hoquetante. Il s'écroula contre la paroi de la navette en toussant ses poumons.

—*REPRENEZ LES COMMANDES ! 4... 3... 2... 1...*

Triss était encore incapable de bouger. Il haletait, et sa tête résonnait comme un écho dans une caverne. Max, quant à lui, s'était suffisamment ressaisi pour se jeter dans son siège de pilote et reprendre les commandes. Il fit plonger la navette dans les brumes de l'atmosphère de Médusa. Il marmonnait des supplications à Dork tout en crachotant de la salive.

Le sifflement s'arrêta brusquement, remplacé par la musique tonitruante de *Carmina Burana.*

« Trouvez la base med ! Sauvez la Terre ! », braillait une voix préenregistrée au rythme de la musique, censée exalter les plus hésitants au moment ultime.

À présent, ils traversaient à pleine vitesse d'épais nuages gris et tourbillonnants, et Max avait fort à faire pour empêcher la navette de dévier de sa trajectoire.

Toujours haletant, Triss réussit enfin à se relever en s'agrippant aux accoudoirs du siège. Des étoiles incandescentes dansaient en force devant ses yeux, et chaque respiration était une torture. Il avait l'impression de porter un collier de plomb brûlant serré autour du cou.

— T'vois què'que chose ? balbutia-t-il à l'adresse de Max.

Ils fendaient l'épaisse nuée, mais il n'y avait plus ni haut ni bas. Sans les instruments de bord, ils auraient très bien pu croire qu'ils remontaient ou qu'ils allaient droit devant eux, à l'horizontale.

— D'l'eau, là, au-d'ssous ! coassa Triss. Bon Dieu ! C'est ça, la mer ?

Une masse infinie couleur de fer. L'océan, emballé, lançait des vagues impétueuses à l'assaut du ciel. Des colonnes d'eau gigantesques terminées par d'énormes crinières de bulles se dressaient brusquement à la crête des vagues avant de s'effondrer en tourbillons d'une violence extrême.

— La base ! Attaquez la base ! Donnez les indications

de la base med ! hurlait Dork. *Répondez, navette 17 ! Répondez !*

—Y a pas de base ! Y a pas de base ! Y a une méga-tempête, mais y a pas de base ! claironna avec enthousiasme Max, qui n'arrivait pas à croire en sa bonne fortune.

—*Qu'est-ce que vous racontez ?*

—J'peux pas faire sauter une base si y en a pas, venez voir vous-même ! brailla Max.

Il avait modéré la vitesse de descente de la navette.

—Qu'est-ce qu'on fait, alors, chef?

Dork ne répondit pas. Il semblait incapable de réagir à cette impossible nouvelle : la base med n'était pas, comme sur le simulateur, une forme au milieu d'un océan calme.

La quarantaine de navettes qui avaient, à leur tour, traversé les nuages rejoignirent celle de Triss et Max. Tous ensemble, ils descendirent peu à peu vers les flots. Les instruments de bord, complètement parasités par la violence de la tempête, ne leur étaient plus d'aucun secours et ils naviguaient en visuel.

Triss regardait les colonnes d'eau monter et descendre à la façon de geysers colossaux. Cela ne ressemblait à rien de ce qu'il avait vu sur le simulateur. Certaines tours d'eau serpentaient telles des tornades, d'autres avaient davantage l'air d'arbres aux multiples branches, ramifiées au point de former de gigantesques filets. La mer paraissait vivante et se sculptait sans arrêt.

—Faut pas rester là… articula Triss.

Sa voix mourut sur ses lèvres.

Il vit se ruer vers les navettes un raz de marée si grand que la mer en entier avait l'air de se précipiter vers eux.

Le choc va nous faire exploser! pensa Triss en sentant ses jambes se dérober sous lui. Il ferma les yeux, attendit, le cerveau vidé.

Au dernier moment, l'énorme vague effectua une curieuse torsion, semblable au mouvement d'un serpent qui prend son élan, et projeta un immense filet d'eau. Celui-ci s'enroula avec une délicatesse infinie autour des navettes avant de s'effondrer en les entraînant avec lui. Les explosifs programmés pour réagir à une forte onde de choc ne se déclenchèrent pas. Le filet d'eau avait parfaitement amorti la chute, et les navettes se retrouvèrent intactes sur l'eau grise, flottant comme des jouets à la surface d'une baignoire.

—Faut en profiter, faut sortir d'ici avant qu'on coule, ordonna Triss en saisissant par le col un Max hébété. Vite, faut sortir de ce piège. C'est notre chance ! Vite !

—J'sais pas nager ! Y a la tempête !

—Moi non plus, je ne sais pas nager. Mais faut sortir.

Traînant son camarade par le bras, Triss déverrouilla le sas par où on les avait enfermés, une éternité auparavant. Une bouffée d'embruns, d'air brûlant de sel et d'oxygène les cingla en plein visage.

—Nooooon ! cria Max en voyant les montagnes d'eau grise déferler de toutes parts.

Explosion ou noyade ? se demanda Triss. Il s'agrippait d'une main à la poignée du sas et essayait de l'autre de maîtriser Max, qui se débattait en griffant.

Une vague souple décida pour eux en se faufilant à l'intérieur de la navette. Elle s'enroula avec la vivacité de *bolas* autour de leurs chevilles et les arracha d'un coup sec à leurs prises.

L'eau était très chaude, très épaisse, terriblement salée. En battant à peine des jambes, ils parvinrent à remonter à la surface et à se maintenir hors de l'eau, alors même que la mer houleuse les ballottait sans ménagement.

—Salaud ! Pourquoi tu m'as foutu à l'eau ? hurlait Max en s'ébrouant furieusement. J'aurai ta peau !

Barbotant comme un chien, Triss entreprit de s'éloigner le plus vite possible de Max, qui toussait et crachait, et tendait néanmoins ses deux mains pour l'étrangler à nouveau. Il lui fallait d'ailleurs aussi s'écarter de la navette, qui pouvait encore exploser d'un instant à l'autre. Il suffisait qu'elle s'entrechoquât avec une autre, ou que les explosifs aient été programmés d'une façon inconnue.

Déjà, Triss et Max n'étaient plus seuls dans l'eau. De toutes parts, des adolescents saisissaient leur chance de salut et sautaient des navettes avant qu'elles ne commencent à sombrer.

Triss inspira de toutes ses forces l'air puissant de la planète Médusa. La tête lui tourna aussitôt. Jamais il n'avait empli ses poumons d'un air si pur, si chargé en oxygène. La cité terrestre où il avait vécu toute sa vie dégageait une atmosphère aussi lourde que du charbon, et il n'avait jamais eu l'occasion d'imaginer à quoi ressemblait l'air pur. Seuls les gens suffisamment riches pouvaient s'offrir un épurateur de pollution, les autres se débrouillaient avec leurs poumons encrassés. L'air délicieux qu'il respirait à présent l'enivrait davantage que tous les jus de pomme trafiqués, et il réussit à s'éloigner de Max et de l'horrible cercueil volant qui l'avait emmené jusque-là.

Contre toute attente, cette arrivée sur Médusa ressemblait à une vraie résurrection.

Bientôt, tous les jeunes quittèrent les navettes et se retrouvèrent à se débattre plus ou moins maladroitement dans la houle grise. Ceux qui hésitaient à sauter étaient extirpés de leur coquille par un serpent d'eau qui les maîtrisait dans son filet. Quand le dernier adolescent toucha l'océan, la tempête se calma.

— Ben ça alors ! s'exclama Triss, stupéfait.

Il se retrouvait au milieu d'une mer apaisée, où les derniers mouvements des vagues achevaient de frémir. C'était comme si quelque géant s'était amusé à secouer l'eau pendant un moment, avant de se lasser de ce jeu et de passer au suivant : l'observation de la faune.

Les adolescents bouleversés cherchaient le réconfort en se regroupant ; ils le faisaient sans peine, car l'eau était si étale qu'on pouvait même voir l'horizon. Il était donc facile de constater qu'il n'y avait aucune trace de terre à perte de vue. Rien que l'horizon, d'est en ouest et du nord au sud.

Triss nageait vers nulle part. Il avançait uniquement pour s'éloigner de l'îlot d'adolescents qui commençait à se former, et le calme de l'océan lui facilitait la tâche. Par ailleurs, un autre phénomène étrange était en train de se produire : les navettes abandonnées se regroupaient elles aussi, apparemment toutes seules, et, plus surprenant, ne menaçaient nullement de couler. Elles flottaient ensemble, sans se heurter ni même se toucher, comme une famille de canards. Elles se trouvaient maintenant à deux centaines de mètres des jeunes, et continuaient à s'éloigner sur la mer d'huile.

Les adolescents, sidérés par ce qui se passait et encore abrutis par leur emprisonnement et la drogue qu'ils avaient bue, s'interpellaient en criant des paroles sans suite.

Triss repéra Loé, qui, elle aussi, faisait bande à part. Il se dépêcha de la rejoindre tout en scrutant l'eau grisâtre et opaque. Il ne distinguait aucune ombre menaçante.

Loé le reconnut et vint vers lui. Elle était l'une des rares personnes à véritablement nager une belle brasse régulière, ce qui annonçait une classe sociale très aisée. Ses cheveux flottaient en auréole autour d'elle. Comme sur Terre, ses yeux étaient graves et réfléchis. On n'y lisait nulle trace de l'allégresse d'être en vie. Nulle trace de panique, non plus.

—Tu es encore vivant ? demanda-t-elle en s'approchant.

—J'en ai l'impression, répondit-il avec un sourire un peu emprunté.

—J'aurais rien parié sur toi. Tu avais la tête du premier à crever.

—Merci, merci, c'est sympa, se rembrunit Triss, vexé.

—C'est quoi, ces marques autour de ton cou ?

—Une petite dispute avec le gars qui était avec moi.

—Lequel est-ce ?

—Un p'tit blond avec un coquard et une arcade pétée. Max.

Loé ne sourit pas. La mer miroitait autour d'eux. Seuls leurs mouvements formaient d'infimes vaguelettes.

—Tu crois qu'il y a des Meds dans cette flotte ? fit enfin Loé en se rapprochant de Triss.

—Je ne vois pas de lumière. À ce qui paraît, les Meds sont luminescents.

—Je le sais bien. Moi non plus je ne vois rien.

—Ils sont aussi terriblement venimeux. La brûlure de leurs tentacules est fulgurante. Un homme adulte en bonne santé…

—Ferme-la ! Tu ne vas pas commencer à me réciter le cours du simulateur !

Triss essaya à nouveau de regarder sous la surface de l'eau. Tout était d'une opacité décourageante.

—Alors, qu'est-ce qu'on fait ? demanda Loé.

—Je n'en ai pas la moindre idée. À part continuer de barboter, je ne vois pas ce qu'on pourrait faire d'autre. Notre mission a échoué.

—Alors là, tu peux le dire ! s'exclama Loé en éclatant d'un rire féroce. Je n'ai jamais vu une pareille foirade ! Ça dépasse tout ! Les Meds nous ont proprement désarmés, sans le moindre petit bobo ! S'ils voyaient ça, sur Terre, ils en crèveraient de rage ! T'as vu une base med quelque part, toi ? Quelle connerie !

—Tu crois que la tempête a été provoquée par les Meds ?

—Évidemment. Sur Terre, ils en déclenchent tout le temps. Toute la technologie med est fondée sur la maîtrise des molécules d'eau de mer. D'où tu sors, de la jungle ? Tu n'regardes pas les télécrans ?

Triss haussa les épaules.

—Rassemblement ! braillait Dork un peu plus loin. Rassemblement autour de moi ! Tout le monde, vite !

—Qu'est-ce qu'on fait, demanda Triss. On lui obéit ?

—Qu'il aille se faire foutre ! répondit Loé avec détermination.

Et elle se mit à nager dans la direction opposée. Après une brève hésitation, Triss la suivit.

6
Le piège d'eau

Ils ne nagèrent pas bien loin.

Soudain, un mouvement circulaire apparut dans l'eau autour des navettes. On aurait dit que se formait une sorte de tourbillon. Les engins disparurent un à un, comme absorbés dans un siphon géant.

—Où sont passées les navettes ? Tu as vu ça, Loé ?

—Cela ne me plaît pas du tout… grommela la jeune fille.

L'eau autour d'eux se mit à changer de texture. Elle s'épaississait, entravant rapidement leurs mouvements.

—Hé, fit Loé en s'agrippant à l'épaule de Triss. Tu crois que c'est dangereux ?

Bientôt, il ne fut même plus question de nager. Les jeunes se hissèrent hors d'une sorte de gelée, qui acheva de se solidifier quand le dernier en fut sorti.

—C'est fou ! C'est impossible ! s'exclamait Loé en se serrant instinctivement contre Triss, qui ne s'en rendit même pas compte.

Il contemplait avec stupeur le sol gris, à la texture un

peu gélatineuse et pourtant ferme, sur lequel reposaient leurs pieds.

Les quelque quatre-vingts adolescents se retrouvèrent ainsi debout sur une mer aussi plate et dure qu'une patinoire.

— Ce sont les Meds, j'en suis sûr… murmura Loé. Ils peuvent faire ce qu'ils veulent avec l'eau de mer.

— En tout cas, reprit Triss d'une voix mal assurée, on peut espérer qu'ils ne nous veulent pas de mal. Pour l'instant, personne n'a été tué.

La mer durcie se mit à bouger doucement, à se creuser. Elle forma une sorte de corolle parfaitement circulaire.

— Faut courir hors du cercle ! cria Triss.

Ils firent quelques pas glissés, dérapèrent et tombèrent à quatre pattes sur l'eau solidifiée. Avant qu'ils n'aient eu l'idée de réagir encore, de hauts bords parfaitement lisses commencèrent à s'élever tout autour d'eux.

— On est pris au piège… cria Loé. Tu trouves toujours ça super ?

Triss regarda les murs, le sol, avec stupeur. Il n'avait pas encore peur.

— La mer s'incline ! s'écria Loé. Vite ! Sortons de là !

Il était déjà trop tard. Ils n'eurent que le temps de faire quelques pas chancelants vers les rebords avant que l'inclinaison, plus forte, ne les refasse tomber à genoux.

Leurs doigts crispés glissèrent sur le sol lisse, ne trouvant aucune aspérité où se retenir. Ils réussirent quand même à ramper, grâce à l'adhérence, et à agripper le rebord. Un gigantesque entonnoir se formait rapidement. Les parois devinrent raides avant qu'ils n'aient eu la force d'effectuer un rétablissement pour basculer de l'autre côté du bord d'eau solide auquel ils se cramponnaient.

Triss devait supporter le poids de Loé qui, accrochée d'une main à son épaule et de l'autre au rebord, pédalait dans le vide. Ses muscles tremblaient déjà et il savait qu'il ne tiendrait pas longtemps. Le plus délirant, c'est qu'ils se cramponnaient à de l'eau solide et qu'ils entendaient en même temps le clapotement de l'eau liquide de l'autre côté du rebord.

—Aide-moi ! cria Loé. Il faut retourner dans l'eau, aide-moi à me hisser !

Triss lui saisit le bras et fit un ultime et parfaitement vain effort avant de se sentir lâcher. C'était comme si des grains de sable avaient lutté pour éviter de glisser le long du verre d'un sablier. La chute était inévitable.

—Je tombe ! hurla Loé en commençant à dévaler la pente.

Les doigts crispés de Triss lâchèrent prise en même temps, à la fois pour la suivre et parce qu'il n'en pouvait plus de rester ainsi suspendu à bout de bras.

Ils glissèrent à toute allure sur la paroi d'eau solidifiée. Leur chute fut aussi rapide que celle des alpinistes qui dévissaient, autrefois, sur les cascades de glace du monde ancien. Une folle chute, un bref envol. Mais, au lieu de s'écraser sur des rochers, ils tombèrent sans brutalité sur un sol d'eau moelleuse où ils restèrent étendus, à peine étourdis.

— Vite, venez, éloignez-vous, d'autres vont tomber dans le piège d'eau, cria la voix grave et calme d'un jeune homme à la peau très noire qu'ils ne connaissaient pas.

Remettant les questions à plus tard, Triss bondit sur ses pieds et aida Loé à se relever.

Le garçon noir, qui mesurait une bonne tête de plus que Triss, les prit fermement par le bras et les fit s'éloigner du point de chute.

Leurs camarades des navettes tombaient l'un après l'autre, ou pêle-mêle, et ce spectacle aurait pu être comique si l'étrangeté de leur situation ne leur avait enlevé toute envie de rire.

— Je suis sûre qu'il n'y avait aucun Noir dans notre groupe, chuchota Loé.

— Et alors ? demanda Triss.

— Et alors, crétin, d'où sort-il ?

— Et eux, d'où sortent-ils ? fit Triss en obligeant Loé à se retourner.

Près d'une trentaine de jeunes les regardaient, calmement assis, adossés aux parois grises et épaisses d'eau de mer solide.

***

— Tout va bien ? Personne ne s'est blessé ? Toi, ça va ? Tu te sens bien ?

Le grand Noir allait d'un adolescent à l'autre, relevant, secouant, réconfortant d'une main sur l'épaule. Nombre de filles et de garçons sanglotaient de façon incoercible. Une adolescente maigrichonne se mit même à hurler en voyant approcher ce grand Noir inconnu aux larges mains, qui s'éloigna aussitôt en murmurant d'apaisantes paroles.

Triss le suivait des yeux avec intérêt. Il n'avait rien à voir avec ses compagnons d'infortune rendus hagards et violents par la peur, le jus de pomme et les mauvais traitements de la cellule blanche. Il allait et venait de l'un à l'autre d'un pas mesuré et ses gestes étaient doux.

—Il me plaît, ce gars-là, fit Triss à Loé. Je sais pas d'où il sort, mais il me plaît. Quel signe porte-t-il ? Je n'ai pas fait attention.

—Celui des tueurs. Comme moi, mais sur les deux joues, répondit Loé d'un ton sec en lui jetant un regard de défi.

Le haut de l'entonnoir s'était mué en un plafond lisse. Tous les adolescents se trouvaient à présent enfermés dans une immense salle ronde, parfaitement vide, aux murs, au sol et au plafond du même gris satiné que le piège d'eau.

Dork, le premier choc passé, reprit rapidement ses esprits. Il se releva d'un bond, regarda de tous côtés, puis avisa le grand Noir dont la haute stature, tel un phare rassurant, attirait les naufragés. Il s'approcha de lui à pas vifs.

—Qui tu es ? demanda-t-il d'un ton peu amène.

—Je m'appelle Solal. Et toi ?

—Dork. Je suis le chef. Qu'est-ce qu'on fout ici ?

—Comme tu vois, nous sommes prisonniers.

—De qui ? De quoi ?

—Des Meds, bien sûr.

—D'où tu sors ? Je suis sûr que je ne t'ai pas vu sur Terre.

—Normal. J'ai été capturé avec le premier groupe-suicide envoyé ici.

—Un premier groupe ? Quand cela ?

—Je n'en sais rien du tout. J'ai été capturé par la milice un dix-huit février. J'ai été envoyé sur Médusa presque tout de suite.

—Moi, j'ai été pris un quatorze août, intervint Triss. C'est incroyable ! Tu es sans doute là depuis près de six mois !

Dork se tourna vers lui, l'air mauvais.

—On t'a pas sonné, connard. Dans quelle navette tu étais ?

—Peu importe.

—C'est lui qui était avec moi dans la 17, intervint Max, qui s'était approché pour écouter.

—J'en étais sûr. Maintenant, tu fermes ta grande gueule avant que je t'apprenne à obéir à coups de pompe dans la tronche.

Triss se le tint pour dit. Le regard de Solal allait de l'un à l'autre… Son visage s'était fermé. Ses yeux d'un noir profond se fixèrent à nouveau sur Dork.

—Y a combien de groupes qui sont tombés ici ? aboya celui-ci.

—Vous êtes le troisième.

—Le troisième !

—Vous n'êtes pas beaucoup, observa Loé. Nous sommes bien plus nombreux.

—Le premier groupe, commença Solal… il se trouve que j'en suis le seul rescapé.

—Pourquoi ? demanda Dork.

—J'avais été désigné comme chef.

Triss s'étonna de cette réponse mais n'osa rien dire. Dork ne releva pas :

—Et le deuxième groupe ?

—Il en reste une trentaine. Tous mes compagnons, tous ceux que tu vois ici.

—Reste ? Pourquoi reste ? Les Meds les ont tués ?

—Pas directement. Ils sont morts dans l'explosion de leurs navettes quand ils sont arrivés. C'est fini, maintenant.

—Pourquoi sommes-nous là ? Qu'est-ce qu'ils nous veulent, les Meds ?

—Je ne sais pas. Il faudrait pouvoir le leur demander ! Ils nous nourrissent, nous fournissent de l'eau.

—C'est tout ?

—Ils observent.

—Ils ne font rien d'autre ? Ils ne viennent pas prendre de prisonniers ?

—Non. Non, pour le moment, ils se contentent d'observer. Regarde autour de toi.

Triss regarda, ainsi que tous les nouveaux venus. Les murs, qu'il avait d'abord crus gris et éclairés, étaient en réalité envahis de formes luminescentes à longs tentacules. Des centaines de Meds de toutes tailles déambulaient lentement tout autour de la coupole. Leurs tentacules frôlaient paresseusement les murs. Parfois, un Med s'éloignait vers le large, et était immédiatement remplacé par un autre. Voilà pourquoi la salle donnait l'impression d'être éclairée. Les corps phosphorescents rassemblés dégageaient d'étranges lumières colorées qui suffisaient pour voir.

Dork médita sur ce qu'il venait d'observer en se

mordillant les lèvres. Il avait un peu perdu de son arrogance.

—Et vous, qu'est-ce que vous faites? demanda doucement Loé à Solal.

—On attend.

Dork lui tourna brusquement le dos. Il s'éloigna vers ceux des nouveaux venus qui commençaient à se détendre et à s'asseoir pour les houspiller méchamment. Max lui emboîta le pas.

—Tu es resté tout seul longtemps? fit Triss à Solal.

Le garçon, qui suivait des yeux Dork, se tourna vers lui.

—Oui, longtemps.

—Comment as-tu fait pour tenir le coup, tout seul, dans un endroit pareil?

—Qu'est-ce qui te fait croire que j'ai tenu le coup? répondit Solal avec un demi-sourire.

Triss lui tendit la main.

—Je m'appelle Tristan. En général, je préfère que l'on m'appelle Triss.

—Salut.

—Moi, c'est Loé.

Ils se serrèrent la main gravement.

—Comment occupez-vous votre temps? s'interrogea Loé en frissonnant. C'est aussi horrible qu'une cellule blanche, cet endroit.

—Oh non! Pas du tout! s'exclama Solal avec chaleur. D'abord, tu ne risques pas de recevoir une décharge électrique à chaque fois que tu t'endors. Ensuite, personne ne va te répéter que tu es un héros. Non… Ici, c'est calme, silencieux. Une sorte de retraite de moine. En mieux, car il y a des filles. Les Meds n'ont manifestement aucun sens de la pudeur. La mixité la plus parfaite ne leur fait pas peur. Ou alors ils s'amusent à observer les mœurs sexuelles des Terriens.

—Les mœurs sexuelles ? interrogea bêtement Triss.

—Ben oui. Des couples se sont formés. Faut bien s'occuper, et la promiscuité favorise les rencontres. Si ça continue encore quelques mois, on va se retrouver avec un autre problème sur les bras : la régulation des naissances. Faudra alors ouvrir une crèche, et des écoles dans quelques années !

Loé frissonna à nouveau et jeta un coup d'œil circulaire à l'immense salle grise où erraient les nouveaux arrivants.

—Plaisante pas avec ça. Des années ! Comment pourraient-ils nous garder des années ? Et d'abord, tu as essayé de t'échapper ?

Solal sourit.

—Comment veux-tu t'échapper d'un endroit pareil ? C'est comme si ton cerveau cherchait à filer hors de ta boîte crânienne ! Premièrement, les parois sont solides, inattaquables à mains nues. Deuxièmement, je te ferai remarquer qu'il n'y a ni porte ni fenêtre. L'air que nous respirons doit sans doute être sécrété par les murs d'eau.

—Et quand les Meds vous apportent à manger ? Ils ouvrent bien une porte ?

—Pas du tout. Ils poussent des sortes de boulettes de protéines à travers la paroi une fois par jour. Rien ne s'ouvre. Idem pour l'eau douce. Elle sort du plafond, là-bas. Regarde !

De minces filets bleutés cascadaient à deux ou trois endroits de leur prison.

—L'eau est douce, donc potable, fit Solal. J'en bois depuis des mois et je me porte comme un charme. Je me douche dessous, aussi. En plus... il y a une règle à savoir : on se soulage par terre, à l'extrémité opposée de l'eau. Les saletés traversent les parois et sont dissoutes par la mer. Finalement, le coin reste propre.

—Génial... grogna Loé. J'ai failli m'inquiéter.

—Je vais d'ailleurs expliquer tout cela à l'ensemble de vos camarades. Venez.

Solal alla se placer approximativement au milieu de l'immense salle et il siffla longuement. La trentaine de jeunes qui se trouvaient déjà là et rassuraient les nouveaux, encore inquiets, vint tranquillement se rassembler autour de lui, bientôt suivie par le groupe de Triss.

—Asseyez-vous autour de moi, que l'on puisse parler, fit le jeune Noir avec gentillesse. Je m'appelle Solal. Je suis le premier arrivé ici, il y a sans doute près de six mois. Si vous êtes d'accord, je vais vous expliquer en deux mots le problème de l'eau, et cætera.

L'assemblée l'écouta religieusement. Triss remarqua que Dork était resté debout, ainsi que Max, juste à côté de lui. Ils se tenaient tous deux les bras croisés, le visage fermé.

—Je voudrais simplement vous rappeler encore deux ou trois petites règles de conduite, continua Solal. D'abord, les garçons doivent laisser les filles tranquilles si elles le désirent. Les filles sont libres de dire oui ou non. En plus, elles sont nettement moins nombreuses que les garçons, ce qui ne doit pas devenir un problème. Nous ne sommes pas ici pour l'éternité.

—Qu'est-ce que t'en sais ? cria brusquement Max.

—Écoute… Quel est ton nom ?

—Max.

—Écoute, Max. Même si on est là pour toute notre vie, on fout la paix aux filles. On n'est pas des sauvages ! En plus, il y aura peut-être d'ici quelque temps un autre groupe qui va nous tomber dessus… avec d'autres filles. Ensuite, il faut éviter les conflits le plus possible, ce qui ne va pas être simple. Nous sommes tous des délinquants plus ou moins endurcis, habitués à user de violence. Il s'agit de savoir se maîtriser, sinon nous courons à la catastrophe.

—Il faut surtout commencer par déterminer qui est le chef ici ! intervint violemment Dork.

Il y eut des murmures indignés parmi les trente anciens prisonniers. Mais ceux qui avaient eu peur de Dork pendant le voyage se tournèrent vers lui. Seuls Loé, Triss et quelques autres ne quittèrent pas Solal des yeux.

—On a besoin d'un chef lorsqu'il y a des décisions à prendre, répondit calmement le jeune Noir. Ici, tu te rendras vite compte qu'il n'y a rien à décider, car c'est à chacun de choisir la meilleure façon de supporter son enfermement. Nous sommes complètement impuissants…

—Parle pour toi ! hurla Dork, ce qui déclencha quelques rires autour de lui.

—Oui, impuissants, reprit Solal sans se démonter. Des pions sur un échiquier. Les Meds décident de tout.

S'ils veulent tous nous noyer demain, ils le feront, comme des gosses que leur élevage de petites bêtes n'amuse plus.

Solal laissa passer un silence.

—Voilà. Les règles de vie sont donc simples. On laisse les autres tranquilles s'ils dorment, on ne les regarde pas s'ils sont occupés à quelque chose d'intime, on discute avec qui on veut, on reste seul si on le veut. Le coin bruyant est côté cascade, le coin calme à gauche. Enfin, je ne sais pas si on peut parler de coin dans une salle ronde… Quelqu'un a-t-il une question ?

Il laissa passer encore un silence. Une fille maigre et livide leva la main. Le signe des drogués brillait sur sa joue.

—Mais qu'est-ce qu'on fait ?

—Comment cela ?

—La journée… On fait quoi ?

—Ce que tu veux.

—Oui, mais quoi ?

—Tu peux parler avec des copines, faire un footing autour de la salle… Regarder les mouvements des Meds… Chanter… Ce que tu veux… Tu es libre !

La jeune fille fondit en larmes désespérées.

—Je propose déjà une chose qui va nous occuper quelque temps, intervint à nouveau Dork. Nous allons élire un vrai chef. Quand les Meds nous auront filé à bouffer quatre fois, nous déciderons d'un chef.

—Tu veux te constituer un royaume de vent, Dork, répliqua Solal en haussant les épaules. Il ne peut y avoir de chef là où il n'y a rien à décider d'important.

—De toute façon, c'est toi notre chef, Solal ! intervint

un garçon de l'ancien groupe. Tu es toujours de bon conseil !

—Merci, Arsi, répondit Solal. Cependant, je préfère mille fois être considéré comme un conseiller plutôt qu'un chef, surtout au sens où l'entend Dork.

—Tu n'as donc pas compris que je te lance un défi ? s'exclama Dork. Dans quatre jours. Ici même. Rien que nous deux. Nous verrons bien qui l'emportera.

—J'ai entendu.

—Alors la séance est levée. Dispersez-vous, allez ! ordonna Dork.

Le groupe obéit en s'égaillant lentement. Dork resta un moment immobile, toisant Solal qui ne bougeait pas, puis il remarqua une jeune fille absolument ravissante, aussi jolie qu'une poupée blonde. Sur sa peau nacrée, les trois barres des prostituées tri-récidivistes ressemblaient davantage à une coquetterie qu'à une barbare mutilation.

Dork bondit et saisit la jeune fille par le bras.

—T'es drôlement belle, toi !

—Solal ! appela l'adolescente.

—Élénore est pour l'instant ma copine, intervint fermement Solal. Je te prie donc de la laisser tranquille.

—Commence pas à me faire suer !

Triss vint se camper à côté de Solal, le corps légèrement ramassé. Il était prêt à se battre si on en arrivait là tant le jeune Noir lui était spontanément beaucoup plus sympathique que Dork. Deux autres garçons de l'ancien groupe (dont celui qui avait dit que Solal était leur chef) s'approchèrent aussi avec vivacité.

Dork parut réfléchir et il lâcha Élénore. La marque de ses doigts resta rouge sur son bras nu.

—Vous excitez pas, les mecs, grogna-t-il. Chaque chose en son temps. On réglera tout ça dans quatre jours.

7
Le récit de Solal

Triss tournait en rond devant Solal et Élénore, amoureusement enlacés, qui discutaient adossés à la paroi grise. Loé était partie à l'autre bout de la salle pour faire la connaissance des autres filles.

—Assieds-toi, Triss, tu me donnes le vertige à te dandiner comme cela, finit par dire Solal. Allez, viens t'asseoir, et faisons un bout de causette. On a tout notre temps. Après tout, ici, c'est bien le seul luxe.

—Je vais me doucher à la cascade, dit Élénore en s'éloignant avec grâce.

Triss s'assit en tailleur en face de Solal.

—Eh bien? l'encouragea celui-ci.

—Je voudrais vraiment savoir comment tu as atterri ici.

—Raconte-moi d'abord ce qui, toi, t'a mené dans cette drôle de galère. Que je voie à qui j'ai affaire.

Triss brossa un tableau rapide et honnête de ce qu'avait été sa vie les deux années précédentes. Solal l'écouta en silence, très intéressé.

—Tu as vraiment lu tous ces bouquins?

—Bien obligé. Au début, du moins.

—C'est formidable ! Tu viens de me trouver un nouveau moyen d'occuper mes longues soirées d'hiver ! Tu vas me raconter tous les livres que tu as lus. Essayer de te rappeler les phrases précises.

—Sans blague, ça t'intéresse ?

Triss n'en revenait pas.

—Tu es bien le premier !

—Et comment que ça m'intéresse !

Le grand Solal se frotta les mains d'un air gourmand.

—Tu ne te rends même pas compte que tu es un gars rare et passionnant ! Tu es une bibliothèque sur pattes. Quand quelqu'un s'emmerdera, il pourra venir feuilleter un bouquin avec toi.

Triss hocha la tête gravement.

—Tu ne crois pas si bien dire. J'ai lu un livre comme ça… Les hommes en étaient réduits à lire en cachette et à apprendre par cœur des bouquins interdits qu'ensuite ils brûlaient. Chaque personnage devenait un livre précis.

—Avec toi, ce sera encore mieux. Tu es une petite bibliothèque.

—Mais non… je ne sais malheureusement pas les livres par cœur. Je ne me rappelle que de bribes, de minuscules extraits.

—Ce n'est pas grave. Cela nous aidera à mieux vivre, j'en suis sûr, dit Solal. Tu ne peux pas savoir à quel point certains d'entre nous manquent de capacité à trouver des occupations.

—Et toi ? Tu ne t'ennuies jamais ? Tu es pourtant resté longtemps tout seul, il me semble ?

Solal sembla hésiter, puis il lut l'intérêt sincère sur le visage de Triss et il se décida :

—Écoute, tu voulais savoir comment j'ai atterri dans cet endroit... eh bien, je vais te le raconter. D'abord, je suis sûr que tu te demandes pour quels crimes on m'a condamné... La réponse est : aucun. Je n'avais commis aucun crime. Je vois que tu fronces les sourcils. Tu regardes le signe des assassins sur mes joues. Tu ne me crois pas ?

—Je n'en sais rien, répondit Triss prudemment.

—Mes parents étaient des dissidents. Des opposants farouches au délire politique qui nous gouverne. Ils formaient un groupe résistant qui distribuait des tracts, qui se réunissait pour lire...

—Ils aimaient lire ?

—Oui, ton père n'était pas un cas unique. Tu vois, mes parents possédaient quelques ouvrages anciens comme ceux que tu as été obligé de voler. Des ouvrages rarissimes, car totalement épuisés depuis des années, et coupés des réseaux Net. Et, surtout, que presque plus personne ne lit. J'en ai vu quelques-uns... mais tu sais comme on peut être con avec ses parents : il suffisait qu'ils me disent de lire un bouquin pour qu'exprès je ne le fasse pas. Ils militaient pour pouvoir rescolariser normalement les enfants... pour que l'on cesse de faire systématiquement la guerre aux Meds et qu'on essaie de nouveaux modes de communication. Malheureusement, un ami de mon père n'a plus supporté ces petits pas de fourmi. Trop lents pour lui. Il a fomenté un attentat pour se débarrasser du président de l'Ouest.

—L'attentat du Stade ? J'en ai entendu parler !

—Cet ami, non seulement a raté son coup, mais s'est fait prendre. Il a sans doute été horriblement torturé… Bref, il a balancé l'organisation dans son intégralité, avec femmes et enfants. Ma famille en entier a été arrêtée. Moi y compris.

Solal se tut, plongé dans de sombres pensées. Ses yeux étaient devenus trop brillants.

—Et ensuite ? demanda doucement Triss.

—Ensuite ? Ils ont exécuté tous les hommes adultes. Les femmes… je ne sais pas ce qu'elles sont devenues…

Il se tut de nouveau. Des larmes se formaient au coin de ses yeux.

—Moi, ils m'ont gardé un certain temps en cellule normale… J'ai échappé de justesse à l'exécution vu mon jeune âge… ou parce que je pouvais servir… L'idée de sacrifier utilement des jeunes irrécupérables a dû leur venir pendant cette période. Ils venaient enfin de localiser Médusa. Je ne saurai sans doute jamais pourquoi j'ai été choisi. Ce qui est important, c'est qu'ils m'ont marqué du signe des assassins et envoyé en cellule blanche. Là où ils conditionnent dans l'urgence leurs volontaires.

—Si je comprends bien, reprit Triss d'un air songeur, tu es sans doute la seule personne innocente de notre ramassis de rebuts ?

—Hélas non ! Non, je ne suis plus innocent, fit Solal en secouant vigoureusement la tête. Je suis même responsable de la mort de près de soixante-dix personnes.

—Comment cela ? Mais tu viens de dire…

—L'espèce d'ordure qui fait la répartition par navettes m'a désigné comme chef du groupe. Le chef, c'est celui qui a le plus de carburant... c'est le seul qui a, semble-t-il, une chance de s'en tirer si la mission réussit. C'est le seul qui pourrait éventuellement rentrer sur Terre... Et pour m'obliger à vouloir sauver ma peau à tout prix, il a mis une fille avec moi.

—Dans notre groupe, il a associé deux garçons ou deux filles.

—J'étais le seul dans ce cas-là. Je pense qu'il voulait me redonner l'envie de vivre, par pur sadisme. Il a réussi. Je me suis senti responsable d'elle. Quand nous sommes arrivés sur Médusa... C'était la première mission suicide. Les Meds ne s'attendaient pas à notre attaque. La mer était calme. J'ai obligé tous mes camarades de misère à se jeter sur une ombre dans l'eau...

Solal se tut à nouveau. Il essuya ses joues trempées de larmes d'un revers de main agacé.

—J'ai fait exploser moi-même dix navettes qui cherchaient à fuir... Des gars que j'entendais me supplier... et pour rien.

Triss écoutait. Il n'osait plus rien dire. Il n'osait pas non plus poser sa main sur l'épaule de Solal. Que dire sinon que l'homme est faible et qu'il s'accroche à sa minuscule vie avec la ténacité d'une tique qui, même morte, même décapitée, ne lâche pas prise...

—J'ai réussi par miracle à poser ma navette sur l'eau sans qu'elle explose. J'étais affolé. J'en suis sorti, j'ai nagé avec la fille. Nous étions entourés de cadavres de Meds, mais nous n'avions pas pour autant détruit la moindre base. Nous avions simplement fait exploser un groupe de Meds qui passait par là. La fille a heurté un de ces cadavres et est morte instantanément. Par je ne sais quel autre miracle, je n'ai rien touché, j'ai survécu. Les Meds m'ont capturé en fabriquant un premier piège d'eau. Je me suis retrouvé tout seul dans une toute petite pièce ronde. À chaque fois qu'ils capturent d'autres humains, ils agrandissent leur prison.

Solal releva la tête et regarda Triss droit dans les yeux.

—Tu vois, je suis un vrai assassin. Et ce n'est pas la peine de dire que j'étais obligé d'agir ainsi. J'avais beau être cassé, j'étais lucide, conscient de mes actes. J'aurais dû choisir de mourir en même temps que les autres, et non les forcer à se tuer. Famille de dissidents? Tu parles! À la première épreuve, je me suis courbé plus bas encore que le gouvernement que je honnis. Par peur. Par égoïsme.

Ils restèrent un moment silencieux.

—Que s'est-il passé ensuite? demanda enfin Tristan.

—Je suis resté tout seul avec mes pensées pendant longtemps… plusieurs semaines. J'ai mangé, dormi, pleuré, hurlé, tapé inutilement ma tête dans ces murs élastiques. J'ai hésité à me tuer… mais comment? La grève de la faim demande une volonté colossale quand on ne peut pas se débarrasser de la nourriture qui est devant soi. Se déchirer les veines avec les dents n'est guère efficace. En outre, n'était-ce pas absurde de survivre à tout prix pour ensuite m'ôter la vie? Cela aurait enlevé tout sens à la mort de mes camarades. Finalement, j'ai décidé de vivre et d'écrire un livre pour tuer le temps.

—Écrire ? s'exclama Triss estomaqué. Tu as un écran ?

—Non, non, ni écran ni papier. J'écris dans ma tête.

—Je ne comprends pas.

—Je construis mes textes phrase par phrase, en les retenant par cœur. C'est un énorme travail de mémoire. Le plus dur, je pense, consiste à oublier ce qu'on avait écrit avant les corrections.

—Et tu as imaginé des livres ?

—Non, quand même pas ! J'ai d'abord composé quelques poèmes. Il est beaucoup plus facile de se rappeler des vers que de la prose. Et puis, les images poétiques donnent à un prisonnier une plus grande liberté, et donc une plus grande satisfaction. Mais très vite, j'ai compris que je n'étais pas doué et j'ai voulu faire œuvre utile. Je me suis alors attaqué à une étude sur les Meds. Une synthèse et une analyse de tout ce que je sais sur eux, ce que j'ai vu à la télé, ce que j'ai observé ici ou que l'on m'a raconté. Pour enrichir cette étude, il faudra que tu me décrives très précisément comment les Meds ont capturé les navettes. Ils s'améliorent considérablement. Lors de la deuxième attaque, ils en ont fait exploser la moitié avant d'affiner leur technique du filet et de réussir à capturer les autres. Le groupe qui m'a rejoint était donc très diminué. Tandis que vous, vous êtes au complet. C'est extraordinaire ! Ils sont capables d'apprendre à une vitesse folle !

—Je me demande pourquoi les Meds nous retiennent prisonniers et gardent nos navettes.

—J'y ai beaucoup réfléchi. Je pense qu'ils étudient

leur ennemi. Pour survivre, il est indispensable de connaître son ennemi…

Tout en disant cela, Solal tourna la tête en direction de Dork, qui allait et venait comme un fauve d'une jeune fille à l'autre.

—Ce que je crains… Peut-être qu'ils sauront comment nous détruire quand ils nous auront bien étudiés. Je suis persuadé que, si ce qu'ils étudient leur paraît sans intérêt, ils n'auront aucun scrupule à massacrer cette vermine à deux pattes qui infeste les océans terriens sur leurs ridicules coquilles de noix. Voilà pourquoi il faut essayer d'être intéressants, disciplinés, organisés, solidaires. Les Meds sont très solidaires. Cela ne peut que leur paraître positif.

Triss réfléchit un moment en regardant les hauts murs derrière lesquels passaient les ombres phosphorescentes des Meds.

—Ils nous observent tout le temps ?

—Tout le temps.

—Tu as essayé de communiquer avec eux ?

—Comment veux-tu communiquer avec des créatures pareilles ?

—En faisant des gestes, par exemple.

—J'ai essayé. Au début, je dessinais un cercle avec ma main à chaque fois qu'ils faisaient passer de la nourriture.

—Et alors ?

—Rien. Ils n'ont jamais fait le moindre cercle avec leurs foutus tentacules, ils ne m'ont jamais redonné une ration si je faisais des cercles à d'autres moments. Je n'ai pas réussi à leur faire comprendre que cercle = bouffe.

Je ne sais pas comment les Meds communiquent entre eux, mais ce ne doit pas être par les torsions de leurs tentacules.

—Ils font peut-être vibrer les molécules d'eau de mer d'une certaine façon, puisque toute leur technologie est fondée là-dessus, proposa Triss.

—J'ai formulé cette hypothèse dans le chapitre « Communication » de mon étude sur les Meds. Ou alors, peut-être qu'ils communiquent grâce à leurs lumières. Cependant, il me semble que, sur Terre, on a fait des essais dans ce sens, sans succès.

Triss lui sourit :

—Si je te récite les textes qui me reviennent à l'esprit, tu me permettras de « lire » ton étude ?

Solal sourit à son tour.

—Toi aussi, tu es bien le premier que ça intéresse ! Je te préviens que mon livre n'est pas fini… Il a pris du retard depuis que j'ai des compagnons, et surtout depuis qu'Élénore est là. Je n'arrive plus à trouver le temps de mettre un point final.

—Tu plaisantes ?

—Pas du tout !

—Tu arrives donc à t'occuper sans arrêt ?

—Oui, j'ai des journées bien remplies. Quand je me réveille, je cours autour de la salle. Maintenant qu'elle s'est encore agrandie, mon entraînement va pouvoir s'intensifier. Tu pourras m'accompagner, si tu veux. Ensuite, je discute avec Élénore. On fait durer la nourriture que l'on reçoit, on fait des jeux entre nous. Je m'occupe des autres, je leur parle. De temps en temps, on fait un foot avec une boule de vêtements roulés ensemble et noués. Pas souvent, car ça les abîme et on n'a pas de rechange. Si on les use trop, on risque de se retrouver à poil ! Et puis, il y a le ballet nautique que nous offrent les Meds. Je pourrais passer des heures à les regarder. Leurs mouvements sont si gracieux, si calmes… Ils ressemblent à ceux de cet ancien art martial, tu sais, le tai-chi-chuan. Je suis sûr que chaque Med a son propre caractère, sa propre intelligence. J'essaie de les différencier les uns des autres… Pour l'instant, c'est peine perdue.

— On dirait que tu t'intéresses à eux ? s'étonna Triss.

— Oui. À la longue, j'ai fini par voir en eux autre chose que les officiels aliens destructeurs. D'ailleurs, entre nous, je trouve que ce nom, « Meds », est grotesque.

— C'est le diminutif de méduses.

— Ça ressemble plus à une insulte qu'à un vrai nom. Un peu comme « nègre » ou « bougnoule ».

— Mais ce sont des espèces de méduses, quand même…

— Des méduses intelligentes, qui ressemblent d'ailleurs bien plus à des poulpes qu'à des méduses. Ils méritent mieux que ce nom débile.

Solal haussa les épaules.

— Tiens, je viens d'avoir une idée. Je devrais lancer un concours… Trouver un nom intelligent pour nos aliens d'eau. Par exemple… « Danseurs de Lumière »… ce serait cool, non ?

Malgré lui, Triss se mit à rire. Le son de sa propre voix lui parut incroyablement bizarre. Depuis combien de semaines n'avait-il pas ri ? Les moments de gaieté échangés avec son père s'étaient faits de plus en plus rares à mesure que son mal progressait, puis triomphait de son corps.

Loé les rejoignit d'un pas vif, l'air offensé.

—Qu'est-ce que vous avez à rigoler? Vous trouvez notre situation amusante?

—*Je me presse de rire de tout, de peur d'être amené à en pleurer...* cita Triss. Celui qui a dit ça avait tout compris des Meds et des prisons sous-marines.

8
« Je me souviens »

Les trois jours qui suivirent furent presque agréables, malgré la perspective du duel entre Solal et Dork. Triss écoutait le « livre » de son nouvel ami, sans faire de commentaires tant qu'il ne lui en demandait pas. Solal fournissait un intense effort de concentration pour retrouver toutes les phrases qu'il avait construites. Il appréciait ensuite que Triss lui parle à son tour des livres qu'il avait lus par devoir, parfois par plaisir.

—Le premier livre que j'ai lu à mon père, presque deux ans avant qu'il ne me réclame du Montaigne…

—Montagne, rectifia machinalement Solal.

—… Non, non, Montaigne ! C'est un auteur d'autrefois qui souffrait, semble-t-il… En tout cas, le premier, c'est *Fahrenheit 451*… de… je ne sais plus le nom de l'auteur… Mon père a fait exprès de choisir celui-là pour me faire comprendre ce qu'il pensait de notre monde. J'ai mis un temps fou à le lire, et je n'y pigeais rien du tout. Alors, on en a parlé des heures. C'est la première fois que j'ai vraiment parlé à mon père.

—Tu te rappelles bien du bouquin ?

—Oh oui ! C'est même un de ceux dont je me rappelle le mieux ! J'ai cru que je n'en viendrais jamais à bout ! Le livre parle d'un pompier qui, au lieu d'éteindre les incendies, brûle des livres car le monde où il vit les interdit. En plus, les gens sont tellement lessivés qu'ils n'ont même plus envie de lire quoi que ce soit, un peu comme nous. Puis il se met à voler des bouquins au lieu de les cramer et il change au point de tout envoyer balader, sa vie, sa femme, sa ville. À la fin, il marche le long d'une voie de chemin de fer en essayant de se rappeler le seul bouquin qu'il a lu en entier, l'Apocalypse.

—Raconte-moi l'histoire plus en détail.

—OK. Au début, le type est content quand il brûle quelque chose car il le voit changer sous ses yeux...

En dehors de ses conversations avec Solal, Triss était concentré sur deux objectifs cruciaux : éviter Dork et Max, et se rapprocher de Loé.

Dork commençait à se former une petite cour d'admirateurs ou de jeunes terrorisés, et Max était devenu son premier lieutenant. Or Max avait conçu la haine la plus irraisonnée et la plus farouche pour Triss, son ancien copilote d'infortune. Dork, lui, jugeait Solal comme un dangereux rival et Triss comme un rebelle, si bien que le voir aux côtés de son ennemi ne pouvait que l'indisposer. Triss avait donc fort à faire pour se rendre le plus transparent possible.

L'autre préoccupation importante de Triss consistait à essayer d'apprivoiser Loé. La jeune fille restait distante. Son visage de madone le plus souvent caché par ses rideaux de cheveux noirs, elle écoutait Dork, elle écoutait Solal. Parfois elle s'asseyait spontanément près de Triss pendant un moment, parfois elle l'évitait et recherchait la compagnie d'autres filles. À cause de leur nombre inférieur, celles-ci passaient beaucoup de temps à repousser les avances des garçons. Certaines en profitaient pour jouer les coquettes, ce qui exaspérait Loé. Elle-même avait, en quelques regards féroces, découragé toute drague. Elle préférait ne s'attacher véritablement à aucun groupe, allant et venant à la triste manière d'un tigre qui cherche une issue à sa cage de fer.

Triss avait d'abord imaginé qu'elle aussi serait subjuguée par le fait qu'il connaissait des livres inconnus et interdits. Il n'en fut rien :

— Tu m'emmerdes avec tes morts, lui déclara-t-elle sans ambages quand il voulut lui en parler. Moi, ce sont les vivants qui m'intéressent. Et, surtout, comment sortir de ce trou à rats.

Triss, vexé, faillit alors commettre une faute impardonnable en répliquant d'un ton acerbe que c'était bizarre qu'une fille portant le signe des meurtriers s'intéresse autant aux vivants. Il se mordit la langue à temps, mais son regard éloquent glissa sur la joue marquée de Loé. Celle-ci porta vivement sa main à son visage comme si le signe la brûlait encore. La belle couleur dorée de son visage s'empourpra. Elle ne dit plus rien, se raidit et s'éloigna. Depuis ce moment, le jeune homme se traitait constamment d'imbécile et multipliait les sourires quand elle le regardait. En pure perte, bien évidemment.

Triss avait à peine eu le temps de faire la connaissance d'autres prisonniers. Il s'intéressait surtout à ceux du groupe de Solal, qui étaient nettement plus ouverts que les derniers arrivés, et même plutôt amicaux. Dans l'ensemble, ils ne semblaient pas trop stressés et, plus important encore, les effets du lavage de cerveau de la cellule blanche s'étaient dissipés. Bien qu'ils fussent tous des délinquants, la présence apaisante de Solal avait considérablement limité les tensions. Ils s'entendaient à peu près bien. Triss avait commencé à sympathiser avec un petit brun taciturne marqué lui aussi du signe des assassins et nommé Mon.

Mon ne parlait presque jamais. Il suivait Solal comme son ombre une bonne partie de la journée. Incidemment, Triss apprit qu'il avait été le chef du deuxième groupe. Il n'en sut rien de plus. Mon recherchait la compagnie de Solal, mais ne semblait pas porter ombrage de l'amitié naissante entre celui-ci et Triss. Il ne répondait que par monosyllabes à toutes les sollicitations, et semblait plongé dans de bien sombres ruminations. Il venait s'asseoir de temps en temps près de Triss. Une ou deux fois, il lui montra comment décortiquer la cosse d'une épaisse graine d'algue délicieuse que les Meds faisaient parfois passer dans le mur en plus de leurs maigres rations de protéines.

Leurs étranges geôliers avaient immédiatement adapté la quantité de boulettes au nombre accru de leurs prisonniers. Ils avaient aussi localisé les distributions de nourriture à trois endroits différents. On aurait pu croire qu'ils avaient voulu éviter les bagarres ou faciliter l'attente.

Malgré ces précautions, la présence de tant de nouveaux venus avait bouleversé l'équilibre précaire dans lequel vivait la petite communauté de Solal.

Les graines, par exemple, étaient comptées : une par prisonnier. Certains amoureux donnaient leur part à celles qu'ils aimaient, d'autres se livraient à de menus trafics : deux boulettes contre la graine d'un camarade, qui se laissait parfois tenter par un tel échange s'il avait très faim car les protéines tenaient plus au corps que les graines. Solal n'avait guère eu besoin d'intervenir pour empêcher les vols.

Au moment de la troisième distribution de nourriture, alors que Triss attendait patiemment son tour derrière Solal et Élénore, il y eut un remue-ménage qui secoua la file la plus éloignée.

Le remue-ménage se calma presque aussitôt, mais Mon en sortit la lèvre fendue, soutenu par Loé. Solal se tendit et serra les poings. Il sortit de la file et toutes les conversations s'arrêtèrent.

—Qu'est-ce qui t'est arrivé, mec ? demanda-t-il à Mon.

Le petit brun cracha un peu de sang par terre. Instantanément, la tache rouge fut absorbée par le sol d'eau. Plusieurs Meds se regroupèrent pour observer ce phénomène avec, sembla-t-il, la plus grande attention, et, en quelques secondes, l'endroit où se trouvait Mon fut brillamment éclairé.

—Pas grave, Sol, grogna le garçon sans regarder son ami.

—Si, c'est grave, intervint Loé sèchement. Dork lui a arraché sa graine à cosse, l'a jeté à terre et l'a frappé.

Solal poussa un soupir.

—Dork ! appela-t-il de sa voix profonde. Viens me parler.

Dork sortit du rang, accompagné de plusieurs autres garçons. Triss sentit son dos se hérisser de chair de poule : il était manifeste que deux clans ennemis étaient en train de se constituer, ce qui ne pourrait que les mener au désastre.

—Dork, reprit Solal d'un ton ferme, quoique toujours aussi calme, il ne faut pas prendre de force les maigres richesses des autres. Nous ne devons pas instaurer une loi de la jungle.

—Ah... Tu n'aimes pas la jungle ? Curieux... répondit Dork en toisant le jeune Noir de haut en bas. J'ai pourtant cru remarquer que certains d'entre nous descendent directement du singe.

Solal parut surpris d'une attaque aussi basse et aussi directe. Il ne trouva rien à répliquer.

—Sa généalogie commence là où la tienne s'arrête, déclara Triss majestueusement.

—Et qu'est-ce que ça veut dire, ton charabia ? rit Dork en se tournant vers ceux qui l'avaient suivi. Y a-t-il une seule personne ici qui a compris ce que radote cet intello de mes deux ?

Il y eut des ricanements de son côté.

—Je peux traduire et me mettre à ton niveau, reprit Triss, qui sentait son visage s'empourprer, ça veut dire que tu n'es qu'un pauvre con, doublé d'un salaud.

Dork blêmit mais ne répliqua pas.

—Écoute, Dork, reprit Solal, et sa belle voix grave vibrait à présent d'une tension à peine contrôlée, il faut vraiment que tu ouvres les yeux sur la précarité de notre situation. Si les Meds constatent que nous nous battons entre nous, que nous nous volons la nourriture, et cætera, crois-tu qu'ils vont continuer à réfléchir à notre sujet ? Ils nous prendront pour des animaux…

Dork éclata d'un rire bref.

— J'ai déjà entendu des gens dérailler, mais jamais à ce point. Vous entendez ? Ce dingue croit que les Meds réfléchissent. Des saloperies de méduses dotées d'un cerveau ! Ce sont des animaux, justement, qui veulent notre peau…

— Ce qu'ils veulent, ce qu'ils sont, tu n'en sais rien. D'ailleurs, à la limite, la question n'est pas là, coupa Solal sèchement. La question est de savoir si, toi, tu vas te comporter pire qu'une bête en frappant, en volant… et peut-être pire…

Le regard de Dork glissa sur la ravissante Élénore. Il se lécha ostensiblement les lèvres.

— Va savoir, répondit Dork avec un sourire de provocation. Va savoir ce que je suis capable de faire. Je ne suis pas un enfant de chœur… c'est marqué sur mes joues.

— Sur les miennes aussi, répliqua Solal d'un ton glacé.

Ils s'affrontèrent du regard.

— Très bien, cracha Dork, qu'il la bouffe, sa graine, vous ne perdez rien pour attendre, toi le premier.

Il jeta la graine à cosse aux pieds de Mon, qui ne se pencha pas pour la ramasser, puis il tourna les talons. Mon suivit lentement Solal. Élénore vint se blottir contre les larges épaules de son ami en chuchotant.

— T'inquiète pas, mon amour… murmura Solal en

déposant un baiser sur les cheveux blonds et en entourant le cou délicat de la jeune fille d'un de ses immenses bras.

Triss se rangea derrière eux, le cœur battant. Il remarqua alors que la main libre de Solal, qui pendait simplement à son côté, était agitée d'un tremblement incoercible.

***

Le même soir, Solal se planta au milieu de la salle et siffla plusieurs fois pour attirer l'attention. Comme d'habitude, les conversations s'arrêtèrent net et les regards convergèrent vers lui.

—Ceux qui le veulent peuvent venir rejoindre mon groupe. Nous avons l'habitude de jouer de temps en temps à un jeu auquel tout le monde peut participer, même et surtout les nouveaux arrivés.

Petit à petit, des cercles se formèrent autour de lui. Les Meds se regroupèrent aussitôt au-dessus et au-dessous d'eux, et s'immobilisèrent. Leur lumière fantomatique rendait la scène encore plus solennelle. Solal attendit tranquillement que tout le monde soit bien installé.

—Ce jeu s'appelle «Je me souviens», expliqua-t-il. Il s'agit de se souvenir des belles choses que l'on ne veut pas voir disparaître de sa mémoire, et surtout de les partager. Notre vie ici est bizarre, sans commune mesure avec ce que l'on connaissait auparavant. De plus, notre passage en cellule blanche nous a stressés au point que certains d'entre nous ont perdu tous leurs repères. C'est pourquoi je pense que, si on fait l'effort de se rappeler, nos mémoires abîmées vont guérir et se réveiller peu à peu. Un autre intérêt de ce jeu, c'est de mieux se connaître, et de partager nos savoirs. Voilà, j'ai tout dit, car la règle est très simple : tout le monde peut parler, en évitant évidemment de se couper la parole. Qui commence ?

—Je me souviens de la couleur orange de mon chat, fit Élénore. Il ressemblait à une grosse carotte. Qu'il était moche ! Pourtant, je l'aimais bien…

—Je me souviens d'avoir mangé un excellent kebab, rue 16 de ma zone, continua une fille au visage doux.

—Je me souviens de la première nana que j'ai embrassée, dit un garçon d'une voix rauque, mais je n'en dirai pas plus !

—Je me souviens du milicien qui m'a arrêté, fit Mon. Il avait un gros grain de beauté en plein sur le nez, et un gros bouquet de poils blancs en sortait. Ça le rendait vachement hargneux.

Triss ne l'avait jamais entendu parler autant.

Il y eut quelques sourires.

—Je me souviens du jour de l'attentat du Stade contre le président de l'Ouest, enchaîna Loé d'une voix brusque. Ma conne de mère est sortie dans la rue en riant et en applaudissant. Elle avait l'air d'une folle tant elle était heureuse. Elle croyait que le président était mort ! J'ai dû tirer sur des miliciens pour qu'elle ait une chance de s'échapper. Elle a couru pour sauver sa vie, en pantoufles, les cheveux en bataille. C'est la dernière image que j'ai d'elle. Elle a été abattue deux rues plus loin.

—Je ne me souviens plus de ma mère… Mon père a

toujours été là pour moi… À l'heure qu'il est, il doit être mort… murmura Triss.

Une vague de chagrin inattendue l'envahit.

—Je me souviens comment ma mère racontait des histoires, commença lentement Solal. Elle disait qu'elle descendait d'une grande lignée de griots…

—Je me souviens parfaitement du premier mec que j'ai buté, le coupa Dork à très haute voix. Il pissait le sang en grelottant par terre, au fond d'une ruelle puante, et il miaulait comme un chaton. Je l'ai regardé crever avec une très grande attention.

Quelques minutes s'écoulèrent sans que personne n'osât prendre la parole.

—Je me souviens du mec qui me vendait la drilâa, gémit une voix lamentable. Je suis sûre qu'il continue d'en vendre. De la bonne, pas trop coupée… J'pouvais planer des plombes et des plombes… Hélas… j'peux plus ici… J'peux plus planer…

—Je n'ai jamais été foutu de me souvenir du théorème de Thalès, ajouta une voix enjouée, quelqu'un s'en rappelle ?

Triss se pencha pour regarder celui qui avait parlé. C'était un jeune homme à l'air insignifiant et au regard malicieux. La tri-récidive des voleurs brillait sur ses joues. Triss se rappela qu'il se nommait Arsi.

—Ma mère me racontait parfois une histoire qui commençait un jour d'été dans une forêt, continua Solal avec entrain. Les arbres…

—Je me souviens d'être allé un jour au zoo, claironna Dork aussitôt. J'ai vu un grand singe noir qui bouffait sa merde avec les doigts !

— Je me souviens d'un proverbe vachement bien, enchaîna Loé d'une voix rageuse : « Si un type te dit que tu es un cheval, fous-toi de lui. Si deux types te le disent, commence à y réfléchir. Si trois types te disent que tu es un foutu bourrin, galope jusqu'au magasin et achète-toi une selle. » Moi, je te le dis aussi, Dork : t'es qu'un con, doublé d'un salaud. Ça te fait déjà deux avis, Dork. Manque plus que le troisième, et tu pourras aller t'acheter ta parure de con doublé d'un salaud.

— T'es qu'un con, doublé d'un salaud, répéta Mon d'une voix lente.

— T'es qu'un con, doublé d'un salaud, murmurèrent timidement plusieurs jeunes assis à côté de Solal, qui se taisait et regardait.

Cela fit une étrange litanie qui monta dans les rangs, voyagea un peu et s'arrêta. Dork se leva, un rictus aux lèvres.

— À demain, fit-il doucement.

9
En attendant l'aube

Triss, Triss…

Une main ferme secouait le garçon par l'épaule. Il venait tout juste de sombrer dans un sommeil cauchemardesque et il s'assit d'un sursaut, complètement groggy et échevelé.

—Marre qu'on me réveille tout le temps… grogna-t-il en clignant des paupières.

—Chut ! Élénore dort.

—Solal ?

—Oui, chut ! Elle a eu du mal à s'endormir !

Triss se retint de répliquer d'un ton cinglant que lui aussi ne dormait profondément que depuis quelques minutes.

—Qu'est-ce qui s'passe ?

—Debout ! Viens !

Triss obéit en bâillant et en se frottant les yeux de ses poings. Il eut le plus grand mal à se lever. Un peu partout dans la salle ronde des jeunes dormaient, plus ou moins regroupés, plus ou moins enlacés. La lumière était douce, les Meds, moins nombreux.

Solal entraîna Triss jusqu'à l'endroit le plus tranquille, à côté de la cascade, et il s'assit brusquement par terre, comme si on lui avait coupé les jambes. Triss, inquiet, s'assit aussi en face de lui.

—Qu'est-ce qui se passe, Solal ?

—Excuse-moi de t'avoir réveillé brusquement. Je viens de me rendre compte que je ne t'ai pas encore récité tout mon livre. Et vu que moi aussi j'ai du mal à m'endormir…

Triss le regarda avec stupéfaction mais ne répondit rien. Le beau visage de son nouvel ami était un peu contracté, de la sueur perlait sous la mousse noire de ses cheveux. Triss comprit brusquement qu'il avait peur. Son cœur se recroquevilla douloureusement, et une bouffée glacée descendit le long de sa colonne vertébrale. Si Solal, le grand Solal, avec ses mains comme des battoirs, avait peur de Dork, c'est que Dork pouvait sortir vainqueur de l'affrontement du lendemain !

Et si Dork gagnait, Triss ne donnait pas cher de sa peau.

Pendant quelques secondes, Triss vit le bord de l'abîme. Si Solal était vaincu et copieusement rossé, il serait le suivant à en prendre plein la gueule, c'était évident.

—J'en étais au chapitre sur les navettes meds… commença Solal.

Triss était incapable de l'écouter. Il sentait venir à nouveau du fond de son ventre un flot de peur infecte accompagnée d'une haine abjecte envers Solal.

Tu as mal choisi ton camp, lui susurrait la voix misérable de l'animal en lui, qui était prêt à faire n'importe quoi pour éviter de souffrir. *Tu aurais dû t'attirer les bonnes grâces de Dork au lieu de traîner avec ce con même pas capable de lui foutre une raclée... Juste bon à faire exploser les navettes de ses compagnons de misère...*

Ainsi s'enchaînaient ses pensées les plus viles, celles qui traînent dans les égouts de l'esprit, tandis qu'une autre partie de son cerveau cherchait avec un sentiment d'urgence épouvantée des stratégies capables d'amadouer miraculeusement le terrible Dork.

Simultanément, une autre minuscule partie de lui-même le morigénait, essayait de souffler sur les braises de son courage presque éteint.

—On dirait que tu ne m'écoutes pas beaucoup, remarqua Solal d'un air déçu.

—Si, bien sûr que si ! Ça me passionne ! s'exclama Triss avec humeur.

Solal laissa errer son regard sur le visage de son camarade. Triss évita ses yeux. Il craignait que Solal, perspicace comme il l'était, ne lise ses pensées à livre ouvert...

—Je pense qu'il vaut mieux que tu retournes dormir, finit par dire calmement le grand Noir. Tu auras l'esprit plus clair pour entendre la fin demain, après le combat. Excuse-moi de t'avoir réveillé... Bonne nuit !

Triss n'essaya pas de le rattraper. Il se recoucha en se pelotonnant contre la paroi d'eau. Malheureusement, la honte et la peur mêlées composaient un puissant stimulant. Il ne parvint pas à se rendormir de la nuit. Il vit les heures violettes succéder aux heures violettes, puis aux heures bleues. Il était mort de fatigue, toujours en éveil. Son esprit le ballottait mollement d'une pensée à l'autre, de Dork à Loé, d'Élénore à Arsi, à Dork, à Max, à son père, à Solal, à Dork encore.

Finalement, les corps endormis commencèrent à bouger et à bâiller. Solal, qui s'était recouché tout contre sa frêle blonde, se redressa avec vivacité et s'étira longuement.

— Pourquoi t'es là, tout seul comme un con ? demanda Loé en s'approchant de Triss.

— Je réfléchissais.

— Vu la mine que tu as, t'as dû réfléchir à des trucs follement gais. T'as l'air d'avoir sniffé de la drilâa toute la nuit.

— J'ai pas arrêté de penser à cette enflure de Dork et à Solal.

— Je parie que tu crains que Solal ne se fasse tanner.

— C'est vrai. Lui non plus n'a pas l'air enthousiaste.

— C'est pour ça qu'il va gagner. Dork est beaucoup trop sûr de lui. Solal va le remettre à sa place, et voilà tout.

— J'aimerais en être sûr.

Loé haussa les épaules et s'éloigna.

Je suis vraiment pas doué avec cette fille, pensa Triss, encore plus découragé, *tout ce que je dis tombe à côté.*

Il se glissa sous l'eau fraîche de la cascade. Il lui sembla que ses esprits lui revenaient peu à peu, et avec eux une honte plus forte que tout. Dès qu'il eut fini de se laver, il rejoignit Solal et son petit cercle de fidèles.

Il régnait une ambiance bizarre dans la grande salle ronde. Deux clans s'étaient formés autour des deux rivaux. Le reste des jeunes errait par affinités, en groupes plus ou moins importants, et jetait des regards furtifs aux deux jeunes hommes qui allaient s'affronter.

Tous avaient le cœur qui battait plus vite ; un malaise grandissant alanguissait les conversations. Quand enfin la distribution de nourriture se fit, personne n'y toucha. La tension était presque palpable. La lumière de la salle devint particulièrement forte, car les Meds se mirent à grouiller littéralement sur la surface de l'habitacle, y compris au sol et au plafond.

— Tu as vu ? fit Loé en se rapprochant de Triss.

— Vu quoi ?

— Je n'ai jamais vu autant de Meds.

Triss prit soudain conscience de la masse brillante qui les éclairait.

— On dirait qu'ils sentent qu'il va se passer quelque chose, chuchota-t-il, impressionné.

— Comment le sauraient-ils ?

— À force de nous observer. Et sans doute d'observer Solal. C'est le seul Noir, ici, et en plus il est très grand. Les Meds le repèrent peut-être mieux. Ils ont dû comprendre qu'il y avait des problèmes entre nous. En plus, ils ont bien dû remarquer que personne ne mange leurs fichues boulettes.

— Tu fais bien trop d'honneur à ces sales bestioles en leur prêtant autant d'intentions, grommela Loé. Si ça se trouve, ils ont simplement décidé de nous bouffer aujourd'hui, et ils ont amené des invités.

Triss se tourna vers elle. Elle ressemblait à une de ces actrices virtuelles dont la carnation est parfaitement lisse, pure, jusque dans les cadrages les plus difficiles.

La terrible cicatrice rougeoyante des meurtriers n'en paraissait que plus atroce. Voile de deuil d'un noir bleuté, ses cheveux satinés faisaient écran entre tout son buste et le monde. Seules ses jambes, très longues, très fines, se mouvaient avec une grâce aérienne, comme si elles avaient reçu le pouvoir de garder un reste de joie de vivre et d'insouciance.

Le garçon chercha quelque chose d'intelligent à lui dire afin que les yeux d'or de la jeune fille s'attardent vraiment sur lui.

—Tu aideras Solal s'il est en difficulté ? demanda Loé à brûle-pourpoint.

—Oui, je crois, murmura Triss.

—Tu crois ? Comment cela, tu crois ? s'insurgea aussitôt la jeune fille. Solal est bien la seule personne dans ce merdier qui vaille un peu la peine que l'on se décarcasse pour lui… C'est un roi, en son genre.

Une brûlante piqûre de jalousie fit frissonner Triss.

—En plus, continua Loé sans se démonter, il est vraiment intelligent. Il a raison, j'en suis sûre, quand il dit qu'il faut faire bonne impression aux Meds. Cet abruti de Dork, lui, veut leur montrer comment les humains se tuent entre eux…

—Se tuent ? Comment cela, se tuent ? balbutia Triss en sentant les petits cheveux de sa nuque se hérisser d'un coup.

—Évidemment, se tuent ! Il est certain que Dork ne va pas seulement essayer de rosser Solal. Il va essayer de le tuer.

—Non… Il n'irait pas jusque-là…

Loé toisa Triss d'un œil sévère.

—Ma parole, tu as vécu où, ces derniers temps ? Dans un rayonnage de bibliothèque, comme un rat ?

—De toute façon, il n'y a pas d'arme, ici.

—Mais quel con ! Tu ne crois pas Dork capable d'étrangler un adversaire ? De le flinguer à coups de pied en pleine tête ? Je te rappelle que même Max, ce minable maigrichon, a bien failli te tordre le cou aussi facilement qu'un poulet. Alors… tu crois que cette brute de Dork est du genre à faire des cadeaux ?

Triss se força à réfléchir aux paroles de Loé. Voilà pourquoi Solal tenait tant à lui lire son livre. Parce que, s'il était tué, ce livre ne mourrait pas complètement avec lui. Quelqu'un au moins en aurait entendu l'intégralité. Il se sentit pâlir affreusement devant Loé. C'était pire que tout. Les yeux dorés dénués de pitié le fixaient, aussi durs que des morceaux d'ambre.

—Tu n'as pas l'air d'avoir remarqué que tu vivais maintenant entouré d'assassins ! ajouta Loé d'un ton sévère. T'es un drôle de mec. Tu donnes l'impression de planer à cent mille. Réveille-toi vite ou tu ne feras pas long feu. Les bouquins, c'est fini. Les belles histoires, c'est un luxe qu'on ne peut plus se permettre quand il s'agit de savoir si on va crever ou pas.

Elle le considéra froidement, puis une expression plus douce passa fugitivement dans ses iris étranges, et elle conclut :

—Tu m'agaces et en même temps tu me fais pitié, Triss.

C'était le coup fatal. L'adolescent baissa la tête, furieux et humilié. Quand il regarda enfin Loé, ses yeux bleus étaient noircis de colère.

—Il me semble que je ne t'ai jamais supplié de venir me tenir compagnie ! Il y a du monde, ici, gronda-t-il. Tu peux emmerder qui tu veux. Si je t'agace, dégage.

—Et en plus, t'es si bête que ça devrait être interdit, conclut Loé en s'éloignant avec légèreté, laissant Triss bouillonner de rage.

Au même instant, Dork se planta au milieu de la salle et siffla de toutes ses forces.

—Rassemblement, il est temps, grand temps, de nommer un chef, ici !

10
Le duel

Triss alla prendre place parmi les autres jeunes qui formaient un cercle. Il se retrouva à côté de la ravissante Élénore. Celle-ci se rongeait les ongles jusqu'au sang.

—T'inquiète pas, lui souffla-t-il. Solal va s'en tirer royalement.

Élénore lui lança un vague regard noyé de larmes.

—Bon, commençons par discutailler, puisque vous aimez tant ça, fit Dork d'un ton solennel qui contrastait avec son habituelle agressivité. Nous formons un groupe de près d'une centaine de personnes. Tant que les prisonniers n'étaient qu'une trentaine, un véritable chef n'était pas nécessaire, mais maintenant, c'est très différent. Je pense que nous devons nous organiser d'une bien meilleure façon au lieu de laisser tout le monde vivre sans loi, n'importe comment. Je suis tout à fait indiqué pour remplir ce rôle de chef. Avant de me retrouver dans ce trou à rats, je dirigeais toute la bande des Crânes de la zone sud.

En entendant parler d'une des plus redoutables hordes

d'écumeurs de York, Élénore se mit à sangloter à grand bruit et Solal vacilla légèrement, comme si on venait de le pousser sans prévenir. Quant à Triss, il lança un coup d'œil traqué à Loé, dont les lèvres formèrent silencieusement les mots suivants : « Je t'avais prévenu ! »

Triss sentit sa respiration s'accélérer. Il remarqua que Max le toisait avec un mépris satisfait mais il n'en avait cure. L'ensemble des adolescents attendaient maintenant la réponse de Solal, qui resta muet.

— Je suis donc prêt à me battre pour devenir le chef de notre communauté, enchaîna Dork nonchalamment, tant je suis persuadé qu'elle a grand besoin de mon aide. Il faut penser à nous enfuir de cette planète ! À nous débarrasser des Meds !

Personne n'osa lui demander comment il allait s'y prendre. Solal recula de deux pas sans même s'en rendre compte. Triss remarqua que les épaules du jeune Noir s'étaient affaissées, et qu'il avait enfoncé ses mains au plus profond de ses poches. Pour cacher leur tremblement ?

— Comme vous le savez tous, répondit Solal d'une voix étouffée, je suis ici depuis très longtemps. C'est tout naturellement que vous m'avez fait confiance en obéissant aux quelques règles nécessaires pour supporter notre enfermement. Je répète donc que je ne vois pas du tout l'intérêt de nous battre, de nous diviser. Il faut présenter aux Meds un front uni.

— Si tu ne veux pas te battre, il te suffit de m'accepter comme chef, ironisa Dork. Et nous montrerons aux Meds que nous sommes capables de nous comporter de façon modèle.

Solal balaya ses camarades d'un regard lent.

—Je n'ai aucune expérience de chef de bande. Pourtant, je ne pense pas que notre petit groupe s'en soit porté plus mal. Tout le monde pouvait parler, on a beaucoup discuté de la meilleure manière de s'occuper…

—Allons, soyons sérieux ! l'interrompit Dork. Je l'ai déjà dit : ce qui est valable pour trente ne suffit plus pour cent. Vos petits jeux de bébé style « Je me souviens » ne peuvent suffire à des hommes. On n'est pas en colonie de vacances !

Solal ne répliqua pas. Il avait l'air un peu égaré, et son visage luisait de sueur. Triss ressentait jusque dans ses propres tripes la terreur qui devait le paralyser.

—Alors, Solal, tu te soumets ? Tu me reconnais comme chef ? clama Dork d'un ton déjà triomphant. Alors, à genoux !

Le jeune Noir fit un effort manifeste sur lui-même et répondit presque clairement :

—Non, Dork. Je suis persuadé que tu ne feras que du mal à notre fragile équilibre. Tu te vois en leader, mais je te l'ai déjà dit : leader de quoi ? Sur quoi ? Une centaine de prisonniers qui attendent le bon vouloir des Meds ? C'est ridicule ! Je suis prêt à me battre pour t'empêcher de devenir notre chef.

—OK, répondit Dork d'un ton froid. Nous y voilà. Formez un plus grand cercle, vous tous.

L'assistance obéit à la hâte. Mon vint se mettre à gauche de Triss avec Arsi, l'habituel boute-en-train, qui ne riait plus. Loé avait passé un bras autour des épaules d'Élénore, qui tremblait affreusement, et se fraya d'autorité une place à droite de Triss. Celui-ci se sentit malgré tout un peu réconforté par sa présence.

Solal ôta lentement le haut de sa combinaison, abîmée par le temps, et roula avec soin son pantalon pour limiter au maximum les dégâts sur ses haillons. Son large torse très amaigri dessinait encore les vestiges d'une belle musculature. Dork était plus petit, mais en nettement meilleure forme. Il n'avait pas été capturé depuis très longtemps, et n'avait donc pas encore dû supporter les épreuves d'une longue incarcération. Il était puissamment musclé, lourd. Son torse portait de nombreuses cicatrices peu profondes d'anciens *brandings* au fer rouge caractéristiques des chefs de bande. Il cracha dans ses mains et les frotta vigoureusement l'une contre l'autre, puis il poussa une poche de son pantalon vers l'arrière comme s'il cherchait à caler quelque chose. Loé agrippa le bras de Triss avec force.

—Dork a une arme ! chuchota-t-elle.

—Quoi ? Qu'est-ce que tu dis ?

—Dork a une arme dans sa poche, j'en suis sûre.

—C'est impossible, répondit Triss impatiemment. Personne n'a embarqué armé ! On est sortis des cellules blanches dépouillés de tout !

Loé le considéra avec exaspération.

—Je te dis qu'il est armé ! J'ai vu le geste qu'il a fait, il a une arme ! J'en suis sûre ! Sois vigilant !

Triss se dégagea sans douceur.

—Lâche-moi ! Tu me gonfles !

Dork et Solal se faisaient face.

—Faut un arbitre ! cria soudain Arsi. Un combat, ça vaut rien sans arbitre !

— OK ! céda immédiatement Dork. Je propose Triss. D'accord ?

— D'accord pour Triss, répondit Solal, immobile.

Stupéfait et inquiet d'avoir été désigné par Dork, Triss fut obligé de s'approcher. Loé le retint une seconde par la main.

— T'en fais pas, murmura-t-elle. Je ne le quitte pas des yeux.

Triss haussa les épaules et s'avança lentement vers le centre du cercle, le cœur battant si fort qu'il lui déchirait la poitrine. Il se plaça entre les deux adversaires dans un silence de mort, essayant sans succès d'avaler sa salive.

— Bon, fit-il d'une voix qu'il ne parvint pas à affermir. On va garder les règles normales du combat à mains nues. Pas de morsures, pas de coups dans les couilles ou de coups de pied dans la tête. Le premier qui déclare forfait a perdu. Pas de temps limite. Ça vous va ?

— OK ! rugit Dork en bondissant sur Solal comme un tigre.

Ses deux poings cueillirent le jeune Noir en plein ventre. Le souffle coupé, Solal s'écroula sur le sol élastique, qui se mit à briller d'une lumière aveuglante ; les Mods s'étaient précipités en masse compacte pour observer ce nouveau comportement.

Dork laissa son adversaire se relever en ahanant ; une victoire trop facile ne pouvait pas asseoir suffisamment son autorité.

Cependant, une fois encaissée la première douleur, Solal semblait avoir dominé sa peur. Ses yeux brûlaient à présent de la flamme du combat, et ses mains fermées formaient des poings impressionnants. Il s'avança à pas tranquilles vers Dork, et, quand ils furent à nouveau l'un en face de l'autre, les coups se mirent à pleuvoir.

Dork recula. Son nez dégoulinait de sang rouge vif formant un dessin en étoile sur son torse. L'œil droit de Solal commençait déjà à se tuméfier. Ils se considérèrent quelques instants en soufflant comme des taureaux avant la charge. Ils bondirent.

Cette fois, Solal tomba à genoux, écrasé sous une grêle de coups. Le nez abîmé de Dork l'avait rendu aussi hargneux qu'une bête blessée. Ses poings, semblables à des marteaux, s'abattirent sur le visage, le cou et le dos de Solal, qui s'affaissait peu à peu. Élénore s'était mise à hurler et Loé la serrait contre elle.

Triss, horrifié, bondit sur Dork, l'agrippa aux épaules et le tira de toutes ses forces en arrière.

—Laisse-le respirer ! suppliait-il.

—Ta gueule ! explosa Dork en fracassant son poing sur la pommette de Triss, qui recula en trébuchant, perdu dans un champ d'étoiles filantes.

Solal avait profité de ce bref répit pour se relever, tout chancelant. Il était dans un état pitoyable. La moitié de son visage avait doublé de volume et ne formait qu'une masse sanguinolente. Il n'arrivait plus à déplier sa haute stature et se tenait plié en deux ; on le devinait prêt à s'écrouler au premier souffle d'air. Dork avait lui aussi beaucoup encaissé, mais il semblait presque frais à côté de Solal et de son visage comme piétiné par une charge de buffles. L'issue du combat ne faisait plus aucun doute : Dork serait le nouveau chef de la prison sous-marine.

Solal secoua la tête de gauche à droite avec vigueur, projetant des gouttelettes de sang à la façon d'un cheval qui s'ébroue. Était-ce pour rassembler ses esprits ou pour dire «non» une dernière fois à ce qui était en train de se passer?

—Tu tiens encore debout? ironisa Dork. Tu veux aller jusqu'au bout? Tu crois avoir encore une chance de me flanquer KO? Négro sans cervelle! Tu ferais mieux de t'écraser! À genoux devant ton maître!

—C'est pas dans les règles! intervint Triss, que la douleur à sa pommette avait rendu furieux. Essaie au moins de te battre une fois dans ta vie à la loyale!

—Tu crois pas si bien dire! s'esclaffa Dork. À la loyale! Écoutez-moi ce boy-scout attardé!

Il repoussa Triss d'un violent coup de poing dans l'épaule et se jeta une dernière fois sur Solal. Celui-ci eut le temps de lever les bras pour protéger son visage, comme un enfant qui craint une claque. Une poignée de secondes plus tard, il s'effondrait à plat dos, complètement sonné, sur un sol de lumière.

Triss laissa échapper un hurlement de rage. C'était fini. Leur ennemi, cette brute de Dork, venait d'imposer sa loi.

Le vainqueur se tenait bien campé, à peine essoufflé, au-dessus du corps allongé de Solal. Un sourire triomphant plissait ses joues balafrées d'assassin. Quelques maigres acclamations fusèrent du côté de ses partisans.

—Eh, vous tous, vous savez pourquoi ma bande s'appelle les Crânes? beugla-t-il à la cantonade.

Un silence de mort s'abattit sur l'assistance.

—Parce que nous avons l'habitude de scalper nos ennemis vaincus ! vociféra-t-il alors à pleins poumons.

D'un geste vif, il plongea sa main dans la poche de son pantalon.

—Triss ! Attention ! cria Loé, dont la voix ricocha inutilement à travers toute la salle ronde.

—Non ! hurla Élénore.

Dans le poing serré de Dork brillait une parodie de couteau, un morceau de métal tordu et effilé, mortel, arraché à la navette. Tétanisé, Triss ne pouvait détacher son regard de cette lame sinistre. Une seule arme, et c'était ce dingue qui la possédait ! Ses yeux exorbités d'horreur virent Dork s'approcher de Solal, s'asseoir à califourchon sur son ventre. Personne ne bougeait, personne n'osait même respirer, et Triss comprit soudain dans une fulgurance que personne ne bougerait, ni Arsi ni Mon, et que Dork allait vraiment le faire. Élénore était paralysée de terreur. Ce n'était pas une menace en l'air. Il allait vraiment scalper Solal pour imposer définitivement sa tyrannie. Après cet acte de barbarie-là, il pourrait tout se permettre, plus personne n'aurait le courage de s'interposer.

Alors Triss ne réfléchit plus. Serrant les poings à se briser les doigts, il sauta sur le dos de Dork et le saisit par le cou juste au moment où celui-ci saisissait une poignée des cheveux du vaincu. Dork encaissa l'attaque étonnamment bien ; il semblait avoir prévu une réaction de ce genre. Au lieu de résister à Triss, il se laissa tomber sur le sol et roula.

Le couteau, changeant de proie au dernier moment,

flaira la faille dans le mouvement de Triss et plongea profondément dans sa poitrine.

Une sorte de choc violent et, la seconde d'après, une onde de douleur atroce. Triss s'écroula en hurlant à côté de Solal. Il y eut un mouvement d'horreur quand son sang jaillit, les jeunes se levèrent en désordre. Certains reculèrent, firent quelques pas pour s'enfuir. Élénore, les yeux agrandis d'épouvante, ne parvenait toujours pas à bouger, mais Loé se précipita sur Triss.

—Espèce de salaud ! Assassin ! cria-t-elle à Dork, les yeux brouillés de larmes, ordure !

—Écoutez-moi cette sainte-nitouche ! s'esclaffa Dork, qui s'était redressé et levait bien visiblement sa main rougie du sang de Triss. Elle a le culot de me traiter d'assassin !

Triss tremblait et haletait en gémissant, les mains crispées sur la poignée de l'arme qui sortait encore de sa blessure. Il était couché au milieu d'une mare de sang que le sol d'eau absorba d'un seul coup. La lumière des Meds prit alors une étrange intensité accompagnée de clignotements. Solal, qui s'était rassis non sans difficulté, regardait, atterré, son ami grièvement blessé.

—Et maintenant, le coup de grâce, cria Dork en se penchant sur Triss, dont il agrippa les cheveux. On va pas le laisser salir le plancher plus longtemps !

—Arrête, Dork, arrête, je t'en prie ! supplia Loé.

—Dork, articula faiblement Solal de ses lèvres gonflées. Laisse-le. Nous avons compris. Nous nous soumettons tous.

—Ne t'inquiète pas, exulta Dork avec un affreux sourire, chacun son tour !

La brute allait arracher le couteau de la plaie pour achever le malheureux. Triss, que la douleur suffoquait, eut le temps de croiser son regard et il n'y lut rien d'autre que la satisfaction du fauve pour qui le sang est une ivresse.

Soudain, il y eut un étrange remue-ménage de Meds juste au-dessus de Dork. Des lumières tombèrent en déluge de feux colorés. Au moment où la main du nouveau chef touchait le manche du couteau, une colonne d'eau serpentine jaillit comme un fouet et s'enroula autour de son cou épais, puis le tira violemment en arrière. Dork voltigea à travers la pièce ronde en beuglant de surprise.

— Saloperie ! hurla-t-il en bondissant pour rejoindre le groupe.

Il fit trois enjambées. Un cylindre d'eau tomba autour lui, bloquant net sa course.

— Les Meds l'ont isolé ! murmura Loé avec stupeur.

Tous pouvaient voir Dork s'affoler de fureur à travers le tube transparent. Il frappait les parois élastiques, se jetait de toutes ses forces contre elles et rebondissait telle une balle.

— Les Meds ont compris ce qu'il venait de faire, fit Solal avec difficulté, et ils l'ont mis en quarantaine comme un animal enragé, ce qu'il est.

Triss avait eu la faible satisfaction de voir son ennemi emprisonné, mais il sentait bien que ce serait son dernier petit plaisir. Il avait froid et affreusement soif. Son sang fuyait son corps, pareil à un fleuve en crue.

— Solal, supplia Loé, il faut arrêter l'hémorragie, sinon il va mourir…

Elle chercha des yeux une idée, et arracha finalement un morceau de sa chemise pour en faire un tampon autour de la plaie. En une seconde, le fin tissu fut totalement imbibé. Elle éclata en sanglots.

— Tu crois qu'il faut enlever le couteau ? murmura Solal, qui manifestement ne savait que faire.

— Non, non, pitié, laisse-le… haleta Triss d'une voix mourante. Tu le récupéreras… après.

Solal lui prit la main. Il avait du mal à baisser les yeux sur le visage défait, affreusement blême, de son ami tant les lumières clignotantes du sol devenaient insoutenables.

— Triss…

Des larmes coulèrent de ses yeux enflés.

— Dis-moi… dis-moi quelque chose… souffla le blessé.

— Au nom d'Allah, le Miséricordieux…

La voix de Solal se brisa.

— … quand je marche dans la vallée des ombres, continua Élénore, qui avait enfin réussi à ramper jusqu'à eux, tu me protèges…

— Attention ! Le sol bouge autour de vous… avertit Mon.

Solal et Loé eurent un mouvement de recul au moment où la zone qui avait absorbé le sang de Triss commençait à s'incliner en entonnoir. Triss se sentit plonger et eut un bref sursaut pour se redresser.

— Retenez-moi ! tenta-t-il de crier malgré une quinte de toux sanglante qui le fit se convulser.

Déjà il s'enfonçait à l'intérieur d'un piège d'eau de très petites dimensions, pas plus grand qu'un cercueil de verre.

—Loé ! haleta-t-il, Solal !

Son ami et la jeune fille, épouvantés, lui tenaient encore chacun une main. Ils s'étaient reculés sur la partie plane du sol, en arrière de l'entonnoir, et ils n'osaient s'en approcher davantage tant ils craignaient d'y tomber à leur tour. Triss se sentait déraper, comme aspiré par le trou. La terreur le fouetta si fort qu'il faillit presque se mettre à genoux.

Il glissait inexorablement au creux du piège, et son corps ne lui obéissait plus. Solal dut lâcher la main de Triss. Il cria une dernière fois son nom et rattrapa de justesse Loé qui se penchait à l'extrême. Les pointes des cheveux de la jolie métisse effleurèrent le visage du blessé. Celui-ci fit un geste vague, cherchant d'instinct à s'agripper à ces longues mèches noires qui le frôlaient à la façon de cordages lancés à un homme qui se noie. Loé eut un mouvement de recul involontaire pour fuir ses doigts sanglants ; sa chevelure fut hors d'atteinte.

—Noooooon !

Le piège d'eau se referma.

II
La vallée des ombres et des lumières

Triss était recroquevillé sur le sol d'eau solidifiée. Ses cheveux trop longs, trempés d'une sueur malsaine, collaient à ses paupières, cependant il n'avait plus ni la force ni l'envie de les repousser avec la main. Une goutte de sueur acide tomba dans ses yeux et il cilla avec force, une, deux fois. Une mèche glissa sur sa joue, libérant un œil. La lumière avait fortement baissé. Il n'y avait presque plus de Meds autour de lui. Des parois d'eau solide formaient une sorte de sarcophage qui épousait son corps meurtri. L'habitacle était minuscule, mais il y respirait toujours un air bien oxygéné qui s'en allait gargouiller au fond de son poumon blessé. Il baignait littéralement dans une mare tiède et poisseuse : son sang.

Je vais saigner à mort et finalement mourir tout seul, comme papa.

Il se sentait étrangement détaché, trop engourdi et souffrant pour avoir vraiment peur. Pourtant, quand il vit le Med se coller à quelques centimètres de son visage, de l'autre côté de la paroi d'eau, il eut encore un faible soubresaut.

Il n'avait jamais vu un Med d'aussi près. La paroi qui les séparait était particulièrement fine et transparente, si bien qu'il distinguait tous les détails des ramifications, des plis, des filaments de la créature. Des lumières dansantes couraient le long de ses tentacules en un ballet féerique. Les autres Meds s'étaient éloignés, laissant seul celui-là, qui clignotait avec animation.

Soudain, la couleur du Med passa au verdâtre. À la façon d'un poulpe qui cherche à sortir de son aquarium, il appuya résolument ses tentacules contre la paroi d'eau. Deux d'entre eux la traversèrent.

Triss était dans un bien trop piteux état pour s'étonner de quoi que ce fût. Il eut à peine un vague frémissement à la vue de ces serpents qui se contorsionnaient en pénétrant dans son cercueil ; sa respiration devint un halètement, alors qu'il aurait voulu courir, se débattre, hurler pour s'éloigner.

Je vais mourir vite, au moins. Les tentacules empoisonnés ressemblaient à de gros vers translucides, des filaments brillaient à l'intérieur et formaient une sorte de bouquet mobile aux extrémités. Ces filaments, très souples et maniables, se tortillèrent jusqu'au couteau, qui saillait toujours de la poitrine de Triss. Le premier tentacule enroula délicatement ses petits fils autour du manche, tandis que le deuxième rampait jusqu'à la plaie et se couchait sur la peau nue de Triss, là où le couteau avait déchiré sa combinaison.

Triss se raidit dans l'attente de l'effet du venin ; il ne se passa rien. Soit ce Med-là n'était pas venimeux, soit, ce qui lui parut plus probable, il avait rendu ses tentacules aussi inoffensifs que deux tubes de plastique. Que diable lui voulait-il ?

Le premier tentacule du Med arracha à la vitesse de l'éclair le couteau de la plaie et le jeta sur le sol. Simultanément, l'autre plongea ses filaments dans les profondeurs des chairs, d'où jaillissait un vrai geyser de sang vermeil. Triss poussa un hurlement terrible.

L'hémorragie s'arrêta net. Le Med avait trouvé l'artère coupée et en appuyait fermement les extrémités l'une contre l'autre à l'aide de ses filaments. Exsangue, Triss plongea dans l'inconscience.

Il traversa un brouillard noir.

Un frais filet d'eau douce coulait sur ses lèvres, presque dans sa bouche.

Il avait terriblement soif.

Il n'eut qu'à entrouvrir la bouche pour boire, puis il souleva péniblement les paupières.

Je ne suis pas encore mort ? se demanda-t-il avec stupéfaction. Il avait l'impression que son corps n'était plus qu'une masse de plomb. Au moins, la douleur était engourdie.

Tout était silencieux : il n'entendait que le souffle rauque de sa respiration et les battements agités de son cœur. Son cercueil d'eau était toujours faiblement éclairé : agglutiné à la paroi, le Med solitaire ne bougeait pas. Son tentacule passait juste devant le visage de Triss et s'enfonçait dans sa poitrine.

J'ai l'impression qu'il a compris que j'allais mourir en perdant tout mon sang. Et il ne veut pas que je meure. Mais il ne sait pas comment s'y prendre pour réparer les dégâts. Au lieu de faire des points de suture, il préfère tenir et attendre que ça se ressoude ! Ça veut au moins dire que ce Med ne me veut pas de mal. Va te falloir de la patience, mon gars !

Triss eut un pâle sourire à l'adresse de la grosse masse gélatineuse, verdâtre, qui tenait sa vie entre ses filaments, et il replongea dans un sommeil comateux.

Le temps qui suivit apparut à Triss comme une succession de brefs instants de lumière coupés de longues périodes d'inconscience.

Il buvait un peu.

Il dormait.

Il luttait contre une fièvre qui le consumait littéralement.

Des boulettes de nourriture apparurent près de lui alors qu'il était bien incapable de les prendre. Ces boulettes furent remplacées par des graines à cosse, qu'il ne toucha pas non plus.

Un autre jour – mais lequel ? –, la créature fit traverser un tentacule tenant une boulette fraîche. Les petits filaments prélevèrent une minuscule portion de nourriture et l'enfoncèrent dans la gorge de Triss si bien qu'il finit par réussir péniblement à l'avaler. Les filaments le chatouillaient, il maîtrisa de justesse un haut-le-cœur.

C'est le comble ! Maintenant, les Meds me donnent la becquée comme à un bébé. Il eut envie de rire, sans en avoir la force.

Le Med lui fit patiemment manger la boulette. Quand Triss n'en voulait plus, il tournait la tête, buvait un peu. Le tentacule s'immobilisait alors pendant un long moment avant de reprendre son manège.

Le temps continua à s'écouler. Triss était jeune, robuste. Le couteau n'avait pas tranché d'organes vitaux. Le Med avait stoppé l'hémorragie avant qu'elle ne dépasse le point de non-retour.

Le jeune homme ne mourut pas.

Très progressivement, après une multitude de sommes cauchemardesques, de poussées de fièvre, de réveils douloureux et de becquées, il sentit qu'il commençait à aller moins mal, puis qu'il commençait à aller mieux.

Le Med faisait preuve d'une patience inaltérable. De temps en temps, d'autres Meds venaient le voir, et repartaient en brillant de mille feux. Son infirmier, lui, ne bougeait pas d'un millimètre.

—Ami med, balbutia Triss d'une voix râpeuse, j'ai l'impression que tu m'as sauvé. Si tu avais des yeux et si tu chantais un peu mieux, je t'appellerais bien Orphée. Tu es allé me chercher au royaume des morts, et tu m'as ramené à l'air libre. Enfin, l'air libre, c'est une façon de parler…

Sa main glissa contre la paroi d'eau.

Il examina longuement le Med immobile, cherchant des yeux, une bouche. Il ne pouvait rien distinguer d'autre qu'une masse compacte parcourue de lumières.

—Orphée, je suis sûr que toi aussi tu as quelque chose qui te permet de m'observer, puisque tu arrives à me filer à manger sans tâtonner. Mais c'est bien le diable si j'arrive à trouver avec quoi tu me vois.

Triss avait assez bougé et réfléchi pour la journée. Il s'installa à nouveau confortablement et s'endormit.

Quand il se réveilla, il fut surpris d'avoir très faim. Il essaya de s'asseoir et y parvint avec un grand luxe de précautions, prenant appui contre les murs d'eau de sa main valide. Le Med le laissa faire sans bouger, se contentant d'accompagner ses mouvements de son tentacule. Les parois changèrent un peu de forme quand sa tête toucha le plafond, prenant celle d'une coupole miniature. Dès que Triss eut fini de s'installer, le tentacule nourrisseur passa à travers la paroi et saisit une graine à cosse qu'il commença à décortiquer avec dextérité.

—Je crois que je vais pouvoir manger seul... fit Triss en tendant la main vers la graine.

Ses doigts frôlèrent les filaments, qui se rétractèrent instantanément, comme les yeux des escargots quand on les touche. Le garçon avait lui aussi retiré sa main d'un geste vif. Il attendit quelques minutes, le cœur battant violemment. Le tentacule, qui avait retraversé la paroi d'eau, ne revenait pas. Triss retrouva vite son calme. Il ramassa la graine avec des gestes mesurés et mangea lentement. La nuance verte du Med commença à tirer sur le jaune citron, et sa brillance clignotante s'intensifia, ce qui attira une foule de curieux.

Bientôt, une masse de Meds se mit à grouiller autour de la minuscule coupole où se trouvait Triss.

—Je suis l'attraction du jour, on dirait, grommela-t-il. L'humain increvable. Vous êtes venus féliciter mon pote soigneur? Eh bien, c'est un excellent infirmier, quoiqu'un peu pot de colle. Quand il vous tient, il ne vous lâche plus.

Les Meds tourbillonnaient autour de lui à la façon de papillons fascinés par une lampe.

—J'imagine comme il doit être fier, Orphée. Il doit répéter à tous ses copains : « Vous voyez, je vous l'avais bien dit ! Les humains crèvent quand ils deviennent liquides et rouges ! J'avais raison ! Bon, d'accord, j'ai les filaments coincés dans sa viande, et c'est pas ragoûtant… mais je pense qu'il va finir par se ressouder avant que je ne fossilise ! » Sacré Orphée, va !

Tout en mangeant, Triss admirait l'étourdissant ballet des Meds. Il avait l'impression d'être entré à l'intérieur même d'un kaléidoscope.

Il s'allongea à nouveau sur le sol : la tête lui tournait un peu. Il s'endormit immédiatement.

Quand il reprit conscience, bien des heures plus tard, il était nettement plus en forme. Il put s'asseoir presque tout de suite.

— Je vais bientôt pouvoir gambader, mec, dit-il au Med. Et ce sera uniquement grâce à toi. Tu viens d'entrer dans l'histoire. Dans l'histoire med, au moins. Pour l'histoire humaine, il y a encore pas mal de boulot devant nous.

Il bougea un peu son bras gauche, du côté opposé à sa blessure. Celle-ci le tirailla vivement.

— Évidemment, je ne suis pas encore guéri, soupira-t-il, même si ça avance. Après, faudra s'intéresser à l'étendue des séquelles.

Il gardait constamment replié le bras du côté de la blessure et n'osait pas le remuer. La plaie avait été profonde, tranchant peut-être des ligaments ou des muscles qui permettaient la mobilité de son épaule. Il ne pouvait savoir jusqu'où le Med était allé dans ses travaux de réfection.

Le tentacule soigneur, immobile, brillait faiblement sur sa poitrine. Aucune goutte ne perlait à la jointure du mur d'eau, comme si le tentacule et la mer solide ne formaient qu'un. Triss l'observa un moment et, mu par une impulsion irréfléchie, leva brusquement un doigt pour le toucher.

La réaction réflexe du Med le prit au dépourvu. Le tentacule soigneur se rétracta d'un coup, ce qui fit basculer Triss en avant et réveilla en lui une douleur terrible. Il s'écroula sur le sol en hurlant, palpant sa poitrine ; il lui semblait que le couteau venait à nouveau de le frapper. Par chance, le Med avait arrêté son geste juste à temps, et les filaments tenaient encore bon dans son corps. Tremblant et couvert de sueur, Triss resta plusieurs minutes immobile à se maudire et à attendre que la douleur reflue.

Je suis un con ! Si Orphée n'avait pas été assez malin pour se maîtriser, il m'aurait arraché la moitié de l'épaule.

Bouleversé, il se rassit prudemment. La douleur lui donnait des nausées. Il tourna son visage couvert de sueur vers Orphée :

— Je t'ai surpris… effrayé… Tu as peut-être cru que j'allais te faire du mal.

Le tentacule brillait plus fort, le Med également. Une nuance orange l'enveloppait, et une foule de Meds sortis de nulle part s'était précipitée.

— N'ayez crainte, vous tous, je ne ferai plus rien ! dit Triss en mettant ses mains derrière son dos. Alors surtout, Orphée, pas de geste inconsidéré !

Il resta un long moment adossé à la paroi d'eau avant de remarquer que tous les Meds présents, eux aussi, restaient singulièrement immobiles.

— Vous attendez quelque chose, les mecs ? Vous voulez voir si je vais essayer de nouveau de toucher mon pote l'infirmier ?

Le tentacule qui passait tout près de son visage, aussi mou qu'un long serpent endormi, avait retrouvé sa couleur habituelle.

Triss commença par lever très lentement sa main valide à hauteur de sa poitrine. Le tentacule soigneur ne bougea pas. Ensuite, il fit glisser sa main vers lui, puis il replia un à un les doigts pour ne laisser que son index pointé. Enfin, millimètre par millimètre, il l'approcha du tentacule d'Orphée, qui se tendit comme une corde mais sans exercer aucune traction sur la blessure.

Le bout de son doigt appuya avec une infinie douceur sur l'étrange matière brillante. C'était tiède, lisse, un peu élastique, avec des zones très chaudes près des filaments, qui ressemblaient en cela à des résistances électriques.

Un petit geste pour l'homme, un grand pour les Meds... déclara Triss pour lui-même. *Si Solal me voyait, il écrirait une demi-douzaine de chapitres... Si ça se trouve, au train où vont les choses, je vais peut-être finir par pouvoir lui raconter mon histoire moi-même...*

Triss caressa le tentacule avec précaution pendant quelques instants. Sa texture n'avait rien de gluant ni de visqueux, contrairement à ce qu'on lui avait répété dans la cellule blanche ou pendant les cours du simulateur. C'était un organisme souple, manifestement gorgé d'eau.

—Finalement, t'es un truc banal, conclut Triss en laissant retomber sa main. Une bestiole adaptée à la flotte et qui réfléchit vraiment bien. Rien de surnaturel ou de diabolique. Reste à savoir ce que toi et tes copains vous venez faire sur notre planète. Et pourquoi vous nous attaquez sur la Terre alors que vous nous avez bien traités ici…

Question insoluble. Le Med clignotait en passant par toutes les nuances de l'arc-en-ciel, et le grouillement des badauds ne cessait d'augmenter. Triss ne put réprimer un sourire.

—La radio med locale va s'intéresser à l'affaire ! Un humain touche un Med ! Ah ! Si seulement on pouvait discuter autour d'une bière ! Vous me répondriez que la diplomatie, avec Dork, n'a mené qu'à un duel de coqs alors qu'on est de la même espèce… N'empêche… si j'avais une lampe… On pourrait au moins tenter autre chose que de se regarder en chiens de faïence : jouer aux signaux lumineux.

Lentement, le Med fit passer un deuxième tentacule à travers la paroi d'eau. Ce fut au tour de Triss de se reculer craintivement. Les petits filaments du tentacule se rapprochèrent avec lenteur, imitant les précautions de Triss, avant de se poser sur sa main et de frétiller sur sa peau. Ça le chatouilla comme s'il avait eu un gros mille-pattes sur la paume, et cette sensation lui provoqua une violente chair de poule.

—OK, c'est bon, c'est bon, arrête, sale bête, grogna-t-il en retirant sa main. Pas trop de familiarités, s'il te plaît.

Au même moment, il sentit un fourmillement lui

hérisser la nuque et il se tourna vivement. Un fouillis de tentacules d'autres Meds curieux grouillaient derrière lui pour le toucher. Il fit un bond, se cogna au plafond d'eau très bas, soudain fou de terreur.

—Non ! Foutez-moi la paix ! Dehors ! Non ! Ne me touchez pas !

Sa main valide frappa à grands gestes les tentacules, et son cœur se mit à battre à un rythme forcené. Le Med soigneur dut comprendre que quelque chose n'allait pas. Peut-être ses filaments étaient-ils habitués à ressentir les vibrations lentes des battements de son cœur et leur accélération brutale et incontrôlée lui parut-elle anormale ? Il devint violacé. Les tentacules curieux quittèrent la petite coupole avec précipitation, et Triss, en nage, se laissa retomber sur le sol.

—Désolé, les gars, balbutia-t-il. Je ne pouvais pas supporter ça. J'avais l'impression d'être plongé dans un bain de mygales. Je peux pas. Par pitié, ne me touchez plus.

12
Le passage

Un matin, Triss éprouva une drôle d'impression au niveau de sa blessure. Il était libre. Les filaments qui avaient suturé la plaie pendant un temps indéterminé s'étaient dégagés en douceur lors de son sommeil. Orphée nageait gracieusement autour de lui. Il semblait profiter de sa mobilité retrouvée pour faire quelques brasses bien méritées.

Triss passa lentement sa main valide sur sa blessure. Elle était encore fraîche, sensible, mais elle semblait bien refermée. Une vilaine cicatrice rouge et un peu boursouflée barrait largement sa poitrine. À son grand soulagement, son bras côté blessure obéit aux petits mouvements qu'il tenta de faire.

Et voilà, je suis vivant et entier. Orphée a même décidé qu'il pouvait me retirer mon cordon ombilical. Vu comme il est mère poule, je suppose que c'est parce que je ne risque plus rien.

Il ramassa une graine à cosse, la décortiqua et la mangea en prenant son temps, puis décida d'essayer de se mettre debout. Les parois anticipèrent son mouvement et agrandirent la coupole. Il s'étira prudemment, vacillant sur ses jambes affaiblies. Le Med qui l'avait soigné allait et venait dans un jaillissement de lumières. Bientôt, une nuée de ses congénères apparut pour observer ce nouveau phénomène : l'humain blessé debout.

—Bande de badauds ! grommela Triss en voyant la foule augmenter. Quelle que soit l'espèce, nous sommes tous les mêmes... Tous les mêmes... Orphée... Où es-tu ? Orphée ? Non !

Le jeune homme avait lâché des yeux une seconde le Med dans la foule et, à présent, il était bien incapable de reconnaître son sauveur parmi tous ceux qui évoluaient autour de lui. Même masse gélatineuse, mêmes chatoiements. Comme des fourmis paraissent aux yeux d'un être humain toutes identiques. Orphée était sans nul doute un individu précis pour sa communauté, mais, aux yeux de Triss, rien ne le distinguait d'un autre Med.

Le jeune homme éprouva une vague d'atroce chagrin, un brutal sentiment d'abandon. Des larmes perlèrent à ses paupières.

—Je suis ridicule, fit-il en se frottant vigoureusement les yeux. Ça ne rime à rien de regretter un gros tas de gélatine, même si ce gros tas m'a sauvé. Il n'y a qu'une seule chose qui compte : il faut que je sorte de cette coupole et que je retrouve les seuls êtres de l'univers qui ressemblent un peu à des amis : Loé et Solal.

Son regard erra sur le sol transparent et tomba sur la

lame couverte d'écailles noircies de son sang séché. Le Med l'avait laissée à côté de lui, et ni l'un ni l'autre n'avaient jamais osé y toucher. Cette fois, il se pencha pour ramasser le couteau. Un étourdissement imprévu le fit tomber à genoux et il se coupa légèrement en serrant trop fort la lame. La petite douleur acide lui en rappela une autre, la terrible, la monstrueuse qui avait torturé sa poitrine pendant des jours. Il réprima un frisson. Les Meds anonymes flottaient, inaccessibles, de l'autre côté des parois. Son sentiment de solitude se fit plus vif.

Je me demande comment Solal a fait pour tenir tout seul. J'en serais incapable.

Il se rassit lentement, le couteau à la main. Une goutte de sang perla à travers ses doigts et tomba sur le sol d'eau. Aussitôt, un tentacule, à l'évidence celui d'Orphée, inquiet pour son protégé, jaillit de la mer pour explorer la coupure superficielle.

—Attends ! supplia Triss en lui tendant la main pour qu'il l'examine. Ne me laisse pas tout seul, je t'en supplie !

Il arracha vivement un long morceau de sa combinaison pendant que les filaments couraient sur la peau à peine entaillée.

—Attends... Je veux pouvoir te reconnaître ! Tu es un individu unique au monde, et non pas un Med parmi les Meds !

Il noua rapidement le morceau de tissu autour du tentacule d'Orphée, qui, surpris, se retira en un éclair de la coupole.

Un court instant d'espoir. Triss contemplait les Meds

attroupés et Orphée, bien reconnaissable, qui se tortillait brillamment avec eux. Malheureusement, le tissu satiné se mit très vite à glisser le long du tentacule lisse tel un bracelet trop grand… puis coula lentement vers les abysses.

—Non ! cria Triss. Essaie de comprendre pourquoi je te l'ai mis ! Réfléchis, Orphée !

Le Med était retourné à son anonymat.

Triss ferma les yeux, laissa tomber sa tête sur ses genoux repliés. Il repensa point par point à sa situation.

Je vais devoir attendre... attendre encore... Et si les Meds n'ont pas prévu de me ramener chez les autres ? Et si je me retrouvais prisonnier, seul ?

Cette pensée lui parut si horrible qu'il la repoussa avec force.

Me voient-ils comme un individu précis ? Si c'est le cas, ils savent que je cherche la compagnie de certains de mes semblables... Ils savent que j'ai été blessé pour protéger un ami et ils devraient logiquement me ramener à lui... Mais s'ils ne le font pas...

Il serra plus fort le manche du couteau dans son poing.

S'ils ne le font pas, j'ai toujours ça... Et que fait un prisonnier normal dans une cellule ? Il cherche à s'évader... À creuser un tunnel, par exemple... Mais comment peut-on creuser de l'eau ?

Son esprit vagabonda un peu. Il retrouva le souvenir enfoui d'une ancienne histoire dans laquelle un couteau ouvrait des portes invisibles entre des mondes…

Pourquoi pas ?

Le couteau ferme dans la main, il choisit un endroit où les Meds étaient les moins nombreux et appuya de toute sa force la pointe contre l'eau solidifiée. Il y eut d'abord une résistance, puis son couteau traversa la paroi comme s'il avait coupé une part de flan. De l'eau de mer sous pression jaillit, glacée, attirant des Meds qui colmatèrent la brèche aussitôt.

S'ensuivit un grand conciliabule en feu d'artifice, puis, soudain, les Meds parurent s'être mis d'accord. Une petite faille s'ouvrit dans la mer. Triss s'y glissa sans un regard en arrière.

— Allez, aidez-moi à retrouver mes copains... supplia-t-il d'une voix fervente. Soyez chics, les Meds ! Faites-moi un beau petit couloir ! Orphée, s'il te plaît, guide-moi hors de cet endroit et ramène-moi dans le monde des hommes !

Les Meds ne pouvaient bien sûr pas l'entendre, ni surtout le comprendre, mais quand ils constatèrent qu'il plantait à nouveau son couteau dans la paroi, ils réagirent. Cette fois, ce fut un long couloir parfaitement rectiligne qui s'ouvrit, descendant vers les profondeurs comme un tube transparent. Triss mit le couteau dans sa poche et s'y engagea sans hésiter. Dès le premier pas, il glissa : la pente était aussi lisse que celle d'un toboggan géant.

— Heyyyyyyy !

Il prenait de la vitesse. Il sentait son dos s'échauffer, ses mains plaquées contre le sol s'irriter. Bientôt il allait perdre tout contrôle et se mettre à dévaler en culbutes de plus en plus sauvages. Mais les Meds veillaient. Dès qu'il commença à rouler pêle-mêle, ils comprirent que quelque chose n'allait pas et redressèrent le tube. Triss glissa encore longuement avant de s'arrêter.

— Vous êtes dingues ! Complètement dingues ! gémit-il en massant son épaule douloureuse. Pourquoi vous me faites ça ?

Une petite dizaine de Meds l'avaient accompagné dans sa chute. Ils brassaient l'eau de leurs tentacules et brillaient de mille feux. Après une conversation de lumières explosives, tous détalèrent à l'exception d'un seul, que Triss supposa être Orphée. Quel autre Med lui prêterait autant d'attention ?

— Je veux retrouver les miens ! s'exclama Triss en se relevant et en frappant violemment le plafond d'eau de son couteau.

Une douche d'eau de mer l'inonda aussitôt et s'engouffra dans sa bouche ouverte. Il recula, trempé et furieux, plié en deux par une quinte de toux. Orphée répara la brèche et transforma le tube en une petite coupole.

— Non ! s'écria Triss. Ramène-moi auprès des miens, je t'en prie.

La coupole, loin de remonter, se mit au contraire à descendre à la verticale à grande vitesse, à la façon d'un ascenseur.

— Qu'est-ce que tu fais, Orphée ? fulmina Triss.

L'estomac retourné, gelé, le jeune homme se laissa tomber à plat ventre et attendit la suite des événements. L'étrange comportement du Med avait sans doute une explication.

Il eut raison de prendre son mal en patience, car ce qu'il vit, il ne devait jamais l'oublier.

13
La cité des Méduses

La température de la coupole avait nettement fraîchi : Triss plongeait dans les profondeurs noires des abysses de Médusa, toujours plus profondément, et Orphée ne pensait pas à réchauffer l'habitacle. Le jeune homme, trempé, se mit à grelotter.

Peu à peu, il lui sembla qu'une lueur verdâtre ne venant pas d'Orphée était exhalée par l'obscurité de l'eau. Bientôt son impression se fit certitude. La coupole cessa de descendre, en douceur, et la lumière glauque, maladive, devint plus intense.

Elle dévoilait et altérait à la façon de lambeaux de brume un paysage de montagnes sous-marines d'une taille titanesque. Une grande dorsale volcanique, aux arêtes aiguës et déchiquetées, serpentait à perte de vue, et dans cet amas de dents et de crocs se mêlaient d'impossibles formes rondes. Triss se rapprocha de la paroi pour mieux voir. Il comprit alors qu'il avait la chance de contempler ce qu'aucun autre être humain n'avait vu avant lui et ne verrait après lui : l'Atlantide des Méduses.

Parmi les dentelures de rochers s'égrenait un ensemble

de structures rondes, formées de grosses bulles irisées, assemblées avec méthode et symétrie. Avec art… Il était évident qu'un esprit sensible et intelligent avait imaginé cette architecture avant de la construire, que quelqu'un avait rêvé son harmonie et sa pure beauté avant de la mettre en œuvre à un endroit précis et pensé. C'était beau, beau et colossal, telles que devaient être les pyramides avant que les villes ne les digèrent pierre à pierre.

Triss avait oublié l'inconfort de ses vêtements mouillés, la douleur sourde de sa poitrine. Il regardait si intensément que ses yeux se mirent à larmoyer.

Un lointain écho lui répétait : « Regarde, de tous tes yeux, regarde ! »

Comment pourrait-il un jour décrire l'irisation particulière qui glissait sur ces bulles comme des aurores boréales… Comment pourrait-il retrouver le détail exact de cette œuvre, les proportions parfaites en des milliers d'enchâssements différents qui utilisaient et épousaient le moindre détail du paysage ?

« Regarde, de tous tes yeux ! Regarde ! »

Il n'avait rien en main, ni de quoi écrire ni de quoi photographier ou même dessiner, mais il fallait qu'il se souvienne de toute cette complexité, de cette preuve d'une intelligence merveilleuse chez ces créatures d'eau. Orphée ne l'avait sans doute amené là que dans cette intention : partager ce qui allait être détruit ou oublié. Ou alors recréé dans les océans terriens ? Le Med nageait tout autour de la coupole en agitant désespérément ses tentacules lumineux. Ces flashs de plus en plus intenses attirèrent l'attention du jeune homme.

— Orphée, mon pauvre vieux, fit Triss à voix haute. Je vois bien que tu me parles, que tu me racontes, mais même si tu es en train de réciter l'*Iliade* et l'*Odyssée*, tu pourrais aussi bien t'adresser à un rocher. Je ne comprends rien, rien, rien…

Il regarda encore, il regarda mieux. L'ensemble de la structure était assez faiblement éclairé par rapport à l'habituelle luminescence des Meds. Était-ce parce qu'elle se mourait, presque éteinte ? Orphée était venu jusque-là seul… Peut-être parce que c'était dangereux ? La cité, si c'en était une, était agonisante, vidée de ses occupants… Que voulait donc lui montrer le Med ? Pourquoi ne le laissait-il pas approcher plus pour qu'il observe le détail des constructions ?

— Tu veux sans doute m'expliquer pourquoi vous avez besoin d'aller sur Terre. Votre océan ne vous convient plus. Vous avez déserté votre ville. Ce que tu me montres est en rapport avec votre exode… Mais que suis-je censé deviner ?

Lentement, en dessous d'eux, les édifices d'eau solidifiée tremblaient dans les courants, aussi légers que des bulles de savon portées par le vent. Triss crut voir que certaines bulles, à bien y regarder, semblaient opaques. Un film d'algues ou de poussière semblait les avoir recouvertes. Était-ce cette algue l'origine du problème des Méduses ? Ou alors était-ce les fumerolles noires des volcans qui s'étendaient en un nuage de pollution énorme au-dessus de la ville ? En ce cas, pourquoi ne pas la construire ailleurs ? Sans doute le problème était-il d'une tout autre nature, qu'il était bien incapable de concevoir…

— Je ne vois pas ce que tu veux me montrer, Orphée, murmura-t-il, mais au moins je sais une chose : ce que vous savez faire est magnifique. Je le dirai un jour sur Terre si je le peux et si quelqu'un veut l'entendre. Bien que cela soit inutile… Ce n'est pas parce qu'un peuple crée des œuvres d'art que la guerre lui est épargnée… Je le dirai à Solal… si je le revois un jour…

Orphée cessa de s'agiter et d'étinceler. Il commença à nager vers le haut, tirant la coupole après lui.

— Non ! Attends ! Attends ! Je n'ai pas tout vu !

Lentement, lentement, comme brisé par le chagrin, Orphée remontait. Il avait l'attitude de quelqu'un qui n'arrive pas à s'arracher aux ruines de son palais incendié ou à la vue de la plus belle cathédrale de son pays entièrement mise à sac par des barbares.

— Attends !

Triss restait collé à la paroi de la coupole. Cet endroit magnifique allait disparaître. Il ne fallait pas qu'il en perde un seul regard ; il devait se concentrer pour en garder la plus fidèle image. S'il se rappelait des détails faux ou s'il en rajoutait, les descriptions qu'il en ferait à l'avenir s'éloigneraient peu à peu de la réalité. Au fil du temps, il risquait de ne se rappeler qu'une pure élucubration de son imagination.

14
Retour au dôme

La cité des Méduses se fondit dans la lumière verdâtre, qui s'éteignit à son tour. Ils remontaient de plus en plus vite. Bientôt ils furent rejoints par un banc d'autres Meds, et Orphée se perdit à nouveau au sein de leur masse anonyme. Avec un soupir, Triss frotta ses yeux fatigués et se rappela qu'il avait été question de s'enfuir. Il raffermit sa main sur le couteau, chercha un appui.

Mais ce n'était pas la peine. Une grande ombre apparut dans l'eau : le dôme géant. La petite bulle s'y colla, aussi doucement qu'un faon se colle au flanc de sa mère. Une porte s'ouvrit, reliant les deux prisons.

Orphée avait ramené Triss parmi les autres prisonniers. Le jeune homme, éperdu de reconnaissance, remit le couteau dans sa poche.

—Merci, Orphée ! Tu es un ange, un ange de mer !

Il aurait bien voulu courir ; les forces lui manquèrent. Il dut s'asseoir, le sang battant à ses tempes.

Quand enfin il entra sous le dôme gigantesque, personne n'était là pour le remarquer. Il avait eu la naïveté de rêver d'une entrée triomphale et il ne put s'empêcher de sourire. La partie de la salle où il se trouvait était vide. Tous les prisonniers lui tournaient le dos, à l'autre bout de la coupole. Il entendait crier une voix forte et dominatrice, qui beuglait « Rassemblement ! » et qui n'était pas celle de Solal. Triss reconnut au loin son ami et Loé dans les rangs des prisonniers.

— Je me demande qui est-ce qui gueule… J'espère que ce n'est pas ce salaud de Dork… murmura-t-il, intrigué.

Il n'avait pas envie de crier pour appeler, alors il se contenta d'avancer un peu plus. La petite coupole où il avait vécu seul pendant bien des jours se fondit dans la paroi derrière lui.

Il commença par se rendre à la cascade pour boire et il s'aperçut qu'il s'était trompé. Une personne l'avait vu et reconnu : Dork. Celui-ci, hâve, les yeux creux, le contemplait bouche bée à travers le cylindre de sa cellule. Une lueur de folie brillait dans son regard affolé.

— Je n'suis pas une hallucination, pauvre type ! fit Triss en s'approchant de lui.

Il se planta devant la paroi de la cellule et la frappa de sa paume ouverte.

— Quel vilain poisson dans son aquarium ! railla-t-il sans savoir si Dork pouvait l'entendre ou non.

Le prisonnier recula d'un pas, se heurta à la paroi derrière lui et fut pris de panique. Il se débattit en hurlant et s'écroula en recouvrant sa tête de ses bras.

— Je me demande depuis combien de temps tu marines dans ton jus ici, murmura Triss, qui ne pouvait se défendre d'une vague pitié pour l'évidente détresse de son ancien ennemi.

Il fit un pas en arrière en fourrant ses mains dans ses poches. Ses doigts touchèrent le couteau, et ce contact lui causa une sorte d'électrochoc. Dork ne méritait pas que l'on s'apitoie sur son sort !

— Salopard ! En tout cas, tu ne l'as pas volé ! cracha-t-il avec colère. Tu devrais rester là-dedans à perpète et y crever ! Regarde ! Regarde !

Il sortit le couteau et toqua vigoureusement avec contre la paroi pour attirer l'attention de Dork. Celui-ci finit par lever la tête et vit l'arme brandie par Triss. Il se plaqua le plus en arrière possible, les yeux baissés.

— Tu vois bien que je ne suis pas une hallucination. C'est moi. Je ne suis pas mort et je t'emmerde.

Dédaignant Dork, qui faisait à présent de grands gestes et vociférait silencieusement, il se rapprocha du groupe compact formé par ses camarades.

— Ils doivent jouer à « Je me souviens » ou discuter de règlement, se dit-il en allant vers eux. Ils vont avoir un choc en me voyant !

Il s'approcha encore.

— Assis ! hurla la voix.

Tous les prisonniers obtempérèrent, aussi dociles que des enfants à l'école. L'homme qui donnait ces ordres était un milicien d'élite. Et il n'était pas seul. Un groupe d'une dizaine de soldats armés jusqu'aux dents se tenait derrière lui.

— Assis, merdeux !

Triss resta debout. Quelques prisonniers se tournèrent à la dérobée pour regarder celui qui défiait ainsi les miliciens en tardant à obéir. Mais Triss ne défiait personne, il était sidéré. Pendant quelque temps, il s'était cru libre, et il lui semblait replonger à présent dans le cauchemar lointain de la cellule blanche.

— Triss ! hurla une voix. C'est Triss !

Cette fois, tous les regards convergèrent vers lui, et la stupéfaction des prisonniers se mua en exclamations et en bousculade. Ils s'étaient tous relevés en désordre pour entourer le revenant.

— Il est vivant ? Est-ce qu'il est vrai ? criait la voix de Loé.

La main de la jeune fille agrippa son bras et s'enfonça dans sa chair.

— Sur le coup, j'ai cru que tu étais une image holographique ! Tu es vivant ! Vivant !

Triss ne put s'empêcher d'éclater d'un petit rire joyeux.

— Ni fantôme ni hologramme ! C'est moi, en chair et en os !

— Je t'ai cru mort…

Oublieux des autres, il dévorait des yeux la belle métisse dont le pur visage était tout chiffonné de chagrin. Cernée, voilée de ses longs cheveux noirs, elle ressemblait plus que jamais à une endeuillée. Il n'hésita pas à profiter de son trouble pour la prendre dans ses bras. Ce fut bref et délicieux ; il put sentir les larmes de la jeune fille et sa bouche effleurer son cou nu. Une main rude les sépara avec brutalité.

— Comment t'es sorti ?

C'était le chef des miliciens, qui pointait son arme vers le ventre de Triss.

—Sorti de quoi ? s'étonna le jeune homme.

—Du cylindre, là-bas !

—Mon commandant, c'est pas lui le prisonnier du tube, intervint la voix profonde de Solal. Lui, c'est la victime du gars prisonnier.

—La victime ? C'est quoi ces conneries ?

Solal s'approcha en jouant des coudes. Il avait le visage couvert de petites cicatrices récentes, ce qui, ajouté aux marques des assassins, donnait l'impression qu'il s'était battu contre une demi-douzaine de chats sauvages.

—Qui t'es ? brailla le milicien. Réponds vite !

—Je m'appelle Triss. Je faisais partie du troisième groupe d'assaut.

Solal, très ému, posa sa grosse main sur l'épaule de Triss, qui se dégagea vivement.

—Attends, mon pote, c'est à peine guéri.

—Bon Dieu… murmura son ami. T'es pas un mirage. C'est bien toi. T'es ressuscité !

—J'étais pas mort !

—Tu ne valais guère mieux. Comment…

—J'ai survécu. Et vous, messieurs, fit-il à l'adresse des miliciens, que diable venez-vous faire dans cette galère ?

—Ce type est dingue, grommela un des soldats. J'ai pas confiance. Il se ramène ici comme une fleur. C'est pas normal. C'est dangereux…

—Non ! Non ! intervint Solal vivement. Il faut qu'on vous explique ce qui s'est passé ici. Asseyons-nous, je vous en supplie, et parlons calmement.

—Parler ?

—Oui, parlons. Il faut vraiment, cette fois, que vous m'écoutiez, que vous sachiez tout, cela vous évitera peut-être des décisions inconsidérées.

—Tu crois peut-être pouvoir recommencer à donner des ordres ? grogna le commandant d'un ton lourd de menaces.

—Non, monsieur, murmura Solal en baissant humblement les yeux. Bien sûr que non, monsieur. Simplement, je vous en conjure, il est important que Triss s'explique sur sa présence ici.

Le chef hésita un moment en dévisageant Solal, Triss, Loé, puis encore Triss. Enfin, il baissa son arme. Les autres hommes firent de même avant de se placer dos à dos, de manière à couvrir toute l'étendue de la salle.

—Assis !

L'ensemble des jeunes se rassit en même temps, sauf Loé, qui glissa à nouveau ses bras autour du cou du miraculé. Triss, ravi de cette aubaine inespérée, la prit par la taille et la serra tendrement contre lui. Pour une fois, elle s'abandonnait…

Solal commença par raconter son séjour solitaire, l'arrivée du premier groupe, du deuxième…

—Je m'en fous, de ta vie, coupa sèchement le commandant. À l'essentiel, vite !

Alors Solal narra précipitamment sa lutte de pouvoir avec Dork.

—Dork, c'est le type dans le cylindre ?

—Oui, les Meds l'ont isolé quand il s'est comporté de manière violente avec Triss.

—Parce que ces saloperies sont non-violentes peut-être ? s'esclaffa le chef. Quelle idiotie !

— Je n'ai pas dit que les Meds étaient non-violents, monsieur, je relate simplement les faits… Triss, à présent, continue.

Le jeune homme raconta simplement que les Meds l'avaient, lui aussi, isolé, mais que l'un d'entre eux l'avait veillé et nourri le temps qu'il guérisse. Une curieuse pudeur lui fit passer sous silence la façon dont Orphée avait suturé sa plaie. Il devinait d'instinct que les miliciens, et peut-être même ses camarades, le regarderaient avec dégoût. Il ne dit rien non plus de la cité des Méduses.

— Je ne comprends pas, coupa Loé en fronçant les sourcils, tu saignais comme un porc ! Personne ne pourrait survivre tout seul à une blessure pareille ! Comment as-tu fait ?

— Il arrive parfois que les artères se rétractent d'elles-mêmes, répondit Triss d'un ton léger. L'important, c'est que l'hémorragie s'est arrêtée. Les Meds m'ont nourri et j'ai acquis la certitude qu'ils communiquent avec leurs lumières… Je suis sûr qu'il y a une idée à creuser de ce côté-là !

— J'ai jamais rien entendu de plus grotesque, coupa le chef de commando en ricanant. Ce que ces saloperies ont fait n'a aucun sens. Pourquoi ne pas te laisser avec tes camarades, qui auraient pu te soigner ? Ils voulaient, sans doute, que tu meures. Ils ont dû être surpris du résultat, alors ils t'ont renvoyé ici pour voir ce qui allait se passer. Quant à ton idée de communication par les lumières, figure-toi que ça fait longtemps que les scientifiques sur Terre essaient d'attirer l'attention de cette vermine à l'aide de faisceaux lumineux sophistiqués. Rien. Et tu crois que toi, un minable petit tri-récidiviste, tu as l'idée du siècle ?

— Cessez de nous insulter, dit Loé avec colère. Nous ne sommes pas des chiens, même si votre gouvernement nous a traités comme tels.

L'homme referma sa main sur son arme et son visage dur se durcit encore.

— Nous avons assez de munitions ici pour flinguer l'intégralité de votre ramassis de voyous, de putains et de tueurs, alors gardez le respect qui convient. Vous n'avez servi à rien et nous n'avons pas besoin de vous.

— Respect ! cracha Solal. Connaissez-vous le sens de ce mot ? On nous a utilisés comme chair à canon !

L'homme bondit vers lui, aussitôt suivi des autres membres du commando.

— Je vais te l'apprendre, le respect !

Le commandant frappa de la crosse de son arme les bras de Solal, qui essayait de se protéger la tête. Le garçon tomba sur le côté avec un cri rauque.

— Et vous, messieurs, comment vous êtes-vous retrouvés ici ? intervint Triss d'une voix forte.

Le commandant tourna vers lui un visage de bois et cracha entre ses pieds.

— Le gouvernement a fini par comprendre que ce n'est pas la lie de la société qui pourra sauver le monde.

Il y eut un silence. Les deux groupes se toisaient.

— Quoi qu'il en soit, intervint Triss calmement, élite ou lie, on a fait match nul sur Médusa. Je suppose que vos navettes…

— Notre vaisseau !

—Pardon, que votre vaisseau s'est lui aussi fait capturer aussi facilement qu'un papillon dans un filet ?

—Oui ! concéda de mauvaise grâce le commandant. Mais nous avons gardé nos armes, et nous trouverons un moyen de nous échapper. Ne serait-ce qu'en brisant ces murs !

Comme des robots, ses hommes vinrent se camper face aux parois, arme au poing.

—Ne tirez surtout pas dans les murs, cria Triss affolé. Vous risqueriez de les briser et de tous nous noyer !

—Nous n'allons pas attendre ici sans rien faire. Il faut prendre la vermine par surprise, et surtout atteindre notre vaisseau…

Le chef consulta une sorte de petit écran qu'il portait au poignet.

—… car non seulement notre vaisseau est intact, mais en plus il n'est pas loin. Trois cents mètres à peine. Il ne bouge pas. La surface se trouve à une cinquantaine de mètres. Avec nos masques à oxygène, nous pouvons remonter pour récupérer le vaisseau, expliqua-t-il en se tournant vers les jeunes. En nageant, il nous faudra flinguer sous l'eau un maximum de ces tas de merde. Nous pouvons réussir. À la réflexion, c'est le seul plan possible. J'y pense depuis que nous sommes arrivés hier. C'est ce que j'allais vous expliquer quand votre fantôme est entré.

Triss se sentit blêmir.

—Si vous ouvrez une grosse brèche, vous allez tous nous tuer ! Car si vous tirez sur les Meds, ils ne contrôleront plus l'eau et nous serons noyés comme des rats ! Nous n'avons pas de masques à oxygène, nous !

—Des rats, c'est juste, répondit le chef d'un ton glacé.

Solal et les autres jeunes roulèrent des yeux épouvantés. Ils commençaient à réaliser qu'ils allaient peut-être mourir d'un instant à l'autre.

—Il y a sans doute un autre moyen de rejoindre votre vaisseau ! cria Triss. Par pitié, pas de décision hâtive ! Votre idée provoquera notre mort à tous, et celle des trois quarts de vos hommes !

—Soyez forts et soyez fiers ! Le sacrifice de vos vies servira à sauver la Terre ! clama le chef du commando en armant son fusil. Nous vous laisserons le temps de vous reculer au maximum et de prendre une bonne inspiration. C'est la seule chose que nous pouvons faire !

—Non ! Non ! cria Triss d'un ton résolu. Je connais un autre moyen. Je vous supplie de m'écouter. Je peux essayer d'ouvrir une brèche avec mon couteau pour vous faire sortir. Les Meds me reconnaissent. Je l'ai déjà fait. Quand j'ai planté la lame, les Meds ont créé un couloir. Un couloir qui m'a amené jusqu'ici !

Triss brandit le couteau sous le nez du commandant, qui le regarda d'un air méfiant.

—D'où sors-tu cette arme ?

—C'est Dork, le gars dans le cylindre, qui m'a blessé avec ! Je vous en prie, je l'ai déjà fait ! J'ai planté le couteau dans la paroi d'eau et je vous assure que les Meds ont ouvert une brèche ! Ça ne coûte rien d'essayer ! Attendez juste un peu ! Si ça ne marche pas, vous pourrez toujours tirer dans les murs et suivre votre plan !

L'homme hésita.

—D'accord, essaie. Le vaisseau est dans cette direction. Mais si ça ne marche pas, je te coupe en deux.

—Ne vous inquiétez pas. Je vais imiter un type qui a un jour ouvert la mer… fit Triss d'une voix un peu moins assurée.

Il s'avança vers la paroi transparente.

15
Carnage

Triss sentait tous les regards brûler son dos comme des gouttes d'acide.

Si jamais Orphée est parti boire un coup ailleurs, je suis perdu, et les autres aussi... Orphée, p'tit gars, ne me fais pas faux bond... pensait-il en examinant les Meds qui déambulaient dans l'eau. La créature exceptionnelle qui l'avait soigné était-elle encore parmi eux ?

Triss respira un grand coup, affermit sa prise autour du couteau et le planta d'un coup sec dans la paroi d'eau. Un banc de Meds se précipita avec intérêt. Triss descendit lentement son couteau comme s'il ouvrait une grosse fermeture éclair, et la mer se sépara en deux sans l'asperger de la moindre goutte d'eau.

— C'est quoi, ce délire ? hurla le commandant. Pourquoi les Meds t'ont-ils obéi ? Hein ? Pourquoi ?

Il saisit Triss au col et le secoua avec brutalité.

— Ils ne m'ont pas obéi, ils ont décidé, se défendit Triss. Je viens de vous expliquer qu'un des Meds m'a soigné, qu'il est capable de me reconnaître, et que ce que je fais l'intéresse.

—Ce que tu fais l'intéresse ! De quel Med s'agit-il ?

—Je n'en sais rien. Quand ils sont ensemble, ils se ressemblent tous.

—Passe le premier ! fit le commandant en le poussant devant lui d'un geste brusque. Tu m'as l'air d'être une saloperie de traître collabo... Si tu cherches à nous doubler, je te crèverai !

Triss haussa les épaules et ne daigna pas répondre. Il se tourna une dernière fois vers les adolescents prisonniers qui le regardaient bouche bée. Loé avait croisé ses bras sur sa poitrine et semblait de nouveau sur la défensive.

—Est-ce qu'ils peuvent venir avec nous ? demanda Triss.

—Pas assez de place. On enverra une mission de sauvetage depuis la Terre. Avance. Je vous préviens, bande de minables : si l'un d'entre vous s'avise de nous suivre, il sera abattu immédiatement.

—Je reviendrai, Loé !

Loé ne répondit pas. Les yeux d'or avaient perdu la limpidité de la joie et le considéraient avec méfiance.

Triss voulut s'adresser à ses autres amis, à peine entrevus ; une bourrade le projeta dans la brèche, qui s'agrandit aussitôt pour devenir un couloir. Il était faiblement éclairé car les Meds n'étaient pas très nombreux. Le jeune homme se mit à marcher, suivi du commando.

—J'ai l'impression de voir nettement moins de Meds qu'avant dans l'eau, remarqua-t-il pour dire quelque chose, car les hommes qui le suivaient lui donnaient froid dans le dos.

— Y en a moins ici parce qu'il y en a de plus en plus chez nous ! Ces derniers temps, ils sont arrivés comme des saloperies de sauterelles pour envahir nos océans !

— Quelque chose dans l'équilibre de leur propre planète ne leur convient plus. Ils ont besoin d'un autre endroit où vivre.

— Et cet endroit ne doit pas être la Terre ! brailla un milicien. Que cette vermine se trouve une autre planète à coloniser ! Qu'ils crèvent jusqu'au dernier au lieu de venir chez nous !

— Mais ils restent toujours dans les océans ? demanda Triss. Ils ne s'attaquent pas aux villes ?

— Ils tiennent à présent toutes les côtes. La population a été évacuée des zones littorales. Le trafic maritime a été stoppé depuis longtemps, répondit le commandant. Nos villes à l'intérieur des terres sont préservées pour le moment, mais, il y a quelques jours, les dernières vagues d'envahisseurs ont rapporté dans leurs engins des dizaines de vos navettes bourrées d'explosifs. Nous devons nous attendre au pire. Vous leur avez offert les navettes que vous deviez lancer sur eux !

— Vous savez parfaitement comment nous avons été capturés, car il vous est arrivé la même chose ! répliqua Triss. Nous n'avons pas eu le temps de réagir !

— Vous auriez dû vous faire exploser ! Vous avez eu la lâcheté de ne pas détruire les navettes et de les donner intactes aux Meds ! À présent, ces saloperies possèdent des armes terribles, des bombes qu'il leur suffit de lancer sur les villes en utilisant leurs catapultes d'eau… Notre mission était une dernière chance. Nous devons absolument trouver comment les détruire en masse. Tu pourras peut-être nous servir s'ils te laissent les approcher…

Triss comprit soudain. Il était de nouveau prisonnier des miliciens. Ceux-ci chercheraient à exploiter son maigre savoir sur les Meds ou le lien qu'il entretenait avec Orphée, et il serait ensuite liquidé sans remords ni procès. Sa vie de toute façon ne valait plus rien depuis longtemps aux yeux de son monde… C'est d'ailleurs bien pour cela qu'il avait été choisi pour être kamikaze.

Il ne se laisserait pas faire ! Jamais il ne dirait à quoi ressemblaient les fragiles cités des Méduses ! Jamais il n'abandonnerait les autres prisonniers, que personne, il en était sûr, n'enverrait chercher sur cette planète désolée !

—Avance !

Le couloir s'arrêtait net en cul-de-sac. Par transparence, Triss pouvait distinguer l'ombre du vaisseau milicien presque au-dessus d'eux.

—Nous touchons au but, dit le commandant d'un air satisfait. Toi, ouvre une brèche !

Triss jeta un coup d'œil derrière lui. À l'autre bout du tunnel, les adolescents prisonniers s'étaient massés et les regardaient s'éloigner en silence. Il distinguait à peine leurs silhouettes dans la pénombre car presque tous les Meds avaient accompagné le commando et Triss. Il leva le couteau, frappa la paroi d'eau. Le choc se répercuta douloureusement à travers son bras, son épaule et jusqu'à son ancienne blessure.

— Ah !

Le couteau s'était tordu à son extrémité, la paroi était intacte.

— Les Meds ne veulent pas nous laisser aller plus loin ! expliqua Triss au commandant, qui s'était approché en le bousculant. Regardez, pas une entaille !

— Bon Dieu ! Pousse-toi !

Le chef du commando passa sa main sur le mur parfaitement lisse.

— Les Meds viennent de comprendre que vous vouliez retourner à votre vaisseau, continua le garçon. Et ils ne sont pas d'accord. Il vaudrait mieux rejoindre les autres et attendre qu'ils décident eux-mêmes de nous faire sortir.

Le commandant lui jeta un regard où la haine se confondait avec le mépris.

— Attendre docilement que cette vermine nous extermine ? J'ai une bien meilleure solution. Nous allons faire un semblant de demi-tour et, à mon commandement, tirer sur la paroi gauche, là où se trouve la plus grande concentration de ces saloperies. Nous sortirons par là et nagerons jusqu'au vaisseau, selon le plan que j'avais décidé tout à l'heure. Les gars, à vos masques, à vos armes !

— Non ! hurla Triss.

— Prêts ?

— Loé, Solal, sauvez-vous ! Sauvez-vous !

C'était trop tard pour lui. Mais si les autres couraient…

Les adolescents qui l'entendirent s'enfuirent en désordre à l'autre bout de la prison d'eau. Triss les vit disparaître pour aller s'agglutiner le plus loin possible des membres du commando qui, sans plus faire attention à lui, sortaient leurs masques à oxygène, vérifiaient leurs armes et leurs munitions, et se regroupaient en face du mur le plus éclairé. Les Meds, inconscients du danger, continuaient à déambuler tranquillement.

Triss était trop effrayé pour s'indigner à voix haute de la désinvolture avec laquelle les miliciens se préparaient à noyer une centaine de jeunes gens, lui le premier. Il ne chercha pas à plaider. Il rassembla ses maigres forces et se mit lui aussi à courir.

—Feu !

Ses jambes se dérobèrent sous lui. Il tomba.

Le vacarme effroyable de la salve le souleva littéralement au moment où le mur derrière lui explosait en une vague gigantesque, emportant des dizaines de cadavres de Meds surpris par la soudaineté et la violence du tir.

En une seconde, le raz-de-marée fut sur lui : il fut balayé comme un fétu. Le choc vida ses poumons de l'air qu'ils avaient inspiré. Il traversa le passage, emporté par un flot rugissant furieusement et jaillit aussi vite qu'une balle de fusil dans ce qui restait du dôme principal. Car celui-ci n'existait déjà presque plus. Les murs disloqués s'ouvraient comme des fleurs, exhalant vers la surface d'énormes bulles d'air. Un remous d'une violence inouïe propulsa Triss vers le haut, dans un enchevêtrement de morceaux de Meds, de camarades se noyant, de miliciens. Il avait eu le réflexe de se recroqueviller le plus possible, au bord de l'inconscience.

Alors que ses poumons semblaient prêts à inspirer à

tout prix, même de l'eau, le tourbillon le projeta par miracle dans une grosse bulle. Sa bouche s'ouvrit toute seule et de l'air, enfin, s'y s'engouffra. Ses mains tentèrent de s'agripper à quelque chose, qui leur fut immédiatement arraché. Un autre remous l'aspira hors de la poche d'air, il fut encore emporté. Telle une mitraille mortelle, des lambeaux empoisonnés de Meds passèrent devant ses yeux en un éclair.

Je dois remonter, je dois atteindre la surface !

Ses pensées chaotiques n'étaient plus tendues que vers un seul but : survivre, parvenir absolument à l'air libre.

Les courants désordonnés qui l'avaient fait tournoyer très loin commençaient à perdre de leur violence et il aperçut, comme un ciel après l'orage, la zone plus bleue de la surface. Il n'avait presque plus de force. Son organisme encore affaibli par sa lutte récente contre la mort était bien incapable d'un effort soutenu. Il s'obligea néanmoins à battre des jambes et des bras. Une douleur féroce flamboya dans tout son flanc, et son bras côté blessure cessa immédiatement de lui obéir. Il dut s'arrêter. Il n'avait plus qu'à rester en apnée, à brûler l'oxygène de ses poumons en bougeant faiblement les jambes. Il flottait à la dérive entre deux eaux en attendant l'évanouissement qui lui serait fatal.

Loin au-dessus de sa tête, la surface scintillait, aussi inaccessible que l'horizon. Cependant, il avait eu la chance d'être entraîné à l'écart d'un véritable enfer. La plupart des membres du commando étaient encore vivants et, protégés par leurs masques à oxygène, ils tiraient à tort et à travers en nageant vers leur vaisseau.

Déchirant l'eau, leurs balles déchiquetaient aussi bien les corps des prisonniers que ceux des Meds. L'eau éclatait en fleurs rouges tandis que les Meds survivants et les prisonniers cherchaient à atteindre la surface à grandes brasses désespérées.

Triss avait réussi à garder son couteau à la main. Il voyait passer d'innombrables débris mêlés à des tentacules étincelants. Des Meds agonisants frôlaient son visage ; tous évitèrent de le toucher au dernier moment. Il était prêt à se défendre avec son arme dérisoire alors que c'était inutile. En effet, les Meds mutilés, affolés, ne tuaient en s'enfuyant aucun de leurs anciens prisonniers désarmés.

Quant aux Meds encore indemnes, ils se regroupèrent en un flot de lumières pour concentrer leur défense. Les créatures formèrent une sorte de rempart gélatineux. Triss se rappela le cours du simulateur et comprit qu'ils s'étaient rassemblés dans un unique but : attaquer les membres du commando. Cela leur coûtait cher. Les miliciens survivants les décimaient comme à la foire.

Triss frémit en pensant à ce qui allait se passer. Les soldats étaient presque arrivés à leur vaisseau. Ils tiraient désespérément, car ils avaient vu eux aussi que les Meds s'étaient rassemblés et car ils savaient ce que cela signifiait. Une force accrue, soudaine, ultime. Une force vengeresse : même vaincus, les Meds ne supportaient pas l'idée de laisser fuir leurs agresseurs après un tel carnage.

Soudain, une sorte d'onde aiguë, aussi rapide qu'un tir de laser, jaillit du petit regroupement de Meds et fusa à travers la mer en direction des miliciens. Leurs armes leur furent arrachées… ainsi que leurs mains ; la lame du sabre d'eau hacha leurs corps en menus morceaux, les tuant tous sans pitié. Le combat s'acheva en quelques secondes. Les Meds survivants avaient réduit l'ensemble du commando en une bouillie qui descendait à présent en un lent ballet rouge vif vers le fond de l'océan.

Triss ne put s'empêcher d'éprouver une joie malsaine. Après tout, c'étaient des hommes comme ceux-là qui les avaient sacrifiés en les envoyant sur Médusa. Et c'étaient ces hommes-là qui avaient décidé de leur noyade avec autant de mépris que s'ils avaient été des cancrelats. Les Meds n'avaient fait que se défendre, et ils avaient payé un lourd tribut.

Lui, d'ailleurs, ne tiendrait guère plus longtemps. Ses poumons lui semblaient remplis d'un liquide brûlant et toxique. Il n'allait pas tarder à prendre une grande respiration d'eau de mer, et il se noierait.

Un tentacule se glissa autour de ses épaules ; il fut si surpris qu'il ouvrit la bouche pour crier. À nouveau un miracle ! De l'air, et non de l'eau salée, emplit d'une bourrasque ses poumons.

—Orphée ? balbutia-t-il.

Un Med était venu à son aide. Il le soutenait et le tirait vers la surface, maintenant autour de sa bouche une petite zone d'air pur aussi grosse qu'une bulle de chewing-gum. La remontée fut foudroyante.

Quand sa tête creva la surface, le ciel était étonnamment bleu ; l'océan, calme. Tout autour de lui, comme des taupes sortant de terre, les têtes des prisonniers rescapés surgissaient de l'eau. Des visages hagards, désolés.

Le Med fendait l'eau très rapidement. Une partie de sa masse émergeait en ruisselant au soleil, et ses lumières en paraissaient plus pâles. Avec un soulagement indicible, Triss reconnut les têtes vers lesquelles le Med le tirait : Arsi, le visage sombre de Solal, la chevelure de poupée d'Élénore.

—Solal ! Solal ! appela-t-il de toutes ses forces.

Ses amis lui répondirent en faisant de grands gestes.

—Où est Loé ? cria-t-il avec inquiétude en s'approchant.

Les rescapés du naufrage de la coupole se rassemblaient lentement. Triss eut un choc en se rendant compte qu'ils n'étaient plus bien nombreux. L'eau et, surtout, les balles des miliciens avaient fait des ravages. Tous les rescapés semblaient bouleversés. Il ne voyait Loé nulle part.

Le Med qui l'avait tiré jusque-là, Orphée, à l'évidence, le lâcha et se remit à nager mollement non loin de lui.

—Loé ? Où est Loé ? haleta Triss en s'agrippant à l'épaule de Solal. Je ne l'ai pas vue sous l'eau !

—Moi non plus, fit Solal en tournant vers lui un visage affligé. Peu d'entre nous ont réchappé au raz-de-marée. Seulement ceux qui ont eu la chance de rester coincés sous des poches d'air, comme Élénore et moi.

—Non ! Loé nage particulièrement bien… Elle avait une chance…

Triss avait l'impression qu'il allait se briser en morceaux. Loé ne pouvait pas avoir disparu dans cet océan devenu un tombeau rempli de fragments de Meds et de corps... Son visage de porcelaine perdu parmi des poissons étrangers...

—J'ai compté rapidement, fit Solal, dont la voix tremblait de chagrin et d'amertume. Nous ne sommes plus qu'une petite trentaine. Je n'ai vu ni Vine, ni Mon, ni Max... ni Dork...

—Je m'en fous de Dork et de Max ! Je veux retrouver Loé !

Triss prit une grande inspiration et plongea maladroitement en canard. Il chercha des yeux Loé dans l'eau lourde, sombre et épaisse. Il ne savait comment descendre plus profondément. Quelques mouvements suffirent pour que sa poitrine s'emplisse à nouveau d'un brasier de douleur. Il se força pourtant à recommencer, à fouiller de ses yeux brûlés par le sel la vaste pénombre. L'océan semblait éteint. Noir. Vide de vie.

Épuisé, Triss sortit la tête de l'eau juste sous le nez de quelqu'un qui poussa un cri de surprise. C'était Loé !

Triss aurait bien voulu la prendre dans ses bras et simplement l'embrasser, mais la douleur l'obnubilait à présent presque davantage que la jeune fille. Il se laissa aller à l'immense fatigue qui s'emparait de lui.

Je vais encore être ridicule devant Loé, fut sa dernière pensée avant de perdre conscience.

16
Sauvés ?

Quand il rouvrit les yeux, il était allongé sur quelque chose de dur. C'était fort inconfortable, sans commune mesure avec le moelleux habituel des sols d'eau solidifiée. Il tenta de se redresser, très maladroitement, car quelqu'un lui avait emballé le bras dans un paquet accroché autour de son cou et enserrant sa poitrine. Il ne pouvait plus bouger l'épaule du côté où il avait été blessé.

—On t'a porté dans le vaisseau… fit la voix de Loé. Tu étais dans le cirage…

—Où est-ce que je suis ? demanda Triss, complètement désorienté.

Autour d'eux, des parois métalliques.

—Ça s'appelle un vaisseau spatial, mon cher. Et ne prends pas cet air ahuri !

Triss se redressa encore un peu et cala son dos contre la paroi. Loé était assise à califourchon sur une chaise, en face de son lit. Il tendit sa main valide pour lui toucher le visage et elle le laissa faire. Un vrai sourire éclaira ses traits ravissants.

—Explique et arrête de te moquer de moi.

—Les quelques rares Meds qui restaient sur Médusa ne nous ont pas empêchés d'entrer dans le vaisseau milicien qu'ils avaient capturé. Or ce vaisseau est plein de carburant, lui, contrairement à nos navettes... Solal et Arsi y ont passé le temps, mais ils ont finalement réussi à nous faire décoller. Tiens-toi bien : nous sommes en plein ciel !

—Nous avons quitté la planète ?

—Oui. Je crois que nous faisons partie du dernier charter en partance de Médusa. Fallait pas le rater. Je parie qu'il ne reste plus que trois ou quatre Meds vivants dans son océan. Tout le reste est en charpie. Bon débarras... Mais gare au comité d'accueil sur Terre !

—Ne me dis pas que...

—Si. Bientôt l'ordinateur de bord va prendre les commandes et nous faire passer dans l'hyperespace, plein cap sur Terre ! Les instruments de bord du vaisseau fonctionnent à la perfection. Le passage entre Médusa et la Terre est impeccablement programmé.

Solal apparut à la porte de l'infirmerie. Il eut un sourire triste à l'adresse de Triss.

—Au moins, toi, tu es vivant. Je ne sais pas comment tu fais pour être encore entier à heure qu'il est... Tellement d'entre nous sont morts ! Enfin... avant tout, Triss... je voulais te dire... Je n'ai pas eu le temps de te remercier quand tu es réapparu de cette façon si spectaculaire. Ensuite, tout est allé trop vite, les miliciens, le couloir... la coupole détruite...

—Me remercier ?

— Oui. Sans ton aide, j'aurais mal fini sous le couteau de ce boucher de Dork...

— Il ne t'aurait pas vraiment scalpé, voyons... murmura Triss, un peu gêné.

Il savait parfaitement en son for intérieur que Dork avait déjà commis d'autres actes tout aussi répugnants, et pourtant la reconnaissance de Solal le mettait mal à l'aise. Il avait souvenir que son intervention avait été spontanée, irréfléchie. S'il avait vraiment eu le temps de peser les risques, sans doute n'aurait-il rien osé faire. Vu les conditions, il lui semblait que son courage, n'étant que le fruit du hasard, ne méritait aucun respect ni gratitude.

— Ma vie t'appartient, à présent, continua Solal d'un ton solennel. On dit toujours que l'on est responsable de ceux que l'on sauve.

— Ne sois pas bête. Tu aurais fait pareil.

— Comment savoir ? fit Solal d'un air songeur.

— De toute façon, nous avons changé de souci, remarqua Loé. Le problème actuel n'est plus Dork, ni même Triss, c'est notre retour sur Terre.

— Tu te trompes. Pour le moment, nous n'avons plus de problème à gérer, fit Solal. Il ne nous reste plus qu'à nous laisser porter par les événements quand nous atteindrons le sol... si nous l'atteignons sans dommage.

— Seulement, vous vous trompez tous les deux : notre objectif numéro un, c'est de retourner au plus vite sur Médusa ! affirma Triss avec force.

— Quoi ? Pour quoi faire ? Retourner sur Médusa ? C'est inutile ! s'écria Loé. Il n'y a plus personne, là-bas.

—Si, le Med qui m'a soigné. Ses congénères survivants sont trop peu nombreux pour utiliser ou créer un de leurs engins d'eau, puisqu'ils ne pouvaient pas réparer la coupole détruite. On ne peut tout simplement pas les abandonner là-bas.

—Les Meds ? s'écria Loé, stupéfaite. Mais j'en ai rien à foutre !

Elle se leva d'un bond de chatte furieuse et quitta la pièce à grands pas rageurs.

Solal, qui s'était assis près de son ami, accompagna du regard la sortie de la jeune fille.

—Je n'arrive à rien avec Loé, chuchota Triss. À chaque fois qu'elle semble me manifester un peu d'intérêt, je finis par l'exaspérer. Nous sommes totalement incompatibles.

—Et pourtant, elle te plaît, commenta Solal machinalement.

—Et comment !

—Si on laissait les filles de côté cinq minutes et si tu nous racontais simplement comment tu as fait pour survivre à une hémorragie pareille, vieux ? Et aussi pourquoi tu tiens tant à ramener ce Med avec nous. Les miliciens ne nous ont pas donné le temps de parler de tout cela, et je t'avoue que je suis toujours aussi intrigué.

—Ah bon ? Triss se tortilla, à nouveau mal à l'aise.

Solal s'installa plus confortablement sur son lit.

—Tu sais, continua le jeune Noir, toi comme moi nous nous sommes retrouvés plusieurs jours, et même plusieurs semaines, seuls avec les Meds. Et à toi, comme à moi, cela a permis de penser qu'ils ne sont pas simplement de la vermine qui envahit nos océans, n'est-ce pas ?

—Ce sont des créatures intelligentes !

—Les nazis aussi étaient des créatures intelligentes, répliqua la voix glacée de Loé, qui n'avait pu s'empêcher de revenir. Le président de l'Ouest ? Sa garde de miliciens ? Ce sont tous des créatures intelligentes, et horriblement malfaisantes, qui ne veulent que notre destruction ! Les Meds sont pareils. Ce sont eux qui nous considèrent de la même façon que de la vermine à éliminer. Tu as survécu par miracle, car tu es jeune et en bonne santé, c'est tout.

—Non, Loé, fit doucement Triss. Ce n'est pas si simple.

—Comment cela, non ?

—Non, je n'ai pas survécu par miracle. Évidemment, j'ai aussi eu la chance d'être jeune et en bonne santé. Il n'empêche que le Med dont je parle m'a soigné.

—Soigné ? s'esclaffa Loé. Tu veux dire que le Med t'a filé à bouffer, comme à un lapin dans son clapier ?

—Non, il m'a vraiment soigné. Et je pense que soigner un ennemi avec qui on ne peut pas communiquer et qui ne peut rien vous apporter démontre l'existence non seulement d'une intelligence, mais aussi d'une humanité.

—Une humanité !

Loé éclata d'un rire strident.

—Une humanité pour des méduses extraterrestres !

—Une sensibilité, si tu préfères, continua Triss impatiemment. Une capacité à ressentir des émotions ou des sentiments.

—Des émotions ! Des sentiments ! Foutaises !

—Oui, cria soudain Triss. La pitié, par exemple, l'intérêt ! L'empathie ! La compassion ! La curiosité pour l'autre ! Des qualités dont tu me sembles parfois bien dépourvue !

Loé se tourna vers lui, cramoisie. Ses yeux d'or flamboyaient.

—Tu connais beaucoup de miliciens qui seraient capables de veiller sans bouger un prisonnier venu détruire leur QG à coups de bombe ? ajouta Triss, qui s'efforçait de retrouver son calme.

—Les fermiers s'occupent parfaitement bien des moutons qu'ils vont égorger, et ils les soignent s'ils sont malades, répondit Loé avec rage.

—Les Meds ne se nourrissent pas de viande, mais de plancton, intervint Solal. Ils n'ont donc jamais eu l'intention de nous bouffer. Triss, explique-nous clairement comment une créature empoisonnée a pu te soigner. Je ne comprends toujours pas.

Triss baissa les yeux, prit une bonne inspiration et expliqua rapidement comment Orphée avait procédé.

—Berk ! s'exclama Loé quand il eut fini.

Ses traits exquis étaient tordus par une terrible expression de répulsion, et Triss se repentit amèrement de lui avoir avoué ce qui s'était passé. À présent, il était à craindre qu'elle ne le regardât toujours de cette façon-là.

—Berk ! C'est absolument répugnant ! Dégueulasse ! Tu veux vraiment dire qu'il avait enfoncé ses tentacules dans ta poitrine ?

—Pas ses tentacules, les filaments de l'extrémité

d'un seul ! Comment voulais-tu qu'il referme la plaie ? Ils n'ont pas inventé les points de suture, et je saignais comme un porc... C'est toi qui l'as dit... si joliment !

—C'est dégueulasse ! Rien que d'y penser, j'ai envie de gerber ! J'aurais préféré mille fois crever que de laisser cette horreur me toucher !

—Ne sois pas stupide ! rétorqua Solal sèchement. Tu me fais penser à ces salopards racistes qui disent qu'ils préféreraient mourir que d'être soignés par un Noir ou par un Juif ! Grâce au Med... heu... Triss a survécu, et c'est seulement cela qui est important. C'est, heu... la fin qui justifie le moyen, en l'occurrence... Le Med a dû réfléchir et n'a rien trouvé d'autre. D'ailleurs, il avait raison. Il devait absolument stopper l'hémorragie. Nous n'avions rien pour empêcher Triss de se vider de son sang. Pas même le plus petit commencement de pansement à mettre sur sa blessure. Nous le regardions agoniser sans pouvoir rien faire.

—Moi je trouve que ce Med a été formidable, ajouta Triss d'un air de défi. Il a fait preuve d'une capacité de réflexion remarquable. Il a été d'une patience à toute épreuve. En fait, je suis sûr qu'il cherche à communiquer. Lui, au moins, ne veut pas notre mort. Alors j'espère que c'est un type influent parmi les siens, car à coup sûr c'est un génie. Un génie dévoué et pacifique !

—Ta naïveté confine à la débilité ! rétorqua Loé exaspérée. Explique-moi pourquoi tes génies pacifiques ont rapporté les navettes bourrées d'explosifs sur Terre ? Oui, les miliciens nous l'ont raconté ! Tu crois qu'ils ne savent pas ce qu'elles contiennent ? Eh bien, moi, je vais te dire ce qu'ils veulent, tes génies :

ils sont tout contents d'avoir trouvé un moyen de détruire les villes à l'intérieur des terres. Jusqu'à présent, leur technologie fondée sur l'eau de mer leur interdisait de nous attaquer sur les continents. Ces abrutis de miliciens leur ont offert sur un plateau l'excellent moyen d'exterminer une bonne partie de la population : il suffit d'envoyer nos bombes sur quelques villes importantes. Cela s'appelle un retour à l'envoyeur ! Ils vont nous massacrer !

Triss la regarda, atterré.

— Comment peux-tu imaginer des choses pareilles ?

— Parce qu'elle n'a pas vécu dans une bulle, comme toi, reprit Solal avec accablement. Les Meds nous combattent depuis qu'ils ont touché notre sol. Leurs canons à eau font des ravages dans nos armées. Loé a raison, je le crains ! Tu ne peux pas dire qu'ils sont pacifiques ! Regarde la façon sauvage dont ils se sont débarrassés du commando ! S'ils possèdent des armes nouvelles, ils les utiliseront !

— Alors tu me fais bien rigoler avec ton Med infirmier, siffla Loé, blême de rage. Il t'a sauvé la vie ? La belle affaire ! Tu ne sais pas du tout pourquoi il l'a fait ! Tu lui prêtes des sentiments humains, ce qui est absurde ! Il n'est pas humain ! C'est un monstre extraterrestre ! Crois-tu que les sentiments sont partagés par toutes les créatures évoluées ? Tu as déjà vu un lion prendre en pitié la gazelle qu'il bouffe ? Et pourtant, c'est une créature terrestre ! Tu as déjà vu un milicien prendre en pitié les types qu'il arrête, torture et exécute ? Et pourtant, c'est un être humain comme toi ! Et, regarde Dork, un jeune de notre âge, prêt à scalper...

— Les Meds n'ont fait que se défendre, il me semble ! cria Triss à son tour. Le commando, la milice, le président de l'Ouest, ce sont eux, les sauvages ! Les miliciens ont essayé de nous rendre fous dans ces horreurs de cellules blanches, alors que les Meds nous ont gardés en vie des semaines sans nous faire subir de sévices ! Ce Med m'a soigné avec un dévouement hors du commun !

— En fait de dévouement, si ça se trouve, cette saloperie de Med a étudié précisément ton organisme pour mieux le détruire, reprit Loé d'un ton sarcastique. Il a farfouillé dans ton corps comme un parasite. Berk ! Il t'a peut-être injecté un poison ou une maladie qui décimera l'espèce humaine… Oui… C'est sûrement ça… Tu aurais dû nous le dire avant, et on t'aurait mis en quarantaine !

En entendant ces mots, Solal bondit brusquement sur ses pieds. On aurait dit qu'il avait vu un cobra jaillir de sous les couvertures de Triss.

— Une maladie ? balbutia-t-il. Merde ! Triss ! Tu aurais dû penser à ça ! Et si elle avait raison ? Et s'il avait étudié ton génome pour créer un virus tueur absolument invincible ?

Triss se prit la tête dans les mains.

— Qu'est-ce qui m'a pris de vous raconter cela… À présent, vous déraillez complètement… Comment veux-tu qu'une méduse fabrique un virus ?

— Toi ! Toi, tu dérailles, pauvre naïf, débile, crétin ! hurla Loé. Le monde n'est qu'une jungle atroce et les Meds ne sont qu'un cauchemar de plus ! Tu vis dans tes bouquins à la con, loin de la réalité !

—Arrête de gueuler ! répliqua vivement Triss. Arrêtez vos délires, tous les deux ! Arrêtez de me regarder avec dégoût ! Je ne suis pas souillé ! S'il voulait ma mort, pourquoi m'a-t-il montré leur merveilleuse cité sous-marine ? Oui, Solal, il m'a emmené sous l'eau, dans les profondeurs, et j'ai vu leur cité abandonnée ! Et c'était beau. Beau ! Tu ne peux imaginer à quel point ! Et lui, il voulait que je la voie ! Par ailleurs, si les Meds cherchaient à étudier le génome humain, pourquoi ne se sont-ils pas tout de suite attaqués à toi quand tu étais tout seul ? Il suffisait de faire des expériences sur toi. Ils n'avaient pas besoin d'un humain déjà blessé pour travailler dessus. Il suffisait de l'abîmer volontairement pour étudier son sang. Est-ce qu'ils t'ont fait du mal, quand tu étais leur prisonnier ?

—Non, répondit Solal à contrecœur. Ils se sont contentés de m'observer…

—Si nous aidons les Meds abandonnés sur Médusa, insista Triss, nous continuerons à tisser des liens avec eux, et donc à prendre des risques inconnus… mais si nous revenons sur Terre par nos propres moyens, la milice nous coincera de toute façon. Elle, elle n'aura aucune pitié et nous finirons en camp d'exécution. Je ne sais pas ce que je préfère entre les deux. Si, en fait, je préfère un peu d'espoir, même si cet espoir vient de créatures aussi différentes de nous.

—L'espoir est le luxe des imbéciles, cracha Loé.

—Non, répliqua Triss. C'est une vertu. L'espérance est une vertu.

—Tu parles ! Toi qui es si fort en citations, tu dois

savoir qui a dit : « Vous qui vivez, abandonnez en naissant toute espérance. »

— Ta citation est fausse, et d'ailleurs elle parle de l'enfer, pas de la vie, rétorqua Triss. La vie n'est pas l'absence d'espoir.

— Eh bien, moi, cette phrase me convient parfaitement ! s'exclama Loé toute frémissante de colère. Continue tes petits bavardages bidons sur la littérature et sur la gentillesse native des Meds. Pour ma part, je veux foutre le camp, et essayer d'échapper à la milice si j'y arrive !

— Je n'ai jamais dit que les Meds étaient gentils, je ne suis pas stupide ! cria Triss à son tour. Je dis simplement que personne d'entre nous n'était là au début ! Personne ne sait exactement comment l'arrivée des Meds s'est produite la première fois. D'abord, quand ils se sont installés dans nos océans, ont-ils immédiatement attaqué les humains ? Et s'ils n'avaient fait que se défendre des milices ? Et s'ils cherchaient à présent une solution pour arriver à une trêve ? Et si nous étions justement ceux qu'ils espèrent pour pouvoir négocier cette trêve ? Et si justement Orphée… Orphée, c'est le nom que j'ai donné au Med qui m'a soigné…

— Débile, commenta Loé.

— … Et si Orphée m'avait soigné dans l'espoir de nous montrer qu'ils sont capables de compassion et qu'ils ne souhaitent pas notre destruction ?

— Et si, et si, et si… Tu supposes, tu supposes… sans preuve ! Ça ne rime à rien ! À rien ! Quand je pense que j'étais contente de te revoir, coupa encore Loé d'un ton sec. Un con pareil !

Et elle partit en tournant les talons si brutalement que ses cheveux s'ouvrirent en un grand éventail sombre.

—Excuse-moi, fit Solal en reculant à son tour avec vivacité. Je vais essayer d'aller la raisonner. Repose-toi, en attendant.

Toi, tu as peur de moi, comprit Triss avec un étonnement mêlé de tristesse. *Même le grand Solal... Loé t'a fichu une trouille bleue avec ses histoires de virus... La peur de la maladie, voilà le point faible du grand Solal...*

Il sourit à son ami.

—Tu reviendras me lire la fin de ton livre ? Je te jure que j'ai vraiment vu l'Atlantide des Méduses ! Je peux tout te décrire !

—C'est passionnant ! marmonna le jeune Noir en s'éclipsant.

Il sortit en faisant soigneusement glisser la porte du sas derrière lui.

***

L'émotion de la discussion avait épuisé Triss. Il se rallongea, songea un moment au beau visage de Loé et à ses traits tordus par le dégoût et le mépris. Il en avait les larmes aux yeux.

Je ne l'embrasserai jamais, se dit-il avec une profonde amertume. *Je ne la caresserai plus jamais. Et elle restera toujours aussi désespérément inaccessible.*

Il tomba pendant un long moment dans un profond sommeil de convalescent. Ce fut le coulissement de la porte qui lui fit ouvrir brutalement les yeux. Il s'était pelotonné sous la fine couverture, il avait froid. Il se redressa, oubliant la blessure de sa poitrine, drapa la couverture à la manière d'une toge sur ses épaules et voulut se lever, tout ensommeillé. Son ami, qui était entré, le regardait sans faire un geste pour l'aider. Son visage était gris et sillonné de larmes.

— Solal ?

— Désolé, vieux ! Pardonne-moi ! Mais on a voté !

17
Seul sur Médusa

L'eau clapotait.

Il ouvrit les yeux, encore groggy.

Il comprit alors quel bruit affreux l'avait tiré de son inconscience.

De l'eau clapotait. Il comprit.

Ses camarades l'avaient assommé, ramené sur Médusa, puis porté et abandonné dans un minuscule canot de sauvetage… Par lâcheté, ils prolongeaient stupidement son agonie.

Sur Médusa.

Il voulut se lever.

Ses jambes étaient trop faibles. Il remuait vaguement, comme dans ces rêves où l'on fuit des meutes de loups qui ne pourront faire autre chose que de vous déchiqueter au détour de la nuit.

La lumière du soleil. Le ciel fondu dans l'horizon et l'eau grise à perte de vue, à perte de vie.

—Non ! C'est pas possible ! murmura le jeune homme en secouant la tête. Solal n'aurait pas permis cela… C'est impossible… Solal me doit la vie… Il ne peut pas m'abandonner ainsi… Il ne peut pas m'avoir frappé…

Mais il avait vu la folle panique dans les yeux noirs de son ami quand Loé avait suggéré qu'il pouvait être porteur d'une maladie, d'un fléau qui exterminerait les êtres humains. Une panique au-delà des mots, au-delà de toute reconnaissance. Une effroyable certitude l'envahit alors. Ses camarades avaient égoïstement craint pour leur vie, puis ils avaient camouflé leur propre peur sous un vernis plus accommodant, se disant qu'il valait mieux sacrifier un ami que l'humanité tout entière.

Loé, surtout, avait un caractère de fer et un sens aigu de la survie : elle avait dû écraser toute compassion, tout sentiment personnel pour jouer la carte qui lui semblait toujours la plus sûre, celle du rejet.

— Salauds ! Salauds ! Allez tous au diable ! hurla-t-il en levant son visage vers le ciel.

À jamais seul sur Médusa.

Pendant quelques secondes atroces, il songea au suicide. Peut-être qu'après tout Loé avait raison. Peut-être qu'Orphée avait subtilement transformé son corps en une machine de guerre absolue, et que les Meds n'avaient plus qu'à attendre qu'elle se déclenche au moment où il reviendrait sur Terre. Peut-être même était-il déjà trop tard. Il avait serré ses amis dans ses bras et les avait peut-être déjà contaminés. Pourtant, il ne se sentait ni malade ni fiévreux. Simplement épuisé par la lutte que son corps avait engagée pour survivre au coup de couteau de Dork.

Une nouvelle impression de vertige le saisit. Et si son épuisement était dû à autre chose que sa blessure ?

Il entendit son cœur cogner violemment dans sa poitrine, la martelant méthodiquement à le rendre fou.

— Salauds ! Vous valez pas mieux que les miliciens… Chacun sa peau, les autres peuvent crever…

Il se mit à claquer des dents, un grand tremblement envahit ses membres. Il hurla, éclata d'un rire affreux, hurla, perdant complètement son sang-froid.

Il se laissa tomber dans l'eau. Autant mourir vite. Mais il avait oublié combien l'eau était épaisse. Il flottait comme un bouchon. Comment se noyer dans une telle mélasse ?

Orphée, intrigué par ce canot et cet humain tout seul, était accouru. Ses tentacules se tendirent vers lui et coururent sur son corps.

Triss se laissa examiner sans vraiment lutter contre ce qu'il avait trouvé être autrefois une sensation insupportable. Il n'avait plus envie de vivre, de réfléchir. La trahison de ses amis l'avait plus durement touché que l'arme de Dork, et il avait l'impression que son cœur avait reçu une blessure fatale.

Il remonta dans le canot, se laissa retomber au fond et hurla, comme un loup, à devenir fou.

Le jour qui suivit, Triss le passa allongé, parfaitement immobile, couché dans ses pleurs et son urine. Il vit le soleil de Médusa monter et descendre. Il ne dormait pas, il ne pensait plus qu'en vertige. Parfois, il hurlait le nom de Solal ou de Loé, ou même il gémissait « papa ! » à s'en briser la voix. Il avait atrocement soif ; cette soif provoquait un délire fiévreux. Il lui semblait que d'ici peu son cerveau allait éclater et enfin le laisser en paix.

Le lendemain matin, Orphée s'inquiéta et décida d'aller voir ce qui se passait. Triss vit alors deux gros vers translucides grimper sur le plat-bord comme les tentacules d'un calamar géant. Les lumières du Med semblaient passées, insignifiantes, à la clarté du soleil. Un troisième, puis un quatrième tentacule suivirent le chemin des premiers, et enfin le Med se mit à hisser son gros corps gélatineux le long de la coque.

Les tentacules rampèrent, guettant une réaction de Triss, qui ne bougeait toujours pas. L'attitude du Med avait éveillé sa curiosité, et ce malgré l'immensité de son désespoir. Il le regardait en conservant la même immobilité, les yeux grands ouverts. Orphée se hissa encore un peu. Il multipliait les précautions pour garder la plus grande partie de son corps dans l'eau. Les filaments trottinèrent vers le pied de Triss. Le jeune homme était intrigué, mais ne réagissait toujours pas. Le Med s'extirpa encore un peu, s'étirant à la manière d'un élastique pour mieux examiner Triss. Soudain, une vague imprévue le fit basculer tout entier dans le canot, où il s'échoua lourdement avec un gros bruit d'éponge mouillée.

Triss se redressa.

— Toi, tu as eu peur pour moi… Toi, une saleté de grosse méduse… Tu es venu me voir au risque de ta peau…

Il laissa tomber sa tête dans ses mains. Un calme étrange l'envahit.

— Orphée ne m'a pas filé de maladie, grommela-t-il entre ses dents, mais ces lâches ne m'ont laissé aucune chance.

Cette fois, son abattement fit place à une violente colère. Il avait cru qu'il pourrait intéresser Loé, il avait cru en son corps blotti contre lui, en certains de ses sourires, en ses larmes dans son cou… puis elle l'avait cruellement abandonné.

Il ne devait pas se laisser aller. Il devait survivre, une fois de plus, puiser en lui une nouvelle force. Orphée venait de lui donner une preuve définitive de son intérêt : il avait pris le risque de s'échouer or, comme toute créature marine gorgée d'eau, l'air libre et le soleil ne pouvaient que lui être fatals.

—T'en fais pas, pauvre tas, lui dit-il gentiment. Je vais te remettre à l'eau. Je n'ai rien, je vais bien, grâce à toi. Je ne te laisserai pas mourir.

Triss n'éprouva aucune répugnance à toucher la peau gélatineuse. Il l'enserra du mieux qu'il put et chercha à le soulever. Impossible. Orphée pesait des tonnes, et le jeune homme était trop affaibli.

—Merde ! s'exclama Triss décontenancé. T'es vraiment très lourd !

Très lentement, très difficilement, car il commençait déjà à s'asphyxier, Orphée tira à nouveau ses tentacules jusqu'au plat-bord et s'y accrocha.

—C'est bien ! Tire en même temps que moi ! À la une, à la deux !

Triss poussa le plus possible, glissa et tomba à genoux. Son épaule l'élançait. Orphée avait à peine bougé. Et, surtout, il lui semblait au toucher que sa peau perdait déjà de son élasticité.

—Orphée ! Tu es en train de te dessécher !

Affolé, il se pencha par-dessus bord et remplit le

premier récipient qui lui tomba sous la main, puis il aspergea copieusement le Med. Ce dernier remua un peu, au grand soulagement de Triss.

— T'en fais pas, je vais réussir à te remettre à l'eau…

Il empoigna les côtés du canot, puis se mit à le balancer pour essayer de le faire verser. Il abandonna aussitôt : le canot était insubmersible et, surtout, le poids du Med le stabilisait à la perfection. Triss arrosa encore une fois son compagnon.

— Je vais y arriver, Orphée, je te le jure…

Le jeune homme se mit à fouiller dans les maigres fournitures que les autres, pour soulager leur conscience, lui avaient laissées. De la corde… Pourquoi diable ? Il n'y avait sur Médusa nul arbre pour se pendre ! Des vivres desséchés, de l'eau douce, des couvertures, quelques médicaments, une lampe torche… et une arme laser.

— C'est gentil de me laisser de quoi me défendre, ironisa Triss. Z'êtes trop bons, les copains.

Le soleil n'avait cessé de monter à l'horizon, et Orphée ne bougeait presque plus. Ses lumières pâlissaient et devenaient sporadiques.

— Tu es en train de mourir… marmonna le jeune homme entre ses dents. Toi qui es peut-être le seul et unique être capable de nous montrer la voie pour sortir de cette guerre… tu vas mourir sous mes yeux… Non ! Je dois te sauver… coûte que coûte !

Triss ramassa le pistolet laser et l'arma. Le Med savait que c'était une arme. Il eut un soubresaut.

— Ne t'inquiète pas. Je n'ai pas l'intention de te flinguer. En fait, cette saloperie va te sauver la gélatine.

Sans plus hésiter, le jeune homme pointa le pistolet vers le fond du canot et tira longuement. Le résultat fut immédiat. De la fumée, un peu de vapeur, puis un gros jet d'eau jaillit en glougloutant, inondant ses pieds… et surtout le Med échoué.

—Et voilà, fit Triss en lançant le pistolet par-dessus bord, tu retournes dans ton élément, et moi, je quitte le mien.

Il se dépêcha de refermer le sac contenant ses affaires et le mit sur son dos. L'eau montait, arrivait à ses genoux. Orphée, revigoré, se mit à frétiller allégrement dans le canot comme un enfant qui joue dans une baignoire. Bientôt il put se hisser sur le plat-bord et retourner dans l'océan. Triss sentit le fond du canot devenir mou sous ses pieds : il coulait. Le garçon grimpa sur le rebord le plus haut et sauta.

Il roula sur la matière bleue, élastique, et ne s'enfonça pas. Il se releva aussitôt. La Méduse avait créé une surface lisse en forme de disque pour qu'il se tienne debout. C'était une sensation étrange, on aurait dit qu'une plaque de verre flottait sur la mer. Il voyait parfaitement Orphée évoluer juste au-dessous de lui. Triss déposa son sac à ses pieds.

—Bizarre radeau… fit-il à voix haute. Un radeau qui ne va nulle part. Merci quand même, Orphée. Je n'avais pas envie d'un autre bain de mer…

Il fit un pas prudent, un autre, comme s'il voulait s'éloigner de son disque. Il ne pouvait s'empêcher d'avoir un peu d'appréhension. Et si l'eau se mettait brusquement à s'incliner pour le capturer ? Mais il semblait que le Med cherchait avant tout à lui être agréable, et il se contenta de tracer un beau chemin rectiligne droit vers nulle part.

—Y a plus qu'à marcher, se dit Triss. Si seulement j'avais un endroit où aller.

Il rajusta son bras en écharpe et se rassit. Il se sentait nettement mieux. Après tout, il avait réussi à remettre son soigneur à l'eau et il avait la certitude que celui-ci ne lui voulait aucun mal.

—J'ai faim, Orphée. Si ça t'ennuie pas, je vais casser la croûte, et ensuite je réfléchirai.

Il sortit les quelques vivres destinés aux miliciens, de bien meilleure qualité que ce qu'il avait mangé depuis des semaines et des semaines. Il s'installa plus confortablement sur une couverture et se rendit compte qu'il mourait de faim. Tout en mangeant avec avidité, il apprivoisait Médusa du regard. Il était assis sur un immense tapis calme et bleu, à peine frangé d'écume, sous une immense draperie de ciel. Le disque d'eau solide sur lequel il se trouvait ondulait doucement. C'était étonnamment paisible et silencieux. Et vide.

—Je te salue, Vieil Océan ! dit-il à voix haute. Océan qui meurt… Ou alors qui change… Les Meds sont peut-être dans la situation des dinosaures sur Terre, il y a bien longtemps… Le monde change, il faut s'y adapter ou mourir… Ou le fuir…

La solitude. L'abandon. Non pas sur une île, à espérer un bateau, mais sur une planète vidée d'êtres humains. L'appétit coupé, il fourra les reliefs de son repas au fond de son sac. Sa main toucha la lampe torche.

—Et si j'essayais ?

Triss se coucha à plat ventre. Orphée nageait toujours sous ses pieds, veillant sur lui. Triss s'empêcha d'allumer la torche et réfléchit à ce qu'il pouvait tenter. Trop de précipitation ne servirait à rien. Quel mot allait-il transcrire en morse à l'attention d'une méduse ? C'était plus difficile que prévu. Il fallait créer une association d'idées chez le Med à partir de quelque chose de concret, or ils avaient si peu en commun…

— Si seulement tu me filais une boulette, je pourrais utiliser cela comme passerelle…

Finalement, Triss reposa la lampe, perplexe.

— Eh, Orphée, fit-il à l'adresse du Med, je n'arrive pas à trouver un sujet de conversation… La couverture ? Tu ne t'en sers pas… Ma bouffe ? On doit pas avoir les mêmes goûts…

En désespoir de cause, Triss reprit sa lampe d'une main mal assurée, la dirigea vers le bas et écrivit en morse lumineux le premier mot qui lui vint à l'esprit : « lumière ».

Le Med, qui nageait gracieusement tout autour de lui, réagit par un flot de couleurs si intenses que Triss dut se reculer en clignant des yeux. Orphée avait compris qu'il cherchait à communiquer, et il réagissait avec l'enthousiasme délirant d'une jeune mère dont l'enfant vient enfin de balbutier son premier mot.

— Pas si vite, pas si vite, ça ne sert à rien, je ne sais pas parler ta langue ! répétait Triss.

Il avait la bouche sèche. Il ne s'était pas attendu à une réaction du Med puisque le milicien avait raillé son idée, puisque sur Terre aucune tentative n'avait abouti. Une chose était sûre, Orphée n'était pas comme les autres. Surtout, un lien qui ressemblait fort à de l'attachement s'était formé entre eux. Lentement, Triss recommença son message morse. La réponse fut à nouveau immédiate, éblouissante. Trop de nuances, trop de variations d'intensité, qui toutes formaient sans doute un riche vocabulaire, une gamme d'intonations, et peut-être même des figures de style.

Triss répéta son pauvre mot, encore et encore, braquant sa torche sur Orphée qui s'était rapproché au point de s'agglutiner contre le disque d'eau.

Soudain, la créature sembla s'éteindre. Toutes ses lumières baissèrent d'intensité, se réduisant à la faible lueur d'un chandelier. Puis, avec une lenteur délibérée, la lumière blême qui émanait d'Orphée varia, devenant plus forte, plus faible, plus forte, plus faible, répétant, ânonnant : « lumière », « lumière », « lumière »…

Triss venait d'entrer en contact avec le Med.

—Loé, si tu pouvais voir ça, s'exclama le jeune homme avec enthousiasme, tu arrêterais de me traiter de con et de débile…

Sous ses pieds, le Med dansait, agitant ses tentacules comme ces anciens dieux hindous leurs bras multiples… « Lumière », « lumière »… Brusquement, Orphée reprit toutes ses folles couleurs et, d'un bond prodigieux, disparut dans les profondeurs.

—Ben où est-ce que tu vas ? s'effara Triss. Tu ne vas pas me laisser tomber juste au moment où cela devient intéressant !

Le Med devait être déjà loin, car le disque d'eau se rompit net et Triss tomba à plat ventre sur l'océan.

— Orphée ! appela-t-il en recrachant une gorgée salée. Orphée, qu'est-ce que tu fabriques ?

Agrippé à sa torche, Triss pataugea maladroitement tout en pestant et en jurant. Son sac, perdu, descendait en tournoyant avec grâce vers les profondeurs de Médusa.

— Pourvu qu'il n'ait pas vu un prédateur !

Triss baissa la tête au ras de l'eau pour guetter. Il n'aperçut rien d'autre que de vagues lumières, très lointaines. Soudain, sa main toucha à nouveau un rebord dur. Le disque s'était reformé.

— Orphée ?

Triss se hissa sur son radeau rond et regarda à travers. Un tout petit groupe de Meds remontaient à vive allure du fond du grand puits noir.

— J'ai compris ! exulta Triss. Tu es allé chercher les autres survivants ! Toi aussi, tu veux leur prouver que tu as raison ! Tu verras, mon vieux, je ne vais pas te décevoir ! On mettra le temps qu'il faudra, mais on l'inventera, notre pierre de Rosette ! Mon Dieu, j'y crois pas… j'y suis arrivé !

Épilogue

Triss releva la tête en percevant un léger vrombissement qui bourdonnait dans son dos par-dessus le clapotis de l'eau. Il se retourna, vit le vaisseau et en oublia tout le reste : les Meds, les mots, la solitude, l'abandon.

Se pourrait-il qu'ils reviennent le chercher ? Que Loé revienne vers lui ?

Il se mit debout.

Minuscule silhouette dressée sur l'infini tapis bleu ondulant de Médusa, Triss leva les bras pour leur faire signe.

Table des matières

L'auteur : Frédérique Lorient

Frédérique Lorient est née en 1967.
Les randonnées dans les Vosges, mais aussi dans les Alpes, tant à cheval qu'à pied, rythment sa vie depuis l'enfance. Elle acquiert ainsi la réputation justifiée d'être toujours la dernière à mettre ses bottes ou ses chaussures de marche, car elle a du mal à s'arracher aux livres.
De la lecture à l'écriture, il n'y a qu'un pas, qu'elle franchit très tôt en prenant elle-même la plume. Mais c'est en côtoyant ses élèves adolescents et ses propres enfants qu'elle a eu envie de se lancer dans la littérature jeunesse.
Découverte par Denis Guiot, elle publie en « Autres Mondes » son premier roman : Danseurs de lumière. *Fin 2006 paraîtra dans la même collection* Sous un ciel de harpies.
Actuellement, Frédérique Lorient travaille à son troisième « Autres Mondes » qui paraîtra en 2007. C'est dire si nous croyons en ce nouvel auteur !
Par ailleurs, un livre réaliste pour la jeunesse sortira en septembre 2006 aux éditions Magnard.

L'illustrateur : Philippe Munch

Né à Colmar en 1959, Philippe Munch vit actuellement à Strasbourg. Il a toujours été passionné par le dessin et la lecture, ce qui l'a naturellement amené à la bande dessinée (premières réalisations en 1966 !). Après des débuts professionnels dans la BD, il se tourne vers l'illustration en 1984. Les plus grands éditeurs l'accueilleront : Gallimard, Casterman, Nathan, Hachette Jeunesse, Albin Michel, etc.

C'est dans le domaine de l'illustration qu'il peut renouer avec la SF et la fantasy, *ses domaines de prédilection. C'est ainsi qu'il a illustré* Le Seigneur des Anneaux, *de Tolkien (Gallimard),* Les Aventures de Kerri et Megane, *de Kim Aldany (Nathan), la trilogie de* La Moïra, *d'Henri Loevenbruck (Bragelonne) et, surtout,* Rougemuraille, *de Brian Jacques (Mango), dont les somptueuses couvertures ont largement contribué au succès de la série.*

Avec Manchu, il est l'illustrateur attitré de la collection « Autres Mondes ». Ses couvertures de Sa Majesté des clones, *de Jean-Pierre Hubert, des deux romans d'Éric Simard,* Les Chimères de la mort *et* L'Oracle d'Égypte, *de* Mósa Wòsa, *de Nathalie Le Gendre, et de l'anthologie* Premiers Contacts *ont été particulièrement remarquées.*

Danseurs de lumière *est sa onzième couverture pour « Autres Mondes », sans doute la plus somptueuse.*

« Mais si l'espace me fascine, précise Philippe Munch, je n'en reste pas moins passionné par une planète particulière, la Terre, que j'essaie de découvrir au fil de nombreux voyages faits en compagnie de ma compagne et mon fils. »

Et de conclure : « Je suis également très bon au baby-foot. Surtout à l'arrière. »

AUTRES MONDES

Collection dirigée par Denis Guiot
Pour tout lecteur, de onze à cent onze ans

Une exploration passionnante
de l'imaginaire de science-fiction :
réalités virtuelles et truquées, planètes lointaines,
rencontres avec des extraterrestres,
mondes parallèles, voyages dans le temps,
sociétés futures, *Homo futuris*...

Autres Mondes :
une littérature de sens et d'émotions

« Un des partis pris de cette nouvelle collection de Mango intitulée Autres Mondes *et dirigée par Denis Guiot, parfait connaisseur de la science-fiction jeunesse, est de stimuler autant l'imagination que la réflexion. »*
Frédérique Roussel, Libération.

TITRES DÉJÀ PARUS

1. GRAINES DE FUTURS

Anthologie dirigée par Denis Guiot, préface d'Albert Jacquard

Sept nouvelles en direct du XXIe siècle, signées : Ange, Robert Belfiore, Christian Grenier, Alain Grousset, Jean-Pierre Hubert, Christophe Lambert, Danielle Martinigol et Joëlle Wintrebert.

2. LES CENDRES DE LIGNA

par Jean-Pierre Hubert

La planète Ligna se révolte contre les colons sans scrupule qui l'exploitent.

3. L'ŒIL DES DIEUX

par Ange

PRIX ADOS RENNES/ILLE-ET-VILAINE 2001-2002
PRIX J'AI LU, J'ÉLIS 2001 des adolescents de la ville d'Angers
PRIX PLAISIRS DE LIRE 2002,
du département de l'Yonne, 6e-5[e]
PRIX ARDEP/Ile-de-France 2001-2002

Âgés de neuf à quatorze ans, Mina, Jeff et les autres ont toujours vécu à l'intérieur de la Bulle. Mais celle-ci se déglingue et se transforme en piège mortel.

4. LE SOUFFLE DE MARS

par Christophe Lambert

Mars, année 2121. La colonisation a commencé. Mais sous les sables de la planète rouge est tapie une terrible menace. Un implacable suspense sur lequel plane l'ombre de Lovecraft.

5. LES ABÎMES D'AUTREMER
(Trilogie des Abîmes, tome 1)
par Danielle Martinigol
GRAND PRIX DE L'IMAGINAIRE 2002
PRIX E. LECLERC DU ROMAN JEUNESSE 2002
du salon de Rueil-Malmaison
PRIX CHRONOS 2003, 4e-3e
PRIX ALIZÉ des collégiens de Vienne, 4e-3e

Sandiane et son père, grand reporter, sont bien décidés à percer le secret des Abîmes, ces astronefs fabuleux originaires de la farouche planète-océan Autremer.

6. SQUATTEUR DE RÊVE !
par Dany Jeury

« Pour ceux qui aiment rêver et squatter les rêves des autres, ce premier roman à l'écriture simple et d'une grande fraîcheur sera un vrai bonheur. »

(www.noosfere.org)

7. LES VISAGES DE L'HUMAIN
Anthologie dirigée par Denis Guiot, préface d'Axel Kahn

Que sera l'homme de demain ? Six nouvelles décapantes signées Jean-Pierre Andrevon, Fabrice Colin, Christian Grenier, Gudule, Jean-Pierre Hubert et Éric Simard.

8. LES CHIMÈRES DE LA MORT
par Éric Simard
PRIX COMME DANS UN LIVRE 2003 des Adolescents de Questembert

Généticien de génie, Bran a légué par testament à son frère une étrange créature, fruit de ses recherches interdites : Onyx, une chimère mi-humaine, mi-féline. Dans quel but ?

9. LES ENFANTS DE LA LUNE

par Fabrice Colin

18e GRAND PRIX DES JEUNES LECTEURS
organisé par la PEEP

Paris sous l'Occupation. Deux jours avant Noël, le jeune Adrien reçoit un étrange message qui lui demande de venir au secours du mystérieux peuple Annwyn.

10. CLONE CONNEXION

par Christophe Lambert

PRIX DES COLLÉGIENS DE MONTAUBAN 2005
(et du Tarn-et-Garonne)

Spécialisée dans le Web quantique, la Con Amalgam utilise-t-elle illégalement des clones pour se connecter dans l'Intersphère ?

11. LES REBELLES DE GANDAHAR

par Jean-Pierre Andrevon

Venant de la Terre mythique, la belle Athna a débarqué sur Tridan et plus rien n'est comme avant dans le paisible royaume de Gandahar. Même le chevalier Sylvin semble envoûté !

12. SA MAJESTÉ DES CLONES

par Jean-Pierre Hubert

Une navette ayant à son bord une vingtaine d'enfants terriens s'écrase sur une planète sauvage, en bordure d'un lagon. Un hommage audacieux au fameux roman de William Golding, *Sa Majesté des mouches*.

13. PROJET OXATAN

par Fabrice Colin

PRIX GAYANT LECTURE 2003 du Salon du Livre de Douai
15e LIVRE D'OR DES JEUNES LECTEURS (catégorie senior), Valenciennes 2004
PRIX DES INCORRUPTIBLES 2003-2004, 4e-3e

Quatre adolescents vivent reclus dans une grande maison au cœur d'une jungle luxuriante hantée par des ogres. Qui sont-ils et quel épouvantable secret cache le projet oXatan ?

14. SOUVIENS-TOI D'ALAMO !

par Christophe Lambert

Aspirée par un tourbillon temporel, une patrouille de bombardiers de la Seconde Guerre mondiale atterrit le 18 février 1836 à Fort Alamo, peu de temps avant la fameuse bataille. De quoi changer le cours de l'histoire des États-Unis ! Un surprenant western SF !

15. KAENA, LA PROPHÉTIE

par Pierre Bordage

Axis, le monde-arbre est en danger de mort car sa sève s'épuise. Kaena, une jeune fille déterminée, va braver les tabous de sa tribu et partir à la recherche des racines d'Axis.

16. ALLERS SIMPLES POUR LE FUTUR

par Christian Grenier

En six nouvelles visionnaires, le monde de demain vu par Christian Grenier : réalité virtuelle, conquête de l'espace, environnement menacé, manipulations génétiques.

17. DEMAIN LA TERRE

Anthologie dirigée par Denis Guiot, préface de Joël de Rosnay

Quelle planète pour demain? Cinq nouvelles-choc, signées Jean-Pierre Andrevon, Jean-Pierre Hubert, Christophe Lambert et Danielle Martinigol.

18. L'ORACLE D'ÉGYPTE

par Éric Simard

PRIX ARDEP Ile-de-France, 2003-2004

20e GRAND PRIX DES JEUNES LECTEURS, organisé par la PEEP

Des généticiens ont réussi à créer des chimères à l'image des dieux égyptiens. Un surprenant roman plein de suspense qui mêle manipulations génétiques et dieux de l'Ancienne Égypte.

19. MISSION BRUME

par Christian Léourier

Héros de l'Union, Fergus est porté disparu sur la planète Brume. À la tête d'un commando, sa fille part à sa recherche. Les membres de l'expédition disparaissent les uns après les autres. Un grand roman d'aventures exotiques doublé d'une réflexion politique sur le fascisme.

20. CYBERPAN

par Fabrice Colin

GRAND PRIX DE L'IMAGINAIRE 2004

Contaminé par un virus, un jeune garçon se prend pour Peter Pan, kidnappe Wendy et vole jusqu'au Pays de Nulle Part, une île artificielle sur laquelle sévit un savant fou qui mène des expériences sur les Enfants Perdus. Une brillante relecture du chef-d'œuvre de James Barrie.

21. PETIT FRÈRE

par Christophe Lambert

PRIX DIABLOTINS 2004, catégorie « bons lecteurs »
(Nogent-sur-Oise)
PRIX ARDEP/Ile-de-France 2004-2005, 5e-4e

Comment résister lorsqu'on vous propose de « ressusciter » par clonage votre fils mort à l'âge de dix ans ? Un roman qui dénonce les liens sulfureux entre les sectes et le clonage.

22. DANS LES LARMES DE GAÏA

par Nathalie Le Gendre

PRIX INTER-COLLÈGES 2003-2004, 6e-5e
PRIX GAYANT LECTURE 2005
PRIX DES INCORRUPTIBLES 2004-2005, 4e-3e
PRIX LITTÉRAIRE DE LA CITOYENNETÉ 2004-2005
PRIX COMME DANS UN LIVRE 2005
(Questembert/Morbihan)

L'humanité est balayée par un gigantesque tsunami. Seule étincelle de vie, une Archebulle flotte, ballottée au gré des courants. Natanae et Morphée, deux adolescents que tout oppose, vont-ils réussir à fuir l'Archebulle devenue une prison ? Un hymne farouche à la liberté.

23. LES SONNEURS NOIRS

par Jean-Pierre Hubert

Postface de Gilles Servat

La technopole d'Holoss a banni la musique. Mais le jeune Joz a une passion : fabriquer des instruments de musique et inventer des mélodies. Un splendide roman d'apprentissage, où l'amour, la musique et la danse débouchent sur la révolte.

24. MÓSA WÒSA
par Nathalie Le Gendre
GRAND PRIX DE L'IMAGINAIRE 2005
PRIX DE LA VILLE DU MANS 2005
(et du département de la Sarthe)
PRIX FRISSONS DU VERCORS, 2005

« Ce deuxième roman confirme l'impression laissée par Dans les larmes de Gaïa, *à savoir l'apparition d'un auteur de toute première grandeur dans le secteur de la SF pour la jeunesse. »*

(Le Monde)

25. L'ENVOL DE L'ABÎME
(Trilogie des Abîmes, tome 2)
par Danielle Martinigol

Surgissant de l'inconnu, un Abîme sauvage vient semer le trouble sur la planète Autremer. D'où vient-il ? Qui arrivera à être son perl ? Un somptueux voyage spatio-romantique.

26. LA LOI DU PLUS BEAU
par Christophe Lambert

Années 2020. Sous la pression accrue des médias, la beauté physique est devenue une valeur incontournable de la société. Un roman au rythme trépidant, dans lequel l'auteur dénonce la dictature de la beauté et de l'apparence. En parallèle, il aborde la question du terrorisme.

27. SPRAGUE
par Rodolphe

Loin dans le temps et dans l'espace, sur une planète étrangère. Un jour, la mer s'est retirée, laissant à sec le port de Sprague. Un roman picaresque et poétique, beau comme un rêve d'aventures.

28. LE MENSONGE DU SIÈCLE
par Fabrice Colin

Les extraterrestres débarquent et veulent détruire la Terre. Pas de panique ! Ce n'est qu'un gros coup de bluff monté par la CIA. Mais un extraterrestre peut en cacher un autre. Heureusement, Jason Palomino, surdoué de quatorze ans, est là pour sauver le monde. Hilarant !

29. SOHANE L'INSOUMISE
par Éric Simard

Sur Kerphall, le sort des femmes n'est pas réjouissant, car la planète est aux mains des extrémistes. Un roman aux consonances très actuelles.

30. AUTOMATES
par Nathalie Le Gendre

Suite à un accident de moto, Luka est dans le coma. Afin de gagner l'argent nécessaire pour le sauver, sa sœur se déguise en garçon et participe à de dangereuses courses de motos, interdites aux filles.

31. PREMIERS CONTACTS
Anthologie dirigée par Denis Guiot,
préface d'Yves Coppens et postface de Roland Lehoucq

Six nouvelles et un poème, pour partir à la rencontre de l'Autre, signés : Pierre Bordage, Fabrice Colin, Jean-Pierre Hubert, Nathalie Le Gendre, Danielle Martinigol, Joëlle Wintrebert et Manon Fargetton.

32. L'EXILÉ DE GANDAHAR
par Jean-Pierre Andrevon

Le chevalier Sylvin Lanvère est perdu à des centaines d'années-lumière de Gandahar, dans le passé d'une Terre agonisant sous les ravages de la pollution et de l'effet de serre.

« Cet excellent roman d'anticipation nous entraîne dans une aventure palpitante et angoissante. Il permet à l'auteur d'aborder le grave problème du devenir de la Terre si ses habitants ne prennent garde à la protéger efficacement contre les dangers de pollution et d'effet de serre. Édifiant ! »

(http://marmitalire.free.fr)

33. SUR LES PISTES DE SCAR
par Jean-Pierre Hubert

Sur la planète sauvage Scar, se déroule un rallye infernal : la CircumScar. Déserts de sable, faune dangereuse, indigènes hostiles, règlement truqué, rien ne sera épargné à Léan et ses amis.

« Sur les pistes de Scar *est un roman dense, où le lecteur a peu de moments pour reprendre son souffle car il doit suivre le rythme des personnages [...]. Ce nouveau roman de Jean-Pierre Hubert est riche et intense, une belle aventure à vivre avec passion.* »

(Laure Ricote, www.actusf.com)

34. L'APPEL DES ABÎMES
(Trilogie des Abîmes, tome 3)
par Danielle Martinigol

Poésie, aventures, vertige galactique, émotions, passions, mystère, la *Trilogie des Abîmes d'Autremer* est le chef-d'œuvre du *space opera* pour la jeunesse. En prime, l'auteur critique avec acuité les dérives des médias futurs.

35. ALTER JÉRÉMY
par Johan Heliot

Jeune surdouée de l'informatique, Lise a réussi à recréer en secret le double virtuel de son frère Jérémy, mort il y a six mois. Mais quelle est la nature exacte d'Alter Jérémy ?

« *Avec* Alter Jérémy, *Johan Heliot réussit brillamment son examen de passage en littérature jeunesse.* »

(Jacques Baudou, *Le Monde*)

36. INVISIBLE
par Fabrice Colin

Rio de Janeiro, 2025. Deux adolescents volent un tube mystérieux appartenant à l'armée. Malencontreusement, le tube se casse et, peu après, des nanorobots se répandent sur la ville. Que faire face à cette menace invisible ?

37. 49302
par Nathalie Le Gendre
Postface de Denis Seznec

Loïk Gwilhem est condamné au bagne pour un crime qu'il n'a pas commis. Ce bagne se situe sur une station orbitale qui gravite autour d'une planète nouvellement découverte, Syringa. Les travaux forcés, très pénibles et dangereux, consistent à recueillir des sortes de sangsues qui pullulent dans l'océan. Avec l'aide d'une mystérieuse extraterrestre à fourrure qui le prend en sympathie, Loïk tente de s'évader. Mais il va mettre ainsi en danger le peuple de Syringa.

38. DANSEURS DE LUMIÈRE
par Frédérique Lorient

Les océans de la Terre sont envahis par des êtres mi-poulpes, mi-méduses venus d'ailleurs. Pour mettre fin à l'invasion, le gouvernement envoie sur la planète d'origine des extraterrestres des missions-suicides composées de prisonniers à vie. Mais ces derniers sont capturés et gardés en observation dans une prison d'eau. Un stupéfiant dialogue va alors s'installer entre le jeune Terrien Triss et l'un de ses geôliers. Un premier roman étrange et dépaysant, où se mêlent poésie, intelligence et émotion.

À PARAÎTRE
EN MAI 2006

39. AUSSI LIBRES QU'UN RÊVE
par Manon Fargetton

En cette fin du XXIe siècle, l'accès à un métier est défini par le mois de naissance. Ainsi, si vous êtes né en janvier, les métiers les plus cotés vous seront proposés ; en revanche, si vous êtes né en décembre, il ne vous restera que les métiers dont personne n'aura voulu. Silnöa et Silnëi sont jumelles, mais l'une est née le 31 décembre à 23 h 58, et l'autre dans les premières minutes de janvier ! Cela ne les empêchera pas d'unir leurs forces pour combattre la tyrannie des dates de naissance. Un premier roman d'une toute jeune auteure de 18 ans, porté par la fougue et la grâce des rêves adolescents.

Impression réalisée sur CAMERON par

BRODARD & TAUPIN

GROUPE CPI

La Flèche
en février 2006

Imprimé en France
N° d'impression : 33637
Dépôt légal : février 2006